现代微生物发酵及技术教程

主　编　罗大珍　林稚兰
编　委　（按姓氏笔画为序）
　　　　朱厚础　陈洪章　罗大珍
　　　　林稚兰　陶增鑫　高年发
　　　　夏焕章　韩贵安　管作武

内容简介

本书的主要特点是突出了发酵技术的共性,并且紧密联系生产实践。共分十四章,包括菌种的选育和保藏,微生物的代谢调控理论,发酵工程学基础,发酵产物的提取和纯化,酶及细胞固定化,基因工程育种,氨基酸、核苷酸、有机酸、抗生素、生理活性物质及酶制剂的发酵,发酵工业废弃物的生物处理等。由于本学科的实践性强,所以在阐明理论的同时,还将有关实验编入,供选择使用。

本书可作为综合性大学及师范院校的生物工程专业、环境工程专业、制药工程专业的本科生、研究生使用,也可供研究机构、工厂等科技人员参考。

图书在版编目(CIP)数据

现代微生物发酵及技术教程/罗大珍,林稚兰主编. —北京:北京大学出版社,2006.9
ISBN 978-7-301-09922-3

Ⅰ. 现… Ⅱ. ①罗… ②林… Ⅲ. 发酵学:微生物学—高等学校—教材 Ⅳ. TQ920.1

中国版本图书馆 CIP 数据核字(2005)第 125633 号

书　　　　名:	现代微生物发酵及技术教程
著作责任者:	罗大珍　林稚兰　主编
责任编辑:	郑月娥
封面设计:	张　虹
标准书号:	ISBN 978-7-301-09922-3/Q·0108
出版发行:	北京大学出版社
地　　　址:	北京市海淀区成府路 205 号　100871
网　　　址:	http://www.pup.cn
电　　　话:	邮购部 62752015　发行部 62750672　编辑部 62752038　出版部 62754962
电子邮箱:	zpup@pup.pku.edu.cn
印　刷　者:	北京大学印刷厂
经　销　者:	新华书店
	787 mm×1092 mm　16 开本　23.25 印张　580 千字
	2006 年 9 月第 1 版　2017 年 9 月第 3 次印刷
定　　　价:	39.00 元

未经许可,不得以任何方式复制或抄袭本书之部分或全部内容。
版权所有,侵权必究
举报电话:010-62752024　电子邮箱:fd@pup.pku.edu.cn

序

　　从远古人类不自觉地利用微生物发酵制作酒、醋,到有意识地选择特种微生物利用其代谢产物并进行工业化生产,特别是到了上世纪 40 年代抗生素生产的出现,将微生物发酵的规模从作坊扩大到工厂,从手工操作发展为机械化生产,形成了一项规模巨大、新兴的微生物工业。随着微生物学、分子生物学、遗传学、生物化学,以及现代生物技术,特别是基因工程、细胞工程等领域的飞速发展和应用,加上与工程有关的学科如化学工程、机械制造、计算机等多学科的相互渗透,微生物发酵的产品真可说是日新月异,应用的范围不断扩大,以现代微生物发酵工程为基础建立起来的崭新的微生物工业必将在本世纪为人类生活和健康水平的提高、为世界经济和社会的发展,以及为科学和文化事业的进步,发挥不可限量的作用。

　　这本书的编者是由跨科研及院校单位组成的。他们将自己多年积累的教学经验和在本学科各个领域所取得的丰硕成果,根据这门课程的要求精心设计,组织筛选。使教材内容丰富,既具基础性,也对学科的当前现状、研究前沿以及发展趋势有所体现。由于本学科的实践性很强,在介绍重点产品的发酵实例时,注意到理论与实践的结合,其中不少是编者个人的经验之谈。最近半个多世纪以来,因基因工程和现代科学技术迅猛发展的影响,微生物发酵这门科学被赋予了更多更新的内容。

　　任何发酵产品都是以实验室的研究成果为基础,逐步扩大为中试,最后达到生产规模的水平。因此本书所附的实验部分针对学科的特性,选择了若干具代表性的微生物发酵内容,其中包括基础性的操作技术、发酵过程中常用的检测方法和现代生物技术,可使学生在接触生产实际以前具有更好的动手操作和解决问题的能力,对那些想开发某种新产品的科研或技术人员也能有所启发及帮助。

2006 年 1 月

前 言

现代发酵工程是在传统发酵的基础上与DNA重组、细胞融合等新技术紧密结合而发展起来的现代生物技术。在这个领域里,新菌种、新技术、新工艺、新产品不断涌现,它具有高速拓展的势头,以崭新的面貌展现在世人面前,吸引着人们去研究、开发。

编写本书的主导思想是向学生和读者较全面地介绍国内外现代发酵工程的基本原理、方法和最新进展。主要特点是突出发酵技术的共性,并且紧密联系生产实践,不仅阐述了理论和应用,还介绍了目前国内外现代发酵工业重点产品生产的新工艺、应用现状和研究进展。本书共分14章,内容包括:菌种的选育和保藏,微生物的代谢调控理论,发酵工程学基础,发酵产物的提取和纯化,酶及细胞固定化,基因工程育种,氨基酸、核苷酸、有机酸、抗生素、生理活性物质、酶制剂等的发酵,发酵工业废弃物的生物处理等。由于本学科的实践性强,所以在阐明理论的同时还将有关实验编入,供选择使用。

本书适用于理工科院校生物工程专业、制药工程专业和环境工程专业的本科生和研究生,也可供有关专业的大专生和从事工业微生物发酵生产和研究工作的人员参考。本书内容较多,超出规定的学时数要求。教师可根据实际情况选择使用,有些内容可供学生拓宽知识面和自学之用。

参加本书编写工作的都是长期工作在相关学科第一线的专家。编写的分工为:北京大学生命科学学院罗大珍(第1,2,6章,第4章1,5~7节,第10章4,5节)和林稚兰(第3,9章)、中国军事医学科学院基础所朱厚础(第5章及第7章5节)、沈阳药科大学夏焕章(第7章1~4节)、天津科技大学生物工程系高年发(第8章,第4章1~4,8~9节,第10章1~3节)、北京大学医学部药学院管作武(第11章)、华北制药厂韩贵安(第11章)、中国科学院微生物研究所陶增鑫(第12章)、中国科学院过程工程研究所陈洪章(第13,14章)。参加本书编写的还有青年教师中国科学院过程工程研究所徐建、北京大学生命科学学院洪龙。由罗大珍、林稚兰主编。

本书由钱存柔、孙万儒教授审阅,提出了许多宝贵的意见和建议,在此表示衷心的感谢。本书出版过程中,北京大学出版社郑月娥等编辑为本书的出版付出了大量心血,北京大学出版社王营新提供部分绘图帮助,在此,一并表示深切的谢意。

发酵工程涉及面广而精深。随着高科技的迅猛发展,新技术不断涌现,很难完整地把国内外有关的先进技术反映出来,兼之限于主编的水平有限,肯定存在错误和不足之处,敬请同行和读者批评指正。

编 者
2006年2月

目 录

1 绪论 ·· (1)
  1.1 现代微生物发酵的研究内容和特点 ··· (1)
    1.1.1 发酵及发酵微生物 ·· (1)
    1.1.2 现代微生物发酵工程研究的内容 ·· (2)
    1.1.3 微生物发酵的特点 ·· (2)
    1.1.4 微生物发酵工程在生物技术产业中的地位 ··· (2)
  1.2 微生物发酵工程的发展简史 ·· (3)
    1.2.1 天然发酵阶段 ··· (4)
    1.2.2 纯培养技术的建立 ·· (4)
    1.2.3 深层培养(通气搅拌)技术的建立 ··· (5)
    1.2.4 代谢控制发酵技术的建立 ·· (5)
    1.2.5 发酵原料的改变 ··· (5)
    1.2.6 基因工程引入发酵 ·· (5)
  1.3 现代微生物发酵工程的应用 ·· (6)
    1.3.1 营养丰富的发酵食品日益增多 ··· (6)
    1.3.2 医药和保健食品蓬勃发展 ·· (6)
    1.3.3 减缓资源、能源危机 ··· (7)
    1.3.4 深入广泛地改善环境 ··· (7)
  复习和思考题 ·· (8)

2 微生物的菌种选育和保藏 ·· (9)
  2.1 微生物发酵的关键因素——菌种 ·· (9)
    2.1.1 现代发酵工程中常用的微生物菌种及其代谢产物 ··· (9)
    2.1.2 发酵工业对微生物菌种的要求 ··· (12)
    2.1.3 从自然界选种 ·· (12)
    2.1.4 从生产中选种 ·· (17)
  2.2 微生物选育种 ·· (17)
    2.2.1 诱变育种 ·· (18)
    2.2.2 变异菌的筛选方案 ··· (24)
  2.3 杂交育种 ·· (28)
    2.3.1 细菌的杂交育种 ·· (28)
    2.3.2 真菌的杂交育种 ·· (30)
  2.4 原生质体融合育种 ·· (32)
    2.4.1 亲株的选择 ··· (32)
    2.4.2 原生质体制备 ·· (33)
    2.4.3 原生质体再生 ·· (33)

  2.4.4 原生质体融合 …………………………………………………………… (34)
  2.4.5 融合子的检出与鉴定 ……………………………………………………… (34)
  2.4.6 原生质体再生率和融合率计算 …………………………………………… (35)
  2.4.7 原生质体电融合技术 ……………………………………………………… (35)
 2.5 菌种退化、复壮和保藏 ……………………………………………………… (35)
  2.5.1 菌种的退化现象与复壮 …………………………………………………… (36)
  2.5.2 菌种的保藏 ………………………………………………………………… (37)
  2.5.3 国内外主要的菌种保藏机构 ……………………………………………… (40)
复习和思考题 …………………………………………………………………………… (40)

3 微生物发酵的代谢调节与控制 …………………………………………………… (41)
 3.1 糖、醇、有机酸发酵的代谢调控 …………………………………………… (41)
  3.1.1 葡萄糖的分解代谢 ………………………………………………………… (41)
  3.1.2 厌氧发酵机制 ……………………………………………………………… (47)
  3.1.3 好氧发酵机制 ……………………………………………………………… (50)
  3.1.4 糖分解代谢中的调节 ……………………………………………………… (53)
 3.2 氨基酸发酵的代谢调控 ……………………………………………………… (56)
  3.2.1 氨基酸的生物合成 ………………………………………………………… (56)
  3.2.2 氨基酸发酵机制 …………………………………………………………… (60)
 3.3 抗生素发酵的代谢调控 ……………………………………………………… (63)
  3.3.1 次级代谢产物生物合成的主要途径 ……………………………………… (64)
  3.3.2 抗生素发酵调控机制 ……………………………………………………… (65)
  3.3.3 抗生素生物合成途径的遗传控制 ………………………………………… (69)
复习和思考题 …………………………………………………………………………… (70)

4 微生物发酵工程概述 ……………………………………………………………… (71)
 4.1 微生物发酵类型 ……………………………………………………………… (71)
  4.1.1 按微生物对氧的要求分类 ………………………………………………… (71)
  4.1.2 按微生物发酵采用的培养基状态分类 …………………………………… (71)
  4.1.3 发酵的一般工艺过程 ……………………………………………………… (72)
 4.2 原料的选择及处理 …………………………………………………………… (73)
  4.2.1 选择合适的原料 …………………………………………………………… (73)
  4.2.2 淀粉水解糖的制备 ………………………………………………………… (73)
  4.2.3 糖蜜预处理 ………………………………………………………………… (78)
 4.3 灭菌与空气净化工程 ………………………………………………………… (79)
  4.3.1 培养基湿热灭菌方法及设备 ……………………………………………… (79)
  4.3.2 空气净化及设备 …………………………………………………………… (82)
 4.4 微生物发酵(反应)动力学 …………………………………………………… (85)
  4.4.1 微生物发酵(反应)动力学数学模型建立的原则 ………………………… (85)
  4.4.2 微生物发酵(反应)动力学数学模型 ……………………………………… (86)
 4.5 菌种的培养 …………………………………………………………………… (91)

4.5.1 菌种扩大培养 ……………………………………………………………… (91)
4.5.2 发酵阶段的条件控制 …………………………………………………… (92)
4.6 发酵过程的分析检验 ……………………………………………………………… (96)
4.6.1 生物学检验 ………………………………………………………………… (97)
4.6.2 生化检验 …………………………………………………………………… (97)
4.6.3 杂菌和噬菌体的污染、防治与挽救 …………………………………… (98)
4.7 发酵培养方法 ……………………………………………………………………… (100)
4.7.1 分批发酵 …………………………………………………………………… (101)
4.7.2 连续发酵 …………………………………………………………………… (102)
4.7.3 补料分批发酵 ……………………………………………………………… (103)
4.7.4 混菌发酵 …………………………………………………………………… (104)
4.8 发酵设备 …………………………………………………………………………… (104)
4.8.1 微生物发酵设备类型及发展趋势 ……………………………………… (104)
4.8.2 通风固态发酵设备 ………………………………………………………… (105)
4.8.3 通风发酵设备 ……………………………………………………………… (106)
4.8.4 厌氧发酵设备 ……………………………………………………………… (111)
4.9 计算机在发酵过程中的应用 ……………………………………………………… (111)
复习和思考题 ……………………………………………………………………………… (112)

5 发酵产物的分离纯化 ………………………………………………………………… (113)
5.1 下游加工过程概述 ………………………………………………………………… (113)
5.1.1 下游加工过程的重要性 …………………………………………………… (113)
5.1.2 下游加工过程的特点 ……………………………………………………… (113)
5.1.3 下游加工过程的一般流程 ………………………………………………… (113)
5.2 发酵液的预处理与固-液分离 …………………………………………………… (114)
5.2.1 发酵液的预处理 …………………………………………………………… (114)
5.2.2 发酵液的相对纯化 ………………………………………………………… (115)
5.2.3 固-液分离过程及设备简介 ……………………………………………… (115)
5.2.4 微生物细胞的破碎 ………………………………………………………… (117)
5.3 发酵产物的初分离 ………………………………………………………………… (119)
5.3.1 沉淀法 ……………………………………………………………………… (119)
5.3.2 萃取法 ……………………………………………………………………… (121)
5.3.3 膜分离法 …………………………………………………………………… (126)
5.3.4 吸附法 ……………………………………………………………………… (128)
5.3.5 离子交换法 ………………………………………………………………… (129)
5.4 发酵产物的纯化 …………………………………………………………………… (131)
5.4.1 液相层析法 ………………………………………………………………… (132)
5.4.2 结晶法 ……………………………………………………………………… (136)
5.5 产物的干燥 ………………………………………………………………………… (138)
5.5.1 喷雾干燥 …………………………………………………………………… (138)

5.5.2　气流干燥 …………………………………………………………………… (138)
　　5.5.3　沸腾干燥 …………………………………………………………………… (139)
　　5.5.4　冷冻干燥 …………………………………………………………………… (139)
复习和思考题 ………………………………………………………………………………… (140)

6　固定化酶及细胞 …………………………………………………………………………… (141)
6.1　固定化酶的制备 ……………………………………………………………………… (141)
　　6.1.1　固定化酶的定义 ……………………………………………………………… (141)
　　6.1.2　载体的选择 …………………………………………………………………… (141)
　　6.1.3　固定化酶的制备方法 ………………………………………………………… (142)
　　6.1.4　固定化酶反应器 ……………………………………………………………… (145)
6.2　固定化细胞的制备 …………………………………………………………………… (146)
　　6.2.1　固定化细胞的制备方法 ……………………………………………………… (146)
　　6.2.2　固定化细胞的类型及生理状态 ……………………………………………… (148)
　　6.2.3　固定化细胞的特性 …………………………………………………………… (148)
　　6.2.4　固定化细胞的优缺点 ………………………………………………………… (150)
　　6.2.5　固定化酶和细胞的应用 ……………………………………………………… (150)
复习和思考题 ………………………………………………………………………………… (152)

7　基因工程与微生物工程菌的构建 …………………………………………………………… (153)
7.1　基因工程菌的构建简介 ……………………………………………………………… (153)
　　7.1.1　基因工程的概述 ……………………………………………………………… (153)
　　7.1.2　目的基因的获取 ……………………………………………………………… (153)
　　7.1.3　表达载体的构建与筛选 ……………………………………………………… (155)
　　7.1.4　基因重组 ……………………………………………………………………… (157)
　　7.1.5　原核细胞的转化、重组体的筛选与鉴定 …………………………………… (158)
7.2　基因工程菌的不稳定性及其对策 …………………………………………………… (160)
　　7.2.1　质粒的不稳定性 ……………………………………………………………… (160)
　　7.2.2　提高质粒稳定性的方法 ……………………………………………………… (160)
　　7.2.3　重组工程菌的培养 …………………………………………………………… (161)
7.3　高密度培养 …………………………………………………………………………… (165)
　　7.3.1　高密度培养的定义 …………………………………………………………… (165)
　　7.3.2　影响高密度培养的因素 ……………………………………………………… (165)
　　7.3.3　如何达到高密度培养 ………………………………………………………… (167)
7.4　基因工程在生产生物小分子中的应用 ……………………………………………… (169)
　　7.4.1　生产维生素 …………………………………………………………………… (169)
　　7.4.2　生产氨基酸 …………………………………………………………………… (169)
　　7.4.3　生产抗生素 …………………………………………………………………… (171)
7.5　基因工程在生产生物大分子中的应用 ……………………………………………… (174)
　　7.5.1　生产黄原胶 …………………………………………………………………… (174)
　　7.5.2　生产合成橡胶 ………………………………………………………………… (175)

   7.5.3 生产生物可降解塑料……………………………………………………………(176)
  复习和思考题……………………………………………………………………………(177)
8 氨基酸发酵……………………………………………………………………………(178)
  8.1 概述……………………………………………………………………………………(178)
   8.1.1 氨基酸生产方法……………………………………………………………(178)
   8.1.2 氨基酸的应用………………………………………………………………(178)
  8.2 氨基酸发酵菌种选育及发酵调控……………………………………………………(179)
   8.2.1 用于氨基酸发酵的微生物…………………………………………………(179)
   8.2.2 氨基酸产生菌的选育………………………………………………………(180)
   8.2.3 氨基酸发酵调控……………………………………………………………(183)
   8.2.4 氨基酸的提取和精制………………………………………………………(185)
  8.3 谷氨酸发酵……………………………………………………………………………(185)
   8.3.1 谷氨酸生产概述……………………………………………………………(185)
   8.3.2 谷氨酸发酵的微生物………………………………………………………(185)
   8.3.3 糖质原料谷氨酸发酵………………………………………………………(187)
   8.3.4 谷氨酸的提取和精制(味精制造)…………………………………………(193)
  8.4 赖氨酸发酵……………………………………………………………………………(196)
   8.4.1 赖氨酸生产概述……………………………………………………………(196)
   8.4.2 赖氨酸发酵的微生物………………………………………………………(199)
   8.4.3 糖质原料赖氨酸发酵………………………………………………………(200)
   8.4.4 赖氨酸的提取和精制………………………………………………………(203)
  复习和思考题……………………………………………………………………………(204)
9 核苷、核苷酸类物质发酵……………………………………………………………(206)
  9.1 概述……………………………………………………………………………………(206)
  9.2 核苷酸类物质产生菌的分离和选育…………………………………………………(207)
   9.2.1 核苷酸类物质产生菌的分离………………………………………………(207)
   9.2.2 核苷酸类物质产生菌的选育………………………………………………(207)
   9.2.3 利用基因工程技术构建核苷、核苷酸工程菌株……………………………(208)
  9.3 发酵法生产核苷、核苷酸……………………………………………………………(208)
   9.3.1 肌苷及肌苷酸发酵…………………………………………………………(208)
   9.3.2 鸟苷及鸟苷酸发酵…………………………………………………………(215)
   9.3.3 腺苷、腺苷酸和其他核苷酸类似物发酵…………………………………(219)
  复习和思考题……………………………………………………………………………(220)
10 有机酸发酵…………………………………………………………………………(221)
  10.1 概述…………………………………………………………………………………(221)
  10.2 柠檬酸发酵…………………………………………………………………………(221)
   10.2.1 柠檬酸发酵的微生物……………………………………………………(222)
   10.2.2 柠檬酸发酵工艺及控制条件……………………………………………(223)
   10.2.3 柠檬酸的提取和精制……………………………………………………(224)

10.3 乳酸发酵 …… (227)
10.3.1 乳酸发酵的微生物 …… (228)
10.3.2 乳酸发酵机制、工艺及控制条件 …… (229)
10.3.3 乳酸的提取和精制 …… (235)
10.4 苹果酸发酵 …… (237)
10.4.1 苹果酸发酵的微生物 …… (238)
10.4.2 苹果酸发酵工艺及控制条件 …… (238)
10.4.3 苹果酸的提取和精制 …… (240)
10.5 曲酸发酵 …… (241)
10.5.1 曲酸发酵的微生物 …… (242)
10.5.2 曲酸发酵工艺及控制条件 …… (242)
10.5.3 曲酸的提取 …… (243)
复习和思考题 …… (244)

11 抗生素发酵 …… (245)
11.1 概述 …… (245)
11.1.1 主要天然抗生素的微生物来源 …… (246)
11.1.2 抗生素的分类 …… (246)
11.1.3 抗生素产生菌选育 …… (247)
11.1.4 常用抗生素的生产方法 …… (249)
11.2 青霉素发酵生产 …… (249)
11.2.1 青霉素产生菌 …… (249)
11.2.2 青霉素分子结构 …… (249)
11.2.3 青霉素的作用机制、抗菌谱及稳定性 …… (250)
11.2.4 青霉素发酵工艺流程及发酵控制 …… (251)
11.2.5 青霉素提取 …… (252)
11.2.6 青霉素的精制 …… (254)
11.2.7 溶媒回收 …… (255)
11.3 半合成抗生素 …… (255)
11.3.1 半合成青霉素 …… (256)
11.3.2 头孢菌素 …… (259)
11.3.3 非典型 β-内酰胺类抗生素 …… (262)
11.3.4 半合成大环内酯类抗生素 …… (265)
11.3.5 四环素类抗生素 …… (266)
11.3.6 氨基糖苷类抗生素 …… (268)
11.3.7 多黏菌素类抗生素 …… (270)
复习和思考题 …… (271)

12 生理活性物质的发酵 …… (272)
12.1 发酵法生产维生素 …… (272)
12.1.1 维生素 B_2(核黄素)发酵 …… (273)

  12.1.2 维生素 B_{12}（钴胺素）发酵 ……………………………………………（275）
  12.1.3 维生素 C（L-抗坏血酸）发酵 …………………………………………（278）
  12.1.4 维生素 A 原（β-胡萝卜素）的生物合成 ……………………………（282）
  12.1.5 维生素 H（生物素）的生物合成 ………………………………………（285）
 12.2 辅酶类生产 …………………………………………………………………（285）
  12.2.1 辅酶 A（CoA） …………………………………………………………（285）
  12.2.2 烟酰胺腺嘌呤二核苷酸（NAD） ………………………………………（287）
  12.2.3 黄素腺嘌呤二核苷酸（FAD） …………………………………………（288）
 12.3 甾体激素的微生物转化 ……………………………………………………（288）
  12.3.1 甾体激素的分子结构和生理功能 ………………………………………（288）
  12.3.2 微生物转化的特点和类型 ………………………………………………（289）
  12.3.3 微生物转化的生产方式 …………………………………………………（290）
  12.3.4 微生物转化生产甾体激素的工艺要点 …………………………………（290）
 复习和思考题 ……………………………………………………………………（291）

13 酶制剂的发酵 …………………………………………………………………（293）
 13.1 概述 …………………………………………………………………………（293）
  13.1.1 微生物酶生产简史 ………………………………………………………（293）
  13.1.2 我国酶制剂研究及待改进的问题 ………………………………………（293）
 13.2 主要酶的应用 ………………………………………………………………（294）
 13.3 酶制剂的生产技术 …………………………………………………………（295）
  13.3.1 α-淀粉酶的生产 …………………………………………………………（297）
  13.3.2 脂肪酶的生产 ……………………………………………………………（298）
  13.3.3 蛋白酶的生产 ……………………………………………………………（298）
  13.3.4 纤维素酶的生产 …………………………………………………………（299）
 13.4 酶的提纯与精制 ……………………………………………………………（302）
  13.4.1 细胞破碎 …………………………………………………………………（302）
  13.4.2 絮凝技术 …………………………………………………………………（303）
  13.4.3 稳定剂的添加 ……………………………………………………………（304）
 复习和思考题 ……………………………………………………………………（304）

14 安全生产与发酵工业废料的再生和净化 ……………………………………（305）
 14.1 环境污染与微生物 …………………………………………………………（305）
  14.1.1 生物安全 …………………………………………………………………（305）
  14.1.2 水质污染与微生物净化 …………………………………………………（306）
 14.2 发酵工业废料的再生 ………………………………………………………（310）
  14.2.1 发酵工业废水、糟、渣的处理与利用 …………………………………（310）
  14.2.2 沼气发酵 …………………………………………………………………（312）
  14.2.3 利用藻类处理废水 ………………………………………………………（316）
  14.2.4 利用发酵工业废水生产单细胞蛋白 ……………………………………（318）
 复习和思考题 ……………………………………………………………………（319）

实验一　利用碱法分离纸浆废液中的微生物 …………………………………………（320）
实验二　化学、物理因素复合诱变育种 ……………………………………………（324）
实验三　黑曲霉发酵生产柠檬酸 ……………………………………………………（327）
实验四　多黏菌素 E 发酵及管碟法测定生物效价 …………………………………（330）
实验五　噬菌体污染的检查和鉴定 …………………………………………………（335）
实验六　纤维素酶固态发酵实验 ……………………………………………………（340）
实验七　酵母菌单倍体原生质体融合 ………………………………………………（342）
实验八　酿酒酵母细胞固定化与酒精发酵 …………………………………………（346）
实验九　工程菌大肠杆菌的高密度发酵及主要生化指标检测 ……………………（350）
主要参考文献 …………………………………………………………………………（353）

1 绪 论

祖先的发酵与酿造技术,是人类利用微生物的开始。但是他们并不知道发酵的主角——微生物的存在,因此几乎几千年来发酵现象一直充满着神秘的色彩。随着人类文明的发展、科学技术的不断进步,发酵技术在近几个世纪得到了迅速的发展,尤其是20世纪70年代的重组DNA技术为标志的现代生物技术的诞生,人们可以操纵细胞遗传机制,使之为人类需要服务,这就从根本上扩大了生物系统的运用范围。利用现代生物技术不仅能生产新型食品、药物、饲料添加剂,还能生产特殊化学品,如烷烃发酵生产二元酸,生产可降解的高分子化合物、萜烯类化合物,氨基酸及有机酸等的转化,而这是传统发酵技术及化学合成难以做到的。在解决人类面临的粮食、能源、环境等重大问题上必然会发挥积极作用。现代生物技术的出现,推动了发酵工程的发展,使发酵工程展现出越来越诱人的前景,吸引着人们去关注。

现代微生物发酵是利用微生物生长和代谢活动生产各种有用物质的现代工业,由于它以培养微生物或用经DNA重组技术改造过的微生物生产产品,使生物技术服务于国民经济,所以习惯上也称之为现代发酵工业或发酵工程,是微生物学与工程学相结合的科学。

1.1 现代微生物发酵的研究内容和特点

1.1.1 发酵及发酵微生物

发酵(fermentation)一词来自拉丁语"fervere"即"发泡"现象。这种现象是由果汁、麦芽汁或谷类发酵果酒、啤酒、黄酒时产生的二氧化碳气泡引起的。由于当时对微生物缺乏认识,发酵本质长时间没有被揭示,直到19世纪中叶巴斯德(Louis Pasteur)经过长期研究,认为发酵是微生物作用的结果。他宣告发酵是酵母菌在进行"无氧呼吸",酒精发酵过程是在厌氧条件下向菌体提供能量,并且经过原料的分解,得到的产物是酒精和二氧化碳。这一解释与在酒精、乳酸、乙酸、丙酸等厌氧条件下发酵的情况完全适合。随着生物技术的发展,在丙酮-丁醇、抗生素、酶制剂、氨基酸、核苷酸等发酵中,人们发现有的是厌氧的,有的是好氧的;有的有发泡现象,有的却无发泡现象。因此,发酵即"发泡"或"无氧呼吸作用"的定义是不完整的。

生物化学家和工业微生物学家对发酵有不同的看法。从生物化学的角度来说,发酵是指有机物能同时作为电子供体和最终电子受体并能产生能量的过程,其中有机物(代谢中间体)起着氢供体和氧受体两方面的作用;从发酵工程的角度来看,发酵是指利用微生物进行生长和代谢活动,并通过现代化工技术,进行微生物代谢活动形成各种有用产品的过程,包括有氧和无氧呼吸的发酵。随着重组DNA技术、原生质体融合技术的发展,人们可构建许多有特殊性能的非纯天然存在的新型细胞(微生物、动物或植物细胞)、酶(可以是游离的或固定化的),并通过发酵的方法生产有用产物。本书重点讨论利用微生物进行的发酵。

微生物发酵是利用微生物细胞进行的。凡利用基质(通常是指多糖分解而得到的单糖,其中葡萄糖是发酵中常用的)生产微生物菌体或其代谢产物的细胞形态的原核微生物(如细菌、放线菌)和真核微生物(如酵母菌、霉菌等)均称为发酵微生物。这些微生物与发酵工程密切相关。

1.1.2 现代微生物发酵工程研究的内容

现代微生物发酵工程是将传统的发酵技术和基因工程、细胞融合工程、酶工程等新技术结合起来的生物技术,并通过现代化工技术生产传统发酵不能生产的产品。它重点研究微生物的生命及其代谢途径,以及优化控制微生物代谢的规律、方法和应用。

微生物发酵是十分复杂的生化反应过程,大致可以分为以下几个组成部分:① 菌种的选育及扩大;② 最经济地利用环境中的营养物,按照微生物需要确定种子培养基和发酵培养基的配方;③ 培养基和发酵罐、辅助设备的灭菌;④ 发酵罐中微生物在最优条件下产物的大规模生产;⑤ 发酵产物的提取和纯化;⑥ 发酵工业废液及废料的处理、再生和生产环境的净化等。以上是现代微生物发酵工程研究的主要内容。

1.1.3 微生物发酵的特点

(1) 发酵的催化作用都在细胞内进行　微生物发酵是微生物细胞中各种酶的生物催化作用,这是与化工生产所不同的。发酵的中间步骤大都在细胞内进行,因此副产品少,可减少环境污染。

(2) 很大的比表面积(表面积/体积比)　微生物细胞非常小,并由此而产生很大的比表面积,因而营养物质能够迅速转移到细胞内,以维持细胞有高的代谢速度,例如酵母菌合成蛋白质的速度比豆科植物高几个数量级。这样高的微生物合成速率,使某些微生物菌体能在15~20min内增长1倍。

(3) 原料来源广,且价格低廉　微生物生长所需要的主要原料为碳源。可从农副产品(淀粉、纤维素等)、工业废水、糖蜜或者二氧化碳(如光能自养菌及藻类等)中获取,也可利用石油、醇类、醋酸及其他再生能源等。这些原料来源广,产量大,而且价格低廉,符合可持续发展战略的要求。利用微生物发酵得到的目的产物成本低,在市场上具有很强的竞争力。

(4) 反应条件温和,生产过程安全　化学反应需要高温、高压等条件,这些都需要耗费较多的能源。微生物发酵过程是在生物体内利用酶的催化作用下进行的,因此生产过程所控制的温度、pH、压力等条件都与细胞内进行的生化反应相似,反应条件十分温和,生产过程十分安全,而且能量利用率高,生物转化反应专一性强,产品的转化率高。

(5) 设备"多能性",代谢途径多样化　微生物工程设备投资小,且具有"多能性"。不同的微生物发酵产品可用同一种设备或稍加改造,就可进行生产。而且微生物种类繁多,代谢途径多样化,发酵工业已为人类提供了种类繁多的产品。同时利用微生物代谢产物还可发现新化合物的巨大宝库,可以不断地从微生物代谢产物中分离出新的对人类生活和工农业生产有重要意义的新产品。微生物多样性和它们对环境的适应性,也使得它们在环境工程中得到广泛应用,并有着十分广阔的开发领域。

(6) 具有易变异性　微生物本身具有易变异性,人类可以利用基因工程,物理、化学诱变等方法,改变微生物的遗传性质,调节和控制代谢途径,得到原来不能生产的产品,也可不断为提高目标产物的生产水平或生产新的产物提供广阔的前景。

由于微生物发酵本身具有化工生产无可比拟的特点,加上生物技术的不断进步,使发酵工程潜力无穷,涉及范围越来越广。

1.1.4 微生物发酵工程在生物技术产业中的地位

生物技术被列为当今六大高科技(生物技术、信息技术、新材料技术、新能源技术、海洋技术和空间技术)之一,它包括基因工程、细胞工程、酶工程、发酵工程和生化工程。习惯上也称之为生物工程。从发展上讲这也正标志着生物科学的不同领域和分支开始进入合流阶段。

微生物发酵工程虽然是生物工程的一个分支,却是生物工程产业化的重要环节,例如构建了一个新的菌种,要扩大培养用于生产,必须通过发酵才能实现;植物和动物细胞的产业化也离不开发酵;此外,各种酶制剂的生产、微生物代谢产物的获取也都是发酵的成果。可以说绝大多数生物技术的产业化都需要通过发酵的环节来实现。从这个意义上来说,发酵技术是生物技术产业化的基础。发酵工程又受到新技术和可更新能源的促进,增加了新的内容和手段。

1.2 微生物发酵工程的发展简史

远在有文字记载的历史以前,人类对发酵就已有所应用,但对其本质却长时间没有认识,而始终将它当做神秘莫测的东西。形成发酵工业只有近百年的历史,回顾整个发展进程,大致可以划分为以下几个主要阶段,见表1.2.1。

表 1.2.1 微生物发酵工程发展简史

年份	科学的发展	发酵技术	发酵工业
		天然发酵 ↓ 纯培养	酒类、酱及酱油、干酪等
1675	Leeuwenhoek 显微镜发明		酵母、酒精、丙酮、丁醇、淀粉酶等
1857	Pasteur 证明发酵由于微生物的作用		
1897	Büchner 证明发酵是酶的作用		
1905	Koch 应用固体培养基分离培养微生物		
1929	Fleming 青霉素的发现	↓ 深层培养	抗生素、维生素、有机酸、酶制剂等
1938	Florey, Chain 青霉素的大量生产		
1950	生物化学的发展 木下祝郎谷氨酸发酵技术开始	发酵的代谢调节	氨基酸发酵、核酸发酵
1952	生物化学、酶化学的发展推动 Peterson, Murray 采用微生物进行甾体类药物的转化技术		
1960	原料的改变 石油微生物的研究与应用 微生物消除环境污染	发酵原料的转换	单细胞蛋白及其他利用正烷烃的石油化工产品的发酵生产
1970	分子生物学发展 细胞融合 基因扩增 重组 DNA 技术	应用范围的扩大 ↓ 遗传工程及生命科学的高度发展	污水处理、能源开发、细菌冶金等 利用工程菌生产干扰素、胰岛素、生长素、激素等
1980	美国最高法院 Diamand 和 Chakrabarty 专利案做出裁定,认为经基因工程操作的微生物可获专利	工程菌的发酵制药等工业得到发展 ↓	基因工程菌可获专利
1990	微生物学与分子生物学紧密结合,计算机在发酵工艺的应用逐渐推广	发酵工程迅速发展	微生物新资源、新代谢产物、新疫苗、抗肿瘤、抗艾滋病等药物都在研究中

1.2.1 天然发酵阶段

我国是世界文明发源最早的国家之一,在长期生产实践中,对利用微生物有悠久的历史,积累了丰富的经验。利用微生物进行谷物酿酒的历史至少可追溯到 4000 年前的龙山文化时期,从龙山文化遗址出土的陶器中有不少饮酒的工具。公元前 14 世纪《书经》一书里有"若作酒醴,尔惟曲糵"的记载,意思是要酿造酒类,必须用曲糵。曲是由谷物发霉而成的,糵就是发芽的谷物。说明那时已用曲与糵酿酒。此外,在《周礼》中已有利用微生物酿制酱油、醋等食品的记载。哥伦布发现美洲新大陆时,曾发现当地印第安人已在饮用由玉米酿制的烧酒。由于受到科学发展的限制,对这种"发酵"本质的了解直到 19 世纪末仍属一知半解。长期以来处于手工业操作和自然发酵落后状态,生产经常被杂菌污染所困扰。我们祖先并不知道微生物与发酵的关系,产品质量不稳定。将这一时期称为天然发酵时期。

1.2.2 纯培养技术的建立

大约在 300 年以前,安东尼·列文虎克(Antony van Leeuwenhoek)发明了显微镜,可放大 50~300 倍。人们利用显微镜看到了大量的微小生物,敲开了微生物的大门。这引起许多学者的兴趣,纷纷开展研究,但持续 200 年间一直处在对这些小生命的观察中,对这类小生命与发酵的关系仍没有认识。19 世纪欧洲产业革命,要求用科学技术解决生产问题。法国科学家路易斯·巴斯德(Louis Pasteur)研究证明了酒精发酵是由于酵母菌的作用,指出发酵现象是微小生命体进行化学反应的结果。其后,他又研究了乳酸发酵、葡萄酒发酵、食醋酿造等,明确了这些不同类型的发酵是由不同形态类群的微生物引起的。这时微生物才从形态描述阶段进入到生理研究阶段,促进了微生物工业的发展。在这期间,酒的生产和养蚕业在国民经济中占有重要地位。当时酒酸败、蚕得病的问题造成资本主义复兴时期经济的巨大损失。巴斯德证明了酒精发酵是由于酵母菌的作用,葡萄酒的酸败是由于酵母菌以外的另一种醋酸菌的污染造成的二次发酵引起的,并发明低温消毒法,挽救了法国葡萄酒酿造业,使之免受酸败的损失。巴斯德消毒法(Pasteurization)一直沿用至今,酒类等饮料的消毒大多均采用此法。巴斯德被誉为"发酵的奠基人"。

19 世纪初,德国的罗伯特·柯赫(Robert Koch)等,首先应用固体培养基分离培养出炭疽芽孢杆菌(*Bacillus anthracis*)、结核分枝杆菌(*Mycobacterium tuberculosis*)、霍乱弧菌(*Vibrio cholerae*)等病原细菌,建立了一套研究微生物纯培养的技术方法,如细菌分离、培养、接种、染色等。19 世纪中叶丹麦的汉逊(Hansen)建立了啤酒酵母的纯培养方法。巴斯德、柯赫的工作为微生物发酵奠定了坚实的科学基础,开创了人为控制微生物发酵进程的时代。通过上述原理的应用,发酵管理技术得到巨大的改进,酒类、酱油等的变质现象大大减少。发酵技术的进步始终和社会需求相关。第一次世界大战中,德国需求大量甘油用于制造炸药,从而使甘油发酵工业化。英国需要大量的优质丙酮,制造无烟火药的硝化纤维,促进了丙酮-丁醇发酵的发明。后来,又采用灭菌操作,发明了简便的密闭式发酵罐。此时的发酵产品有乳酸、酒精、面包酵母、丙酮、丁醇等厌氧产品和柠檬酸、淀粉酶、蛋白酶等好氧发酵产品。发酵工业逐渐加入到近代化学工业的行列,这是发酵史上第一个转折点。

1.2.3 深层培养(通气搅拌)技术的建立

1928年英国的弗莱明(Alexander Fleming)发现青霉素。由于当时青霉素效价不高,没有形成产业,直到1940年英国的弗洛里(Haward Florey)及钱恩(E.B.Chain)精制分离出青霉素后,才确认青霉素对伤口感染比当时广泛使用的磺胺药更有疗效。美英两国合作对青霉素进一步研究开发,第二次世界大战时期才实现了青霉素的大量生产,成为抗生素发酵工业的里程碑。这是发酵技术上的一个大飞跃,其中的显著成就是把化学工业的通风搅拌技术引入到发酵工业,从此好氧菌的发酵生产走上大规模工业化生产途径。通气搅拌液体深层发酵技术是现代微生物发酵工程的主要生产方式,一直延续到现在还是好氧发酵的主要方法。这是微生物发酵史上的第二个转折点。

1.2.4 代谢控制发酵技术的建立

随着生物化学、微生物遗传学等学科的迅速发展,发酵工业产生了两个显著的进步:其一是采用微生物进行甾体转化技术;其二是谷氨酸的发酵成功,此后赖氨酸发酵生产也相继投产。这是由于引入了代谢控制发酵的新型技术所致。代谢控制发酵技术是以动态生物化学和微生物遗传学为基础,将微生物进行人工诱变,得到适合于生产某种产品的突变株,再在有控制的条件下培养,即能选择性地大量生产人们所需要的中间代谢产物如各种氨基酸和抗生素,开始了新型的代谢控制发酵技术。这是微生物发酵工程的第三个转折点。

1.2.5 发酵原料的改变

随着微生物发酵工业的迅速发展,需要大量粮食作原料。而世界人口的不断增长、饲养业的兴旺,都需要粮食。为使微生物不与人类争夺粮食,1960年生物学家对发酵原料的多样化的开发进行研究,出现了利用石油作为原料进行单细胞蛋白(SCP)的生产,如美、英、日、中国等国家都采用了烷烃为原料生产蛋白。虽然正烷烃为原料生产的蛋白安全性有待深入研究,但采用醋酸、甲烷、氢气等原料也可以生产单细胞蛋白以及多种多样的发酵产品。发酵原料的改变使发酵技术又进入一个新时期。这是微生物发酵工程史上的第四个转折点。

1.2.6 基因工程引入发酵

20世纪80年代,随着生物技术的发展,发酵技术又有了迅猛的进展,例如,体外DNA重组技术在微生物育种方面得到实际应用后,就有可能按照预定的蓝图选育菌种来生产所需要的产物。这类菌种被称为"工程菌"。工程菌可以生产一般微生物所不能生产的产品,如胰岛素、干扰素、水蛭素、凝血因子Ⅷ、超氧化物歧化酶(SOD)等。而且可以用此技术改造一般微生物生产的发酵产品,如氨基酸、抗生素、有机酸、酶制剂等的菌种选育,可提高产品的产量、质量并降低成本。

在农业上,科学工作者构建有生物固氮基因的工程菌或将固氮基因引入重要作物内部,以获得能独立固氮的新型作物品种;在环境保护方面,构建具有高效率分解多种有毒物质的新菌种,不仅能降解汞、酚、氰等,而且能把原油中三分之二的烃分解掉,且只要几个小时就可能做到,而自然界菌种分解海上浮油要花费一年以上的时间。

基因工程的引入,使发酵工业产生革命性的变化,这是微生物发酵工程史上的第五个转折点。

1.3 现代微生物发酵工程的应用

微生物发酵已发展成为树大根深的重要学科,随着科学的进步和技术的发展,它已得到日益广泛的应用,而且必将兴旺发达。

1.3.1 营养丰富的发酵食品日益增多

在工业化国家食品消费约占家庭消费的 20%~30%。食品工业是微生物最早开发应用的领域,迄今其产量和产值仍占微生物发酵工业的首位。

用发酵技术生产的食品种类繁多。例如以糖类和淀粉物质为主要原料或加工的各种酒类;以豆类和谷物生产的酱、酱油、醋、腐乳、饴糖等调味品和发酵食品;奶酒、酸奶、奶酪等发酵乳制品;葡萄糖、麦芽糖、甜味肽、甜蛋白等甜味剂;面包酵母、色素、右旋糖酐(葡聚糖)、葡萄糖氧化酶、乳链菌肽等食品添加剂以及食品加工时用的单细胞蛋白,包括细菌(假单胞菌、链丝菌等)、酵母菌、真菌、藻类等。

基因工程技术的引入使发酵技术在用于生产食品方面取得了新的进展。例如利用"工程菌"发酵可生产营养强化蛋氨酸的大豆球朊和鸡蛋卵清蛋白,使得蛋白质的来源不再受气候条件的影响和动、植物来源的限制。通过微生物发酵就能高效率、高质量地生产动、植物蛋白。此外,利用工程菌在构建天然蛋白甜味剂的菌株、降解纤维素发酵出酒精等方面也已取得可喜的进展。

1.3.2 医药和保健食品蓬勃发展

社会文明的高度发展,人们渴望能健康长寿,希望能有更多调节免疫、抗氧化、抗自由基的医药和保健品。

在第一个抗生素青霉素用发酵法大规模生产以来,挽救了无数人的生命。目前抗生素不断更新换代,半合成抗生素不断推出,维生素、激素几乎都是通过微生物发酵而生产的。基因工程在制药生物技术领域中的应用,更是备受国内外生物技术界的广泛关注,如对人体内的生理活性因子(激素、免疫球蛋白和细胞生长因子等)的研究。现应用于临床的蛋白质和多肽类药物已有 19 种,如人胰岛素、干扰素、生长因子、血纤维蛋白溶酶原活化因子(tPA)、红细胞生成素(EPO)、白介素、水蛭素等。防治目前疑难疾病的基因药物相继问世,在人类基因组计划完成之后,无疑会按照已知的疾病基因加快设计和筛选出对付疑难病的药物,对艾滋病、癌症等疾病防治的步伐将随之加快。2002 年末突如其来的 SARS(严重急性呼吸道综合征)来势凶猛,夺去了一些人的生命。在国家有关部门领导下,经全国病毒、病理、免疫、疫苗研究、动物实验等方面专家的共同努力,我国研制的 SARS 灭活疫苗已获批准进入临床试验。鉴于我国 SARS 灭活疫苗研究走在世界前列,世界卫生组织(WHO)在 2004 年初派出了 20 余名全球顶尖级疫苗学、病理学、临床研究专家、官员,首次来华考察,研究与我国的专家进行合作,利用 SARS 恢复期血清共同建立抗 SARS 抗体 WHO 标准,用于世界上不同的 SARS 疫苗临床研究效果评价的参比品。此举将对全球 SARS 疫苗研究标准化起到重要作用。此外,细胞工程、酶工程制药也迅速发展。酶工程除了全程合成药物分子外,还能用于药物的转化。我国成功地利用混合菌进行二步转化法生产维生素 C 就是成功的例子。还可利用极端环境下的微生物或海洋微生物提取的酶生产有价值的新药等,也可用"酶芯片"进行癌症等疾病的早期诊断。细胞工程制药是利用微生物发酵技术进行动植物细胞培养生产人类生理活性因子、疫苗、单克隆抗体;利用基因工程技术构建高效生产药物的动植物细胞株系或构建原植物细胞不能产生的新结构化合物的细胞株。相信在21世纪动植物细胞的技术会日益完善,达到生产新型的药物,具有诱人的前景。在研制新药物发酵同时,许多如灵芝菌丝、蘑菇多糖、藻类、乳酸饮料、双歧杆菌等益生菌,既有一定药用,也有一定的营养保健作用,对增强人体免疫、优生优育、延长人类寿命有着很好的作用。这些保健品也采用了发酵新技术生产,为人类造福。在这方面,发达国家和我国都投入了大量资金,促进其发展。

1.3.3 减缓资源、能源危机

一次性资源和能源正在以越来越快的速度消耗,但地球上一次性资源和能源如石油、天然气、煤炭及各种金属矿产等是有限的。矿物能源枯竭、粮食短缺和环境恶化是当前人类面临的三大危机。可再生性资源纤维素(如麦秆、玉米秸、稻草、甘蔗渣、锯木屑等各种各样的工农业残渣)的有效利用、开发是缓解这三大危机的重要途径之一。纤维素是地球上最丰富的再生资源,占地球总生物量的80%。纤维素的这一巨大资源的充分利用,对解决能源、资源短缺及环境污染等具有重大现实意义。世界各国都将天然纤维素资源经微生物转化,作为21世纪的重要战略性课题。利用微生物固体或液体发酵产生活性高的纤维素酶将这些可再生资源转化为能源和其他发酵产物如乙醇、单细胞蛋白、酶制剂、有机酸、生物农药等。固体发酵具有原料价格低廉、工艺过程简单、低投入、高产出、环境污染小等优点,引起人们的极大兴趣。中国科学院过程研究所陈洪章等人在这方面已做出卓越的成绩。至于金属矿产资源,目前地球上的富矿已经为数不多,因此需要解决贫矿的利用问题。自然界存在许多微生物具有富集金属元素的功能,因此利用微生物富集贫矿,有着工业化应用前景。为提高石油的开采率,许多国家已采用微生物发酵产品如多糖、黄原胶等进行二次、三次采油,可以大大提高石油的采收率。利用微生物从海水中提取富集铀等的研究也正在进行中。微生物发酵工程在资源、能源再利用开发上将大有用武之地。

1.3.4 深入广泛地改善环境

环境直接关系人类生存的质量。许多发达国家已提出绿色生产这一概念,人类要求回归大自然。发酵工程可以利用微生物转化作用将废物、工业废水等加以利用;消除有毒气体和致癌物质,例如在净化有毒高分子化合物方面采用基因重组技术,将两种菌的降解基因同时组入大肠杆菌,构建后的工程菌可将致癌作用强的三种卤素化合物 DDT、PCB 和甲基氯苯分解为二氧化碳和水;生产清洁燃料、沼气、降解塑料;生产无公害的农肥、农药,避免造成二次污染。可以预料,以日臻完善的科学技术为后盾,会有越来越先进的研究成果出自该领域,除不断地改进微生物处理的方法和工艺外,还将在特殊的有毒、有害化合物的降解及受污染和环境的生物修复中发挥巨大的作用,打造绿色人类生存环境。

此外,在农业、畜牧业中可利用发酵技术生产固氮菌、杀虫剂、除草剂和微生物饲料等,为农业、畜牧业的增产发挥巨大的作用。

回顾过去,我国微生物发酵工程已形成一套完整的工业体系,包括酿酒、食品等传统发酵工业,和以抗生素、氨基酸、有机酸、酶制剂、基因工程菌发酵生产的乙肝疫苗等为代表的现代微生物工程,其规模和产量在世界上都占有较高的比重。我国微生物发酵工程在已有的产业基础、强大的技术队伍、广阔的市场和需求的基础上,展望未来,前途似锦。只要下决心,通力合作,保证足够的资金、研究条件和良好的人才,艰苦奋斗,开拓创新,我国的微生物发酵工程将会有光辉灿烂的美好前景。

复习和思考题

1-1 发酵的传统含义与广义含义是什么?有何区别?
1-2 现代微生物工程含义是什么?为什么说发酵工程既传统又现代化?
1-3 如何理解发酵技术处于生物工程产业化的基础地位?
1-4 微生物发酵工程的特点是什么?
1-5 从微生物发酵工程发展史中,你认为哪几个阶段对推动发酵工程发展起着关键性的作用?
1-6 微生物发酵工程的应用和前景如何?

(罗大珍)

2 微生物的菌种选育和保藏

随着分子生物学的迅速发展,微生物学在生物科学的基本理论方面,在国民经济的许多领域,已日益引起人们的高度重视,显示出越来越强的生命力。研究微生物的遗传变异规律知识已广泛应用。在应用微生物领域中,为了更有效地大幅度提高产品的质和量,微生物的选种与育种的问题,变得更加突出地需要解决。但是,微生物在传代过程中不断产生变异,导致菌种获得的优良性状不断退化,如何创造适宜的环境来限制退化速度,就是菌种保藏工作对于微生物发酵工程极其重要和不可缺少的环节。

2.1 微生物发酵的关键因素——菌种

微生物发酵工程是利用微生物生长,摄取原料中的养分,通过体内的酶系,经过代谢活动复杂的化学反应,产生对人类有用的各种代谢产物,因此菌种是发酵的关键因素和灵魂。一个发酵工厂的成败很大程度上取决于工厂是否有一株优质、高产、健壮、纯净的菌种。本章围绕"种"的工作,主要有四个方面的问题要解决,即分离菌种、育种、保藏和复壮。而这四项工作都是在微生物遗传和变异的基础上进行的。选育种的目的是要促进变异发生,使原有的菌种在人为选择的条件影响下,发生有利生产要求的变异;但是保藏的目的则要求菌种优良的性状不变,设法使优良性状稳定地遗传下去。此外,对生产中长期传代而已衰退的菌种,也要使之复壮。在生产中我们要利用微生物遗传和变异这一对矛盾体,不断进行"种"的选育工作,当然培养过程的外界条件是否先进也很重要。

2.1.1 现代发酵工程中常用的微生物菌种及其代谢产物

工业上常用的微生物都是选自自然界的细菌、放线菌、酵母菌、霉菌。目前,工业生产上常用的微生物只是存在于自然界中十几万种微生物中的数百种而已,从此可看出微生物资源丰富。加上我国幅员辽阔,地理生态条件复杂,提供了各种不同微生物生长繁殖的良好条件,这是微生物工程开发中十分有利的优势。

就现代微生物发酵工程来讲,除以上提到的四大类微生物外,还应包括培养工程菌、哺乳动物细胞、"杂交瘤细胞"、植物的细胞等。

工业生产上常用的微生物、细胞及其代谢产物举例见表 2.1.1~2.1.4。

表 2.1.1 微生物工业中常用的细菌

微生物名称	产物	用途
枯草芽孢杆菌 (*Bacillus subtilis*)	蛋白酶	皮革脱毛软化、胶卷回收银、丝绸脱胶、洗涤剂、酱油酿造、水解蛋白、饲料和明胶及蛋白胨制造
	淀粉酶	酒精浓醪发酵、啤酒制造、葡萄糖制造、糊精制造、糖浆制造、纺织退浆等

(续表)

微生物名称	产物	用途
丙酮-丁醇梭菌 (*Clostridium acetobutylicum*)	丙酮和丁醇	工业有机溶剂
巨大芽孢杆菌 (*Bacillus megaterium*)	葡萄糖异构酶、腺苷、鸟苷、腺苷酸	由葡萄糖异构酶制造果糖
德氏乳酸杆菌或短乳杆菌 (*Lactobacillus delbrueckii*)	乳酸	食用、工业、医用、乳品加工、饲料加工
肠膜状明串珠菌 (*Leuconostoc mesenteroides*)	右旋糖酐	医用
谷氨酸棒杆菌 (*Corynebacterium glutamicum*)	L-赖氨酸、L-谷氨酸 $5'$-肌苷酸、$5'$-鸟苷酸	食用、医用、饲料 食用（增鲜）、医药（治疗肝炎）
弱氧化醋杆菌 (*Acetobacter suboxydans*)	醋酸、维生素 C 中间转化、二羟基丙酮	食用、医药
苏云金芽孢杆菌 (*B. thuringiensis*)	苏云金杆菌粉剂、杀螟杆菌粉剂	农用杀虫剂
薛氏丙酸杆菌 (*Propionibacterium shermanii*)	维生素 B_{12}	医药
大肠杆菌（借助重组 DNA 技术） (*Escherichia coli*)	胰岛素、人体激素、干扰素等	医药（最新的重组 DNA 技术的产物）
分枝杆菌属 (*Mycobacterium* sp.)	甾体转换	医药
杂交瘤细胞	免疫球蛋白、单克隆抗体	医药
哺乳动物细胞	干扰素、胰岛素等	医药

表 2.1.2　微生物工业中常用的放线菌

微生物名称	产物	用途
灰色链霉菌 (*Streptomyces griseus*)	链霉素、杀念珠菌素	医药
红霉素链霉菌 (*Str. erythreus*)	红霉素	医药
卡那霉素链霉菌 (*Str. kanamyceticus*)	卡那霉素	医药
金霉素链霉菌 (*Str. kureofaciens*)	更生霉素	医药
委内瑞拉链霉菌 (*Str. venezuelae*)	氯霉素	医药
轮丝链霉菌 (*Str. verticillatus*)	博莱霉素	医药
产二素链霉菌 (*Str. ambofaciens*)	螺旋霉素	医药
林肯链霉菌 (*Str. lincolnensis*)	林肯霉素	医药
棘孢小单孢菌 (*Micromonospora echinospora*)	庆大霉素	医药
地中海诺卡氏菌 (*Nocardia mediterranean*)	利福霉素	医药
泾阳链霉菌 (*Str. jingyangesis*)	"5406"抗生素	农用

表 2.1.3 微生物工业中常用的酵母菌

微生物名称	产物	用途
粟酒裂殖酵母(Schizosac pombe)	酒精、瓜氨酸	工业、医药
毕赤氏酵母(Pichia hansenula)	甘油、D-阿拉伯醇、赤藓糖醇、麦角固醇	医药、工业
热带假丝酵母(Candida tropicalis)	应用于石油或农产品和工业废料,生产酵母作饲料	农业
解脂假丝酵母(Candida lipolytica)	石油脱蜡、环烷酸精炼	降低石油凝固点、酵母菌体蛋白
产朊假丝酵母(C. utilis)	生产人畜可食用的蛋白质	菌体蛋白、医药
酿酒酵母(Saccharomyces cerevisiae)	酒精、细胞色素 C、CoA、酵母片、凝血质、单细胞蛋白、甘油、琥珀酸、果酒、葡萄酒、啤酒、白酒等	医药、工业
红酵母(Rhodotorula glutinis)	脂肪、β-胡萝卜素、麦角醇、降解 RNA	医药、食品
异常汉逊酵母(Hansenula anomala)	色氨酸、发酵食品、磷酸甘露聚糖	医药、食品
白地霉(Geotrichum candidum)	果胶酶、过氧化物酶、核酸、脂肪、单细胞蛋白、尿酸盐氧化酶	工业、医药、饲料
酿酒酵母(借助重组 DNA 技术)(S. cerevisiae)	水蛭素、白介素、干扰素等	医药(最新的重组 DNA 技术的产物)

表 2.1.4 微生物工业中常用的霉菌

微生物名称	产物	用途
高大毛霉(Mucor mucedo)	草酸、丁二酸、脂肪、甾族化合物转化	工业、医药
总状毛霉(M. racemosus)	丙氨酸、蛋白酶、3-羟基丁酮、甾族化合物转化	食品、医药
鲁氏毛霉(M. rouxianus)	淀粉酶、蛋白酶、丙二酸、乳酸、丙酮酸	工业、食品
黑根霉(Rhizopus stolonifer)	发酵食品、糖化酶、延胡索酸(富马酸)、乳酸、琥珀酸	制造葡萄糖、医药、工业
米根霉(Rhiz. oryzae)	酒类、淀粉酶、果胶酶、乳酸、纤维素酶、丁烯二酸、发酵食品、甾族化合物转化	食品、纺织工业、工业、饲料
布拉克须霉(Phycomyces blakesleeanus)	五倍子酸、原儿茶酸、吲哚乙酸、β-胡萝卜素、甾族化合物转化	工业、医药、食品
黄曲霉(Aspergillus flavus)	曲酸、甘露醇、顺乌头酸、抗坏血酸、果胶酶、蛋白酶、脂肪酶	工业、酿造、医药
米曲霉(Asp. oryzae)	淀粉酶、蛋白酶、果胶酶、酒类、酱油、苹果酸、纤维素酶、曲酸、葡萄糖酸、顺乌头酸、甘露醇	酿造、医药、食品、工业
宇佐美曲霉(Asp. usamii)	淀粉糖化酶、柠檬酸、顺乌头酸	食品、工业
土曲霉(Asp. sterreus)	衣康酸、琥珀酸、α-酮戊二酸、甲基水杨酸、谷氨酸、棒曲霉素、甾族化合物转化	医药、工业

(续表)

微生物名称	产物	用途
黑曲霉(Asp. niger)	淀粉酶、蛋白酶、果胶酶、橙皮苷酶、葡萄糖氧化酶、纤维素酶、脂肪酶、柠檬酸、草酸、酒石酸、抗坏血酸、戊二酸、顺乌头酸、五倍子酸、吲哚乙酸、黑曲霉聚糖	酿造、工业
产黄青霉(Penicillum chrysogenum)	青霉素、葡萄糖氧化酶、蛋白酶、转化酶、葡萄糖酶、异抗坏血酸、麦角碱	医药、工业、食品
桔青霉(Pen. citrinum)	脂肪酶、凝乳酶、核酸酶、葡萄糖氧化酶、磷酸二酯酶、甾族化合物转化	工业、食品、医药
绿色木霉(Trichoderma viride)	纤维素酶、纤维二糖酶、淀粉酶、乳糖酶、木素酶	淀粉加工、食品、工业、饲料
紫色红曲霉(Monascus purpureus)	发酵食用红曲霉素、淀粉酶、降解RNA	酿造、食品
赤霉属(Gibberella)	赤霉素	农业

2.1.2 发酵工业对微生物菌种的要求

菌种工作包括不断发掘新菌种,向大自然索取新产品;用传统方法和新的生物技术如基因工程手段构建新菌种;以及围绕着提高产量、改进质量、改革工艺等目的,对现有菌种进行改造。发酵工业菌种来源可以来自大自然,但从自然界分离、筛选和鉴定目的菌株,工作量大,有时为了获得合适的微生物必须从特定的生态环境中分离,这要经过充分查阅资料、调查研究,写出详细的试验方案。传统的发酵产业,已有一批经过上百年自然筛选留下来的微生物,可以向有关国家菌种保藏机构或大型发酵工厂的菌种保藏室购买。国际上也有菌种资源的交流。生产菌种是国家的重要资源,有着严格的管理和保密制度。

尽管微生物菌种资源丰富,来源广泛,但作为工业生产用的菌种,选择时必须遵循以下原则和要求:① 菌种不是病原菌,不产生任何有害的生物活性物质和毒素,以保证产品的安全性。② 生长速度快,发酵周期短,表达目的产物产量高。③ 菌种纯净,健壮,产品产量、质量稳定,不易退化,不易被他种微生物污染。低投入,高产出。目的产物的产量尽可能接近理论转化率。④ 发酵条件如糖浓度、温度、pH、溶解氧、渗透压等易控制。在常规培养条件下,迅速生长和发酵,且所需的酶活力高。⑤ 利用细菌和放线菌发酵时常易污染噬菌体,因此选育抗噬菌体能力强的菌株,使其不易被噬菌体感染造成生产的损失。⑥ 对诱变剂敏感,可通过诱变达到提高菌种优良性能的目的。⑦ 能在廉价原料制成的培养基上迅速生长,发酵周期短,并且目的产物产量高。⑧ 目的产物最好能分泌到细胞外,以利于产物分离。

2.1.3 从自然界选种

工业生产上所使用的微生物菌种,最初都是从自然界筛选出来的。自然界的微生物种类非常多,分布广。要从自然界找到我们需要的目的菌种,就必须把它们从许许多多不同的杂菌中分离出来。然后根据生产上的要求和菌种的特性,采用各种不同的筛选方法,挑选出性能良好、符合生产要求的纯种。筛选菌种的具体做法大致分成以下四个步骤:采样、增殖培养、纯种分离和性能测定。

极端环境(如高温、低温、高盐、高酸、高碱、高压及高辐射等环境)中的微生物的发掘已引起关注。它们具有不同于一般微生物的生理功能和特殊结构,在生产及科研中有重要意义:① 开发利用新的微生物资源,包括特殊基因资源;② 为研究生物进化,生命起源及微生物生理、遗传、分类等方面提供新的资料。

经过一番调查研究,资料的查阅,设计试验方案,就可进行菌种筛选,程序可参考图2.1.1。

2.1.3.1 采样

根据生产的要求,从什么地方找到我们需要的菌种?这要根据所需菌种的特性和其他有关因素来确定。一般地说,土壤是"微生物天然培养基",土壤中微生物种类多、数量大,是微生物的"大本营"和"菌种资源库"。土壤微生物可随着地面水流进河流、海洋;附在灰尘微粒上随着空气流动,漂浮在空气中或降落在适合它生长的营养物质上,如水果皮、废弃的食品残渣、朽木、烂树叶等。它可以在那里大量繁殖,但最终又回到土壤中,所以土壤是菌种采样的主要源泉。其他如从污水、动物粪便等中采样也不应忽视。

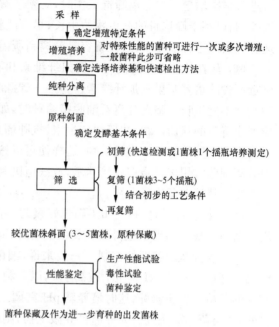

图2.1.1 自然界中筛选菌种的一般程序

一般有机质较多的土壤中微生物数量也较多,但对于不同的目的菌种,应该区别采样环境。如果在果园、瓜地的土壤或糖果厂附近土壤中,可能分离到利用糖质原料的耐高渗透压的酵母菌、柠檬酸产生菌、氨基酸产生菌。可以从热带森林中的枯枝、烂叶、腐土和朽木中取样分离得到能够分解纤维素、木质素的菌种。要得到新的抗生素,可以在偏碱性有机物质较丰富的土壤中取样。要获得耐高温的微生物,可以到肥堆、温泉、煤堆、火山地、地热区土壤及海底火山口附近取样分离。现已分离到生长温度在45~65 ℃或更高温度的几十个属的细菌,其生长代谢能力强,代时短,发酵率高;在生产中可有效防止杂菌污染;耐高温酶使发酵过程不需冷却,降低了成本;耐高温的DNA多聚酶使DNA体外扩增技术得到突破,为PCR技术的广泛应用奠定了基础。从油田的浸油土壤中能分离到利用石蜡、芳香烃、烷烃类的微生物。因此,在采样前,分析所需菌种的特性、科学地设计采样环境是很重要的。

由于表层土壤缺少水分,而且经常受日光直接照射、风吹和行人踩踏,不利于微生物的生长,所以一般应采集离地表5~15 cm深处的土壤作为样品。此外,土壤的水分、温度、通风情况、酸碱度等均对微生物分布有较大的影响。因此,采土时先用小铲子除去表土,取5~15 cm深处的土样,选好3~5点,每点取土约10 g混在一起,装入事先灭过菌的牛皮纸或聚乙烯纸袋内,并在袋上记录时间、地点、植被等情况。土壤采得后最好能立即分离。采土时尽量避免在雨季、冬季。不同微生物环境不一,如细菌、放线菌在中性和碱性土壤中较多,而酵母菌、霉菌则生活在偏酸性的环境中。

2.1.3.2 增殖培养

在一般情况下,从各处取来的样品都可直接进行分离,只有在少数情况下,在进行纯种分离前考虑到采集的样品中,所需要分离的微生物数量不多时,才设法增加该菌种的数量,浓缩需要的微生物数量,增加分离的概率,这种人为的方法叫增殖培养。对于数量特别少的微生物可进行多次增殖。在分离筛选工作时,必须了解所筛选的菌种在生活上所需的各种条件,并加以控制,以利于筛选目的微生物的生长,尽可能将其他种类的菌排除。好的筛选方案要简单、快速、灵敏、测定方法专一,这样就容易分离到所需要的微生物。

(1) 营养条件方面的控制　例如纤维素和石蜡都是一般微生物不能利用的碳源,因此在筛选菌种的培养基里只加纤维素作为唯一碳源时,除去具有能分解纤维素能力的菌种外,其他种类菌不能生长。筛选分离石油脱蜡菌种时,如果只用石蜡作碳源,情况也同样。如果要分离能产生特殊的代谢产物,如新的抗生素、抗肿瘤或杀虫剂的微生物,暂不知该用哪种培养基时,只要你明确要筛选某一类微生物,这样便可以按照各大类菌常用的培养基成分来进行分离。例如分离细菌常用肉膏蛋白胨培养基,放线菌则利用含有淀粉的培养基进行分离,酵母菌和霉菌可用麦芽汁培养基进行分离。

(2) 通气条件的控制　如果筛选好氧菌,可直接将含菌平板放在保温箱中培养,即可排除厌氧菌的生长。如果希望得到厌氧微生物时,要采用厌氧培养方法。

(3) 培养基酸碱度的控制　一般来说,细菌、放线菌在中性及偏碱性的环境中生长较好,因此需把培养基的pH调至7或高于7,以不利于霉菌和酵母菌的生长;而酵母菌、霉菌却在偏酸性的环境中生长较好,这时培养基pH需调至4～6,不让细菌和放线菌生长。但这也不是绝对的,各类菌都有例外。如分离自养微生物,则可能以CO_2为碳源。

(4) 根据特殊的生理特性而采用的方法　根据不同微生物具有不同的生理特性,也可利用它们的特点分离所需要的菌株。例如分离芽孢杆菌,可选用80℃加热10 min,杀死不生芽孢的细菌,缩小筛选范围等。

(5) 添加特殊的抑制剂　在筛选中还需要添加一些专一性的抑制剂。例如分离放线菌时,可在土壤悬液中加入10%的苯酚溶液数滴,可以抑制霉菌和细菌的生长。抗生素一般具有抑制微生物的专一性,如氨苄青霉素对革兰氏阳性细菌有抑制作用。制霉菌素和灰黄霉素可抑制酵母菌和霉菌生长。因此应根据所需要分离的对象而添加不同的抑制剂。

要在浩如烟海的成千上万个微生物中挑选到所需要的微生物,首先要精心设计一个好的筛选方案,才能更方便、容易地获得新的微生物代谢产物。

2.1.3.3 纯种分离

新菌种的分离是要从混杂的各类微生物中依照生产、科研的要求,菌种的特性,采用各种筛选方法,快速、准确地把所需要的菌种挑选出来。初筛出的菌种需经过多次纯化,方能得到纯种。所有研究工作必须使用纯种进行,所以纯种分离是研究和利用微生物工作中重要的环节之一。

实验室或生产用菌种若污染了杂菌,也必须重新进行分离纯化。菌种纯种分离技术有如下方法:

(1) 平板划线分离法　用接种环蘸取少量经增殖培养后的菌液,在含无菌固体培养基的培养皿(平板)表面上进行规则划线。操作时自左向右轻轻划线,划线时平板面与接种环面成30°～40°,以手腕力量在平板表面轻巧滑动划线,线条要平行密集,但两条线不能重叠,充分利用平板表面积,划线时接种环不要嵌入板内划破培养基。密集的含菌样品经多次划线稀释,使菌体在平板培养基上逐渐分离成单个菌体,经培养繁殖为单个菌落,反复进行几次划线分离,可以得到需要的菌种,即可将所需菌落移接到斜面培养基上,以待进一步观察。图2.1.2所示为划线分离示意图。

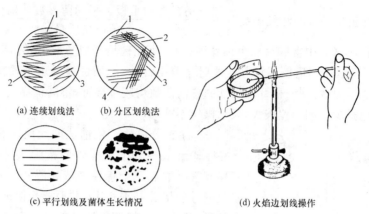

图 2.1.2　划线分离示意图

（2）稀释分离法　纯种分离也可用稀释方法,一般在培养皿上进行,使微生物在平板培养基上形成单个的菌落,然后从上面选择所需的菌落。取 0.5 mL 含菌样品于 4.5 mL 无菌水中作一系列稀释。在稀释过程中,必须掌握适宜的稀释倍数,否则当稀释倍数过小时,菌数太多不能达到分离目的;当稀释倍数过大时,则所需要的菌种有漏筛的可能。一般来说,土壤中含细菌的数目最多,分离时需要较大的稀释倍数(理想的一个平板上能计数细菌菌落数目在 30～200 个之间)。稀释过程如图 2.1.3 所示。稀释后取 1 mL 菌液置一或三个无菌培养皿中再倾注约 20 mL 相应培养基,倒置平板经过培养长出菌落,挑选菌落,接于斜面待筛选。

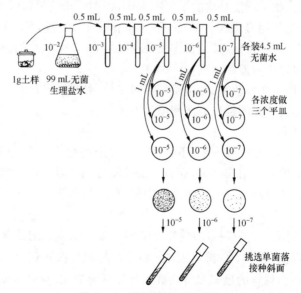

图 2.1.3　稀释分离过程示意图

不需要进行增殖培养而直接分离微生物或科研、生产菌种不纯时,稀释分离可直接将土样称取 1 g 或被污染的生产菌种用接种环取样在火焰旁加入到一个盛有 99 mL 并装有玻璃珠的无菌水或无菌生理盐水锥形瓶中,振荡10~20 min,使土样中菌体、芽孢或孢子均匀分散,制成10^{-2}稀释度的稀释液,然后以10倍稀释法进行稀释分离,参照图2.1.3所示。

含菌样品的微生物稀释分离培养后,每个活细胞可以在平板上繁殖形成一个肉眼可见的菌落。故可根据平板上菌落的数目,推算出每克含菌样品中所含的活菌总数。

$$每克含菌样品中的活细菌数=\frac{同一稀释度的平板上平均菌落数\times 稀释倍数}{含菌样品质量}$$

在教学和科研试验中常取后三个稀释度,用三个无菌培养皿各取1 mL菌液,注入冷却至45℃的固体培养基,凝固后倒置培养一段时间取出计数,一般由最后三个稀释度计算出每克含菌样品中的总活菌数。同一稀释度出现的总活菌数均应很接近,不同稀释度平板上出现的菌落应呈规律性地减少。如相差较大,表示操作不精确。

(3) 涂布分离法 依前法向无菌培养皿中倒入已融化并冷却至45~50℃的固体培养基,待平板凝固后,用无菌移液管吸取后三个稀释度菌悬液0.1 mL,依次滴加于相应编号的培养基平板上,右手持无菌玻璃涂棒,左手拿培养皿,并用拇指将培养皿盖打开一条缝,在火焰旁右手持玻璃涂棒于培养平板表面将菌液自平板中央均匀向四周涂布扩散,切忌用力过猛将菌液直接推向平板边缘或将培养基划破,如图2.1.4所示。

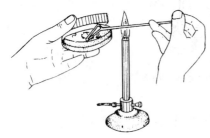

图2.1.4 涂布操作过程示意图

(4) 毛细管分离法、小滴分离法及显微操纵仪法 这是较为精细的单细胞或单孢子分离法,它可以达到纯菌株的水平。此分离方法具体操作方法很多,如用毛细管吸取菌液,于斜面培养基上培养,形成菌落;也可将样品制成悬浮液并适当稀释,如为产孢子的霉菌时,可用毛细管吸取菌悬液在盖玻片上滴纵横成行的数滴,倒置盖玻片于凹载片上,镜检单个细胞或孢子的小滴进行培养得到菌落。如果所要分离的微生物太小,在100倍的显微镜下观察不到,毛细管技术就不能使用了。必须使用显微操作器(micromanipulator)装置,与一特制的、非常精确的玻璃仪器结合使用。显微操作器可以减少工作量,受控运动在一个很小的操作面上,非常轻微、精细而连续地在1000倍显微镜控制下进行。

为了提高分离筛选工作的效率,除增殖培养时应控制增殖条件外,在纯种分离时也应控制适宜的培养条件,并选用特异的检出方法和筛选方案。

2.1.3.4 性能测定

分离得到纯种只是筛选的第一步,还必须对菌种进行性能测定,包括菌种的生产性能试验、毒性试验和菌种的鉴定。对毒性大,而且无法排除者应予以淘汰。如果在菌种纯化中获得数量可观的目标菌株,还要经过进一步的生产性能测定,选出更符合生产要求的菌株。常用平皿检测法。

(1) 平皿快速检测法 可应用水溶性物质能够在微生物生长的营养琼脂培养基中扩散的原理检测抗生素的存在。例如,① 抑制圈法:将牛津杯放在接种过对此抗生素敏感菌株的固体培养基上,将经过适当稀释的已知和待测抗生素分别滴加在小杯中;或将滤纸小片吸饱待测试液,放在接种过敏感菌琼脂平板上,经一定时间培养,出现抑制圈。② 透明圈法:在固体培养基中渗入溶解性差、可被特定菌利用的营养成分,造成浑浊、不透明培养基背景,在待筛菌落周围形成透明圈。透明圈的大小反映了菌落利用此物质的能力。如在培养基里掺入可溶性淀粉、酪素或 $CaCO_3$，可以分别用于检测菌株产淀粉酶、产蛋白酶或产酸能力的大小。③ 变色圈法：将指示剂直接渗入固体培养基中，进行待筛选菌悬液的单菌落培养；或将指示剂溶液喷洒在已培养成分散单菌落的固体培养基表面，在菌落周围形成变色圈。变色圈越大，说明菌落产酶的能力越强。而从变色圈的颜色又可粗略判断水解产物的情况。④ 生长圈法：将已知缺陷型菌株与不含该缺陷型所需的营养物的琼脂培养基混合制成平板，于平板表面接种待检菌，培养后若在待检菌周围出现缺陷型菌株的生长圈，表明该菌能合成或分泌酶转化得到缺陷型菌株所需的营养物质。此法常用于氨基酸、核苷酸、维生素等缺陷型菌株的选育。

(2) 梯度平板法　见 2.2.2.5 小节。在现代寻找微生物有用产物的方法越来越多，例如可以寻找某些酶的抑制剂。这些物质常常是新物质，而且有非常强的选择性作用。用抑制几丁质合成的抑制剂常常能抑制昆虫的生长，最常用的是由灰盖鬼伞(*Coprinus cinereus*)产生的一种酶，并以它制成测定系统。对几丁质合成有抑制作用的物质，也能抑制毛霉科(Mucor)的接合孢子的形成。

以上是从自然界分离新菌种的一套程序，除此也可从生产中选种。

2.1.4　从生产中选种

自然变异是不定向的，有的使菌种退化，有的使菌种获得优良性状。在大生产过程中，由于环境对微生物的选择作用，微生物也时常会发生自然突变，可以利用这种变异，在生产过程中进行选种。单菌落分离法也可用来淘汰衰退的菌株，达到纯化菌种、稳定生产和提高产量的目的。

(1) 抗噬菌体菌株的选育　北京大学原制药厂，在采用多黏芽孢杆菌发酵生产多黏菌素 E 时发现感染了噬菌体，原高产的菌株一下子变得无法生产，种子罐中菌体就被噬菌体裂解。在总结经验教训的同时，将感染后的发酵液进行摇瓶培养，分离到几株抗噬菌体菌种并不断用摇瓶培养，在对数期前加适量噬菌体，将不被裂解的多黏芽孢杆菌挑选出来，从中分离出抗噬菌体的菌株，应用这一菌株进行生产，在相当长的一段时间避免了噬菌体的感染。

(2) 菌落形态变异菌株的选育　在生产中有时发现用发酵液分离的菌种菌落形态发生变异，如孢子颜色等，可及时分离纯化，从中选出产量比原菌种高、培养条件比较粗放和孢子比较丰满的优良菌株。

(3) 利用环境的选择作用来选育　在发酵过程中常受外界环境的影响，如 pH、温度、溶解氧等条件的影响，有时利用环境的选择作用，也能选到耐酸(不易染杂菌)、耐高温的菌种。

2.2　微生物选育种

直接从自然界中分离得到的微生物为野生型，其代谢产物的产量往往是比较低的，不能达到生产的要求，因此必须进行菌种的选育工作，才能达到投产的要求。菌种选育的内容涉及范围非常广，最主要的部分是基因突变型菌株的识别与筛选两部分。其理论基础是微生物遗传学和分子遗传学。菌种选育方法有诱变育种、杂交育种、转化、转导、原生质体融合及基因工程技术等重要手段。这些重要技术对于工业微生物菌种的改良起到了重要的作用。

本节将重点讨论诱变育种、杂交育种、原生质体融合育种。基因工程育种将在第 7 章进行讨论。

2.2.1 诱变育种

对于大多数发酵工厂的菌种改良来说，还应该把诱变选育作为首选的育种手段。因为基因工程新技术的应用需要有高级的仪器和设备，还要有专门人才，一般工厂和实验室尚不具备。因此设计一个行之有效的诱变育种方案，可以尽快地获得生产上所需的突变株。

诱变育种（mutagenic breeding）是利用物理、化学或生物的一种或者多种诱变因子处理均匀分散的微生物细胞群，使菌体负责遗传作用的 DNA 分子中的碱基对发生变化产生突变体，进而采用简便、快速和高效的筛选方法，将极少数的有益突变株挑选出来，淘汰产量低、性能差的负变异株，从而达到获得优良菌株的目的。这与自然选育比较，由于引进了诱变剂处理而使菌种发生突变的频率和变异的幅度得到了提高，从而使筛选获得优良特性的变异菌株的概率得到了提高。

当前发酵工业中使用的高产菌株，几乎都是通过诱变育种而大大提高了生产性能的菌株。诱变育种除能提高产量外，还可以达到改善产品质量、简化生产工艺、缩短生产周期、合成新的化合物、抵抗不良的培养条件、产生新的生物活性物质等目的。20 世纪 40 年代初，美国威斯康星大学 Demereo 博士开始利用 X 射线诱变青霉素生产菌产黄青霉，使其遗传基因发生突变，获得了高产青霉素的突变株，开创了微生物诱变育种的新纪元。虽然至今已 60 多年，由于其方法具有简单、快速和收效显著等特点，故目前仍是被广泛使用的主要育种方法之一。微生物诱变育种的基本程序如图 2.2.1 所示。

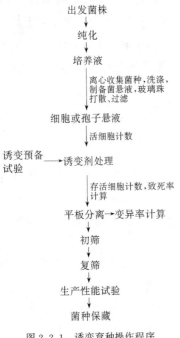

图 2.2.1 诱变育种操作程序

2.2.1.1 出发菌株的选择

用于诱变育种的原始菌株称为出发菌株。出发菌株的选择是否合适，对能否提高育种效果有重要影响，因此在诱变前对出发菌株的背景需经过一番调查。一般出发菌株来源有以下几类：

第一类来源于自然界直接分离的野生型菌株。这类菌具有比较完备的酶系统，染色体或 DNA 未损伤，但它们的生产性能通常很差。通过诱变，它们正突变的可能性大，即产量或质量性状都得到改良。

第二类是经历过生产条件考验的菌株。经过生产工艺条件的驯化或自发突变的菌，在酶系统和染色体的完整程度上看来类似野生型菌株。这类菌株已有一定的生产性状，对生产环境有较好的适应性，正突变的可能性也很大。

第三类是在生产或科研中已经过多次诱变改造的菌株。这些菌株的染色体已有较大的损伤，某些酶系统和生理功能都有缺损，产量水平已达到较高的水平，它们负突变的可能性很大。继续诱变时新的突变点与老的突变点间存在相互作用，可能效果叠加，也可能抵消或致死。育种工作的实践也证明了这个事实,因此出发菌株经过科学选择后,必须考虑其诱变后的稳定性。要采用单倍体,因为单倍体细胞中只有一套基因,诱变造成某个基因变化后结果不会发生分离现象,即筛选获得的高产菌株,避免它再发生分离回到低产性状。因此,对丝状真菌等的细胞中,具备多个核的微生物,常使用其孢子作为处理对象。

2.2.1.2　菌悬液的处理

为提高诱变处理的效果,首先需制备不同微生物的菌悬液。细菌一般要求处于对数生长中期的菌,此时菌体生长状态比较同步,生理活性状态较一致,又能保证一定的细胞浓度,比较容易获得变异株。为此,需要试验并绘出该菌株的生长曲线图。霉菌、放线菌的处理宜使用孢子,将孢子在水或液体培养基中短时间培养,使孢子刚好萌发但尚未形成菌丝,这能使群体同步,又易提高诱变效果。

菌悬液的均一性可保证诱变剂与每个细胞机会均等地充分接触,避免细胞聚集现象中变异株与非变异菌株间混杂,出现不纯的菌落,否则将给筛选工作带来困难。为避免细胞聚集,可用玻璃珠振荡,使细胞均一分散。然后可用灭菌脱脂棉过滤,得到分散菌体。对产孢子或芽孢的分散微生物,最好采用新鲜斜面培养的菌种,先将孢子或芽孢洗下,用多层擦镜纸过滤,制成单孢子悬液,并严格控制单孢子分散度在95%以上。这样,分散状态的细胞既可均匀地接触诱变剂,也可避免长出不纯的菌落。有时在诱变分离时两个细胞重叠长出的菌落,也会是不纯菌落,这类不纯菌落的存在是分离的菌株经传代后产生性状衰退的主要原因。

菌悬液的细胞浓度不能过高,真菌或酵母菌细胞控制在 $10^6 \sim 10^7$ 个/mL,放线菌或细菌一般控制在 10^8 个/mL 左右。计数方法可用血球计数板或平板活菌计数,也可用光密度仪迅速确定细胞浓度,进行合适浓度的调整。为了计算诱变处理后的致死率和变异率,必须用平板活菌计数法。菌悬液介质一般用生理盐水。化学诱变剂处理时可使用多种缓冲液,以防止化学反应引起 pH 变动,影响诱变效应。

2.2.1.3　诱变剂的处理

诱变剂要根据经验和菌种的已有诱变背景来选择。轮换使用不同的诱变剂或物理和化学诱变剂复合处理,得到的效果较好。根据编者的经验,对生产多黏菌素 E 的多黏芽孢杆菌的诱变是先用硫酸二乙酯(DES)处理,正突变率高,致死率低,但经筛选后发现正突变株稳定性差;再用物理诱变剂紫外线对正突变株进行处理,致死率高,正突变的稳定性较好。如果不经筛选直接选用化学诱变剂处理后再用物理诱变剂处理,效果会更好。考虑其作用机制,一种诱变剂的作用主要集中在一个基因的某个特定部位上,而另一种诱变剂则集中在另一些部位上,二者复合产生协同效应,使突变谱宽,诱变效果好。不同诱变因子对 DNA 分子中易发生突变的位点不同,可以弥补一种因子多次诱变容易产生的位点饱和,也可以弥补 DNA 分子对某些因子的不亲和性,从而产生增变效应,提高诱变效果。需要多次分离纯化才能获得性状稳定的突变株。

诱变剂量选择受处理条件、菌种的特性和诱变剂的种类等多种因素的影响。诱变剂量的大小难以确定,一般剂量大死亡率大,剂量小则死亡率小。应该说,能够提高正突变株频率的大的诱变剂量即为最适剂量。有人认为,如果菌株不很稳定,要求其稳定地提高产量,宜用缓和的因子和低一些剂量;如果出发菌株比较稳定,又要求突变幅度大,则应考虑用诱变力强的诱变剂和高的诱变剂量,使其遗传物质受到强烈的冲击而发生大的突变。但是达到一定剂量后,再加大剂量反而会使突变率下降。至于诱变剂的具体用量,有的试验证明采用造成致死率在90%~99.9%时的高剂量是合适的,这样不仅可以获得较高的突变率,并且淘汰了大部分菌体,减轻了筛选的工作负担。现在大多数人认为致死率在30%~75%的相对剂量的低剂量处理容易出现更多的正突变。

2.2.1.4 常用诱变剂及作用机制

诱变剂分物理诱变因子、化学诱变因子和生物诱变因子三大类,其诱变作用机制各不相同。常用的诱变因子及其作用机制如表2.2.1所示。各种化学诱变剂常用的浓度和处理时间见表2.2.2所示。

表2.2.1 诱变因子的分类及作用机制

类别	名称	性质	作用机制	主要生物学效应
物理诱变因子	紫外线(UV)	非电离辐射	使被照射物质的分子或原子中的内层电子提高能级	① DNA链和氢键断裂 ② DNA分子内(间)交联 ③ 嘧啶的水合作用 ④ 形成胸腺嘧啶二聚体 ⑤ 造成碱基对转换 ⑥ 修复后造成差错或缺失
	X射线 γ射线 快中子 高能电子流β射线	电离辐射	使被照射物质分子或原子中发生电子跳动,使内外层失去或获得电子	① DNA链的断裂 ② 碱基受损 ③ 造成碱基对转换 ④ 引起染色体畸变 ⑤ 修复后造成差错或缺失
	离子束	电离辐射、质量、能量、电荷的协同作用	使被照射物质的分子或原子引起原子移位、重组,形成新的分子结构和基因突变。要揭示离子注入的作用机制还要做许多工作	① DNA链的单、双链断裂 ② 碱基突变和小片段的缺失为主,不会导致基因大片段缺失 ③ 修复后造成差错或缺失,更深刻的生物效应还有待研究
化学诱变因子	氮芥(NM) 乙烯亚胺(EI) 硫酸二乙酯(DES) 甲基磺酸乙酯(EMS) 亚硝基胍(NTG) 亚硝基甲基脲(NMU)	烷化剂 (双功能基) (单功能基) (单功能基) (单功能基) (单功能基) (单功能基)	碱基烷化作用	① DNA交联 ② 碱基缺失 ③ 引起染色体畸变 ④ 造成碱基对的转换或颠换
	亚硝酸(HNO_2)	脱氨基诱变剂	碱基脱氨基作用	① DNA交联 ② 碱基缺失 ③ 碱基对的转换
	5-氟尿嘧啶(5-FU) 5-溴尿嘧啶(5-BU)	碱基类似物	代替正常碱基掺入到DNA分子中	碱基对转换
	吖啶橙 吖啶黄	移码诱变剂	插入碱基对之间	碱基组合改变产生码组移动
生物诱变因子	噬菌体	诱发抗性突变		传递遗传信息

表 2.2.2 各种化学诱变剂常用的浓度和处理时间

诱变剂名称	诱变剂浓度	处理时间	缓冲液	中止反应方法	效应	备注
亚硝酸（液体）HNO_2	$0.01\sim0.1$ mol/L（$0.047\sim4.7$ g）	$5\sim10$ min	pH 4.5，1 mol/L 醋酸缓冲液	pH 8.6，0.07 mol/L Na_2HPO_4 溶液	脱去碱基中的氨基后，引起碱基转换，造成突变	有致癌作用，小心操作
硫酸二乙酯（DES）$(C_2H_5)_2SO_4$	$0.5\%\sim1\%$（体积分数）	$30\sim60$ min 孢子 $18\sim24$ h	pH 7.0，0.1 mol/L 磷酸缓冲液	$Na_2S_2O_3$ 或大量稀释	诱变作用较强，杀菌作用较弱，使DNA的磷酸基及碱基部分发生烷化作用，引起突变	液体，不溶于水。加微量乙醇可溶解
N-甲基-N'-硝基-N-亚硝基胍（MNNG）（固体）$CH_3N(NO)C(NH)NHNO_2$	$0.1\sim1.0$ mg/mL，孢子 3 mg/mL（浓度高及碱性pH）	$15\sim60$ min 孢子 $90\sim120$ h	pH 6.0，1 mol/L 磷酸或醋酸缓冲液或三羟基甲基氨基甲烷-缩苹果酸缓冲液	大量稀释	同硫酸二乙酯。pH低于5～5.5形成亚硝酸，碱性条件下产生重氮甲烷，引起杀菌和变异	有致癌作用，小心操作，避光保存，易产生突变群
氮芥（液状物）ClCH₂CH₂>NH·HCl ClCH₂CH₂	$0.1\sim1$ mg/mL	$5\sim10$ min 密闭作用	—	甘氨酸或大量稀释	烷化剂，引起染色体畸变	与 $NaHCO_3$ 作用，即释放糜烂性毒气 N-芥子气，小心操作
乙烯亚胺（液体）CH—CH N H	$1:100\sim1:10000$	$30\sim60$ min 28 ℃或低温	—	稀释	烷化剂，使碱基起烷化作用，高浓度效果较好	有剧毒，小心操作。可在 4 ℃冰箱中处理，易燃，避光保存
盐酸羟胺（液体）$NH_2OH \cdot HCl$	$0.1\%\sim5\%$	数小时或生长过程中诱变	—	稀释	与胞嘧啶发生作用产生转换，引起 CG→AT 突变	有损健康，注意安全操作
氯化锂（白色粉末）LiCl	$0.3\%\sim0.5\%$ 在 $50\sim60$ ℃加入双碟再涂皿	加入培养基中，在生长过程中诱变	—	稀释	需与紫外线、亚硝酸、硫酸二乙酯等复合处理方有效，单独处理无效	易溶于水，易潮解
5-溴尿嘧啶（白色粉末）	作用浓度 $20\sim30$ mg/mL	与孢子悬液混合进行振荡培养，处理一定时间后稀释涂皿	—	稀释	有机体缺乏胸腺嘧啶时较易掺入DNA中引起突变，能诱发正突变与回复突变	碱基类似物
秋水仙碱 $C_{22}H_{25}NO_6$	$0.01\%\sim0.2\%$	数小时或在生长过程诱变	—	稀释		

(1) 物理诱变因子 物理因子以紫外线辐射使用最为普遍,其他物理诱变因子则受设备条件的限制,难以普及。目前用于育种的物理因子有快中子、^{60}Co γ射线和高能电子β射线、离子束注入等。紫外线用于诱变育种处理具有悠久的历史,虽几十年来各种新的诱变剂不断出现和被应用于诱变育种,但到目前为止,高单位抗生素产生菌种,有80%左右是通过紫外线诱变后经筛选获得的。由于紫外线诱变设备易得、方法简单、效果好,还是受到微生物育种工作者的青睐。

紫外线的波长范围虽然很广,但对诱变最有效的波长仅仅是在253~265 nm。紫外线诱变的主要生物效应是由于引起DNA变化而造成的。DNA对紫外线有强烈的吸收作用,尤其是碱基中的嘧啶,它比嘌呤更敏感。紫外线引起的DNA结构变化形式见图2.2.2所示。胸腺嘧啶二聚体的形成见图2.2.3。胸腺嘧啶二聚体的形成是紫外线

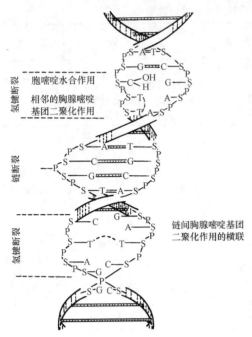

图2.2.2 紫外线照射后引起DNA结构的改变

引起细胞突变的主要原因,是紫外线改变DNA生物学活性的主要途径。它可在同一条链上或两链间发生。同一链上形成的二聚体会破坏腺嘌呤的正常掺入和碱基的正常配对。链间形成的二聚体可使双链解开受阻而影响复制,从而发生突变。

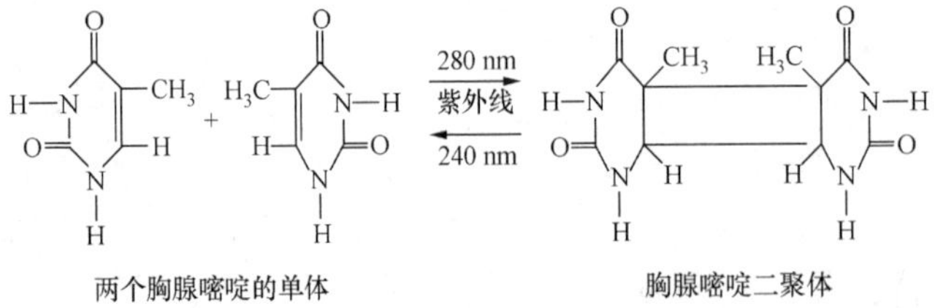

图2.2.3 紫外线作用下形成胸腺嘧啶二聚体

过量紫外线照射会造成菌体丢失大段的DNA或使交联的DNA无法打开,不能复制和转录,从而引起菌体死亡。但小剂量照射可作为诱变剂。

紫外线的强度以mW/m²作单位,必须使用特殊的剂量仪才能直接测定。菌种诱变并不需要测定绝对剂量,往往以照射时间或杀菌率作相对剂量来表示。紫外线诱变所需设备简单,在暗室或暗箱上部安装带稳压装置的20 W紫外灯管,下部安装一台电磁搅拌器,灯管悬挂高度离搅拌器台面30 cm,并安有红灯。诱变照射时可取2 mL单细胞(或单孢子)菌悬液放置于直径6 cm的培养皿中,放入无菌的搅拌子,液层厚度约为2 mm,培养皿底要平。将培养皿置于磁力搅拌器上,紫外灯预热20 min后关闭,打开磁力搅拌器和培养皿盖,并打开紫外灯,使菌液接受均匀照射,同时计时。微生物接受照射的剂量具有累积性,分次处理与一次处理达到相同的总时间,其所接受的剂量相等。达到要求时间后立即盖上培养皿盖,并取出在红外光下稀释分离,涂平板,并用黑布包扎平板,在适当温度下培养。

可见光能够激活某些光复活酶,将照后受损伤的DNA部分进行修复,因此称光复活作

用。光复活酶能识别嘧啶二聚体,并利用光所提供的能量使二聚体环打开而完成修复。DNA可正常复制,原来被损伤的微生物也可复活。这种关系并不完全平行,经低剂量紫外线处理的细胞遇可见光时,光复活表现为突变效应和致死作用均下降;而经高剂量紫外线处理的细胞光复合往往先表现为致死率作用的回复,而突变效应不变。

还有一种与可见光复活无关的修复,称暗复活或暗修复。细胞内存在一些不需要可见光激活的酶,它们分别识别DNA损伤部位和切开伤口,以损伤处对应的另一完整的互补DNA链为模板,催化合成新的DNA单链,以弥补排除伤口部位留下的空缺。切除损伤片段,新合成链与旧链完好连接,从而达到修复的目的,所以暗复活也称切除修复。

由于高剂量紫外线照射后细胞光复活先表现在致死效应的回复上,突变效应不变,因此,采用高剂量紫外线处理和强可见光(300~500 W灯泡)进行反复的交替处理,可增加菌种的变异频率。也可用暗修复作用,间断照射数次,以提高变异效果。

在物理诱变中新崛起的具有强烈应用背景和重要科学意义的离子束,是一种新的诱变源。人们早已知道雷电、辐射等自然现象是自古以来就存在的,然而这些自然过程中产生的低能离子与生物圈的相互作用关系却一直被人们所忽视。在离子注入生物被发现以前,与低能离子相互作用的研究对象仅限于岩石圈中一些无生命的物质,而在辐射生物学发展的90多年的时间里,研究内容也都是能量沉积对生物造成的损伤,未曾涉及低能离子沉积对生命的作用。直到20世纪80年代中期,中国科学院等离子物理研究所余增亮等人发现了离子注入时生物体的诱变效应。作为新的诱变源,离子束具有质量、能量、电荷三位一体的功效,它对生物体的作用主要表现为促使细胞内容物发生原子位移、重组和化合。在具体的操作中注入离子的数量可以调节,注入离子的射程也可以控制。在损伤比较轻的诱变状况中可以获得高的诱变率和比较宽的诱变谱,还可定点、定位诱变,减少大量的筛选工作量,并且操作过程很安全。经过近20年的努力,离子束生物工程学的理论和应用研究已取得不少进展,在工农业、医药业中的应用带来了巨大的经济效应。离子束在改良应用微生物菌种方面也取得了丰硕的成果,如浙江农业科学研究院微生物研究所阮丽娟等用离子束处理糖化酶生产菌,短短一年多的时间里,即将酶活从15 000发酵单位(U)提高到20 000 U,最高菌株达26 000 U。经过定期传代试验,产酶性能稳定。利福霉素是治疗结核病的常用药物,国内发酵水平一般在5500 U左右,中国科学院等离子物理研究所于1992年开始离子注入对利福霉素生产菌进行诱变,其发酵水平较对照株提高了40%,在7吨、20吨罐试产,头批罐最高化学效价达6800 U,平均6100 U,比同期原出发菌效价提高35%,全年试产,效价平均提高11.5%。中国科学院离子束生物工程重点实验室袁成凌等与武汉烯王生物工程有限公司合作对花生四烯酸(AA)产生菌诱变,使发酵时间由原来的11 d缩短为9 d。在20 L小罐上发酵,干菌体收率由19 g/L提高到30 g/L,总脂量提高20%,不饱和脂肪酸由原占总脂的32%提高到50%以上。许安等用此法获得的维生素C生产菌创国内外二步法发酵糖酸转化率新高,摩尔转化率最高达97.5%,而且这种菌种具有直接转化葡萄糖的能力,葡萄糖质量转化率可达50%。以上实践,只是离子注入微生物育种的例子,说明这项工作的推广是有前途的。

随着太空技术的发展,太空飞行从小型卫星的发射演进到巨大的太空站的建造,由几小时的飞行增加到数月的居留,因此分析太空辐射对人体的危害具有重要的意义。太空和其他星球为人类提供了无限的天然资源、新的知识领域和研究生命现象全然不同的条件。中国已大举发展太空生物试验,向太空要更高级的生物产品(如医药、食品等),并将遨游太空的微生物、植物种子进行育种、筛选,形成规模化生产。

(2) 化学诱变因子　化学诱变剂种类极多,包括金属离子、一般化学试剂、生物碱、抗代谢产物、抗生素以及高分子化合物等(参见表2.2.1和2.2.2)。根据它们对DNA的作用机制,可以分成三类:第一类是与一个或多个核酸碱基起化学变化,因而在DNA复制时引起碱基配对的转换而发生变异。属于这一类的诱变剂主要有亚硝酸和烷化剂,如硫酸二乙酯(DES)、甲基磺酸乙酯(EMS)、乙烯亚胺(EI)、亚硝基胍(NTG)、亚硝基甲基脲(NMU)、氮芥(NM)等。

烷化剂(alkylating agent)带有一个或多个活性烷基。带一个活性烷基称单功能烷化剂,带两个或两个以上的分别称为双功能或多功能烷化剂。活性烷基可转移至其他分子中电子密度高的位置,其诱变作用是通过与DNA中的碱基或磷酸作用而实现的。活性烷基是诱变育种上极其重要的一类化学诱变剂。甲基磺酸乙酯、硫酸二乙酯、乙烯亚胺是单功能烷化剂;氮芥是双功能烷化剂;亚硝基胍和亚硝基甲基脲因为有突出的诱变效果,所以称其为"超诱变剂"。双功能烷化剂可以引起DNA两条链交联,造成菌体死亡,所以其毒性比单功能烷化剂强。其机制请参考岑沛霖等编的《工业微生物学》。

第二类化学诱变剂是与天然碱基(A、G、T、C)化学结构十分接近的类似物,即称碱基结构类似物。如5-溴尿嘧啶(5-BU)、5-氟尿嘧啶(5-FU)、2-氨基嘌呤(2-AP)、8-氮鸟嘌呤(8-NG)等。它们能渗入到DNA分子中而不妨碍DNA的正常复制,但其发生错误配对便可引起碱基对的转换,出现突变。

第三类化学诱变剂是移码突变诱变剂。移码突变是指由一种诱变剂引起DNA分子中增添或缺失少数几个碱基对,而造成其后面全部遗传密码发生转录和翻译错误的基因突变。点突变一般先涉及一个密码子的改变,而移码突变涉及突变点以后所有密码子的改变,因此,它是一类影响较大的突变。与染色体畸变相比,移码突变仍属于DNA分子的微小损伤。这类诱变剂包括吖啶黄、吖啶橙、原黄素、α-氨基吖啶类等染料和一系列ICR类化合物(由美国肿瘤研究所"Institute for Cancer Research"合成且由其得名。它们是一些由烷化剂与吖啶类化合物相结合的化合物)。这类化合物都是有效地用人工方法产生的移码诱变剂。

要强调的是,各种化学诱变剂都具有极强的毒性,且某些药品有致癌作用,使用时必须严格遵守操作规程,十分小心!切勿用口吸药物或直接接触皮肤,并注意药液不能污染环境。

(3) 其他诱变因子　除了上述物理与化学诱变因子外,尚有一些其他的因素能增加诱变因子作用,如抗生素、脱氧核糖核酸、氯化锂等增变物质,它能与紫外线、亚硝酸、硫酸二乙酯等复合处理产生增变效应。抗生素应用较广,如利用β-内酰胺类抗生素抑制细菌细胞壁的合成;利用多烯类抗生素(制霉菌素、两性霉素B等)作用于细胞膜磷酸转移酶等,损伤真菌细胞膜,使细胞内麦角固醇等内含物向外泄漏;利用链霉素处理生产菌株有可能选出抗噬菌体菌株。

另外,噬菌体作为生物诱变剂,可作为抗噬菌体菌种的选育,其作用原理可能与传递遗传信息诱发抗性突变有关。

2.2.2　变异菌的筛选方案

2.2.2.1　摇瓶筛选法

诱变与筛选是菌种选育的两个不可分割的环节。通过物理或化学诱变剂处理后,可以大大地提高菌种的变异频率和变异幅度。但是变异菌株只占变异细胞中的百分之几,甚至还不到,而生产性状得到提高的优良菌株变异频率更低。因此,要在大量的变异菌株中把个别优良突变株挑选出来,工作量巨大,包括大量的单菌株分离工作、培养和测定工作。为了提高筛选效率,微生物育种工作必须精心设计简洁而有效的方法,花费很少的工作量,在最短时间内取得最大的筛选效果。一般将筛选工作分为初筛和复筛两步进行。初筛的目的是删去不符合要求的大量菌株,数量是首要的,而准确性只作为次要要求。一个菌株只做一个发酵摇瓶。测定分析方法也要求简化。经过初筛,大量负变异菌株被淘汰,留下10%~20%生产性状类似的菌株,使优良菌株不被漏筛。因为初筛工作量大,手段应尽可能快速、简单。复筛的目的是确认符合生产要求的菌株,复筛以准确性为主,一个菌株应做三个发酵摇瓶,测定方法也应精确,从而确定最优的菌株。复筛往往也需反复多次,选出其中几次试验性状均优良、稳定性好的菌株。要注意:初筛后得到的高单位菌种需2~3轮的复筛和自然分离,因为大多数初筛得到的高单位菌株并非稳定基因突变所致。另外,复筛后得到的高单位菌种必须及时保藏,以免丢失或退化。许多选育种工作者推荐如图2.2.4所示的筛选方法,值得借鉴。

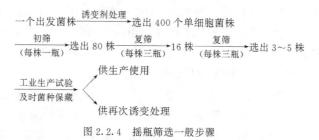

图 2.2.4 摇瓶筛选一般步骤

2.2.2.2 从菌落和个体形态上的变化进行分析

经诱变后发生变异的菌有可能在形态变化与生产性状上有一定的相关性,这就可以快捷地把变异菌株挑选出来,如菌落大小、颜色变化、边缘状态、菌丝长短、有无孢子、孢子大小、菌丝粗细等都可捕捉其不同点。编者在对生产曲酸(kojic acid)的菌株黄曲霉进行诱变后长出的菌落形态上就有很大变化。有的菌落生长快、菌落大,有的菌落孢子颜色深,有的产生角变(即一个菌落一半出现孢子多,另一半没有孢子,只长出白色菌丝),也有一株无孢子的菌落。分别挑出菌落进行摇瓶发酵,经初筛,发现菌落大(20mm)、孢子多的几株黄曲霉,曲酸产量高,且从个体形态看,这几株菌丝都较粗。淘汰大批负变或产量与出发菌株差不多的菌株后,对较高的进行多次复筛,最后选出的产量高而稳定的突变株,因为菌丝粗,对下游处理有利即易过滤。对于无孢子的菌株产量初筛时高,但不稳定,且无孢子,所以不能用于生产。对产量高的菌株,进行培养基的正交设计试验,选出最适的培养基配方,经生产试验,菌产量高,易过滤,提前3个月完成生产任务。

2.2.2.3 平皿快速检测法

平皿快速检测法是将生理性状或生产性状转化为可见的性状,在初筛实践中应用很广,可以快捷提高筛选效率。这些生理效应范围可用培养皿特殊的透明圈、变色圈、纸片培养显色、生长圈、抑制圈等来表示,但它的缺点是由于培养皿上的各种条件与摇瓶培养,尤其与发酵罐中液体深层培养时的条件有很大差别,有时造成筛选与生产性能的结果差异。下面分别介绍平皿快速检测法的大致步骤:

(1) 透明圈法 在固体培养基中加入可溶性淀粉、酪素或$CaCO_3$等溶解性差、可被特定菌利用的营养成分,造成浑浊、不透明的培养基背景。在待筛选的菌落周围就会形成透明圈,其大小反应菌落利用此物质的能力。此法可以分别用于检测菌株产淀粉酶、产蛋白酶或产酸能力的大小。

(2) 变色圈法　在产曲酸菌株诱变初筛时可采用此法,在固体培养基中加入1% $FeCl_3$-HCl显色剂,将诱变后的单菌落用打孔器打块放置在此固体培养基中,出现红色变色圈。根据圈的直径大小,挑出一系列直径大的突变株,经摇瓶复筛后,证明变色圈越大的菌落产曲酸能力越强。

(3) 滤纸片培养显色法　将浸泡有某种指示剂的固体培养基的滤纸片放在培养皿中,下用牛津杯架空,并用含3%甘油的脱脂棉以保温,将待筛选的菌悬液稀释后接种到滤纸片上,保温培养形成分散的单菌落,菌落周围将会产生对应的颜色变化。从指示剂变色圈与菌落直径之比可以大致判断菌株的相对产量和性状。指示剂可以是酸、碱,也可以是能与特定产物反应产生颜色的化合物。应用水溶性物质能够在微生物生长的营养琼脂培养中扩散的原理,可检测抗生素的存在。

(4) 生长圈法　利用具有特别营养要求的微生物作为试验菌,这些菌株往往是对应的营养缺陷型菌株,若待筛选菌株在缺乏上述营养的条件下,能合成该营养物,或能分泌酶将该营养物的前体转化成营养物,那么,在这些菌的周围就会有试验菌生长,形成环绕菌落生长的生长圈。该法常用来选育氨基酸、核苷酸和维生素的产生菌。

(5) 抑制圈法　此法常用于抗生素产生菌的筛选。待筛选的菌株能分泌产生某些能抑制试验菌生长(该菌往往是抗生素的敏感菌)的物质,或能分泌某种酶并将无毒的物质水解成对试验菌有毒的物质,从而在该菌落周围形成试验菌不能生长的抑菌圈。抑菌圈的大小反映了菌株对该物质的生产能力。在抑菌圈检查时,最好以菌落直径与所产生的抑菌圈的直径比来表征该菌落产生抗生素的能力。

采用以上某种初筛方法淘汰大量负变异菌株,获得较好的、少量的正突变菌株后,就可采用摇瓶进行复筛,每株三瓶,控制培养条件,培养一定时间后,进行分析测定。摇瓶与发酵罐的条件较相近,所测数据更有实际意义。

由于计算机在发酵工业上的应用,在这方面已有联机操作,如将已诱变长成的平板菌落送入接种机内,接种机根据已设定的程序进行扫描接种至发酵瓶中(接种针自动调换),这时就省去了制备斜面这一过程。经培养后的发酵瓶送入提取机内,加入适量的溶媒,经振荡数分钟后,静止分层。然后再由检定机吸取样品进行紫外检测,连接打卡机,以筛选出高产量的菌种。这种自动化筛选工作是微生物育种工作的发展方向。

2.2.2.4　营养缺陷型的筛选

通过诱变可以产生营养缺陷型,即在某些营养物质(如氨基酸、维生素和碱基等)的合成能力上出现缺陷,必须在基本培养基中加入相应的有机营养成分才能获得变异株。其变异前的原始菌株称野生型菌株。

营养缺陷型菌株不论在生产实践还是科学实验中都有重要意义。在生产实践中可作为发酵生产核苷酸、氨基酸等中间代谢产物的生产菌;在科学实验中,它既可作为氨基酸、维生素、核苷酸等生物测定的试验菌种,也是研究代谢途径的好材料和研究杂交、转化、转导、原生质体融合等遗传规律必不可少的遗传标记菌种。具体筛选方法可参考"微生物学"有关章节。

2.2.2.5　抗性突变株的筛选

抗性突变株筛选比营养缺陷型简便,只要有10^{-6}频率的细胞具有抗性,即能用快捷的手段筛选出来。常用的方法可分为一次性筛选和梯度筛选两种方法。

（1）一次性筛选法　此法是在出发菌株完全致死的环境中，一次性筛选出少数抗性变异株。

抗噬菌体的菌株常用此法筛选。将对噬菌体敏感的出发菌株经过变异处理后的菌液大量接入含有噬菌体的培养液中，为了保证敏感菌不能生存，可使噬菌体数多于细胞数，在这种情况下出发菌株完全致死，只有变异产生的抗噬菌体的突变株细胞在此环境中不被裂解而旺盛生长繁殖，通过平板分离即能得到纯的抗性突变株。工业上采用细菌和放线菌发酵的产品常遭噬菌体的侵袭，往往造成连续倒罐，短时间很难去除环境中的噬菌体，使生产造成很大损失。当抗噬菌体菌株用于生产时，它能忍受环境中的噬菌体侵入，而噬菌体本身在这种抗性菌的环境中由于失去了寄主细胞逐渐死亡，因此筛选抗性菌株在发酵工业上是有着重要意义的。

筛选耐高温菌株也常采用一次性筛选法，即将处理过的菌液在 50～80 ℃一定高温下处理一定时间后再分离，使不耐此温度的细胞被大量杀死，残存下来的细胞对高温有较好的耐受性。耐高温的菌株所产生的酶的热稳定性较高，在发酵过程中可以采用一些特殊的工艺过程，它既可缩短发酵周期，也可抗杂菌污染，节约冷却水。在夏季更显示出它的优越性。

对于耐高糖、耐高浓度酒精等酵母的筛选，也适合在提高发酵醪浓度、醪液酒精浓度的环境下筛选得到。

（2）梯度培养皿筛选法　筛选抗药性突变株或抗代谢拮抗物的突变株都可采用此法。先在培养皿中加入 10 mL 不含药物的琼脂培养基，使皿底斜放形成斜面刚好完全盖住培养皿底部，待凝固后，将皿底放平，再在原先的培养基上倒 10 mL 含有适当浓度（通过试验决定）的药物或对该菌生长有抑制作用的代谢的结构类似物（如异烟肼是吡哆醇的代谢结构类似物，两者分子结构类似，见图 2.2.5）的培养基，水平摆放，凝成平面过夜。此二层培养基因为药物扩散，造成一个由稀到浓的药物浓度渐增的梯度，见图 2.2.6。再将菌液涂布在梯度平板上，药物低浓度区域菌落密度大，大都为敏感菌；药物高浓度区域菌落稀疏甚至不长，浓度越高的区域里长出的菌抗性越强。在同一个平板上可以得到耐药浓度不等的抗性突变菌株。同样，根据微生物产生抗药性原理，异烟肼抗性突变有可能是产生分解异烟肼的酶类，也有可能通过合成更高浓度的代谢物（吡哆醇）来克服异烟肼的竞争性抑制作用。这样，通过梯度培养法就可以定向培养生产吡哆醇的高产菌株。

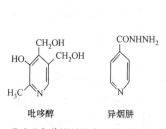

图 2.2.5　吡哆醇与代谢结构类似物异烟肼的分子结构

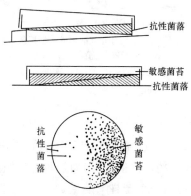

图 2.2.6　浓度梯度培养皿法示意图

2.2.2.6　高分子废弃物分解菌的筛选

随着高分子化学工业的迅速发展，塑料、各种食品包装废弃物等日益增多，造成白色污染，因此筛选能分解这些高分子物质的微生物是环境保护的重要课题。由于这些合成树脂、合成纤维多半不溶于水,直接从自然界中分离这些微生物是困难的,为此,科研人员已设计了一种阶梯式筛选法。首先寻找能在与聚乙二醇结构相似的含两个醚键的三甘醇上生长的菌株,继而诱变寻找分解聚乙二醇的变异株(也可筛选能利用乙二醇、丙二醇作为碳源的菌株),再进行诱变或基因工程等手段筛选能利用其多聚体聚乙二醇等物质的变异株。

随着现代生物技术的迅速发展,在微生物常规选育种方法的基础上,分子生物学的DNA凝胶电泳、高效液相色谱等快捷、明确的手段,必将被采用。

2.3 杂交育种

杂交育种(hybridization breeding)是指人为地利用原核微生物中的接合、转化、转导及真核微生物的有性生殖或准性生殖等过程,促使两个具有不同遗传性状的菌株发生基因重组,以获得性能优良的生产菌株。由于杂交育种选用已知性状的供体和受体菌作为亲本,因此无论在方向性和目的性方面,都比诱变育种前进了一步,这是一类重要的育种手段,是在细胞水平上的基因重组。

2.3.1 细菌的杂交育种

2.3.1.1 接合(conjugation)

遗传物质通过直接接触从一个细胞至另一个细胞的转移叫做接合。1946年,Lederberg和Tatum用两株大肠杆菌K12突变株对接合现象进行了实验,证实这两株突变株都带有两种不同氨基酸营养缺陷型标记。分别以A、B、C、D表示大肠杆菌苏氨酸和亮氨酸营养缺陷型(bio^+、met^+、thr^-、leu^-)及大肠杆菌生物素和蛋氨酸营养缺陷型(bio^-、met^-、thr^+、leu^+)所需的四种不同的生长因素。这两株营养缺陷型细菌只能在完全培养基或补充培养基上生长,而不能在基本培养基上生长。但是,把这两种营养缺陷型细菌在完全培养基中混合培养后再涂布于基本培养基上,发现它们的后代能在基本培养基上长出菌落,见图2.3.1。这是由于这两种营养缺陷型细菌相互接触,进行了遗传物质的转移和重组,从而遗传特性发生了变化:

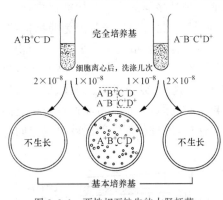

图2.3.1 两株相互缺失的大肠杆菌
K12突变株,经接合发生重组

(参考 Braun, W. Bacterial Genetics. Philadelphia, Saunders, 1965)

$$A^-B^-C^+D^+ \times A^+B^+C^-D^- \rightarrow A^+B^+C^+D^+$$

$A^+B^+C^+D^+$即为原养型,它们出现的频率为10^{-7},由于这些细胞结合了两株亲代菌株互补缺失的遗传信息,因而被称为重组体。不同菌株两种个体细胞的交配也可以在电子显微镜下观察到,一个菌株有菌毛,另一个无菌毛,通过交配,供体细胞中的个别基因传给了受体细胞,育出了杂交变株。

1952年Hayes进一步研究,根据杂交亲和力K12菌系可分为F^+(代表阳性细胞)、F^-(代表阴性细胞)和Hfr(高频重组菌株的阳性细胞)三种形式。F^-细胞之间彼此不能杂交重组,它

们必须和 F^+ 细胞杂交重组,尤其是和 Hfr 细胞重组频率极高(可高出数百倍)。当 Hfr 和 F^- 混合培养时,它们的细胞很快地连接在一起,并在连接处产生一个狭窄的原生质桥,这种接合延续 1h,然后细胞分开。此两种细胞的性状试验表明,只有在 F^- 菌落中有重组性状的后代产生,由此发现大肠杆菌遗传重组过程是向着一个方向进行的。

细菌接合是靠 F 因子(致育因子、性因子或称 F 质粒),它控制着细胞的性菌毛的形成,决定细胞接合能力,是小分子 DNA,在 F^+ 细胞中单独存在,呈自主性自我复制的环状分子,它与染色体 DNA 同步复制、分裂;在 Hfr 细胞中也有 F 因子质粒,但 F 因子质粒是附加体,它能整合到细胞染色体内呈环状染色体上的一段基因上,随染色体 DNA 一起复制。由于 F 因子具有转移遗传物质的功能,即在发生接合时能半保留复制式地转移入受体细胞,当 F 因子与染色体 DNA 连成一体时(整合态)就能把它附近的染色体基因带入受体细胞实现重组。

由近年来的研究看出,细菌的接合广泛存在于革兰氏阳性菌和革兰氏阴性菌中。将固氮基因通过杂交育种转移给不能固氮的基因是具有重大生产意义的课题。

2.3.1.2　转化(transformation)

转化是将供体细胞的研碎物中的 DNA 片段直接转移到受体细胞中,这种方式的基因转移称为转化。这种转化与接合的区别是:接合需两个细胞的直接接触,由供体细胞中的一部分 DNA 在交配中进入受体细胞;转化不需要两个细胞接触,可以将供体细胞中的 DNA 提取出来,加入到受体细胞中去。这是传统的具有历史意义的细菌基因的转移方式。

1928 年 Griffith 进行肺炎链球菌(*Streptococcus pneumoniae*)感染实验,即用 SⅢ 肺炎链球菌(菌落光滑型,有荚膜,能致病)给小白鼠注射,结果引起死亡;用 RⅡ 肺炎链球菌(菌落粗糙型,无荚膜,不致病)和高温处理过的 SⅢ 分别注射小白鼠,均无死亡;将 RⅡ 与高温处理过的 SⅢ 同时混合注射,小白鼠死亡,并从死鼠中分离出属于 SⅢ 型肺炎链球菌。可以看出,单独注射 RⅡ 小白鼠不死,是因 RⅡ 没有荚膜;而注射高温处理过的 SⅢ 时,细菌已被杀死,小白鼠也不发病;但同时注射活的 RⅡ 细胞及加热杀死的 SⅢ 时,可使小白鼠发病并产生大量活的 SⅢ,显然是由于活的 RⅡ 从死的 SⅢ 中获得了产荚膜及其特异性抗原性能,这个试验表明 RⅡ 型细菌已转化成 SⅢ 型细菌。

经过 10 年后 Avery 等又在试管中重复做了这个试验,他们将 SⅢ 杀死后使用,提取约 1 mg 白色结晶的 DNA,将它稀释 6 亿倍后,仍能把 SⅢ 的致病力性状传递给 RⅡ。这一结果说明,体外所产生的转化结果与体内一样,是由 SⅢ 细菌的 DNA 引起 RⅡ 的遗传性改变的结果(实质为 SⅢ 细菌转化给 RⅡ 细菌编码 UDP-葡萄糖脱氧酶基因,使 RⅡ 细菌将 UDP-葡萄糖转变为 UDP-葡萄糖醛酸,后者与 UDP-N-乙酰葡萄糖胺结合生成荚膜多糖的透明质酸小分子)。肺炎链球菌的转化见图 2.3.2。

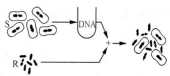

图 2.3.2　肺炎链球菌的转化
(参考 Nultsch, W. Allgemeine Botanik, 3rd ed. Stuttgart, Thieme, 1968)

以后,在许多细菌、放线菌、真菌和高等动植物中也发现有转化现象。

2.3.1.3　转导(transduction)

转导是通过某一溶源性细菌释放出温和噬菌体(或称转导噬菌体)的媒介作用感染另一敏感菌株,即通过病毒(噬菌体)的 DNA 或 RNA 将一个菌体内特定的基因转移到另一个菌体中,使后者也获得这一特性的过程。这个过程不需要细胞的直接接触,而是借助病毒为载体的感染结果。

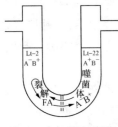

图 2.3.3 细菌转导试验

转导现象是 1952 年 Zinder 和 Lederberg 在研究鼠伤寒沙门氏菌(*Salmonella typhimurium*)是否也存在接合现象时发现的。他们设计了 U 形管实验(见图 2.3.3 所示),于一臂内接种组氨酸营养缺陷型菌株 Lt-2(his⁻),另一臂内接种色氨酸营养缺陷型菌株 Lt-22(trp⁻),在管的底部放置一个细菌滤片,使两菌不能通过和接触。通过泵的作用使 U 形管两臂内的培养液可通过滤片流动。培养结果,发现在 Lt-22 内出现大量不需任何氨基酸的原养型个体。经过一系列试验证明,Lt-22 是一株溶源性细菌,其中少数游离的噬菌体(转导噬菌体)通过细菌滤片,感染 Lt-2 使之裂解,携带 Lt-2 的部分遗传物质的噬菌体再通过滤片感染 Lt-22 细胞,从而使 Lt-22 性状改变,获得 Lt-2 原来含有的遗传物质,成为新组成染色体的一部分,因此使色氨酸缺陷型的特性变成了原养型,在不含色氨酸的培养基上得以生长,并完成了转导过程。这种现象也在大肠杆菌及志贺氏菌属、变形杆菌属、假单胞菌属等一些细菌中发现。所以转导现象已成为研究细菌遗传学的有效方法之一。

2.3.2 真菌的杂交育种

真菌的遗传除无性繁殖、有性繁殖外,还有异核细胞和准性生殖两种独特的遗传系统,因此具有较高的遗传研究价值。真菌的基因重组主要存在有性生殖和准性生殖过程。本小节主要讨论酵母菌的有性杂交和霉菌的杂交育种。

2.3.2.1 酵母菌的有性杂交

酵母菌的生活史包括单倍体、二倍体,又包括有性和无性世代交替。工业上广泛应用的酿酒酵母通常是二倍体酵母菌,并且只有无性世代。酿酒酵母产子囊孢子的能力已退化,所以要使这些酵母菌发生基因重组,应先使其产生子囊孢子,再使两个不同性状的亲本进行接合,形成二倍体的杂交后代。所以,酵母菌有性杂交育种的基本操作过程包括选择亲株、形成子囊孢子和获得杂合子等步骤:

两个亲株 ⟶ 形成子囊孢子 ⟶ 接合 ⟶ 杂交二倍体筛选
(有遗传标记) (醋酸钠琼脂培养基)

其中醋酸钠琼脂产孢培养基成分为:无水醋酸钠 0.28%,氯化钾 0.186%,琼脂 2%,水 100 mL。

亲株选择应考虑其优良性状,杂交后能培育出高产或高质的菌种,同时还需考虑两亲本间是否有性的亲和性。另外,参与重组的两个亲本一般应具有遗传标记,杂交株和亲本株在形态或生理上应有较大的差异,以便于快速地筛选出杂交二倍体。

将两株二倍体亲本分别在麦芽汁液体培养基转接 3 代后并离心(3500 r/min,15 min),洗涤后将菌分别接于醋酸钠的产孢培养基上,促使子囊孢子形成,经减数分裂形成子囊孢子。酵母菌的每个子囊中理论上应含有 4 个单倍体的子囊孢子(采用 7% 孔雀绿染色,在显微镜下实际上能观察到子囊内存在 1~4 个子囊孢子)。将子囊用水从斜面上洗下,用蜗牛酶(zymolyase)酶解或研磨器(加无菌硅藻土和优质液体石蜡一起研磨)破碎子囊,释放出子囊孢子,经离心得到子囊孢子并在麦芽汁固体培养基平板上涂布培养;将两个亲本的单倍体细胞密集在一起,就可能发生接合,获得各种类型的杂合子。再从杂合子中筛选出优良性状的菌株。酿酒酵母的二倍体和单倍体细胞有明显的差异,很容易区分,见表 2.3.1。

表 2.3.1 酿酒酵母的二倍体和单倍体细胞比较

比较项目	菌落	个体细胞	液体培养	在醋酸钠产孢培养基上
单倍体	小,形态变化多	小,球形	繁殖慢,细胞聚成团	不能形成子囊孢子
二倍体	大,表面形态均一	大,圆形	繁殖快,细胞分散	能形成子囊孢子

由于二倍体生活力强,繁殖速度快,因此生产上大多用二倍体酿酒酵母细胞。通过有性杂交培育出优良品种的例子很多,例如用于酒精发酵和用于面包发酵的都是酿酒酵母,但前者产酒精率高而对麦芽糖和葡萄糖的利用率低,后者正相反。通过两者杂交,就可得到既能较好地生产酒精,又能较高地利用麦芽糖和葡萄糖的杂交株。

2.3.2.2 霉菌的杂交育种

霉菌遗传学研究在 20 世纪 40 年代初,是以粗糙脉孢菌(*Neurospora crassa*)作为材料,研究的是典型的有性过程。但生产中应用的一些霉菌大多属于半知菌类,不具备典型的有性过程。直到 20 世纪 50 年代初发现半知菌类的准性生殖后,才为这类霉菌的杂交育种提供了新途径。从此,研究者发现霉菌除了具有有性繁殖和无性繁殖外,还有异核现象和准性生殖,这种系统在其他类群生物中是罕见的,但在霉菌中却广泛存在。

准性生殖是一种类似有性生殖,但比有性生殖原始的繁殖方法。通过准性生殖,一些不产生有性孢子的霉菌,同样能进行细胞核的融合和遗传因子的重组,从而达到杂交的目的。

(1) 有性生殖 在自然界中真菌有性生殖相当普遍,如常见的卵孢子、接合孢子、子囊孢子、担孢子等。其有性生殖和性的融合发生于单倍体之间,两个单倍体细胞经过质配、核配、减数分裂,发育成新的单倍体细胞。染色体在减数分裂时配对分离,发生交换,实现基因重组。

(2) 准性生殖(parasexual reproduction) 一些不能产生有性孢子的丝状真菌,没经过减数分裂就能导致染色体单元化和基因重组,由此导致变异的过程,称为准性生殖。准性生殖可以分为以下阶段,见图 2.3.4。

① 菌丝联结:它发生于一些形态上没有区别,但遗传性状上有差别的两个同种亲本的体细胞(单倍体)之间,发生的频率较低。

② 形成异核体:两个体细胞联结后,使原有的两个单倍体核集中到同一个细胞中,于是形成了含两种或两种以上基因型的异核菌丝,称异核体。异核体能独立生活,且生活能力更强。

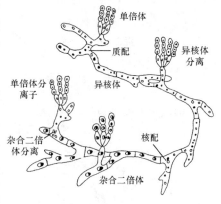

图 2.3.4 半知菌的准性生殖过程

③ 核融合或核配:在异核体中的双核,偶尔可以发生核融合或核配,形成杂合二倍体。它较异核体稳定,产生的孢子比单倍体菌丝产生的孢子大一倍。如构巢曲霉(*Aspergillus nidulans*)和米曲霉(*Asp. oryzae*)核融合的频率为 $10^{-5} \sim 10^{-7}$。某些理化因素如紫外线或高温等的处理可以提高核融合的频率。

④ 体细胞交换和单倍体化:体细胞交换即体细胞中染色体间的交换,也称有丝分裂交换。上述二倍体杂合子的遗传性状极不稳定,在它进行有丝分裂过程中,其中极少数核内的染色体会发生交换和单倍体化,从而形成了极个别的具有新性状的单倍体杂合子或非整倍体的分离子及单倍体分离子。如果对杂合二倍体以紫外线、γ射线或氮芥等进行处理,就会促进染

色体断裂、畸变或导致染色体在子细胞中分配不均,可能产生各种不同性状组合的单倍体杂合子。

准性杂交即准性生殖,在一定条件下是促进霉菌特别是半知菌类不同性状的亲本杂交来获取新品种的过程。这种方法对于一些具重要生产价值的半知菌类来说是一种重要的育种途径。

准性生殖与有性生殖的比较见表2.3.2所示。

表 2.3.2 准性生殖与有性生殖的比较

项 目	准性生殖	有性生殖
参与接合的亲本细胞	形态相同的体细胞	形态或生理上有分化的性细胞
独立生活的异核体细胞	有	无
接合后二倍体细胞形态	与单倍体相同	与单倍体明显不同
二倍体转变为单倍体的途径	通过有丝分裂	通过减数分裂
接合发生频率	偶尔发现,频率低	正常出现,频率高

2.4 原生质体融合育种

通过人为方法,使遗传性状不同的双亲株的微生物细胞分别通过酶解脱壁,使之形成原生质体,然后在高渗溶液的条件下混合,并在物理的(如电融合)或化学的(如聚乙二醇)或生物的(如仙台病毒)助融条件下,使双亲株的原生质体发生相互凝集,称为融合。通过细胞质融合、核融合而发生基因组间的交换、重组,从而在适宜的条件下再生出微生物细胞壁,获得重组子。

微生物细胞融合的研究开始于1976年,是在经典的基因重组基础上发展起来的一种新的更为有效的方法。在1982年举行的第四届国际工业微生物遗传学讨论会上它是使人们感兴趣的议题之一。它具有一系列的优点:① 应用原生质体融合(protoplast fusion)技术可以大大提高细胞间基因重组的频率;② 打破了微生物的种、属、科的界限,甚至可以实现更远缘间微生物的基因重组;③ 可以和其他育种方法相结合,把采用常规诱变和原生质体诱变等所获得的优良性状,通过原生质体融合再组合到一个单菌株中等。所以目前已为国内外微生物工作者广泛使用。

原生质体融合的一般原理及过程见图2.4.1。

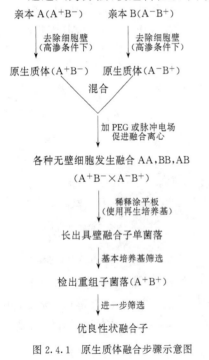

图 2.4.1 原生质体融合步骤示意图

2.4.1 亲株的选择

为了获得优质的融合子,首先应该选择遗传性状稳定且具有互补优势的两个亲株。这两个亲本必须带有不同的遗传标记,以便筛选融合子,计算重组频率。常用的遗传标记有营养缺陷型和抗药性等。可以通过诱变剂对原种进行处理来获得这些遗传标记。在融合前，应先测定亲株遗传标记的稳定性，以免自发回复突变频率过高而不宜采用。一般每一个亲本带两个遗传标记，双标记回复突变频率极低，可避免回复的干扰。

2.4.2 原生质体制备

原生质体制备主要是在高渗溶液中加入细胞壁分解的酶，将细胞壁脱去。根据微生物细胞壁组成和结构的不同，需分别采用不同的酶，如在细菌和放线菌中，制备原生质体主要采用溶菌酶。放线菌除溶菌酶外，也可用裂解酶2号、消色肽酶等。酵母菌和霉菌一般可用蜗牛酶，也常用壳多糖酶(chitinase)、酵母裂解酶、葡糖苷酸酶(glucuronidase)、纤维素酶、半纤维素酶等。有时需结合其他一些措施，如细菌在溶菌酶处理前加入 0.5 U/mL 左右的青霉素，在预培养 2 h 左右加入，再继续培养 2 h 左右，然后用溶菌酶酶解细胞壁效果很好，而且再生率也高。粟酒裂殖酵母(*Schizosaccharomyces pombe*)用 2-脱氧葡萄糖处理，以抑制葡聚糖的重新合成。在细菌及放线菌的培养液中加入 1%～4% 的 D-环丝氨酸或甘氨酸等，酵母属酵母菌通常将对数增殖期的细胞用 EDTA 或 EDTA 和巯基乙醇作前处理，目的在于使菌体细胞壁对酶的敏感性增强。至于处理所用酶的浓度和时间，随不同菌株和不同培养时间差异也很大，如制备大肠杆菌原生质体时，处于对数期的大肠杆菌以 100 μg/mL 溶菌酶浓度为宜，处于饥饿状态条件下的就需要 250 μg/mL。酶不能高温灭菌，必须用细菌过滤漏斗除去杂菌。在制备原生质体时还要注意溶液在等渗透压条件下，因此常用甘露醇、山梨醇、蔗糖等有机物和 KCl、NaCl 等无机物等作稳定剂，在等渗环境下不仅起到保护原生质体免于膨裂，而且还有助于酶和底物的结合。

2.4.3 原生质体再生

原生质体已经失去了坚韧的细胞壁，仅有一层薄薄的 100 nm 厚的细胞膜，是失去了原有的细胞形态的球状体。虽然具有生理活性，但它不是一种正常的细胞，在普通培养基上也不能生长繁殖。进行融合的原生质体在这种情况下无法表现杂交性状，所以必须想方法使细胞壁再生长出来，恢复细胞原来状态。但原生质体再生过程复杂，影响因素多，主要有菌龄、菌体本身的再生特性、原生质体制备条件，如溶菌酶的用量和脱壁时间、再生培养基成分以及再生培养时的温度等。但最重要的一个共同点都是仅有一层细胞膜的原生质体对渗透压很敏感，很容易破碎而死亡，所以再生培养基必须与原生质体内的渗透压相等，这就需要在再生培养基中加入渗透压稳定剂。

通常在原生质体融合前要测定原生质体的再生率。原生质体的再生率通常在 10^{-3}～10^{-1}（0.1%～10%），有时可能更高，相差如此之大，是因为影响再生率的因素很多。为获得较高的再生率，在试验过程中应尽量避免强力动作而造成原生质体破裂。再生培养基平板在涂布原生质体悬液前预先放置几小时（倒置）去除表面的冷凝水。原生质体悬液的浓度不宜过高，因为残存未脱壁的菌体存在，它们会首先在再生培养基中长成菌落，并抑制周围原生质体再生。细菌原生质体再生时，最好在基本培养基上进行，提高遗传重组的机会，其再生率为 3%～10%。酵母菌原生质体再生十分困难，再生率一般不超过 10%。目前，主要用明胶代替琼脂作再生培养基的凝固剂或在再生培养基中加入牛血清白蛋白、小牛血清，也有人将原生质体先用海藻酸钠凝胶包埋，然后于液体再生培养基中再生。

原生质体融合后再生的方法,除稀释后直接在选择性培养基上再生外,不少微生物工作者建议先在非选择性培养基上再生,然后再涂布或影印到基本培养基和完全培养基平板上,以检测重组子和亲本菌落,并认为这样可以得到在总的群体中不同基因型频率的真实情况。原则上可以回收所有的基因型。但有的菌株生孢子能力很差,则此法也不宜采用。

2.4.4 原生质体融合

原生质体融合时,只将原生质体等量地混合在一起,融合频率仍然很低,必须要进行助融,主要有生物助融、物理助融、化学助融。生物助融是通过病毒聚合剂,如仙台病毒等和某些生物提取物使原生质体融合;物理助融是通过离心沉淀、电脉冲、激光、离子束等物理方法刺激原生质体融合;化学助融是通过化学助融剂刺激其融合,现在使用最多的是表面活性剂聚乙二醇(PEG)加 Ca^{2+},因为它具有强制性地促进原生质体结合的作用,融合率才出现突破性的提高。常用有效 PEG 相对分子质量是 1000,4000 和 6000;浓度多采用 50%,使用时要用 0.1 MPa 灭菌 20 min,用高渗溶液溶解。除了 PEG 本身的因素外,原生质体融合时 Ca^{2+} 的浓度以 0.01 mol/L 为最佳,而 K^+、Na^+ 存在会显著降低融合频率。融合的 pH 也很重要,有 Ca^{2+} 存在时,碱性条件(最高 pH 为 9)下可得最佳的融合频率。

PEG 促进原生质体融合的机制尚不完全清楚。有人认为,带负电的 PEG 与带正电的 Ca^{2+} 和 Mg^{2+} 同细胞膜表面的分子相互作用,原生质体表面形成极性,以致相互作用易于吸着融合。融合的开始是由于强烈脱水而引起原生质体的黏合,不同程度地形成聚集物,使原生质体褶缩并高度变形,大量黏着的原生质体紧密接触,接着可能是接触处的膜间蛋白颗粒的转位和聚集。由于 Ca^{2+} 的存在可强烈地促进脂类分子的骚动以及重排,从接触处膜的区域融合扩增至两个原生质体迅速融合。PEG 溶液一加入,原生质体间的黏着即强烈地发生。但要注意 PEG 对细胞的毒性,作用时间不宜过长。

2.4.5 融合子的检出与鉴定

原生质体融合会产生两种情况:一种是真正的融合,即产生杂合二倍体或单倍重组体,称为融合子;另一种是暂时的融合,形成异核体。它们都能在基本培养基上生长,但前者一般是较稳定的,而后者则是不稳定的,会分离成亲本类型,有的甚至可以异核体状态移接几代。所以要获得真正的融合子,在融合原生质体再生后,应进行数代自然分离、选择,否则以后会出现各种性状不断变化的状态。重组子即融合子的检出方法有两种:直接法和间接法。直接法是将融合液涂布在不补充亲株生长需要的生长因子的高渗再生培养基平板上,直接筛选出原养型重组子;间接法是把融合液涂布在营养丰富的高渗再生培养基平板上,使亲株和重组子都再生成菌落,然后用影印法将它们复制到选择培养基上检出重组子。经过传代,选出稳定融合子,可以从形态学、生理生化、遗传学及生物学等方面进行鉴定:比较菌落形态和颜色变化,用光学显微镜或电子显微镜比较融合子与双亲株间的个体形态和大小,测定不同时期的菌体体积、湿重和干重,测定某些代表性代谢产物的产量,进行核酸的分子杂交,分析 DNA 含量、G-C 对的变化等。

为了便于筛选融合子或简化两亲株的遗传标记,可以采用单亲原生质体灭活的融合技术,即把一个亲株原生质体用紫外线照射 20 min 或热(50 ℃)处理灭活 1~2 h(要预试验),与另一个亲株的活的原生质体融合。准备灭活的亲株不加任何遗传标记,而不灭活的亲株一定要有遗传标记。灭活必须彻底,否则会造成人为误差,得出错误的结论。热灭活较紫外线灭活更彻底。

单亲灭活后筛选的融合子,用高渗溶液稀释凝集物后,直接分离在高渗选择培养基上。如果未灭活的亲本为营养缺陷型(灭活的野生型),则在高渗基本培养基上长出来的就是融合子。但在实验中不能忘记对照组的实验记录。另外要镜检灭活后的原生质体是否有破裂。灭活是消灭原生质体的再生能力,并不是破坏它的结构,否则就无从凝集和融合了。

为增加融合率,有报道采用紫外线照射两亲株的原生质体悬液,融合频率可增加10倍。

2.4.6 原生质体再生率和融合率计算

原生质体再生率和融合率对不同的微生物种类差异很大。因为相对于其他微生物试验,原生质体融合是比较复杂和难度较高的试验。试验成功与否,所涉及的因素很多,需认真检查每一步试验是否存在问题。

$$原生质体再生率(\%) = \frac{再生平板上的总菌数 - 酶解后的剩余菌数}{原生质体数(酶解前总菌数 - 剩余菌数)} \times 100\%$$

$$融合率(\%) = \frac{融合子数}{双亲本在完全培养基上再生的菌落平均数} \times 100\%$$

2.4.7 原生质体电融合技术

电诱导原生质体融合是1980年首先由Zimmermann等提出,并对几十种植物、微生物原生质体、动物细胞和脂质体广泛地进行电场诱导融合试验,为建立电融合技术机制奠定了基础。其原理是:用电融合仪在短时间强电场(高压脉冲电场,场强为kV/cm量级,脉冲宽度为μs量级)的作用下,细胞膜发生可逆性电击穿,瞬时地失去高电阻和低通透的特性,然后在数分钟内恢复原状,当可逆电击穿发生在两相邻细胞的接触区时,即可诱导它们的膜相互融合,从而导致细胞融合。此法是将两亲株90%以上细胞已脱壁的球状原生质体以2000 r/min离心10 min,收集原生质体用脉冲液PM(1 mol/L山梨醇,10 mol/L $CaCl_2$,0.4 mol/L $MgCl_2$)洗涤两次,然后用PM溶液配成适当浓度的原生质体悬液,各取2 mL,按1:1比例混合注入电融合小池,将小池置于显微镜的载物台上,接通电融合仪正弦信号电源,经电解质电泳使原生质体形成了稳定的串珠状。接通RC放电脉冲电路,输入单个脉冲,作可逆电击穿,触发原生质体融合。然后,在无菌条件下用PB液(0.2 mol/L磷酸盐缓冲液,0.8 mol/L山梨醇,pH 5.8)稀释至10^{-2},各取1 mL于无菌培养皿内,倒入再生基本培养基混匀,适温培养,挑取大菌落,进行融合子的检验。

以上我们讨论了诱变育种等育种技术。基因工程育种是20世纪70年代才开始发展起来的一项遗传育种技术,至今已取得不少惊人的成就,该育种方法将在第7章作介绍。

2.5 菌种退化、复壮和保藏

在科研和发酵工程中,菌种是主角,是成功或失败的关键因素。为了获得理想的结果,微生物工作者不断地关注着菌种工作。选育一株理想菌株是一件艰苦的工作,而要保持菌种的遗传稳定性更是困难。菌种退化是一种潜在的威胁,因此防止菌种退化,经常做好复壮及保藏工作是微生物学的重要基础工作。

2.5.1 菌种的退化现象与复壮

菌种退化(degeneration)是指在细胞群体中退化细胞从量变到质变的逐步演变过程。通常表现为在形态上的孢子减少或颜色改变,例如:苏云金芽孢杆菌的芽孢与伴孢晶体变得很少而小,又如黑曲霉的糖化能力、抗生素生产菌的抗生素发酵单位下降,黄曲霉产曲酸能力下降,连续低产等。退化的菌种在抗不良外界环境条件(抗噬菌体、抗高温、抗低温等)方面能力减弱。这种退化开始时,仅是群体中个别细胞,如不及时发现并采取有效措施,而继续移种传代,则这种退化细胞比例逐步增大,最后让它们占了优势,从而整个群体表现出严重的退化。即使退化菌种在群体中占了优势,其中还会有少数尚未退化的个体存在着,只要及时采取相应的措施进行复壮,也还是可以挽救的。

所谓复壮是指:① 在菌种生产性能尚未衰退前就经常有意识地进行纯种分离和生产性能的测定工作,以保持菌种的优良生产性能,甚至选育出自发突变的高产菌种,不断提高产量;② 在菌种已退化的情况下,通过纯种分离和测定生产性能等,从退化的群体中找出尚未退化的个体,以达到回复该菌原有的优良性状;③ 菌种若污染杂菌也可造成退化,这种情况也只要采取分离、纯化措施,即可复壮。

2.5.1.1 退化的防止

(1) 减少传代次数 即尽量减少不必要的移种和传代,并将必要的传代降低到最低限度,以此可以减少自发突变的概率。有人指出,DNA 复制过程中,碱基发生差错的概率低于 $5×10^{-4}$,一般自发突变率在 $10^{-8}~10^{-9}$ 间。由此可以看出,菌种的传代次数越多,产生突变的概率越高,因而发生退化的机会也就越多。如斜面传代一般不要超过 5 代,最多不超过 10 代。打开冷冻保藏管,可以接出 10 支斜面,生产上抽出一支传 5 代,再打开一支继续使用,传 5 代,以此类推,留下一支继续做数支冷冻管保藏,这样可以控制传代次数,并可保持产品的质量不变。

(2) 良好的培养条件 培养条件要有利于生产菌株,不利于退化菌株的生长。如在栖土曲霉(Aspergillus terricola)3.942 的培养中,有人曾用改变培养温度的措施,即从 28~30 ℃ 提高到 33~34 ℃ 来防止它产孢子能力的退化;但由于各种生产菌株对培养条件敏感性不同,大多数菌种在温度高时,基因突变率也高,温度低则突变率也低,因此菌种保藏的重要措施就是低温。对一些抗性菌株应在培养基中适当添加有关的药物,抑制其他非抗药性的野生菌株生长。一些工程菌株带抗生素标记,在培养基中就需加入相应的抗生素。又由于微生物生长过程产生有害代谢产物,也会引起菌种退化,因此应避免将陈旧的培养物作为种子。

(3) 利用不同类型的细胞接种传代 在放线菌和霉菌中,由于它们的菌丝细胞常含有几个核,甚至是异核体,因此用菌丝接种就会出现不纯的退化,而孢子一般是单核的,用孢子接种就可防止菌种退化。

2.5.1.2 退化菌种的复壮

因为在退化的菌种中仍有未退化的细胞,故有可能采取一些相应的措施,将这些未退化的细胞分离出来,称之为复壮。常用的方法是稀释分离、划线分离、纯化培养。也可通过高剂量紫外线和低剂量化学诱变剂联合处理,经过筛选获得保持优良性状的高产菌种。对于退化的寄生性微生物如苏云金芽孢杆菌,可以用虫体复壮法得到复壮,即将退化的菌株,去感染菜青虫的幼虫,25 ℃ 培养 14~20 h,使虫得病,待虫死后,再从已死的虫体内吸出体液重新分离菌株,如此反复多次可得到复壮的菌株。又如对泾阳链霉菌 5406 抗生菌的分生孢子，采用 $-10 \sim -30\ ℃$ 低温处理 $5 \sim 7\,d$，使其死亡率达到 80%，发现在抗低温存活的个体中，留下了未退化的健壮个体。

在人类长期利用微生物的同时，也一直与微生物的退化现象作着斗争，总结了不少有效地防止生产性状退化和达到复壮的经验。但是在使用这些措施之前，还要仔细分析和判断一下所用菌种究竟是发生退化，还是仅属一般性表型改变，或只是污染杂菌。只有针对发生退化的根本原因，才能达到复壮的目的。

2.5.2 菌种的保藏

由于微生物已广泛应用于工业、农业、医学、林业、环保等方面，因此菌种的供应问题显得十分重要。菌种质量的好坏，直接影响生产效果。虽然在选育种工作中做了大量的工作，获得了优良性状，甚至利用基因工程手段构建了具有能生产昂贵药物的菌种，但是，由于微生物具有较易产生变异的特性，因此在实验室或生产过程中，菌种仍会不断发生变异、退化、变质，甚至污染杂菌。很显然，菌种保藏的目的，首先使之不至于死亡绝种、不污染杂菌，另一方面要尽量使菌种在保藏中保持优良的性状，并使菌种的存活率高、变异率低，以利于生产、研究、交换和使用。在国际上一些工业发达的国家都设有相应的菌种保藏机构，广泛收集实验室和生产菌种、菌株(包括病毒株，甚至动、植物细胞株和质粒等)这些重要生物资源。

2.5.2.1 菌种保藏原理

人为地创造合适的环境条件，使微生物的代谢处于不活跃、生长繁殖受抑制的休眠状态，尽可能地减少其变异率是保藏菌种的原则。因此，需要创造适于微生物休眠的环境，主要是低温、干燥、缺氧、缺乏营养四方面的条件。

2.5.2.2 菌种保藏方法

菌种保藏方法很多，采用哪种方法，要根据菌种的不同特性和设备条件而定。这里着重介绍几种常用的方法。

(1) 斜面保藏法　将菌种接种在不同成分的新鲜斜面培养基上，待菌种充分生长后，便可放在 $4\ ℃$ 冰箱中进行保藏。每隔一定时间转接在新鲜斜面培养基上培养后再进行保藏，如此连续不断。一般细菌、酵母菌、放线菌和霉菌都可使用这种保藏方法。有孢子的霉菌或放线菌，以及有芽孢的细菌在低温下可保存半年左右，酵母菌可保存 3 个月左右，无芽孢的细菌可保存 1 个月左右。此方法简单，存活率高，故应用较普遍。其缺点是菌株仍有一定的代谢强度，传代多而又保持一定的营养条件，因此容易产生变异，故不宜长时间保藏菌种。有人作了某些改进，如将试管的棉塞用橡皮塞代替，然后用灭菌优质石蜡封口，这一改进可以使保存时间延长到 10 年以上，存活率仍在 75% 或更高。

(2) 液体石蜡保藏法　此法是在生长良好的斜面或高层穿刺培养基上覆盖经过灭菌的优质液体石蜡，液面高出斜面和高层顶部 $1\,cm$，直立试管架上 $4 \sim 15\ ℃$ 保存。液体石蜡覆盖能抑制微生物代谢，推迟细胞老化，防止培养基水分蒸发，因而可延长微生物保存期。这主要用于好氧细菌、放线菌、酵母菌和霉菌等的保存。该法优于斜面传代保藏，随微生物不同，保藏时间可长达到数年。该保藏方法简便，不需特别装置，对不适于冷冻干燥的微生物及孢子形成能力特别弱的丝状菌适用。但这种方法不是对所有菌种都适用，仅能用于不能利用石蜡油作为碳源的菌种。对于一些细菌和丝状菌的保藏，例如固氮菌、乳杆菌、红螺菌、明串珠菌和毛霉、根霉等就不大合适。

用此法保藏菌种时,注意选用优质石蜡油。石蜡油必须在 0.1 MPa 灭菌 30 min,再经 170 ℃ 干燥 1 h。干燥的主要目的是为了除掉湿热灭菌时浸入石蜡油中的水分。

(3) 载体保藏法　把微生物吸附在载体(如砂子、土壤、硅胶、滤纸、素瓷等)上进行干燥保藏的方法,即为载体保藏法。载体保藏属于干燥保藏,使用广泛。如砂子保藏法即取河沙过 24 目筛子,再用 10% 的盐酸浸泡除去有机质,洗涤,烘干,分装砂土管中,每管加 1 g,加塞灭菌。然后放在干燥器中使水分逸散。需保藏的菌种先用 0.1 mL 无菌水制成菌悬液,再滴入砂土管中,加塞充分干燥后,密封保存。此法适用于芽孢杆菌、放线菌和一些丝状真菌。

滤纸保藏法是用滤纸片作为载体,将其灭菌干燥后放入培养液或菌体悬液中,使孢子或菌丝吸附在滤纸上。再将滤纸片保藏在盛有干燥剂的容器中或封装在小塑料袋中。这种保藏方法应用范围限于有较强抗干燥能力的菌种。此法保存方便,特别便于用信封邮寄菌种。

(4) 悬液保藏法　此法与载体保藏法相对应,是将微生物悬浮在适当媒液中加以保藏。媒液有蒸馏水、10% 的灭菌的葡萄糖、蔗糖液(适于酵母菌的保藏)、无机盐类、磷酸缓冲液等其他悬浮液。但在实际应用中以蒸馏水保藏法较为常用。酵母菌、霉菌和放线菌的大部分均适用此法保藏,操作简便。在试管的斜面培养基中加入少量的无菌水,如在 20 mm × 15 mm 的试管斜面加入 6~7 mL 无菌水,用无菌吸管轻轻吹散表面菌苔,使菌液均匀分散,然后分装至已灭菌的带磨口塞的小试管中,每管 1 mL,将盖子盖严,即可在室温下保存。

McGinni 等对 66 个属 147 种酵母菌、霉菌和放线菌合计 417 个菌株,使用该法在室温下保藏 1~5 年,其中存活 389 菌株,存活率为 93%。

(5) 冷冻干燥保藏法　此法的优点是符合低温、真空、干燥三种保藏菌种的条件,为此是最佳的微生物菌体保存法之一,保存时间长,可达 10 年以上。低温冷冻可以用 -20 ℃ 或更低温度(-50 ℃,-70 ℃)冰箱,用液氮(-196 ℃)更好。无论是哪种冷冻,在原则上应尽可能速冻,使其所产冰晶小,而减少细胞的损伤。不同微生物的最适冷冻速度不同。为防止细胞在低温状态下死亡,常用保护剂稳定细胞膜,既能推迟或逆转膜成分的变性,又可以使细胞免于冰晶损伤。保护剂一般用脱脂牛奶、血清、甘油、二甲亚砜等,操作时先用 2~3 mL 保护剂洗下斜面上的菌体,制成菌悬液,随即将菌悬液分装安瓿管,放到 -25~-40 ℃ 的低温冰箱或冻干装置中预冻。预冻的目的是使水分在真空干燥时直接由冰晶升华为水蒸气。预冻必须彻底,否则,干燥过程中一部分冰会融化而产生泡沫或氧化等副作用,或使干燥后不能形成易溶的多孔状菌块,而变成不易溶解的干膜状菌体。待结冰坚硬后(约需 0.5~1 h),可开始真空干燥。真空要求在 15 min 内达到 0.5 mmHg,并逐渐达到 0.2~0.1 mmHg。抽真空后水分大量升华,样品应该始终保持冷冻状态。少量样品 4 h 一般可以达到干燥目的,可用喷灯熔封安瓿管口,然后以高频电火花检查各安瓿管的真空情况,管内呈灰蓝色光表示已达真空。电火花应射向安瓿管的上部,切勿直射样品。制成的安瓿管可在 4 ℃ 冰箱保藏。

一般实验室可采用现成的真空冷冻干燥机,也可自制分支管或冻干装置,见图 2.5.1。

(6) 液氮超低温保藏法　液氮保藏法是一种应用广泛的微生物保藏法。由于液态氮低温可

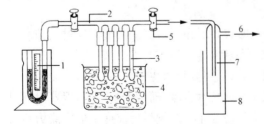

图 2.5.1　简易冷冻干燥装置
1. 真空压力表;2. 分支管;3. 安瓿管;4. 冰浴;5. 阀门;
6. 接真空泵;7. 冷凝器;8. 冰浴

达-196 ℃,适于保藏各种微生物,从病毒、噬菌体、立克次氏体到各种细菌、放线菌、支原体、螺旋体、原虫、动物细胞(如红细胞、精子、癌细胞等)都可用液氮保藏。这是当前保藏菌种的最理想方法。但必须将菌液悬浮于低温保护剂(如甘油、脱脂牛奶等)中,并须控制制冷速度进行预冻,以减少低温对细胞造成的损伤。由于不同细胞类型的渗透性不同,每种生物所适应的冷却速度也不同,因此需根据具体的菌种,通过试验来决定冷却的速度。在保存过程中要注意及时补充液氮,保持必要的贮存量。

(7) 寄主保藏法　对某些微生物例如病毒、立克次氏体和少数的丝状真菌等,只能寄生在活着的动物、植物或细菌细胞中才能繁殖传代,故可针对寄主细胞或细胞的特性进行保存。如噬菌体可以经过细菌扩大培养后,与培养基混合直接保存。动物病毒可直接用病毒感染适宜的脏器或体液,然后分装于试管中密封,低温保存。植物病毒保存方法类似。

以上介绍了几种常用的保藏法,更多有关的方法和技术细节可参阅专门参考书。上述几种常用菌种保藏方法的比较列于表 2.5.1 中。

表 2.5.1　几种菌种保藏方法比较

方法名称	主要措施	适宜菌种	保藏期	评价
斜面冰箱保藏法	低温	各大类	3～6月	简便
液体石蜡保藏法*	室温、缺氧	各大类(斜面或半固体穿刺培养物)	1～2年	简便
载体保藏法	干燥、无营养	产芽孢和孢子的微生物	1～10年	简便,效果好
悬液保藏法	适当媒液	酵母菌、霉菌、放线菌	1～5年	简便
冷冻干燥保藏法	干燥、无氧、低温、有保护剂	各大类	5～15年	要有一定设备,高效
液氮超低温保藏法	-196 ℃,有保护剂	从病毒到各类细胞	20年以上	要有一定设备,高效

* 对石油发酵微生物不适用。

对于基因工程菌常采用甘油保藏。此法与液氮超低温保藏法类似。菌种悬浮在 10%(体积分数)甘油蒸馏水中,置低温(-70～-80 ℃)保藏。该法简便,但需要有超低温冰箱。

实际工作中,常将待保藏菌培养至对数期的培养液直接加到已灭过菌的甘油中,并使甘油的终浓度在 10%～100%左右,再分装于小离心管中,置低温保藏。工程菌保藏常采用此法(保藏在小试管中),扩大生产后还是采用冷冻干燥保藏或液氮超低温保藏法。

在美国典型菌种保藏中心(American Type Culture Collection,简称 ATCC),目前采用两种最有效的方法,即保藏期一般达 5～15 年的冷冻干燥保藏法和保藏期一般达 20 年以上的液氮保藏法,以保证最大限度减少传代次数,避免菌种退化。图 2.5.2 为 ATCC 采用的两种保藏方法示意图。图中表示当菌种保藏机构收到合适菌种时,先将原菌种制成若干液氮保藏管作为保藏菌种,然后再制成一批冷冻干燥管作为分发用。经 5 年后,假定第一代(原种)的冷冻干燥菌种已分发完毕,就再打开一瓶液氮保藏原种,这样,至少在 20 年内,凡获得该菌种的用户,至多只是原种

保藏年数	液氮保藏(原种保藏)	冷冻干燥保藏(分发用)
当年	UUUU	UUUUU
5年后		UUUUU
10年后		UUUUU
15年后		UUUUU
20年后		UUUUU

图 2.5.2　ATCC 采用的两种保藏方法示意图
(参考岑沛霖,蔡谨编著.工业微生物学.2001)

的第二代,可以保证所保藏的分发菌种的原有性状。

2.5.3 国内外主要的菌种保藏机构

菌种是人类的共同财富,所以国际上很多国家都设立了菌种保藏机构,如:中国微生物菌种保藏管理委员会(CCCCM)、美国典型菌种保藏中心(ATCC)、日本的大阪发酵研究所(IFO)、法国的里昂巴斯德研究所(IPL)、英国的国家典型菌种保藏所(NCTC)等。其任务是在广泛收集生产和科研菌种、菌株的基础上,妥善保藏,使它们达到不死、不衰,便于互相交流和充分利用资源,以及避免混乱。

在各机构保藏的菌种中,一类是标准菌种,一类是用于教学、科研的普通菌种,第三类是生产应用菌种。根据需要可以向有关机构购买。

复习和思考题

2-1 为什么说发酵工厂的成败在很大程度上取决于菌种性能的好坏?
2-2 作为工业生产用的菌种必须具备哪些条件?
2-3 请设计一个从土壤中筛选含纤维素酶的微生物的实验方案。
2-4 在增殖培养时,根据微生物生理特性采用哪些方法,可能获得你所需要的菌株?
2-5 发酵生产中如果遭杂菌污染,你可通过什么方法获得纯种?
2-6 请设计微生物诱变育种的操作方案。
2-7 为提高诱变剂的处理效果,在不同的微生物菌悬液的处理中应注意什么问题?
2-8 紫外线诱变剂的作用机制与主要生物学效应是什么?
2-9 化学诱变剂根据它们对 DNA 的作用机制,可以分成几类?
2-10 试述转化的过程及机制。
2-11 什么是转导?
2-12 试述准性生殖的主要过程?
2-13 比较准性生殖和有性生殖有何不同?
2-14 用图解说明原生质体融合育种步骤。此方法的优点是什么?
2-15 试述融合子的检出和鉴定方法。
2-16 你认为菌种退化现象表现在哪些方面?如何防止?
2-17 试述菌种复壮的方法及含义。
2-18 菌种保藏的基本原理是什么?
2-19 举例说明菌种保藏的主要方法,并评估各种方法的优缺点。

(罗大珍)

3 微生物发酵的代谢调节与控制

工业发酵主要原料是淀粉、蛋白质和糖类。这些物质都要先降解或转化后才被利用。微生物体内约有 3000 个基因、2000 多种蛋白质、上千种酶以及各类代谢产物,它们有一套可塑性极强、极精细的代谢调节系统。本章在阐述葡萄糖分解代谢和产能代谢的基础上,通过糖、醇、有机酸、氨基酸和抗生素发酵,介绍微生物如何解除代谢调控,合成所需产品。

3.1 糖、醇、有机酸发酵的代谢调控

工业发酵分好氧发酵(氨基酸、核苷酸、抗生素和某些有机酸)和厌氧发酵(某些醇、醛、有机酸)两类。本节主要简介葡萄糖在厌氧和有氧条件下的产能代谢和糖、醇、有机酸的发酵机制。

3.1.1 葡萄糖的分解代谢

葡萄糖降解分为两个阶段:第一个阶段是从葡萄糖降解至丙酮酸。第二阶段是从丙酮酸再进一步代谢,无氧时进行发酵或无氧呼吸,生成不同的发酵产物;有氧时进行有氧呼吸,最后生成 CO_2 和 H_2O 或有机酸、氨基酸、抗生素等代谢产物。

3.1.1.1 葡萄糖降解至丙酮酸的途径(图 3.1.1)

(1) EMP(Embden-Meyerhof-Parnas)途径 又称糖酵解途径或双磷酸己糖降解途径,是大多数微生物共有的一条基本代谢途径,在微生物细胞的细胞质中进行。该途径共有十步反应,分两个阶段,前三步是六碳糖、耗能阶段;后七步是三碳糖、产能阶段。

EMP 途径的特征酶是 FDP 醛缩酶(1,6-二磷酸果糖醛缩酶),限速因子调节酶是磷酸果糖激酶(参见 3.1.4.3 小节)。葡萄糖在这条途径中只被部分氧化,产能低,是专性厌氧微生物获得能量的唯一途径,只在 1,3-DPGA(1,3-二磷酸甘油酸)转变成 3-PGA(3-磷酸甘油酸)和 PEP(磷酸烯醇式丙酮酸)转变成 PY(丙酮酸)的反应中通过底物水平磷酸化生成 ATP。

该条途径的生理功能除了提供 ATP、还原力 $NADH_2$ 外,主要供应三碳中间代谢产物,如:GAP(三磷酸甘油醛)和 PY 是 EMP 途径、HMP 途径、ED 途径三条代谢途径交叉枢纽的关键中间产物;PEP 在糖的补偿途径 CO_2 回补中占有重要位置;PGA 供嘌呤类物质的生物合成;DHAP(磷酸二羟丙酮)接受 GAP 脱下的氢而生成 3-磷酸甘油,后者转化为甘油,再与脂肪酸缩合生成细胞膜的重要成分磷脂。EMP 途径提供了 12 个关键中间代谢产物的半数(图 3.1.2),即 G-1-P(1-磷酸葡萄糖)、DHAP、GAP、PEP 和 PY。总反应式为:

厌氧条件
$$C_6H_{12}O_6 + 2NAD^+ + 2ADP + 2Pi \longrightarrow 2CH_3COCOOH + 2NADH_2 + 2ATP + 2H_2O$$
有氧条件(由 EMP+TCA 获得)
$$C_6H_{12}O_6 + 6O_2 + 38(36)ADP + 38(36)Pi \longrightarrow 6CO_2 + 6H_2O + 38(36)ATP$$

(2) HMP(hexose monophosphate)途径 又称单磷酸己糖支路或磷酸戊糖循环。也分两个阶段:第一阶段是由葡萄糖磷酸化形成 6-磷酸葡萄糖(G-6-P),再经脱氢、脱羧降解成五碳

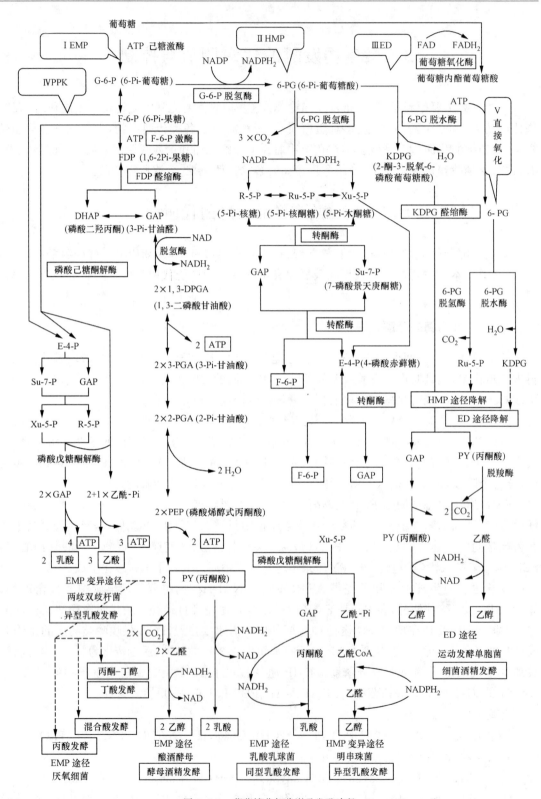

图 3.1.1 葡萄糖分解代谢及发酵途径

糖的阶段;第二阶段是磷酸戊糖分子通过本途径特征酶——转酮酶和转醛酶催化进行的五碳糖的循环,重新合成六碳糖阶段。在这里磷酸戊糖分子本身不被消耗,相当于三羧酸循环中的再生底物 OAA(草酰乙酸)。

从 6 分子 G-6-P 开始,经脱氢、脱羧,产生 6 分子 CO_2 和提供生物合成所需的 12 个分子 $NADPH_2$,同时生成 6 个磷酸戊糖分子(6-磷酸葡萄糖酸 6-PG 先氧化、脱羧生成 5-磷酸核酮糖 Ru-5-P,由 Ru-5-P 转化为 5-磷酸核糖 R-5-P 和 5-磷酸木酮糖 Xu-5-P),R-5-P 和 Xu-5-P 经转酮酶和转醛酶等作用,生成一系列 C_7(7-磷酸景天庚酮糖 Su-7-P)、C_4(4-磷酸赤藓糖 E-4-P)和 C_3(3-磷酸甘油醛 GAP)化合物。由 6 分子 G-6-P 最后生成 4 分子 6-磷酸果糖(F-6-P)和 2 分子 3-磷酸甘油醛。这 2 分子 3-磷酸甘油醛最后转变为 1 分子 6-磷酸果糖。6-磷酸果糖经异构化,生成 6-磷酸葡萄糖。结果由 6 个 6-磷酸葡萄糖分子开始,最后回收 5 个 6-磷酸果糖,而另 1 个 6-磷酸葡萄糖分子生成 6 分子 CO_2 和 6 分子 H_2O。

HMP 途径的特征酶是转酮-转醛酶系。该途径的限速因子调节酶是 G-6-P 脱氢酶和 6-磷酸葡萄糖酸(6-PG)脱氢酶,全部酶系在细胞质中。HMP 途径的生理功能主要是提供大量 $NADPH_2$ 和各种不同碳原子骨架的磷酸糖,如 R-5-P 为核苷酸、核酸及 $NADP^+$、FAD(FMN)、CoA 等辅酶合成提供原料;Ru-5-P 为化能自养微生物固定 CO_2 时受体 Ru-DP(1,5-二磷酸核酮糖)合成的前体;E-4-P 为芳香族氨基酸生物合成的前体。HMP 途径的 R-5-P 和 E-4-P 是 12 个关键中间代谢产物中的两个产物。EMP 途径和 HMP 途径往往同时存在于一种微生物中,两者在代谢中所占比例也随环境条件变化而不同,如大肠杆菌有 2/3 的葡萄糖经 EMP 途径降解;酵母菌有 4/5 的葡萄糖按 EMP 途径降解;产黄青霉 EMP 途径和 HMP 途径各占 1/2。总反应式为:

不完全氧化

$$C_6H_{12}O_6+NAD^++3H_2O+6NADP^++ADP+Pi \longrightarrow$$
$$3CO_2+CH_3COCOOH+NADH_2+6NADPH_2+1ATP$$

完全氧化

$$C_6H_{12}O_6+6O_2+35ADP+35Pi \longrightarrow 6CO_2+6H_2O+35ATP(由 12NADPH_2 完全氧化获得)$$

(3) ED(Entner-Doudoroff)途径 又称 2-酮-3-脱氧-6-磷酸葡萄糖酸(KDPG)裂解途径,简称 KDPG 途径。该途径的特征酶为 2-酮-3-脱氧-6-磷酸葡萄糖酸醛缩酶(简称 KDPG 醛缩酶),分两个阶段,前段由 EMP 途径和 HMP 途径相同的酶己糖激酶、G-6-P 脱氢酶催化,葡萄糖磷酸化和脱氢(形成 1 分子 $NADPH_2$),生成 6-PG,然后,由 6-PG 脱水酶将 6-PG 水解成 KDPG,再经 KDPG 醛缩酶催化,1 分子 KDPG 直接裂解为丙酮酸和 3-磷酸甘油醛。

这样 1 分子葡萄糖只经过 4 步反应就生成 2 分子丙酮酸。1 分子丙酮酸由 KDPG 直接裂解产生;另 1 分子丙酮酸由 3-磷酸甘油醛进入 EMP 途径转化而来。厌氧发酵时,只有进入 EMP 途径的 1 分子 3-磷酸甘油醛脱氢、脱水生成 2 分子 ATP,除去葡萄糖激活时消耗的 1 分子 ATP,净得 1 分子 ATP。较 EMP 途径产能低。有氧条件下,ED 途径生成的 $NADPH_2$ 和 $NADH_2$ 将电子转移给末端电子受体 O_2,产生 37 分子 ATP。ED 途径只存在于少数缺乏完整 EMP 途径的细菌中。总反应式为:

厌氧条件

$$C_6H_{12}O_6+NAD^++NADP^++ADP+Pi \longrightarrow 2CH_3COCOOH+NADH_2+NADPH_2+1ATP$$

有氧条件

$$C_6H_{12}O_6 + 6O_2 + 37ADP + 37Pi \longrightarrow 6CO_2 + H_2O + 37ATP$$

(ATP 由 1 个 $NADPH_2$ 和 1 个 $NADH_2$ 及丙酮酸、3-磷酸甘油醛完全氧化获得)

(4) PK(phosphoketolase pathway)途径 又称磷酸酮解酶途径。没有 EMP、HMP、ED 途径的细菌通过 PK 途径分解葡萄糖。PK 途径又分磷酸戊糖酮解酶途径和磷酸己糖酮解酶途径。此二途径必须在厌氧条件下进行。

① 磷酸戊糖酮解酶途径：简称 PPK 途径，又称 HMP 变异途径。该途径从葡萄糖到 Xu-5-P，均与 HMP 途径相同，Xu-5-P 在该途径关键酶磷酸戊糖酮解酶作用下裂解为乙酰磷酸和 3-磷酸甘油醛。乙酰磷酸可进一步反应生成乙醇，3-磷酸甘油醛经丙酮酸转化为乳酸。短乳杆菌和肠膜状明串珠菌的异型乳酸发酵就是通过这条途径实现的。

② 磷酸己糖酮解酶途径：简称 PHK 途径，又称 EMP 变异途径。该途径从葡萄糖到 F-6-P，均与 EMP 途径相同，F-6-P 在该途径关键酶磷酸己糖酮解酶作用下裂解为乙酰磷酸和 E-4-P；另一分子 F-6-P 与 E-4-P 反应按 HMP 逆转途径生成 2 分子磷酸戊糖(Xu-5-P 和 R-5-P)，Xu-5-P 异构化为 R-5-P，R-5-P 在磷酸戊糖酮解酶催化下再裂解成乙酰磷酸和 3-磷酸甘油醛。两歧双歧杆菌(*Bifidobacterium bifidum*)的异型乳酸发酵就是按此途径实现的。

(5) 葡萄糖直接氧化途径 上述四条途径都是葡萄糖先磷酸化后才逐步被降解的。有些微生物如酵母属(*Saccharomyces*)、假单胞菌属(*Pseudomonas*)、气杆菌属(*Aerobacter*)和醋杆菌属(*Aetobacter*)的某些菌，它们没有己糖激酶，但有葡萄糖氧化酶，便直接将葡萄糖先氧化成葡萄糖酸，再磷酸化生成 6-磷酸葡萄糖酸，假单胞菌中的 6-磷酸葡萄糖酸经 6-PG 脱水酶转化为 KDPG，按 ED 途径进一步降解；气杆菌属和醋酸菌属以及另一些假单胞菌中的 6-磷酸葡萄糖酸经 6-PG 脱氢酶转化为 5-磷酸核酮糖，进入 HMP 途径降解。

3.1.1.2 丙酮酸的代谢(图 3.1.2)

上文所述五条途径为葡萄糖降解至丙酮酸的第一阶段。葡萄糖降解过程中生成的 $NAD(P)H_2$ 需重新被氧化生成 $NAD(P)^+$，才能继续循环使用以承担氢载体的功能。$NAD(P)H_2$ 的去向在有氧和厌氧条件下是不同的。在好氧微生物中，丙酮酸先被氧化脱羧生成乙酰 CoA，再经三羧酸循环或乙醛酸循环彻底氧化生成 CO_2 和 H_2O；同时反应生成的 $NAD(P)H_2$ 转移给末端最终电子受体 O_2 分子。但在厌氧或兼性厌氧微生物中，厌氧时 $NAD(P)H_2$ 的受氢体或是氧以外的外源氧化物，或是含不饱和碳氢键的有机物(代谢的中间产物)，形成各种类型的发酵。

(1) 三羧酸循环(tricarboxylic acid cycle,TCA 循环) 1 分子葡萄糖通过 EMP 途径产生 2 分子丙酮酸，同时产生 2 分子 ATP 和 2 分子 $NADH_2$；在丙酮酸脱氢酶催化下丙酮酸氧化脱羧、脱氢并与 CoA 结合生成 2 分子乙酰 CoA 和 2 分子 $NADH_2$；生成的乙酰 CoA 与草酰乙酸(简称 OAA)在关键酶柠檬酸合成酶(简称 CS)催化下缩合成柠檬酸进入 TCA 循环。在 TCA 环中，乙酰 CoA 是原始底物，草酰乙酸是再生底物。只要乙酰 CoA 供应充足，草酰乙酸就能经 TCA 环不断再生。TCA 环中的另一个特征酶是异柠檬酸脱氢酶(简称 ICD)，位于 TCA 环与 DCA 环(乙醛酸循环)的分支点，催化异柠檬酸脱氢生成草酰琥珀酸。从图 3.1.2 可知，TCA 环由六碳、五碳、四碳化合物组成，经历两次加水脱氢，两次碳链裂解氧化脱羧，一次底物水平磷酸化。这样由 1 分子葡萄糖降解成 2 分子丙酮酸，经两次循环完全氧化生成 6 分子 CO_2。从 2 分子丙酮酸进入 TCA 环完全氧化，上述过程脱氢形成 6 分子 $NADH_2$、2 分子 $NADPH_2$ 和 2 分子 $FADH_2$。有氧时将 H^+ 最终交给分子 O_2 生成 H_2O，电子通过电子传递链进行电子传递氧

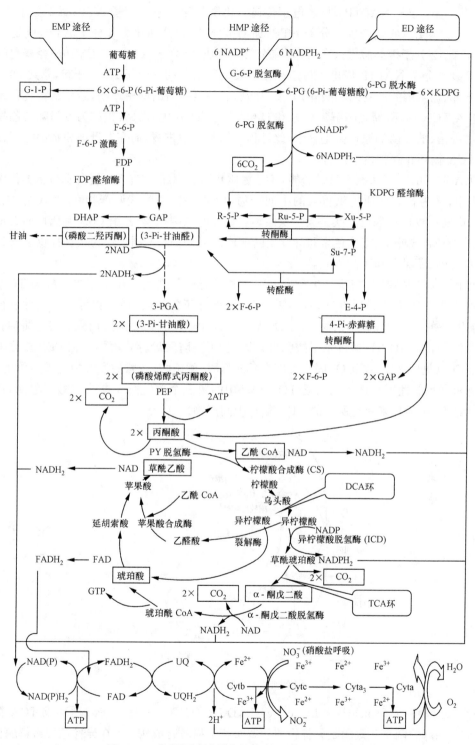

图 3.1.2 葡萄糖有氧代谢途径(包括 TCA 环及 DCA 环)
关键中间代谢产物用方框标出

化磷酸化,每1分子NAD(P)H$_2$经电子传递氧化磷酸化产生3分子ATP;每1分子FADH$_2$经电子传递氧化磷酸化产生2分子ATP,加上1分子GTP转化为1分子ATP,也是3分子ATP。由此,2分子丙酮酸进入TCA环完全氧化生成30分子ATP。与EMP途径获得的2分子ATP及2分子NADH$_2$经电子传递氧化磷酸化所获得的6分子ATP一起,总共38(36)分子ATP。除糖降解的产物丙酮酸外,大多数脂肪酸及氨基酸的降解产物,最后都将转化为乙酰CoA进入TCA循环,彻底降解为CO$_2$和H$_2$O。因此,TCA循环又常被称为专门降解乙酰基的途径。在细菌、放线菌等原核微生物中,此过程在细胞质中进行,而在酵母菌和霉菌等真核微生物中,TCA循环在线粒体中进行。

TCA循环的生理功能不只是产能,还是物质代谢的枢纽。它在糖、蛋白质和脂类代谢中起桥梁作用,又为合成代谢提供重要的中间产物,12种关键中间代谢产物在TCA环中占了4种。如草酰乙酸和α-酮戊二酸是天冬氨酸和谷氨酸的碳架原料;乙酰CoA是脂肪酸合成的原料;琥珀酸是合成卟啉、细胞色素和叶绿素的前体。另外,TCA循环还为人类提供了各种有机酸,如柠檬酸、苹果酸和延胡索酸等。

由于氨基酸和嘌呤、嘧啶等化合物生物合成要消耗草酰乙酸和α-酮戊二酸等TCA循环的中间代谢产物,若不及时补充,就会影响TCA循环正常运转,微生物可通过四种途径以回补四碳化合物草酰乙酸和苹果酸。即:DCA循环;丙酮酸和ATP通过丙酮酸羧化酶催化固定CO$_2$;丙酮酸和NADPH$_2$通过苹果酸酶催化固定CO$_2$;磷酸烯醇式丙酮酸在PEP羧化酶催化下固定CO$_2$(见图3.1.3)。CO$_2$固定反应在延胡索酸、琥珀酸、谷氨酸发酵中起重要作用。厌氧微生物和有些兼性厌氧微生物缺乏TCA循环中的第三个关键酶α-酮戊二酸脱氢酶,可进行不完整的TCA循环来获得所需的TCA循环中间产物。

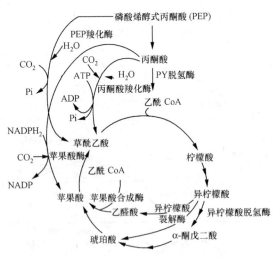

图3.1.3 微生物回补TCA环的四碳化合物(CO$_2$固定)

(2) 乙醛酸循环(dicarboxylic acid cycle,DCA循环) 又称二羧酸循环或TCA循环支路。DCA循环的两个关键酶是异柠檬酸裂解酶和苹果酸合成酶。先在异柠檬酸裂解酶催化下异柠檬酸裂解为乙醛酸和琥珀酸,再在苹果酸合成酶作用下将乙醛酸和乙酰CoA合成苹果酸。在这里DCA环原始底物是乙醛酸,DCA环再生底物是乙酰CoA。DCA循环的生理功能是使微生物可在乙酸为唯一的碳源基质上生长;又可弥补TCA环中四碳化合物之不足;同

时,在脂肪酸转化为糖的过程中起齿轮作用。DCA 循环总反应式为

$$2\times 乙酸+2NAD^+ \longrightarrow 苹果酸+2NADH_2$$

$$乙酰 CoA+乙醛酸+2NAD^+ \longrightarrow 苹果酸+2NADH_2$$

3.1.2 厌氧发酵机制

上述葡萄糖厌氧分解的四条途径中都产生还原力 $NAD(P)H_2$,若不及时使之氧化再生,葡萄糖分解产能代谢将会终止。厌氧时,微生物就以葡萄糖分解过程中形成的各种代谢中间产物来接受 $NAD(P)H_2$ 脱下的氢(或电子),这样,就产生了各种各样的发酵产物。微生物发酵常以它们的终产物来命名,如乙醇发酵、甘油发酵、乳酸发酵、丙酮-丁醇发酵等。

3.1.2.1 乙醇发酵和甘油发酵(参见图 3.1.1)

乙醇发酵有酵母型乙醇发酵和细菌型乙醇发酵两类,工业上生产酒精和酿酒一般采用酵母型乙醇发酵。甘油发酵也早已大规模工业化生产,有重要经济意义。

(1) 酵母型乙醇发酵(又称酵母菌的第一型发酵) 酿酒酵母和少数细菌进行酵母型乙醇发酵。在厌氧、pH 3.5~4.5 左右条件下,通过 EMP 途径将每分子葡萄糖分解为 2 分子丙酮酸,丙酮酸在丙酮酸脱羧酶催化下脱羧生成乙醛;再以乙醛为受氢体,在醇脱氢酶催化下,接受 EMP 途径中 3-磷酸甘油醛脱下的 $NADH_2$ 的氢生成 2 分子乙醇、2 分子 CO_2 并净得 2 分子 ATP。总反应式为

$$C_6H_{12}O_6+2ADP+2Pi \longrightarrow 2CH_3CH_2OH+2CO_2+2ATP$$

(2) 甘油发酵(又称酵母菌的第二型发酵) 酿酒酵母在厌氧和培养基中有 3% 亚硫酸氢钠时,丙酮酸脱羧生成的乙醛和亚硫酸氢钠起加成反应,生成难溶的亚硫酸氢钠加成物——磺化羟乙醛;乙醛不能作为正常受氢体,则以磷酸二羟丙酮代替乙醛作为受氢体,先形成 3-磷酸甘油,再进一步水解去磷酸生成甘油。总反应式为

$$C_6H_{12}O_6+NaHSO_3 \longrightarrow \begin{array}{c}CH_2OH\\|\\CHOH\\|\\CH_2OH\end{array} + CH_3-\begin{array}{c}H\\|\\C-OH\\|\\OSO_2Na\end{array} + CO_2$$

由上式看出,每分子葡萄糖只产生 1 分子甘油,而不产生 ATP。为维持菌体生长所需的能量,必须控制添加亚硫酸氢钠在亚适量(3%)的水平,保证有一部分葡萄糖进行乙醇发酵以供能。

(3) 乙酸、乙醇、甘油发酵(又称酵母菌的第三型发酵) 酿酒酵母在厌氧、pH>7.5 条件下,乙醛也不能作为正常的受氢体,于是 2 分子乙醛之间互相氧化-还原发生歧化反应,生成 1 分子乙酸和 1 分子乙醇。此时,$NADH_2$ 受氢体仍不足,磷酸二羟丙酮亦作为受氢体接受 3-磷酸甘油醛脱下的氢生成 α-磷酸甘油,再水解生成甘油。故发酵产物为乙酸、乙醇、甘油和 CO_2,发酵也不产生能量。总反应式为

$$2C_6H_{12}O_6 \longrightarrow 2CH_2OHCHOHCH_2OH+CH_3CH_2OH+CH_3COOH+2CO_2$$

(4) 细菌型乙醇发酵(图 3.1.1) 少数细菌如运动发酵单胞菌(*Zymomonas mobilis*)和厌氧发酵单胞菌(*Zymomonas anaerobia*)等能通过 ED 途径进行细菌型乙醇发酵。1 分子 3-磷酸甘油醛经 EMP 途径转化为 1 分子丙酮酸、2 分子 ATP 和 1 分子 $NADH_2$。然后丙酮酸脱羧生成乙醛,再转化为乙醇。虽然 1 分子葡萄糖通过 ED 途径生成 2 分子乙醇、2 分子 CO_2,但只净产生 1 分子 ATP(扣除发酵开始激活葡萄糖时用去的 1 分子 ATP)。在这里,氧化时获得的

NADH$_2$ 和 NADPH$_2$ 全部用于乙醛还原生成乙醇,NAD(P)H$_2$ 产生与消耗完全平衡。总反应式为

$$C_6H_{12}O_6+ADP+Pi \longrightarrow 2CH_3CH_2OH+2CO_2+ATP+H_2O$$

肠杆菌(*Enterobactera* sp.)利用 EMP 途径进行乙醇发酵。

3.1.2.2 乳酸发酵(参见图 3.1.1)

乳酸是细菌工业发酵最常见的终产物。细菌可经三种不同的代谢途径产生乳酸。由葡萄糖发酵形成乳酸有两种类型,即同型乳酸发酵(homolactic fermentation)和异型乳酸发酵(heterolactic fermentation)两类。

(1) 同型乳酸发酵 同型乳酸发酵是指由葡萄糖经 EMP 途径分解为丙酮酸后,丙酮酸在乳酸脱氢酶作用下直接作为 NADH$_2$ 的受氢体被还原成乳酸。1 分子葡萄糖产生 2 分子乳酸、2 分子 ATP,但不产生 CO$_2$,EMP 途径葡萄糖发酵得到的产物只有乳酸,因此称同型乳酸发酵。乳杆菌属(*Lactobacillus*)和链球菌属(*Streptococcus*)的多数细菌进行同型乳酸发酵。乳酸脱氢酶是乳酸发酵的关键酶,其活性受 FDP 和 Mg^{2+} 调控,当培养基中葡萄糖限量时,菌体细胞内 FDP 浓度低,乳酸形成少;当培养基中氮源限量时,菌体细胞内 FDP 浓度高,乳酸积累。总反应式为

$$C_6H_{12}O_6+2ADP+2Pi \longrightarrow 2CH_3CHOHCOOH+2ATP$$

(2) 异型乳酸发酵 异型乳酸发酵是指发酵终产物中除了乳酸外,还有乙醇或乙酸和 CO$_2$,它是以磷酸酮解酶途径(PPK 途径)为基础的。1 分子葡萄糖发酵产生 1 分子乳酸、1 分子乙醇和 1 分子 ATP(由 3-磷酸甘油醛至丙酮酸产生 2 分子 ATP,扣除发酵开始激活葡萄糖时用去的 1 分子 ATP)。产能低,相当于同型乳酸发酵的一半。总反应式为

$$C_6H_{12}O_6+ADP+Pi \longrightarrow CH_3CHOHCOOH+CH_3CH_2OH+CO_2+ATP$$

双歧杆菌经 PHK 途径(又称 EMP 变异途径或双歧途径)进行异型乳酸发酵。如图 3.1.1 所示,2 分子葡萄糖经双歧途径分解为 2 分子乳酸、3 分子乙酸和 5 分子 ATP(由 3-磷酸甘油醛和乙酰磷酸转变为乳酸和乙酸产生 7 分子 ATP,扣除发酵开始激活 2 分子葡萄糖时用去的 2 分子 ATP)。其产能水平高于上述两种乳酸发酵。总反应式为

$$C_6H_{12}O_6+2.5ADP+2.5Pi \longrightarrow CH_3CHOHCOOH+1.5CH_3COOH+2.5ATP$$

3.1.2.3 丁酸型发酵(图 3.1.4)

一些专性厌氧细菌如梭菌属(*Clostridium*)、丁酸弧菌属(*Butyrivibrio*)、梭杆菌属(*Fusobacterium*)、真杆菌属(*Eubacterium*)的细菌能进行丁酸型发酵。依发酵产物不同,分丁酸发酵、丙酮-丁醇发酵等。其中丙酮-丁醇发酵业已大规模连续发酵生产,具重要经济意义。

(1) 丁酸发酵 丙酮酸-铁氧还蛋白氧化还原酶和氢酶联合作用下,丙酮酸转变为乙酰 CoA、CO$_2$ 和 H$_2$,乙酰 CoA 再经一系列反应生成丁酸。在丁酸发酵过程中,每 1 分子葡萄糖分解产生 1 分子丁酸、2 分子 CO$_2$、2 分子 H$_2$ 和 3 分子 ATP。总反应式为

$$C_6H_{12}O_6+3ADP+3Pi \longrightarrow CH_3CH_2CH_2COOH+2CO_2+2H_2+3ATP$$

(2) 丙酮-丁醇发酵 丙酮-丁醇发酵途径中,每 2 分子葡萄糖分解可产生 1 分子丙酮、1 分子丁醇、4 分子 H$_2$ 和 5 分子 CO$_2$,并产生 4 分子 ATP 供细菌生长之需(若丙酮继续还原仍可生成异丙醇)。总反应式为

$$2C_6H_{12}O_6+4ADP+4Pi \longrightarrow CH_3CH_2CH_2CH_2OH+CH_3COCH_3+5CO_2+4H_2+4ATP$$

工业发酵采用的丙酮-丁醇梭菌,因有淀粉酶,可先将淀粉质原料水解为葡萄糖,葡萄糖经

EMP 途径降解为丙酮酸,再由丙酮酸生成乙酰 CoA,进一步合成丙酮和丁醇。

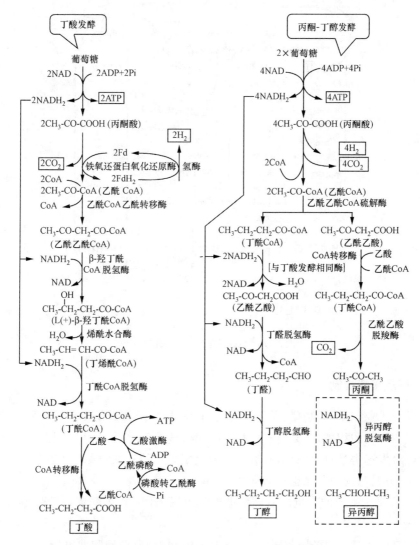

图 3.1.4　丁酸发酵和丙酮-丁醇、异丙醇发酵途径

3.1.2.4　丙酸发酵(图 3.1.5)

许多厌氧细菌能发酵葡萄糖或乳酸生成丙酸、乙酸和 CO_2。有两种代谢途径可以进行丙酸发酵,即琥珀酸-丙酸途径和丙烯酸途径。随石油短缺,合成法制取丙酸将逐步被发酵法取代。

(1) 琥珀酸-丙酸途径　大多数丙酸细菌中葡萄糖经 EMP 途径降解成 2 分子丙酮酸,由图 3.1.5 看出,从丙酮酸生成丙酸是一个循环反应。1 分子葡萄糖经琥珀酸-丙酸途径至少产生 2 分子 ATP。

(2) 丙烯酸途径　只少数丙酸细菌中存在丙烯酸途径。葡萄糖经 EMP 途径降解生成丙酮酸后,大部分丙酮酸通过还原生成乳酸,由图 3.1.5 也看出,从乳酸生成丙酸也是一个循环反应。1 分子葡萄糖经丙烯酸途径至少产生 3 分子 ATP。

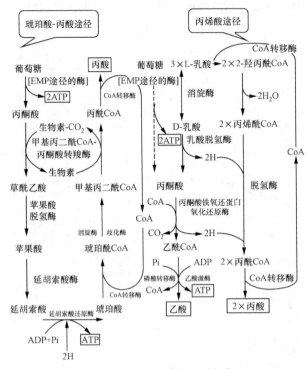

图 3.1.5　丙酸发酵途径(丙酸细菌)

3.1.3　好氧发酵机制

传统的发酵工业如酿酒、制醋、乳酸和丙酮-丁醇发酵,最初都是由厌氧发酵开始的。但微生物中许多代谢产物的积累,如某些有机酸、氨基酸、核酸类物质、抗生素以及许多生理活性物质等都属于好氧发酵类型,此处只对有氧条件下重要的几种有机酸发酵加以简介。

3.1.3.1　葡萄糖直接氧化生成的有机酸(图 3.1.6)

葡萄糖直接氧化生成的有机酸有葡萄糖酸、5-酮葡萄糖酸、2-酮葡萄糖酸、阿拉伯抗坏血酸、曲酸。

(1) 葡萄糖酸发酵　葡糖杆菌属(*Gluconobacter*)、假单胞菌属和曲霉属(*Aspergillus*)一些种在葡萄糖氧化酶催化下几乎定量地将葡萄糖氧化生成葡萄糖酸。工业发酵常采用的菌种是黑曲霉。发酵液的 pH 对产量有显著影响,为了及时中和发酵过程生成的有机酸,在以转桶式发酵罐生产时,培养基中需添加 $CaCO_3$,同时加入硼酸盐以抑制生成的葡萄糖酸钙沉淀;在通气搅拌发酵罐进行连续发酵生产时,需连续添加 NaOH 以维持发酵液的 pH。葡萄糖酸的钙盐和铁盐用于医药;葡萄糖酸的钠盐可作防垢剂;中间产物葡萄糖酸-δ-内酯因缓慢释放 CO_2,可作发酵粉。

由葡萄糖通过脱氢反应直接氧化先合成葡萄糖酸,再脱氢生成的有机酸还有 5-酮葡萄糖酸(为酒石酸和维生素 C 生产的原料)、2-酮葡萄糖酸和阿拉伯抗坏血酸。

(2) 曲酸发酵　由葡萄糖通过脱氢反应直接氧化合成的有机酸还有曲酸。曲酸发酵生产上采用米曲霉、溜曲霉(*Asp. tamarii*)、黄曲霉等。生产上也采用通气搅拌发酵罐,由葡萄糖发酵生产曲酸收率达 50% 以上。葡糖杆菌属的某些成员可由果糖生成微量曲酸。曲酸可作为杀

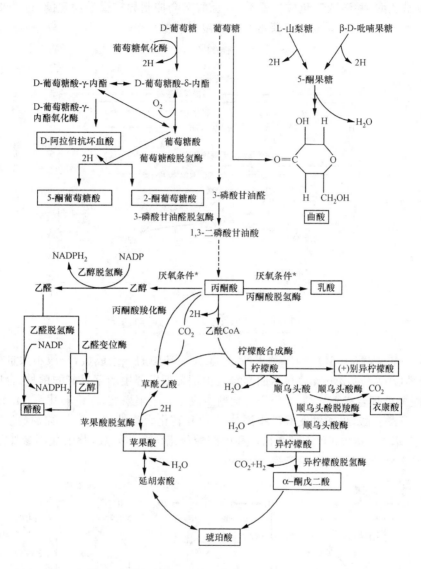

图 3.1.6 由葡萄糖直接氧化和经 TCA 循环合成的有机酸途径

霉剂和杀虫剂原料。

3.1.3.2 经 TCA 循环而生成的有机酸(图 3.1.6)

经 TCA 循环而生成的有机酸有柠檬酸、异柠檬酸、别异柠檬酸、反丁烯二酸、苹果酸、琥珀酸、丙酮酸、α-酮戊二酸、衣康酸等。仅简介柠檬酸和苹果酸发酵机制。

(1) 柠檬酸发酵(图 3.1.7) 柠檬酸是 TCA 循环中的一种重要中间产物,正常情况下并不积累。黑曲霉是目前生产上主要使用的菌种。黑曲霉的生长与柠檬酸过量合成明显分为两个时期:前期主要是菌丝体生长期,EMP 和 HMP 途径比率为 2∶1,此时几乎没有柠檬酸积累;后期菌丝体生长停止,若条件适宜,柠檬酸大量合成和积累,EMP 和 HMP 途径比率为 4∶1。柠檬酸积累机制:① 控制 Mn^{2+} 含量,抑制蛋白质合成,造成胞内 NH_4^+ 浓度升高和代谢转向侧系呼吸链(呼吸活性强,但不产 ATP),解除 ATP 对 PFK 的反馈调节,使 EMP 途径畅通;② 控制 Fe^{2+} 含量,使乌头酸酶活性低,阻止柠檬酸转化;③ 由丙酮酸羧化酶(组成酶)催化不断合成草酰乙酸,并继续转化成柠檬酸,柠檬酸又会抑制异柠檬酸脱氢酶,进一步促进柠檬酸的积累。生产上 100 g 葡萄糖可获得 75～87 g 柠檬酸。

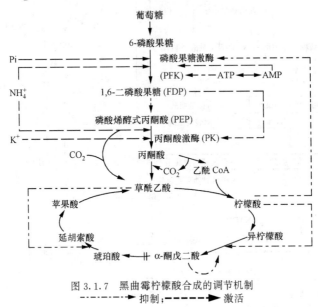

图 3.1.7 黑曲霉柠檬酸合成的调节机制
------→ 抑制; ——→ 激活

(2) 苹果酸发酵(图 3.1.8) 苹果酸是 TCA 循环中的一个成员,一般不大量积累。黄曲霉、寄生曲霉(*Asp. parasiticus*)和米曲霉等是由葡萄糖发酵生产苹果酸的菌种。合成途径可能有:① 乙醛酸循环合成苹果酸,1 分子葡萄糖生成 1 分子苹果酸,理论转化率 74.4%;② 丙酮酸羧化合成草酰乙酸,再通过发酵液中添加 $CaCO_3$ 转化为苹果酸,1 分子葡萄糖生成 2 分子苹果酸,理论产率 148.8%;③ 乙醛酸循环和丙酮酸羧化合成苹果酸,苹果酸不参加循环,2 分子葡萄糖生成 3 分子苹果酸,理论产率 116.6%。

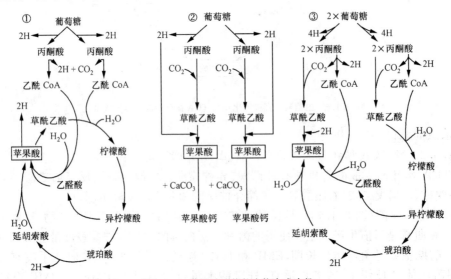

图 3.1.8 苹果酸可能的生物合成途径

3.1.4 糖分解代谢中的调节

微生物为保证高效和经济地利用能量和养料,对为细胞提供能源和碳源的根本途径(糖分解代谢)有一套极精细的调节系统。本小节主要简介分解代谢产物阻遏、能荷与代谢调节和巴斯德效应。

3.1.4.1 分解代谢产物阻遏(catabolite repression)

微生物在含有能分解的两种底物(如葡萄糖和乳糖或氨和硝酸盐)的培养基中生长时,首先分解快速利用的碳源、氮源(如葡萄糖或氨),而不分解慢速利用的碳源、氮源底物(如乳糖或硝酸盐)。这是因为快速利用的碳源、氮源分解代谢产物阻遏了慢速利用的碳源、氮源分解酶合成的结果。由于葡萄糖常对其他底物的有关酶合成有阻遏作用,又称葡萄糖效应(glucose effect)。分解代谢产物阻遏在微生物生长上的表现为"二次生长"现象。微生物先利用第一种快速被利用的基质生长,待快速被利用的基质耗尽后,分解代谢产物阻遏才被解除,再利用第二种基质生长。

分解代谢产物阻遏机制(图 3.1.9):是两种效应物和两种调节蛋白共同调节的结果。第一种效应物 1(乳糖)和阻遏蛋白 1(R 基因编码阻遏物);第二种效应物 2(cAMP)和调节蛋白 2(CRP 蛋白,分解代谢产物活化蛋白或 cAMP 受体蛋白)。当细胞中 cAMP 浓度高时,cAMP 与 CRP 结合引起 CRP 构象变化,形成一种有活性的 cAMP-CRP 复合物,与启动基因(P)一个位点结合;效应物 1(乳糖)存在时,效应物 1 与调节蛋白 1 结合,使调节蛋白 1 变构,离开操纵基因(O);RNA 聚合酶与启动基因(P)另一位点结合,开始结构基因转录和翻译。cAMP 浓度低时,调节蛋白 2(CRP)单独存在,不与启动基因结合。实际上是 cAMP 参与微生物的分解代谢酶的诱导合成的调节。cAMP 由腺苷酸环化酶合成,由磷酸二酯酶分解,由 cAMP 透过酶运

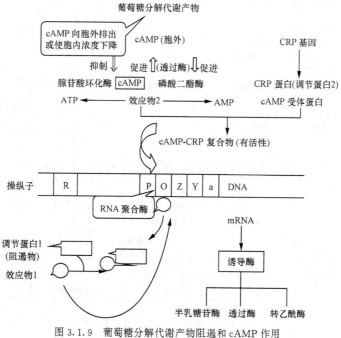

图 3.1.9 葡萄糖分解代谢产物阻遏和 cAMP 作用

出胞外。葡萄糖分解代谢产物有抑制腺苷酸环化酶活力和促进磷酸二酯酶活力和cAMP透过酶活力的作用(即葡萄糖分解产物可使胞内cAMP浓度下降和使胞内cAMP向胞外排出)。当培养液中有葡萄糖时,细胞内cAMP水平低;反之,当葡萄糖被利用后,细胞内cAMP水平上升,引起CRP变构,形成有活性的cAMP-CRP复合物,从而启动转录。另外,cAMP-CRP复合物可以同时与几个操纵子上的启动基因结合,从而影响许多操纵子。所以,cAMP-CRP复合物可诱导一系列酶的合成。说明分解阻遏是发生在转录水平上的调节。

生产上有时常使用一些慢速利用的碳、氮源来避免使用快速利用的碳、氮源而引起分解代谢产物阻遏。如青霉素发酵中常利用乳糖代替部分葡萄糖以提高青霉素产量;采用嗜热脂肪芽孢杆菌(*Bacillus stearothermophilus*)生产淀粉酶时,用甘油代替果糖以提高淀粉酶产量。如培养基中必须添加易引起分解阻遏的物质时,可采用分批添加或连续流加方式。

3.1.4.2 能荷与代谢调节

糖分解代谢途径中的一些酶除受末端产物或分解代谢产物调节外,由于ATP可以视为糖分解代谢的末端产物,也可通过控制细胞的产能代谢(细胞能荷大小)来控制代谢物的流向。细胞内ATP含量多少代表能荷高低,在产能反应的调节中,ATP过量时ATP反馈抑制产能反应中的酶(ATP合成酶系);当ATP分解为ADP或AMP,同时将能量转移给其他物质进行合成反应时,ATP的反馈抑制被解除,则ADP或AMP又激活产能反应的酶(ATP利用酶系),恢复ATP的合成。通过改变ATP、ADP、AMP三者比例来调节代谢活动,称为能荷调节。受能荷调节的酶,其活性与能荷的关系如图3.1.10所示。

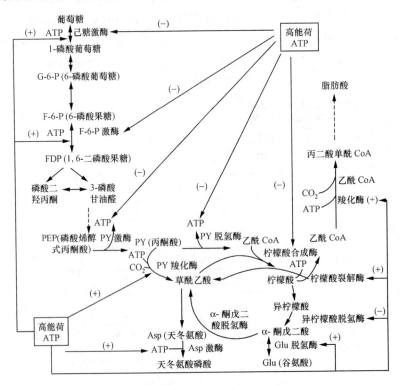

图3.1.10 细胞能荷状态对糖代谢的影响
(+)激活;(-)抑制

3.1.4.3 巴斯德效应(Pasteur effect)

由于葡萄糖在有氧呼吸中获得的能量远比无氧呼吸和发酵时获得的多得多,所以,兼性厌氧微生物(如工业生产中常用的酿酒酵母或大肠杆菌)在有氧条件下,就会终止厌氧发酵而转向有氧呼吸。这种呼吸抑制发酵的现象称为巴斯德效应。因为巴斯德在研究酵母菌的乙醇发酵时,首先发现在有氧时酵母菌细胞进行呼吸作用,同时乙醇产量显著下降,糖的消耗速率减慢。这种呼吸抑制发酵的作用,几乎在所有兼性微生物中都存在。

巴斯德效应的本质是能荷与代谢调节的结果,如图 3.1.11 所示。酵母菌通过 EMP 途径进行葡萄糖的乙醇发酵。EMP 途径中己糖激酶(HK)、磷酸果糖激酶(F-6-P 激酶)和丙酮酸激酶(PK)是该途径的三个关键酶。这些酶的活性不仅受多种代谢产物的影响(柠檬酸和异柠檬酸抑制 F-6-P 激酶活性),而且受到能荷调控。通过调节酶的活性而影响 EMP 途径的正常运转。

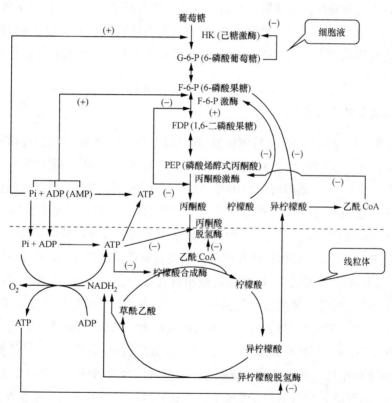

图 3.1.11 糖酵解途径与有氧呼吸途径的调节
(+)激活;(−)抑制

巴斯德效应的机制为:① O_2 供应充足时,葡萄糖经 EMP 途径产生的丙酮酸进入线粒体,经 TCA 循环产生大量 ATP,高能荷时 ATP 抑制 F-6-P 激酶、丙酮酸激酶、丙酮酸脱氢酶、柠檬酸合成酶、异柠檬酸脱氢酶等的活性。② O_2 供应充足时,ADP 和无机磷(Pi)进入线粒体,降低了对 F-6-P 激酶和己糖激酶的激活作用。由于 F-6-P 激酶活性降低,造成 6-磷酸果糖积累,6-磷酸果糖异构逆转生成 6-磷酸葡萄糖,但己糖激酶(HK)受 6-磷酸葡萄糖(G-6-P)的反馈抑制,为此葡萄糖消耗速率减慢。③ O_2 供应充足时,大量的 $NADH_2$ 经电子传递链进行氧化磷酸化生成大量ATP,从而导致乙醛还原生成乙醇所需的 $NADH_2$ 减少,所以乙醇产量显著下降。

综上所述,由于 O_2 供应充足时,F-6-P激酶、丙酮酸激酶等酶的活性降低,从而影响了微生物细胞对葡萄糖的分解利用以及EMP途径发酵产物乙醇的生成,造成所谓呼吸抑制发酵的现象。

3.2 氨基酸发酵的代谢调控

氨基酸是合成蛋白质的基本单位,也是合成某些次级代谢产物的前体。不同微生物合成氨基酸的能力不同:有些微生物可以合成自身所需的各种氨基酸;有些微生物却失去合成某些氨基酸的能力(称为氨基酸营养缺陷型);另一些微生物则甚至可以过量积累某种氨基酸。在发酵工业中,为了大量积累所需的某种氨基酸,就必须人为打破或解除微生物细胞内代谢的反馈调节机制,以使代谢朝着人们预想的方向进行。本节阐述氨基酸的生物合成途径及反馈调控机制。

3.2.1 氨基酸的生物合成

根据合成氨基酸的碳水化合物前体类型,氨基酸生物合成分为六"族"。在氨基酸生物合成途径中起主导地位的关键酶有12个(见图3.2.1)。它们多处于由同一前体生物合成多种氨基酸途径的关键位置上。如:糖酵解(EMP)途径的磷酸果糖激酶(E1),受柠檬酸的反馈抑制;三羧酸(TCA)循环途径的柠檬酸合成酶(E2),受ATP的反馈抑制;谷氨酸生物合成途径中的N-乙酰谷氨酸合成酶(E3),在大肠杆菌和芽孢杆菌中受精氨酸反馈抑制,但该途径中的N-乙酰谷氨酸激酶(E'3),在谷氨酸棒杆菌和酵母菌中受精氨酸反馈抑制;而鸟氨酸转氨甲酰磷酸酶(E4),则受精氨酸的反馈阻遏,调控瓜氨酸和精氨酸的生物合成;苏氨酸、赖氨酸、蛋氨酸(甲硫氨酸)和异亮氨酸等天冬氨酸族氨基酸生物合成途径的关键酶是天冬氨酸激酶(E5),其特性因菌株而异,可受苏氨酸、赖氨酸或蛋氨酸以及异亮氨酸调控;该途径的另一关键酶是高丝氨酸脱氢酶(E6),受苏氨酸和蛋氨酸反馈调节;苏氨酸脱氨酶(E7)则受异亮氨酸的反馈调节;缬氨酸和亮氨酸生物合成途径的关键酶是α-乙酰乳酸合成酶(E8),其特性也因菌株而异,受缬氨酸、亮氨酸、异亮氨酸等多种氨基酸的调控;酪氨酸、苯丙氨酸和色氨酸等芳香族氨基酸的生物合成途径的关键酶是DAHP合成酶(E9)、分支酸变位酶(E10)、预苯酸脱水酶(E11)和预苯酸脱氢酶(E12),调控该途径氨基酸的生物合成。

3.2.1.1 谷氨酸族或酮戊二酸族(图3.2.1～3.2.3)

谷氨酸族的生物合成包括糖酵解途径(EMP)、磷酸戊糖循环途径(HMP)、三羧酸循环(TCA)、乙醛酸循环(DCA)、CO_2固定反应等。谷氨酸族发酵时,葡萄糖降解经过EMP途径及HMP途径生成丙酮酸。有氧时,丙酮酸氧化脱羧生成乙酰CoA,进入TCA循环。从TCA循环中的α-酮戊二酸合成谷氨酸后,再由谷氨酸合成谷氨酰胺、脯氨酸、鸟氨酸、瓜氨酸、精氨酸。真菌的赖氨酸由 α-酮戊二酸和乙酰 CoA 缩合成高柠檬酸转化而来。

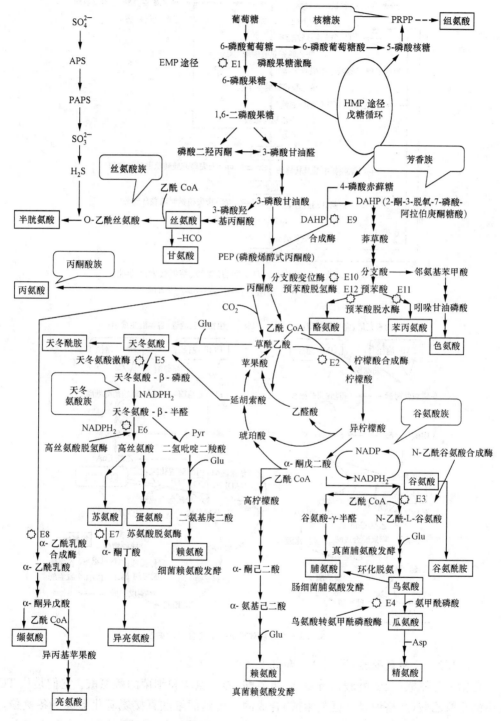

图 3.2.1 氨基酸生物合成代谢途径及关键酶示意图

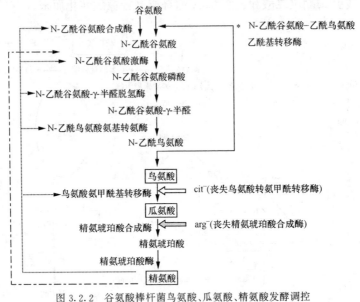

图 3.2.2 谷氨酸棒杆菌鸟氨酸、瓜氨酸、精氨酸发酵调控
──→反馈阻遏；------→反馈抑制

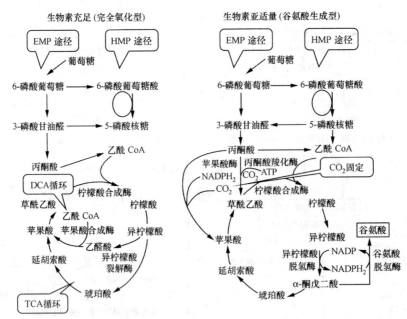

图 3.2.3 生物素对谷氨酸生物合成的调控

3.2.1.2 天冬氨酸族(图3.2.1和3.2.4)

包括天冬氨酸(天冬酰胺)、苏氨酸、蛋氨酸、异亮氨酸和细菌的赖氨酸。它们是从TCA循环中的草酰乙酸(严格说是从延胡索酸)合成的。由延胡索酸直接氨基化形成天冬氨酸，再氨基化合成天冬酰胺。天冬氨酸-β-半醛位于合成上述各种氨基酸途径的第一个分支点上。高丝氨酸位于这条途径的第二个分支点上。一个分支经四步反应合成蛋氨酸。另一个分支转变成苏氨酸。在第一个分支点上，天冬氨酸-β-半醛与丙酮酸缩合，经二氢吡啶二羧酸合成赖氨酸。

天冬氨酸激酶(E5)和高丝氨酸脱氢酶(E6)是这条途径的关键酶,受终产物的反馈调节。苏氨酸经苏氨酸脱氨酶(E7)合成 α-酮丁酸,再经四步反应合成异亮氨酸。

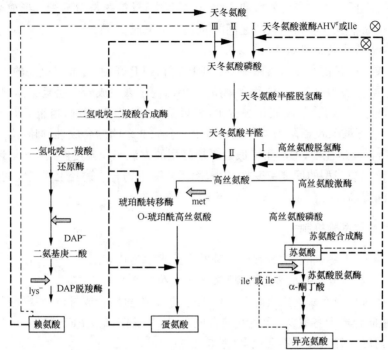

图 3.2.4 大肠杆菌天冬氨酸族氨基酸生物合成调控

----▶ 反馈抑制; ━━▶ 反馈阻遏; ⇨ 遗传缺陷;⊗ 解除反馈调节

3.2.1.3 芳香族(图 3.2.1)

包括色氨酸、苯丙氨酸和酪氨酸。它们的共同前体是来自糖酵解途径的磷酸烯醇式丙酮酸(PEP)和来自 HMP 途径戊糖循环的 4-磷酸赤藓糖。首先合成 2-酮-3-脱氧-7-磷酸-阿拉伯庚酮糖酸(DAHP),催化该反应的酶是 DAHP 合成酶(E9),然后经三步反应转化为莽草酸,莽草酸磷酸化经三步转化为分支酸。分支酸位于合成芳香族氨基酸的第一个分支点,再由分支酸经不同支路合成各种芳香族氨基酸,其中从分支酸到预苯酸是苯丙氨酸和酪氨酸的共同途径。

3.2.1.4 丙酮酸族(图 3.2.1)

包括丙氨酸、缬氨酸和亮氨酸。它们都是由葡萄糖有氧代谢和无氧代谢重要的中间产物丙酮酸转化而来。在氨基转移酶作用下丙酮酸与其他 α-氨基酸(如:天冬氨酸、谷氨酸、缬氨酸和芳香族氨基酸)反应生成丙氨酸和相应的 α-酮酸,两个丙酮酸分子在 α-乙酰乳酸合成酶(或乙酰羟酸合成酶,E8)催化下合成 α-乙酰乳酸,由丙酮酸开始,经与亮氨酸合成途径中四步反应相同的酶所催化,合成缬氨酸。过量的缬氨酸反馈抑制乙酰乳酸合成酶活性,抑制 α-乙酰乳酸合成。亮氨酸的直接前体是 α-酮异戊酸,是合成途径的另一个分支点,α-酮异戊酸与乙酰 CoA 缩合生成异丙基苹果酸,然后经过脱水、脱氢、转移氨基逐步合成亮氨酸。

3.2.1.5 丝氨酸族(图 3.2.1)

包括丝氨酸、甘氨酸和半胱氨酸。都是从糖酵解途径产生的 3-磷酸甘油酸合成的。3-磷酸甘油酸在磷酸甘油脱氢酶和 NAD^+ 作用下氧化为 3-磷酸羟基丙酮酸,再经转氨基作用,生成

3-磷酸丝氨酸,最后在磷酸丝氨酸酶催化下水解生成丝氨酸。丝氨酸通过转羟甲基酶作用转化为甘氨酸。丝氨酸是半胱氨酸的前体。在细菌中,丝氨酸乙酰化生成 O-乙酰丝氨酸,然后 H_2S 同乙酰基发生置换反应生成半胱氨酸和乙酸;在真菌中,丝氨酸与 H_2S 缩合形成半胱氨酸。半胱氨酸还可通过高半胱氨酸和丝氨酸之间的转硫作用形成。

3.2.1.6 核糖族或五碳糖族(图 3.2.1)

仅有组氨酸。在鼠伤寒沙门氏菌中,从 PRPP 和 ATP 开始,合成组氨酸的 11 步反应由 9 个酶催化(其中两个酶为双功能酶),编码酶的 9 个结构基因组成一个组氨酸操纵子,途径中第一步反应由磷酸核糖-ATP 焦磷酸化酶催化,该酶受组氨酸反馈抑制,当组氨酸含量超过微生物生理需要时,组氨酸又反馈阻遏参与组氨酸生物合成 9 个酶的合成,以抑制终产物的过量生成。直链式生物合成途径中,不能用一般营养缺陷型的方法来积累终产物。必须选育抗类似物突变株或选育营养缺陷型的回复突变株,以解除组氨酸生物合成途径上终产物的反馈调节,使组氨酸产量不断提高。

3.2.2 氨基酸发酵机制

仅以谷氨酸族、天冬氨酸族、芳香族氨基酸发酵机制为代表阐述。

3.2.2.1 谷氨酸族氨基酸发酵机制(图 3.2.3 和 3.2.5)

微生物代谢过程中谷氨酸比天冬氨酸优先合成。若谷氨酸合成过量,谷氨酸脱氢酶受到反馈调节,代谢转向合成天冬氨酸;天冬氨酸合成过量,又反馈调节 PEP 羧化酶,草酰乙酸合成受阻。故正常情况下谷氨酸并不会积累(图 3.2.5)。

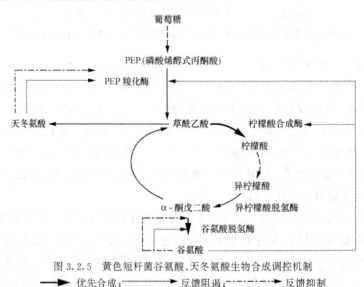

图 3.2.5 黄色短杆菌谷氨酸、天冬氨酸生物合成调控机制
——→ 优先合成;-----→ 反馈阻遏;·····→ 反馈抑制

谷氨酸产生菌大多数的生理特性是:生物素缺陷型、α-酮戊二酸氧化能力微弱,L-谷氨酸脱氢酶活性强,$NADPH_2$ 再氧化能力欠缺,细胞膜通透性改变。谷氨酸发酵时通过控制生物素亚适量,使新陈代谢失调,由于 α-酮戊二酸脱氢酶活力低,α-酮戊二酸至琥珀酸氧化通路阻断(进行不完整的 TCA 循环),在 NH_4^+ 存在下,因 L-谷氨酸脱氢酶活性强,$NADPH_2$ 再氧化能力弱,异柠檬酸裂解酶活力低,DCA 循环支路被封闭,为谷氨酸生成型。由异柠檬酸脱氢酶和谷氨酸脱氢酶的共轭反应,α-酮戊二酸氨基化生成谷氨酸(图 3.2.3)。生物素充足时,丙酮酸、

琥珀酸氧化能力增强,DCA循环的关键酶异柠檬酸裂解酶活性和$NADPH_2$再氧化能力增强,整个代谢被排挤到DCA循环,为完全氧化型(图3.2.3)。

生物素的另一主要作用是影响细胞膜的渗透性。已知生物素是脂肪酸生物合成的最初反应乙酰CoA羧化酶的辅酶,参与了脂肪酸的生物合成,再由脂肪酸与甘油、胆碱等形成细菌的磷脂。凡干扰磷脂合成,改变细胞膜通透性,均可使谷氨酸不断分泌出细胞外,除去谷氨酸积累所引起的反馈调节。采用谷氨酸棒杆菌[生物素⁻]、[油酸⁻]、[甘油⁻]缺陷型进行谷氨酸发酵,在生物素或甘油或油酸亚适量时,排出的谷氨酸量占氨基酸总量的92%;而在生物素丰富条件下,排出的谷氨酸量占氨基酸总量的12%,且发现谷氨酸仍在细胞内积累,不向胞外泄漏。或添加青霉素(影响细胞壁合成)等方法,产生不完整的细胞壁,使细胞膜受到损伤,也会达到谷氨酸高产效果。

决定谷氨酸发酵的另一主要因素是环境因素,条件改变必然影响代谢途径关键酶的合成和活性,从而使发酵转换方向,产生不同的发酵产物。除生物素外,影响产量的主要因素是溶解氧量(通气适中产谷氨酸,通气不足产乳糖或琥珀酸,通气过量积累α-酮戊二酸)、NH_4^+浓度(适量积累谷氨酸,缺乏产α-酮戊二酸,过量产谷氨酰胺)、pH(酸性产谷氨酰胺,中性或微碱性才积累谷氨酸)、磷酸盐浓度(高浓度磷酸盐产缬氨酸,适量产谷氨酸)。

3.2.2.2 天冬氨酸族氨基酸发酵机制(图3.2.1和3.2.6)

(1)赖氨酸发酵机制　赖氨酸发酵产生菌是谷氨酸棒杆菌、北京棒杆菌(*Corynebacterium pekinense*)和黄色短杆菌,这些微生物中天冬氨酸激酶不是同工酶,受苏氨酸和赖氨酸的协同反馈抑制。选育高丝氨酸缺陷型(hom⁻),切断支路代谢,解除了赖氨酸和苏氨酸的协同反馈调

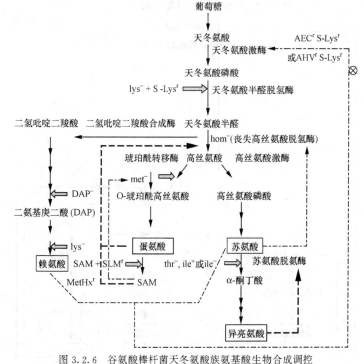

图3.2.6　谷氨酸棒杆菌天冬氨酸族氨基酸生物合成调控

――→ 反馈抑制;━━▶ 反馈阻遏;⇨ 遗传缺陷;⊗ 解除反馈调节

节，使中间产物天冬氨酸半醛全部转向赖氨酸的生物合成。如北京棒杆菌 hom⁻ 突变株，由于不产苏氨酸和蛋氨酸，积累赖氨酸达 50 g/L。选育同时抗赖氨酸或苏氨酸结构类似物突变株，如谷氨酸棒杆菌[hom⁻＋AEC^r（赖氨酸结构类似物——S-α-氨基乙基-半胱氨酸，简称硫赖氨酸）]，补给限量苏氨酸和蛋氨酸，赖氨酸积累达 45～48 g/L。

(2) 苏氨酸发酵机制　苏氨酸发酵代谢调控比赖氨酸复杂，必须同时解除终产物对关键酶天冬氨酸激酶和高丝氨酸脱氢酶的反馈调节。需切断蛋氨酸和赖氨酸的支路代谢。选育既是营养缺陷型，又是抗结构类似物的突变株。大肠杆菌双重和三重营养缺陷型突变株，如二氨基庚二酸(DAP⁻)、蛋氨酸(met⁻)和异亮氨酸(ile⁻)，或异亮氨酸回复突变株(ile⁺)，苏氨酸积累量达 14 g/L。为了解除苏氨酸自身的反馈调节，黄色短杆菌选育抗苏氨酸结构类似物 AHV^r(α-氨基-β-羟基戊酸)和 AEC^r 的突变株，再诱变选出 met⁻ 或 lys⁻ 缺陷型，苏氨酸积累可达 25 g/L。

(3) 蛋氨酸发酵机制　蛋氨酸发酵高产菌株选育，不仅要解除天冬氨酸激酶受赖氨酸和苏氨酸的协同反馈抑制，解除高丝氨酸脱氢酶受苏氨酸反馈抑制和蛋氨酸阻遏，而且还必须解除合成蛋氨酸途径中高丝氨酸-O-转乙酰酶受 S-腺苷蛋氨酸(SAM)强烈地反馈抑制。从谷氨酸棒杆菌中选出抗乙硫氨酸(Eth^r)、抗硒代蛋氨酸(SLM^r)、抗蛋氨酸氧肟酸(MetHx^r)的突变株，便可不断提高蛋氨酸产量。

3.2.2.3　芳香族氨基酸发酵机制(图 3.2.1 和 3.2.7)

大肠杆菌和鼠伤寒沙门氏菌的芳香族氨基酸生物合成途径中 DAHP 合成酶有三种同工酶，分支酸变位酶有两种同工酶，分别受苯丙氨酸、酪氨酸和色氨酸反馈调节。因不易打破代谢

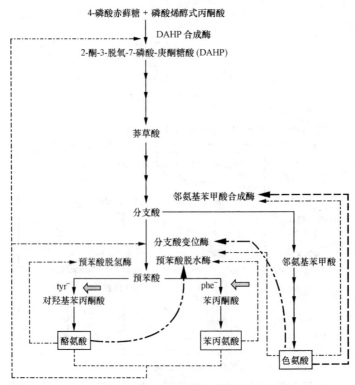

图 3.2.7　谷氨酸棒杆菌芳香族氨基酸生物合成调控
---▶ 反馈抑制；----▶ 反馈阻遏；·····▶ 激活

自动控制系统,发酵生产上使用的是谷氨酸棒杆菌突变株,苯丙氨酸、酪氨酸协同反馈抑制催化芳香族氨基酸生物合成第一步的 DAHP 合成酶活力,色氨酸增强抑制作用。三种氨基酸同时存在时,最大抑制作用约 90%。酪氨酸轻微抑制酪氨酸分支途径第一个酶——预苯酸脱氢酶;苯丙氨酸浓度达 0.05 mol/L 时,对苯丙氨酸分支途径第一个酶——预苯酸脱水酶抑制作用为 100%。在芳香族氨基酸生物合成途径中,激活与抑制联合调节。色氨酸对预苯酸脱水酶交叉抑制,而酪氨酸对预苯酸脱水酶激活,并解除苯丙氨酸和色氨酸的抑制作用。色氨酸也强烈抑制和阻遏色氨酸分支途径中第一个酶——邻氨基苯甲酸合成酶。苯丙氨酸反馈抑制和阻遏苯丙氨酸和酪氨酸生物合成途径分支点上催化分支酸转变为预苯酸的分支酸变位酶,酪氨酸也对该酶部分抑制,但苯丙氨酸和酪氨酸同时存在,该酶则被完全抑制。色氨酸能激活分支酸变位酶,又可恢复被苯丙氨酸和酪氨酸所抑制的酶活力。

(1) 色氨酸发酵机制　分支酸接受谷氨酰胺提供的氨基转变为邻氨基苯甲酸,后者再经两步反应生成吲哚甘油磷酸,最后由丝氨酸置换 3-磷酸甘油而生成色氨酸。使用谷氨酸棒杆菌的苯丙氨酸(phe⁻)和酪氨酸(tyr⁻)双重营养缺陷型菌株,只能生产痕量的色氨酸和邻氨基苯甲酸。通过多次诱变,获得抗 5-甲基色氨酸(5MT^r)、6-氟色氨酸(6FT^r)、4-甲基色氨酸(4MT^r)、色氨酸氧肟酸盐(TrpHx^r)、酪氨酸氧肟酸盐(TyrHx^r)及对-氟苯丙氨酸(PFP^r)和对-氨基苯丙氨酸(PAP^r)的突变株,解除色氨酸自身反馈调节,色氨酸产量达 12 g/L。

(2) 苯丙氨酸发酵机制　分支酸经分支酸变位酶(E10)催化转变为预苯酸,它是芳香族氨基酸生物合成途径的第二个分支点。预苯酸在脱水酶(E11)催化下,经脱水、脱羧、氨基化生成苯丙氨酸。预苯酸在脱氢酶(E12)催化下,经脱氢、脱羧、氨基化生成酪氨酸。利用谷氨酸棒杆菌酪氨酸(tyr⁻)缺陷型突变株,限量酪氨酸条件下,苯丙氨酸发酵最高产量为 0.86 g/L。突变株生产苯丙氨酸时,受到苯丙氨酸和酪氨酸的抑制。经亚硝基胍诱变,获得对苯丙氨酸或酪氨酸结构类似物有抗性的突变株(PAP^r+PFP^r+tyr⁻),积累苯丙氨酸 9.5 g/L。

(3) 酪氨酸发酵机制　用营养缺陷型和抗结构类似物两种特性结合起来的办法,选育兼具苯丙氨酸缺陷型(phe⁻)和苯丙氨酸或酪氨酸结构类似物抗性突变株,如谷氨酸棒杆菌苯丙氨酸缺陷型突变株,经亚硝基胍诱变处理后,获得抗 3-氨基酪氨酸(3AT^r)、PFP^r、PAP^r 和 TyrHx^r 的突变株及对酪氨酸敏感(Tyr^s)的突变株,积累酪氨酸 17.6 g/L。

综上所述,为使代谢产物大量生成和积累,发酵中代谢调控的主要措施是控制遗传型和控制培养条件两个方面。微生物遗传特性的改变,通过基因突变(选育营养缺陷型菌株、选育抗反馈调节突变株,包括抗反馈抑制突变型和抗反馈阻遏突变型、选育细胞膜透性突变株、选育营养缺陷型回复突变株或条件突变株)和遗传重组(原生质体融合、重组 DNA 技术)实现;发酵环境条件的控制通过控制溶解氧、pH、NH_4^+ 浓度、营养物(如磷酸盐、生物素等维生素)浓度等实现。外因是实现发酵转换的条件,内因是菌的遗传特性,是变化的根据。从遗传控制和培养条件角度解除正常代谢调控,使氨基酸大量生成和积累。

3.3　抗生素发酵的代谢调控

抗生素是生物生命活动过程中产生的一种次级代谢产物或其人工衍生物,它们可以很低的浓度抑制或影响其他种生物的生命活动。与生物生存有关的、涉及产能代谢(分解代谢)和耗能代谢(合成代谢)的代谢类型称为初级代谢;某些生物为了避免在初级代谢过程中积累某种或某些中间产物对机体的毒害作用而产生的一类有利于生存的代谢类型称为次级代谢。次级代谢产物根据其作用可分为抗生素、激素、生物碱、毒素、色素、维生素等。微生物(尤其放线菌)是抗生素的主要产生菌,在生长的一定时期(一般是对数生长末期或稳定期)以初级代谢产物为前体,合成次级代谢产物。

3.3.1 次级代谢产物生物合成的主要途径

根据次级代谢产物的合成途径,次级代谢产物主要分为五种类型(图3.3.1)。

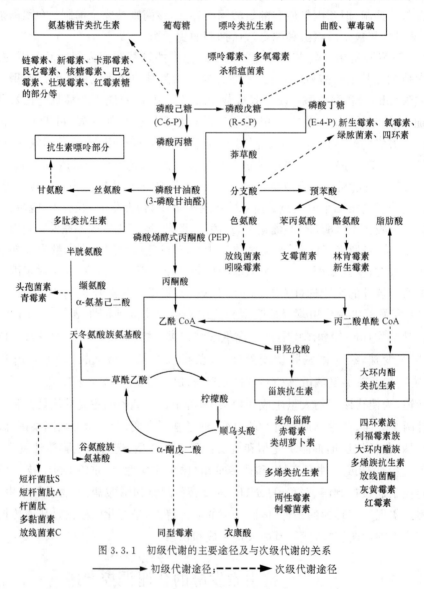

图3.3.1 初级代谢的主要途径及与次级代谢的关系
──→ 初级代谢途径; ----→ 次级代谢途径

(1) 与糖代谢有关的类型 直接由葡萄糖合成的抗生素——链霉素和大环内酯类抗生素中的糖苷等;经莽草酸途径中预苯酸合成芳香族抗生素——氯霉素和新生霉素等;由磷酸戊糖合成的抗生素——狭霉素、嘌呤霉素、抗溃疡的间型霉素、杀稻瘟菌素S及多氧霉素等。

(2) 与脂肪酸代谢有关的类型　由丙二酸单酰 CoA、乙酰 CoA 合成的聚酮(polyketide)或 β-多酮次甲基链(β-polyketomethylene)后进一步生成的次级代谢产物——四环素族(聚乙酸型聚酮)、利福霉素族(脂肪桥)、大环内酯族红霉素(七个丙酸单位构成)、多烯族抗生素、放线菌酮(聚九酮)、灰黄霉素(聚七酮)和桔霉素等。

(3) 与萜烯和甾体化合物有关的类型　主要由霉菌产生,如由三个异戊烯单位聚合而成的烟曲霉素、四个异戊烯单位聚合而成的赤霉素、六个异戊烯单位聚合而成的梭链孢酸、八个异戊烯单位聚合而成的 β-胡萝卜素等。

(4) 与 TCA 循环有关的类型　一类是由 TCA 循环中间产物进一步合成的次级产物,如由 α-酮戊二酸还原生成的戊烯酸和由乌头酸生成的衣康酸;另一类是由 TCA 循环的中间产物与从乙酸生成的有机酸缩合而成的次级代谢产物,如担子菌产生的松蕈酸(α-十六烷基柠檬酸)就是由十八烷酸的 α-亚甲基与草酰乙酸羰基缩合而成。

(5) 与氨基酸有关的类型　由一个氨基酸形成的次级代谢产物,如放线菌产生的环丝氨酸、氮丝氨酸,担子菌由色氨酸合成的口蘑氨酸、鹅膏蕈氨酸等;由两个氨基酸形成的曲霉酸、支霉菌素和由半胱氨酸与缬氨酸缩合而形成的 6-氨基青霉烷酸等;由三个以上氨基酸缩合而成的次级代谢产物,如细菌产生的杆菌肽、短杆菌肽 S、多黏菌素,链霉菌产生的放线菌素等。

从前面介绍的次级代谢产物类型也可看出,初级代谢是次级代谢的基础,初级代谢为次级代谢提供前体、能量和还原力,而次级代谢则是初级代谢在一定条件下的继续和发展。另外,初级代谢产物合成和次级代谢产物合成中往往也有共同的关键中间代谢物。

3.3.2　抗生素发酵调控机制

次级代谢和初级代谢调节在某些方面是相同的,实际上也是酶的调节,即酶活性的激活和抑制、酶合成的诱导和阻遏等。但是,初级代谢产物是次级代谢的前体,所以初级代谢对次级代谢调节的作用更大。下面从诱导调节、反馈调节(抗生素本身的反馈调节和初级代谢对次级代谢的调节)、分解代谢产物(碳、氮代谢产物)的调节、磷酸盐的调节、细胞膜透性的调节和产生菌细胞生长调节等方面来阐述抗生素发酵调控的机制。

3.3.2.1　诱导调节

初级代谢过程中起诱导作用的效应物,常是前体或前体的结构类似物;而次级代谢过程中除了前体或前体的结构类似物起诱导作用外,还发现某些促进抗生素合成的因子,并非该抗生素的前体或前体的结构类似物,但也有诱导调节作用。诱导物有外源诱导物(添加的),也有内源诱导物(菌代谢过程产生的)。

如加苯乙酸于产黄青霉的发酵液中产生青霉素 G,加苯氧乙酸则产生口服的青霉素 V,在这里苯乙酸、苯氧乙酸既是青霉素的前体,又起诱导作用,为外源诱导物。但浓度高往往也会产生毒性。

头孢菌素 C 是顶头孢霉产生的另一种与青霉素极其类似的 β-内酰胺抗生素,蛋氨酸对头孢菌素 C 的合成有促进作用,它可诱导菌丝体膨胀断裂为节孢子,节孢子越多,合成头孢菌素 C 越多。以前认为蛋氨酸的作用是提供有活性的半胱氨酸给头孢菌素 C,是头孢菌素 C 硫的供体;现在推测蛋氨酸可能因诱导 β-内酰胺合成酶的合成,从而促进头孢菌素 C 合成,为内源诱导物。

链霉素发酵过程中同时产生链霉素和甘露糖链霉素(为链霉素生物活性的20%),只在接近发酵终点,有α-甲基甘露糖苷、甘露聚糖等诱导物存在时,才诱导形成甘露糖链霉素酶,将甘露糖链霉素转化为甘露糖和链霉素,因该酶还受分解代谢产物的阻遏。链霉素发酵过程还发现A因子(S-异辛酰-3R-羟甲基-Y-丁酸-内酯)有诱导作用,推测A因子诱导菌体产生糖苷水解酶,分解$NADP^+$为烟酰胺和腺苷二磷酸,后者抑制G-6-P脱氢酶活性,使HMP途径受阻,转而合成链霉素。链霉素的A因子并非链霉素的前体物质。

3.3.2.2 反馈调节

次级代谢产物合成中,产物过量积累,也会出现类似初级代谢的反馈调节现象。包括抗生素自身反馈调节和初级代谢产物的反馈调节。

(1) 抗生素自身反馈调节 已知有些抗生素积累会抑制或阻遏自身合成途径中酶的作用。如:氯霉素(100 mg/L)阻遏和抑制委内瑞拉链霉菌氯霉素合成途径第一个酶——芳基胺合成酶,但不影响菌体生长(由于不影响分支酸变位酶、预苯酸脱水酶和邻氨基苯甲酸合成酶的活性,见图3.3.2)。但有些抗生素抑制合成途径最后一步酶的活性,嘌呤霉素、青霉素和霉酚酸便属此类(嘌呤霉素反馈抑制O-去甲基嘌呤霉素甲基转移酶,霉酚酸抑制合成途径最后一步转甲基酶)。

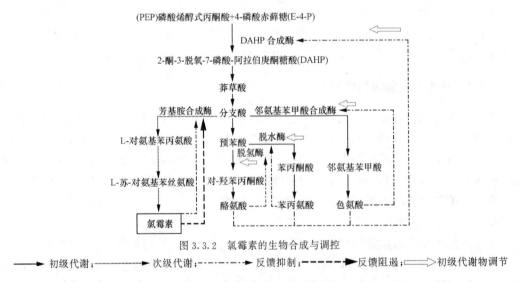

图3.3.2 氯霉素的生物合成与调控

⟶ 初级代谢;┈▶ 次级代谢;━━▶ 反馈抑制;┅━▶ 反馈阻遏;⇛ 初级代谢物调节

对抗生素产生菌来说,一般认为有两类抗生素:一类是对其他生物有毒性而对抗生素产生菌本身无毒性的抗生素,如青霉素和头孢菌素可抑制细菌的细胞壁成分肽聚糖的合成,抗生素产生菌霉菌的细胞壁为几丁质和纤维素,霉菌中没有这类抗生素作用的靶部位(肽聚糖合成的细胞壁),抗生素发酵终止只是受抗生素本身浓度反馈的调节,对产生菌无毒性。另一类是对产生菌和其他生物都有毒性的抗生素,如抑制生物体蛋白质和核酸合成的链霉素,同样也抑制产生菌的蛋白质和核酸合成,但产生菌本身具有一套自身的防御机制,使之解除毒性。这类抗生素自身反馈调节机制,可能与抗生素产生菌产生的钝化酶有关,其中主要是磷酸基和乙酰基转移酶,使产生菌产生的抗生素磷酸化或乙酰化,经磷酸化或乙酰化的抗生素,对原来作用的靶部位结合能力减弱,从而解除了毒性。灰色链霉菌生物合成链霉素前,在菌体中就有两种磷酸化酶,使链霉胍到链霉素的途径中先形成链霉胍磷酸和链霉素磷酸酯两种中间体,使其对产生菌失去活性,最后才转变为链霉素。

生产中可以采取透析培养等方法,解除产物过量积累造成的阻遏和抑制;也可选育抗对自身抗生素脱敏(抗性)的高产突变株,解决发酵单位提高的问题。

(2) 初级代谢产物的调节　初级代谢产物可以调节次级代谢产物的合成。根据初级代谢产物与次级代谢产物之间的相互关系,调节方式可概括为三类:

① 有一条共同的合成途径:初级代谢产物的合成与次级代谢产物的合成之间有一条共同的合成途径,初级代谢产物积累,反馈抑制共同途径中某个酶的活性,从而抑制了次级代谢产物的合成。如青霉素发酵中α-氨基己二酸是产黄青霉合成赖氨酸(初级代谢产物)和青霉素(次级代谢产物)的共同前体。赖氨酸积累反馈抑制高柠檬酸合成酶,α-氨基己二酸合成受阻,既抑制了赖氨酸的合成,也抑制了青霉素的合成(图3.3.3)。选育高柠檬酸合成酶对赖氨酸抗反馈抑制的突变株,可能成为青霉素高产菌株;或选育出α-氨基己二酸至赖氨酸途径被阻断的赖氨酸缺陷型突变株,限量供给赖氨酸,也可提高青霉素的产量。

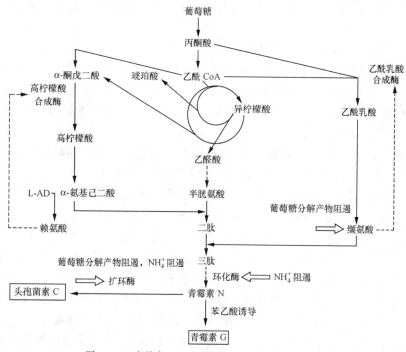

图 3.3.3　青霉素 G 和头孢菌素 C 的生物合成与调控
-------▶ 反馈抑制; ⇒ 分解产物阻遏

② 直接参与次级代谢产物的合成:初级代谢产物直接参与次级代谢产物的合成,当初级代谢产物积累,反馈抑制初级代谢产物合成时,也便影响了次级代谢产物的合成。产黄青霉发酵中缬氨酸过量积累,便会反馈抑制合成途径关键酶乙酰乳酸合成酶的活性,使缬氨酸合成减少,从而也影响青霉素的合成(图3.3.3)。诱变获得的高产突变株(乙酰乳酸合成酶对缬氨酸不敏感的突变株),青霉素高产突变株该酶含量较低产菌株高两倍,可通过加前体缬氨酸,提高青霉素的产量。

③ 分支途径的反馈调节:莽草酸途径合成芳香族氨基酸和氯霉素生物合成过程的关键酶 DAHP 合成酶受三种分支途径的终产物反馈抑制;同时色氨酸反馈抑制邻氨基苯甲酸合成

酶,酪氨酸反馈抑制预苯酸脱氢酶,苯丙氨酸反馈抑制预苯酸脱水酶。若培养基中上述三种氨基酸积累,则中间产物前体分支酸和预苯酸即可大量积累,促使合成更多的氯霉素(图3.3.2)。

3.3.2.3 分解代谢产物调节

抗生素产生菌在利用碳、氮源时除了有初级代谢中的快速利用碳、氮源的分解产物对慢速利用碳、氮源诱导酶生成的阻遏之外;也有快速利用碳、氮源的分解产物对次级代谢产物合成酶的阻遏,只有当这类碳、氮源消耗尽后,阻遏解除,菌体才由生长阶段转入次级代谢产物合成阶段。

(1) 碳代谢物的调节　在抗生素发酵中首先发现快速利用的葡萄糖分解产物阻遏青霉素合成,而慢速利用的乳糖却有利于青霉素产量的提高。后发现其机制为葡萄糖阻遏缬氨酸并入青霉素的分子(图3.3.3)。头孢菌素C发酵中,快速利用的葡萄糖分解产物主要阻遏扩环酶,而对环化酶影响较少,所以青霉素N仍能正常积累,待葡萄糖耗尽后方可积累头孢菌素C(图3.3.3)。青霉素合成中的转酰基酶、链霉素合成中的转脒基酶、放线菌素合成中的氧化酚噁嗪合成酶,在生长期都处于被阻遏的状态,大多是由于葡萄糖的分解产物阻遏这些酶基因转录作用所引起的。

碳分解产物对抗生素合成酶的阻遏机制,还不清楚是否与cAMP有关。据报道,葡萄糖对灵菌红素的分解阻遏可由茶碱部分地解除,已知cAMP参加灵菌红素的生物合成,而茶碱可抑制cAMP磷酸二酯酶活性,推测可能由于细胞内cAMP浓度增高而使分解阻遏解除。葡萄糖分解产物也阻遏卡那霉素合成中最后一步N-乙酰卡那霉素酰胺水解酶合成,此阻遏作用也可由cAMP解除。

培养过程中为了逃避这种分解阻遏效应,采用添加慢效碳源、连续限量流加葡萄糖液或糖蜜、使用缓慢向培养基内渗出营养物质的颗粒(或压成片剂)等方法,已取得较好效果。

(2) 氮代谢物的调节　微生物中氮分解代谢产物也像葡萄糖分解代谢产物一样,同样阻遏抗生素生物合成关键酶的形成。很多含氮物质进入细胞后首先分解成NH_4^+,然后转变为菌体的蛋白质或加入抗生素分子的氨基或脒基部分。在青霉素和头孢菌素等β-内酰胺抗生素合成中,NH_4^+对环化酶和扩环酶均具有阻遏作用(图3.3.3)。以蛋白质作氮源,促进抗生素的合成,而以快速利用的无机氮作氮源,促进抗生素产生菌的生长。在利福霉素、氯霉素、放线菌素、黄曲霉素和白霉素等抗生素的生物合成中,都有高浓度NH_4^+和其他氨基酸阻遏的报道。研究发现,过量NH_4^+抑制抗生素产量,是与谷氨酰胺合成酶(GS)活力下降有关。

生产中为了解决NH_4^+浓度过高对抗生素产生抑制的难题,可采用分批加料或用NH_4^+吸附剂的办法来控制NH_4^+的限量浓度。

3.3.2.4 磷酸盐调节

磷酸盐对微生物的生长和次级代谢产物的生物合成起着重要作用。培养基中磷酸盐浓度在0.3~300 mmol/L时常能促进生长;磷酸盐浓度在10 mmol/L或以上时则抑制抗生素合成。因此,发酵前期磷酸盐浓度控制在适于菌体生长的范围内,发酵后期磷酸盐浓度控制在亚适量水平,以利于抗生素合成。磷酸盐对抗生素合成的影响表现在三个方面:

(1) 抑制次级代谢产物前体合成　多肽类抗生素合成中的前体为氨基酸,其合成过程需先经过ATP活化,转变成氨基酰腺嘌呤核苷酸,同时解离出焦磷酸。过量磷酸盐对此步反应产生反馈抑制,从而抑制多肽类抗生素(如青霉素)的生物合成。四环素、多烯类抗生素、大环内酯类抗生素和聚乙烯类抗生素生物合成是以乙酰CoA、丙二酸单酰CoA为前体缩合而成的。

丙二酸单酰 CoA 则由 PEP 羧化生成草酰乙酸,进而脱羧生成。磷酸盐和 ATP 对 PEP 羧化酶活性反馈抑制,草酰乙酸生成量减少,必然影响抗生素的生物合成。

(2) 抑制和阻遏次级代谢产物合成中关键酶的活性和合成　如抑制链霉素、紫霉素和万古霉素生物合成中碱性磷酸酯酶催化一些中间体的脱磷酸反应等。

(3) 导致细胞能荷改变　① 高浓度磷酸盐可使细胞内 ATP 合成增加,导致细胞能荷提高,直接影响糖分解代谢,HMP 途径转换为 EMP 途径,使 $NADPH_2$ 生成量减少,抗生素生物合成缺少 $NADPH_2$ 还原剂。② 通过影响初级代谢产物(如草酰乙酸、乙酰 CoA、PEP 等)积累而影响次级代谢产物合成。③ 磷酸盐使细胞内 ATP 浓度增加,菌体迅速生长;过量磷酸盐存在,也不合成抗生素的合成酶,ATP 含量在抗生素合成阶段开始后迅速下降,然后合成抗生素。由此暗示 ATP 可能是细胞内控制抗生素合成的效应物,也说明磷酸盐的控制可能是在转录水平上。

选育不受磷酸盐浓度调节的抗生素产生菌的突变株,不仅可生成大量的菌体,还保证高速度合成抗生素,将会对工业生产创造更大的效益。

3.3.2.5　细胞膜透性调节

营养物的吸收与代谢产物分泌都受到膜透性的调控。如上所述,控制膜透性可提高氨基酸发酵产量。青霉素发酵中也发现凡硫化物输入能力大,硫源供应充足,促进半胱氨酸合成,青霉素产量就提高。新霉素产生菌突变株加入油酸钠或 NaCl,改变细胞膜中脂肪酸的组成,谷氨酸积累增加,可促进新霉素前体新霉胺和去氧新霉胺合成,新霉素产量提高。

3.3.2.6　产生菌细胞生长调节

许多抗生素产生菌发酵过程存在着两个明显不同的生理阶段,即菌体快速生长阶段和次级代谢产物合成阶段。许多重要的抗生素只在次级代谢产物合成阶段产生,如链霉素、青霉素、红霉素、金霉素、新霉素、放线菌素、卡那霉素、嘌呤霉素和杆菌肽等。抗生素发酵有两个生理阶段,其主要原因一是快速利用碳、氮源分解产物阻遏作用造成的,阻遏作用解除,碳、氮源耗尽,抗生素才开始产生;二是快速利用碳、氮源分解产物对次级代谢产物合成酶的阻遏,一旦解除阻遏,这些酶便被激活或合成。

总之,抗生素发酵的菌体生长期和次级代谢产物合成期两个生理阶段所要求的环境条件是不同的,这不仅因两个生理阶段所需的酶系不同,如何使抗生素合成关键酶的基因从阻遏状态迅速转入脱阻遏状态?如何使发酵过程的生长期缩短,并迅速转入抗生素的生产期?还有待于就分解代谢产物对抗生素合成关键酶阻遏机制的深入研究,以便从分子水平上设计育种方案,延长发酵的生产期,提高抗生素产量。

3.3.3　抗生素生物合成途径的遗传控制

初级代谢产物(如 20 种氨基酸、8 种核苷酸,以及由它们聚合而成的蛋白质和核酸等)的性质与类型在各类生物中是相同的或基本相同的,其生物合成途径也基本相同或相似。但是,次级代谢产物的合成,仅存在于个别菌种之中。次级代谢产物虽然也都是从少数几种初级代谢过程产生的中间产物衍生而来,但分类地位相同或不同的菌株,所产生的各种抗生素生物合成途径却大不一样。初级代谢分解与合成酶的基因位于染色体上,次级代谢产物合成酶的基因或位于染色体上或部分位于质粒上。已报道,有几十种抗生素的生物合成受到质粒控制,大致分为四类:质粒上载有合成抗生素的结构基因、调节基因、质粒控制抗生素的分泌基因、质粒编码抗生素的耐性基因。研究抗生素生物合成途径的遗传控制，进行抗生素产生菌的遗传育种，将为提高抗生素产量、获得新型抗生素开辟新的途径(详见第11章)。

复习和思考题

3-1 微生物由葡萄糖发酵至丙酮酸的主要途径有哪几条？比较几条途径的区别和联系(提示：请以简图绘出各条途径的走向，并标明各条途径的特征酶、调节酶、主要中间产物、ATP和还原力的产生部位)。简述其生理功能和在工业生产中重要的微生物代谢产物。

3-2 丙酮酸进一步代谢在好氧微生物、兼性厌氧微生物、厌氧微生物中各有哪几条途径？并列表指出各条途径在工业生产中重要的微生物代谢产物。

3-3 列表或绘图比较三羧酸循环(TCA)和乙醛酸循环(DCA)的主要区别。工业生产中哪些微生物发酵产物是由TCA、DCA中间代谢产物转化的？

3-4 微生物可通过哪些途径回补四碳(C_4)化合物草酰乙酸和苹果酸的缺失？

3-5 列表比较酵母菌乙醇发酵与细菌乙醇发酵的主要区别。

3-6 利用酵母菌发酵分别生产单细胞蛋白、酒精、甘油或者同时获得乙酸、乙醇和甘油各应该采用怎样的发酵条件？为什么？

3-7 列表比较同型乳酸发酵和异型乳酸发酵的主要区别。

3-8 请列表小结微生物降解葡萄糖厌氧条件下发酵的各种重要代谢产物(提示：代表菌、发酵类型、产生途径)。

3-9 请列表小结微生物降解葡萄糖有氧条件下发酵的各种重要代谢产物(提示：代表菌、发酵类型、产生途径)。

3-10 微生物为什么能够大量积累柠檬酸、苹果酸？发酵受到哪些因素的影响？

3-11 什么叫分解代谢产物阻遏？以葡萄糖效应为例，简述其机制与发酵生产的关系。

3-12 什么叫巴斯德效应？为什么会影响兼性厌氧微生物发酵？

3-13 请绘图小结氨基酸生物合成的六条途径。

3-14 简述谷氨酸发酵高产菌株选育策略。谷氨酸发酵受到哪些环境因素的影响？为什么？

3-15 以天冬氨酸族和芳香族氨基酸发酵为例，简述分支代谢途径反馈调节机制。并说明赖氨酸、苏氨酸、色氨酸发酵菌种的特点和分支代谢途径高产菌株的选育方法。

3-16 根据次级代谢产物合成途径，次级代谢产物区分几个类型？简要叙述抗生素生物合成的主要途径及与初级代谢的联系。

3-17 抗生素生物合成受到哪些因素的调节控制？为了提高抗生素的产量常采取哪些措施？

(林稚兰)

4 微生物发酵工程概述

发酵工程是利用微生物细胞的代谢过程生产有用的各种产物的过程,它由三个核心部分组成:一是生产特定产物的微生物菌种选育;二是利用适当的设备和技术为菌种提供最佳条件,充分发挥菌种的生产能力;三是将发酵产生的产物经分离、纯化,以最高收率获得质量合格的产品。虽然微生物发酵工业以发酵为主,发酵水平的好坏是整个生产的关键,但后处理在发酵生产中也占有很重要的地位。常有这样的情况:发酵产率很高或片面追求发酵产率,因忽视发酵液的质量,或者后处理工艺和设备选用不当,而大大降低了总得率,所以发酵过程的完成,并不等于工作的结束。完整的微生物发酵工程应该包括从原料到获得最终产品的过程,即所谓菌种是基础,发酵是关键,分离纯化是保障。微生物工程就是要研究和解决这整个过程中的工艺和设备问题,将实验室和中试成果迅速扩大到工业化生产中去。

4.1 微生物发酵类型

由于微生物代谢类型的多样性,利用不同微生物对同一种物质进行发酵,以及一种微生物在不同条件下培养所得产物均不相同,我们可以按照微生物对氧的要求、发酵采用的方式、发酵产物的特性,将发酵分为不同类型。

4.1.1 按微生物对氧的要求分类

(1) 好氧发酵(又称好气发酵) 指发酵产物形成时需要充分的氧气,如柠檬酸发酵、草酸发酵、曲酸发酵、甲叉丁二酸发酵、谷氨酸发酵、石油脱蜡发酵,以及各种抗生素发酵等。

(2) 厌氧发酵(又称嫌气发酵) 指发酵时不需供应氧气,如丙酮-丁醇发酵、乳酸发酵、丙酸发酵、丁酸发酵等。

(3) 兼性厌氧发酵 生产酒精的酵母菌是一种兼性厌氧微生物,在缺氧条件下进行酒精发酵,积累酒精;在大量通气情况下则进行好氧发酵,产生大量酵母细胞。

4.1.2 按微生物发酵采用的培养基状态分类

(1) 固体发酵 我国对发酵生产大致经历了固体发酵—浅盘发酵—液体深层发酵的发展过程。固体发酵有着悠久的历史,其优点是投资少,设备简单,操作容易,并且可因陋就简,利用各种廉价农副产品及其下脚料进行生产。基质含水量低,可极大地减少生物反应器的体积。发酵副产物均可综合利用,不需废水处理,为清洁生产。供氧是由气体扩散或间歇通风完成,不一定需连续通风,能耗较低。能在一定程度上解除产物抑制,可获得较高的次级代谢产物。其缺点为厂房面积需要大,生物反应器设计还不完善,难于准确测定含水量、菌体量和 CO_2 生成量等发酵参数,微生物生长速度较慢,易污染,只适用于耐低活性水分的菌(如霉菌)等的发酵。

固体发酵即将发酵的原料加上一定比例的水分,置曲盘、草帘、深槽中灭菌,冷却后接种,进行发酵。现在已对固体发酵设计了密闭式的固体发酵罐,使固体发酵获得了新的发展。

（2）液体发酵 此法是将所用原料配制成液体状态,又有如下方式：① 将培养基放在瓷盘内,进行静止培养,称浅盘发酵(亦称表面培养)。该法存在不少缺点,如劳动强度大、占地面积大,产量小,易染杂菌等,因而很快被液体深层发酵所代替。② 将培养液加入铁或不锈钢制成的发酵罐,在罐内进行深层发酵(submerged fermentation)。

目前我国和世界大多数国家发酵工厂都采用液体深层发酵。过去多采用单罐方式分批发酵,即在一个发酵罐内进行,发酵完毕即将产物进行提取。后来又发展为连续发酵、补料分批发酵等方式。

液体深层发酵同固体发酵、表面培养等发酵相比有很多优点,主要为：① 液体悬浮状态为很多微生物提供最适生长环境,菌体生长快,发酵产率高,发酵周期短；② 在液体中,菌体、底物、产物以及发酵产生的热量易于扩散,使发酵可在均质或拟均质条件下进行,便于控制,易于扩大生产规模；③ 厂房面积小,生产效率高,易进行计算机等自动化控制,产品质量稳定；④ 产品易于提取、精制等。因而它在现代发酵工业中被广泛应用。但液体深层发酵尚存在消耗能源多、设备复杂、需要较大的投资、有废物(液)排放等缺点,仍需不断改进。

4.1.3 发酵的一般工艺过程

微生物发酵产物虽然多种多样,发酵类型不一,但总体上的工艺流程是相似的,包括：① 原料的处理、灭菌；② 空气的净化除菌；③ 菌种培养及扩大；④ 发酵的条件控制；⑤ 产品提取精制等阶段。这些阶段既有联系又有各自的特点。发酵不仅要有微生物细胞参加,而且要有一个适合微生物生长的环境和处理这些微生物及其产品的工艺。这个环境和工艺通常是由大容器、管道、泵、阀门和其他设备所组成的一个系统来提供的。图 4.1.1 是以好氧发酵为例说明发酵的一般工艺过程。

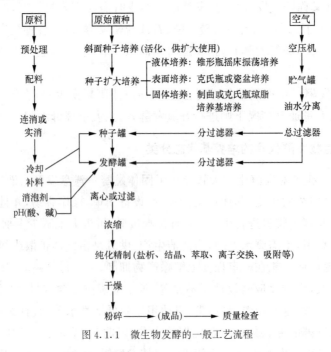

图 4.1.1 微生物发酵的一般工艺流程

4.2 原料的选择及处理

培养基是微生物生长繁殖需要的营养环境。培养基成分包括碳源、氮源、无机盐、微量元素及水。微生物对碳源的利用极其广泛,从简单的无机碳化合物到复杂的天然有机碳化合物都可以被不同的微生物利用。目前,发酵工业生产中所用的碳源主要是糖类和淀粉,以及非粮食原料如糖蜜、纤维素等。发酵工业对碳源的需要量很大,而糖和淀粉也是人类主要粮食、动物的主要饲料,随着世界人口的增加,这种矛盾更加突出。因此,现在广泛对纤维素、能利用 CO_2 的自养菌等进行研究,特别是将纤维素作为发酵原料开发是一个重要课题。

4.2.1 选择合适的原料

选择合适原料的标准是:① 原料中碳的可利用率高;② 发酵产率高,而且尽可能使发酵残余物少;③ 原料质量好,成分稳定,污染变质少,易灭菌;④ 价廉,来源方便,易于贮存。最便宜的原料经常并不一定是最合适的原料,例如谷氨酸发酵,日本早先就采用较纯的葡萄糖、生物素、液氨为原料;过去我国进行了许多用甘蔗或甜菜糖蜜、玉米浆和尿素替代研究。由于粗原料成分变化大,难以控制,所以产酸率低,发酵周期长,还给产物的提取与精制以及废水处理带来很大问题。现在我国谷氨酸发酵已全部采用纯净的淀粉水解糖、生物素、液氨为原料。原来直接用淀粉发酵的柠檬酸等其他发酵工业也都尽可能地采用纯净的原料,可以促使产量增加和缩短发酵周期,同时提高产物的提取收率,反而比使用粗原料成本低、效益高。

目前发酵工业生产中常用的碳源、氮源和无机盐类见表 4.2.1。

表 4.2.1 微生物发酵工业中常用的碳源、氮源及无机盐类

营养物	原 料			预处理
碳源	玉米淀粉、山芋淀粉、土豆淀粉、大麦淀粉等			粉碎、蒸煮后糖化
	葡萄糖、蔗糖、乳糖等			
	糖蜜			
	纤维素			粉碎、蒸煮后糖化
	烷烃化合物、醋酸、甲醇等			
氮源	有机氮	黄豆饼粉		
		花生饼粉		
		玉米浆		
		酒糟		
	无机氮	纯氨或它的化合物		
		硝酸盐		
		氮气(供固氮微生物用)		
无机盐类	K_2HPO_4、KH_2PO_4、$NH_4H_2PO_4$、$MgSO_4$ 等			

4.2.2 淀粉水解糖的制备

淀粉是由葡萄糖组成的生物大分子,除少数霉菌可直接利用淀粉外,目前大多数微生物都不能直接利用淀粉,如氨基酸的生产菌、酒精酵母、抗生素的生产菌等。因此在氨基酸、抗生素、

有机酸、有机溶剂等的生产中,都要求先对淀粉或淀粉质原料进行糖化,制成淀粉水解糖后使用。

在工业生产中,将淀粉水解为葡萄糖的过程称为糖化,制得的糖溶液叫淀粉水解糖。在淀粉水解中,主要糖分是葡萄糖,另外根据水解条件的不同,尚有数量不等的少量麦芽糖及其他一些二糖、低聚糖等复合糖类。除此以外,原料带来的杂质(如蛋白质、脂肪等)以及其分解产物也混入糖液中。葡萄糖、麦芽糖和蛋白质、脂肪分解产物(氨基酸、脂肪酸等)等是生产菌的营养物,在发酵中易被各菌种利用;而那些低聚糖类等杂质则不能被利用,它们的存在,不但降低淀粉的利用率,增加粮耗,而且常影响到糖液的质量,进而影响生产菌的生长和产物的积累。因此提高淀粉的出糖率,保证水解糖液的质量,满足发酵高产的要求,是淀粉水解糖制备的关键技术。

4.2.2.1 淀粉水解糖的方法

根据原料淀粉性质和采用水解催化剂不同,淀粉水解为葡萄糖的方法有酸解法、酶解法、酸酶结合法。

(1) 酸解法(acid hydrolysis method)　又称酸糖化法,它是以酸(无机酸或有机酸)为催化剂,在高温、高压下将淀粉水解转化为葡萄糖的方法。用酸解法生产葡萄糖,具有生产方便、设备简单、水解时间短、设备生产能力大等优点。但由于水解作用是在高温、高压及一定酸度条件下进行的,因此,酸解法要求有耐腐蚀、耐高温、耐高压的设备。此外,在水解过程中发生复杂的化学反应,除淀粉的水解反应外,还发生副反应,造成葡萄糖的损失,而使淀粉的转化率低。另外,酸水解对淀粉原料要求严格,淀粉颗粒不宜过大,且大小要均匀;淀粉乳浓度高时,淀粉转化率降低,所以淀粉乳浓度不宜过高。

(2) 酶解法(enzyme hydrolysis method)　是用专一性很强的淀粉酶及糖化酶将淀粉水解为葡萄糖的工艺。利用α-淀粉酶将淀粉液化为糊精及低聚糖,使淀粉的可溶性增加,淀粉乳的黏度急剧下降,这个过程称为液化(liquification)。利用糖化酶将糊精及低聚糖进一步水解转化为葡萄糖,这个过程在生产上称为糖化(saccharification)。淀粉的液化和糖化都是在酶的作用下完成的,故又称双酶(或多酶)水解法(double-enzyme hydrolysis method)。

其优点如下:① 酶解反应条件较温和,因此不需耐高温、高压和耐酸的设备,便于就地取材,容易运作;② 微生物酶作用的专一性强,淀粉水解的副反应少,因而水解糖的纯度高,淀粉出糖率高;③ 可水解较高浓度的淀粉乳,制得的淀粉水解糖液浓度可达 30%～40%以上;④ 用酶解法制得的糖液色泽浅,较纯净,无异味,质量高,有利于糖液的充分利用。

但酶解反应所需时间较长(48 h),需要的设备较多,而且酶本身是蛋白质,易引起糖液过滤困难。近年来国内出现了高质量的可以代替进口酶的耐高温α-淀粉酶及高转化率糖化酶,开发了适合中国国情的低压蒸汽喷射液化器,使液化效率大大提高,工艺路线缩短,设备简化,整个液化设备投资不超过 20 万元;加上双酶法制糖工艺不断改进,过滤问题基本得到解决,从而使双酶法制糖替代酸解法制糖已在味精、有机酸、抗生素、酶制剂、葡萄糖等工业中得以实现。

(3) 酸酶结合法(acid-enzyme hydrolysis method)　是集中酸法和酶法制糖的优点的生产工艺。根据原料淀粉性质,可采用酸酶水解法或酶酸水解法。

① 酸酶法:是先将淀粉用酸水解成糊精或低聚糖,然后再用糖化酶将其水解成葡萄糖的工艺。如玉米、小麦等谷类原料的淀粉,颗粒坚硬,如用α-淀粉酶液化,在短时间内,液化反应

不易彻底。一般采用将淀粉先用酸水解到 DE 值达 10~15,再降温中和后,用糖化酶进行糖化。DE 值表示淀粉水解的程度,是指葡萄糖(以测得的还原糖计算)占干物质的百分比。此法的优点是:酸液化速度快,糖化时可采用较高的淀粉乳浓度,提高生产效率;酸用量少,产品色泽浅,糖液质量高。

② 酶酸法:是先将淀粉乳用 α-淀粉酶液化到一定程度,再用酸水解成葡萄糖的工艺。有些淀粉质原料,颗粒大小不一(如碎米),如用酸解法水解,则常使水解不均匀,出糖率低。生产中应用酶酸法,可采用粗淀粉质原料,粉料浓度较酸解法高,生产易控制,耗时短,且酸解时 pH 可稍高些,以减轻淀粉水解副反应的发生。

总之,采用不同的水解制糖工艺,各有其优缺点。从水解糖的质量和降低糖耗、提高原料的出糖率来看,酶解法最好,酸解法最差。从制糖过程所需的时间来看,酸解法最短,酶解法最长。

4.2.2.2 淀粉酸水解原理及技术

(1) 淀粉酸水解原理 淀粉在酸的催化及加热作用下,水解生成葡萄糖,与此同时还会发生葡萄糖的复合反应和分解反应两个副反应。葡萄糖的复合反应是酸水解生成的葡萄糖分子由 α-1,6-糖苷键结合成龙胆二糖、异麦芽糖和其他低聚糖等。葡萄糖的分解反应是酸解生成的葡萄糖进一步分解成 5-羟甲基糠醛、有机酸和有机色素等非糖物质。在淀粉酸水解过程中,这三种反应同时发生,水解反应是主要的,复合反应和分解反应是次要的。复合反应和分解反应影响葡萄糖的产率和纯度。这三种反应的程度取决于淀粉的质量、淀粉乳的浓度和糖化工艺条件,其关系见图 4.2.1。

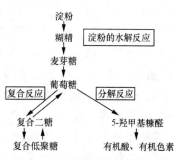

图 4.2.1 淀粉酸水解的反应关系

① 淀粉的水解反应:淀粉在高温加酸水解作用下,其颗粒结构被破坏,α-1,4-糖苷键及 α-1,6-糖苷键被切断,相对分子质量逐渐变小,经由中间产物蓝糊精、红糊精、无色糊精、低聚糖、麦芽糖,最后生成葡萄糖。发生的主要反应如下:

$$\underset{\text{淀粉}}{(C_6H_{10}O_5)_n} \xrightarrow{HCl, H_2O, 加热} \underset{\text{各种糊精}}{(C_6H_{10}O_5)_x} \xrightarrow{H_2O} \underset{\text{麦芽糖}}{C_{12}H_{22}O_{11}} \longrightarrow \underset{\text{葡萄糖}}{C_6H_{12}O_6}$$

淀粉水解生成葡萄糖的总反应可用下式表示:

$$\underset{\text{淀粉}}{(C_6H_{12}O_6)(C_6H_{10}O_5)_n} + nH_2O \longrightarrow (1+n)\underset{\text{葡萄糖}}{(C_6H_{12}O_6)}$$

或

$$\underset{162}{(C_6H_{10}O_5)_n} + \underset{18}{nH_2O} \longrightarrow \underset{180}{n(C_6H_{12}O_6)}$$

式中 n 为不确定数。以 $(C_6H_{12}O_6)(C_6H_{10}O_5)_n$ 作为淀粉分子式是严格的,因为尾端的葡萄糖没有缩水。从以上反应式可计算出淀粉水解产生葡萄糖的理论得率为:$(180/162) \times 100\% = 111\%$。

经研究,淀粉水解反应速度取决于催化剂(酸)的种类、浓度,反应温度以及原料淀粉的性质。

② 葡萄糖的复合反应:淀粉水解过程中生成的葡萄糖,由于受酸和热的催化作用,葡萄糖复合缩水生成二糖、三糖和其他低聚糖等,其中重要的有龙胆二糖、海藻糖、异麦芽糖。

复合反应是可逆的,复合糖可经再水解转变为葡萄糖。葡萄糖分子经复合反应发生缩合,并不是经过α-1,4-糖苷键合成麦芽糖,而是经过α-1,6-糖苷键合成异麦芽糖和经过β-1,6-糖苷键合成龙胆二糖。对葡萄糖生产来说,复合反应是有害的,一份复合糖能阻止两份葡萄糖结晶,降低葡萄糖收率。对于发酵来说,多数复合糖不能被微生物利用,往往使发酵结束时残糖高,给后提取与精制增加困难。

葡萄糖复合反应进行的程度及生成复合糖的种类与数量,取决于水解条件。一般在较高的淀粉乳浓度、盐酸浓度和温度、压力下,复合程度提高,复合二糖生成量增加。随着淀粉乳浓度增加,所生成的糖化液中葡萄糖纯度明显下降。用18%的淀粉乳,水解后葡萄糖含量为91.8%,复合糖含量为7%左右,分解反应损失在1%以下。

③ 葡萄糖的分解反应:酸法水解淀粉过程中,由于反应温度、压力过高,时间过长,少部分葡萄糖容易脱水分解生成5-羟甲基糠醛,或进一步氧化分解成乙酰丙酸、蚁酸等。这些物质有的自身相互聚合;有的与淀粉中所含的有机物相结合,产生色素。

(2) 酸水解法制糖技术要点　① 淀粉乳浓度。根据淀粉质原料不同而异,薯类淀粉较易水解,浓度可稍高一些;精制淀粉可比粗淀粉的浓度高些;在设备充足的条件下,淀粉乳浓度可稍低些。淀粉乳浓度一般可采用18~19°Bx(10.5~12°Be′)。② 盐酸用量为干淀粉的0.6%~0.7%,通常控制淀粉乳pH为1.5左右。③ 水解时间根据糖液纯度最高点确定,一般15 min左右;水解终点检查,用无水酒精检查无白色反应为止。④ 水解设备一般选用不锈钢或搪瓷衬里钢制设备。⑤ 从糖化锅放出来的糖化液,经冷却降温,并加纯碱中和,调节其酸度在pH 4.6~5.0,温度控制在60~70℃。⑥ 采用活性炭(或磺化煤、离子交换树脂)脱色,活性炭添加量为淀粉量的0.6%~0.8%,在pH 4.6~5.0,温度65℃下,搅拌脱色30 min后,经过滤除去蛋白质等胶体杂质,即可获得较纯净的水解糖。

4.2.2.3　双酶法制糖原理

酶解法也称双酶法,它是用淀粉酶和糖化酶两种酶将淀粉糖转化为葡萄糖的方法。此法可分为两个过程:第一是液化过程,即采用高温α-淀粉酶,将经高温糊化了的淀粉液化,生成糊精及低聚糖,使淀粉和其结合蛋白质分离;第二是糖化过程,即利用糖化酶将液化生成的糊精、低聚糖进一步水解生成葡萄糖。

(1) 液化原理　由于淀粉颗粒的结晶性结构对酶作用的抵抗力非常强,所以不能用淀粉酶直接作用于淀粉,必须先加热淀粉乳,使淀粉颗粒吸水膨胀、破裂,破坏其结晶性的结构,变成糊状液体,即所谓的糊化。这时即便停止搅拌,淀粉也不会沉淀。发生糊化的温度称为糊化温度。在淀粉糊化过程中,有时会发生糊化了的淀粉分子间重新排列,形成新的氢键的过程,即淀粉的老化。而淀粉酶很难进入老化淀粉的结晶区起作用,使淀粉很难液化,更不能糖化,因此在液化过程中,必须采取措施防止与控制淀粉的老化。

糊化淀粉的液化是在淀粉酶的作用下完成的,α-淀粉酶可以水解淀粉分子链的α-1,4-糖苷键,不能水解α-1,6-糖苷键,但能越过α-1,6-糖苷键继续水解α-1,4-糖苷键,水解没有规律性的先后次序。水解产物随淀粉种类及作用时间而异,直链淀粉水解产物为葡萄糖、麦芽糖和麦芽三糖,麦芽三糖可进一步水解成葡萄糖和麦芽糖。支链淀粉最终产物除了上述几种外,还有异麦芽糖及含有α-1,6-糖苷键的低聚糖,α-1,6-糖苷键的存在会使酶解速度下降。

(2) 糖化原理　糖化酶(diastase)又称糖化型淀粉酶(saccharified amylase)或葡糖淀粉酶(glucoamylase),它对底物作用是从非还原性末端开始切割,一个分子、一个分子地切下葡萄糖单位。它不仅可以水解α-1,4-糖苷键,而且还能水解α-1,6-糖苷键和α-1,3-糖苷键。它可以直接将淀粉水解成葡萄糖,也能水解糊精、低聚糖,最终产物转化为β-葡萄糖。

4.2.2.4 双酶法制糖技术

由于高质量的耐高温α-淀粉酶及高转化率糖化酶,以及适合中国国情的低压蒸汽喷射液化器、板式热交换器等在双酶法制糖中的开发应用,使液化彻底,液化工艺路线缩短,设备减少,过滤速度加快,节约能源,而且糖质量好、收率高,有利于发酵和提取。因此,双酶法不仅在味精、抗生素、葡萄糖等以精制淀粉为原料的工业生产中被采用,而且在酒精、柠檬酸、乳酸、甘油、食醋等以含淀粉质的粗料为原料的发酵工业中也开始推广应用。

(1) 淀粉的双酶法制糖技术 以淀粉为原料的双酶法制糖工艺流程如图 4.2.2 所示。

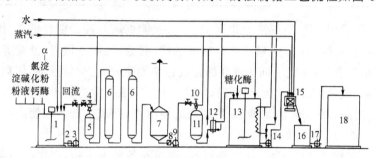

图 4.2.2 淀粉的双酶法制糖工艺流程
1. 调浆配料槽;2、8. 过滤器;3、9、14、17. 泵;4、10. 喷射加热器;5. 缓冲器;
6. 液化层流罐;7. 液化液贮罐;11. 灭酶罐;12. 板式换热器;13. 糖化罐;
15. 压滤机;16. 糖化液贮槽;18. 贮糖罐

(参考贺小贤. 生物工艺学原理. 2003)

工艺技术要点:① 调浆配料。在调浆槽内,将淀粉加水调成 30%～40%浓度淀粉乳,然后用 Na_2CO_3 水溶液调 pH 6.0～7.0。再加 $CaCl_2$,用量为干淀粉的 0.15%～0.3%;若水中 Ca^{2+} 超过 50 mg/L,也可不加 $CaCl_2$。添加耐高温α-淀粉酶,加量按 5～8 单位(U)/g 干淀粉计算。② 喷射液化。喷射液化现采用低压蒸汽喷射液化器,其规格根据需要选定,一般工作蒸气压力 0.4 MPa,淀粉乳供料泵压力 0.2～0.4 MPa,喷射液化温度 100～105 ℃,层流罐维持 95～100 ℃,保温液化 60 min,然后进行二次喷射使液化液温度迅速升至 145 ℃以上,并在维持罐内维持此温度 3～5 min,彻底杀死耐高温α-淀粉酶,然后液料经真空闪急冷却系统进入二次液化罐,将温度降低到 95～97 ℃,并在二次液化罐内加入耐高温α-淀粉酶,加量按 3～5 U/g 干淀粉计算,液化 30 min,用碘呈色试验合格后,结束液化。③ 糖化。液化结束时,迅速将液化液用酸调 pH 4.2～4.5,同时用板式换热器迅速降温至 60 ℃,加入糖化酶,添加量按 100～120 U/g 干淀粉计算。保温数小时,用无水酒精检验无糊精存在后,将料液加热到 85～90 ℃,保温灭酶 30 min。④ 过滤。糖液用 Na_2CO_3 水溶液调 pH 为 4.8～5.0,不加或少加助滤剂,降温到 60～70 ℃,过滤,滤液进入贮糖罐备用。

(2) 淀粉质原料的双酶法制糖技术 直接采用玉米粉、红薯粉、木薯粉、大米粉等原料,也可以通过双酶法进行原料的糖化,制成水解糖,过程大同小异,但糖化后无需灭活,直接进入发酵罐,接种即可。发酵一段时间后,pH 下降到 3.8 以下,即起到灭酶的作用。采用不同的水解制糖工艺,各有其特点和存在的问题。从水解糖的质量和降低糖耗、提高原料的出糖率来看,酶解法最好,酸解法最差,酸酶法居中,见表 4.2.2。

表 4.2.2　不同糖化工艺所得糖化液质量比较

项　目	酸解法	酸酶法	酶解法
葡萄糖值(DE值)	91	95	98
葡萄糖含量(%干基)	86	93	97
灰分(%)	1.6	0.4	0.1
蛋白质(%)	0.08	0.08	0.10
羟甲基糠醛(%)	0.30	0.008	0.003
色素	10.0	0.3	0.2
葡萄糖收率		较酸解法高5%	较酸解法高10%

从表 4.2.2 可看出：① 酶解法糖化程度最高,水解糖液的葡萄糖含量高,相对来说,淀粉的出糖率较高,原料消耗小；② 酶解法水解糖液杂质(灰分、羟甲基糠醛、色素等)最小,糖化液质量高,使糖的精制容易,避免了葡萄糖在糖化过程中发生复合、分解反应,使糖化液的甜味纯正,葡萄糖纯度高,成品结晶葡萄糖产率高,结晶速度快,结晶后的糖蜜可以作食用糖浆,或者将糖液制成全糖结晶；③ 酶解法制糖,采用较高淀粉浓度,可减少制浓缩糖或结晶糖的蒸发费用,提高设备生产能力,降低酸、碱消耗。

目前,在酶法制糖工艺中,为了获得酶制剂,需培养各种微生物,产生我们需要的淀粉酶、糖化酶,工作量是相当大的。而这些酶往往使用一次,酶活力就明显丧失。因而反应完毕,不得不将它们杀死。几乎所有工业酶制剂都不是单一的酶系,因此如何提高酶活力、酶的纯度及酶的使用效能,是国内外酶研究工作的主要课题之一。特别是为了提高酶的使用效能而将酶固定化——制成固定化酶,则是近几十年酶学研究中发展的一项新技术。

4.2.3　糖蜜预处理

糖蜜预处理包括稀释、澄清、脱钙调pH、调节金属离子浓度等。

(1) 糖蜜稀释　糖蜜在处理前要先加水稀释,加水量一般为1∶1,否则黏度太高不利于后续操作。糖蜜稀释后的体积并不是原糖蜜加水的体积之和,而是有所缩小。这种收缩比根据原糖蜜来源而异,一般为6.5%～8.2%。为了节约用水,糖蜜稀释可以采用生产中的各种废水回用,例如洗罐水、贮罐洗涤水、产品晶体洗净水等。

(2) 糖蜜澄清　糖蜜中由于含有大量的灰分和胶体,不但影响菌体的生长,也影响产品的纯度,特别是胶体的存在,致使发酵中产生大量的泡沫,影响发酵过程,因此要进行澄清处理。一般采用加酸法、加热加酸法和添加絮凝剂来作澄清处理。

(3) 脱钙调pH　糖蜜原料本身有酸性的也有碱性的,在采用黄血盐或其他方法除去重金属离子的处理前,要根据不同情况加以调节。对于酸性原料,pH应该调得比碱性原料要高些,因为它具有延时缓冲性,用它配制的培养基灭菌后会酸化,称为反酸;而碱性原料的性质正好相反。pH调节一般用硫酸或碳酸钠,调节范围在pH 6.0～7.2。

(4) 调节金属离子浓度　国外的柠檬酸生产菌不耐金属离子,在使用不经特殊处理的糖蜜原料进行柠檬酸发酵时,不能保证高的柠檬酸生物合成产率,必须将过量的金属离子除去。最常用的方法是采用添加黄血盐(亚铁氰化钾)或EDTA等其他络合剂、离子交换树脂和活性炭吸附法。亚铁氰化钾能和目前糖蜜中发现的21种微量元素中的18种发生反应,形成沉淀。亚铁氰化钾不仅去除了对黑曲霉菌丝有负面影响的微量元素,而且去除了某些必需的微量元素。因此在糖蜜中添加亚铁氰化钾的量必须严格控制,最适添加量因糖蜜而异,一般添加量为 200~1000 mg/L。

4.3 灭菌与空气净化工程

微生物发酵工业自从采用纯种培养以来,产品的产量和质量都有了很大提高,但对防止杂菌污染的要求也更高了。在整个发酵过程中,只允许生产菌存在和生长繁殖,不允许其他微生物共存,特别是种子培养、移植和扩大培养过程中以及发酵前期,如果一旦污染杂菌,就会在短时期内与生产菌抢夺养料,严重影响生产菌的生长和发酵作用,轻则导致所需产品的产量锐减,质量下降,后处理困难;重则得不到产品,如严重污染杂菌的青霉素发酵,杂菌会分泌出一种叫青霉素酶的物质,迅速分解青霉素而造成"全军覆灭"。因此必须对培养基和生产环境进行严格的灭菌和消毒,防止杂菌和噬菌体的污染。在好氧发酵时,必须向发酵罐通入大量的空气,而空气中夹带有大量的各种其他微生物,如这些杂菌随空气一起进入培养系统,便会在培养系统的合适条件下大量繁殖,从而干扰或破坏纯种培养的正常进行,甚至使培养过程彻底失败导致倒罐。所以空气的净化是好氧纯种培养的一个重要环节。工业生产中,培养基、发酵设备一般采用蒸汽湿热灭菌,而空气净化则采用过滤除菌的方法。

4.3.1 培养基湿热灭菌方法及设备

4.3.1.1 连续灭菌及设备

连续灭菌也叫连消,就是将配制好的培养基在向发酵罐等培养装置输送的同时对培养基进行加热、保温、冷却而实现灭菌的方法。其灭菌温度一般以 126~132 ℃为宜,总蒸汽压力要求达到 0.14~0.2 MPa。图 4.3.1 为灭菌过程中温度的变化情况。从图可以看出,连续灭菌时培养基可瞬时被加热到 144 ℃,并保持此温度至灭菌要求,也能很快地被冷却,因此它是高温瞬时灭菌法,极有利于减少培养基中的营养物质的破坏。

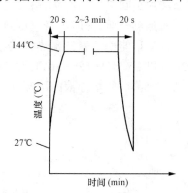

图 4.3.1 培养基连续灭菌过程中温度的变化情况

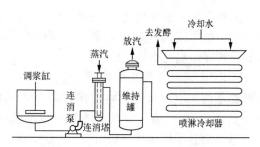

图 4.3.2 培养基连续灭菌基本流程及设备
(参考贺小贤.生物工艺原理.2003)

培养基连续灭菌的基本流程如图 4.3.2 所示。连续灭菌的基本设备一般包括:① 配料预热罐。将配制好的料液预热至 60~70 ℃,以避免连续灭菌时料液与蒸汽温度相差过大而产生水汽撞击声。② 连消器(塔),其主要作用是使高温蒸汽与料液迅速接触混合,并使料液的温度很快升高到灭菌温度(126~132 ℃)。③ 维持罐。连消塔加热的时间很短,仅靠这段时间的灭菌是不够的,维持罐的作用是使料液在灭菌温度下保持5~7 min,以达到灭菌的目的。④ 冷却器(管)。从维持罐(或层流管)出来的料液要经过冷却器(排管)进行冷却。生产上一般采用冷水喷淋冷却,冷却到40~50 ℃后,输送到预先已灭菌的发酵罐内。

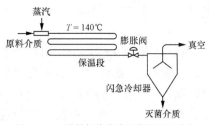

图4.3.3 喷射加热连续灭菌流程及设备
(参考梅乐和等.生化生产工艺学.2001)

随着发酵工程与技术的进步,目前实际生产中应用如下两种流程及设备,如图4.3.3和4.3.4所示。

图4.3.3为喷射、加热、管道维持、真空冷却的连续灭菌流程及设备。流程中采用了蒸汽喷射加热器,用泵将培养液打入蒸汽喷射器以较高的速度自喷嘴喷出,借高速流体的抽吸作用与蒸汽混合后,立即将培养液急速升温至预定的灭菌温度(126~132 ℃),然后在该温度下进入维持器。经一定时间灭菌后通过一膨胀阀进入真空闪急蒸发室,因真空作用使水分急剧蒸发而迅速冷却至70~80 ℃,再进入发酵罐冷却到接种温度。从图中可看出,该流程中培养基的加热和冷却是瞬时完成的,营养成分破坏最少;可以采用高温灭菌,将温度升高到140 ℃而不致引起培养基成分的严重破坏;同时该流程能保证培养基物料先进先出,避免了过热或灭菌不彻底等现象。

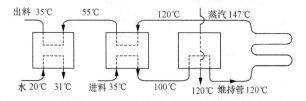

图4.3.4 薄板换热器连续灭菌流程
(参考梅乐和等.生化生产工艺学.2001)

图4.3.4为薄板换热器连续灭菌流程及设备。流程中采用了薄板换热器作为培养液的加热和冷却器。生培养液进入板式换热器的热回收段,与熟培养液先进行一次热交换进行预热以提高热量的利用,然后在薄板加热器的加热段用蒸汽将培养液加热到灭菌温度后,引入维持段进行保温,经灭菌的熟培养液再进入热回收段作为生培养液的加热介质,同时本身也得到一定程度的冷却,最后进入冷却段用冷水冷却到所需培养温度。该流程能使培养液预热、加热灭菌及冷却过程在同一设备内完成。尽管此流程的加热时间(20 s)和冷却时间(20 s)比喷射加热连续灭菌流程稍长些,但由于在培养液的预热过程同时也起到了灭菌后的培养液的冷却,因此节约了蒸汽和冷却水的用量。

4.3.1.2 间歇灭菌及设备

培养基的间歇灭菌是指将配制好的培养基放置于发酵罐或其他装置中,通入蒸汽将培养基和设备一起加热,达到预定灭菌温度后维持一段时间,再冷却到发酵温度的湿热灭菌过程,通常也称为实罐灭菌。间歇灭菌过程包括升温、保温和冷却三个阶段,图4.3.5为培养基间歇灭菌过程中的温度变化情况。

从图4.3.5可知,间歇灭菌时,加热和冷却所需的时间相当长,且发酵罐容积越大,时间越长。这就增加了发酵前的准备时间,也相应地延长了发酵周期,使发酵罐的利

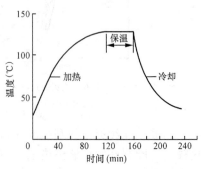

图4.3.5 培养基间歇灭菌过程中的温度变化情况

用率降低,所以大型发酵罐采用此法在经济上是极不合理的。同时,间歇灭菌无法采用高温短时间灭菌,因而不可避免地使培养基中营养成分遭到一定程度的破坏。间歇灭菌中加热和冷却这两段时间也有灭菌作用,所以总的灭菌时间

$$t = t_1 + t_2 + t_3$$

式中 t_1, t_2, t_3 分别表示加热、保温和冷却所需时间。根据分段计算和实际考察,一般来说完成整个灭菌过程需时约3~5 h。灭菌过程中保温和加热阶段的灭菌作用是主要的,而冷却阶段的灭菌作用是次要的,一般可以忽略不计。

对于任何类型发酵罐都要求内部结构合理(主要是无死角)、焊缝及轴封装置可靠,冷却管无穿孔现象等。图4.3.6为标准式发酵罐的管道配置示意图。

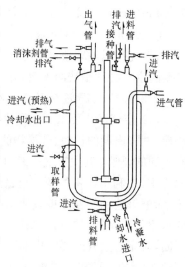

图4.3.6 标准式发酵罐的管道配置示意图

在培养基灭菌之前,通常先将发酵罐、空气分过滤器等培养装置用蒸汽灭菌,并用无菌空气吹干。在实罐灭菌时,先将输料管内的污水放掉并冲洗干净,然后将配制好的培养基泵入发酵罐内,同时开动搅拌,并放去夹套或蛇管中的冷水,开启各排气阀,将蒸汽引入夹套或蛇管内进行预热。当培养基温度升至70 ℃左右,将各排气阀逐渐关小。接着从进气管、排料管、取样管向罐内通入蒸汽进一步加热。当温度升至118~120 ℃,罐压为0.1 MPa(表压)时,打开接种、补料、消泡剂、酸、碱等管道阀门进行排汽,并调节好进气和排气量,使罐压和温度保持在0.1 MPa(表压),120 ℃,保温维持30 min左右。各路进汽要畅通,防止短路逆流,罐内液体翻动要激烈;各路排汽也要畅通,但排汽量不宜过大,以节约蒸汽用量。在保温阶段,应注意凡在培养基液面下的各种进口管道都应通入蒸汽,而在液面以上的其余各管道则应排放蒸汽,这样才能不留死角,从而保证灭菌彻底。保温结束后,依次关闭各排气、进汽阀门,待罐内蒸汽压力低于无菌空气压力时,立即向罐内通入无菌空气,在夹套或蛇管中通入冷水降温,使培养基温度降至所需的温度,进行下一步的发酵培养。

4.3.1.3 间歇灭菌与连续灭菌的比较

间歇灭菌与连续灭菌对发酵产物的收率的影响如表4.3.1所示。

表4.3.1 间歇灭菌与连续灭菌对发酵产物的收率的影响

葡萄糖 (%)	玉米浆 (%)	动物浸膏 (%)	类 型	灭菌温度及时间 (℃)	(min)	pH	产物收率 维生素B_{12} ($\mu g/mL$)
2.0	1.9	0.8	间歇	121	45	6.5	5.0
2.1	1.9	1.0	间歇	121	25	4.4	88
2.0	1.9	0.9	连续	135	5	6.5	360
2.0	1.9	1.0	连续	135	5	4.4	656

由表4.3.1可见,无论在理论上或者在实践上,与间歇灭菌相比,连续灭菌的优点是十分明显的。因此连续灭菌技术越来越多地被应用于发酵工程中的培养基灭菌。

4.3.2 空气净化及设备

大多数微生物发酵工业是采用好氧性微生物进行纯种培养,溶解氧是这些微生物生长和代谢必不可少的物质,通常以空气作为氧源。但是,空气中夹带有大量的杂菌,比如一个通气量为 40 m³/min 的发酵罐,一天需通空气高达 $5.76×10^4$ m³,若所用的空气中含菌量为 10^4 个/m³,那么一天将有 $5.76×10^8$ 个杂菌,一旦随空气进入培养液,即在适宜的条件下大量繁殖,干扰甚至破坏预定发酵的正常进行,造成发酵彻底失败等严重事故。因此,通风纯种发酵需要的空气必须是洁净无菌,并有一定温度和压力的空气,这就要对空气进行净化处理。

4.3.2.1 空气净化的要求和方法

(1) 空气净化要求 在微生物发酵工业中,由于发酵菌种的生产能力的强弱、生长速度的快慢、发酵周期的长短、分泌物的性质、培养基的营养成分和 pH 的差异等,对所用的空气质量有不同的要求。其中空气的无菌程度是最关键指标。如酵母菌培养过程,因它的培养基是以糖源为主,能利用无机氮源,有机氮比较少,适宜的 pH 较低,在这种条件下,一般的细菌较难繁殖,而酵母菌的繁殖速度较块,在繁殖过程中能抵抗少量的杂菌影响,因而对空气无菌程度的要求不如氨基酸、抗生素、酶制剂等发酵那样严格,而氨基酸与抗生素发酵因发酵周期长短的不同,对无菌空气的要求也不同。所以,对空气净化要求应根据具体工艺情况而定。但一般仍可按 10^{-3} 的染菌概率要求执行,即在 1000 次培养过程中,只允许一次是由于空气除菌不彻底而造成染菌,致使发酵过程失败。

对不同的微生物发酵生产和同一工厂的不同生产区域(环节),应有不同的空气无菌度的要求。我国参考美国、日本等的标准已制定出空气洁净级别,如表 4.3.2 所示。

表 4.3.2 环境空气级别等级

序号	生产区分类	洁净级别*(级)	尘埃		菌落数**(个)	工作服
			粒径(mm)	粒数(个/L)		
1	一般生产区					无规定
2	控制区	>100 000 级	≥0.5	≤35 000	暂缺	色泽或式样应有规定
		100 000 级	≥0.5	≤3500	平均≤10	色泽或式样应有规定
3	洁净区	10 000 级	≥0.5	≤350	平均≤3	色泽或式样应有规定
		局部 100 级	≥0.5	≤3.5	平均≥1	色泽或式样应有规定

* 洁净级别以动态测定为依据。
** 9 cm 双碟露置 0.5 h,37 ℃培养 24 h。

微生物发酵工业生产除对空气无菌程度有要求外,还根据具体生产情况而对空气的温度、湿度和压力有一定的要求。

(2) 空气净化的方法 有以下几种方法:

① 热灭菌法:是基于加热后微生物体内的蛋白质(酶)热变性而得以实现的。它与培养基加热灭菌相比,虽都是加热杀死微生物,但空气中所含微生物比培养基中多得多,空气中所含水分却比培养基中少得多,因此欲杀死空气中的微生物比培养基中的微生物所需温度高得多,时间长得多,两者是有本质区别的。

鉴于空气在进入培养系统之前,一般需经空气压缩机压缩,提高压力,所以,空气热灭菌时所需的温度,就不必用蒸汽或其他载热体加热,而可直接利用空气压缩时的温度提高来实现。

空气经压缩后温度能够升到 200 ℃以上,保持一定时间后,便可实现干热杀菌。利用空气压缩时所产生的热量进行灭菌的原理对制备大量无菌空气具有特别的意义。但实际应用时,对培养装置与空气压缩机的相对位置、连接压缩机与培养装置的管道长度以及管道的灭菌等问题都必须仔细考虑。

② 静电除菌法:近年来一些工厂已使用静电除尘器除去空气中的水雾、油雾、尘埃,同时也除去了空气中的微生物。静电除菌是利用静电引力来吸附带电粒子而达到除尘灭菌的目的。悬浮于空气中的微生物及孢子大多带有不同的电荷,不带电荷的微粒进入高压静电场时也会被电离成带电微粒,但对于一些直径很小的微粒,它所带的电荷很小,当产生的静电引力等于或小于微粒布朗扩散运动的净作用力时,则微粒就不能被吸附而沉降,所以,静电除尘灭菌对很小的微粒效力较低,并且一次性投资较大。

③ 介质过滤除菌法:在过滤介质方面人们作了许多研究,最早用的棉花、活性炭过滤效率不高,阻力大,纤维用量多,操作不方便。采用玻璃纤维,改进了这方面的缺点,但也需在使用一定时间后更换、重新灭菌、干燥,消耗蒸汽和动力。采用非纤维材料制造的过滤介质很有前途,不用经常更换,灭菌后容易干燥等,可减少费用。近年来发明了一种绝对过滤的有机过滤膜。膜孔 $0.2\sim0.45\mu m$,小于菌体,因而微生物不能通过。过滤器中滤层分为两层,外层超细玻璃纸作为预过滤,内层采用过滤膜,以免膜的微孔堵塞。

介质过滤除菌法是采用定期灭菌干燥介质来阻截流过的空气所含的微生物,从而获得无菌空气的方法,是目前生物技术工业生产中获得大量无菌空气的最常用的方法。按使用的过滤介质孔径的大小,可分成两大类:一类是介质间的孔隙大于微生物,故必须有一定厚度的介质滤层才能达到过滤除菌目的,也称之为深层介质过滤除菌法;而另一类是介质间的空隙小于细菌等微生物,空气通过介质,微生物就被截留于介质上,从而实现过滤除菌的目的,称之为绝对过滤除菌法。前者的过滤介质有:棉花、活性炭、玻璃纤维、有机合成纤维、烧结材料(烧结金属、烧结陶瓷、烧结塑料)。现还成功开发出可除去 $0.01\mu m$ 微粒的高效绝对过滤器。

4.3.2.2 空气净化流程及提高过滤除菌的效率措施

(1) 空气净化流程 空气净化过程中,要保持深层介质过滤器在较高的效率下对空气进行过滤除菌,必须有:供气设备即空气压缩机,对空气提供足够的能量;高效的过滤除菌设备(空气过滤器),以除去空气中的微生物颗粒;一系列加热、冷却及分离和除杂的附属设备来保证。实际生产中空气过滤除菌有多种流程,下面分析比较几种较典型的流程。

① 两级冷却、加热除菌流程:流程示意图见图 4.3.7。它是一个比较完善的空气除菌流程,可适应各种气候条件,能充分地分离油水,使空气达到较低的相对湿度进入过滤器,以提高过滤效率。该流程的特点是两次冷却、两次分离、适当加热。两次冷却、两次分离油水的好处是能提高传热系数,节约冷却用水,油水分离比较完全。经第一冷却器冷却后,大部分的水、油都已结成较大的雾粒,且雾粒的浓度较大,故适宜用旋风分离器分离。第二冷却器使空气进一步冷却后析出一部分较小的雾粒,宜采用丝网分离器分离,这样可发挥丝网能够分离较小直径的雾粒和分离效果高的作用。通常,第一级冷却到 $30\sim50$ ℃,第二级冷却除水后,空气的相对湿度仍是 100%,须用丝网分离器后的加热器加热,将空气中的相对湿度降低至 $50\%\sim60\%$,以保证过滤器正常运行。

② 高效前置过滤空气除菌流程:流程示意图见图 4.3.8。它采用了高效率的前置过滤设备,利用压缩机的抽吸作用,使空气先经中、高效过滤后,再进入空气压缩机,这样就降低了主

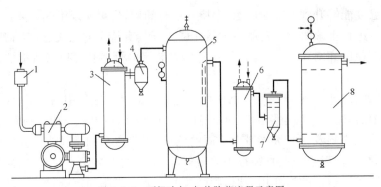

图 4.3.7 两级冷却、加热除菌流程示意图
1,8. 过滤器;2. 空气压缩机;3. 列管式冷却器;4. 气液分离器;
5. 贮气罐;6. 冷却器;7. 去雾器

过滤器的负荷。经高效前置过滤后,空气的无菌程度已经相当高,再经冷却、分离、入主过滤器过滤,就可以获得无菌程度很高的空气。此流程的特点是无菌程度高。

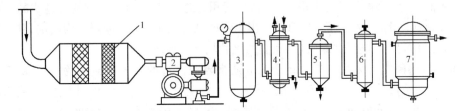

图 4.3.8 高效前置过滤空气除菌流程示意图
1. 高效前置过滤器;2. 压缩机;3. 贮气罐;4. 冷却器;
5. 丝网分离器;6. 加热器;7. 过滤器
(参考梁世忠. 生物工程设备. 2003)

③ 利用热空气加热冷空气的流程:流程示意图见图 4.3.9。它利用压缩后的空气和冷却后的空气进行热交换,使冷空气的温度升高,降低相对湿度。此流程对热能的利用比较合理,热交换器还可兼做贮气罐,但由于气-气换热的传热系数很小,加热面积要足够大才能满足要求。

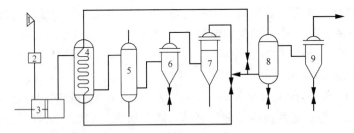

图 4.3.9 利用热空气加热冷空气的流程示意图
1. 高空采风;2. 粗过滤器;3. 压缩机;4. 热交换器;5. 冷却器;
6,7. 析水器;8. 空气总过滤器;9. 空气分过滤器
(参考梁世忠. 生物工程设备. 2003)

上述流程②是将压缩空气冷却至露点以上,使进入过滤器的空气相对湿度为 60%~70%以下,这种流程适用于北方和内陆气候干燥地区。流程③是将压缩空气冷却至露点以下,析出部分水分,然后升温使相对湿度为 60% 左右,再进入空气过滤器。

(2) 提高过滤介质除菌效率的措施 鉴于目前所采用的过滤介质均需要在干燥条件下才

能进行除菌,因此需要围绕介质来提高除菌效率。提高除菌效率的主要措施有：① 设计合理高效的空气预处理设备,选择合适的空气净化流程,以达到除油、水和其他杂质的目的。② 设计和安装合理的空气过滤器,选用除菌效率高的过滤介质,如采用绝对过滤器等。③ 保证进口空气的清洁度,减少进口空气的含菌数。方法有：加强生产场地的卫生管理,减少生产环境空气中的含菌数;正确选择进风口,压缩空气站应设在上风向;提高采风口的高度,以减少菌数和尘埃数;加强空气压缩前的预过滤。④ 降低进入空气过滤器的空气的相对湿度,保证过滤介质能在干燥状态下工作。其方法有：使用无油润滑的空气压缩机;加强空气冷却和排去油、水操作;提高进入过滤器的空气温度,降低其相对湿度。

4.4 微生物发酵(反应)动力学

发酵动力学是研究发酵过程中菌体生长、营养消耗、产物生成的动态平衡及其内在规律。研究内容包括了解发酵过程中菌体生长速率、基质消耗速率和产物生成速率的相互关系和环境对三者的影响。其目的在于确定最佳发酵工艺条件。目前国内外已利用电子计算机,根据发酵动力学来设计程序模拟最优化的工艺流程和发酵工艺参数,使生产工艺达到最优化。

4.4.1 微生物发酵(反应)动力学数学模型建立的原则

4.4.1.1 微生物发酵(反应)速率的数学模拟

微生物发酵(反应)基本上有两种情况：一是利用微生物细胞产生某些酶催化的反应,如异构糖的生产、青霉素母核(6-APA)的制造;二是通过微生物细胞的培养,利用细胞中的酶系将底物摄入到微生物细胞内,一部分转化为代谢产物,另一部分转化为新生细胞的组成物质,从而导致菌体细胞的生长,而基质消耗和产物生成受微生物生长状态及代谢途径的影响很大。本小节主要讨论后一种情况,即微生物发酵生产过程中的菌体生长、基质消耗、产物生成的动态平衡及其内在规律。因此,可将微生物反应视为存在如下的平行反应：

根据上式,研究微生物发酵(反应)动力学至少要对三个状态变量进行数学描述。当然对于一些简单情况,只要能表示出两个状态变量,另一个即可通过计量关系导出。对于仅以菌体生产为目的的微生物反应和废水处理过程,由于它是个自动催化过程,无须考虑代谢产物的生成速率。但这个过程受到多种外界因素的影响。

在推导这三个状态变量的变化速率方程时,仅依普通化学反应的简单质量作用定律,很难奏效。这是因为微生物反应是很多物质参与的复杂代谢过程的综合结果。因此,微生物反应的动力学方程只能通过数学模拟得到。在进行数学模拟时,难点在于对象本身具有菌株的变异(遗传基因的突变)及天然培养基组成微妙变化等许多不确定因素。这就需要在不脱离发酵过程本质的前提下,运用数学和计算机进行大幅度简化和近似模拟处理。

4.4.1.2 建立数学模型的一般原则

从工程角度来看,要建立比较理想的数学模型应遵循以下原则：① 首先要明确建立模型的目的。除了深入研究微生物生长这一复杂生命现象外,多数是为了设计微生物反应器、探索最优操作条件,或者对发酵(反应)过程进行最优化。② 要明确建立模型的假设,从而明确模型的适用范围。③ 模型中所含的参数,最好能分别通过实验测定获得。④ 模型应尽量简单。

建立数学模型时,假定菌体均匀分散于培养液中,不考虑细胞组成的变化,并取菌体及数量的平均值进行数学处理。

4.4.2 微生物发酵(反应)动力学数学模型

单个生物是具体和实际的生命单元,但微生物进行发酵过程反应系统的动力学描述常采用群体(population)来表示。这就是说描述微生物发酵动力学的方法不是着眼于分析不连续的单个生物,而是群体。

4.4.2.1 微生物生长动力学

所谓微生物细胞的生长,是指细胞的全部成分有秩序地增加。有时细胞只使糖原、聚β-羟基丁酸或油脂类贮存物质的含量增加。这种细胞质量的增加,并不表示实质性的生长,即不具有生长的实际意义。

微生物的生长速率是群体生物量的生产速率,并不是群体生物量变化的速率。在某些场合(如在连续培养的稳定状态下),尽管群体明显地迅速生长,但群体生物量的变化仍为零。一般菌体量是指微生物菌体的干重。液体深层培养中,微生物群体的生长速率是单位体积、单位时间内生长的菌体量。在表面上生长的群体,其生长速率以单位表面积计。微生物生长中存在着细胞大小的分布。由于细胞生长速率与细胞的大小直接相关,因此也存在生长速率的分布。下面所讨论的微生物群体的生长速率,是指具有这种群体分布的平均值。

在微生物群体生长过程中,随着细胞质量的增加,其他所有可检测的菌体组成物质,如蛋白质、RNA、DNA、细胞内含水量等也以相同比例增加,这种生长称为均衡生长。相反,类似贮存物质的积累过程以及分批培养初期细胞组成物质的非均衡快速合成情况等则属非均衡生长。

在均衡生长条件下,微生物细胞生长类似于一级自发催化反应。以干菌体质量的增加为基准的微生物细胞生长速率 r_x [g/(L·h)]与菌体浓度 X 成正比,定义式为

$$r_x = dX/dt = \mu X \tag{4.4-1}$$

或

$$\mu = r_x/X \tag{4.4-2}$$

式中 X 为微生物细胞(菌体)浓度(g/L),μ 称为微生物的比生长速率[g/(g·h)]。

μ 除受细胞自身遗传基因支配外,还受环境因素的影响。细胞包含的遗传信息越复杂,细胞越大,即越是高等生物,μ 越小。一般情况下,微生物的 μ 并非常数,μ 因菌体所处的环境条件如温度、pH、培养基组成及浓度等不同而异。

μ 越大,说明这种微生物长得越快。为了直观定量地表示生长速率的大小,定义微生物的细胞质量(或数量)增大到 2 倍所需的时间为倍增时间(doubling time),用 t_d 表示。μ 与 t_d 之间关系为

$$\mu = \frac{\ln 2}{t_d} = \frac{0.693}{t_d} \tag{4.4-3}$$

4.4.2.2 基质消耗动力学

(1) 得率系数 微生物细胞内生化反应极为复杂,总的反应可用下式表示:

$$碳源 + 氮源 + 氧 \longrightarrow 菌体细胞 + 产物 + CO_2 + H_2O$$

菌体细胞的生长量相对于基质消耗的得率称为生长得率 $Y_{x/s}$，可用下式表示：

$$Y_{x/s} = \frac{\Delta X}{-\Delta S} \quad (4.4\text{-}4)$$

式中 $Y_{x/s}$ 为相对于基质消耗的实际生长得率(g/mol 或 g/g)，ΔX 为干细胞的生长量(g)，$-\Delta S$ 为基质的消耗量(mol 或 g)。

如果对于氧，其细胞得率系数

$$Y_{x/o} = \frac{\Delta X}{\Delta S(O_2)} \quad (4.4\text{-}5)$$

$Y_{x/o}$ 的倒数表示生成单位质量细胞所需氧的质量。表 4.4.1 列出了某些微生物的 $Y_{x/s}$ 和 $Y_{x/o}$。在培养过程中，细胞产生除 CO_2 和 H_2O 以外的产物时，以消耗的基质为基准的产物得率系数 $Y_{p/s}$ 可用下式表示：

$$Y_{p/s} = \frac{\Delta P}{\Delta S} \quad (4.4\text{-}6)$$

式中 $Y_{p/s}$ 为相对于基质消耗的实际产物得率(mol/mol 或 g/g)，ΔP 为产物生成量(mol 或 g)。

表 4.4.1 某些微生物的得率系数

微生物	基 质	$Y_{x/s}$(g/mol)	$Y_{x/o}$(g/mol)
产朊假丝酵母	葡萄糖	91.8	42.2
	乙醇	31.2	19.5
	醋酸	21.0	22.4
产气克雷伯氏菌	葡萄糖	70.2	
	琥珀酸	27.1	
球形红假单胞菌	葡萄糖	81.0	46.7
啤酒酵母	葡萄糖	90.0	31.0
粪链球菌	葡萄糖	57.6	
	葡萄糖(厌氧)	21.6	
甲基单胞菌	甲醇	15.4	16.4
假单胞菌	甲醇	13.1	14.1
	甲烷	12.8	6.9

(2) 比基质消耗速率　以菌体得率($Y_{x/s}=r_x/r_s$)为媒介，可确定基质的消耗速率与生长速率的关系。可将单位体积培养液中的基质消耗速率 r_s [g/(L·h)]表示为

$$r_s = \frac{-dS}{dt} = \frac{r_x}{Y_{x/s}} = \frac{\mu}{Y_{x/s}} X \quad (4.4\text{-}7)$$

(3) 含维持代谢和产物生成代谢的基质消耗速率　只消耗少量营养物(能源)以维持菌体生命，菌体数量和质量并不增加的代谢过程为维持代谢。当以氮源、无机盐、维生素等为基质时，由于这些成分只能组成菌体的构成成分，不能成为能源，菌体得率 $Y_{x/s}$ 近似恒定，式(4.4-7)能很好适用。但当限定性基质既作为能源又是碳源时，就应考虑维持代谢所消耗的能量和产物生成的基质消耗。此时(碳源总消耗速率)=(用于生长的消耗速率)+(用于维持代谢的消耗速率)+(用于产物生成的消耗速率)，即

$$r_s = \frac{-dS}{dt} = \frac{r_x}{Y_G} + mX + \frac{1}{Y_p} \cdot \frac{dP}{dt} = \frac{\mu X}{Y_G} + mX + \frac{1}{Y_p} \cdot \frac{dP}{dt} \quad (4.4\text{-}8)$$

式中 Y_G 为只用于细胞生长的得率系数(g/mol),即为无维持代谢和产物生成的菌体得率;m 为以基质消耗为基准的细胞维持系数[mol/(g·h)];Y_p 为只用于产物生成的得率系数(mol/mol 或 g/g)。

维持系数是微生物菌株的一种特性值,对于特定的菌株、特定的基质和特定的环境因素(如温度、pH 等)是一个常数,故又称为维持常数。维持系数越低,菌株的能量代谢越高。其定义为单位质量干菌体在单位时间内,因维持代谢消耗的基质量,可表示为

$$m = \frac{1}{X}\left(\frac{-dS}{dt}\right)_M \tag{4.4-9}$$

式中 X 为细胞干重(g),S 为限制性基质浓度(g/L),t 为发酵时间(h),M 表示"维持"。

$Y_{x/s}$,$Y_{p/s}$ 是对碳源的总消耗而言,Y_G 和 Y_p 则分别是对用于生长和产物生成所消耗的基质而言。

如果用比速率来表示基质消耗和产物生成,即

$$Q_s = -\frac{1}{X}\frac{dS}{dt}, \quad Q_p = \frac{1}{X}\frac{dP}{dt} \tag{4.4-10}$$

式中 Q_s,Q_p 分别表示比基质消耗速率和比产物生成速率。由式(4.4-8)和(4.4-10)可得

$$Q_s = \frac{-dS}{Xdt} = \frac{\mu}{Y_G} + m + \frac{Q_p}{Y_p} \tag{4.4-11}$$

若产物生成可以忽略不计,合并式(4.4-7)和(4.4-11)得

$$\frac{1}{Y_{x/s}} = \frac{1}{Y_G} + \frac{m}{\mu} \tag{4.4-12}$$

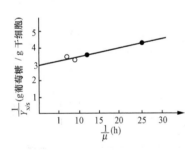

图 4.4.1 DNA 重组的大肠杆菌 $Y_{x/s}$ 与 Y_G,m 的关系
(参考贾仕儒. 生化反应工程原理. 2002)

Y_G 和 m 很难直接测定,而 $Y_{x/s}$ 则容易测出。只要测出细胞在不同比生长速率下的 $Y_{x/s}$,根据式(4.4-12)即可用图解法求出 Y_G 和 m。如图 4.4.1,利用连续培养法,很容易求出 $Y_{x/s}$ 和 μ 的关系,进而求出 $Y_G = 0.33$ g/g,$m = 0.052$ g/(g·h)。

4.4.2.3 Monod 生长动力学模型

微生物发酵(培养)过程中,假定:① 当温度和 pH 恒定;② 培养基中只有一种基质是生长限制性基质,其他营养成分不影响微生物生长;③ 菌体生长为均衡非结构式生长,细胞成分只需用一个参数即菌体浓度来表示;④ 将微生物生长视为简单反应,并假设菌体得率为常数,在没有动态滞后的条件下,描述微生物的生长和基质变化关系的数学表达式,最著名的是 Monod 提出如下式的直角双曲线经验式:

$$\mu = \frac{\mu_{max}S}{K_s + S} \tag{4.4-13}$$

式中 μ 为微生物的比生长速率[g/(g·h)],μ_{max} 称为微生物最大比生长速率[g/(g·h)],S 为限制性基质的浓度(g/L),K_s 称为 Monod 常数(或称饱和常数)。

将式(4.4-13)代入式(4.4-7)中,可得到限制性基质消耗速率与菌体生长速率如下的关系式:

$$r_s = \frac{-dS}{dt} = \frac{\mu_{\max} S X}{Y_{x/s}(K_s + S)} \quad (4.4\text{-}14)$$

由式(4.4-13)可知,当 $\mu = \mu_{\max}/2$ 时,则 $K_s = S$,其中 K_s 代表当微生物的生长速率等于最大比生长速率一半时的基质(底物)浓度(g/L)。K_s 表示微生物对限制性基质的亲和力,K_s 越大,亲和力越小,μ 对 S 的变化越不敏感。当 $S \to \infty$ 时,$\mu = \mu_{\max}$,说明只是理论上的最大生长潜力,实际是不可能达到的。

4.4.2.4 代谢产物生成动力学

(1) 代谢产物生成速率 微生物反应生成的代谢产物有醇、有机酸、氨基酸、核酸类物质、抗生素、生理活性物质、酶、维生素等,产物种类繁多。并且微生物细胞内的生物合成途径与代谢调节机制也各有特色,因此代谢产物的生成动力学很难用统一的式子表达。代谢产物有的分泌于培养液中,也有的保留在细胞内,因此,探讨产物生成速率的数学模型时也需区分这两种情况。

与菌体生长速率和基质消耗速率相同,代谢产物的生成速率也有两种表示方式:一是以单位体积培养液中单位时间内的产物生成量表示,称为代谢产物生成速率,即为 $r_p[g/(L \cdot h)]$;另一个是以单位质量干菌体(细胞)在单位时间内的代谢产物生成量表示,称为代谢产物生成比速率,用 $Q_p[g/(g \cdot h)]$ 表示。相关式为

$$r_p = \frac{dP}{dt} = Y_{p/x}\frac{dX}{dt} = -Y_{p/s}\frac{dS}{dt} \quad (4.4\text{-}15)$$

$$Q_p = \frac{1}{X}\frac{dP}{dt} = Y_{p/x}\mu = -Y_{p/s}Q_s \quad (4.4\text{-}16)$$

从上述两式中可知:r_p 与菌体浓度 X 有关,是生物反应器设计中的一个重要参数,常使用到。Q_p 与菌体浓度无关,表示菌体细胞生成代谢产物的活性大小,即表示了菌体细胞在 $S \to P$ 的转化过程中的转化活性,能有效地用于筛选优良菌种。

(2) 产物的生成动力学 Gaden 根据产物生成速率与细胞生成速率及碳源利用速率之间的关系,将微生物发酵过程分成三种类型,如图 4.4.2 所示。图中清楚地显示了三种发酵动力学类型的特征:类型 I,产物合成与菌体的增殖是平行的;类型 II,发酵分成长菌期和产物合成期两个快速利用基质阶段;类型 III,产物合成产生于菌体的增殖停止之后。

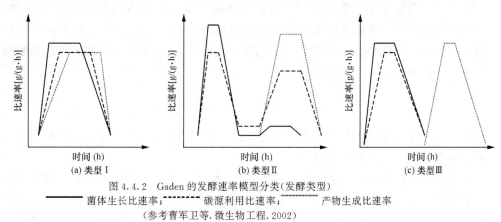

图 4.4.2 Gaden 的发酵速率模型分类(发酵类型)
—— 菌体生长比速率; ------ 碳源利用比速率; .... 产物生成比速率
(参考曹军卫等. 微生物工程. 2002)

类型 I:称为与生长相关型。这是一种产物的生成与碳源的利用有化学计量关系的发酵,碳源利用比速率、菌体生长比速率与产物生成比速率是平行的,都在相同的时间内出现高峰,

即表现出产物生成与碳源利用有关[图4.4.2(a)]。这一型中又分菌体生长类型和代谢产物类型两种情况。

菌体生长类型是指终产物就是菌体本身,菌体增加与碳源的利用平行,且有定量关系。如酵母菌、蘑菇菌丝、苏云金芽孢杆菌等的培养。在单细胞微生物培养中,菌体增长与时间的关系多数为对数关系。在一定的培养条件下,菌体产量与碳源消耗之比称为"产量常数"。酵母菌培养中,其产量常数显著地受到碳源浓度的影响,大肠杆菌培养中受碳氮比的影响。酵母菌生产就是根据对数生长关系和菌体产量常数计算加糖速度,以防止过量糖的加入产生Crabtree效应而引起酒精产生。

代谢产物类型是指产物的积累与菌体增长相平行,并与碳源消耗有准量关系,产物是菌体细胞能量代谢的结果,通常是基质的分解代谢产物,如乙醇、葡萄糖酸、乳酸、山梨糖等。另外,氯霉素和杆菌肽这两种次级代谢产物的发酵也属于类型Ⅰ。

基于上述分析,其产物生成动力学可表示为

$$\frac{dP}{dt} = \alpha\mu X \tag{4.4-17}$$

式中 α 为与生长关联的细胞产物生成常数(g 产物/g 菌体)。调整方程(4.4-15)可得出产物生成比速率 $Q_p[g/(g \cdot h)]$:

$$Q_p = \frac{dP}{Xdt} = \alpha\mu \tag{4.4-18}$$

由此可见,产物的生成速率(dP/dt)与菌体生长比速率和菌体浓度成正比;产物生成比速率(Q_p)仅与生长比速率成正比。所以对于生长相关型发酵来说,应通过获得高生长比速率来提高产物生成的速率。

类型Ⅱ:称为与生长部分相关型。代谢产物生成与菌体的生长以及基质的消耗仅有间接的关系,产物是能量代谢的间接结果。它的特征是菌体生长和产物合成是分开的,碳源既供应菌体生长的能量,又充做产物合成的碳架。发酵过程中有两个时期对碳源利用最为迅速,一个是最高生长期,另一个是最大产物生成期。在发酵的第一时期,菌体迅速增长,菌体的生长比速率与基质的消耗比速率成正比,但产物的生成很少或全无。在发酵的第二时期,产物高速产生,产物生成比速率与菌体生长比速率和基质消耗比速率成正比,菌体生长也可以出现第二个高峰,但菌体生长量比前一时期要小得多[图4.4.2(b)]。属于这一类型的有柠檬酸和谷氨酸发酵生产。其产物生成比速率为

$$Q_p = \frac{dP}{Xdt} = \alpha\mu + \beta \tag{4.4-19}$$

式中 β 为非生长关联产物生成常数[g 产物/(g 菌体·h)]。产物生成的速率分别受生长关联常数 α 和非生长关联常数 β 的影响。

类型Ⅲ:称为与生长无相关型。这一型发酵的特征是产物生成一般在菌体生长接近或到达最高生长时期,即稳定期或基质消耗完才开始。产物生成比速率与碳源消耗比速率无准量关系,产量远低于基质的消耗量[图4.4.2(c)]。次级代谢产物如抗生素、维生素等的发酵属于此类,最高产量一般不超过碳源消耗的10%。土霉素、氯霉素和杆菌肽不属此类型。其产物生成比速率为

$$Q_\mathrm{p} = \frac{\mathrm{d}P}{X\mathrm{d}t} = \beta \tag{4.4-20}$$

产物生成的速率只同已有的菌体有关,而生长比速率对产物生成速率没有直接关系。综上所述,总结各类型对比于表 4.4.2 中。

表 4.4.2 微生物(发酵)反应动力学类型

分类依据	类 型	判断因素	实 例
根据产物生成与基质消耗关系	Ⅰ	产物生成直接与基质(碳源)消耗有关系	消耗发酵、葡萄糖发酵、乳酸发酵、酵母菌发酵等
	Ⅱ	产物生成与基质(碳源)消耗有间接有关	柠檬酸等有机酸、谷氨酸等氨基酸、丙酮-丁醇等主流代谢产物
	Ⅲ	产物生成与基质(碳源)消耗无关	青霉素等抗生素、糖化酶、核黄素等次级代谢产物
根据产物生成与生长是否偶联	偶联型	产物生成速率与生长速率有密切关系	酒精发酵
	混合型	产物生成速率与生长速率只有部分关系	乳酸发酵
	非偶联型	产物生成速率与生长速率无紧密关系	抗生素发酵

动力学分型只是一个概括,实际上,每型之中都有例外之处。研究发酵过程中的动力学分型,对生产是有意义的。与菌体生长、基质消耗和产物生成有关的微分方程构成的微分方程组,反映了分批发酵中细胞、基质和产物浓度的变化。对各种不同的微生物分批发酵过程,通过实验研究这三个参数的变化规律,建立适当的微分方程组,就可以对分批发酵过程进行模拟,进而进行优化控制,最终达到大大提高生产效率的目的。优化的一般原则是:在发酵初期,以尽可能快的速度使菌体充分生长,缩短无产物生成或产率低的生长期,同时为生产期提供足够量的高生产活性细胞;在生产期,要使生产细胞的衰老或死亡速度以及产物合成酶的失活速度尽可能地降低,使之保持较长时期的高产物合成活性。

4.5 菌种的培养

微生物具有合成某种产物的潜力,但要想在生物反应器中顺利表达,合成所需要的产物却不是轻而易举的。发酵是一个复杂的生化过程,其好坏涉及诸多因素,除了菌种的生产性能,还与培养基的配比、灭菌条件、种子质量、发酵条件和过程控制等密切相关。因此,不论是新、老品种,都必须经过发酵研究这一关,以考查其代谢规律、影响产物合成的因素,优化发酵工艺条件。

关于培养基的成分、种类及配制原则,已在普通微生物学中介绍过,这里不再重复。

4.5.1 菌种扩大培养

发酵罐容积可从几升到几百升。要使小小的微生物细胞在几十个小时或几天内完成如此巨大的发酵转化任务,就必须具备数量巨大的微生物细胞。菌种必须扩大培养,也就是说要为每次发酵罐投料,提供相当数量旺盛的种子。根据生产规模的大小,有时种子扩大要经过一级种子、二级种子阶段,并要采用对数期的种子以 2%～10% 的量接入发酵罐。为了确保种子的纯洁,最好在接入发酵罐前,在严格无菌条件下取样制片,进行显微镜观察或平板上划线,确保无杂菌后再接种。

种子扩大培养时可根据具体情况采用固体培养或液体培养的方式进行。固体培养的种子扩大培养一般仿效我国传统酿酒时的制曲方法,由斜面活化的菌种扩大到锥形瓶或克氏瓶,然后再扩大到曲盘或固体发酵罐。液体培养的种子扩大培养,则可将斜面种子先活化,再接种到盛有液体培养基的锥形瓶或克氏瓶内。如果是好氧性微生物,则需要将锥形瓶放在摇床上振荡培养,然后再扩大到液体种子罐,最后扩大到发酵罐。

发酵工业大规模生产中除要严格保证生产菌种供应外,还应当设有专人进行生产菌种的选育,不断采用各种育种手段来提高菌种的生产能力,这是发酵工业立于不败之地,并能与非生物化学工业相竞争的重要手段。

4.5.2 发酵阶段的条件控制

将经逐级扩大培养好的菌种培养物移接入发酵罐以后就开始发酵阶段,此时主要是控制好各种条件,促使微生物在此阶段积累大量发酵产物。这时需要定期取样,对有关工艺参数进行测定或连续检测。反映发酵过程变化的参数分为两类:一类是可以直接采用特定的传感器检测的参数,包括反映物理和化学环境变化的参数,如温度、罐压、搅拌功率、转速、泡沫、发酵液黏度、浊度、营养浓度、pH、溶解氧等,称为直接参数。另一类是难以用传感器来检测的数据,包括细胞生长速率、产物生成情况等。这些参数需要根据一些检测出来的数据,借助于计算机和特定的数学模型才能得到,称为间接参数。上述参数中,对发酵过程影响较大的有营养浓度、温度、溶氧、pH、泡沫等。

4.5.2.1 营养条件的控制

(1) 碳源和氮源之比　在发酵培养基的配制过程中,要严格控制好碳氮比、无机盐、维生素和金属离子浓度的比例,其中碳氮比的影响更为明显。例如,谷氨酸发酵时当碳氮比为 4:1 (2% 葡萄糖,0.5% 尿素)时,菌体大量繁殖,积累少量谷氨酸;而碳氮比为 3:1 时,则产生大量谷氨酸,菌体增殖受到抑制。生产上用控制碳源、氮源的比例以满足菌体大量繁殖,同时又能促进谷氨酸的高产。

发酵大多在液体中进行,产物浓度低是亟待解决的问题。为了提高经济价值、减少物质及能源消耗,世界各国都在研究高密度培养问题。当前,在培养工程菌方面已有较好的进展。

微生物利用营养物质有三方面作用:构成菌体、形成各种代谢产物、提供能量。其中部分营养物氧化成二氧化碳和水。一般讲,菌体在生长阶段氮源要多些,发酵阶段碳源要多些,另外需适时补料,就像植物生长过程要进行追肥一样。

(2) 补料　在分批发酵中糖量过多,会造成细胞生长旺盛、供氧不足、产量低。解决这一问题的方法是间歇或连续进行补糖和补料。若在发酵进行到一定阶段进入产物合成期时及时补料,可以延长产物合成的旺盛阶段,避免菌体过早衰老,也可控制 pH 及代谢方向。如生产利福霉素的过程中,根据还原糖的变化,中途加葡萄糖延长利福霉素的合成期,使发酵单位提高 50%,国内大多数抗生素发酵也采用此方法。在黄原胶发酵中通过间歇补糖,在生长期控制发酵液体中葡萄糖含量在 30～40 g/L 水平,可以防止细胞的衰退和维持较高的葡萄糖传质速率,从而提高黄原胶的比生成速率,发酵 96 h 产胶达 43 g/L。Tada 等曾报道为了解除苏氨酸和赖氨酸的协同抑制,在对数期补加 L-苏氨酸,结果赖氨酸的产量比不补加的对照组提高了 3 倍,达到 70 g/L。

掌握补料时间、方法、补料配比是提高产量的关键。补料方法可采用一次大量补料或连续流加的办法。连续流加又可分为快速、恒速和变速等流加。实践证明,少量多次比一次大量补料合理,此法已被大多数发酵采用。

4.5.2.2 温度的影响及控制

(1) 温度影响　温度对发酵过程的影响是多方面的,表现为影响各种酶的反应速率,改变菌体代谢产物的合成方向,影响微生物的代谢调控机制。此外,还影响到发酵液的黏度、氧在发酵过程中的溶解度和传递速率、某些基质的分解和吸收速率等,进而影响发酵的动力学特性和产物的生物合成。

(2) 影响发酵温度的因素　发酵过程中,随着微生物对营养物质的利用,以及机械搅拌的作用,将产生一定的热能。同时,由于罐体内外温差、水分蒸发等也会带走部分热量。所以在发酵过程温度是不断变化的。发酵开始微生物处于延迟期,释放热量少,应提高温度,满足菌体生长的需要;当微生物进入对数期,菌体进行呼吸作用和发酵作用,放出大量热量,温度剧烈上升;发酵后期,呼吸和发酵作用逐渐缓慢,释放热量减少,温度下降。引起温度变化的因素有:

① 生物热($Q_{生物}$):微生物在生长繁殖过程中,本身产生的大量热称为生物热。这种热主要来源于营养物质如碳水化合物、蛋白质和脂肪的分解产生的大量能量。这些能量部分被用于合成高能化合物,并被消耗在各种代谢途径中,如合成新的细胞组分、膜的运输功能、细胞物理和化学完整性的维持、合成代谢产物等。除此之外,在一些代谢途径中,高能磷酸键断裂能以热的形式散发能量,例如酵母菌在酒精发酵过程中产生的热。

呼吸放热　　　　　$C_6H_{12}O_6 + 6O_2 \longrightarrow 6CO_2 + 6H_2O + 673 \text{ kcal}$

代谢热　　　　　　$C_6H_{12}O_6 \longrightarrow 2C_6H_5OH + 2CO_2 + 24 \text{ kcal}$

② 搅拌热($Q_{搅拌}$):在好氧发酵中,机械搅拌是增加溶解氧的必要手段,所以好气培养的发酵罐都装有大功率的搅拌器。搅拌带动液体作机械运动,造成液体之间、液体与设备之间发生摩擦,这样机械搅拌的动能以摩擦热的方式散发于发酵液中,即搅拌热。

③ 蒸发热($Q_{蒸发}$):通气时进入发酵罐的空气与发酵液可以进行热交换,使温度下降。并且空气还带走一部分水蒸气,这些水蒸气由发酵液中蒸发时带走了发酵液中的热量,也使温度下降。被排出的水蒸气和空气夹带着部分显热散失到罐外的热量被称为蒸发热。因为空气的温度和湿度随着季节的变化而不同,所以蒸发热也会随之变化。

④ 辐射热($Q_{辐射}$):发酵罐温度与罐外温度不同,存在着温差。发酵液中有部分热量通过罐壁向外辐射,这些热量称为辐射热。辐射热的大小取决于罐内外的温差,受环境温度变化的影响,如北方的冬季,发酵罐的热量由罐内向罐外辐射;而南方的夏季,外界的热量则向罐内辐射。由于夏、冬两季温差大,所以影响大一些,其他季节影响就小一些。

所谓发酵热($Q_{发酵}$)即发酵过程中释放出来的净热量,以 $J/(m^3 \cdot h)$ 为单位。它是由产热因素和散热因素两方面所决定的:

$$Q_{发酵} = Q_{生物} + Q_{搅拌} - Q_{蒸发} \pm Q_{辐射}$$

发酵热的测定方法较多,例如可以通过一定时间冷却水的流量和冷却水的进、出口温度,由下式计算出发酵热:

$$Q_{发酵} = G \cdot C_w \cdot (T_2 - T_1)/V$$

式中 G 为冷却水的流量(kg/h);C_w 为水的比热[kJ/(kg·℃)];V 为发酵液体积(m^3);T_1,T_2 分别是冷却水进、出口温度(℃)。

(3)温度控制　温度过高、过低均对微生物发酵不利。过高,微生物很少繁殖并很快衰老死亡;过低,微生物生长缓慢,发酵时间很长。所以发酵要在最适温度下进行,但生长最适温度不一定是积累产物的最适温度,见表4.5.1。所以要控制好发酵各阶段的不同温度,使微生物大量生长繁殖,又可得到大量产物。在热诱导型基因工程菌发酵进入产物合成时需要升温至42℃进行诱导,才能获得大量代谢产物。

表 4.5.1　不同微生物的生长最适温度和积累产物最适温度

微生物	最适温度(℃)	
	生长期	积累产物期
产黄青霉	30	25
灰色链霉菌	37	28
乳酸链球菌(*Streptococcus lactis*)	34	30

固体发酵是靠错盒、翻盒、风机控制温度。液体深层发酵是靠夹套或蛇形管中通入冷却水、热水或蒸汽进行温度调节。如气温较高,冷却水的温度也较高,需采用冷盐水进行降温。

4.5.2.3　溶氧的影响及控制(通风加搅拌)

(1)溶解氧影响　某些厌氧微生物在发酵环境中必须去除氧气。然而,大多数发酵是需氧的,且氧浓度是最重要的参数之一。它控制着微生物的生长和代谢产物的合成途径,如谷氨酸发酵过程适量通氧,可以产生大量的谷氨酸;通氧不足,糖耗慢,产生大量乳酸;通氧量过大就会积累大量 α-酮戊二酸。因为氧化是在细胞内进行的,所以只能利用溶解于培养基中的氧气进行呼吸,而氧是很难溶解于水的。在常温和常压下,氧在纯水中的溶解度只有 1~2 mg/L 分子 O_2。发酵液中有大量的有机和无机物质,氧的溶解度比水中更低。这就决定了好气性微生物发酵需要通气条件,才能维持一定的生产水平。

微生物呼吸时,气泡中的氧从培养液逐步传到细胞呼吸酶的位置上需克服多种阻力,如气液界面阻力、液膜阻力、细胞周围及细胞内的阻力等。所以发酵过程,微生物能利用的氧常常低于全部溶解氧量的1%,99%的无菌空气是白白浪费了。无用空气是形成过多泡沫的因素,既影响发酵质量也易造成杂菌的污染,因此如何提高通气效率是个重要的问题。

(2)溶氧控制　为了加速氧的溶解,生产中可采用增大通气量(过滤空气是常用氧的来源)、通气中加入纯氧、加大搅拌速度等手段。通常搅拌能使氧气更好地和培养基接触,因为搅拌可将大气泡打碎成小气泡。当大气泡被粉碎为许多小气泡时,气泡的总面积增大,氧与培养基接触面积因此增加;同时由于小气泡较大,气泡上升速度慢得多,从而增加了氧气和培养基的接触时间;搅拌还使气泡在罐内旋转上升也增加了气液接触时间。因此搅拌增加了溶解氧的溶解速度,但过分搅拌也会将菌丝搅拌断裂,造成减产。

不同的微生物在发酵时对通气的要求不同。如柠檬酸生产菌是好氧性的,黑曲霉柠檬酸产生菌的菌体呼吸与糖转化为酸都需要氧,特别是进入产酸期时,只要很短时间中断供氧,就会导致产酸急剧下降,即便很快恢复供氧,也不可逆转对产酸速率的影响,而造成减产。故氧是影响发酵产量的重要因素。通气强弱关系到某些代谢途径的强弱,甚至导致不同的发酵产物的产生。通气强度的表示方法在发酵罐中是以单位时间内单位体积培养液所供给的空气体积来表示,如1∶0.3即每分钟每立方米(m^3)培养基供给0.3 m^3的空气。可用流量计来检查。

溶解氧浓度(DO)对发酵液来说是一个非常重要的参数,它既影响细胞的生长,也影响产物的生成。溶解氧的测定最常用的方法是使用可蒸汽灭菌的电化学检测器。市售有两种电极:电流电极和极谱电极,两者均用膜将电化学电池与发酵液隔开。对于溶解氧的测定,重要的是膜电极对CO_2有渗透性,而其他可能干扰检测的化学成分不能通过。电极安装于发酵罐中直接连续测定发酵液中的溶解氧。在阴极上发生还原反应所产生的极限扩散电流可以在罐外的检流器读出。根据测定结果将有关数据转换为控制信号,经过放大器控制搅拌转速或进气流量而达到控制溶解氧的目的。

4.5.2.4 pH的影响及控制

(1) pH影响　微生物生长和产物合成都有其最适合的pH和能够耐受的pH范围。大多数菌生长最适合的pH在6.3~7.5,放线菌生长最适合的pH在7.0~8.0,霉菌和酵母菌最适合的pH在3.0~6.0。pH过高或过低都会影响微生物的生长繁殖和产物的收率。因为pH变化可以影响微生物的酶活性及细胞膜的电荷状态,从而影响菌体的代谢途径及对营养物质的吸收和利用。

发酵过程中,pH变化取决于所用菌种、培养基成分和培养条件。为了确保发酵顺利进行,必须保证微生物生长和产物合成阶段都处在最适pH范围内。pH对某些生物合成途径有显著影响,见表4.5.2。各种微生物要求的pH不同,而且同一种微生物由于pH不同,发酵产物也不同。

表4.5.2　pH对某些生物合成途径影响

微生物	项目	
	pH	产物
黑曲霉	2~3	柠檬酸
	6.5~7.0	草酸
多黏芽孢杆菌	5.6~6.5	多黏菌素最多
	7.0以上	多黏菌素大幅度下降
产黄青霉	6.8	长菌最好
	7.4	青霉素合成最好

(2) pH控制　pH检测及控制极为重要,关系到发酵的成败。其测定常采用酸度计定时取样测定或采用pH连接自动检测装置进行。pH传感器多为组合式pH探头,由一个玻璃电极和参比电极组成,通过一个位于小的多孔塞上的液体接合点与培养基连接。pH探头与pH控制器连接,可以将测量的pH通过pH控制器加酸或碱(氨、尿素)进行调整。每加少量后则自动延时,待混合均匀后再加。

4.5.2.5 发酵过程中泡沫的影响及控制

采用液体深层发酵,往往产生大量泡沫,可以直接通过发酵罐上的玻璃视镜进行观察。泡沫产生的原因有:一是强通气搅拌而造成的泡沫;二是培养基的某些成分如蛋白胨、玉米浆、花生饼粉、酵母粉、糖蜜等主要的发泡物质所产生。糖类物质本身起泡能力差,在丰富的培养基中,较高浓度的糖类物质,增加了培养基黏度,有利于泡沫的稳定;三是代谢产生的气体也能产生泡沫。在生产中,泡沫的消长是有一定规律的。例如,霉菌在发酵过程中的液体表面性质变化与泡沫稳定性的变化是与初期泡沫的高稳定性、高的表观黏度和低表面张力有关;随着霉菌对碳、氮源的利用,培养基的表面黏度下降,促使表面张力上升,泡沫寿命缩短,泡沫减少;到了发酵后期,菌体自溶,培养基中可溶性蛋白质的浓度增加,又促使泡沫增多。

(1) 泡沫影响　少量泡沫对发酵影响不大,但泡沫过多,会造成一系列的不良影响,给发酵带来困难:① 干扰通气;② 妨碍菌体生长和代谢;③ 菌体得不到必要的溶解氧,也影响二氧化碳的排出;④ 大量泡沫会造成发酵液外溢,增加了污染的机会;⑤ 泡沫传热差,造成灭菌不彻底;⑥ 泡沫的表面张力会引起产生的酶失活。所以必须加以消泡控制。

(2) 泡沫控制　消泡方法有物理法和化学法。

① 物理消泡法:是靠机械的强烈运动或压力的变化促使泡沫破碎。方法有多种,最简单的是在发酵罐的搅拌轴上部安装消泡桨,当消泡桨随着搅拌转动时,将泡沫打碎;另一种是将泡沫引出罐外,通过喷嘴的加速作用或离心力消除泡沫后,液体再返回罐内;也可以在罐内装设超声波或超声波汽笛进行消泡。

机械消泡的优点是不需加入化学物质,可以节省材料,减少杂菌污染的机会,也可减少培养液性质的变化,对提取工艺无副作用。其缺点是效率不高,对黏度较大的流动型泡沫几乎没有作用,也不能消除引起泡沫的根本原因,所以仅作为消泡的辅助方法。

② 化学消泡法:是通过添加消泡剂进行消泡。加入某些消泡剂后,可降低泡沫表面张力,使泡沫受力不均匀而破裂。一般好的消泡剂应能降低泡沫的机械强度和表面黏度这两种性能。此外,为了使消泡剂易分散于泡沫表面,消泡剂应具有较小的表面张力和较小的溶解度。同时消泡剂还应对微生物细胞无毒,不影响氧的传递,能够耐高温、高压,浓度低而效率高,并且对产品质量和产量无影响,成本低,来源广泛。

化学消泡剂分油脂类、矿物油类及合成的化学消泡剂等。油脂有豆油、花生油、米糠油、亚麻仁油等;矿物油有石蜡等。油脂不仅用于消泡,还可作为碳源,但由于油脂分子中无亲水基团,在发泡介质中难以铺展,所以消泡能力较差。使用时应注意,油脂只能在发酵早期或中期加,后期不能加。多余的油脂会影响下游提取收率。化学合成消泡剂如聚氧丙基甘油醚、聚氧乙烷丙烷甘油醚,它们以一定比例配制的消泡剂又称泡敌。其用量仅为 0.03%～0.035%,但消泡能力是天然植物油的 10 倍以上。如果使用得当,对细胞生长、产物合成几乎没有影响,可完全取代天然油脂。其他消泡剂如十八醇、聚二醇、硅树脂都是较常用的消泡剂,可以单独或与载体一起使用,消泡效果持久、稳定。

一般在发酵早期发现泡沫可采用暂停搅拌、间歇搅拌、降低搅拌速度、减少通气量或稍微增加罐压等措施。某些发酵在旺盛期,脂肪酶活性高,能利用脂肪作为碳源,因而这时加油可收到双重效果,但在加油时必须有足够的通气量相配合。在发酵后期一般不加消泡剂,因为菌体利用脂肪能力已经较弱,残留的消泡剂会引起过滤和提炼困难。

4.6　发酵过程的分析检验

为掌握发酵的动态,以便于控制发酵进程,做到胸中有数以及时指导生产,高效地发挥菌种的优良性状,尽量降低能耗和物耗,最大限度地生产生物产品,就需对发酵罐内各种条件进行监测。正如上面提到的温度、罐压、搅拌转速、pH、溶解氧浓度等,可以通过插入发酵罐内的传感器或其他检测系统,以各种方法把非电量信号转换成电量信号,通过仪表显示、记录或送入计算机处理和控制。还可间接了解碳源、氮源及磷源的物质浓度,也许对了解关键性的微量营养的浓度也有用。更为重要的是,要了解微生物的生物量及活性水平,但是采用目前提供的方法,还不能直接确定发酵罐内的这些数据,而只能通过取样作实验室检验。在发酵过程中,通过显微镜检查,观察菌体生长发育的各个阶段,和对发酵液中糖、氮含量及 pH 测定,掌握菌体代谢情况,为发酵提供数据,以确定补料量和时间,控制 pH,调整碳氮比,使整个发酵过程有利于发酵产物的积累。通过上述观察和数据的测定,结合产物生成情况,确定放罐时间,可节省动力消耗,提高设备利用率,并防止发酵过头、产物急剧下降的情况。为避免杂菌的干扰,还必须进行无菌检查,以便及时采取措施,阻止杂菌危害生产。因此,任何发酵生产都必须建立一套检验常规,检验的具体项目随不同发酵产品而有所不同,经常检验的项目如下。

4.6.1 生物学检验

生物学检验一般是用显微镜观察菌体形态的变化以及无菌检查。

(1) 菌体的观察和吸光度测定　取样后,对发酵液进行外观(颜色、黏稠度、气味等)观察,用显微镜检查各个发酵阶段的菌体形态,同时对菌体的生长情况进行吸光度 A 测定。例如枯草芽孢杆菌生产蛋白酶发酵过程中的发酵初期,只有营养体,随后芽孢逐渐增多,到发酵后期芽孢达细胞总数的 95% 以上,吸光度不再升高,糖也消耗完,就应停止发酵。在霉菌的发酵如青霉素发酵中,开始菌丝粗壮,菌丝中液泡很少,随着培养时间增加,菌丝液泡增多,菌丝自溶,吸光度不升高,残糖在 0.5% 左右,产量也不再提高,就必须立即结束发酵,否则产量反而会下降。

(2) 无菌检查　为了及时发现杂菌,以便采取有效的措施,对每次无菌取样的发酵液必须进行无菌检查。

4.6.2 生化检验

生化检验包括发酵液中含糖量、含氮量的测定,及发酵目的产物的测定。对于代谢途径已清楚的,还必须对关键的中间代谢产物进行测定。

(1) 残糖的测定　糖是微生物发酵所需要的主要碳源,糖的测定在发酵中具有特别重要的意义。发酵过程糖量变化,可以衡量发酵是否正常。糖消耗越快,说明生长越旺盛,但只有糖分下降,而无发酵产物的增加,应考虑是否有杂菌污染。残糖测定可作为分批发酵的终点的指标之一,一般认为残糖下降到 0.5% 以下则发酵是彻底的。

糖的测定有物理法,如折光率、旋光度、比重法等。此法简单,但由于发酵液中有固体物的干扰而不够准确。一般用化学法,即测定游离羰基(醛基或酮基)的还原性,应用氧化还原法进行测定。所有单糖都具有游离羰基,称还原糖;双糖无游离羰基,称非还原糖,需转化成单糖后进行测定。羰基可以用裴林试剂滴定,也可用生物传感分析仪(酶电板)进行测定。

(2) 含氮量的测定　一般在发酵过程中变化不大,可以不测。但某些产品,如石油脱蜡等发酵中氮源消耗是判断发酵旺盛或衰败的主要标志之一,必须要测定。

(3) 发酵目的产物的测定　这是为了决定收获的时机。如发酵目的产物已基本不再上升,结合碳源已接近耗尽,菌体衰老自溶,温度也不再上升,就可停止发酵。各产物的测定方法不一,这里不赘述。

人工检测往往不能及时反映发酵罐内的情况。近年来采用的化学分析自动化成套仪器能自动分析糖、氮、氨基酸、微生物、发酵产物的浓度等情况。取样分析、报告结果等自动化过程组成联机操作,反映当时罐内发酵液的情况,便于计算机控制,提高产量。

4.6.3 杂菌和噬菌体的污染、防治与挽救

为了保证发酵的正常进行,在发酵过程中必须检查有无杂菌和噬菌体的污染。检查方法应力求快速、灵敏度高。

4.6.3.1 杂菌污染的检测

(1) 平板划线法 将灭菌好的培养基以无菌操作方法倒入灭菌的培养皿内,冷却后置37℃温箱放置24 h。如无杂菌出现,再将要检查的样品划线接入,然后再放入37℃温箱培养24 h;如有杂菌生长要进行镜检。要注意区别划线时带入的杂菌和样品中的杂菌。

(2) 液体培养基检查法 将肉汤培养液装在吸气瓶或试管中,灭菌后,37℃培养24 h,如无混浊,说明灭菌彻底,即可用来检查空气过滤系统的空气有无杂菌。灭菌后的肉汤培养基可接入少量发酵液,37℃培养24 h后,观察有无混浊。如混浊,可能有杂菌污染。

(3) 显微镜检查法 用接种环取一滴发酵液或种子培养液涂于载玻片上,固定、染色后在显微镜下直接观察有无杂菌存在。显微镜检查的优点是能及时发现某些杂菌污染。但有一定限制,如在杂菌与生产菌的形态相似或发酵初期杂菌数量尚少时,发酵液中杂质较多,原料中带有的死菌与活菌不易区分,因此生产中主要采用固体平板划线法。

4.6.3.2 噬菌体污染的检测

发酵过程除易遭杂菌污染外,还常被噬菌体污染,例如用细菌(包括重组工程细菌)和放线菌发酵的产品如谷氨酸、丙酮、丁醇、利福霉素的发酵等易受到噬菌体的侵害。谷氨酸发酵过程中的种子或发酵罐污染噬菌体一般都在对数前期。此时,发酵液泡沫增多,pH升高,吸光度不增长,CO_2下降,耗糖慢或停止。显微镜下发现菌体数量显著减少、形态变粗、染色不均匀、细胞壁不整齐,菌体逐渐裂解后出现碎片,发酵液发黏、拉丝、拉网,完整菌体很少,这时应怀疑有噬菌体污染。

为验证噬菌体的存在,可取发酵液样品少许,经3500 r/min离心15 min,得到上清液,用取样器取0.1 mL置于无菌培养皿内;另取新鲜、对数期内的生产菌液(敏感菌)0.2 mL与之相接触,然后倒入肉膏蛋白胨固体培养基中,30℃恒温下放置培养20 h。同时取待检样品置无菌培养皿内,倒入肉膏蛋白胨固体培养基作为空白对照,每次各做三个培养皿进行比较。培养20 h后观察是否有噬菌体。如有噬菌体存在,说明已被噬菌体污染。或采用离心分离快速加热法,将上述发酵液离心后的上清液,加热煮沸2 min,然后检测A_{650}值,若高于空白发酵液,表明有噬菌体污染(具体操作见实验五)。

此外,还可采用载玻片快速检查,即将被检样品和菌液与含有0.8%琼脂的培养基混合,涂于无菌载片上,凝固后,经数小时培养,在显微镜下放大观察噬菌斑是否存在;也可用平板交叉划线法,即取培养皿,倒入培养基,制成平板,先取有噬菌体的生产菌液划线,再取待检液与之交叉划线,30℃温箱培养10～12 h左右,若待检液中有噬菌体,则可见噬菌斑或交叉透明带(噬菌带)。如果检查溶源性细菌,就必须将发酵液放在紫外线下照射10～20 s,诱导溶源性细菌释放出烈性噬菌体后,再进行噬菌斑的检查。如有条件,可直接取样在电子显微镜下观察确认。

4.6.3.3 杂菌污染和防治

(1) 造成杂菌污染的原因 一般来说造成发酵染菌的主要原因有以下几方面:① 设备结

构不严密,阀门太多,设备有死角,灭菌时蒸汽达不到,故管道与阀门要尽可能简化。② 空气过滤不彻底,带有杂菌。空气过滤不彻底的原因也很多,要具体调整、研究、分析。③ 种子不纯,带有杂菌,或在纯种培养时由于灭菌不彻底,接种时将杂菌带入发酵罐,或由于接种方法不严格造成。④ 原料灭菌不彻底,其中也可能是接种原料灭菌不彻底。⑤ 环境不卫生等。

总之,造成污染的原因不外乎是设备、管道、空气过滤器、原料的灭菌、接种器皿的灭菌和环境卫生等。另外,染菌的类型也可以帮助分析污染的原因。如污染芽孢杆菌,往往由于设备有死角或培养基灭菌不彻底所致,因为这类菌耐热。如污染不耐热的细菌,往往是由于受外界影响如加水、加油、空气过滤介质受潮或设备渗漏所引起。如连续染菌,有可能是种子不纯、空气系统有问题或渗漏等原因。

(2) 污染的防治 包括以下几方面:

① 防止种子带入杂菌:生产中,前期发酵罐染菌,可能是种子带入,也可能是发酵罐污染。在接种时应将接种瓶剩下的种子液接入检查杂菌用的培养基中,以便区别杂菌污染的原因。更重要的是,要把住种子在逐级扩大过程中的无菌操作关。如各种培养基灭菌后,均需培养 1~2 d 确定无菌后才能作移种用。另外无菌室及超净工作台要经常打扫。一般认为平板(直径 9 cm)暴露 30 min 有 5 个以上菌落生长者为半无菌室。必须要将菌落数降到 5 个以下才能作无菌操作之用。进入无菌室前应将玻璃器皿及用具先用 75% 酒精擦过,再打开紫外灯灭菌 30~45 min 方可使用。在缓冲室穿戴好灭过菌的工作服、帽、口罩、鞋,操作前用 75% 酒精擦手。操作时要轻、稳,不随便走动、讲话。有的发酵产品要求灭菌条件高的,进入无菌室前还要求淋浴。

② 培养基的彻底灭菌:培养基灭菌不彻底的主要原因是蒸汽使用不当、原料有团块、补料罐灭菌不彻底、灭菌时泡沫过多等。因此灭菌时进罐的蒸汽应充足,培养基要尽量减少泡沫,可适当加入消泡剂。在单罐间歇灭菌时,三路进蒸汽温度升到 90~100 ℃ 后,如蒸汽阀门开得过大,泡沫就容易发生。此时若把排汽阀开足,然后逐渐关小,并调节进汽压力,使罐内压力升高,便可迫使泡沫消失。如已有大量泡沫生成,则可将进汽阀全部关闭,几分钟后再逐渐开大以制止泡沫发生。

如培养基中有固体成分,灭菌时又翻动不匀,蒸汽在黏稠液中会分布不均,大气泡由液面跳出,使培养基中存在死角,也会造成污染。因此在配制培养基时,首先应消除硬块。在灭菌时,使罐温较长时间保持在 100~110 ℃,将固体颗粒被热水浸软,便于蒸汽穿透固体成分,便可达到彻底灭菌目的。

③ 防止空气系统的染菌:空气滤过介质被油、水或倒流的培养基所浸湿会失去滤过作用。故应检查空压机不能漏油,并要定时放水放油,或采用无油空压机。突然停电往往使罐压高于过滤器压力,这时,应立即关闭出气阀,再关进气阀。

④ 注意环境卫生,建立卫生制度:这是防止污染的重要措施。要采取以环境净化为中心的综合性防治方法,定期清扫,定期消毒,定期检查,杜绝杂菌的产生和繁殖。

4.6.3.4 噬菌体污染的防治

噬菌体污染的防治主要是选育抗噬菌体的菌株。抗性虽有遗传的相对稳定性,但又是可以变异的,因此育种工作要经常进行。当发生噬菌体危害时可用抗性菌株代替敏感菌株生产。但更重要的是检查污染的原因,消除噬菌体赖以生存的环境条件,否则抗性菌株也会因环境中噬菌体的侵袭而失效。在发酵过程要注意以下条件:

(1) 严禁活菌体排放 噬菌体是专一性的活菌体寄生,它不能脱离寄主而自行生长繁殖,因此,如果不让活的生产菌在环境中生长蔓延,就能堵塞噬菌体的滋生和繁殖。

(2) 建立经常性的环境卫生制度 车间四周有严重污染噬菌体的地方,应及时用药剂(如撒石灰或漂白粉等)或其他方法处理。此外还应保持环境的一定湿度,因为噬菌体对干燥状态比湿润状态稳定。车间周围常用新洁尔灭、84消毒液、漂白粉喷洒,空压机周围要用次氯酸钙喷雾剂消毒,控制空气中噬菌体浓度。作为环境的净化目标,每次每只培养皿生成的噬菌斑应维持在 10~20PFU/mL 单位以下。

(3) 把住"种子关" 严防噬菌体进入种子罐、发酵罐,菌种要由专人管理。严格无菌操作,不使用本身带有噬菌体的菌体。感染噬菌体的培养物不得带入灭菌室、摇瓶间,加强无菌室的灭菌,并加强噬菌体的检查工作。检查室应设在厂内的角落。菌种要定期纯化。

(4) 合理布置车间 发酵、提取、空压机房三者互相隔开,成三角形,尽量远离。

(5) 利用药物防治 防治噬菌体的药物报道很多,但是能在工业上使用的还很少。常用药物有:① 螯合剂。可抑制噬菌体的吸附或阻止噬菌体 DNA 的注入。如植酸盐(0.05%~1%)、柠檬酸(0.2%~0.5%)、草酸盐(0.2%~0.5%)、三聚磷酸盐(0.5%~1%)等。② 表面活性剂。可作用于细菌表面,抑制噬菌体吸附。如聚乙二醇(PEG)、单酯、聚氧乙烯烷基醚、Tween-20、Tween-60 等非离子表面活性剂(0.01%~0.2%)。③ 抗生素。抑制噬菌体蛋白质合成。如金霉素、四环素(1~2μg/mL)等。④ N-脂酰氨基酸。如使用 20μg/mL 以上的具有 16 或 18 个碳原子的谷氨酸 N-脂酰衍生物,能抑制噬菌体基因组的复制或子代噬菌体的成熟。⑤ 中草药。加 0.1%~0.2%浓度的五味子或双花、枝子、木芙蓉的药液,也可加 0.1%~0.2%浓度五味子和上述三种草药之一(量各半)的药液。

4.6.3.5 杂菌和噬菌体污染后的挽救

污染后的挽救措施主要根据污染的原因分析,尽可能避免污染的扩大,节约原材料,争取得到产品。在种子扩大培养中发现污染就应放弃种子,重新培育或从正在发酵的罐中分一部分发酵液作种子。如果污染已扩大到生产上,早期发现染菌时可用接入大量种子(超过正常量的几倍),使生产菌占绝对优势,抵制杂菌的繁殖;或立即将发酵液灭菌(并适当添加营养物质),重新接种。如果发酵后期染菌,而杂菌又不影响生产菌的正常发酵,也不妨碍产品后处理(如过滤、提取等),则可让其共生共长,至发酵终了;如果杂菌影响发酵的正常进行或产品的后处理,则应提早放罐。此外,还可在污染的发酵液中加入抑制杂菌的物质,但必须经过多次实验,只有对杂菌有抑制作用而对生产菌的生产性能没有影响才能被应用。

同样,如发酵过程中,前期发酵污染噬菌体应停止搅拌,小通风,立即培养抗性菌株,接入发酵罐,或更换生产菌种。此外,也可停止搅拌,小通风,降低 pH,在罐内用夹层(或冷却管)加热至 70~80℃,因噬菌体不耐热,加热可杀死发酵液内的噬菌体。冷却后,接入 2 倍量的原菌种,至 pH 正常后再搅拌。在发酵初期发现感染噬菌体,还可利用噬菌体只能在生长阶段的细胞(即幼龄细胞)中繁殖的特点,将发酵正常并已培养到对数期的发酵液(噬菌体只能在对数期前的敏感菌中增殖)加入感染噬菌体的发酵液中,以等体积混合后再进行发酵。

4.7 发酵培养方法

微生物培养的目的各有不同,如有些是以大量增殖微生物菌体作为目标,有些则是希望在微生物生长的同时实现目标产物的大量积累,故培养方法也有许多差异。当前微生物发酵过程可分为分批发酵、连续发酵、补料分批发酵(半连续发酵)、混菌发酵、高密度发酵及与产物回收结合的透析发酵、滤膜发酵、反渗析发酵等多种方法。不同的培养技术各有其优缺点。了解生产菌在不同的发酵培养方法下细胞的生长、代谢和产物的变化规律,将有助于发酵生产的有效控制。下面就常用的分批发酵、连续发酵、补料分批发酵、混菌发酵作一介绍,关于高密度发酵及透析发酵将在有关章节再作阐述。

4.7.1 分批发酵

实验室或工业生产中常用的分批发酵(batch fermentation)方法是常用单罐深层培养法,即将培养基装进容器中,灭菌后接种开始发酵,周期是数小时到几天(根据微生物种类不同而异),最后排空容器,进行分离提取产品,再进行下一批发酵准备。中间除了空气进入和尾气排出,与外部没有物料交换。传统的生物产品发酵多采用此法,它除了控制温度、pH及通气量外,不进行任何其他控制。分批发酵方法的主要特征是所有的工艺参数都随时间(发酵过程)而变化。

分批发酵过程一般可粗分为四期,即延迟期、对数期、稳定期和衰亡期;也可分为六期:延迟期、加速期、对数期、减速期、停滞期(静止期)和死亡期,见图4.7.1。

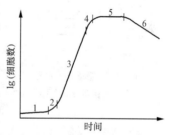

图4.7.1 在分批发酵中细胞数量与时间关系示意图
1. 延迟期;2. 加速期;3. 对数期;
4. 减速期;5. 停滞期;6. 死亡期
(参考瞿礼嘉等.现代生物技术导论.1998)

(1) 延迟期 即刚接种后一段时间内,细胞数目和菌量不变,因菌对新的生长环境有一适应过程,其长短主要取决于种子的活性、接种量、培养基配方和浓度。一般接种时应采用对数生长期的种子,且接种量要达到一定浓度。发酵培养基配方尽量接近种子培养基。实验和生产上要尽量缩短这一时期。

(2) 加速期 在延迟期后和对数期之前,细胞生长速度逐渐加快,进入短暂的加速期。此时菌已完全适应周围环境,由于有充足的养分,而且无抑制生长的有害物质,菌便开始大量繁殖,很快进入对数期。

(3) 对数期 对数生长期的细胞总量以几何级数增长。此时期的长短取决于培养基、溶氧的可利用性和有害代谢产物的积累。

(4) 减速期 随着营养成分的减少、有害代谢物的积累,生长速度明显减缓。虽然细胞总量仍在增加,但其比生长速率不断下降,细胞在代谢与形态方面逐渐衰退,经短时间的减速后进入静止期。

(5) 停滞期(静止期) 此时期细胞数量的增长逐渐停止,生长和死亡处在动态平衡状态。此时期菌体的次级代谢十分活跃,许多次级代谢产物和大多数抗生素等在此时大量合成,菌的形态也发生较大变化,如:菌体染色变浅,芽孢杆菌出现芽孢,丝状菌出现液泡等。当养分耗竭,有害代谢产物在发酵液中大量积累,便进入死亡期。

(6) 死亡期 进入死亡期后,生长呈现负增长,大多数细胞出现自溶、代谢停止,细胞能量耗尽。所有的发酵产品必须在进入死亡期以前结束发酵。

主罐发酵结束后,立即将发酵液送往提取、精制等后处理。

4.7.2 连续发酵

在分批发酵中,营养物质不断被消耗,有害代谢产物不断积累,细菌生长不能长久地处于对数生长期。如果在反应器中不断补充新鲜的培养基,并不断地以同样速度排出培养物(包括菌体及代谢产物),从理论上讲,对数生长期就可无限延长。只要培养液的流入量等于流出量,使分裂繁殖增加的新菌数相当于流出的老菌数,就可保证反应器中总菌数量基本不变。20世纪50年代以来发展起来的连续发酵就是根据此原理而设计的,这种方法称为连续发酵(continuous fermentation)法。

连续发酵的控制方式主要有两类:一种为恒浊器法。即利用浊度来检测细胞的浓度,通过自控仪调节流入培养基的量,以控制发酵液中菌体浓度达到恒定值。另一种为恒化器法。它与前者相同之处是维持一定的体积,不同之处是不直接控制菌体浓度,而是控制恒定输入的培养基中某一种生长限制基质的浓度。常用的生长限制基质有作为碳源的葡萄糖、麦芽糖和乳糖,还有作为氮源的氨或氨基酸以及生长因子和无机盐类等。

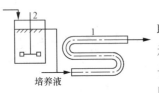

图 4.7.2 管道连续发酵
1. 管道发酵器; 2. 种子罐

连续发酵使用的反应器可以是搅拌式反应器(单罐、多罐串联),也可以是管式反应器(直线形、S形、蛇形等),如图4.7.2所示。培养液和培养好的种子不断流入管道反应器,微生物在其中生长。这种连续发酵方法主要用于厌氧发酵。也可在管道中用隔板加以分离,每一分隔等于一台发酵反应器,相当于多级反应器串联的连续发酵。在罐式反应器中,即使加入的物料中不含有菌体,只要罐中含有一定量的菌体,维持一定进料流量,就可以实现稳定操作。罐式连续发酵所用的罐与分批发酵罐无大的区别,可采用原有罐改装。

与分批发酵相比,连续发酵具有以下优点:① 可以保持恒定的操作条件,有利于微生物的生长代谢,从而使产率和产品质量也相应保持稳定。② 减少设备清洗、灭菌等辅助工作造成的停工时间,提高设备利用率,节省劳动力和工时,可以降低生产成本。③ 便于机械化和自动化管理,容易对过程进行优化。④ 大规模分批发酵,需要大型的后处理设备,进行纯化、精制以获目标产品;而在连续发酵中,一次收获只收获少量发酵液,下游所需的设备规模也可相应减少。

由于上述优点,连续发酵目前已用于啤酒、酒精、单细胞蛋白、有机酸生产以及有机废水的活性污泥处理等。而目前发展的一种发酵方法则是把固定化的细胞技术和连续发酵方法结合起来,用于生产丙酮、丁醇、正丁醇、异丙醇等重要的工业溶剂上。在工程菌的培养上,人们已研制出了实验室水平(约10L)及试生产水平(约1000L)的连续发酵体系,用于重组微生物生产蛋白。

连续发酵也存在一些缺点:① 连续发酵在持续运转过程中,由于发酵周期长,容易造成杂菌污染,也会造成生产菌株的回复突变,或造成重组菌株的质粒丢失,使不含质粒的细胞由于细胞能量负担小,迅速分裂,成为反应器中的优势菌群,合成产物的细胞越来越少,从而降低产量。将外源基因整合到宿主染色体上可以避免这种情况的产生。② 黏性丝状菌容易附着在器壁上生长和在发酵液内结成团,给连续发酵操作带来困难等。由于以上情况,在近代发酵工业中应用连续发酵的例子不多。相信随着本学科及相关科学的发展,连续发酵定会获得更为广泛的应用。

4.7.3 补料分批发酵

在分批发酵过程中，间歇或连续地补加新鲜培养基的发酵方法，称为补料分批发酵(fed-batch fermentation)，也称半连续发酵(semi-continuous fermentation)或流加分批发酵法。此法能使发酵过程中的碳源保持在较低的浓度，避免阻遏效应和积累有害代谢产物。

补料分批发酵的应用是在20世纪初。由于利用麦芽糖生产酵母菌，出现酵母菌细胞旺盛生长而造成供氧不足，导致过多的乙醇产生，抑制酵母菌的生长，降低了酵母菌的产量。1915—1920年间，在发酵工业中采用了向初始培养基补加培养液的方法，抑制乙醇的产生，提高了酵母菌的产量。但这只是经验方法，直到1973年，日本学者Yoshida等人首次提出了"fed-batch fermentation"这个术语，并从理论上建立了第一个数学模型，流加发酵的研究才开始进入理论研究阶段，大大丰富了流加发酵的内容。

与传统分批发酵相比，补料分批发酵法优点如下：① 可以消除底物抑制。在分批发酵中高浓度的碳源往往抑制微生物的生长和代谢产物的积累，这也就限制了菌体浓度和产物浓度的提高。采用补料分批发酵法，可以从较低的碳源浓度开始培养，就不存在底物抑制问题，随后可以通过不断流加限制性底物，使菌体能够不断生长，代谢产物也能不断地积累。② 可以延长次级代谢产物的合成时间。次级代谢产物的合成是在静止期才开始。在分批发酵培养中这个时期比较短，因为营养物质已经大量消耗，有害代谢产物积累，很快进入细胞死亡期，如果及时补料就可以给微生物生长继续提供所需要的营养，并延长静止期的时间，因此能达到较高的次级代谢产物的生产水平。③ 可以达到高密度细胞培养。由于补料分批发酵能不断地向发酵罐补充限制性底物，微生物始终能获得充分的营养，菌体密度就可以不断增加。通过选择适当的补料策略，并配合氧传递条件的改进，细胞密度可以达到较高的水平。对于以细胞本身或胞内产物作为目标产物的发酵过程，高密度培养可以大大提高生产效率。④ 稀释有毒代谢产物、降低污染和避免遗传不稳定性。在发酵过程中，微生物利用营养物质生长繁殖，合成代谢产物的同时，也会分泌一些有毒的代谢副产物，对微生物生长不利。通过补料就能够稀释有毒的代谢产物，减轻毒害作用。又由于补料分批发酵操作时间有限，因此可以有效控制染菌和菌种的不稳定性。

补料分批发酵是分批发酵和连续发酵的过渡并兼有两者的优点，而且克服了两者的缺点，是发酵技术上一个划时代的进步，但是如何实现补料的优化控制还在研究之中。目前虽然已实现流加补料微机控制，但是发酵过程中的补料量或补料率，在生产中还只是凭经验确定，或根据几次基质残留量、pH、溶解氧浓度的检测的静态参数设定控制点，带有一定的盲目性，很难根据发酵罐内菌体生长的实际状况，同步地满足微生物生长和产物合成的需要，也不可能完全避免基质的调控反应。

补料分批发酵可以分为单一补料分批发酵和反复补料分批发酵。前者是在发酵过程适时间歇或连续地补加碳源或氮源或二者同时按一定比例流加，直到发酵液体积达到发酵罐最大操作容积后停止补料，最后将发酵液一次全部放出。这种补料方式受发酵罐容积的限制，发酵周期只能控制在较短时间。后者是在前者的基础上，每隔一定时间按比例放出一部分发酵液，使发酵液体积始终不超过发酵罐的最大容积，从而在理论上可以延长发酵周期，直到发酵的目标产物明显下降，再放出全部发酵液，进行提取精制。这种补料方式保留了单一补料分批发酵的优点，又延长了发酵周期，提高了产率。

目前，补料分批发酵方法已广泛应用于发酵工业如氨基酸、抗生素、有机酸、生长激素发酵等液体发酵中。在固体发酵及混合发酵中也有应用。

4.7.4 混菌发酵

混菌发酵(multiple strain fermentation)也称混菌培养，是指多种微生物混合在一起共同用一种培养基进行的发酵。这种发酵由来已久，许多传统微生物工业都是混菌发酵，如酒曲的制作，白酒、葡萄酒的酿造，奶酪的制作，威士忌的发酵生产等；许多生态制剂、发酵饲料、污水处理、沼气池等也都是混菌发酵。混菌发酵的菌种和数量大都是未知的，必须通过培养基组成和发酵条件控制才能顺利进行。

当前大多数发酵都是采用单一的菌种进行纯种发酵，需要严格地防止其他微生物的侵入，以保证产量和产品的纯度。而自然生态环境中，各种微生物都是混合的，有时，它们的各自代谢活动具有互补性，不会互相抑制生长，表现互生关系。混菌发酵利用这种关系，可以获得一些独特的产品，而纯发酵是很难得到的。例如许多在国内外负盛誉的酿造白酒，如茅台酒等就是由众多微生物混合发酵的产品，其风味优异而独特。目前还不能将茅台酒制作的混合微生物逐个分离后纯培养，再分别发酵将发酵产物配制成茅台酒。另外，由中国科学院微生物所尹光琳、陶增鑫等与北京制药厂等单位合作共同发明的维生素C二步发酵法新工艺，其特点就是第二步发酵由小菌为氧化葡萄糖杆菌，大菌为沟槽假单胞菌等伴生混合发酵完成的。获得了多项专利，并成为我国向外国转让的一个高新生产技术。

混合菌发酵可利用多个菌种的不同代谢能力的组合，完成单个菌难以完成的复杂代谢作用，可代替某些重组工程菌来进行复杂的多种代谢反应，提高生产效率。如利用纤维素酶的生产菌、产酸菌和产甲烷菌混合培养，可以在厌氧条件下消化纤维素的废水等。混合菌发酵的许多优点是纯种发酵难以做到的，它可以充分利用培养基、设备，在同一发酵罐中经过同一工艺过程，提高目的产品的质和量或获得两种以上产品。但是，混合菌发酵的反应机制较为复杂。随着混菌发酵的深入研究，此种方法将可能成为发酵工程一个新的亮点。

4.8 发 酵 设 备

发酵设备是发酵工厂中最基本的也是最主要的设备。微生物的发酵设备必须具备适于微生物生长和形成产物的各种条件，促进微生物新陈代谢，使之能在低消耗下获得较高的产量。因此发酵设备必须具备微生物生长的基本条件，例如需要维持合适的培养温度，要用冷却水带走发酵热，具有严密的结构、良好的液体混合性能、高的传质和传热速率，以及可靠的检测及控制仪表，才能获得最大的生产效率。另外，还应包括可靠、节能的灭菌装置，高效过滤、除菌的空气净化设备。这些是微生物发酵的"硬件"。相对应的发酵"软件"(包括优良菌种的选育及扩大技术、优化培养基配方和科学的灭菌技术、先进的发酵控制技术等)已在有关章节阐述。本节主要介绍微生物发酵的设备。

4.8.1 微生物发酵设备类型及发展趋势

(1) 发酵设备的类型 根据微生物发酵类型和微生物的特征，科学工作者设计了许多种类的发酵设备，如固体发酵的厚层制曲装置、固体发酵罐，液体发酵中的厌氧发酵罐和好氧发酵罐等。厌氧发酵需要与空气隔绝,在密闭不通气的条件下进行,设备简单,种类少;好氧发酵需要空气,在密闭通气条件下进行发酵。目前用于工业生产的大多数微生物、动物、植物细胞等是好氧的,所以好氧发酵设备种类较多。好氧发酵罐通常采用通风和搅拌来增加氧的溶解速率,以满足微生物代谢和产物积累的需要。

(2) 发酵设备的发展趋势　目前发酵生产存在的问题主要是发酵产率低、能耗高、自动化控制水平低。前二者除发酵控制因素外,都与目前生产使用传统发酵装置有关。因此,发酵罐的优化设计、合理造型、放大和最佳操作条件的确定是发酵工程开发的关键环节。近年来,由于生化技术和化学工程的迅猛发展及边缘学科的相互渗透,国内外出现了许多新型发酵装置,包括传统机械搅拌罐的改进以及一些具有独特性能、全新构型的发酵装置,为发酵工程发展开创了新局面。从近几年的资料看,发酵设备设计的研究趋于新型高效、节能、高度仪表化、自动化、大型化和多样化的方向发展。

4.8.2　通风固态发酵设备

通风固态发酵工艺是传统的发酵工艺,广泛应用于酱油、食醋和酿酒生产等。通风固态发酵具有设备简单、投资省、无污染、无废物生产等优点。下面介绍最常用的自然通风固态发酵设备、机械通风固态发酵设备和连续式通风固态发酵设备。

(1) 自然通风固态发酵设备　尽管大规模的发酵生产大多采用液体通风发酵技术,但几千年前我们的祖先发明的自然通风固态制曲技术现仍应用于酱油、酿酒生产中。

自然通风制曲的技术关键是使空气与固体培养基密切接触,以供应微生物的生长与代谢。原始的固态制曲设备采用木制的浅盘,常用的尺寸为 $0.37 m \times 0.54 m \times 0.06 m$ 或 $1 m \times 1 m \times 0.6 m$,将固体曲料放置在铺有帘子的架上,制成帘子曲,以扩大固体培养基与空气的接触面。

(2) 机械通风固态发酵设备　它与上述的自然通风固态发酵设备的主要不同是,采用了机械通风,用鼓风机强化了发酵系统的通风,不仅使曲层厚度增加,生产效率提高,而且控制了曲层的发酵温度,提高了曲子质量。

厚层通风固体曲发酵设备如图4.8.1所示。曲室多用长方形水泥池,宽2m,深1m,长度根据生产场地及产量等选取,但不宜过长,以保持通风均匀。曲室底部应比地面高,以便于排水,底部应有8°～10°的倾斜;为使通风均匀,池底上铺一层筛板,发酵固体曲料置于筛板上;料层厚度一般为0.3～0.5m。池底较低端与风道相连,其间设一风量调节闸门。曲池常用单向通

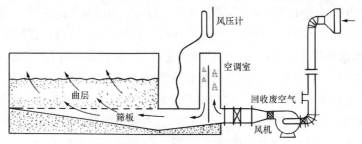

图4.8.1　厚层通风固体曲发酵设备示意图
(参考贾仕儒.生化反应工程原理.2002)

风操作,通风量视固体曲层厚度、使用菌株、发酵程度和气候条件等来调节,一般为 400～1000 m³/(m²·h)。

另外一些现代化固态发酵设备如自动化制曲装置(图 4.8.2)和流化床式固态发酵设备也早有使用。

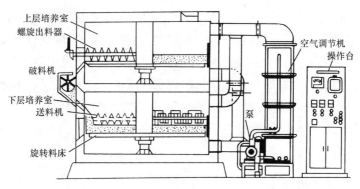

图 4.8.2 双层旋转式制曲设备(永田酿造机械制造)
(参考梁世中.生物工程设备.2003)

(3) 连续式通风固态发酵设备 连续式发酵设备有塔式、转鼓式和回转式等多种型式。塔式通风固态发酵设备外形为塔式,内有 2～6 层塔板,培养物料从上而下分级传输。在每一层塔板上发酵一定时间后,传输至下一层,传送方式有多种。转鼓式通风固态发酵设备为倒放的圆柱筒。圆柱筒慢慢地连续转动,使内部物料随之翻动,起到通风搅拌的作用。若将圆柱筒壳体倾斜放置,可使物体连续缓慢地向较低一端移动,只要在较高一端不断补料,就可形成固态发酵。

4.8.3 通风发酵设备

通风发酵设备是微生物发酵工业中主要的一类反应器。它有机械搅拌式、气升式、鼓泡式、自吸式等多种类型。

4.8.3.1 机械搅拌式发酵罐

机械搅拌式发酵罐也称标准式或通用式发酵罐,是当前世界各国大多数发酵工厂所采用的液体深层发酵的主要设备,其结构基本相同。

(1) 发酵罐的结构 罐身为立式圆筒形,有椭圆形底盖,圆筒高与直径之比为 1∶(2.5～3),其容积自 20 L 至 200 m³,有的可达 500 m³。为使通入的空气与培养基密切混合,还装有机械搅拌装置。搅拌器有弯叶、箭叶、平叶涡轮式等多种。从搅拌程度来说,以平叶涡轮式最为激烈,功率消耗最大,弯叶式次之,箭叶式更次之。搅拌器的叶片一般为 6 个。为了提高通气效果,发酵罐中装有挡板,如用竖型冷却蛇形管代替挡板也可以。

发酵罐设有夹套或蛇管作为灭菌时加热和发酵冷却时用。5 m³ 以下发酵罐一般用夹套传热;在大型发酵罐中,一般采用水平或垂直的蛇管。夹套结构简单,但从热交换速度来看,蛇管比夹套更有效。动、植物细胞培养不带挡板,转速 8～20 r/min,三片叶轮。

由于发酵罐是密闭的容器,而微生物的生长繁殖代谢活动需要不断地消耗氧,要求不断地供给新鲜空气以满足微生物生命活动的需要,因此发酵罐里有通气管。为保证通气效果,常在通气管末端装一个单管式或环形管式的空气分布器,它一般装在最低一挡搅拌器的下面、距罐底 40 mm 的地方,喷嘴向下以利于罐底部分液体的搅动,使固形物不易沉积于罐底。空气由分布管喷出,上升时被转动的搅拌桨打碎成小气泡并与液体混合和分散,因而加强了气-液接触的效果。

微生物在代谢活动中,分泌出一些大分子的并带有一定黏度的物质。这些物质在通风搅拌的情况下容易形成泡沫,如不及时除去会充满整个发酵罐,从排气管溢出,影响通风效果,也会造成污染。为避免泡沫产生,一般在培养基里加进消泡剂。在发酵过程中如泡沫过多,也需要加一定的消泡剂。此外,也可用消泡桨打破泡沫或装一个超声波发生器,利用超声波进行消泡。目前实际应用中是消泡剂与消泡装置同时使用。

发酵罐的机械搅拌器是由电动机经过皮带或齿轮减速后带动旋转的。它可装在顶部或底部。电机是发酵罐搅拌器的动力部分。根据培养基浓度、黏度、搅拌器的层数与直径来选择一定功率的电动机。功率太大,动力消耗太多,功率太小则带不动,因此一定要选择合适的电动机。小型发酵罐可以不用轴承;大型发酵罐除下端有底轴承支撑外,还有中间轴承,这样轴才不会晃动。为使设备运转安全,应有密封。密封装置有填料匣与端面轴封两种。

除以上结构外,发酵罐还附加有补料罐、酸碱罐、压力表、人孔及视镜等。图 4.8.3 和 4.8.4 分别为小型和大型标准式发酵罐的结构。图 4.8.5 和 4.8.6 为实验室台式发酵罐,有玻璃容器(容积 1~30 L)的,也有不锈钢(容积 1~100 L)的。

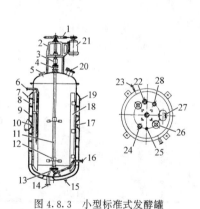

图 4.8.3 小型标准式发酵罐
1. 三角皮带转轴;2. 轴承支架;3. 联轴节;4. 轴承;
5,26. 窥镜;6,23. 取样口;7. 冷却水出口;8. 夹套;
9. 螺旋片;10. 温度计接口;11. 轴;12. 搅拌器;
13. 底轴承;14. 放料口;15. 冷水进口;16. 通风管;
17. 热电偶接口;18. 挡板;19. 接压力表;20,27. 人孔;
21. 电动机;22. 排气口;24. 进料口;25. 压力表接口;
28. 补料口

(参考曹军卫等.微生物工程.2002)

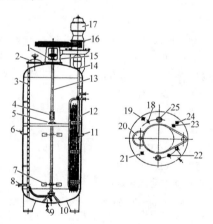

图 4.8.4 大型标准式发酵罐
1. 轴封;2,20. 人孔;3. 梯子;4. 联轴器;5. 中间轴承;
6. 热电偶接口;7. 搅拌器;8. 通风管;9. 放料口;
10. 底轴承;11. 温度计接口;12. 冷却管;13. 轴;
14,19. 取样口;15. 轴承柱;16. 三角皮带转轴;
17. 电动机;18. 压力表接口;21. 进料口;
22. 补料口;23. 排气口;24. 回流口;25. 窥镜

(参考曹军卫等.微生物工程.2002)

(2)发酵罐的几何尺寸 标准式发酵罐是既有机械搅拌,又有压缩空气分布装置的发酵罐,其几何尺寸及操作条件如图 4.8.7 和表 4.8.1 所示。

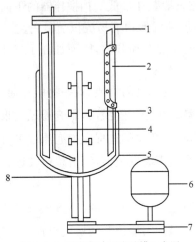

图 4.8.5 不锈钢小型发酵罐示意图
1. 钢容器；2. 观察窗；3. 叶轮；4. 挡板；
5. 容器套；6. 底部驱动电机；7. 传动带；
8. 带有轴承及密封装置的搅拌轴

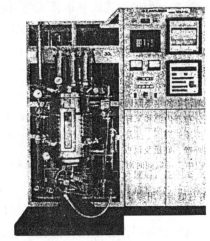

图 4.8.6 30L 台式发酵罐（丸菱生物工程制）

表 4.8.1 标准式发酵罐的几何尺寸与操作条件

几何尺寸与操作条件	典型数值	奥地利某公司 (200 m³)	美国某公司 (130 m³)	日本某公司 (50 m³)	中国某厂 (100 m³)
$H/D=1.7\sim4$		3	1.83	1.8	2.94
$b/D=1/2\sim1/4$		0.338	—	0.34	0.286
$W/D=1/8\sim1/12$	1/3			0.10	
$B/D=0.8\sim1.0$	1/10	1.0	—	<1.0	—
搅拌转数 $N=30\sim1000$ r/min		90~130	70~130	145	150
单位液体积的冷却面积 (0.6~1.5 m²/m³)		1.5			1.14
搅拌器层数		4层	4层	2层	3层
通气量 0.1~0.4 VVm	0.5	0.3~1.0	0.6	0.5	0.2
空气线速度 0.022 m/min				1.75	
单位体积功耗 1~4 kW/m³	2	2.5~3	4~5.4	3	1.3
装料系数 $\eta=70\%\sim80\%$		77	75	88	75
电机功率(kW)		300	1300	150	130

4.8.3.2 其他类型的发酵罐

在工业生产中除了采用标准式发酵罐外，用于好氧微生物发酵的其他型式的发酵罐还有自吸式、高位筛板式、空气带升式等发酵罐，下面作一简单介绍。

(1) 空气带升环流(气升)式发酵罐　机械搅拌发酵罐结构比较复杂，动力消耗大，而空气带升环流(气升)式发酵罐可克服上述缺点。这种发酵罐的特点是结构简单，冷却面积小，无搅拌传动装置，节省动力约50%，料液可充满达80%~90%，不需加消泡剂，维修操作及清洗简便，杂菌污染少，操作时无噪音。但它不能替代好氧量较小的发酵罐，对于黏度较大的发酵液溶氧系数亦较低。气升式发酵罐有多种型式，较典型的有内环流式和外环流式两种，如图4.8.8所示。其工作原理为空气在喷口以250~300 m/s的高速度喷入环流管。由于喷射作用，气泡被

4 微生物发酵工程概述

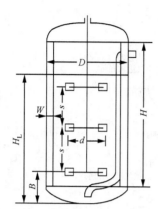

图 4.8.7 标准式发酵罐的几何尺寸
H. 发酵罐筒身高度;D. 发酵罐内径;
d. 搅拌器直径;W. 挡板的厚度;B. 下搅拌桨距底部的间距;s. 两搅拌桨的间距;
H_L. 液位高度;$H/D=1.7\sim4$;$d/D=1/2\sim1/4$;$W/D=1/8\sim1/12$;$B/D=0.8\sim1.0$;$(s/d)_2=1.5\sim2.5$;$(s/d)_3=1\sim2$
(参考曹军卫等.微生物工程.2002)

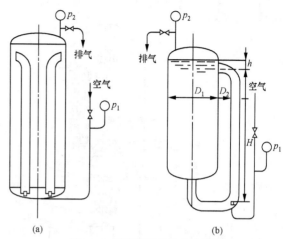

图 4.8.8 空气带升环流式发酵罐
(a) 内循环空气带升式发酵罐;(b) 外循环空气带升式发酵罐
(参考曹军卫等.微生物工程.2002)

分散于液体中。上升管内的反应液密度较小,加上压缩空气的动能使液体上升,罐内培养液中的溶解氧由于菌体代谢而逐渐减少,在上升管上部平流口,气液分离,并随着发酵液中的溶氧的不断消耗,发酵液的比重增大,而从回流管下降到下平流管,进入下一个环流。当其通过环流管时由于气-液接触而被重新饱和。罐内发酵液在环流管内循环一次所需的时间称循环周期时间,发酵液的通风量与环流量之比称为气液比。发酵液在环流管内的流速称为环流速度,环流速度取值范围一般为 1.2~1.4 m/s。

喷嘴前后压差和发酵罐罐压与环流量有一定关系。当喷嘴直径一定,发酵液柱高度也不变时,压差越大,通风量越大,相当于增加了液体的循环量。环流管高度对环流效率也有影响。实验表明,环流管高度应为 4 m,罐内液面不能低于环流管出口,也不可高于 1.5 m,因过高的液面高度可能产生"环流短路"现象。

目前气升式发酵罐也已成功地应用于有机酸(柠檬酸、衣康酸等)、酵母菌及氨基酸、多糖等的工业生产中。

(2) 机械搅拌自吸式发酵罐 这是一种不需要空气压缩机,而在搅拌过程中自行吸入空气的发酵罐,如图 4.8.9 所示。该发酵罐的关键部件是带有中央吸气口的搅拌器。目前国内采用的带有固定导轮的三棱空心叶轮的搅拌器,其直径(d)为罐径(D)的 1/3,叶轮上下各有一块三棱形平板,在旋转方向的前侧夹有叶片。当搅拌器叶轮旋转时叶片不断排开周围的液体或被甩出而使背侧形成真空,使导气管吸入罐外空气。吸入的空气与发酵液完全混合后在叶轮末端排出,并立即通过导轮向罐壁分散,经挡板折流涌向液面而均匀分布。

机械搅拌自吸式发酵罐的主要优点是,节约空气净化系统中的空气压缩机、冷却器、油水分离器、空气贮罐、总过滤器等设备(减少发酵设备 30% 左右),减少厂房占地面积;设备便于自动化、连续化,降低劳动强度,设备结构简单;由于空气靠反应液高速流动而形成的真空自行

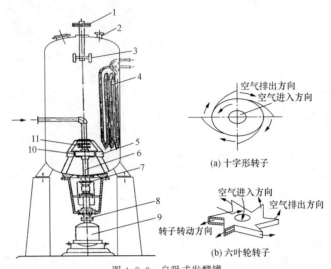

图 4.8.9 自吸式发酵罐
1. 皮带轮；2. 排气管；3. 消沫器；4. 冷却排管；5. 定子；6. 轴；
7. 双端面轴封；8. 联轴器；9. 马达；10. 自顺转子；11. 端面轴封
(参考曹军卫等. 微生物工程. 2002)

吸入,气-液接触良好,气泡分散较细,因而溶氧系数较高。其缺点是,进罐空气处于负压,因而增加了染菌机会；由于搅拌转数较高,有可能使菌丝被搅拌器切断,使正常生长受到影响。所以在抗生素发酵中很少采用,但在食醋发酵、酵母菌培养、生化曝气等方面已有成功的实例。

(3) 高位塔式发酵罐 这是一种类似塔式反应器的发酵罐,是直径比较大的鼓泡式反应器,其高径比(H/D)约为 7 左右。罐内装有若干块筛板,所以又称为高位筛板式反应器,如图 4.8.10 所示。压缩空气由罐底导入,经过筛板逐渐上升,气泡在上升过程中带动发酵液同时上升,上升后的发酵液又通过筛板上带有的液封作用的降液管下降而形成循环。

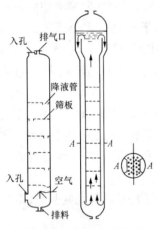

图 4.8.10 高位塔式发酵罐
(参考曹军卫等. 微生物工程. 2002)

这种发酵罐的特点是省去了机械搅拌装置,如培养基浓度适宜,而操作得当的话,在不增加空气流量情况下,基本上可达到标准式发酵罐的发酵水平。有人实验,当筛板孔径为 2 mm 时,筛板开孔率为 20% 时,可达到最佳通气效果。曾有人用容积为 40 m³ 的高位塔式发酵罐来生产抗生素,该罐直径 2 m,总高度为 14 m。共装有筛板 6 块,筛板间距为 1.5 m,最下层的筛板上有直径 10 mm 的小孔 2000 个,上面 5 块筛板各有 10 mm 小孔 6300 个,每块筛板上都有直径 450 mm 的降液管(溢流管)。在降液管下端水平面与筛板之间的空间是气-液充分混合区。由于筛板对气泡的阻挡作用,使空气在罐内停留较长时间,同时筛板上大气泡被重新分散,进而提高了氧的利用率。

据报道,国外采用高位筛板发酵罐来生产单细胞蛋白,其罐直径 7 m,筒身高度 60 m,扩大段高 10 m。罐中央设置一个提升筒,筒内装 9 块筛板,发酵罐容积达 2500 m³,装液量为 1500 m³,通气比为 1∶1。

4.8.4 厌氧发酵设备

乙醇、啤酒、丙酮-丁醇溶剂等属厌氧发酵产品。酒精发酵罐一般为圆柱形的立式金属筒体,如图4.8.11所示。底盖和顶盖为碟形或锥形,发酵罐宜采用密闭式。罐顶装有人孔、视镜、二氧化碳回收管、进料管、接种管、压力表和测量仪表接口管等。罐底装有排料口和排污口,罐身上、下部装有取样口和温度计接口等。对于大型发酵罐,为了便于维修和清洗,靠近罐底处也装有人孔。其高径比(H/D)为1~1.5,装料系数为0.8~0.9。

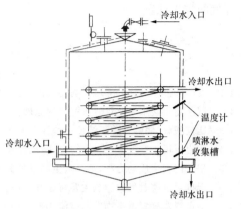

图4.8.11 酒精发酵罐
(参考梁世中.生物工程设备.2003)

对冷却装置,中小型发酵罐多采用罐顶喷水淋于外壁表面进行膜状冷却;大型发酵罐罐内装有冷却蛇管或采用罐内安装蛇管和罐外壁喷淋联合冷却装置的方法,也有采用罐外列管式喷淋冷却或循环冷却的方法。为回收冷却水,在罐体底部沿罐外四周装有集水槽。酒精发酵罐的洗涤,过去均由人工冲刷,如今已逐步采用水力喷射洗涤装置。

4.9 计算机在发酵过程中的应用

随着计算机技术的迅速发展,工业生产过程已广泛应用微机来监视、操纵、控制,使生产过程安全、平稳地操作。有的利用微机的贮存和高速运算能力,运用过程数学模型和最优化方法,对工业生产过程进行优化操作与控制;也有的将工业生产过程各种管理信息、实验室分析的数据和实施的工业化过程控制信息结合起来,组成优化管理和控制一体化的管理与控制系统。发酵过程,尤其是以次级代谢产物为产品的发酵过程,机制十分复杂,影响微生物生长的因素错综复杂,发酵试验的实验数据重复性较差,很难用确定的数学模型来描述,这对以数学模型为基础的计算机控制带来了困难。然而人们可利用计算机进行发酵过程参数的测量、数据分析与管理、过程的模拟优化控制等。发酵工业中微机控制早期使用STD总线系统,后发展到使用工业PC机的控制系统。自20世纪90年代起,针对发酵工业的发酵罐数量多、生产相对独立的特点,普遍采用集散型控制系统(distributed control systems,简称DCS)。

计算机在发酵中的应用主要有三方面:发酵过程的数据贮存、数据分析、发酵过程的优化控制。例如计算机用于谷氨酸的发酵过程,在明确影响谷氨酸发酵生产优化主要因素的基础上,建立谷氨酸发酵过程各类数学模型或者将谷氨酸生物合成机制和一些经验方程结合起来,建立群体非结构模型,获得描述发酵过程菌体生长、产物生成的规律。然后配备、设计一整套完整的过程检测系统和控制系统(如空气的流量、发酵液的pH、发酵温度、发酵罐压力、发酵液溶解氧、尾气中氧的浓度、补料等的检测与控制),根据直接或间接收集到的数据,综合分析,判断生长、代谢的情况,及时改变控制策略,调整外部环境,以利于菌体生长、产物合成的优化。

计算机在发酵生产中的应用,正在不断取得进展。例如,有人在酵母菌培养中用计算机以模糊控制器来控制葡萄糖的流加速率,保持培养基中合适的葡萄糖浓度,取得了提高酵母菌体产量的效果;在青霉素发酵中,一些研究者构建了流加补料工艺的计算机专家控制系统,也取得了较好的成果,等等。但此项技术即使在中试规模中也还尚未成熟,仍然是发酵生产中亟待开发的重大课题之一。

复习和思考题

4-1 设计大生产用的发酵培养基要遵循节约的原则,试述应从哪些方面进行原料的选择?
4-2 试述淀粉酸水解及双酶水解法的原理。
4-3 比较酸解、酶解和酸酶结合水解淀粉方法的优缺点。
4-4 列出可用于空气灭(除)菌的方法,比较其优缺点。
4-5 根据产物生成动力学,可将微生物发酵分成哪三种类型?绘图并说明各类型的特点,各举2~3个实例。
4-6 温度对发酵过程的影响主要有哪几方面?
4-7 溶解氧对好氧微生物发酵有何影响?如何控制?
4-8 pH对发酵过程有何影响?如何控制?
4-9 泡沫产生的原因及其对发酵的影响和控制方法?
4-10 发酵过程生化检验包括哪些内容?
4-11 以谷氨酸发酵为例,阐述噬菌体污染的现象和检查方法。
4-12 试述发酵过程杂菌污染的原因、危害及防治手段。
4-13 何谓分批发酵、连续发酵、补料分批发酵?
4-14 发酵设备必须具备哪些条件才能满足微生物生长的需要?
4-15 试比较采用标准式发酵罐与空气带升环流式发酵罐进行发酵的优缺点。
4-16 试解释下列名词:
　　淀粉水解反应,葡萄糖复合反应,葡萄糖分解反应,发酵热,生物热,辐射热,搅拌热。

(高年发　罗大珍)

5 发酵产物的分离纯化

5.1 下游加工过程概述

下游加工过程亦称发酵后处理,是指从发酵液或酶反应液中分离、纯化目的产物并加工成成品的过程。在多数情况下是从稀的发酵溶液中回收目的产物,整个过程由多项单元操作组成,其中有许多是经典的化工单元操作。但由生物物质的特性所决定,下游加工过程的具体操作又有其自身的特点。特别是近年来随着生物技术的进步,发展出一些新的分离纯化技术如亲和层析,并积极开展用上游技术改进下游工艺的探索,为生物分离技术增添了新的生物学特色。

5.1.1 下游加工过程的重要性

下游加工过程是微生物发酵工程产品研发和生产的重要环节之一。许多微生物发酵产品(如药品等)必须经过分离纯化制成高纯度的制品才能供人们使用。没有优质、高效的下游加工工艺,产物的纯度和回收率达不到一定的要求,就无法进行规模生产。更为重要的是在发酵产品的生产中,下游加工所需的费用占成本的很大部分,如传统小分子产品(如抗生素、柠檬酸、乙醇等)的生产工艺已十分成熟,其分离纯化部分的费用约占总投资的60%,而一些基因工程药物这个比例则更高达80%~90%。因此,优化下游加工工艺,提高产品质量,降低生产成本,不仅会对实验室成果的转化起决定作用,而且还会对产品的市场竞争力产生重大影响。

5.1.2 下游加工过程的特点

微生物产品种类繁多,它们的性质不同,用途各异,对纯度的要求不一,需要用不同的分离技术来回收和纯化。但总体而言,下游加工过程有其明显的共同特点,这主要是由发酵液(或培养液)和发酵产物的特点决定的:① 发酵液是复杂的多相系统,使液体与固体的分离颇为困难;② 目的产物在发酵液中的含量通常很低,而对纯度的要求却很高,有的还很不稳定,遇热、酸、碱、有机溶剂等易变性失活,这就要求分离纯化操作的收率要高,并应在尽可能温和的条件下进行,以获得足量的有活性的产物;③ 发酵液中还存在大量杂质,有些杂质的理化性质与目的产物很相近,这更增加了目的产物分离纯化的难度;④ 发酵过程复杂,很难做到批次间完全一致,每批发酵液都不尽相同,故要求下游加工工艺应具有相当的适应性,以确保最终产品的纯度和质量。

由此可知,目的产物的分离纯化不可能经一步或少数几步操作完成,整个下游加工流程常常由相当多个操作步骤组成。

5.1.3 下游加工过程的一般流程

微生物发酵工程的下游加工过程大致可分为以下几个大的阶段:① 发酵液的预处理和固-液分离。预处理的方法有加热、调pH、凝聚与絮凝等,固-液分离的方法有过滤、离心、膜分

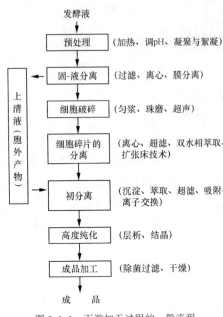

图 5.1.1　下游加工过程的一般流程

离、双水相萃取法、扩张床技术等。分泌至胞外的产物经固-液分离得上清液后便可进入产物的初步分离阶段,对存在于胞内的产物,需经细胞破碎将产物从细胞内释出,再经固-液分离,弃去细胞碎片后进入初分离阶段。细胞破碎的方法有匀浆、珠磨、超声破碎等。② 产物的初分离,常用方法有沉淀、萃取、膜分离、吸附和离子交换等。③ 产物的高度纯化,常见方法包括各种层析法和结晶法等。④ 成品加工,包括产物干燥、除菌、除热源等。其一般流程如图 5.1.1 所示。

由于发酵产物的分离、纯化步骤多,若每个步骤的收率过低,把它们组合起来后,最终将得不到多少目的产物,故必须优化工艺使操作步骤减至最少,并尽可能提高各步操作的收率。优化工艺时应对整个流程作统筹考虑,以求生产过程的总效率最优。初步优化的工艺还必须经小试、中试乃至大规模试验等实践考核和进一步优化,才能投入生产。

5.2　发酵液的预处理与固-液分离

5.2.1　发酵液的预处理

绝大多数发酵液中都有一定的悬浮物质。例如菌体、培养基中固体残渣,生产菌的代谢产物,蛋白质胶体、团块等。其中有的是固形物,有溶解的,也有不溶解的。因为发酵所需产品的要求不同(如菌体、酶或代谢产物),所以处理的目的和方法也不同。在酒精和丙酮-丁醇等溶剂发酵中,产物与悬浮物的分离提纯主要通过蒸馏。工业生产活性干酵母、饲料酵母以菌体为主的产品时则采用连续离心的方法。抗生素发酵液一般要除去蛋白,得到透光度合格的澄清液,还需要在适宜的温度和 pH 条件下进行。胞内酶的生产不仅要取出菌体,而且还要把菌体破碎后再用适当方法将酶提取后做成制剂。

去除悬浮物常用的方法如下:

(1) 重力法　在工业上用得较多的主要是离心和过滤。过滤常用板框真空吸滤或电动筛等,离心和过滤能否顺利进行取决于很多因素。一般温度高,压力大,发酵液黏度小,滤布选用适当,助滤剂适宜(常用助滤剂有硅藻土、白垩、纸浆、活性炭等),并经搅拌都可大大提高过滤速度。pH 对过滤的速度影响也较大。此法适用于个体较大的酵母及有菌丝的霉菌、放线菌。

(2) 热处理法　抗生素发酵液的热处理主要是除去蛋白质(加热过滤),但加热的温度有高有低,有时还要酸化加热。多黏菌素发酵完毕后,首先就是要在发酵液中加入草酸同时加热,这是因为加草酸后可将细胞破坏,将胞内的多黏菌素释放出来,同时将发酵液中的杂质加热后使之沉淀,便于从发酵液中分离出来。

(3) 等电点法　氨基酸是两性物质,不同氨基酸具有不同的等电点。利用酸碱调节发酵液的 pH,使氨基酸从发酵液中沉淀出来,这是各氨基酸发酵中所用的一种最简单、最常用的方法。

(4) 絮凝法　许多亲水性多聚物有絮凝细菌的作用,如明胶、甲基纤维素、藻酸钠、多聚丙烯酸、阳离子表面活性剂等。使用时要注意用量、搅拌情况、pH、温度、时间等,如果悬浮物是用做医药、食品或饲料时,还应注意絮凝剂有毒或无毒的问题。

5.2.2　发酵液的相对纯化

微生物发酵液中有许多是小分子物质,其中对目的产物纯化影响最大的杂质是高价无机离子和杂蛋白质等。

(1) 高价无机离子的去除　发酵液中的高价无机离子主要有 Ca^{2+}、Mg^{2+}、Fe^{3+} 等,可利用酸或可溶性盐与高价无机离子反应生成沉淀除去。Ca^{2+} 可用草酸或草酸钠去除,反应生成的草酸钙还能促使蛋白质凝固,提高滤液的质量。Mg^{2+} 不能用草酸除尽,可用三聚磷酸钠与之生成络合物去除。用磷酸也能使 Ca^{2+}、Mg^{2+} 的浓度大为下降。Fe^{3+} 可用黄血盐使之形成普鲁士蓝沉淀而除去。

(2) 杂蛋白质的去除　发酵液中的杂蛋白质一般也通过形成沉淀来去除。蛋白质是两性电解质,可利用它在等电点处溶解度最低的性质,调节料液的 pH 使蛋白质沉淀。但单靠此法不能除尽蛋白质。在酸性溶液中,蛋白质可与三氯乙酸、水杨酸、钨酸、苦味酸、鞣酸和过氯酸等的盐类形成沉淀;在碱性溶液中,可与 Ag^+、Cu^{2+}、Zn^{2+}、Fe^{3+} 和 Pb^{2+} 等阳离子形成沉淀。可利用这些性质去除杂蛋白质。

蛋白质变性后溶解度降低,也可利用这一性质去除杂蛋白质。使蛋白质变性的方法有:加热、改变 pH、加酒精、丙酮等有机溶剂或表面活性剂等。加热处理较简单、经济,但要注意适度,不应破坏生化物质的活性。在抗生素生产中,常将料液的 pH 调至酸性范围(pH 2~3)使杂蛋白质凝固而除去。

5.2.3　固-液分离过程及设备简介

固-液分离是下游加工过程的重要环节,不仅用于发酵液的预处理,还可用于生物产品的纯化、精制等环节。影响发酵液固-液分离的主要因素是菌体的大小、形状及发酵液的黏度,此外还有发酵液的温度、pH、加热时间等。不同性状的发酵液应选用不同的固-液分离方法。常用的固-液分离方法有过滤、离心等。此外还有膜分离、双水相萃取和扩张床吸附等方法。

5.2.3.1　过滤

过滤是用过滤介质将悬浮液中的固形颗粒与液体分离的过程。通常把原有的悬浮液称为滤浆,滤浆中的固形颗粒称为滤渣,过滤时透过过滤介质的澄清液体称为滤液(或上清液),积聚在过滤介质上的滤渣层称为滤饼。过滤操作一般在一定的压力下进行。

微生物工程中常用的过滤方式有加压过滤和真空过滤,其典型设备主要有板框压滤机和鼓式真空过滤机。板框压滤机的过滤面积大,操作压力可调范围宽,过滤质量好,适用于不同性状的料液,加之结构简单,辅助设备少,动力消耗低,因而得到广泛应用。其不足是不能连续操作,拆装的劳动强度大,辅助时间长,生产效率低,卫生条件差。全自动的板框压滤机使板框拆装、滤饼脱卸和滤布清洗等操作自动进行,可减轻劳动强度,缩短辅助时间,提高生产效率。鼓式真空过滤机的过滤面是一个以低速转动的圆筒,上面开有许多小孔,或用筛板组成,能连续操作,过滤面外覆以金属网及滤布,将此转鼓置于液槽中,转鼓内部抽真空,即可在滤布上形成滤饼，滤液经中间管道流出。鼓式真空过滤能连续操作，易于自动控制，缺点是压差小，主要适用于霉菌发酵液的过滤，对菌体较小或较黏稠的料液不大适用，需要采取助滤措施，或不断刮除滤饼，更新滤面，以维持正常的滤速。

5.2.3.2 离心分离

离心分离是让料液在离心力场作用下促使其固形颗粒加速沉降而与液体分离的过程。

离心机按转速有常速、高速和超速之分。常速离心机主要用于收集菌体、细胞和培养基残渣等，高速离心机用于细胞碎片、较大的细胞器、大分子沉淀物等的分离，超速离心机用于生物大分子、细胞器、病毒颗粒等的分离。

在工业生产中常用的离心设备主要有管式和碟片式离心机等。管式离心机的结构简单，其转筒的下端接进料管，上端有排液管，运行时转筒高速旋转，料液从进料管进入转筒后在离心力的作用下沉积于筒壁上，澄清的液体则向上移动经排液管流出。碟片式离心机有一密闭的转鼓，鼓中置有数十至上百个锥形碟片，碟片间距可调节，转鼓连同碟片高速旋转时，料液进入碟片之间，其中的固形颗粒因质量较大而先沉降于碟片的内腹面，并逐渐向鼓壁方向沉降，澄清的液体则被迫向反方向移动，最后经转鼓颈部进液管周围的排液口流出。碟片式离心机不仅能用于固-液分离，亦可应用于液-液分离，将轻液和重液分开，因此这类离心机的应用最为广泛。

另一种常用的离心设备是倾析式(或称螺旋卸料)离心机，它由卧式圆柱-圆锥形转鼓及装在转鼓中的螺旋输送器组成，两者以略有差异的转速同向转动，料液从位于转鼓轴线的进口处流入后，被甩至转鼓壁上，固形颗粒沉积于转鼓的内表面，由螺旋输送器将其移向转鼓的圆锥部分，并在离心力作用下脱水、压实，最后从转鼓末端排出，而液体部分则沿鼓径大的方向移动，从溢出口流出。这种离心机可连续操作，自动排渣，适用于固形物含量较多的发酵液。

与过滤相比，离心分离的速度快，效率高，操作时卫生条件好，适用于大规模分离。当固形物颗粒细小难以过滤时，其离心的效果尤为明显。但离心分离设备投资费用高，能耗大，使生产成本增加。

5.2.3.3 其他固-液分离方法

对于含有较小颗粒(如细胞碎片等)的料液，用过滤和常速离心常得不到好的分离效果，用高速离心又难以放大，为此人们一直在探索新的分离方法。近年来主要的研究动向如下：

(1) 膜分离　膜分离又称膜过滤，是利用不同组分通过膜的传递速度不同而得以分离的方法(详见5.3.3小节)。其中的微滤和超滤法可用于发酵液的过滤和细胞的收集。如用孔径为 $0.2\mu m$ 的微滤膜过滤头孢菌素C的发酵液，收率可达74%。又如用截留相对分子质量为24 000的超滤器过滤头霉素(cephamycin)发酵液，收率可达98%，比原工艺(用带助滤剂层的鼓式真空过滤器)的收率高2%，而材料费降至1/3，设备费减少20%。

(2) 双水相萃取　双水相萃取是一种利用不同组分在双水相间分配系数不同进行分离的方法(详见5.3.2.2小节)。这对一些胞内酶的提取特别有用，例如用PEG1550-磷酸钾双水相系统，在适当的条件下可将胞内酶分配在上相(PEG)，细胞碎片全部转入下相(盐)，再经两相分离即可把细胞碎片除去。此法适用于多种微生物如大肠杆菌、枯草芽孢杆菌、面包酵母等的发酵产物。

(3) 扩张床吸附　与传统意义的固-液分离不同，扩张床吸附是将固-液分离和目的产物吸附合并成一步进行的一种分离方法。扩张床设备由恒流泵、装有吸附介质的扩张柱、检测仪和收集器组成。操作时，先让料液自下而上压入扩张柱，使柱中的吸附介质床层膨松，目的产物吸附于介质颗粒表面,而料液中的固形物则从介质颗粒之间的空隙穿过床层流出,然后用淋洗液自上而下淋洗扩张床,洗去滞留于床内的固形物和吸附不牢的杂质,最后用洗脱液将目的产物洗脱下来。吸附介质可经再生、清洗后重复使用。扩张床吸附技术把固-液分离、吸附、浓缩集成于一步,简化了操作步骤,有着良好的工业应用前景,特别是在工业酶等蛋白质产品的生产方面。但该技术操作较复杂,时间也较长,尤其是吸附介质的价格昂贵,再生清洗条件苛刻,工作寿命较短,限制了它的广泛应用。

5.2.4 微生物细胞的破碎

微生物产物有的分泌至细胞外,如抗生素、胞外酶等,这类产物经固-液分离后即可从分离所得的液体中分离纯化。有的产物存在于细胞内,如胞内酶等,这类产物必须先经固-液分离收集菌体,破碎细胞将目的产物释放至液体,再经固-液分离除去细胞碎片,得到含有目的产物的液体后,才能进行后续的纯化步骤。

5.2.4.1 常用的破碎方法

细胞破碎的方法很多,可按是否外加作用力而分为机械法和非机械法两类,亦可按所用方法的属性分为物理法、化学法和生物法三类。这些方法各有优缺点,在应用时,应再根据工艺和上、下游要求统筹考虑,合理选择。有时单一方法不能达到预期效果,则可将不同方法组合使用。

(1) 物理破碎法　常用的物理破碎法主要是一类利用高压、高剪切力或高速振动等外力来破碎细胞的机械法,如匀浆法、珠磨法和超声破碎法。特别是前两种方法,处理量大,破碎速度较快,应用广泛,可选用设备的规格也较多,不论在实验室还是工业生产都有应用。

① 高压匀浆法:是利用高压迫使细胞悬浮液通过针形阀后,因高速撞击和突然减压而使细胞破裂的方法。这一操作可多次循环。细胞破碎的效果与匀浆器的结构参数(如针形阀与阀座的形状、两者之间的距离等)、操作压力和循环次数等有关。高压匀浆法可大规模应用,且适用于多种微生物细胞,仅少数易造成堵塞的团状或丝状真菌以及较小的革兰氏阳性菌除外。

② 挤压法:是将浓缩的菌体悬液冷却至$-25 \sim -30$ ℃形成冰晶体,施以500 MPa以上的高压冲击,将冷冻细胞从高压阀小孔挤出使之破碎。此法是对高压法的改进,破碎率高,细胞破碎程度低,活性保留率高,适用范围广,但不宜用于对冻融敏感的物质。

③ 高速珠磨法:是将细胞悬浮液与研磨剂(通常是直径<1 mm的无铅玻璃小珠)一起快速搅拌或研磨,利用玻璃珠间以及玻璃珠与细胞间的互相剪切、碰撞促进细胞壁破裂而释出内含物。此法可实现连续操作。其不足是在破碎过程中产生的热量会使样品温度迅速上升,因此必须采取冷却措施。影响珠磨破碎的因素很多,如珠体的大小和用量、搅拌器的转速、进料速度、细胞浓度和冷却温度等。这些参数不仅影响细胞破碎程度,还影响能耗。珠子的大小应根据细胞大小和浓度及操作过程中不带出珠子的要求来选择。

④ 超声破碎法:是利用15~25 kHz的超声波来处理细胞悬浮液。一般认为在超声作用下,液体发生空化作用,空穴的形成、增大和闭合可产生极大的冲击波和剪切力,使细胞破碎。超声的破碎效率与细胞的种类、浓度和超声的频率、能量等有关。超声破碎法是一种强烈的破碎方法,适用于多种微生物细胞的破碎。处理小量样品时操作简便,液量损失少。但超声处理易使敏感的活性物质变性失活,噪声难忍,有效能量利用率极低,操作过程产热量大,需在冰水或有外部冷却的容器中进行。该法对冷却的要求苛刻,故不易放大,目前主要用于实验室研究。

(2) 化学破碎法　破碎细胞的化学方法是一类利用化学试剂改变细胞壁或细胞膜的结构或完全破除细胞壁形成原生质体后,在渗透压作用下使细胞膜破裂而释放胞内物质的方法。常用的化学法主要是渗透冲击法、增溶法等。它们的作用机制因所用化学试剂不同而异。与机械破碎法相比,化学破碎法选择性高,可有效地抑制核酸的释放,料液黏度小,但速度低,效率差,且添加的化学试剂可能造成污染,给随后的分离纯化增添麻烦。

① 渗透冲击法:是先将微生物细胞置于高渗介质(如高浓度的蔗糖或甘油溶液),待达成平衡后,突然稀释介质或将细胞转入水或缓冲液,在渗透压的作用下,水渗透通过细胞壁和膜进入细胞,使之膨胀破裂。此法比较温和,操作也简单,但它仅适用于细胞壁较脆弱的、经酶预处理或因合成受抑制而强度减弱的细胞。

② 增溶法:是利用表面活性剂等化学试剂的增溶作用,增加细胞壁和膜的通透性而使细胞破碎的方法。表面活性剂有阴离子型、阳离子型和非离子型三种,均为两性分子,含有亲水基团和疏水基团,既能与水作用又能与脂作用,溶解细胞壁和膜上的脂蛋白,使细胞的通透性增加,释放出胞内物质。常用的表面活性剂有阴离子型的十二烷基硫酸钠(SDS)、非离子型的Triton X-100 等。有些有机溶剂如乙醇、异丙醇、尿素和盐酸胍等也能作用于膜蛋白,削弱其疏水相互作用而改变细胞壁和膜的通透性。如异丙醇已广泛应用于从酵母菌分离蛋白酶的细胞破碎工艺中。

(3) 生物破碎法　常用的生物破碎法主要是酶溶法,是用生物酶消化溶解细胞壁和细胞膜的方法。常用的溶酶有溶菌酶、β-1,3-葡聚糖酶、β-1,6-葡聚糖酶、蛋白酶、甘露糖酶、糖苷酶、肽链内切酶、壳多糖酶等。细胞壁溶解酶是几种酶的复合物。溶菌酶主要对细菌细胞有作用,其他酶对酵母菌作用显著。溶酶法具有高度的专一性,故必须根据待处理细胞的结构和化学组成来选择适当的酶,并确定相应的使用顺序。

自溶是一种特殊的酶溶方式,它是利用微生物自身产生的酶来溶菌,而不需外加其他的酶。在微生物代谢过程中,大多数都能产生一种能水解细胞壁上聚合物的酶,以使生长过程继续下去。有时,控制条件(控制温度、pH,添加激活剂等)可以增强系统自身的溶酶活性,使细胞壁自发溶解。例如,酵母在45~50℃下保温20h左右,可发生自溶。但自溶的时间较长,不易控制,故在制备具有活性的核酸或蛋白质产物时比较少用。

酶溶法具有产物可选择性释放、核酸泄出量少、细胞外形完整等优点。但也存在明显不足:溶酶价格高,回收利用困难,大规模使用成本高;通用性差,不同的菌种需不同的酶,且最佳条件不易确定;存在产物抑制作用,导致释放率低。因此,酶溶法目前还只限于实验室规模应用。

5.2.4.2　破碎率的测定

测定细胞破碎率的常用方法主要有以下三种:① 直接计数法。此法是在光学显微镜下用细胞计数板直接对破碎前后的完整细胞进行计数后得出。为排除细胞破碎释出的DNA等物质对细胞计数的干扰,可用革兰氏染色法把完整细胞与破损细胞区分开来。② 测定释放的蛋白质含量或酶活量。通过测定细胞破碎前后上清液中蛋白质含量或酶活量的增量来估算。蛋白质含量和酶活的测定比较简单,故此法常被采用。③ 测定导电率。细胞悬液的导电率会随破碎率的增加而呈线性增加,因此可利用细胞破碎前后导电率的变化来测定细胞破碎的程度。但导电率的读数与微生物种类、细胞浓度、温度和菌悬液中电解质含量等有关,故此法应预先用其他方法进行标定。

5.3 发酵产物的初分离

与在发酵液中一样,目的产物在经固-液分离所得液相中的浓度一般也很低,通常需经浓缩、粗提等操作,提高产物的浓度和纯度,这是初分离阶段需要解决的任务。常用的初分离方法主要有沉淀、萃取、膜分离、吸附和离子交换等。

5.3.1 沉淀法

沉淀是在发酵液中加入沉淀剂,使待分离的生化物质形成不溶性复合物或复合盐而析出的过程。沉淀操作常在发酵液经固-液分离除去不溶性杂质及细胞碎片后进行,所得沉淀物可直接干燥制成产品或进一步纯化成高纯度成品。常见的沉淀方法主要有盐析、等电点沉淀、有机溶剂沉淀、非离子型聚合物沉淀、聚电解质沉淀和复合盐沉淀等。

沉淀法操作简单、经济,收率高,浓缩倍数大,已广泛应用于生化物质的提取,且多用于大分子特别是蛋白质(酶)的回收和分离,不过有些方法如有机溶剂沉淀法也可应用于抗生素、有机酸等小分子物质。

5.3.1.1 盐析

盐析是在高浓度中性盐存在下,使生物分子在水溶液中的溶解度降低而产生沉淀的方法,多用于蛋白质(酶)的分离。

(1) 盐析机制　盐析现象较为复杂,以蛋白质为例,将中性盐加入蛋白质溶液中,开始蛋白质的溶解度随盐浓度的增加而增大,称为"盐溶";但当溶液中的盐达到一定浓度后,蛋白质的溶解度反而随盐浓度的增加而减小,称为"盐析"。对此现象虽有一些分析,但还是不能很好地从理论上解释清楚。

(2) 影响盐析的主要因素　除对不同的蛋白质选择不同的离子强度外,在进行盐析操作时,还应注意以下几项主要的影响因素:

① 盐的种类:在相同的离子强度下,盐的种类对蛋白质的溶解度有一定影响。一般说来,半径小的高价离子的盐析作用强,而半径大的低价离子的盐析作用弱。常用的盐析剂有硫酸铵、硫酸钠、磷酸钾、磷酸钠等,其中硫酸铵的盐析效果强,溶解度大,能使蛋白质稳定,受温度影响小,故使用最为广泛。但在高pH下硫酸铵水解后可释出氨,对设备有腐蚀性,在食品中残留有异味,在药品中残留有毒性,故必须在后续工序中除去。

② 溶质的起始浓度:对于同一种蛋白质,起始浓度不同则有不同的沉淀范围。如碳氧血红蛋白,用硫酸铵盐析时,若起始浓度为30g/L,其沉淀范围在58%～65%饱和度;若起始浓度为3g/L,则沉淀范围在66%～73%饱和度。蛋白质起始浓度通常取2.5%～3.0%为宜,过高易使不同蛋白质产生共沉淀,不利于分离,而过低则中性盐用量太大,也不利于蛋白质的回收。

③ 溶液的pH:对蛋白质进行盐析时,其特征常数β值是随pH而变化的,且β值变化一个单位,溶解度变化10倍。通常β值在蛋白质等电点附近为最小,故常选择等电点pH为盐析pH。

④ 操作温度:在高浓度的盐溶液中,蛋白质的溶解度会随温度升高而减小,此时温度稍高一点,有利于蛋白质沉淀,故在一般情况下,蛋白质的盐析可在常温下进行,但对温度敏感的

蛋白质则应在0~4℃的低温下进行。

5.3.1.2 等电点沉淀

两性电解质(如蛋白质)在溶液pH处于等电点pI时,分子表面净电荷为零,导致溶解度降低(见图5.3.1),形成沉淀。利用这一特性,调节溶液pH,使两性电解质沉淀析出的操作称为等电点沉淀。不同的两性电解质有不同的等电点,故可用等电点沉淀将它们分离开。本法适用于疏水性较强的蛋白质,如酪蛋白在等电点处能形成粗大的凝聚物。但不适用于亲水性强的蛋白质,如明胶,在低离子强度下,在等电点处不产生沉淀。

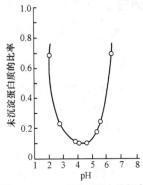

图5.3.1 pH对大豆蛋白溶解度的影响
(参考俞俊棠等.生物工艺学.1991)

等电点操作时要注意:① 溶液中离子的种类和浓度对生物分子等电点的影响。若蛋白质结合阳离子(如Ca^{2+}、Mg^{2+}、Zn^{2+})多,可使其等电点升高;结合阴离子(如Cl^-、SO_4^{2-}、HPO_4^{2-})多,则使等电点降低。② 等电点附近的盐溶作用。通常中性盐浓度增加时,对应于最低溶解度的pH向酸性方向偏移,且最低溶解度会有所增大。③ 目的产物的不稳定性,如α-糜蛋白酶和胰蛋白酶在等电点附近不稳定。

等电点沉淀操作简单,试剂消耗少,引入的杂质也少,但沉淀往往不完全,故很少单独使用,常与盐析、有机溶剂沉淀等方法联合使用,且在实际工作中常用做去除杂质的手段。

5.3.1.3 有机溶剂沉淀

于水溶液中加入一定量的有机溶剂,可使生物物质发生聚集而沉淀,可利用此法来分离生物小分子(如核苷酸、氨基酸)和大分子(如蛋白质、核酸、多糖)物质。

有机溶剂的沉淀作用是多种效应的结果。以蛋白质为例,有机溶剂的加入,一方面可使蛋白质分子表面荷电基团或亲水基团的水化程度降低,亦即溶剂的介电常数降低,从而使这些基团间的静电引力增大;另一方面可取代在疏水区附近有序排列的水分子,使这些区域的溶解度增大。但对多数蛋白质来说,后一种效应较小(疏水性很强的膜蛋白除外),因此总的效应是导致蛋白质分子发生聚集而沉淀。

沉淀用有机溶剂应尽可能选择介电常数小、对生物分子变性作用小、毒性小、挥发性适中和能与水无限混溶的试剂。最常用的是乙醇、丙酮、甲醇,有时也用有机酸如三氯乙酸或脱氧胆酸盐、二甲亚砜、乙腈等。特别是乙醇,它的沉淀作用强,沸点适中,无毒性,故应用广泛。

影响有机溶剂沉淀效果的主要因素有:温度、溶液pH、生物物质的浓度、有机溶剂的种类和浓度、离子强度和金属离子等。

有机溶剂沉淀法的分辨能力高于盐析法,且溶剂的沸点较低,容易去除和回收。但有机溶剂易使蛋白质变性失活,且易燃易爆,对安全要求高,通常在低温下操作,以尽量减少变性作用。

5.3.1.4 非离子型聚合物沉淀

水溶性的非离子型聚合物如聚乙二醇(PEG)、葡聚糖、右旋糖酐硫酸酯等,可用来沉淀分离蛋白质(特别是不稳定的蛋白质)、单链和双链DNA、RNA等。其作用机制有人认为类似于有机溶剂,是因为降低了生物分子的水化度,但也有人认为是空间排斥作用所致。

聚乙二醇无毒,不可燃,用量少,对后续操作影响小,还对多数蛋白质有保护作用,是此类沉淀剂中最常用的。

5.3.1.5 其他沉淀法

一些离子型多糖化合物可用于食品蛋白质的沉淀。用得较多的是酸性多糖,如羧甲基纤维素、海藻酸盐、果胶酸盐和卡拉胶等。其沉淀作用主要是靠静电引力,如羧甲基纤维素能在低于等电点的pH下沉淀蛋白质。用于蛋白质沉淀的多聚物还有:阴离子聚合物如聚丙烯酸和聚甲基丙烯酸、阳离子聚合物如聚乙烯亚胺和以聚苯乙烯为骨架的季铵盐、表面活性剂十二烷基硫酸钠(SDS),它们在分离膜蛋白或核蛋白时特别有用。

此外,阳离子型表面活性剂如十六烷基季铵盐溴化物(CTAB)、十六烷基氯化吡啶(CPC)可用于沉淀酸性多糖类物质,如黏多糖。

5.3.2 萃取法

萃取是利用不同物质在选定溶剂中溶解度不同来分离混合物中组分的方法。萃取法选择性高,分离效果好;不仅可用于产物的提取和浓缩,还可使产物得到初步纯化;通常在常温或较低的温度下进行,对热敏性物质破坏小,且能耗低;还可实现多级操作,便于连续生产。因此,在抗生素等制品的生产上有着广泛的应用。

最经典的萃取方法是溶剂萃取。近30多年来它与其他技术结合发展出了多种新的萃取方法,如双水相萃取、反胶团萃取和超临界流体萃取等。

5.3.2.1 溶剂萃取

溶剂萃取又称液-液萃取,是分离液体混合物的重要单元操作之一。在溶剂萃取中,被提取的溶液称为料液,欲分离的物质称为溶质,用以进行萃取的溶剂称为萃取剂。经萃取分离后,大部分溶质被转移到萃取剂中,所得溶液称为萃取液(相),被萃取出溶质后的料液称为萃余液(相)。

(1) 萃取操作的基本步骤 ① 混合。将料液和萃取剂充分混合形成乳状液,使溶质从料液转入萃取液。② 分离。将乳状液分成萃取相和萃余相。③ 回收溶剂。萃取可单级亦可多级操作,后者又有多级错流操作和多级逆流操作之分。

影响溶剂萃取的主要因素有溶液的pH、温度、盐析作用和溶剂性质等。

(2) 萃取剂的选择 萃取用的有机溶剂应对产物有较大的溶解度和良好的选择性。萃取剂的选择性可用分配系数 β 表征。所选溶剂的分配系数应尽可能大,一般应大于1。或可根据"相似相溶"原则选择与待分离物结构相近的溶剂,就溶解度而言,重要的"相似"反映在分子极性上,因介电常数是化合物摩尔极化程度的量度,故常根据被提取物的介电常数来选择适当的溶剂。表5.3.1列出了一些常用溶剂的介电常数。

表 5.3.1 一些常用溶剂的介电常数($25℃$,单位:$F·m^{-1}$)

溶 剂	介电常数	溶 剂	介电常数	溶 剂	介电常数
乙烷	1.90	氯仿	4.87	丙醇	22.2
环己烷	2.02	乙酸乙酯	6.02	乙醇	24.3
四氯化碳	2.24	2-丁醇	15.8	甲醇	32.6
苯	2.28	1-丁醇	17.8	甲酸	59
甲苯	2.37	1-戊醇	20.1	水	78.54
二乙醚	4.34	丙酮	20.7		

此外,选择溶剂时还应注意:① 与料液的互溶度应尽可能小;② 毒性低;③ 化学稳定性

高,腐蚀性低,沸点低,挥发性小;④ 价格便宜,来源方便,便于回收等。

工业生产上常用的溶剂有乙酸乙酯、乙酸戊酯和丁酯等。

(3) 水相条件的影响 影响萃取操作的主要因素有:

① pH:不仅影响分配系数,还会影响选择性。如红霉素,为弱碱性抗生素,pH 9.8时,它在乙酸戊酯相与水相(发酵液)之间的分配系数为44.7;pH 5.5时,在水相(缓冲液)与乙酸戊酯相之间的分配系数为14.4。

② 温度:可影响分配系数和萃取速度。一般,提高温度对萃取有利,对热不敏感的小分子物质,温度可控制在50~70℃。但对热敏感的生化物质,萃取应在室温或更低温度(0~10℃)下进行。

③ 盐析剂:如硫酸铵、氯化钠等可使产物在水相中的溶解度降低,易于转入溶剂相中,还能减少溶剂在水相中的溶解度。例如,加入硫酸铵有利于维生素B_{12}从水相转移至溶剂相;加入氯化钠,有利于青霉素从水相转移至溶剂相。但盐析剂的用量要适当,不宜过大。

④ 带溶剂:是一类能与目的产物形成复合物而易溶于溶剂并可在一定条件下分解得到目的产物的物质。如链霉素可与月桂酸形成复合物而易溶于丁醇等溶剂中,在酸性条件下,此复合物分解得链霉素而转入水相。

(4) 乳化与去乳化 对发酵液进行萃取操作时还常会出现乳化现象,即一相分散在另一相中形成乳浊液的现象,使有机溶剂相和水相的分层发生困难,影响萃取的进行。其原因是在发酵液中存在一些表面活性物质,如蛋白质等。

去乳化即是破坏乳浊液,常用的方法有过滤和离心、加热、稀释、加电解质、吸附、顶替和转型等,这些方法虽有一定效果,但需多耗费能量和物质。因此,最好是能在发酵液预处理时,尽可能去除其中的表面活性物质(如蛋白质)以消除水相乳化的起因,或用去乳化剂破坏乳浊液。常用的去乳化剂主要是溴代烷基吡啶和十二烷基硫酸钠。

(5) 萃取方式 萃取操作的基本步骤是:① 混合,将料液与萃取剂充分混合形成乳状液,使溶质从料液转入萃取相;② 分离,将乳状液分成萃取相和萃余相;③ 回收溶剂。

按混合-分离的操作方式,萃取可分为单级萃取和多级萃取,后者又有多级错流萃取和多级逆流萃取之分。

① 单级萃取:只包括一个混合器和一个分离器(图5.3.2)。料液和溶剂相进入混合器,充分混合接触达成平衡后,转入分离器进行分离,得到萃取相和萃余相。

② 多级错流萃取:是将几个单级操作串联起来进行。将第一级的萃余相作为料液进入第二级,并加入新鲜萃取剂进行萃取;第二级的萃余相再作为料液进入第三级,再用新鲜萃取剂进行萃取,直至第n级

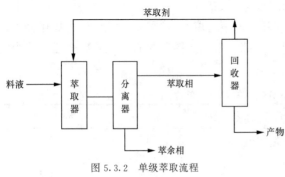

图5.3.2 单级萃取流程

(图5.3.3)。

③ 多级逆流萃取:进行多级逆流萃取时,料液移动的方向与萃取剂移动的相反。料液从第一级加入,并逐级向下一级移动,至最后一级排出;而萃取剂则是从最后一级加入,逐级向上一级移动,至第一级排出(图5.3.4)。

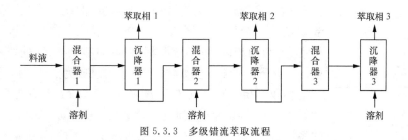

图 5.3.3 多级错流萃取流程

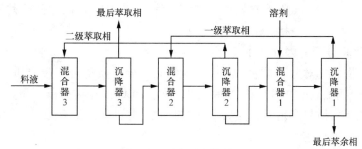

图 5.3.4 多级逆流萃取流程

5.3.2.2 双水相萃取

利用不同物质在双水相间分配系数不同的特性进行萃取的方法称为双水相萃取。其机制与溶剂萃取相似,不同的物质进入双水相系统后,因在两相中的分配系数不同而使它们分别富集于上相或下相,从而达到分离的目的。

(1) 双水相的形成　不同高分子化合物如聚乙二醇和葡聚糖以一定的浓度与水混合,溶液先呈浑浊状态,待静置平衡后,可逐渐分层形成互不相溶的两相:上相富含聚乙二醇,下相富含葡聚糖,所形成的两相被称为双水相。离子型和非离子型高聚物都能形成双水相系统。一般认为,两种聚合物的水溶液互相混合时,是形成两相还是混合成一相取决于两个因素:一是分子间的作用力,二是熵的增加。对于大分子而言,前者占主导,因而主要由它来决定混合的结果。两种聚合物的分子之间,若存在较强的斥力,达到平衡后,有可能形成两相,两种聚合物分别进入其中的一相;若存在较强的引力(如带有相反电荷的两种聚电解质),它们会相互结合而进入共同的相;若斥力或引力不够强,则两者可相互混合。

另外,高聚物与小分子化合物也能形成双水相系统,如聚乙二醇与硫酸铵或硫酸镁水溶液形成的双水相系统中,上相富含聚乙二醇,下相富含无机盐。其成相机制目前还不十分清楚,有人认为是盐析作用所致。

表 5.3.2 列出了几种典型的双水相系统。表中,A 类为两种都是非离子型聚合物;B 类为其中一种是带电荷的聚电解质;C 类为两种都是聚电解质;D 类为一种是聚合物,另一种是无机盐。

双水相形成的条件和定量关系可用相图来表示,由两种聚合物和水组成的双水相系统的相图如图 5.3.5 所示。图中,纵坐标为聚合

表 5.3.2　几种典型的双水相系统

类型	聚合物 I	聚合物 II 或无机盐
A	聚乙二醇(PEG)	聚乙烯醇 聚乙烯吡咯烷酮 葡聚糖
A	聚丙二醇	聚乙二醇 聚乙烯醇 葡聚糖
B	DEAE 葡聚糖・HCl	聚丙二醇-NaCl 聚乙二醇-Li_2SO_4
C	羧甲基葡聚糖钠盐	羧甲基纤维素钠
D	聚乙二醇	磷酸钾 硫酸铵 硫酸钠

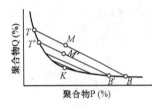

图 5.3.5 聚合物 P、Q 和水系统的相图示意图
(参考俞俊棠等.新编生物工艺学.2003)

物 Q 的浓度,横坐标为聚合物 P 的浓度,曲线 TKB 称为双节线。双节线把相图分为两个区域:下方为均匀区,在此区域不能形成两相;上方为两相区,可形成两相,表明只有当 P、Q 的浓度达到一定值时才能形成两相。例如,整个系统的组成为点 M 时,可形成两相,其上相和下相分别由点 T 和 B 表示。直线 TMB 称为系线。系线长度是表征双水相系统性质的一个重要参数。同一系线上各点所代表的系统,具有相同的组成,但两相的体积比不同,且服从杠杆规则。K 点称为临界点,此时,系线的长度为零,两相间的差别消失,即成为一相。

(2) 影响双水相分配的因素 主要有:

① 成相聚合物的相对分子质量:减小聚合物相对分子质量可使蛋白质容易分配到富含该聚合物的相中。例如,在 PEG/葡聚糖系统中,减小 PEG 的相对分子质量、加大葡聚糖的相对分子质量,可使蛋白质更多地转入富含 PEG 的上相。此种现象带有普遍性,且溶质相对分子质量越大,其影响程度也越大。

② 成相聚合物的浓度:由相图(图 5.3.5)可知,随成相聚合物总浓度的增加,系统远离临界点,系线长度增加,两相的差别增大,蛋白质趋于向一相分配。在一定范围内,增加成相聚合物浓度可增加蛋白质的分配系数。

③ 盐的种类和浓度:不同的无机离子在两相中有不同的分配系数,因而盐类的加入会在两相间形成电位差,而影响溶质特别是荷电大分子(如蛋白质、核酸等)的分配系数。例如加入 NaCl,可增加荷正电的溶菌酶的分配系数,而减小荷负电的卵蛋白的分配系数,更利于两者的分离。在高盐浓度(如 1~5 mol/L NaCl)下,因盐析作用使蛋白质易分配于上相,分配系数随盐浓度增加而增大,且不同蛋白质的效应不同,可利用来分离不同的蛋白质。

④ pH:会影响蛋白质分子中可解离基团的离解度,改变蛋白质所带的电荷,进而改变其分配系数。系统中存在不同盐类时,pH 的效应不同。有时 pH 的微小变化会使蛋白质的分配系数改变 2~3 个数量级。

⑤ 温度:可影响相图,因而也影响分配系数。这种影响在临界点附近较明显,离临界点较远处影响减小。

(3) 双水相萃取法的应用 双水相萃取法可应用于多种生物物质的分离和提取,特别是胞内酶的提取。提取胞内酶时,破碎细胞后得到的匀浆一般黏度很大,而所含细胞碎片又很小,用离心或膜过滤技术很难分离。用双水相系统可有效去除细胞碎片,并使酶得到初步纯化。除蛋白质类物质外,双水相系统还可用于核酸、病毒等的分离。

常用的双水相系统为聚乙二醇/葡聚糖和聚乙二醇/无机盐两种,后者中聚乙二醇/硫酸盐或磷酸盐系统最为常用。

与溶剂萃取法相比,双水相萃取系统中的两相大部分是水,不涉及有机溶剂,对被分离物质无破坏作用,有时还有保护作用,故工艺条件非常温和。所用的设备简单,操作方便,即使在常温下操作亦不易失活。在设计合理的系统中,分离速度快,回收率高,可达 80%~90%。此外,该技术将传统的固-液分离转化为液-液分离,因此可利用工业化的高效液-液分离设备,使系统易于放大,且各种参数均可按比例放大而不降低产物的收率。

5.3.2.3 反胶团萃取

反胶团萃取的本质是液-液萃取。但与一般溶剂萃取不同,反胶团萃取是利用表面活性剂在有机溶剂中形成分散的内含亲水微环境的反胶团,使生物分子溶于此亲水微环境,进而进行萃取的分离方法。

反胶团是表面活性剂在非极性的有机溶剂中形成的纳米级聚集体。表面活性剂在溶剂中的浓度超过某一临界浓度(称为临界胶团浓度)时,会发生自聚集而形成胶团。若所形成的胶团中,表面活性剂的疏水基团向外与有机溶剂相互作用,亲水基团在内形成一个亲水的极性核,则称为反胶团。反胶团内的极性核具有溶解水的能力,其溶解水量与所用有机溶剂和表面活性剂的种类、浓度、温度、离子强度等条件有关。反胶团内溶解的水通常称为微水相或"水池"。生物分子如蛋白质的水溶液与含有反胶团的有机溶剂接触后,蛋白质会转而溶于此"水池"中。由于周围水层和亲水基团的保护,蛋白质不会与有机溶剂接触,因而不会变性失活。

在反胶团萃取过程中,待分离溶质在互不相溶的两相间传递,先是通过表面液膜扩散从水相到达相界面,再由界面进入反胶团,最后含有待分离溶质的反胶团扩散进入有机相,然后经相反的类似过程完成萃取。

反胶团是无色透明的热稳定性系统。阳离子、阴离子和非离子型表面活性剂均可形成反胶团。目前研究使用最多的是阴离子表面活性剂 Aerosol OT(丁二酸-2-乙基己基磺酸钠,简称 AOT)。该表面活性剂易得,分子极性头小,有双链,形成反胶团时不必加入助表面活性剂,形成的反胶团大,有利于生物大分子的进入,其中以 AOT/异辛烷/水系统最为常用。其他如吐温(Tween)类非离子表面活性剂、山梨糖醇酯类、各种聚氧乙烯类表面活性剂、烷基三甲基卤化铵和磷酸酯类也较常用。

反胶团萃取具有选择性高,萃取过程简单,且可正、反萃取同时进行,能有效防止生物大分子变性失活等优点,在医药、食品工业、农业化学等领域得到广泛的应用。例如,利用 AOT/异辛烷反胶团系统为萃取剂,已成功地对核糖核酸、细胞色素 C 和溶菌酶混合物进行分离。

5.3.2.4 超临界流体萃取

超临界流体萃取是利用超临界流体的溶解能力与其密度的关系,即利用压力和温度变化影响超临界流体溶解能力来分离溶质的方法。

超临界流体是物质介于气相和液相之间的一种特殊的聚集状态。在相图(图 5.3.6)中任何物质均存在一临界点,当流体(气体或液体)处于该临界点以上的温度和压力下时即成为超临界流体。超临界流体兼有气体和液体的双重特性:其密度和溶解能力接近于液体,因而具有与液体溶剂相当的萃取能力;而黏度和扩散系数接近于气体,因而渗透能力较强(见表 5.3.3)。这使超临界流体具有良好的溶解和传质特性,而且这种特性在临界点附近对压力和温度的变化非常敏感,十分有利于萃取操作。

表 5.3.3 气体、超临界流体和液体性质的比较

性 质	相 态		
	气体	超临界流体*	液体
密度(g/cm^3)	10^{-3}	0.7	1.0
黏度(cP**)	$10^{-3} \sim 10^{-2}$	10^{-2}	10^{-1}
扩散系数(cm^2/s)	10^{-1}	10^{-3}	10^{-5}

* 此处超临界流体是指 32 ℃和 13.78 MPa 下的 CO_2。

** 1 cP(厘泊)=1 mPa·s。

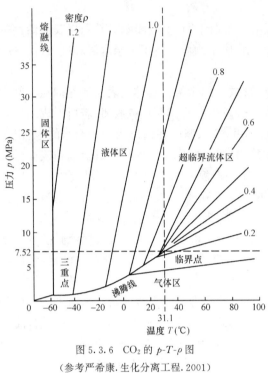

图 5.3.6 CO_2 的 p-T-ρ 图
(参考严希康.生化分离工程.2001)

超临界流体萃取操作较为简单,因影响物质在超临界流体中溶解度的主要因素是温度和压力,故可通过改变压力和温度来完成。

CO_2 的临界点较低,临界温度为 31.06℃,临界压力为 7.38 MPa,超临界操作可在常温和可操作压力(8~20 MPa)条件下进行,加之无毒,化学稳定性高,价格低廉,是最常用的超临界流体萃取剂。

超临界萃取技术具有低能耗、无污染和适于分离易受热分解的高沸点物质等优越性,自 20 世纪 60 年代以来取得了长足的进步,已得到工业应用,如维生素、甾类、抗生素、生物碱、香料、油脂等医药、食品和化妆品原料的生产。超临界萃取可用于产物的精制,除提取有效成分外,还可用于去除抗生素等医药产品中的杂质和有机溶剂等。但所用高压设备的价格高,制造周期长,投资大,更换产品时清洗困难,限制了它的大规模应用。

5.3.3 膜分离法

膜分离是利用物质通过膜的传递速度不同而进行分离的过程。膜的传递机制十分复杂,涉及的推动力有浓度差、压力差、电位差和温度差等。不同膜分离过程的工作原理和操作方式各有不同,重要的膜分离方法如表 5.3.4 所列。生物分离过程中最常用的膜分离技术有微滤、超滤和反渗透,下面的讨论也以它们为主进行。

表 5.3.4 生物分离常用的膜分离方法

类 型	传质推动力	分离原理	应用举例
微滤(MF)	压力差(0.05~0.5 MPa)	筛分	除菌,回收菌,分离病毒
超滤(UF)	压力差(0.1~1.0 MPa)	筛分	蛋白质、多肽和多糖的回收和浓缩
纳滤(NF)	压力差(1.0~4 MPa)	筛分、道南效应	小分子有机物的浓缩,水的软化
反渗透(RO)	压力差(2.0~10 MPa)	筛分	盐、氨基酸、糖的浓缩,淡水制造
透析(DS)	浓度差	筛分	脱盐,除变性剂
电渗析(ED)	电位差	荷电、筛分	脱盐,氨基酸和有机酸分离
渗透气化(PV)	压力差、温差	溶质与膜的亲和作用	有机溶剂与水的分离,共沸物的分离

5.3.3.1 膜的材料、结构和性能参数

膜分离过程的核心是膜,膜质量的好坏直接关系到膜分离的效果。为实现高效率的膜分离操作,对膜的要求有:透过速度大,选择性高,非特异性吸附低,机械强度好,不易被微生物侵袭、耐热、可高温灭菌,耐化学试剂,廉价等。这些条件常不能同时满足,但市售的膜品种较多,可根据具体要求选择。

(1) 制备膜的材料 可用于制备膜的高分子材料主要有天然高分子材料、合成高分子材

料和特殊材料三类。

天然高分子材料,主要是纤维素的衍生物,有醋酸纤维素、硝酸纤维素和再生纤维素等。其中醋酸纤维素膜的透过速度大,截盐能力强,常用做反渗透膜,也可用于微滤膜和超滤膜。缺点是:最高使用温度较低(30℃);最适pH范围为3~6,不能超过2~8,使清洗困难;易与氯起作用,使膜的使用寿命缩短;纤维素骨架易受微生物侵袭,不好保存。

合成高分子材料,主要有聚砜、聚丙烯腈、聚酰亚胺、聚酰胺、聚烯类和含氟聚合物等,其中以聚砜最为常用。聚砜膜的优点是:使用温度范围广,通常可达75℃;pH范围大,可在pH 1~13范围内使用;耐氯能力强,短期清洗时对氯的耐受量可高达200 ppm,长期贮存时为50 ppm;孔径范围宽。缺点是操作压力低,其极限操作压力平板膜为0.7 MPa,中空纤维膜为0.17 MPa。

特殊材料有电解质复合物、ZrO_2/聚丙烯酸、ZrO_2/碳等。另外值得一提的还有无机材料,如陶瓷、微孔玻璃、不锈钢和碳素等,这些材料机械强度高、耐高温、耐化学试剂及有机溶剂,且通透量大,便于清洗,但这类膜加工困难,造价也高,常用于一些对膜有特殊要求的领域。

在实际应用中,目前以纤维素膜和聚砜膜使用最广。

(2) 膜的结构 膜的结构因其制造工艺和材料的不同而有所不同。目前使用的多为不对称膜。所谓不对称膜是指其在厚度方向具有不对称结构(见图5.3.7),由表面活性层和支撑层两层组成:表面活性层薄而致密,起膜分离作用,决定了膜的选择透过性;支撑层厚而孔径较大,对表面活性层有支撑作用,而对透过流体则阻力很小,这样既可加大膜的机械强度,又可减少膜的堵塞。不对称膜的孔径小,透过量大,膜孔不易堵塞,易于清洗。

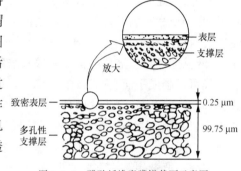

图 5.3.7 醋酸纤维素膜横截面示意图
(参考 严希康.生化分离工程.2001)

(3) 膜的性能参数 表征膜的性能的参数除抗压能力、pH适用范围、对热和溶剂的稳定性外,还有孔道特性、水通量、截留率和截留相对分子质量。

① 孔道特性:孔道特性包括孔径、孔径分布和空隙度,是膜的重要性能参数。孔径是表示膜中孔道大小的参数,使膜具有筛分作用,小于孔径的分子可自由通过膜,大于孔径的分子不能通过膜而被完全截留。微滤膜的孔径为几十纳米至几十微米,超滤膜的孔径在几个纳米至几十纳米。

② 水通量:是表征膜表面状态的参数,厂商给出的水通量数据是采用纯水在一定条件(25℃,0.35 MPa)下实验测得的。在实际使用时,由于膜面上溶质分子的沉积,会使水通量很快下降,如分离蛋白质溶液时水通量通常只有纯水时的10%。

5.3.3.2 膜的污染与清洗

膜分离过程中的最大问题是膜的污染。污染造成膜的通透量下降,影响目的产物的回收。一般认为,污染的原因是膜与料液中某一溶质的相互作用,和吸附在膜上的溶质与其他溶质的相互作用。污染必须通过清洗才能消除。经清洗后,如膜的水通量达到或接近原指标则可视为污染已经消除。

减轻污染的方法,一是对料液进行预处理。如先让料液经过预过滤器,将较大颗粒去除后再进行膜分离,这对中空纤维和螺旋卷式的超滤器尤为重要。又如调节 pH 使蛋白质远离等电点以减少吸附,用 EDTA 络合 Ca^{2+} 以防沉淀等。二是制膜时改变膜的表面极性和电荷,如聚砜膜用大豆卵磷脂的酒精溶液预处理,醋酸纤维素膜用阳离子表面活性剂处理,可减轻污染。

为保证膜分离操作稳定高效,必须对膜进行定期的清洗。清洗的方法随膜系统而异,可用物理方法亦可用化学方法。物理方法有加海绵球、增大流速、逆洗(对中空纤维超滤器)、脉冲流动、超声处理等。化学清洗一般选用水、盐溶液、稀酸、稀碱、表面活性剂、络合剂、氧化剂和酶溶液等为清洗剂。可根据膜和污染的性质进行选择,以既清洗污染而又不损害膜的性能为宜。

此外,许多生化物质特别是生化药物需要在无菌条件下进行操作,故必须对膜及滤器实行无菌处理。有的膜及滤器可用高温灭菌,但有的不耐高温,则可用化学法灭菌,常用的消毒剂有70%乙醇、5%甲醛和20%环氧乙烷等,许多超滤设备还有配套的清洁剂和消毒剂供使用。

5.3.3.3 过滤方式与装置

膜过滤的方式有常规过滤和切向流过滤两种。在常规过滤中,料液垂直压向膜面,被截留的物质沉积在膜面上,随着膜孔和膜面的堵塞,阻力越来越大,过滤流量越来越小,直至停止。这种过滤被形象地称为"死端过滤",它的局限性很大,尤其是对超滤。现在的超滤过程常采用切向流方式,此时料液在压力驱动下进入系统,不是垂直压向膜面,而是切向流过膜面,这样可利用切向流来"冲刷"膜面,减少被截留物的沉积。显然,切向流的存在有利于减轻滤膜的堵塞,使滤液通量可在较长时间内维持稳定。影响其滤液通量的因素有膜两侧的压力差、沿膜面的流速、料液黏度、温度、溶质的扩散系数和浓度等。

膜可以制成平面、管状或中空纤维等形状。膜过滤装置也可制成多种形式,主要有板式、管式、螺旋卷式和中空纤维式四种。这些装置在结构上各有特点,以适应不同的用途,但在设计和使用上都有共同的要求:① 要有尽可能大的有效膜面积;② 要为膜提供可靠的支撑结构;③ 要提供引出透过液的通道;④ 要能使浓差极化减至最低限度。在实际应用特别是工业应用时可根据需要选用合乎需要的类型。

5.3.3.4 膜分离技术的应用

在膜分离过程中,被分离物质不发生相变、分配系数较大,操作条件温和,所用设备简单、维修费用低,易于自动化。因此,膜分离技术备受重视,自 20 世纪 60 年代不对称膜制造技术获得突破以来发展迅速,现已广泛应用于医药、食品工业及水处理等领域。在微生物工程中的应用主要有:① 菌体、细胞的分离和收集;② 小分子产物的纯化,如抗生素、氨基酸、柠檬酸和醋酸等;③ 大分子产物的纯化,主要是酶制剂等;④ 纯净水的制备;⑤ 纯净水和最终制品的除菌和除热源;⑥ 作膜反应器中的分离部件等。

5.3.4 吸附法

吸附法是利用不同组分(溶质)在吸附剂表面吸附和解吸能力的差异进行分离的方法。典型的吸附分离操作是先将待分离的料液通过吸附剂,让其中的组分选择性地吸附于吸附剂表面,料液流出后,再用展开剂把被吸附的物质逐步解吸、展开,分离收集所需的组分,最后对使用过的吸附剂进行再生处理供再次使用。

5.3.4.1 吸附的类型

发酵工业中常用的吸附剂分三种类型:

(1) 疏水或非极性吸附剂 如活性炭、苯乙烯、二乙烯苯等。从极性溶媒或水溶液中吸附物质。

(2) 亲水或极性吸附剂 适用于非极性较差的溶媒,如硅胶、氧化铝、活性土分子筛等。

(3) 各种离子交换树脂 常用于脱色的离子交换树脂有大孔 717# 强碱性季铵型阴离子交换树脂及多孔弱碱性 390 苯乙烯伯胺型阴离子交换树脂。

5.3.4.2 吸附剂的应用

在微生物发酵工程中,活性炭、苯乙烯、二乙烯苯等大网格吸附剂已成功地用于维生素 B、头孢菌素、四环素等的提取。一些不能用离子交换法提取的弱电解质或非离子型物质也可考虑用它来提取。此外,大网格吸附剂还可用于食品工业中糖浆的脱色,及造纸、印染等工业中含酚、氯及硝基化合物废水的处理。

5.3.5 离子交换法

离子交换法是利用溶液中的溶质离子与离子交换树脂的活性离子交换时结合力大小不同而进行分离的一类方法。在微生物工程中,离子交换法广泛用于水的处理和小分子产物如抗生素、氨基酸、有机酸等的提取。

5.3.5.1 离子交换树脂的类型

离子交换树脂由三部分组成:① 骨架(亦称载体),由不溶性惰性高分子聚合物构成,内部呈三维网状结构,有许多孔隙;② 功能基团(亦称活性基团),共价键结合于骨架上,不能移动;③ 活性离子,以离子键与功能基团连接,带有与功能基团相反的电荷,又称平衡离子或反离子。

在水溶液中,树脂的活性离子可从功能基团上解离下来,在骨架与溶液间自由迁移,并可与溶液中的同性离子发生离子交换作用。若功能基团是酸性基团,活性离子为阳离子,可与溶液中的其他阳离子发生交换,这类树脂称为阳离子交换树脂(可表示为 R^-X^+)。若功能基团是碱性基团,活性离子为阴离子,则可与溶液中的其他阴离子发生交换,这类树脂称为阴离子交换树脂(可表示为 R^+X^-)。按解离程度的强弱,通常又将阳离子交换树脂分为强酸性、弱酸性两类,阴离子交换树脂分为强碱性、弱碱性两类,它们是四种最常用的离子交换树脂。

(1) 强酸性阳离子交换树脂 这类树脂的功能基团主要有磺酸基—SO_3H,如磺酸甲基、磺酸乙基等,因是强酸性基团,其解离程度不随溶液 pH 而变,即溶液 pH 对其离子交换性能影响不大,故对使用时的 pH 范围一般没有限制。其典型的交换反应如:

$$R-SO_3^-Na^+ + K^+Cl^- \rightleftharpoons R-SO_3^-K^+ + Na^+Cl^-$$

此外,还有一类功能基团如磷酸基—$PO(OH)_2$ 和次磷酸基—$PHO(OH)$,具有中等强度的酸性。

(2) 弱酸性阳离子交换树脂 这类树脂的功能基团主要有羧基—COOH,如羧甲基、酚羟基,为弱酸性基团,其解离程度随溶液 pH 而变化的幅度较大,且完全解离的 pH 范围较窄,使用时应注意 pH 适用范围。如羧甲基,在 pH<6 时不能充分解离,失去交换能力,其层析操作应在 pH>7 的条件下进行。其典型的交换反应如:

$$R-COO^-Na^+ + K^+Cl^- \rightleftharpoons R-COO^-K^+ + Na^+Cl^-$$

(3) 强碱性阴离子交换树脂 这类树脂的功能基团多为季胺基团—$N(CH_3)_3$,如季胺乙基,可在较宽 pH 范围内完全解离,因此与强阳离子交换剂一样,使用时对溶液 pH 一般没有限制。其典型的交换反应如:

$$R-[N^+(CH_3)_3Cl^-]_2 + Na_2^+SO_4^{2-} \rightleftharpoons R-[N^+(CH_3)_3]_2SO_4^{2-} + 2Na^+Cl^-$$

(4) 弱碱性阴离子交换树脂 这类树脂的功能基团为叔胺—$N(CH_3)_2$、仲胺—$NHCH_3$、伯胺—NH_2、二乙基氨基乙基等,它们与弱阳离子交换剂一样,也有一定的pH适用范围,所不同的是这类功能基团在pH低时解离程度高,交换能力强。其典型的交换反应如:

$$R-(N^+H_3Cl^-)_2 + Na_2^+SO_4^{2-} \rightleftharpoons R-(N^+H_3)_2SO_4^{2-} + 2Na^+Cl^-$$

表5.3.5简略地列出了上述四种树脂的主要性能。

表5.3.5 离子交换树脂的主要性能

性能	阳离子交换树脂		阴离子交换树脂	
	强酸性	弱酸性	强碱性	弱碱性
活性基团	磺酸	羧酸	季胺	胺
pH对交换能力的影响	无	在酸性溶液中交换能力很小	无	在碱性溶液中交换能力很小
盐的稳定性	稳定	洗涤时会水解	稳定	洗涤时会水解
再生	需用过量强酸	很容易	需用过量强酸	容易,可用碳酸钠或氨
交换速度	快	慢(除非离子化)	快	慢(除非离子化)

5.3.5.2 离子交换树脂的分类与命名

离子交换树脂有不同的分类方法。按功能基团分,除上述四种树脂外,还有两性树脂(含有酸、碱两种基团)、螯合性树脂(含有具螯合能力的基团)、氧化还原性树脂(能起氧化还原作用)等。按骨架原料分类,主要有苯乙烯-二乙烯苯型、丙烯酸-二乙烯苯型、酚醛型和多乙烯多胺-环氧氯丙烷型等。按内部结构分类,主要有普通凝胶型、大孔型和均孔型树脂。

表5.3.6 国产离子交换树脂的分类代号及骨架代号

分类号	树脂种类	骨架号	骨架材料
0	强酸性	0	苯乙烯系
1	弱酸性	1	丙烯酸系
2	强碱性	2	酚醛系
3	弱碱性	3	环氧系
4	螯合性	4	乙烯吡啶系
5	两性	5	脲醛系
6	氧化还原性	6	氧乙烯系

国产离子交换树脂的命名由分类号、骨架号、顺序号和交联度值排列组成:第一位为树脂分类号;第二位为骨架号;第三位为序号,由生产单位所定;"×"表示凝胶型树脂,后接的数字为交联度。对大孔型树脂,则在型号前加"D"表示。国产离子交换树脂的分类代号及骨架代号如表5.3.6所列。例如,001×7表示交联度为7%的凝胶型苯乙烯系强酸性阳离子交换树脂,D315表示大孔型丙烯酸系弱碱性阴离子交换树脂。

国际上对离子交换树脂的命名无统一规则。国外多以生产厂商或商品代号表示。

5.3.5.3 离子交换树脂的理化性能

离子交换树脂的主要理化性能如下:

(1) 颗粒度 树脂颗粒的大小和形状对树脂的交换能力、树脂层中溶液流动分布的均匀程度、溶液通过树脂层的压力及交换和反冲时树脂的流失等有重要影响。树脂一般为球形,以减少流体阻力。常用树脂的粒度为20~60目(直径0.25~0.84 mm)。

(2) 交联度 树脂的交联结构使它具有不溶于一般酸、碱及有机溶剂的性质。交联度的大小决定着树脂的网状结构的疏密和机械强度,同时交联度的变化还可使树脂对大小不同的各种离子具有选择性通过的能力。交联度不易测准,故常用与之有关的溶胀水和膨胀系数来表征。

(3) 孔度、孔径、比表面积　孔度是指每单位质量或体积树脂所含有的孔隙体积,以 mL/g 或 mL/mL 表示。孔径大小对离子交换树脂的选择性影响很大,特别是对有机大分子。凝胶树脂的孔径决定于交联度,湿态时只有几个纳米大。大孔树脂的孔径可在几个至几千纳米范围内变化。比表面积与树脂的吸附量和交换速度有关。

(4) 交换容量　交换容量是表征树脂性能的重要参数,它反映树脂与溶液中离子进行交换的能力。交换容量通常以单位质量干树脂或单位体积湿树脂所能吸附的一价离子的毫摩尔数表示,或以毫克当量数(meq/g 干树脂或 meq/mL 树脂)表示,可用酸碱滴定法测定。

影响交换容量的因素很多,主要有两类:一类是树脂本身的,如颗粒大小、颗粒内孔隙大小以及待分离组分的大小等。这些因素主要影响树脂的有效表面积,有效表面积越大,交换容量越高。另一类是能影响组分和树脂的带电性质的,如溶液的 pH、离子强度等。pH 对弱酸、弱碱性离子交换树脂影响较大,另外 pH 也会影响样品组分的带电性。加大离子强度可使交换容量下降。

5.3.5.4　树脂和操作条件的选择

(1) 树脂的选择　选择合适的树脂是应用离子交换法分离物质的关键。选择时首先要考虑待分离物质的荷电性质,若在其稳定的 pH 下带正电荷,选用阳离子交换剂;带负电荷则选用阴离子交换剂。其次要兼顾吸附和解吸难易情况,一般对强碱性抗生素宜选用弱酸性树脂,因用强酸性树脂解吸困难;弱碱性物质宜选用强酸性树脂,因用弱酸性树脂时弱酸、弱碱生成的盐易水解,不易吸附。同理,强酸性物质宜用弱碱性树脂,弱酸性物质宜用强碱性树脂。对两性物质如蛋白质等,要根据其等电点来选择树脂类型。此外,还要根据待分离物质的分子大小选择合适的交联度,此时要顾及树脂的选择性和机械强度等,原则是在不影响交换容量的条件下,尽量提高交联度。

(2) 交换条件的选择　交换条件中最重要的是离子交换时的 pH。合适的 pH 应在待分离物质稳定的范围内,能使待分离物质和树脂离子化。例如赤霉素为弱酸,$pK_a = 3.8$,用强碱性树脂提取,选 pH 7,pH>pK_a,使赤霉素形成阴离子,能吸附在强碱性树脂上。

使用前还需将树脂预处理成一定的型式。一般说来,对弱酸、弱碱性树脂,为使树脂能离子化,应处理成钠(Na^+)型或氯(Cl^-)型;对强酸、强碱性树脂,各种型式均可,但待分离物质在酸、碱条件下易破坏时,则不宜采用氢(H^+)型或羟(OH^-)型树脂。对偶极离子应采用氢型树脂。

此外,还要注意尽量减少溶液中的竞争性离子。

(3) 洗脱条件的选择　洗脱条件与吸附条件正相反。如 pH 范围,酸性条件下吸附者应在碱性条件下解吸;碱性条件下吸附者则在酸性条件下解吸。洗脱剂通常都采用缓冲液,将 pH 控制在合适范围内。

洗脱前,一般应对吸附有待分离物质的树脂进行洗涤,尽量去除杂质,以利纯化。洗涤液可用水、稀酸或盐(如铵盐)溶液等。

5.4　发酵产物的纯化

发酵产物经初分离后,除去不少杂质,体积也大为缩小,但纯度仍达不到要求,需进一步纯化。大分子产物的纯化主要用层析法,特别是液相层析法,而小分子产物的纯化则主要用结晶法。此外,一些用于初分离的方法如超滤、纳滤和超临界流体萃取等也可应用于纯化过程。

5.4.1 液相层析法

液相层析是指流动相为液体的层析方法,按固定相不同又可分为两类:固定相为固体的称为液-固层析;固定相为液体的称为液-液层析。如在柱层析过程中,含有不同溶质的溶液从柱床的顶端加入后,持续输入流动相,溶液中的溶质在流动相和固定相之间分配,分配系数大的溶质存留在固定相上的概率大,随流动相移动的速度小,而分配系数小的溶质则相反。经多次差异分配后,可使不同的溶质因移动速度不同而得到分离。

在层析过程中,溶质均随流动相以同一流速移动,并可逆地与固定相相互作用,即溶质在固定相与流动相之间存在着动态平衡分布。在一定温度下,溶质在两液相间的平衡关系也服从分配定律。

液相层析方法有很多种,按溶质分子与固定相的相互作用机制不同,可分吸附层析、分配层析、凝胶过滤、离子交换层析和亲和层析等几大类,表 5.4.1 列出了几种微生物工程中常见的液相层析方法。这些方法各有优缺点,适用于不同的对象和场合,在实际应用中可根据需要进行选择。

表 5.4.1 常见液相层析方法比较

层析方法	分离原理	适用对象
吸附	利用不同组分(溶质)在吸附剂表面吸附和解吸能力的差异进行分离	抗生素、氨基酸、维生素等的分离纯化,及脱色、除热源、去组胺等杂质
离子交换	利用溶质所带电荷的不同及溶质与离子交换剂库仑作用力的差异进行分离	离子型化合物或可解离型化合物如氨基酸、多肽、蛋白质、核酸等的分离。样品溶于不同 pH 及离子强度的水溶液中
凝胶层析(体积排阻)	利用分子大小及形状的不同所引起的溶质在多孔填料体系中滞留时间的差异进行分离	可溶于有机溶剂或可溶于水溶液中的任何非交联型化合物的分离,生物大分子的分离、脱盐及相对分子质量测定
正相	利用溶质极性不同而产生的在吸附剂上吸附性强弱的差异进行分离	中、弱至非极性化合物如脂溶性维生素、甾体化合物、中药组分等的分离。样品溶于有机溶剂中
反相	利用溶质疏水性的不同而产生的溶质在流动相与固定相之间分配系数的差异进行分离	大多数有机化合物,生物大、小分子如多肽、蛋白质、核酸、多糖等的分离。样品一般溶于水中
疏水作用	利用溶质的弱疏水性及疏水性对盐浓度的依赖性而使溶质进行分离	具弱疏水性且其疏水性随盐浓度而改变的水溶性生物大分子的分离
亲和	利用溶质与填料上配基之间的弱相互作用力即非成键作用力所导致的分子识别现象进行分离	多肽、蛋白质、核酸、多糖等生物分子及可与生物分子产生亲和相互作用的小分子的分离与分析
手性	利用手性化合物与配基之间的识别想象进行分离	手性化合物的拆分与分析

此外,根据固定相形状不同,液相层析可分为柱层析、纸层析和薄层层析三类。对液相柱层

析,还可按操作压力大小分类:柱压低于 0.5 MPa 的称为常压液相层析;柱压为 0.5~5 MPa 的称为中压液相层析;柱压在 5 MPa 以上的称为高压液相层析。柱压与载体的颗粒大小有关,载体粒径小,柱压高,分离效能高,故高压液相层析又常被称为高效液相层析。

现代液相层析装置种类繁多,但其基本配置都相同,主要包括贮液器、输液泵、层析柱、检测器、记录仪和分部收集器(图 5.4.1),其中前四部分是必需的。贮液器用于放置原料液、淋洗液和洗脱液等。输液泵提供一定流速的稳定液流。层析柱用以装填层析介质,层析介质随层析方法不同而异,是层析分离的核心部分。料液加载于层析柱上端后,在泵压的推动下随流动相进入柱床,与层析介质上的固定相相互作用,进行分离,用检测器检测被分离组分的流出情况,信号可直观地记录于记录仪,并用分部收集器收集所需的组分,完成层析分离的过程。

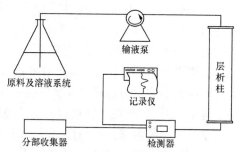

图 5.4.1 液相层析装置的基本配置
(参考李津等.生物制药设备和分离纯化技术.2004)

液相层析法分离效率高,设备较简单,操作方便,条件温和,在操作过程中生物活性物质不易变性失活,且操作方法和条件多样,适于多种物质的分离,因而在生物分离领域得到了广泛应用。

5.4.1.1 离子交换层析

离子交换层析是以离子交换剂为固定相,适宜的缓冲溶液为流动相进行分离的一种层析方法。离子交换剂装柱、平衡后加样,样品随流动相进入柱床,其中的待分离组分离子与离子交换剂的活性离子进行交换,并结合于功能基团上。选用合适的洗脱液和洗脱方式可将待分离组分置换出来并随洗脱液流出。而且,与离子交换剂结合力小的组分先置换出来,而与离子交换剂结合力强的组分后置换出来,使不同的组分按结合力从小到大得以分离。

离子交换层析的基本原理和操作与离子交换法相同,这里不再重复。两者所用离子交换剂的活性基团类型也相同,其区别主要在于基质的材料等有所不同。离子交换树脂的基质是合成树脂,它们的颗粒大,孔径小,主要用于小分子物质的提取,很少能用于大分子物质。而层析用离子交换剂主要是用来分离生物大分子物质的,因此在基质的材料和制造上要考虑这一特殊需求。

层析用离子交换剂的基质材料主要有纤维素、交联葡聚糖、交联琼脂糖三类。这三者常用于制备常压和中压层析用的离子交换剂。离子交换纤维素具有开放性长链和松散的网状结构,表面积较大,大分子可自由通过,实际交换容量大。它的亲水性好,洗脱条件温和,不易使生物大分子失活,回收率也较高。交联葡聚糖离子交换剂的电荷密度和交换容量高于离子交换纤维素,但其膨胀度受环境 pH 及离子强度的影响也较大,从而影响流速。这类交换剂的优点是它还有分子筛作用,使分离效果更好。交联琼脂糖的特点是比交联葡聚糖具有更大的刚性,且理化性质稳定,并有很高的流速性质和分辨能力,交换容量为 $100\sim250\,\mathrm{meq/g}$,约是交联葡聚糖的 50 倍。由于刚性大,能耐受较高的压力,故交联琼脂糖离子交换剂可用于中压液相层析。

与离子交换树脂相比,层析用离子交换剂的粒度较小,一般在几个微米(高压层析)至几十微米(中压层析);而孔径较大,可达数十至上百纳米。

现已有许多类型的离子交换剂可供选用,离子交换层析也已成为生物分离的一种常用方法,广泛应用于各种生化物质如蛋白质、多肽、核酸、病毒和多糖等的分离纯化和分析。

5.4.1.2 凝胶层析

凝胶层析是以多孔型凝胶填料为固定相,按分子大小对溶液中各组分进行分离的液相层析方法。按流动相不同,凝胶层析又可分为水相系统和有机相系统两类。前者所用的凝胶是亲水性的,用来分离水溶性大分子物质,称为凝胶过滤层析;后者的凝胶是疏水性的,用来分离脂溶性大分子物质,称为凝胶渗透层析。

凝胶层析的固定相是惰性的珠状凝胶颗粒,其内部具有立体网状结构,形成很多孔穴。当含有不同大小溶质的料液进入凝胶层析柱后,比凝胶孔径大的溶质分子不能进入孔穴内部,被完全排阻在外,只能在凝胶颗粒间的空隙随流动相向下流动,并首先流出;而小分子溶质则可以完全进入凝胶内部,经历的流程长,流动速度慢,最后流出;而分子大小介于两者之间的溶质在流动中可部分透入凝胶内部,它们流出的时间也介于两者之间,且分子大的溶质先流出,分子小的溶质后流出。从而使各个组分按分子大小从大到小的顺序依次流出,达到分离的目的。

凝胶的种类、型号很多,不同类型的凝胶在性质及分离范围上差别甚大,进行凝胶层析时要根据样品的性质及分离要求选择合适的凝胶,这是影响凝胶层析效果好坏的一个关键因素。

一般来讲,选择凝胶首先要根据样品的情况确定合适的分离范围,根据分离范围来选择合适型号的凝胶。凝胶的分级分离范围应包括待分离组分的相对分子质量,但要合适,范围过小会使某些组分得不到分离,范围过大则分辨率低,亦会使分离效果变差。

其次要考虑凝胶粒径的大小。粒径小,分辨率高,但阻力大,流速低,时间长,有时反而会造成严重的扩散,不利于分离。粒径大,流速快,分辨率低,但若条件得当,有时也可以得到满意的结果。在实验室通常多用 $50\sim300\ \mu m$ 粒径(溶胀后的直径)的凝胶。

凝胶层析用的层析柱,其体积和高径比与层析分离效果的关系密切。对于分组分离,柱床体积一般为样品溶液体积的 5 倍或略高一点,柱的直径与长度比为 $1:5\sim1:10$ 即可。对于分级分离,则要求柱床体积大于样品体积 25 倍以上,甚至多达 100 倍,柱的直径与长度比在 $1:25\sim1:100$。柱的长度一般不超过 100 cm。为得到高分辨率,可将柱子串联使用。

凝胶柱的装填质量将直接影响分离效果,凝胶柱填装后用肉眼观察应均匀、无纹路、无气泡。有条件者可用如蓝色葡聚糖-2000 上柱,观察其在柱中的洗脱行为以检测凝胶柱的均匀程度。如色带狭窄、平整、均匀下降,表明柱中的凝胶装填质量好,可以使用;如色带弥散、歪曲,则需重新装柱。

样品的浓度大一些为好,上样前要除去不溶物。柱子平衡后可上样,加样要尽量快速、均匀。加样量视具体实验要求而定,分级分离时加样体积一般为柱床体积的 $1\%\sim5\%$ 左右,而分组分离时一般为柱床体积的 $10\%\sim25\%$。

洗脱液的成分应与膨胀凝胶用的溶液相同。为了防止凝胶可能的吸附作用,洗脱液一般都含有一定浓度的盐。

洗脱速度也会影响凝胶层析的分离效果。洗脱速度取决于多种因素,包括柱长、凝胶种类、颗粒大小等,可通过预试验来选择。流速一般在 $2\sim10$ cm/h。

凝胶柱装好后可反复使用,毋须特殊处理。但多次使用后,凝胶颗粒会逐步压紧,流速减慢。这时可将凝胶倒出,重新装柱。短期不用时可加入适量的抗菌剂,通常为 0.02% 的叠氮化钠,4℃下保存。

5.4.1.3 亲和层析

亲和层析是利用生物分子间特异的亲和力而进行分离的一种层析技术。

许多生物大分子具有与其结构相对应的特异分子可逆结合的特性,如抗原与抗体、酶与底物或抑制剂、激素与受体等,这种结合往往是特异的而且是可逆的,生物分子间的这种结合能力称为亲和力。亲和层析时,将具有亲和力的分子对中的一种固定在不溶性基质上,利用分子间亲和力的特异性和可逆性而对另一种分子进行分离。被固定在基质上的分子称为配体。配体与基质共价结合,构成亲和层析的固定相,称为亲和吸附剂。例如,分离酶可选择其底物及类似物或竞争性抑制剂为配体,分离抗体可以选择抗原作为配体,并将配体共价结合于适当的不溶性基质上。将制备好的亲和吸附剂装柱,平衡,样品溶液通过时,待分离分子便与配体发生特异性结合,留在固定相上,而其他杂质则不能与配体结合,随流动相流出。然后用适当的洗脱液将待分离分子从配体上洗脱下来,即可得到纯化的物质。

选择并制备合适的亲和吸附剂是亲和层析能否取得成功的关键之一,它包括基质和配体的选择、基质的活化、配体与基质的偶联等。

凝胶层析用的凝胶如纤维素交联葡聚糖、琼脂糖、聚丙烯酰胺及多孔玻璃珠等均可作亲和吸附剂的基质,其中琼脂糖凝胶具有非特异性吸附低、稳定性好、孔径均匀适当、易活化等优点,能较好地满足上述条件,应用最为广泛。

配体按其与待分离物质的亲和性不同,可分为特异性配体和通用性配体两类。特异性配体是只与一种或少数几种生物大分子结合的配体,如生物素与亲和素、抗原与抗体、酶与其抑制剂、激素与受体等,它们结合都具有很高的特异性。但寻找特异性配体一般比较困难,尤其对于一些性质还不很了解的生物大分子,通常需通过大量实验来寻找合适的特异性配体。通用性配体一般是指特异性不是很强,能与某一类生物大分子结合的配体,如各种凝集素可以结合各种糖蛋白,核酸可以结合RNA、结合有RNA的蛋白质等。通用性配体的特异性虽然不如特异性配体,但通过选择合适的洗脱条件也可以得到很高的分辨率。而且,这些配体还具有结构稳定、偶联率高、吸附容量高、易于洗脱、价格便宜等优点,因而得到广泛的应用。

基质一般不能直接与配体连接,偶联前需要先活化。基质的活化是指通过对基质进行一定的化学处理,使基质表面上的一些化学基团转变为易于和特定配体结合的活性基团。不同的基质有不同的活化方法,如琼脂糖可用溴化氰、环氧氯丙烷等活化;聚丙烯酰胺凝胶可通过对甲酰胺基的修饰而活化;多孔玻璃珠的活化通常采用与硅烷化试剂反应,在多孔玻璃上引进氨基,再通过这些氨基引入活性基团。

除活化时直接引入的活化基团外,还可通过对活化基质的进一步处理,得到更多类型的活性基团。这些活性基团可以在较温和的条件下与多种含氨基、羧基、醛基、酮基、羟基、巯基等的配体反应,使配体偶联于基质上。另外,通过碳二亚胺、戊二醛等双功能试剂的作用也可以使配体与基质偶联。通过以上方法,几乎任何一种配体均可找到适当的方法与基质偶联。

亲和层析纯化生物大分子通常采用柱层析的方法。上样时应注意选择适当的条件,包括上样流速、缓冲液种类、pH、离子强度、温度等,使待分离物质能充分结合在亲和吸附剂上。上样后,可用平衡缓冲液洗涤,尽量洗去杂质,然后再进行洗脱。

亲和层析的洗脱方法可分为特异性洗脱和非特异性洗脱两种。

特异性洗脱是指利用洗脱液中的物质与待分离物质或与配体的特异亲和性而将待分离物质从亲和吸附剂上洗脱下来。其优点是特异性强,可进一步消除非特异性吸附的影响,得到较高的分辨率。另外洗脱条件也更为温和,可避免蛋白质等生物大分子变性。

非特异性洗脱是指通过改变洗脱液 pH、离子强度、温度等条件,降低待分离物质与配体的亲和力而将待分离物质洗脱下来。若待分离物质与配体的亲和力较弱,一般通过连续大体积平衡缓冲液冲洗,即可在杂质之后将待分离物质洗脱下来,这种方式操作简单、条件温和,不会影响待分离物质的活性。

5.4.2 结晶法

结晶是物质从液态或气态形成晶体的过程,是制备高纯度固体物质(特别是小分子物质)的重要方法之一。结晶是溶质从溶液中析出形成新相的过程,只有同类分子或离子才能排列成晶体,因此结晶过程具有良好的选择性,通过结晶可使溶液中的大部分杂质留在母液中,再经过滤、洗涤等操作便可得到纯度很高的物质。加之,结晶过程成本低、设备简单、操作方便,故已广泛应用于氨基酸、抗生素、维生素、味精等制品的精制。

5.4.2.1 结晶过程的分析

溶液中溶质的浓度为溶质溶解度时,该溶液称为饱和溶液,超过溶质溶解度时称为过饱和溶液。溶质的溶解度与温度有关,一般随温度的升高而增大,但也有少数例外。溶解度还与溶质颗粒的大小有关,在一定条件下,溶质的溶解度随其颗粒半径的增大而减小。

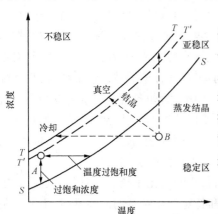

图 5.4.2 饱和曲线与过饱和曲线
(参考欧阳平凯等.生物分离原理及技术.1999)

结晶过程包括过饱和溶液形成、晶核形成和晶体生长三个阶段。在饱和浓度下,溶质不能析出,当浓度达到一定的过饱和程度时,才会有晶体析出。最先析出的微小颗粒是随后的结晶中心,称为晶核。微小的晶核在饱和浓度下因溶解度较高而仍会被溶解,因此要使溶质保持一定的过饱和度,晶核才能存在。晶核形成后,通过扩散作用使晶核继续生长,成为晶体。由此可见,溶液达到过饱和状态是结晶的前提,过饱和度是结晶的推动力。

将浓度-温度图(图 5.4.2)中的饱和曲线和过饱和曲线图分成三个区域。图中曲线 SS 为饱和曲线,该曲线以下的区域为不饱和区,称为稳定区。曲线 TT 为过饱和曲线,此曲线以上的区域为不稳区。曲线 SS 和 TT 之间的区域称为亚稳区。在稳定区的任何一点,溶液都是稳定的,不论采取何种措施都不会有结晶析出。在亚稳区的任何一点,如不采取措施,溶液可长时间保持稳定;若加入晶种,溶质会在晶种上析出使之长大,溶质在溶液中的浓度便随之降到 SS 线。

亚稳区中各部分的稳定程度不同,有人又将它细分为两个区:接近 SS 线的区域较稳定,称为养晶区,而接近 TT 线的区域极易受刺激而结晶,称为刺激结晶区。在不稳区的任何一点,溶液能立即自发结晶,在温度不变时,溶质的浓度自动降至 SS 线。由此可知,结晶只有在亚稳区或不稳区才能进行,且在不稳区,结晶生成很快,常常来不及长大,溶质的浓度便降至溶解度,故会形成大量的细小晶体。

5.4.2.2 结晶的方法

结晶的关键是溶液的过饱和度。要获得理想的晶体,就必须制备好合适的过饱和溶液。在工业生产上应用的结晶方法主要有以下几种:

(1) 冷却结晶 是指溶液经冷却降温达到过饱和而使产物结晶析出的方法,适用于溶解度随温度下降而显著减小的物质,如肌苷酸结晶用的就是这种方法。对溶解度随温度升高而显著减小的物质,可采用加温结晶,如红霉素,可将其提取液调 pH 至 9.8~10.2,再加温至 45~55℃,红霉素碱即结晶析出。

(2) 浓缩结晶 是指溶液经减压蒸发达到过饱和而使产物结晶析出的方法,此法适用于溶解度随温度变化不大的物质。如灰黄霉素,将其丙酮萃取液经真空浓缩除去丙酮,即可得到结晶。

(3) 化学反应结晶 是指通过加入反应剂或调节 pH,产生新物质并使其浓度超过溶解度而结晶析出的方法。如青霉素醋酸丁酯提取液中加入乙醇-醋酸钾溶液,可生成青霉素钾盐,因其难溶于醋酸丁酯而结晶析出。

(4) 盐析结晶 是指通过加入沉淀剂或稀释剂,使溶质的溶解度降低而结晶析出的方法。常用的沉淀剂有固体氯化钠,常用的液体稀释剂有甲醇、乙醇和丙酮等。如普鲁卡因青霉素结晶时,加入适量食盐,使其溶解度降低,可使晶体易于析出。

在生产实践中,常将几种方法结合使用。如方法(1)和(4)并用结晶维生素 B_{12}:先将维生素 B_{12} 水溶液通过氧化铝吸附去除杂质,用 50% 丙酮洗下维生素 B_{12} 后,加入 4 倍体积的丙酮,于冰库中放置 3 d,即可得到维生素 B_{12} 的结晶。

5.4.2.3 晶核的形成

晶核的形成是新相产生的过程,要形成新的表面,就需要对表面做功,故晶核形成时需要消耗一定的能量才能形成固-液界面。在过饱和溶液中,能量在某一瞬间、某一区域大于某一能阈时,才有利于晶核的形成。

成核速度是指单位时间内在单位体积溶液中生成新晶核的数目,可按阿累尼乌斯方程导出其近似公式:

$$N = A\exp(-\Delta G_{max}/RT)$$

式中 N 为成核速度;A 为常数;ΔG_{max} 为成核的临界吉布斯自由能变化,是成核时必须逾越的能阈,它与溶液的过饱和度、温度、黏度等有关,因此这些因素都会影响成核速度。此外,成核速度还与离子种类有关。对于无机盐类,阳离子或阴离子的化合价高,不易成核;在相同化合价下,含结晶水多,也不易成核。对于有机物质,一般结构越复杂,相对分子质量越大,成核速度越慢。

实际工作中,一些外部刺激能促使成核,如机械震动,摩擦器壁或搅拌,以及电磁场、紫外线和超声波等物理因素都能在一定程度上促进成核。加入晶种也能诱导结晶。晶种可以是同种物质也可以是晶型相同的物质,有时惰性的无定形物亦可作为结晶中心,如尘埃。在工业生产中常用的刺激起晶法和晶种起晶法就是以上述效应为依据的。

5.4.2.4 晶体的生长

在过饱和溶液中,形成晶核或加入晶种后,在过饱和度的推动下,晶核或晶种逐渐长大,这一过程称为晶体生长。晶体生长过程极为复杂,有关的理论和模型很多,至今尚未统一,这里仅简要介绍应用较普遍的扩散学说。

根据扩散学说,晶体生长过程的第一步是溶质分子借扩散穿过靠近晶体表面的滞流层,从溶液转移到晶体表面;第二步是到达晶体表面的溶质分子长入晶面,使晶体增大,同时放出结晶热;第三步是结晶热传回到溶液中。

影响晶体生长的因素除前述的溶液过饱和度、温度、黏度、搅拌等外部刺激外,还有杂质这一因素。杂质的影响也有多种,有的能完全抑制晶体的生长,有的则能促进晶体生长,有的会改变晶体外形等。一般都要求产物达到一定纯度后才能进行结晶操作。

5.5 产物的干燥

干燥是指用通过加热使物料中的水分蒸发至干,或用冷冻法使水分结冰后升华除去的过程。通过干燥去除某些原料、半成品及成品中的水分或溶剂,可便于产品的加工、使用、贮藏和运输。许多微生物产品如抗生素、氨基酸、酶制剂等均经干燥制成干粉形式。干燥操作往往是这些产品下游加工过程的最后一道工序。工业上被干燥物料的种类繁多,性质各异,适用的干燥方法及设备也有多种,主要有喷雾干燥、气流干燥、沸腾干燥和冷冻干燥等。

5.5.1 喷雾干燥

喷雾干燥是生物制品生产中最常采用的干燥方法之一,它的功能不只是单一的干燥,还包括造粒、蒸发和固体干燥物分离等一系列过程。

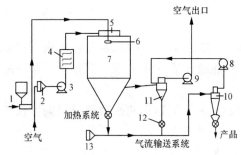

图 5.5.1 喷雾干燥(带气流输送系统)流程图
1. 供料系统;2,13. 过滤器;3. 鼓风机;4. 加热器;
5. 空气分布器;6. 雾化器;7. 干燥器;8. 循环风机;
9. 排风机;10. 旋风分离器Ⅱ;11. 旋风分离器Ⅰ;
12. 蝶阀
(参考欧阳平凯等.生物分离原理及技术.1999)

喷雾干燥是将液态物料在热风中喷雾成细小液滴,于下落过程中,水分被蒸发而成粉末状或颗粒状产品的过程。其基本流程如图 5.5.1 所示。原料液由输液泵输送至雾化器,将料液分散成雾滴,雾滴在干燥器中与吹入的热空气直接接触,使雾滴水分蒸发至干,废气经旋风分离器Ⅰ分离后排出,干燥产品送至旋风分离器Ⅱ进一步分离,出料为产品。

喷雾干燥形成的雾滴群,比表面积大,干燥时间短(15~30 s,甚至几秒),生产能力大,产品的颗粒分布、密度、湿含量及色、香、味等可在一定范围内调节。喷雾干燥可以将蒸发、结晶、过滤、粉碎等过程一次完成,且易于实现机械化、自动化,减少粉尘飞扬,故已广泛应用于抗生素、酵母粉和酶制剂等热敏性物料的干燥。目前,已从喷雾干燥发展出喷雾冷却、喷雾萃取和喷雾冷冻等方法,使之更适用于对热敏感的生物制品的分离精制。喷雾干燥的缺点是能耗大,热效率低,节能降耗问题比较突出。

5.5.2 气流干燥

气流干燥是一种连续、高效、固体流态化的干燥方法,其工作原理是将加热后的空气通过干燥器,以对流传热的方式,将热量传递给湿物料,湿物料中的水分或溶剂受热汽化,形成的水汽及气体由载热体带出干燥器。其基本流程如图 5.5.2 所示。

物料由加料斗经螺旋加料器送入气流干燥管的底部。空气由风机吸入,通过过滤器滤去杂质,经预热器加热至一定温度后进入气流干燥管,在干燥管中气流与物料接触,上升的热气流带动物料并流向上,在接触中发生传热传质过程,水分蒸发进入热气流中,使物料得到干燥。已干燥的物料颗粒随热气流进入旋风分离器中,在那里气流与固体颗粒得到分离。

气流干燥的优点是:干燥强度大,干燥时间短,仅需 0.5 s 至几秒,加之是并流操作,特别适用于热敏性物料的干燥。装置简单,占地面积小,易于建造和维修,生产能力大,热效率高,且易实现自动化、连续化生产,成本较低。但气流干燥也有系统阻力大、动力消耗较大、易磨损物料等缺点。

5.5.3 沸腾干燥

沸腾干燥是一种热效率高、适用范围广的干燥方法,主要用来干燥颗粒直径为 30 μm～6 mm 的粉状和颗粒状的物料。物料由给料器进入干燥器的床面,加热的热空气由干燥器的底部经过布风板与固体物料接触形成沸腾状态,达到气-固相的热质交换。此种气-固传热效果好,热效率很高。物料干燥后由出料口排出,废气由沸腾床顶部经除尘器分离,带出产品后排空。沸腾干燥器形式多样,其中以卧式沸腾干燥器应用较多。

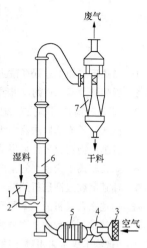

图 5.5.2 气流干燥装置
1. 加料斗;2. 螺旋加料器;3. 空气过滤器;4. 风机;5. 预热器;6. 干燥管;7. 旋风分离器
(参考欧阳平凯等.生物分离原理及技术.1999)

与喷雾干燥和气流干燥不同,物料在沸腾干燥器内的停留时间较长,容易引起物料破坏,因此不适于热敏性物质的干燥。

5.5.4 冷冻干燥

冷冻干燥是指将被干燥液体冷冻成固体,在低温低压条件下利用水的升华性能,使冰直接升华成汽后除去而达到干燥目的的一种干燥方法。冷冻干燥要求高真空度及低温,适用于易受热分解的药物。冷冻干燥的成品呈疏松状,易溶解,一些生物制品如血浆、抗生素、疫苗、蛋白类药物以及一些需以稳定的固体保存而临用前溶解的注射制剂多用此法制备。

冻干过程一般分三步进行,即预冻结、升华干燥和解吸干燥。为利于干燥,一般将冻干产品溶液配制成含 4%～15% 固体物质的稀溶液,先进行预冻,将溶液中的自由水固化,赋予干后产品与干燥前有相同的形态,防止抽空干燥时起气泡、浓缩、收缩等不可逆变化的产生,减少因温度下降引起的物质可溶性降低。将预冻后的产品置于密闭的真空容器中,并适度加热将产品温度维持在共熔点以下,使冰晶升华成水蒸气逸出而使产品脱水干燥。通过该步升华干燥可除去约 90% 的水分,在干燥物品的毛细管壁和极性基团上还吸附有一些水分。为进一步除去这些水分,需接着将温度升至产品可以承受的温度进行解吸干燥。此时,为使解吸出来的水蒸气有足够的推动力逸出产品,必须使产品内外形成较大的蒸汽压差,故此阶段箱内必须是高真空。经过冻干后产品内残余水分一般在 0.5%～4% 之间。

冷冻干燥法具有保持产品成分稳定、抑制微生物生长和酶的降解、使之能长期保存等优点,非常适合于热敏性和黏稠性生物物质的干燥,是制备生物制品的常规方法。

复习和思考题

5-1 简述下游加工过程在微生物工程中的重要性、特点及一般流程。
5-2 微生物发酵工程的发酵液有哪些特点？为什么发酵液必须进行预处理？常用哪些方法？
5-3 固-液分离常用哪些方法？并简述其基本原理。
5-4 试比较错流萃取法及多级逆流萃取法的优缺点。
5-5 发酵产物初分离常采用哪些方法？简述其基本工作原理。
5-6 试比较离子交换剂的主要选择类型及其操作技术要点。
5-7 简述凝胶过滤层析的基本原理。试比较凝胶的条件和类型及其基本操作。
5-8 简述亲和层析的基本原理、载体的选择及基本操作。
5-9 简述结晶过程的基本分析、基本操作及提高晶体质量的主要途径。
5-10 产物干燥常采用哪几种方法？试比较各种方法的基本原理。

（朱厚础）

6 固定化酶及细胞

酶及细胞固定化为近代生物工程技术的一项重要革新。酶作为一种催化剂,广泛应用于食品、酿造、制革、化工、医药、分析检测、环境保护、科学研究和纺织等工业部门。但是,这些酶制剂是水溶性的,只能使用一次,而且不易与产品分离,另外酶的稳定性较差,在温度、pH 和无机离子等外界因素的影响下,容易变性失活。由于这些原因,设法将水溶性的酶用物理或化学的方法处理,使之变成不溶于水的、具有酶活性的酶衍生物。在催化反应中,它以固体状态作用于底物。固定化酶不仅具有酶的高度专一性及温和反应条件下高效率催化的特点,而且具有离子交换树脂那样的优点,即有一定的机械强度,可用搅拌或装柱形式作用于底物溶液,便于生产连续化、自动化。由于被固定在载体上,使得酶在反应结束后,可反复使用。酶经固定化后,稳定性得到提高。因此,可根据生产情况反复使用,也可贮存较长时间,使活力不受损失。酶及细胞固定化技术应用是从 20 世纪 50 年代开始的。1953 年 Grubhofer 和 Schlreith 以聚氨基苯乙烯树脂为载体,经重氮化法活化后,分别与羧肽酶、淀粉酶、胃蛋白酶、核糖核酸酶等结合而制成固定化酶。60 年代后期,固定化技术迅速发展,1969 年,日本的千畑一郎首次应用固定化氨基酰化酶从 DL-氨基酸连续工业化规模生产 L-氨基酸,实现了酶应用史上的一次革命。此后固定化技术迅速发展,促使酶工程作为一个独立的学科从发酵工程中脱颖而出。随后固定化对象不仅有酶,也迅速发展为将微生物细胞或细胞器进行固定化,这些固定化可统称为固定化生物催化剂。这种形式的酶最初称为"水不溶酶"(water insoluble enzyme)和"固相酶"(solid phase enzyme),1971 年第一届国际酶工程会议上建议使用"固定化酶"(immobilized enzyme)这一名称。

固定化酶比水溶性的酶具有如此多的独特之处,因此,它在实际生产和理论研究中受到越来越多的关注。被固定化的酶,不仅有水解酶、氧化酶和转移酶,还有合成酶类等。

6.1 固定化酶的制备

6.1.1 固定化酶的定义

将水溶性的酶(或整个细胞)用水不溶的载体吸附、交联或包埋起来,这种酶(或细胞)称水不溶酶(或细胞)或固定化酶(或细胞)。固定化酶可装在反应柱中反复使用多次,便于自动控制、连续操作,使产品提取工艺简化,纯度增加,产品质量提高。

6.1.2 载体的选择

可用做载体进行酶和细胞固定化的载体种类很多,常用的载体有如下几类:

(1) 无机载体 有氧化铅、活性炭、硅胶、多孔玻璃、高岭土、氧化铝、酸性白土、磷酸钙、羟基磷灰石、金属氧化物、火棉胶、石英砂等。

(2) 有机载体

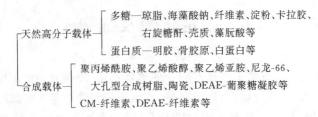

除以上提到的载体外,在研究中不断开发固定化酶的优良载体工作进展迅速。

6.1.3 固定化酶的制备方法

固定化的方法很多,但各种方法共同关心的问题是如何维持酶的催化活性。因而在固定化反应过程中,必须注意酶活性中心的氨基酸残基不发生变化,避免有些可能导致酶蛋白高级结构破坏的条件。由于酶蛋白的高级结构是借助氢键、疏水键和离子键等较弱的键维持的,应采取尽可能温和的条件进行。固定化酶的制备方法大致可分为四类:① 吸附法(物理吸附和离子吸附);② 共价键结合法(重氮法、叠氮法、溴化氰法、烷化法等);③ 交联法;④ 包埋法(基质包埋法和微胶囊包埋法)。用这些方法制备的固定化酶模式见图 6.1.1。迄今为止,没有一种固定化技术能普遍适用于每一种酶,只能根据特殊的酶和应用目的进行选择。

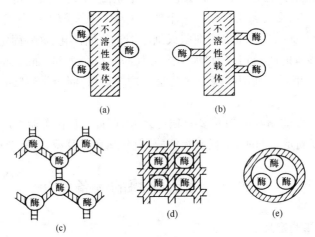

图 6.1.1 固定化酶制备方法模式图

(a) 物理吸附法;(b) 载体结合法;(c) 交联法;(d) 格子型包埋法;(e) 微囊型包埋法

6.1.3.1 吸附法

吸附法是最古老的固定化方法,也是操作最简单、经济上最具有吸引力的技术。世界上第一个获得工业规模应用的固定酶,即是 DEAE-Sephadex A-25 吸附的氨基酰化酶。此法可分为物理吸附法和离子吸附法。

(1) 物理吸附法　此法是利用各种固体吸附剂与酶吸附,如:硅胶、活性炭、氧化铝、高岭土、石英砂、火棉胶膜、多孔玻璃、不锈钢颗粒(直径 $100\sim 200\,\mu m$)用氧化钛包裹活化等,在一定的条件下与水溶酶作用而制得。采用此法,操作简单,但由于酶与载体的结合不牢固,易脱落;而且载体并非专一性地吸附某种酶,有些酶在被载体吸附后完全失活,因此用吸附法制备固定化酶时，必须选择对酶有最大亲和力，且不使酶失活的适当吸附剂。

(2) 离子吸附法　此法是利用含有离子交换基团的固相载体（如具有交换基团的 DEAE-纤维素、TEAE-纤维素、DEAE-葡聚糖凝胶等）与酶蛋白的带电基团互相吸引（靠离子键）而形成的络合物。此法载体来源广，固定化方法简便，条件温和。只需要在一定的 pH、温度和离子强度等条件下，将酶液与载体混合搅拌几个小时，或者将酶液缓慢地流过处理好的离子交换柱，就可使酶结合在离子交换剂上，制备得到固定化酶。

用离子吸附法制备的固定化酶，活力损失较少，可以得到活性较强的制品，但酶与载体的结合不牢固，在 pH 和离子强度等条件改变时，酶容易脱落。所以用离子键结合法制备的固定化酶，在使用时一定要严格控制好 pH、离子强度和温度等操作条件。迄今已有许多酶用离子吸附固定化，例如 1969 年最早应用于工业化生产的固定化氨基酰化酶就是使用 DEAE-葡聚糖凝胶固定化的。

6.1.3.2　共价键结合法

共价键结合法是将载体与酶用共价键结合的固定化方法。此法分为两型：一型是蛋白质的功能团与含有 —OH、—NH$_2$、—COOH 等功能团的载体成为共价键结合；另一型是不含功能团的载体，经过某些化学反应，使载体呈特殊的物理和化学特性。共价结合法是固定化酶研究中最活跃的一大类方法。其优点是酶与载体之间的连接键很牢固，使用过程中不会发生酶的脱落，稳定性好。缺点是载体的活化或者固定化操作比较复杂，反应条件也比较剧烈。所以往往需要严格控制条件才能获得活力较高的固定化酶。

共价键结合法所采用的载体可分为多糖类（纤维素、淀粉、琼脂糖、右旋糖酐、壳质、藻朊酸等）、乙烯聚合物（聚酰胺类、尼龙-6、尼龙-66 等）、聚氨基酸和蛋白质（骨胶原等）、无机载体（微孔玻璃等）。可利用供酶与聚合物载体共价键结合的蛋白质功能团有氨基、羧基、巯基、羟基、酚基和咪唑基等。

要使载体与酶形成共价键，必须首先使载体活化，即借助于某种方法，在载体上引进某一活泼基团。然后此活泼基团再与酶分子上的某一基团反应，形成共价键。使载体活化的方法很多，主要有重氮法、叠氮法、溴化氰法、烷基化法等。现以重氮法及溴化氰法为例阐述。

(1) 重氮法　将含有苯氨基的不溶性载体与亚硝酸反应，生成重氮盐衍生物，使载体引进了活泼的重氮基团。例如对氨基苯甲基纤维素可与亚硝酸反应：

$$\text{R—O—CH}_2\text{—}\underset{\text{对氨基苯甲基纤维素}}{\bigcirc}\text{—NH}_2 + \text{HNO}_2 \xrightarrow{0\,^\circ\text{C}} \text{R—O—CH}_2\text{—}\underset{\text{苯甲基纤维素重氮衍生物}}{\bigcirc}\text{—N}^+\!\equiv\!\text{N} + \text{H}_2\text{O}$$

亚硝酸可由硝酸钠和盐酸反应生成：

$$\text{NaNO}_2 + \text{HCl} \longrightarrow \text{HNO}_2 + \text{NaCl}$$

载体活化后，活泼的重氮基团可与酶分子中的酚基或咪唑基发生偶联反应，而制得固定化酶（相应的偶氮衍生物）。

$$\text{R—O—CH}_2\text{—}\bigcirc\text{—N}^+\!\equiv\!\text{N} + \text{酶} \longrightarrow \underset{\text{固定化酶}}{\text{R—O—CH}_2\text{—}\bigcirc\text{—N}\!=\!\text{N-酶}}$$

(2) 溴化氰法　含有羟基的载体，如纤维素、琼脂凝胶、葡聚糖凝胶等，可用溴化氰活化生成亚氨基碳酸盐衍生物：

$$\begin{matrix} R_1-CH-OH \\ R_2-CH-OH \end{matrix} + BrCN \longrightarrow \begin{matrix} R_1-CH-O \\ R_2-CH-O \end{matrix}C=NH + HBr$$

活化载体上的亚氨基碳酸基团在微碱性的条件下,可与酶分子上的氨基反应,制成固定化酶。

$$\begin{matrix} R_1-CH-O \\ R_2-CH-O \end{matrix}C=NH + H_2N-酶 \longrightarrow \begin{matrix} R_1-CH-O-\overset{NH}{\underset{}{C}}-NH-酶 \\ R_2-CH-OH \end{matrix}$$

固定化酶

6.1.3.3 交联法

交联法是用多功能试剂使酶与酶之间交联的固定化方法。此法与共价结合法一样,也是利用共价键固定酶的,所不同的是它不用载体。参与交联反应的酶蛋白的功能团有 N 末端的 α-氨基、赖氨酸的 ε-氨基、酪氨酸的酚基、半胱氨酸的巯基和组氨基的咪唑基等。最常用的交联剂有戊二醛,还有己二胺、顺丁烯二酸酐、双偶氮苯等。

戊二醛有两个醛基,这两个醛基都可与酶或蛋白质的游离氨基反应,形成席夫(Schiff)碱,而使酶或菌体蛋白交联,制成固体化酶及固定化菌体蛋白。

交联法制备固定化酶结合牢固,可以长时间使用。但由于交联反应条件较激烈,酶分子的多个基团被交联,致使酶活力损失较大,而且制备成的固定化酶的颗粒较小,给使用带来不便。为此,常将交联法与吸附法或包埋法联合使用,取长补短。例如,将酶先用凝胶包埋后再用戊二醛交联,或先将酶用硅胶等吸附后再进行交联等。这种固定化法称为双重固定化法,已被广泛采用,可制备出活力高、机械强度好的固定化酶或固定化细胞。

6.1.3.4 包埋法

将酶包埋在凝胶的微小空格内或埋于半透膜的微型胶囊内,使酶固定化的方法称为包埋法。利用此法制备的固定化酶,酶蛋白几乎不起变化,可适用于多种固定化酶的制备。但是酶被包在凝胶或半透膜内,对大分子底物很难发生催化作用,因此,用包埋法制备的固定化酶,一般只适用于小分子底物。

包埋使用的多孔载体主要有琼脂、琼脂糖、海藻酸钠、卡拉胶、明胶、聚丙烯酰胺、光交联树脂、聚酰胺、火棉胶等。根据载体材料和方法不同,可分为凝胶包埋法、半透膜包埋法和纤维包埋法。

(1) 凝胶包埋法　凝胶包埋法是将酶包埋在各种凝胶内部的微孔中,制成一定形状的固定化酶。大多数为球状、块状或线状。也可按需要制成条状等其他形状。常用凝胶有琼脂、海藻的钙凝胶、卡拉胶、明胶等天然凝胶以及聚丙烯酰胺凝胶、光交联树脂等合成凝胶。天然凝胶在包埋时条件温和,操作简便,对酶活力影响很小,但强度较差。而用合成凝胶包埋时强度高,对温度、pH 变化的耐受性强,但需要在一定的条件下进行聚合反应,才能把酶包埋起来。在此过程中必然往往会引起部分酶的变性失活,应严格控制好包埋条件。

酶分子的直径一般只有几纳米,为防止包埋固定化后酶从凝胶中泄露出来,凝胶的孔径应控制在小于酶分子直径的范围内,这样对于大分子底物的进入和大分子代谢产物的排出都是不利的。所以凝胶包埋法不适用于底物或产物分子大的酶类的固定化。

目前凝胶包埋法是应用范围最广的方法,各种凝胶由于特性不同,它们的具体包埋方法和包埋条件也不一样。

(2) 半透膜包埋法　半透膜包埋法是将酶包埋在各种高分子聚合物制成的小球内,成为固定化酶。常用载体有聚酰胺膜、火棉胶膜等。这些半透膜的孔径比一般酶分子的直径小些,固定化的酶不会从小球中漏出来。但只有小于半透膜孔径的小分子产物可以自由通过半透膜,而大于半透膜孔径的大分子底物或大分子产物却无法进出。半透膜包埋法适用于底物和产物都是小分子物质的酶的固定化。

半透膜包埋固定化酶小球,直径只有几微米至几百微米,称为微胶囊。制备时一般将酶液分散在与水互不相溶的有机溶剂中,再在酶液滴表面形成半透膜,将酶包埋在微胶囊之中。例如将欲固定化的酶及亲水单体(如己二胺等)溶于水中制成水溶液,另外将疏水性单体(如癸二酰氯等)溶于与水不相混溶的有机溶剂中,然后将这两种互不相溶的溶液混合在一起,加入乳化剂 1% SPan-85 进行乳化,使酶液分散成小液滴,此时亲水性的己二胺与疏水性的癸二酰氯就在两相的界面上聚合成半透膜,将酶包在小球之内。再加进 Tween-20,使乳化破坏,离心分离即可得到用半透膜包埋的微胶囊型的固定化酶。

(3) 纤维包埋酶　管壁为用纤维将酶包埋于其中,如三醋酸纤维素溶液,通过喷丝头喷入与水不混合的溶剂(如二氯甲烷等)之中,而使聚合物凝聚。然后在室温将酶徐徐加入上述聚合物的溶液中,轻轻搅拌制得乳化液,放置 30 min 后,接到喷丝头内,像制造合成纤维一样,将乳化液喷入能够使聚合物凝固的液体中,结果形成了纤维。酶就包埋于纤维的孔眼中,制成多孔性纤维包埋的酶。

6.1.4　固定化酶反应器

固定化酶反应器有分批式和连续式两大类,连续式又可分为塞流式(plug flow reactor,简称 PFR)、连续搅拌釜(槽)反应器(continuous stirred tank reactor,简称 CSTR)以及流化床反应器(fluidized bed reactor)等。

6.1.4.1　分批反应器

分批搅拌式反应器具有一个反应器和一个搅拌器,适于高黏度的底物溶液,但由于搅拌之故,固定化酶可能受到物理上的破坏,供分批生产少量化学药品之用。连续搅拌式反应器效率较分批式高,但设备稍微复杂。

6.1.4.2　连续反应器

(1) 连续式充填床(塞流)　广泛用于固定化酶和固定化细胞。根据底物的流动方向有下向流动方法、上向流动方法和循环方法(图 6.1.2)。这种反应器必须注意当通过充填柱时压力下降和柱的直径对反应速度的影响。在工业应用中,底物的流动方向是很重要的,有时下向流动会使酶柱受压,因此工业上常用上向流动,尤其发生气体的反应更须用此法。

(2) 连续式流动床　此种反应器如图 6.1.2(d),适于黏度高和气体多的底物和产物连续生产之用。连续式具有适于自动化控制、减少劳动费用、工作情况稳定、易于控制产品质量等优点。

以上列举的生物法反应器,现已有很大的改进,针对反应器的放大效应、操作稳定性以及设计不合理引起管理费用较高等问题,科研人员不断进行深入研究,优化设计,充分发挥其优势,满足固定化酶和细胞在发酵工业上推广应用,实现大型化、自动化、连续化生产的目的。

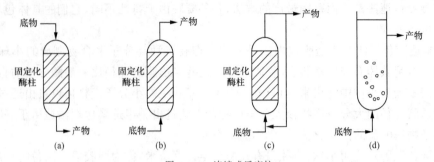

图 6.1.2　连续式反应柱
(a) 下向流动方法；(b) 上向流动方法；(c) 循环方法；(d) 连续式流动床

6.2　固定化细胞的制备

这是发酵工程发展的方向之一,可为发酵提供高密度菌体。

微生物酶有胞外酶、胞内酶之分。胞外酶可以不经过抽提直接固定化,酶活力不受影响;而胞内酶则必须从细胞内提出,才能固定,酶活不免受到损失,成本也高。固定化细胞为简便提取酶的步骤,而直接将整个微生物细胞、植物细胞和动物细胞固定于聚合物格子中的方法。这种方法是 20 世纪 70 年初发展起来的。1973 年千畑一郎等首先成功地在工业上由固定化细胞连续生产 L-天冬氨酸。此后研究范围日益扩大,应用固定化细胞试制各种发酵产品有许多报道,不过生产上实际应用还少。固定化细胞技术发展迅速,实际应用超过固定化酶。尤其是固定化增殖细胞发酵更具有显著的优越性：① 固定化细胞的密度大,可增殖,因而可获得高密度培养,不需要微生物菌体多次培养、扩大,从而缩短了发酵生产周期,可提高生产能力；② 发酵稳定性好,可以较长时间反复使用或连续使用,有希望将发酵罐改变为反应柱进行连续生产；③ 发酵液中含菌体少,有利于产品分离纯化、提高产品质量等。由于其优越性及制备又比较简便,所以在工业生产和科学研究中广泛应用,现在已经在工业、农业、医学、环境科学、能源开发、污水处理等领域广泛应用。随着固定化技术的进一步发展和完善,将会促进微生物工业面貌焕然一新。但是它也有一些局限性,如营养物的扩散和氧的传递(对好氧发酵来说)等问题。因此发明新的细胞固定化方法是目前的重要任务。

6.2.1　固定化细胞的制备方法

固定化酶和固定化细胞都是以酶的应用为目的,其制备方法和应用方法基本相同。前述固定化酶方法大部分适用于固定化细胞。

6.2.1.1　不用载体的细胞固定化

用适当的方法处理不加载体直接使用或加絮凝剂与添加剂共同成型。

表 6.2.1　不用载体的固定化细胞举例

微生物	处理方法	酶
白色链霉菌（*Streptomyces albus*）	加热	葡萄糖异构酶
链霉菌属菌种	柠檬酸＋脱乙酰壳质	葡萄糖异构酶

葡萄糖异构酶是胞内酶。当加热至50℃,葡萄糖异构酶则因自溶而外逸。但是将白色链霉菌加热至60℃,10 min,则酶固定于细胞之内,即使在适于自溶条件下也不放出葡萄糖异构酶;如细胞加热至60~80℃,则葡萄糖异构酶总量的80%~90%可以固定于细胞之中。此种加热处理的菌体可用于分批或连续进行葡萄糖异构化。将此细胞放于玻璃充填柱中进行异构化,酶活长时间不损失,因为在80℃时,细胞组成大多数已被破坏,而葡萄糖异构酶则附着于变性的细胞内,未经处理的菌体内异构酶可被蛋白酶破坏或由胞内缓慢渗漏使活性下降。

将链霉菌的菌体用柠檬酸处理,也可使酶留在胞内不至漏出。柠檬酸的效用依其pH和浓度而定。将已经柠檬酸处理的菌体用脱乙酰壳质使其凝聚后,干燥成为固定化细胞。利用脱乙酰壳质凝集的菌体(菌体:脱乙酰壳质=32:1)和用柠檬酸加热处理(柠檬酸浓度为1%)并经干燥后的菌体,充填于柱中,进行葡萄糖的连续异构化,在连续21 d后,异构化率仍为41.3%。

6.2.1.2 包埋法

包埋法是目前研究较多的方法,它是将微生物细胞用物理的方法包埋在各种载体中,例如琼脂、海藻酸钙、卡拉胶、明胶以及聚丙烯酰胺凝胶等。

(1) 琼脂凝胶包埋法　将配制一定浓度的琼脂加热融化后,冷至约50℃即可和微生物细胞悬浮液混合均匀,分散在冷的甲苯溶液或四氯乙烯溶液中形成球状或者将混合液倒入培养皿,冷却后,切成一定大小的块状。这种包埋方法的主要缺点是氧和底物及产物的扩散受到限制。琼脂凝胶的机械强度比较差。

(2) 海藻酸钙凝胶包埋法　室温下,将配制成一定浓度的海藻酸钠和微生物细胞均匀混合后滴加到氯化钙溶液中,形成凝胶小珠。海藻酸钙凝胶对中性底物的扩散稍微有些阻力。此法操作简便,非常经济,10 g凝胶可以包埋200 g细胞(干重)。由于磷酸盐会破坏此凝胶的结构,故溶液中含有一定的磷酸盐时,就会破坏凝胶的结构。

(3) κ-卡拉胶包埋法　从海藻中提取的κ-卡拉胶,和琼脂一样在冷却时就变成凝胶。也可以把它滴加到氯化钾溶液中或者与二价或三价金属离子溶液接触,也变成凝胶。将配制一定浓度的κ-卡拉胶,加热融化后冷却至35℃以上和微生物细胞悬浮液混合均匀,可根据需要做成球状、膜状或切成块状。如果颗粒的稳定性不够好时,可用戊二醛或乙二胺再处理固定化细胞。

(4) 聚丙烯酰胺凝胶包埋法　此法是较常用的一种包埋方法。聚丙烯酰胺凝胶是由丙烯酰胺和交联剂甲叉双丙烯酰胺聚合而成。聚合作用是由丙烯酰胺单体和交联剂甲叉双丙烯酰胺在催化剂的作用下聚合成含酰胺基侧链的脂肪族长链、相邻的两个链通过甲叉桥交联起来而形成三维网状结构的凝胶。常用的催化剂和加速剂是过硫酸铵和四甲基乙二胺(TEMED)。

将上述四种化合物分别加到细胞悬浮液中搅拌均匀,在常温下即可聚合。在聚合过程中,由于细胞受到丙烯酰胺和TEMED的影响,导致酶活力下降,因此,必须减少这些毒物的浓度和聚合时间。在聚丙烯酰胺凝胶包埋细胞过程中,影响酶活力的几个因素是细胞、丙烯酰胺单体、TEMED和过硫酸铵的浓度,固定化的温度及形成凝胶颗粒的大小。通常采用10%~15%的聚丙烯酰胺凝胶包埋的细胞,酶活力一般为原来的60%~80%,经在营养培养基中培养,细胞可在凝胶上增殖。

包埋法常与交联法并用,因为包埋法的缺点是除聚丙烯酰胺凝胶外,如琼脂、海藻酸钙、明胶蛋白等造型强度差,不耐压,如为胞外酶易于泄露,因此需要经过硬化处理以增加其强度。硬化剂以戊二醛最为常用。我国使用明胶、戊二醛法制备固定化葡萄糖异构酶和固定化青霉素酰胺酶。

为了解决蔗糖代用品的生产问题,先将α-淀粉酶、糖化酶分别做成固定化酶,以便由淀粉制成葡萄糖;再由葡萄糖异构酶产生菌的菌体,做成固定化细胞。便可由葡萄糖制成含有果糖和葡萄糖的混合糖浆,这种混合糖浆是蔗糖最好的代用品。

6.2.1.3 吸附法

吸附法是将菌体直接吸附于水不溶性载体上,如:硅藻土、木材、玻璃、陶瓷、塑料等,吸附现象主要靠带电的微生物细胞和载体之间的静电相互作用。由于酵母菌细胞是带负电的,因此在固定时最好选择带正电的载体。此法操作简便,但细胞易脱落。

6.2.2 固定化细胞的类型及生理状态

6.2.2.1 固定化细胞类型

固定化细胞按其类型可分固定化微生物细胞、植物细胞和动物细胞,随着基因工程的发展,现将质粒、细胞器也包括在固定化细胞内。

6.2.2.2 固定化细胞的生理状态

固定化按细胞生理状态,可分为:

(1) 固定化处理细胞　指固定化前加热、匀浆、干燥、冷冻、酸及表面活性剂处理。菌体在固定化之前进行处理目的有二:① 增加菌体的细胞膜渗透性;② 抑制副反应。

在增加细胞膜渗透性方面,以利用天冬氨酸酶由延胡索酸生成天冬氨酸为最显著。将固定化细胞用底物溶液在37℃处理48 h,引起菌体自溶,因此酶活力上升10倍。粗制天冬氨酸酶用此法固定化后,酶活力的稳定性提高。用卡拉胶包埋的固定化天冬氨酸酶的活力半衰期达686 d。

关于抑制副反应方面,例如,当用延胡索酸生产L-苹果酸时常有琥珀酸的积累,如果将固定化菌体用胆汁来处理,则延胡索酸酶活力上升,而琥珀酸的生成显著地受到抑制。

此外,将菌体加热处理后,可使酶固定于菌体内,葡萄糖异构酶的固定化也可采用此法。

(2) 固定化静止细胞　细胞在未固定化以前,采取措施,控制细胞处于休眠状态或饥饿状态,例如,以葡萄糖为碳源生成谷氨酸。

(3) 固定化增殖细胞　固定化增殖细胞是将活细胞固定化后仍能不断生长、繁殖,反应所需的酶也就可以不断更新,而且反应酶处于天然的环境中,一般更加稳定,因此,固定化增殖细胞更适宜连续使用。从理论上讲,只要载体不被解体、不污染,就可以长期使用。固定化细胞保持了细胞原有的全部酶活性,因此,更适合于进行多酶系连续反应,所以,固定化增殖细胞在发酵工业中最有发展前景。

6.2.3 固定化细胞的特性

固定化细胞由于受到载体等的影响,酶的特性可能会变化。在应用固定化细胞时必须了解并对其操作条件加以适当的调整。

6.2.3.1 固定化细胞的活力

细胞固定化后的活力多较游离细胞为低,一般为30%～80%。但醋酸杆菌(*Acetobacterium* sp.)是一个例外,用氢氧化钛固定化后的固定化细胞,在连续反应器内由乙醇溶液生成醋酸时,游离细胞每日生成醋酸 87 g(86%转化率),而固定化细胞每日则为 263 g(99%转化率)。

6.2.3.2 固定化细胞的最适温度

固定化细胞的最适温度一般与游离细胞差不多。但有些固定化后的最适温度与游离细胞比较有明显的变化。例如恶臭假单胞菌(*Pseudomonas putida*)固定化细胞的 L-精氨酸脱亚胺基酶的最适反应温度较游离细胞提高 18℃。在酶的固定化上也有这种现象,例如用重氮法制备的固定化胰蛋白酶和凝乳蛋白酶,其作用最适温度比游离细胞高 5~10℃。同一种酶,在采用不同方法或不同载体进行固定化后,其最适温度也可能不同。如氨基酰化酶,用 DEAE-葡聚糖凝胶经离子键结合法固定化后,其最适温度为 72℃,而游离酶的最适反应温度是 60℃,提高了 12℃;用 DEAE-纤维素固定化的酶,其最适温度为 67℃,比游离酶提高 7℃;而改用烷基化法固定化的氨基酰化酶,其温度比游离酶有所降低。

6.2.3.3 固定化细胞的稳定性

固定化细胞的稳定性一般比游离的细胞稳定性好。表现在热的稳定性提高;可以在一定条件下保存较长时间;对蛋白酶的抗性增强,不易被蛋白酶水解;对变性剂的耐受性提高。

"固定化"已用于提高基因工程菌稳定性的新策略。许多报道证明固定化细胞 *E.coli* BZ18(PTG201)比无选择压力的游离细胞产生目的产物产量提高 20 倍。固定化方法对提高克隆基因产物合成量的影响,对培养若干代后的细胞尤其显著。固定化的 *E.coli* BZ18 (PTG201)细胞,在培养到第 10 代时,对其产物儿茶酚-2,3-二氧加合酶(氧化酶)的产量有很大提高;通过高细胞浓度的固定化,可得到高浓度人胰岛素原;在微载体上固定中国仓鼠细胞生产人干扰素,可稳定生产 1 个月。

质粒的遗传稳定性是基因工程细胞最重要的因素,因为质粒是表达目的基因产物的载体。在固定化体系中 P^+ 细胞可稳定遗传 55 代,传到第 18 代时,P^+ 细胞量是游离细胞的 3 倍。与此相似,质粒 PTG201 可稳定存在于三种固定化的 *E.coli* 中。在通纯氧的固定化体系中质粒的稳定性和拷贝数可较好地维持,到第 200 代时仍接近初始的 100%。

从以上看出,与游离细胞体系相比,固定化技术可以明显提高基因工程细胞稳定性和目的基因表达产物的产量,并能保持宿主中质粒的稳定性和拷贝数。

6.2.3.4 固定化细胞的最适 pH

细胞经固定化后,最适 pH 往往会发生一些变化,这可能与载体的带电性质和酶催化反应产物的性质有关。一般地说,用带负电荷的载体制备固定化细胞,其最适 pH 比游离细胞的最适 pH 高;带正电荷载体制备的固定化细胞的最适 pH 比游离细胞的最适 pH 低;而不带电荷的载体制备的固定化细胞,其最适 pH 大多不改变。

载体的带电性质之所以会影响最适 pH,是由于在使用负电荷的载体时,载体会吸引反应液中的氢离子(H^+)到其附近,致使固定化酶所处反应区域的 pH 比周围反应液的 pH 低一些,这样就必须把反应液的 pH 提高一些。但带正电荷的载体对氢氧根负离子(OH^-)有吸引作用,由它制备的固定化细胞的最适 pH 要比游离细胞的最适 pH 低些,可以按需要调整,使胞内的酶充分发挥其催化作用。

6.2.3.5 固定化细胞的半衰期

固定化细胞的稳定性一般较游离细胞为高,因此半衰期少则 5 d,多则 140 d。如用卡拉胶包埋固定化天冬氨酸酶改用卡拉胶包埋细胞后,半衰期可达 680 d。

6.2.4 固定化细胞的优缺点

(1) 固定化细胞的优点　① 不需要由细胞中将酶提取和纯化,这两步通常要造成酶活损失,而且增加成本;② 酶处于天然状态中,更为稳定;③ 适合于进行多酶序列反应;④ 因辅助因子的存在和细胞内的连续生物合成,所以酶活较为耐久;⑤ 使用固定化细胞反应柱或反应床进行连续发酵时,一边进入培养基,一边排出发酵液,可能避免反馈抑制或产物的消耗;⑥ 单批发酵的细胞只用一次即将细胞排弃,而固定化细胞可连续使用,不但操作方便,而且因生长细胞所耗用的养料也可大大节约了;⑦ 固定化细胞不但用于生产一般发酵产品,而且可以用于培养病毒、基因工程菌和细菌冶金、植物细胞、动物细胞等。

(2) 固定化细胞的缺点　① 不易保持菌体的完整性,易发生自溶,蛋白酶会破坏有用的酶,如异构酶可被蛋白酶破坏或由胞内缓慢渗漏使活性下降;② 由于多种酶存在,会产生副产物;③ 细胞壁和膜造成底物渗透和扩散障碍。

6.2.5 固定化酶和细胞的应用

近年来关于固定化酶和固定化细胞的应用日益广泛,特别是在生产酒精、氢气和甲烷方面研究活跃,而且很受青睐,原因是随着有限能源的开发利用,全球能源出现危机,利用固定化酶或细胞新技术生产能源就更具有意义。在医药、氨基酸、有机酸、污水处理及化工产品、酶电极及芯片、基因工程菌培养等方面的研究和应用中,固定化细胞领域更引起人们关注。固定化酶和细胞应用举例见表 6.2.2 和 6.2.3。

表 6.2.2　固定化酶生成的产品

名　称	主要产生菌	主要用的固定化方法	主要用途
氨基酰化酶	米曲霉	DEAE-葡聚糖凝胶吸附	DL-氨基酸生成 L-氨基酸
核酸酶 P_2	桔青霉	钛-纤维素复合物	生产 $5'$-核苷酸
青霉素酰化酶	大肠杆菌	三醋酸纤维素包埋	制半合成新青霉素
$5'$-磷酸二酯酶（核酸酶 P_1）	桔青霉	将 SESA* 连接到纤维上经重氮化后可以偶联磷酸二酯酶（此法由我国首先用于固定化酶）	生产 $5'$-核苷酸
糖化酶	黑曲霉	DEAE-交联葡聚糖凝胶吸附	使淀粉转变为葡萄糖
葡萄糖异构酶	链霉菌	通过共价键结合法固定于 DEAE-纤维素上	生产异构糖如果糖
葡萄糖氧化酶	青霉菌	聚丙烯酰胺凝胶包埋	除去蛋白中葡萄糖,或用以生产葡萄糖酸、酶电极

* SESA 即对-β-硫酸酯乙砜基苯胺。

表 6.2.3　固定化细胞生成的产品

名　称	固定化方法	主要用途
酿酒酵母	硅和聚氯乙烯碎片吸附	由葡萄糖生成酒精
卡尔酵母(*S. carlbergensis*)	海藻酸钙包埋	由糖蜜生成酒精
	光交联树脂和琼脂包埋	由糖蜜生成酒精
酪酸梭状芽孢杆菌(*Clostridium butyricum*)	多孔醋酸纤维和琼脂包埋	由葡萄糖生成氢气

(续表)

名　称	固定化方法	主要用途
酿酒酵母	藻朊酸钠包埋	由麦芽汁生成啤酒
链霉菌	DEAE-葡聚糖凝胶 A-50 吸附	葡萄糖异构化
巴斯德酵母(*S. pastori*)	用琼脂片包埋	由蔗糖生产葡萄糖和果糖
解脂复膜孢酵母(*Saccharomycopsis lipolytica*)	充填木屑的淋滤器	由葡萄糖生成柠檬酸
醋化醋杆菌(*Acetobacter aceti*)	固定化氢氧化钛(Ⅳ)上	由乙醇生成醋酸
大肠杆菌	聚丙烯酰胺凝胶包埋	由延胡索酸生成 L-天冬氨酸
大肠杆菌	空心纤维	由延胡索酸生成 L-天冬氨酸
产氨短杆菌	聚丙烯酰胺凝胶包埋	由葡萄糖生成谷氨酸
产黄青霉	聚丙烯酰胺凝胶包埋	由葡萄糖生成青霉素 G
假单胞菌	无烟煤吸附	催化降解苯酚
混合培养物	被柱内填物吸附	由废水生成甲烷
产氨短杆菌	聚丙烯酰胺凝胶包埋	由泛酸生成 CoA
黄色短杆菌(*Brevibacterium flavum*)	κ-卡拉胶包埋	生产 L-苹果酸
梭形芽孢杆菌(*Bacillus clostridiformis*) IFO3847 株	聚丙烯酰胺凝胶包埋	由葡萄糖生成氢气

固定化技术的应用具有简单等可操作性,其应用方方面面,前景广阔,除上述简介外,目前还在不断开发新用途。

(1) 固定化细胞在新化学能源的开发中具有重要作用,例如将植物的叶绿体的铁氧还蛋白氧化酶系统用胶原膜包埋,可用于水的光解产生氢气和氧气。

(2) 随着分子生物学的发展,人们构造了许多重组菌用于生产不同的生物活性物质,重组菌的宿主细胞大多选用大肠杆菌。在对这些重组菌进行固定化后,质粒的稳定性及目的产物和表达率都有了很大提高。在游离重组系统中常用的抗生素、氨基酸等选择压力稳定质粒的手段,往往大规模生产中难以应用。而采用固定化后,这种选择压力则可省去。

(3) 固定化技术运用于载体药物,如新的药物(包括化学合成药、天然药物及基因工程药物)不断问世,但将它们应用于临床还有些问题,如:① 许多药物尤其是蛋白质类药物,口服很容易被胃酸破坏或沉淀;② 通过注射瞬时血药浓度升高,但马上被肝脏及血液中的酶系统清除,需要反复注射,增加了感染的机会和医药费用;③ 肿瘤化疗用细胞毒性物质选择性较差,全身毒副作用严重;④ 很多药物稳定性差,不耐贮存。以上问题不能用简单的药物改构来完成。近 30 年来,药物的新剂型发展很快,核心特点是从时间和空间分布上控制药物的释放。在肿瘤的化学治疗及重组蛋白质类药物制剂中常用的控释体系有聚合物修饰、凝胶包埋、微形胶囊、脂质体等。这几种控释体系都涉及将药物与聚合物载体偶联或固定于某种聚合物载体上,因此也称为载体药物。

(4) 使用固定化酶进行酶法分析,提高酶的稳定性,可以反复使用,并且易于自动化。如葡萄糖的检测,将葡萄糖氧化酶、过氧化物酶和还原性色素固定于纸片上即可制成糖检测试纸。另外乳糖试纸、测定尿素的酶柱等,将固定化酶引入流动注射分析系统,可以提高分析自动化程度。固定化酶制成探头连接到适当的换能系统就成了酶传感器,现用的定糖仪就是这类仪器,特点是既快速,又方便。

（5）酶疗法：人体缺乏某种酶会导致某些疾病，如果将酶固定化后使用，则可治疗上述疾病。微型胶囊适宜包埋多酶系统，因而可用于代谢异常的治疗或制造人工器官，如人工肾脏以代替血液透析等等。

复习和思考题

6-1　何谓固定化酶及固定化细胞？
6-2　常用的固定化载体有哪几类？每类各举五种。
6-3　简述固定化酶常用的制备方法及特点。
6-4　固定化细胞制备常用方法有几种？哪种方法最常用？
6-5　固定化细胞分几种生理状态？你认为哪种状态最有发展前景？
6-6　固定化细胞在工程菌的实验和生产上有何运用？其意义何在？
6-7　试述固定化细胞的优缺点。发酵工业上要广泛应用，你认为还需作何努力？

（罗大珍）

7 基因工程与微生物工程菌的构建

7.1 基因工程菌的构建简介

7.1.1 基因工程的概述

基因工程(genetic engineering)是一项将生物的某个基因通过基因载体运送到另一种生物的活性细胞中,并使之无性繁殖(称之为"克隆")和行使正常功能(称之为"表达"),从而创造生物新品种或新物种的遗传学技术。一般说来,基因工程是专指用生物化学的方法,在体外将各种来源的遗传物质(同源的或异源的、原核的或真核的、天然的或人工合成的 DNA 片段)与载体系统(病毒、细菌质粒或噬菌体)的 DNA 结合成一个复制子,这样形成的杂合分子可以在复制子所在的宿主生物或细胞中复制,继而通过转化或转染宿主细胞、生长和筛选转化子,无性繁殖使之成为克隆。然后直接利用转化子,或者将克隆的分子自转化子分离后,再导入适当的表达体系,使重组基因在细胞内表达,产生特定的基因产物。

7.1.2 目的基因的获取

目的基因的分离是基因工程研究中最主要的要素,所谓目的基因是指已被或欲被分离、改造、扩增和表达的特定基因或 DNA 片段,能编码某一产物或某一性状。DNA 是十分庞大的生物分子。每种基因,特别是单拷贝基因占整个生物基因组很小部分(小于 0.02%),且 DNA 的化学结构相似,都是由 A、T、G、C 四种碱基组成,具有极相似的理化性质,这给分离特定的目的基因带来很大困难。

7.1.2.1 鸟枪法分离基因

鸟枪法(shot gun)又叫散弹法。这一方法是绕过特定基因分离这一关口,用生物化学方法,如用限制性内切酶将基因组 DNA 进行切割,得到很多在长度上同一般基因大小相当的 DNA 片段。然后,将这些片段混合物随机地重组入适当的载体,转化后在受体菌(如 E. coli)中进行扩增,再从中筛选出所要的基因。此方法在基因工程发展的初期阶段曾起过很大的作用。用鸟枪法分离基因要求有简便的筛选方法,如利用特定基因缺陷型(如营养缺陷型等)的受体菌,或特定的寡核苷酸或 DNA 片段探针以及特定基因产物的抗体,可通过对表型的筛选或用分子杂交技术、免疫筛选技术检出所要的基因。用鸟枪法分离目的基因,具有简单、方便和经济等优点。许多病毒和原核生物、一些真核生物的基因,都用这种方法获得了成功的分离。

7.1.2.2 基因文库的建立和基因的分离

构建基因文库,再利用分子杂交等技术可从含有众多的基因序列克隆群中获取目的基因或序列。

(1) 基因组文库 基因组文库(genomic DNA library)是指将基因组 DNA 通过限制性内切酶部分酶解后所产生的基因组 DNA 片段随机地同相应的载体连接,引入宿主细胞中进行分子克隆,该种生物的全部遗传信息由文库中的全部 DNA 片段代表。由完全随机片段组成的基因组文库的大小,必须能保证足以代表基因组中任何一个特定基因序列,它取决于克隆片段的大小和基因组大小。可以计算出克隆里已经包含的某物种染色体 DNA 遗传信息量的概率,如果库内所有的重组 DNA 克隆上的染色体 DNA 已经代表了这个物种遗传信息量的 95% 以上,那么这个基因文库就建成了。基因组 DNA 文库有着非常广泛的用途。如用以分析、分离特定的基因片段;通过染色体步查(chromosome walking)研究基因的组织结构;用于基因表达调控研究;用于人类及动、植物基因组工程的研究,等等。还需指出,从真核基因组 DNA 文库所分离得到的基因序列包含有内含子序列,因此不能直接在原核细胞中进行表达。

(2) cDNA 文库 取出组织细胞的全部 mRNA,在体外反转录成 cDNA,与适当的载体(常用噬菌体或质粒载体)连接后转化受体菌,则每个细菌含有一段 cDNA,并能繁殖扩增,这样包含着细胞全部 mRNA 信息的 cDNA 克隆集合称为该组织细胞的 cDNA 文库。cDNA 文库(cDNA library)最关键的特征是它只包括在特定组织或细胞类型中已经被转录成 mRNA 的那些基因序列,这样使得 cDNA 文库的复杂性要比基因组文库(genomic DNA library)低得多。基因组含有的基因在特定的组织细胞中只有一部分表达,而且处在不同环境条件、不同分化时期的细胞,其基因表达的种类和强度也不尽相同,所以 cDNA 文库具有组织细胞特异性。cDNA 文库的建立为我们分离特定的有用基因提供了来源,也为研究特定细胞中基因表达的相对水平开辟了道路。

(3) 筛选目的基因 建立基因文库后,随后就可应用某种检测方法挑选含有特定目的基因的单一宿主细胞。有三种通用的鉴定方法:① 用标记的 DNA 探针作 DNA 杂交。用来筛选基因文库的探针至少可以有两种来源,一是从近缘生物体中克隆的 DNA 用做异源探针;二是根据从一个目的基因编码的蛋白的已知氨基酸序列推导出可能的核苷酸序列,通过化学合成方法来合成一个探针。② 用抗体对蛋白产物进行免疫杂交。如果一个目的 DNA 序列可以转录和翻译,那么只要出现这种蛋白,甚至只需要蛋白的一部分,就可以用免疫的方法来检测。③ 对蛋白的活性进行鉴定。如果目的基因编码一种宿主细胞所不能编码的酶,就可以通过检查酶活性存在与否来筛选目的基因。

7.1.2.3 基因的化学合成

依照某一蛋白质的氨基酸序列,即可按密码子推算出其基因的核苷酸序列,随后应用化学合成法,就可在短时间内合成目的基因。化学合成的 DNA 片段一般都很短,需要用连接酶通过各个小片段之间的部分碱基对将它们连接起来,从而得到所需长度的目的基因。化学合成基因具有快速、有效、不需收集基因组织来源的优点,特别对于获取小片段目的基因、设置某种生物密码子在该种生物中的高效表达、采用以及消除基因内部的特定酶切位点、获取天然基因的衍生物等方面具有其他方法无法比拟的优点。基因合成的方法可大致分为以下两类:

(1) 基因片段的全化学合成 此方法首先合成组成一个基因的所有片段,相邻的片段间有 4~6 个碱基的重叠互补,在适当的条件下(通过退火),用 T4-DNA 连接酶将各片段以磷酸二酯键的共价键形式连接成一个完整的基因。化学合成的 DNA 片段在纯化后其 5′端及 3′端都为羟基,在组建基因之前要将 DNA 片段的 5′端磷酸化。一般地说,处于基因 5′端的两个寡核苷酸片段不进行磷酸化,以防止基因本身在 DNA 重组时自身环化。对于较大的基因,一般将基因分成几个亚单位进行分子克隆,然后分离纯化这些亚单位,再重组成一个完整的基因,最后克隆到适当的表达载体进行表达。

(2) 基因的化学-酶促合成 此方法的特点是不需要合成组成完整基因的所有寡核苷酸片段,而是合成其中一些片段,相邻的 3′末端有一短的序列相互补,在适当的条件下通过退火形成模板-引物复合体(template-prime complex),然后在存在四种 dNTP 的条件下,用 Klenow 酶去填补互补片段之间的缺口,最后用 T4-DNA 连接酶连接及用适当的限制性内切酶切割后重组入载体。

7.1.2.4 利用 PCR 或 RT-PCR 分离基因

PCR 技术的出现使基因的分离和改造变得更简单,特别是对原核基因的分离,只要知道基因的核苷酸序列,就可以设计适当的引物,从染色体 DNA 上将所要的基因扩增出来。反转-PCR(RT-PCR)使得人们可以从 mRNA 入手,通过反转录得到 cDNA,在适当的引物存在下,再通过 PCR 将基因扩增出来。

7.1.3 表达载体的构建与筛选

7.1.3.1 原核生物基因表达的调控序列

外源基因在原核细胞中的表达包括两个主要过程:即 DNA 转录成 mRNA 和 mRNA 翻译成蛋白质。欲将外源基因在原核细胞中表达,必须满足以下条件:① 通过表达载体将外源基因导入宿主菌,并指导宿主菌的酶系统合成外源蛋白;② 外源基因不能带有间隔顺序(内含子),因而必须用 cDNA 或全化学合成基因,而不能用基因组 DNA;③ 必须利用原核细胞的强启动子和 SD 序列等调控元件控制外源基因的表达;④ 外源基因与表达载体连接后,必须形成正确的开放阅读框架(open reading frame,简称 ORF);⑤ 利用宿主菌的调控系统,调节外源基因的表达,防止外源基因的表达产物对宿主菌的毒害。

原核生物基因表达的调控序列主要涉及启动子、SD 序列、终止子、衰减子等序列。

(1) 启动子 启动子是 DNA 链上一段能与 RNA 聚合酶结合并能起始 mRNA 合成的序列,它是基因表达不可缺少的重要调控序列。原核生物启动子是由两段彼此分开且又高度保守的核苷酸序列组成,即-10 区和-35 区。-10 区位于转录起始位点上游 5~10 bp,一般由 6~8 个碱基组成,富含 A 和 T,故又称为 TATA 盒;-35 区位于转录起始位点上游 35 bp 处,一般由 10 个碱基组成。为了表达真核基因,必须将其克隆在原核启动子的下游。在原核生物表达系统中,通常使用的可调控的强启动子有 *lac*(乳糖启动子)、*trp*(色氨酸启动子)、PL 和 PR(λ 噬菌体的左向和右向启动子)以及 *tac*(乳糖和色氨酸的杂合启动子)等。

(2) SD 序列 1974 年 Shine 和 Dalgarno 首先发现,在 mRNA 上有核糖体的结合位点(ribosome binding site,简称 RBS),它们是起始密码子 AUG 和一段位于 AUG 上游 3~10 bp 处的由 3~9 bp 组成的序列。这段序列富含嘌呤核苷酸,刚好与 16S rRNA 3′末端的富含嘧啶的序列互补,是核糖体 RNA 的识别与结合位点。根据发现者的名字,命名为 Shine-Dalgarno 序列,简称 SD 序列。在原核细胞中,当 mRNA 结合到核糖体上后,翻译或多或少会自动发生。细菌在翻译水平上的调控是不严格的,只有 RNA 和核糖体的结合才是蛋白质合成的关键。SD 序列与起始密码子 AUG 之间的距离既决定 mRNA 在细菌中的转录效率,也影响 mRNA 对蛋白质的翻译。

(3) 终止子 在一个基因的 3′端或是一个操纵子的 3′端往往还有一特定的核苷酸序列,它有终止转录的功能,这一 DNA 序列称为转录终止子(terminator)。对 RNA 聚合酶起终止作用的终止子在结构上有一些共同的特点,即有一段富含 A/T 的区域和一段富含 G/C 的区域,G/C 富含区域又具有回文对称结构,这段终止子转录后形成的 RNA 具有茎环结构。根据转录终止作用类型,终止子可分为两种:一种只取决于 DNA 的碱基顺序;另一种需要终止蛋白质的参与。在构建表达载体时,为防止由于克隆的外源基因的表达干扰载体系统的稳定性,一般都在多克隆位点的下游插入一段很强的核糖体 RNA 的转录终止子。

(4) 衰减子 衰减子(attenuator)是指在某些前导序列中带有控制蛋白质合成速率的调节区。在原核生物中,一条 mRNA 分子常常编码数种不同的多肽链。这种多顺反子 mRNA 的头一条多肽链合成的起始点,同 RNA 分子的 5′末端间的距离可达数百个核苷酸。这段位于编码区之前的不转译的 mRNA 区段,叫做前导序列(leader)。此外,在 mRNA 的 3′-OH 末端,以及在多顺反子 mRNA 中含有的长达数百个碱基的顺反子间序列(intercistranic-sequence),即间隔序列(spacer),也发现有不转译的序列。

7.1.3.2 几种类型的原核表达载体

表达载体是适合在受体细胞中表达外源基因的载体。外源基因在原核细胞中表达时,由于实验设计的不同,总的来说可产生融合型表达蛋白、非融合型表达蛋白和分泌型表达蛋白。不同的表达方式需要利用不同的表达载体,下面简要介绍几种常用的原核表达载体。

(1) 非融合型蛋白表达载体 pBV220 pBV220 由六部分组成:来源于 pUC8 的多克隆位点,核糖体 rrnB 基因终止信号,pBR322 第 4245~3735 位,pUC18 第 2066~680 位,λ 噬菌体 $cIts$857 抑制子基因及 PR 启动子,pRC23 的 PL 及 SD 序列,共 3665 bp,其结构如图 7.1.1 所示。pBV220 具有以下优点:① $cIts$857 抑制子基因与 PL 启动子同在一个载体上,可以转化任何菌株,以便选用蛋白酶活性较低的宿主菌,使表达产物不易降解;② SD 序列后面紧跟多克隆位点,便于插入带起始 ATG 的外源基因,表达非融合蛋白;③ 强转录终止信号可防止出现"通读"现象,有利于质粒-宿主系统的稳定;④ 整个质粒仅为 3665 bp,可以插入较大片段的外源基因;⑤ PR 与 PL 启动子串联,可以增强启动作用。pBV220 的宿主菌可以是大肠杆菌 HB101、JM103、C600。pBV220 为温度诱导,外源基因表达量可达到细胞总蛋白的 20%~30%,正常情况下,产物以包含体的形式存在于细胞内,表达产物不易被降解,均一性好。

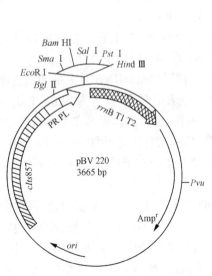

图 7.1.1 质粒 pBV220 结构图

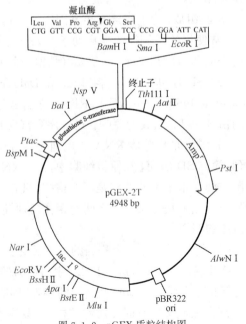

图 7.1.2 pGEX 质粒结构图

(2) 融合型蛋白表达载体 pGEX 系统　pGEX 系统由 Pharmacia 公司构建,由三种载体 pGEX-1XT、pGEX-2T 和 pGEX-3X 以及一种用于纯化表达蛋白的亲和层析介质 Glutathione Sepharose 4B 组成。载体含有 *tac* 启动子及 *lac* 操纵基因、SD 序列、*lac* I 阻遏蛋白基因等,在 SD 序列下游是谷胱甘肽巯基转移酶(glutathione-transferase)基因(图7.1.2)。将目的基因以正确阅读框克隆于多克隆位点,从而与谷胱甘肽巯基转移酶基因相连,表达产物为谷胱甘肽巯基转移酶和目的基因产物的融合蛋白,融合蛋白可用谷胱甘肽亲和柱一次性纯化。纯化的融合蛋白用凝血酶(thrombin)切割,从而获得目的蛋白。

(3) 分泌型蛋白表达载体 pinβ 系统　这个载体系统是以 pBR322 为基础构建的。它带有大肠杆菌中最强的启动子之一,即 Ipp(脂蛋白基因)启动子。为了调节目的基因的表达,在启动子的下游装有 *lac*UV5 的启动子及其操纵基因,并且把 *lac* 阻遏子的基因(*lac* I)也克隆在这个质粒上。在转录控制的下游再装上人工合成的高效翻译起始顺序(SD 序列及 ATG)。作为分泌克隆表达载体中关键的编码信号肽的序列,是取自于大肠杆菌中分泌蛋白的基因 *ompA* (外膜蛋白基因)。在编码顺序下游紧接着一段人工合成的包括 *Eco*R I、*Hind* III 和 *Bam*H I 三个单一酶切位点的多克隆位点片段。

7.1.4　基因重组

DNA 重组技术是一种在体外将 DNA 进行剪切和拼接的技术。目的基因与载体重组后才能导入宿主细胞中进行有效表达。

7.1.4.1　DNA 的连接方式

得到目的基因和表达载体以后,需要用 DNA 连接酶将它们连接起来。根据目的基因和载体制备过程中产生的末端性质不同,可采用以下四种连接方式。

(1) 黏性末端连接　黏性末端连接有三种方式：① 用产生黏性末端的同一种限制性核酸内切酶切开载体和目的基因的两端,然后用连接酶连接；② 采用可产生相同黏性末端而有不同特异性的同尾酶,分别切割载体和目的基因,然后用连接酶连接；③ 用两种产生不同黏性末端的限制性核酸内切酶分别切开载体和目的基因序列中的这两种酶的识别序列,然后用连接酶连接。

(2) 平末端连接　人工合成基因、cDNA 基因或用产生平末端的限制性核酸内切酶切下的基因没有黏性末端,可以采用平末端连接。T4-DNA 连接酶能催化 DNA 平末端的连接。平末端连接要求载体被插入部位两端也是平头,为此,可用两种方式处理载体：① 用产生平末端的限制性核酸内切酶切开载体；② 载体预定插入部位若不能用产生平末端的酶切开,也可以用产生黏性末端的酶切开,然后用 S_1 核酸酶除去黏性末端的单链凸出部分,或用大肠杆菌 DNA 聚合酶 I Klenow 大片段补齐黏性末端的凹回部分,再用 T4-DNA 连接酶连接。

(3) 人工接头连接　如果目的基因和切开的载体的末端不能吻合,通常是加上一个人工设计合成的含有所需限制性核酸内切酶识别序列的 DNA 片段,以便于连接后再切开被连接的 DNA。这种合成的 DNA 片段称为接头(linker)。一个含有几种限制性核酸内切酶识别序列的合成 DNA 片段称为多聚接头(polylinker)。目前,已有各种人工接头商品供应,也可按需要自行设计合成。

(4) 同聚物加尾法　如果在连接的两个 DNA 片段中没有能互补的黏性末端,可用末端核苷酸转移酶催化脱氧单核苷酸添加 DNA 的 3′ 末端,例如载体 DNA 3′ 端加上 polyG,目的

DNA 加上 polyC,这样人工在 DNA 两端做出能互补的共核苷酸多聚物黏性末端,退火后能结合连接,这样方法称为同聚物加尾法。

7.1.4.2 影响 DNA 连接的因素

(1) 连接酶的用量　在一般情况下,酶浓度高,反应速度快、产量也高。但是当使用的连接酶单位下降时,要加进大量连接酶。

(2) 作用温度与时间　连接温度在 37℃ 有利于连接酶的活性,但在此温度下,黏性末端形成的氢键结合是不稳定的,所以连接温度折中采取催化反应和末端黏合的温度。反应时间是与温度有关的,因为反应速度随温度的提高而加快。一般采用 12~16℃ 反应 12h 或 8~9℃ 反应 2d 两种条件。在选择反应的温度与时间关系时,要考虑在反应系统中其他因素的影响。

(3) 底物的浓度　一般采用提高 DNA 的浓度来增加重组的比例,但是当底物浓度过高,反应体积太小时,连接效果也很差,这可能是分子运动受到阻碍。DNA 连接浓度太低与连接体积太大易于造成 DNA 的自连而产生重组子中的多聚体。

(4) 干扰因素　在连接反应中,还要排除其他干扰因素,如 EDTA 的存在会抑制酶的活性;DNA 样品中如有蛋白质、RNA 存在,会妨碍酶与 DNA 的直接作用,从而影响连接的效果。

7.1.5　原核细胞的转化、重组体的筛选与鉴定

7.1.5.1　重组基因导入宿主细胞

体外构成的带有外源 DNA 片段的重组体只有导入适当的宿主细胞进行繁殖,才能够获得大量纯一的重组体 DNA 分子。将外源重组体分子导入受体细胞的途径,包括转化、转染、显微注射和电穿孔等多种不同的方式。

(1) 氯化钙转化法　转化是指细胞在一定生理状态(即感受态,competence)时,可摄取外源遗传物质,使之在体内独立复制或重组成为宿主细胞染色体的一部分,并使宿主细胞获得某些新的遗传性状。大肠杆菌经氯化钙处理容易形成感受态细胞。将宿主细胞在最适条件下培养至细胞密度 A_{600} 为 0.4 左右,在 50~100 mmol/L 氯化钙溶液中,于 0℃ 温育 30min,使细胞成为感受态,然后加入重组质粒 DNA,在冰上继续温育 30min,迅速转换到 42℃ 热激活 2min,细胞容易吸收质粒 DNA。

(2) 电穿孔法　利用脉冲电场将 DNA 导入宿主细胞的方法叫电穿孔法(electroporation)。通常是细胞短暂接受高压脉冲作用后,形成可逆的瞬间通道,细胞就能通过质膜上形成的孔,从悬浮液中吸收外源 DNA,这是一种将克隆基因导入微生物、动物细胞和植物细胞的快速简便方法。影响电穿孔导入 DNA 效率的因素很多,如电击前宿主细胞的预处理、电脉冲的强度和时间、电击缓冲液的组成等。

7.1.5.2　转化子的筛选和鉴定

通过 DNA 体外重组技术,得到需要的重组 DNA 克隆是基因工程的首要目的。目的序列与载体 DNA 正确连接的效率、重组 DNA 导入细胞的效率都不是百分之百的,因此最后培养出来的细胞群中只有一部分,甚至只有很小一部分是含有目的序列的重组体(recombinant),需要从大量细胞中筛选出重组质粒的转化子,所以筛选(screening)是基因克隆的重要步骤。

筛选方法的选择和设计主要依据载体、目的基因、宿主细胞三者的不同遗传与分子生物学特性来进行。基因工程中常用的筛选与鉴定方法,一般分为遗传学直接筛选法和分子生物学间

接方法两大类。前者利用可选择的遗传表型和功能,如:抗药性、营养缺陷型、显色反应、噬菌斑形成能力等,此法简便快速,可以在大量群体中进行初步筛选。但由于目的基因插入重组分子的方向、多聚体假阳性等原因,可靠性较差。后者是根据目的基因的大小、核苷酸序列、基因表达产物的分子生物学特性,如:酶切相对分子质量大小、分子杂交、核苷酸序列分析、放免反应等。此法灵敏度高,结果可靠性强,但条件要求高、难度大、费时间、筛选量有限,通常是在初筛的基础上用做最后的鉴定。下面介绍几种常用的筛选和鉴定方法。

(1) 遗传学直接筛选法

① 抗药性筛选:目前使用的质粒载体几乎都带有某种抗药性基因作为选择标记,如抗氨苄青霉素(Amp^r)、抗四环素(Ter^r)、抗卡那霉素(Kan^r)等,为转化子的筛选提供了方便。如果外源目的序列是插入在载体的抗药性基因中间使这个抗药性基因失活,抗药性标志就会消失。根据重组载体的抗药性标志来筛选,可以筛选去大量的非目的重组体,但还只是粗筛,例如细菌可能发生变异而引起抗药性的改变,却并不代表目的序列的插入,所以需要作进一步细致的筛选。

② α-互补:该方法是利用基因内互补原理设计的。基因内互补(intra-allelic complementation)是指两个彼此互补的突变基因,它们编码产生的失活多肽能够结合形成一种有功能活性的蛋白质分子,使个体呈现正常的野生型表型的生命现象。该方法所用质粒上含有 $lacZ'$ 基因,包括 lac 启动基因、操纵基因和 lacZ 的 N 末端 59 个密码子区段,共 391 bp,称为 α 序列或 α 肽。宿主菌基因型为 $lacZ\triangle M15$,即该基因编码缺失第 11~41 位氨基酸的无活性的 β-半乳糖苷酶。带有 $lacZ'$ 基因的质粒转入宿主菌后,在诱导物 IPTG(异丙基-β-D-硫代半乳糖苷)诱导下,$lacZ'$ 基因合成半乳糖苷酶 N 端片段,宿主菌染色体上的 $lacZ\triangle M15$ 基因合成半乳糖苷酶 C 端片段,从而形成有酶学活性的 β-半乳糖苷酶。β-半乳糖苷酶将呈色底物 X-gal(5-溴-4-氯-3-吲哚-β-D-半乳糖苷)分解成无色的半乳糖和蓝色的 5-溴-4-氯-靛蓝。当外源基因插入到质粒的多克隆位点后,破坏了β-半乳糖苷酶的 N 端阅读框,产生无 α-互补能力的 N 端片段,转入重组质粒的宿主菌不能形成有活性的 β-半乳糖苷酶,在 X-gal、IPTG 存在的平板上,不能分解 X-gal,所以形成的是白色菌落。转入质粒自连的宿主菌则形成蓝色菌落。通过颜色反应即可识别带有重组质粒的菌落。

(2) 分子生物学间接方法

① 单菌落快速电泳:将抗药性转化子单菌落随机挑出,快速提取质粒,电泳检测,找出比单纯载体相对分子质量大的条带,再对含大相对分子质量质粒的菌株进一步作质粒 DNA 酶切图谱检查或基因功能检查。本方法适合于载体 DNA 与重组 DNA 差别较大的比较。如果 DNA 之间相差小于 1 kb 以下,加上各 DNA 之间还有几种构型的差异,用此法就有困难。

② 限制性核酸内切酶酶切图谱分析:目的序列插入载体会使载体 DNA 限制性核酸内切酶酶切图谱(restriction map)发生变化,将初步筛选的转化子细胞中的质粒 DNA 进行限制性核酸内切酶酶切分析,从插入 DNA 片段的大小确定是否含有目的基因的重组子和基因的插入方向。

③ PCR 法:如果已知目的序列的长度和两端的序列,则可以设计合成一对引物,以转化细胞的 DNA 为模板进行扩增,若能得到预期长度的 PCR 产物,则该转化细胞就可能含有目的序列。

④ 菌落原位杂交或 Southern 印迹杂交:利用标记的核酸作探针与转化细胞的 DNA 进

行分子杂交,可以直接筛选和鉴定目的序列克隆。常用的方法是将转化后生长的菌落复印到硝酸纤维素膜上,用碱裂解菌,菌落释放的 DNA 就吸附在膜上,再与标记的核酸探针温育杂交,含目的基因的克隆菌落位置将呈阳性斑点。将重组质粒抽提出来,经限制性核酸内切酶酶切、琼脂糖凝胶电泳,电泳条带转移到硝酸纤维素膜上,用标记 mRNA 或 cDNA 作为探针,进行 Southern 印迹杂交,以检测含目的基因序列的区带。

⑤ 核苷酸序列测定:所得到的目的序列或基因的克隆,都要用其核酸序列测定来最后鉴定。已知序列的核酸克隆要经序列测定确证所获得的克隆准确无误;未知序列的核酸克隆要测定序列才能确知其结构、推测其功能,用于进一步的研究。

7.2 基因工程菌的不稳定性及其对策

基因重组菌的稳定性是高水平发酵生产的基本条件,因此基因重组菌的稳定性问题受到极大的关注。

7.2.1 质粒的不稳定性

基因工程菌在传代过程中经常出现质粒不稳定的现象,质粒不稳定分为分裂不稳定和结构不稳定。基因工程菌的稳定性至少应维持 25 代以上。

基因工程菌的质粒不稳定常见的是分裂不稳定。质粒的分裂不稳定是指工程菌分裂时出现一定比例的不含质粒的子代菌的现象,它主要与两个因素有关:① 含质粒菌产生不含质粒子代菌的频率、质粒丢失率与宿主菌、质粒特性和培养条件有关;② 这两种菌比生长速率差异的大小。由于丢失质粒的菌体在非选择性培养基中一般具有生长的优势,一旦发生质粒丢失,基因工程菌在培养液中的比例会随时间快速下降,因此丢失质粒的菌能在培养液中逐渐取代含质粒菌而成为优势菌,从而严重影响外源基因产物的生产。质粒的结构不稳定是由于 DNA 从质粒上丢失或碱基重排、缺失所致工程菌性能的改变。质粒自发缺失与质粒中短的正向重复序列之间的同源重组有关,具有两个串联启动子的质粒更容易发生缺失;在无同源性的两个位点之间也会发生缺失。培养条件也对质粒结构不稳定性产生影响。

7.2.2 提高质粒稳定性的方法

(1) 选择合适的宿主菌　宿主菌的遗传特性对质粒的稳定性影响很大。宿主菌的比生长速率、基因重组系统的特性、染色体上是否有与质粒和外源基因同源的序列等都会影响质粒的稳定性。

(2) 选择合适的载体　含低拷贝质粒的工程菌产生不含质粒的子代菌的概率较大,因而这类工程菌增加质粒拷贝数能提高质粒的稳定性;含高拷贝质粒的工程菌产生不含质粒的子代菌的概率较小,但是由于大量外源质粒的存在使含质粒菌的比生长速率明显低于不含质粒菌的,因而不含质粒菌一旦产生后,能较快地取代含质粒菌而成为优势菌,因而对这类菌进一步提高质粒拷贝数反而会增加含质粒菌的生长负势,对质粒的稳定性不利。对同一工程菌来说,通过控制不同的比生长速率可以改变质粒的拷贝数。Ryan 等报道了比生长速率对质粒拷贝数和质粒稳定性的影响,在高比生长速率时质粒拷贝数下降,但质粒稳定性明显增加。

(3) 选择压力　在培养基中加选择性压力如抗生素等,是工程菌培养中提高质粒稳定性常用的方法。含有抗药性基因的重组质粒转入宿主细胞,基因工程菌获得了抗药性。发酵时在培养基中加入适量的相应抗生素可以抑制质粒丢失菌的生长,消除重组质粒分裂不稳定的影响,从而提高发酵生产率。但是添加抗生素选择压力对质粒结构不稳定无能为力。添加抗生素在大规模生产时并不可取,加入大量的抗生素会使生产成本增加;另外,添加一些容易被水解失活的抗生素,只能维持一定时间。

(4) 分阶段控制培养　外源基因表达水平越高,重组质粒越不稳定。由于外源基因高效表达造成质粒不稳定时,可以考虑将发酵过程分阶段控制,即在生长阶段使外源基因处于阻遏状态,避免由于基因表达造成质粒不稳定性问题的发生,使质粒稳定地遗传,在获得需要的菌体密度后,再去阻遏或诱导外源基因表达。由于第一阶段外源基因未表达,从而减少重组菌与质粒丢失菌的比生长速率的差别,增加了质粒的稳定性。比如利用温度或IPTG诱导型质粒构建的基因重组大肠杆菌,均可以采用先进行细胞培养,然后诱导表达的分阶段控制培养法。连续培养时可以考虑采用多级培养,如在第一级进行生长,维持菌体的稳定性,在第二级进行表达。

(5) 控制培养条件　培养条件如温度、溶氧、pH、限制性营养物质浓度、有害代谢产物浓度等对工程菌的比生长速率有很大的影响,因而影响质粒的稳定性和工程菌的表达效率。由于含质粒的基因重组菌对发酵环境的改变比不含质粒的受体菌反应慢,因而可以采用改变培养条件的方法以改变这两种菌的比生长速率,从而改善质粒的稳定性。如在复合培养基提供了生长必需的氨基酸和其他物质,重组菌的生长较在基本培养基中快,降低重组菌和宿主菌比生长速率的差异,具有较高的稳定性。采用温度调控表达系统时,将大肠杆菌的培养温度由30℃升到42℃,诱导外源基因表达的同时往往造成质粒的丢失。基因重组菌在低溶氧环境稳定性差的原因是由于氧限制了能量的提供,因而在发酵过程中需要保持较高的溶氧,通过间隙供氧的方法和改变稀释速率的方法都可提高质粒的稳定性。例如用基本培养基培养大肠杆菌 W3110(pEC901)时,在发酵过程中未发现其质粒不稳定,但进行连续培养时,发现在低比生长速率($0.302\ h^{-1}$)下重组质粒只可完全维持20代,以后即发生质粒丢失,重组菌比例迅速下降。随着比生长速率增大($0.705\ h^{-1}$),大肠杆菌完全保留重组质粒的传代数增加,可维持80代左右。

(6) 固定化　固定化可以提高基因重组大肠杆菌的稳定性,目的产物的表达率也有了很大提高。在游离重组菌系统中常用抗生素、氨基酸等选择性压力稳定质粒,往往在大规模生产中难以应用。而采用固定化方法后,这种选择压力则可被省去。不同的宿主菌及质粒在固定化系统中均表现出良好的稳定性。质粒pTG201带有λ噬菌体的PR启动子、$cI857$阻遏蛋白基因和 xylE 基因(一种报告基因)。大肠杆菌 W3110(pTG201)在37℃连续培养时,游离细胞培养260代有13%丢失质粒,而用卡拉胶固定化的细胞连续培养240代仍没有测到细胞丢失质粒。当宿主为大肠杆菌B时质粒稳定性较差,游离细胞经85代连续培养,丢失质粒的菌体占60%以上,而固定化细胞在10~20代培养后丢失质粒的细胞只有9%,以后维持该水平不变。

7.2.3　重组工程菌的培养

7.2.3.1　基因工程菌的培养方式

(1) 补料分批培养　在分批培养中,为了保持基因工程菌生长所需的良好微环境,延长其生长对数期,获得高密度菌体,通常把溶氧控制和流加补料措施结合起来,根据基因工程菌的生长规律来调节补料的流加速率。具体方法有:

① DO-Stat 方法：这一方法是通过调节搅拌转速和通气速率来控制溶氧在 20%，用固定或手动调节补料的流加速率。要获得高水平表达，补料的流加速率是关键因素，过高或过低都会降低产量。

② Balanced DO-Stat 方法：该法通过控制溶氧、搅拌转速及糖的流加速率，使乙酸维持在低浓度，从而获得高密度菌体及高表达产物。其原理是：溶氧水平及糖的流加率对菌体代谢的糖酵解途径和氧化途径之间的平衡产生影响，缺氧时将迫使糖代谢进入酵解途径，糖的流加率过大也有类似效应，当碳源供给超过氧化容量时，糖就会进入酵解途径而产生乙酸或乳酸。因此，操作设计战略是要维持高水平溶氧，并控制糖的流加速率不超过氧化容量，由两个偶联的控制回路来实现。

③ 控制菌体比生长速率方法：基因工程菌的产物表达水平与菌体的比生长速率有关，控制菌体的比生长速率在最优表达水平可同时获得高密度和高表达。可通过两种方式来控制菌体的比生长速率：第一，通过调节葡萄糖流加速率以控制溶氧在 20%；第二，通过调节搅拌转速来控制菌体的比生长速率在最优值。

（2）连续培养　连续培养是将种子接入发酵反应器中，搅拌培养至菌体浓度达到一定程度后，开动进料和出料蠕动泵，以一定稀释率进行不间断培养。连续培养可以为微生物提供恒定的生活环境，控制其比生长速率，为研究基因工程菌的发酵动力学、生理生化特性、环境因素对基因表达的影响等创造良好的条件。

但是由于基因工程菌的不稳定性，连续培养比较困难。为了解决这一问题，人们将工程菌的生长阶段和基因表达阶段分开，进行两阶段连续培养。在这样的系统中关键的控制参数是诱导水平、稀释率和细胞比生长速率。优化这三个参数以保证在第一阶段培养时质粒稳定，菌体进入第二阶段后可获得最高表达水平或最大产率。

（3）透析培养　透析培养技术是利用膜的半透性原理使培养物和培养基分离，其主要目的是通过去除培养液中的代谢产物来解除其对生产菌的不利影响。传统的生产外源蛋白的发酵方法，由于乙酸等代谢副产物的过高积累而限制工程菌的生长及外源基因的表达，而透析培养技术解决了上述问题。采用膜透析装置是在发酵过程中用蠕动泵将发酵液抽出打入罐外的膜透析器的一侧循环，其另一侧通入透析液循环，在补料分批培养中，大量乙酸在透析器中透过半透膜，降低培养基中的乙酸浓度，并可通过在透析液中补充养分而维持较合适的基质浓度，从而获得高密度菌体。膜的种类、孔径、面积，发酵液和透析液的比例，透析液的组成，循环流速，开始透析的时间和透析培养的持续时间段都对产物的产率有影响。用此法培养重组菌 $E.coli$ HB101(pPAKS2)生产青霉素酰化酶，可提高产率 11 倍。

（4）固定化培养　基因工程菌经固定化后，质粒的稳定性大大提高，便于进行连续培养，特别是对分泌型菌更为有利。由于这一优点，基因工程菌固定化培养研究已得到迅速发展。

7.2.3.2　基因工程菌的发酵工艺

不同于传统的发酵工艺，工程菌发酵生产之目的是希望能获得大量的外源基因产物，尽可能减少宿主细胞本身蛋白的污染。外源基因的高水平表达，不仅涉及宿主、载体和克隆基因之间的相互关系，而且与其所处的环境条件息息相关。不同的发酵条件，工程菌的代谢途径也许不一样，对下游的纯化工艺也会造成不同的影响。仅按传统的发酵工艺生产生物制品是远远不够的，需要对影响外源基因表达的因素进行分析，探索出一套既适于外源基因高效表达，又有利于产品纯化的发酵工艺。

(1) 培养基的影响　培养基的组成既要提高工程菌的比生长速率,又要保持重组质粒的稳定性,使外源基因能够高效表达。使用不同的碳源对菌体生长和外源基因表达有较大的影响。葡萄糖和甘油相比,它们所导致的菌体比生长速率及呼吸强度相差不大,但甘油的菌体得率较大,而葡萄糖所产生的副产物较多。葡萄糖对 lac 启动子有抑制作用,采用流加措施,控制培养液中葡萄糖的浓度保持在低水平,可减弱或消除葡萄糖的阻遏作用。用甘露糖作碳源,不产生乙酸,但比生长速率和呼吸强度较小。使用乳糖作碳源对 tac 启动子较为有利,乳糖同时还起诱导作用。在各种有机氮源中,酪蛋白水解物更有利于产物的合成与分泌。培养基中色氨酸对 trp 启动子控制的基因表达有影响。

无机磷在许多初级代谢的酶促反应中是一个效应因子,如在 DNA、RNA、蛋白质的合成,糖代谢,细胞呼吸及 ATP 水平的控制中,过量的无机磷会刺激葡萄糖的利用、菌体生长和氧消耗。Ryan 等研究无机磷浓度对重组大肠杆菌生长及克隆基因表达的结果表明,在低磷浓度下,尽管菌体浓度较低,但产物比产率及产物浓度都最高。Jensen 等在进行补料分批培养时,降低培养基中磷含量,使菌体生长受到控制,再加大葡萄糖流加速率,可使目的蛋白产量提高一倍。由于启动子只有在低磷酸盐的情况下才被启动,因此必须控制磷酸盐的浓度,使细菌在生长到一定密度时,磷酸盐被消耗至低浓度,目的蛋白才被表达。起始磷酸盐浓度应控制在 0.015 mol/L 左右,浓度低影响细菌生长,浓度高则目的蛋白不表达。

(2) 接种量的影响　接种量是指移入的种子液体积和培养液体积的比例,接种量的大小影响发酵的产量和发酵周期,它的大小取决于生产菌种在发酵中的生长繁殖速度。接种量小,菌体延迟期较长,不利于外源基因的表达。接种量大,由于种子液中含有大量体外水解酶,有利于对基质的利用,可以缩短生长延迟期,并使生产菌能迅速占领整个培养环境,减少污染机会;但接种量过高往往会使菌体生长过快,代谢产物积累过多,反而会抑制后期菌体的生长。表达 rhGM-CSF 的工程菌大肠杆菌分别以 5%,10%,15% 的接种量进行发酵,结果表明,5%接种量,菌体延迟期较长,可能会使菌龄老化,不宜表达外源蛋白产物;10%,15% 的接种量,延迟期极短,菌群迅速繁衍,很快进入对数生长期,适于表达外源蛋白产物。

(3) 温度的影响　温度对基因表达的调控作用可发生在复制、转录、翻译或低分子调节分子合成等水平上。在复制水平上可通过调控复制,来改变基因剂量,影响基因表达。在转录水平上可通过影响 RNA 多聚酶的作用,来调控基因表达;也可通过修饰 RNA 多聚酶调控基因表达。温度也可在 mRNA 降解和翻译水平上影响基因表达。温度还可能通过调节细胞内小分子调节分子的量而影响基因表达,也可通过影响细胞内 ppGpp 量调控一系列基因表达。

大肠杆菌合成青霉素酰化酶不仅受苯乙酸诱导和葡萄糖阻遏,而且受温度调控。青霉素酰化酶基因工程菌大肠杆菌 A56(pPA22)合成青霉素酰化酶的量从 37℃起随着温度降低逐渐增加,至 20～22℃达到高峰,在 18℃和 16℃合成酶量又逐渐下降,这是由于在 18℃和 16℃培养时菌体生长较慢,从而影响了所合成酶的总量。以青霉素酰化酶基因为探针,通过 DNA-RNA 点杂交试验分析在 37℃,28℃,22℃培养的细胞中青霉素酰化酶 mRNA 的量,结果表明:37℃培养的细胞中检不出青霉素酰化酶 mRNA,22℃培养的细胞中青霉素酰化酶 mRNA 的量是 28℃培养的细胞中的 5 倍左右,说明温度对青霉素酰化酶基因表达的调控作用是由于影响了细胞内青霉素酰化酶 mRNA 的浓度。为了确定温度是不是通过影响质粒的拷贝数来调控青霉素酰化酶的合成,检测了质粒 pPA22 携带的氯霉素乙酰转移酶基因在不同温度培养的细胞中氯霉素乙酰转移酶 mRNA 的量,结果表明在 37℃,28℃,22℃培养的细胞中氯霉素乙酰转移酶 mRNA 的量基本相同,说明在不同温度培养的大肠杆菌 A56(pPA22)中质粒 pPA22 的拷贝数无明显差异,而且质粒 pPA22 上的氯霉素乙酰转移酶基因的表达不受温度影响。从而证明温度是在转录水平上专一地调控青霉素酰化酶基因的表达。

温度诱导的基因工程菌,其最佳的诱导温度可能随产物而异。温敏扩增型质粒,升温后质粒拷贝数就处于失控状态,对菌体生长有很大影响。对含此类质粒的工程菌,通常要先在较低温度下培养,然后升温,以大量增加质粒拷贝数,诱导外源基因表达。

温度还影响蛋白质的活性和包含体的形成。分泌型重组人粒细胞——巨噬细胞集落刺激因子工程菌 E.coli W3100/pGM-CSF 在 30℃培养时,目的产物表达量最高,温度低时影响细菌生长,不利于目的产物的表达;温度高(37℃)时由于细菌的热休克系统被激活,大量的蛋白酶被诱导,降解表达产物,因此,产物表达量低于在 30℃时发酵的产量。重组人生长激素在不同的温度培养还影响产物的表达形式:30℃培养时是可溶的,37℃培养时则形成包含体。

(4) 溶解氧的影响　溶解氧是工程菌培养过程中影响菌体代谢的一个重要参数,溶解氧浓度对菌体生长和产物生成的影响很大。菌群在大量扩增过程中,耗氧进行氧化分解代谢,饱和氧的及时供给很重要。发酵时,随吸光度的下降,细胞生长减慢,ST 值下降;尤其在发酵后期,随吸光度的下降,ST 值下降幅度更大,外源基因的高水平转录和翻译,细胞需要大量的能量,以促进细胞的呼吸作用,提高了对氧的需求,因此只有维持较高水平的吸光度值(≥40%)才能提高带有重组质粒的细胞生长,有利于外源蛋白产物的形成。

采用调整搅拌转速的方法可以改善培养过程中氧的供给,提高活菌产量。在常速搅拌下用增加通气量的方法以提高氧的传递速率是递减的效果,随通气量增加,即当气流速度越大,再增加其速度对氧的溶解度的提高作用越小。当系统被气流引起液泛时,传质速率会显著下降,泡沫增多,罐的有效利用率减小。因此,在发酵前期采用较低转速即可满足菌体生长;在培养后期,提高搅拌转速才能满足菌体继续生长的要求。这样既可以满足工程菌生长,获得高活菌数,又可以避免发酵培养全过程采用高转速,节约能源。

研究发现,分泌型重组人粒细胞——巨噬细胞集落刺激因子工程菌 E.coli W3100/pGM-CSF 在发酵过程中若溶氧量长期低于 20%,则产生大量杂蛋白,影响以后的纯化。为此,在发酵过程中,应始终控制溶氧量不低于 25%。

(5) 诱导表达程序的影响　对于 PL 或 PR 启动子型的工程菌来说,热诱导的程序对提高外源蛋白表达量是至关重要的。细胞生长的温度突然升高 10℃以上,其细胞内就会生成某些热激蛋白,以适应变化的环境。几乎各类细胞遇到热诱导时都产生热激蛋白,在 E.coli 中约产 17 种热激蛋白,如果增高的温度范围不太大(E.coli 中为 42℃),热激蛋白合成的速度很快又下降,恢复正常蛋白的合成。因此,热诱导表达的工程菌通过在发酵罐夹层中通热蒸汽以达到迅速升温的目的,要求在 2 min 内完成诱导表达的升温过程。如果升温时间过长,则热激蛋白合成量剧增,外源蛋白相对量降低,给后续的纯化精制造成困难。

(6) 诱导时机的影响　对于 PL 或 PR 启动子型的工程菌来说,一般在对数生长期或对数生长后期升温诱导表达。在对数生长期,细胞快速繁殖,直到细胞密度达到 10^9 个/mL(A_{600} 为 2.5)时为止,这时菌群数目倍增,对营养和氧的需求量急增,营养和氧成了菌群旺盛代谢的限制因素。如果分批培养,控制在一定的菌体密度下,进行诱导有利于外源蛋白的表达,菌体湿重一般为 8～10g/L;如果采用流加工艺,补充必要的营养,加大供氧量,则菌群继续倍增,菌体密度提高(25～30g/L),而且表达量并不降低。生物量能够提高 2～3 倍,会产生巨大的经济效益。

（7）pH 的影响　采用两阶段培养工艺,培养前期阶段着重于优化工程菌的最佳生长条件,培养后期阶段着重于优化外源蛋白的表达条件。实验发现,细胞生长期的最佳 pH 范围在 6.8～7.4 左右,而外源蛋白表达的最佳 pH 为 6.0～6.5。因此发酵前期,pH 可以控制在 7.0 左右,开始热诱导表达时,关闭碱泵,由于细胞自身代谢的结果,pH 逐渐下降,当 pH 降至 6.0 时,重新启动碱泵,采用自动调节程序,就可避免环境 pH 激烈变化对细胞生长和代谢造成的不利影响。

总之,必须建立工程菌发酵的最佳化工艺。最佳化工艺是指最短周期、最高产量、最好质量、最低消耗、最大安全性、最周全的废物处理效果与最低失败率等综合指标。工艺最佳化需对不同的菌种做大量试验,取得重复性好的准确数据后,模拟发酵代谢曲线,预测放大值。只有对菌种生物特性和发酵工艺了如指掌,最佳工艺条件设计才更合理。

7.3　高密度培养

重组菌培养有自身的特点,即,目的基因克隆在质粒上,存在结构不稳定性和分配不稳定性;随着培养环境的改变,质粒拷贝数会有增有减,基因剂量也会相应变化;大多数克隆基因的表达是由已知启动子控制的,因而易通过改变环境条件来调节。

7.3.1　高密度培养的定义

高密度培养(high cell-density culture,又称高密度发酵,high cell-density fermentation)是一个相对概念,一般是指培养液中工程菌的菌体浓度在 50 g/L 干重[g(DCW)/L]以上,理论上的最高值可达 200 g(DCW)/L。高密度培养是大规模制备重组蛋白质过程中不可缺少的工艺步骤。外源基因表达产量与单位体积产量是正相关的,而单位体积产量与细胞浓度和每个细胞平均表达产量呈正相关性,因此可通过单位体积的菌体数量的成倍增加来实现总表达量的提高。高密度培养可以提高发酵罐内的菌体密度,提高产物的细胞水平量,相应地减少了生物反应器的体积,提高单位体积设备生产能力,降低生物量的分离费用,缩短生产周期,从而达到降低生产成本、提高生产效率的目的。高密度培养对培养条件和培养设备的要求较高。

7.3.2　影响高密度培养的因素

在大肠杆菌高密度发酵过程中,重组蛋白的表达量既取决于外源蛋白的表达水平,又取决于工程菌的菌体密度。影响高密度培养的因素非常多,如细菌生长所需的营养条件、培养过程中的培养温度、培养液的 pH、溶氧浓度、有害的代谢副产物、补料方式及发酵液流变学特性等。

7.3.2.1　培养基

大肠杆菌高密度培养的生物量可达 150～200 g/L,为满足菌体生长和外源蛋白表达的需要,常需投入几倍于生物量的基质。高密度培养对基质中营养源的种类和含量比要求较高,如碳源和氮源比例偏小,会导致菌体生长旺盛,造成菌体提前衰老自溶;若比例偏大,则菌体繁殖数量少,细菌代谢不平衡,不利于产物积累。为达到理想的效果,需要对基质中营养物质的配比进行优化,以满足细菌大量繁殖和外源蛋白表达的需要。

由于优化碳源是控制高密度培养的关键因素,人们在这一方面作了大量研究。葡萄糖因其被细菌吸收速度快、价格便宜,而成为大肠杆菌高密度培养中最常用的碳源物质,但培养基中葡萄糖的浓度过高会导致乙酸的生成,因此保持培养基中较低的葡萄糖浓度是实现高密度培养的关键。例如,大肠杆菌高密度培养谷胱甘肽(GSH),初糖浓度为 10 g/L 时,重组大肠杆菌 WSH-KE 发酵 24 h,细胞干重达到最大,此时细胞内 GSH 的含量也高于其他糖浓度时对应的含量。利用甘油代替葡萄糖作为碳源培养生产重组肿瘤坏死因子,当甘油浓度为 5 g/L 时,最终菌体密度 A_{600} 为 120,重组肿瘤坏死因子的表达量占菌体总蛋白的 30% 以上。利用果糖作为碳源发酵生产重组 β-半乳糖苷酶时,重组蛋白的产率比利用葡萄糖作为碳源的产率提高了 65%。

在培养基中,氮源、微量元素和无机盐的含量对细菌的生长繁殖和外源蛋白的表达也有很大影响。例如,高密度培养重组肿瘤坏死因子时,含磷量能影响表达质粒的复制速率,因而是影响菌体生长和基因表达的关键因素之一。

7.3.2.2 溶氧浓度

菌体在扩增过程中,需要大量氧进行氧化分解代谢,饱和氧的及时供给非常重要。溶解氧的浓度过高或过低都会影响细菌的代谢,因而影响菌体生长和外源蛋白的表达。随着培养时间的延长,菌体密度迅速增加,溶氧浓度随之下降,细胞生长减慢。特别是在高密度培养的后期,由于菌体密度的扩增,耗氧量极大,发酵罐各项物理参数均不能满足对氧的供给,导致菌体生长极为缓慢,外源蛋白的表达量也较差。

要在培养过程中保持适宜的溶氧浓度,必须确定发酵罐的通气量和搅拌速度。在一定范围内,通气量越大,溶氧浓度越高。但气流速度过大,再提高通气量,会使培养液产生大量气泡,使罐的有效利用率降低。目前提高溶氧量的方法主要有:用空气分离系统提高通气中氧分压;将具有提高氧传质能力的透明颤菌血红蛋白基因克隆至菌体中;采用与小球藻混合培养,用藻细胞光合作用产生的氧气直接供菌体吸收。

7.3.2.3 pH

在高密度培养过程中,pH 的改变会影响细胞的生长和基因产物的表达。大肠杆菌利用葡萄糖产酸产气,特别是产生大量的乙酸和 CO_2,从而使 pH 降低。因此,发酵过程必须及时调节 pH 使其处于适宜的范围内。

7.3.2.4 温度

较高的温度有利于细菌生长,提高菌体的生物量,但对外源蛋白表达量会有影响。如温度对基因工程菌的生长和重组蛋白 rhG-CSF 表达的影响显示:较高温度有利于细菌生长,低温有利于外源蛋白的表达,而且在不同的培养阶段采用不同的培养温度有利于提高细菌的生长密度和重组蛋白的表达量,并可缩短培养周期。对于温控诱导表达的基因工程菌来说,诱导时机和持续时间对于重组蛋白的产量都有极大的影响。例如,对 λ 噬菌体 PL 和 PR 启动子型的工程菌,热诱导程序对于提高外源蛋白的表达量非常重要,细胞生长温度突然提高 10℃ 以上,细胞内就会生成某些热激蛋白,以适应变化的环境。升温过程一般要求在 2 min 内完成,如果升温时间过长,则热激蛋白合成量剧增,外源蛋白的量相对降低。升温诱导一般在对数生长期或对数生长后期,此时,细菌繁殖量巨大,菌体的旺盛代谢受到抑制,此时诱导有利于外源蛋白的表达。

7.3.2.5 生长抑制物的生成

大肠杆菌在培养过程中,会产生一些有害的代谢副产物,如乙酸、CO_2 等,这些物质的积累会抑制菌体的生长和蛋白的表达。在高密度培养过程中,即便供氧充足,葡萄糖的浓度超过某一阈值,细菌也会产生乙酸。比生长速率过高,供氧不足,也会产生大量的乙酸。乙酸抑制菌体生长的机制目前一般认为是:当流入中心代谢途径的碳源物质超过生物合成的需求和胞内能量产生能力时,就会产生乙酸,三羧酸循环或电子传递链的饱和可能是主要原因。乙酸的质子化形式降低了ΔpH对质子梯度移动力的影响,干扰了ATP的合成,因此,乙酸可能是通过阻碍DNA、RNA、蛋白质、脂肪的合成而抑制菌体的生长。高浓度的CO_2对菌体的生长也有毒害作用,也会导致发酵液pH下降。为降低培养过程中代谢副产物的积累,可在保持高溶氧的同时,采用流加补料的措施,或者保持适当的比生长速率。此外,在培养基中添加某些氨基酸(甘氨酸、蛋氨酸),也可减轻乙酸的抑制作用。

7.3.3 如何达到高密度培养

7.3.3.1 培养条件的改进

(1) 培养基的选择　高密度培养过程中工程菌在短时间内迅速分裂增殖,使菌体浓度迅速升高,而工程菌提高分裂速度的基本条件是必须满足其生长所需的营养物质。如果以葡萄糖为碳源,葡萄糖需经氧化和磷酸化作用生成1,3-二磷酸甘油醛,才能被微生物利用。如果以甘油作为碳源,它可以直接被磷酸化,从而被微生物利用,即可缩短工程菌的利用时间,增加分裂繁殖的速度。目前,普遍采用6 g/L的甘油作为高密度培养培养基的碳源。另外,高密度培养培养基中各组分的浓度也要比普通培养基高2~3倍,才能满足高密度培养中工程菌对营养物质的需求。

(2) 建立流加式培养方式　当碳源和氮源等营养物质超过一定浓度时可抑制菌体生长,这就是在分批培养的培养基中增加营养物浓度而不能产生高细胞密度的原因,因此,高密度培养是以低于抑制阈的浓度开始的,营养物则是在需维持高比生长速率时才添加的,所以补料分批培养已被广泛用于各种微生物的高密度培养。补料分批培养主要包括反馈补料和非反馈补料两种类型。前者主要包括恒速补料、变速补料、指数补料三种方法,后者包括pH法、恒溶氧法、菌体浓度反馈法等。不同的流加方式对细菌的高密度生长和产物的表达有很大的影响。指数流加法比较简单,不需复杂设备,且采用这一方法培养大肠杆菌可将比生长速率控制在适宜的范围内,因而广泛用于重组大肠杆菌的高密度培养生产。指数流加法不仅在提高菌体密度、生产强度和产物表达总量方面具有明显优势,而且在生产过程中比生长速率的平均值与设定值非常接近。

(3) 提高供氧能力　为提高培养过程中的溶氧浓度,现在的小型发酵罐一般采用空气与纯氧混合通气的方法提高氧分压,也可通过增加发酵罐的压力来达到此目的。此外,向培养液中添加过氧化氢,在细胞过氧化氢酶的作用下,细菌可放出氧气供自身使用。

高密度培养的工艺是比较复杂的,仅仅对营养源、溶氧浓度、pH、温度等影响因素单独地加以考虑是远远不够的,因为各因素之间有协同和(或)抵消作用,需要对它们进行综合考虑,对培养条件进行全面的优化,才可以尽可能地提高菌体密度和基因产物的生成。

7.3.3.2 构建出产乙酸能力低的工程化宿主菌

如上所述,乙酸对目标基因的高效表达有明显的阻抑作用。通过切断细胞代谢产生乙酸的生物合成途径,构建出产乙酸能力低的工程化宿主菌,是从根本上解决高密度培养问题的关键。

目前已知的大肠杆菌产生乙酸的途径有两条：一是丙酮酸在丙酮酸氧化酶的作用下直接产生乙酸，二是乙酰CoA在磷酸转乙酰基酶(PTA)和乙酸激酶(ACK)的作用下转化为乙酸，后者是大肠杆菌产生乙酸的主要途径。根据大肠杆菌葡萄糖的代谢途径，目前应用的代谢工程对重组菌进行改造，使之有利于外源蛋白的高表达和高密度培养，已引起了广泛的关注。主要策略包括：

(1) 阻断乙酸产生的主要途径　用基因敲除技术缺失或基因突变技术失活大肠杆菌的磷酸转乙酰基酶基因 pta1 和乙酸激酶基因 ackA，使从丙酮酸到乙酸的合成途径被阻断。Bauer 等利用乙酸代谢突变株对氟乙酸钠的抗性，从大肠杆菌 MM294 筛到了一株磷酸转乙酰基酶突变株 MD050，发酵实验表明，磷酸转乙酰基酶突变株的生长速率并未减缓，但乙酸的分泌水平有了显著的降低，IL-2 的表达也有所增强。

(2) 对碳代谢流进行分流　丙酮酸脱羧酶和乙醇脱氢酶Ⅱ可将丙酮酸转化为乙醇。改变代谢流的方向，把假单胞菌的丙酮酸脱羧酶基因 pdc1 和乙醇脱氢酶基因 adh2 导入大肠杆菌，使丙酮酸的代谢有选择地向生成乙醇的方向进行，结果是使转化子不积累乙酸而产生乙醇，乙醇对宿主细胞的毒性远小于乙酸。Ingram 将表达丙酮酸脱羧酶和乙醇脱氢酶Ⅱ的质粒 pLO1308-10 转入大肠杆菌 TC4 菌株，发现无论在好氧条件还是厌氧条件下，菌株都可产生乙醇，细胞密度也显著提高。Aristidou 将枯草芽孢杆菌的乙酰乳酸合成酶(ALS)基因引入大肠杆菌 GJT001 和 RR1，乙酰乳酸合成酶可催化丙酮酸缩合为乙酰乳酸，后者在乙酰乳酸脱羧酶的作用下转化为乙偶姻，这种物质的毒性只有乙酸的 1/50，结果表明 ALS 基因的表达可使乙酸的水平降至对细胞的毒性阈值以下。Aristidou 还将表达 ALS 基因的质粒和表达 β-半乳糖苷酶的质粒 pSM552-545C 共同转化大肠杆菌 GJT001 构建一个双质粒表达系统，在补料分批培养条件下，重组蛋白的产量达 1.1g/L，为对照组的 2.2 倍，细胞密度也提高了 35%，同时乙酸的水平保持在 20 mmol/L 以下，对照组为 80 mmol/L。

(3) 限制进入糖酵解途径的碳代谢流　大肠杆菌对葡萄糖的摄取是在磷酸转移酶系统(PST)的作用下通过基团转位的方式进行的，如图 7.3.1 所示。该系统系由磷酸转移酶Ⅰ、HPr 和酶Ⅱ组成。其中酶Ⅰ和 HPr 对所有碳水化合物都是通用的，通常为可溶性蛋白，存在于细胞质中；酶Ⅱ对碳水化合物具有特异性，有时是一种由三个结构域(A、B 和 C 结构域)组成单个蛋白，有时是由两种甚至多个蛋白组成。对葡萄糖转运贡献的酶Ⅱ是由酶ⅡA^{Glc}和酶ⅡCB^{Glc}组成，该酶对葡萄糖具有特异性，其中由 crr 基因编码的酶ⅡA^{Glc}存在于细胞质中，由 ptsG 基因编码的酶ⅡCB^{Glc}位于细胞膜上，另有几种酶Ⅱ在葡萄糖的转运中也有不同程度的贡献。采用基因敲除方法破坏 ptsG 基因，ptsG 基因缺陷能够很大程度地降低葡萄糖的摄取速率，可望由此降低乙酸的累积。

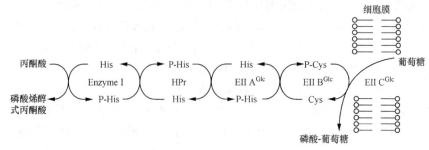

图 7.3.1　大肠杆菌磷酸转移酶系统示意图

(4) 引入血红蛋白基因 利用透明颤菌血红蛋白能提高大肠杆菌在贫氧条件下对氧的利用率的生物学性质,把透明颤菌血红蛋白基因 vgb 导入大肠杆菌细胞内,以提高其对缺氧环境的耐受力,减少供氧这一限制因素的影响,从而降低菌体产生乙酸所要求的溶氧饱和度阈值。

已有一些目标基因在乙酸能力低的工程化宿主菌中获得了比较理想的表达,一般可以使表达水平在原有基础上提高 10%~15%。

7.3.3.3 构建蛋白水解酶活力低的工程化宿主菌

对于以可溶性或分泌型表达的目标蛋白而言,随着培养后期各种蛋白水解酶的累积,目标蛋白会遭到蛋白水解酶的作用而被降解。为了使对蛋白水解酶比较敏感的目标蛋白也能获得较高水平的表达,需要构建蛋白水解酶活力低的工程化宿主菌。

rpoH 基因编码大肠杆菌 RNA 聚合酶的 r32 亚基,r32 亚基对大肠杆菌中多种蛋白水解酶的活力有正调控作用。rpoH 基因缺陷的突变株已经被构建,研究结果表明,它能明显提高目标基因的表达水平。到目前为止,已知的大肠杆菌蛋白水解酶基因缺陷的突变株都已被获得,其中一部分具有实际应用的潜力。

7.4 基因工程在生产生物小分子中的应用

7.4.1 生产维生素

人体所需要的维生素有 13 种之多,其中只有维生素 B_2、维生素 B_{12} 和维生素 C 是应用发酵工程来生产的,维生素 A 原(β-胡萝卜素)的发酵生产即将取代化学合成;发酵法生产生物素不久也将实现工业化。其余的都是用化学合成或从天然物质中提取。近年来,基因工程技术也应用到维生素合成中。本小节仅介绍基因工程菌在发酵生产维生素 C 中的应用。

基因工程技术在维生素改造方面主要用在构建维生素 C 的基因工程菌,使生产工艺大大简化。目前,世界上绝大多数国家仍采用"莱氏法"生产维生素 C,莱氏法是以 D-葡萄糖为原料,经催化氢化生成 D-山梨醇,接着经弱氧化醋杆菌等生物转化为 L-山梨糖,从 L-山梨糖到维生素 C 是化学合成过程。20 世纪 70 年代初,我国研究成功了"二步发酵法"来生产维生素 C。该法是以 D-葡萄糖为原料,经催化氢化生成 D-山梨醇,经弱氧化醋杆菌等生物转化为 L-山梨糖,再以沟槽假单胞菌(*Pseudomonas striata*,条纹假单胞菌)为伴生菌和氧化葡糖杆菌为主要产酸菌的自然混合菌株进行第二步发酵,将 L-山梨糖转化成 2-酮基-L-古龙酸。以后,人们又发现某些微生物能非常有效地直接把 D-葡萄糖经中间体 2,5-二酮基-D-葡萄糖酸(2,5-DKG)生产 2-KLG,并建立起串联发酵法。但是由于 2,5-DKG 对热不稳定,作为第二步发酵原料的 2,5-DKG 发酵液,只能用表面活性剂十二烷基磺酸钠在第一步发酵终结时杀死第一步菌,而不影响第二步菌生产,这不仅增加了能耗,也给生产带来不便,所以串联发酵法至今未用于工业生产。但串联发酵法的研究为工程菌的建立奠定了基础(详见第 12 章"生理活性物质的发酵")。

7.4.2 生产氨基酸

发酵法生产的氨基酸是菌体的一系列酶作用的初级代谢产物。过去用经典的育种方法对其产生菌进行选育,工作量大、盲目性高,还不能把不同菌株中的优良性状组合起来。以大肠杆菌为主的基因工程技术在生产氨基酸方面的应用已初见成效,氨基酸合成酶基因的克隆和表达研究已取得明显进展,目前利用生物技术已得到了基因克隆的苏氨酸、组氨酸、精氨酸和异亮氨酸等生产菌种。

氨基酸工程菌构建的主要策略有:① 借助于基因克隆与表达技术,将氨基酸生物合成途径中的限速酶编码基因转入生产菌中,通过增加基因剂量提高产量。转入的限速酶基因既可以是生产菌自身的内源基因,也可以是来自非生产菌的外源基因。② 降低某些基因产物的表达速率,最大限度地解除氨基酸及其生物合成中间产物对其生物合成途径可能造成的反馈抑制。③ 消除生产菌株对产物的降解能力,以及改善细胞对最终产物的分泌通透性。

7.4.2.1 苏氨酸工程菌

1980年已成功组建了苏氨酸工程菌,以大肠杆菌 K12 为供体,大肠杆菌 C600 $thr\text{B}^-$ 为受体菌,pBR322 为载体,克隆到一个 6.5 kb DNA 片段,其中含有苏氨酸的启动子、衰减子、操纵基因和结构基因 thrA、thrB、thrC,所组建的质粒命名为 pTH1。质粒 pTH1 转入大肠杆菌 C600 后,能产生 0.1 g/L 的苏氨酸(图 7.4.1)。然后经体外诱变,又获得解除反馈抑制的质粒 pTH2、pTH3,转化大肠杆菌 C600 后,使苏氨酸产量提高 20 倍以上。将这些质粒转入解除苏氨酸反馈抑制的菌株 A56-121 中,苏氨酸产量又明显提高,达到 11 g/L。目前苏氨酸基因工程菌通过发酵条件及菌种筛选研究,产生苏氨酸的水平已达到 65 g/L。

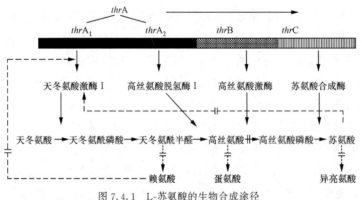

图 7.4.1 L-苏氨酸的生物合成途径

将大肠杆菌的苏氨酸生物合成操纵子克隆在 pAJ220 质粒上,构成重组质粒 pAJ514,其中 thrA 基因编码的是天冬氨酸激酶-高丝氨酸脱氢酶的融合蛋白,两种酶均被改造成对苏氨酸反馈抑制产生抗性的变异形式。黄色短杆菌 BBIB-19(AHV^r、ile$^-$)是苏氨酸结构类似物氨基羟基戊酸盐(AHV)抗性和异亮氨酸(Ile)缺陷型突变株,解除了苏氨酸对苏氨酸生物合成途径关键酶的反馈调节和苏氨酸生成异亮氨酸的能力。重组质粒 pAJ514 转入黄色短杆菌 BBIB-19中,获得的一个转化子 HT-16 能产生 27 g/L 的苏氨酸,而原来受体菌的苏氨酸产量只有 11.5 g/L;与此同时,转化子中 thrB 基因编码的高丝氨酸激酶的活性增加了 4.5 倍。

7.4.2.2 色氨酸工程菌

枯草芽孢杆菌产生 L-色氨酸的基因工程菌的构建主要通过增强从邻氨基苯甲酸到 L-色氨酸的合成酶。首先从枯草芽孢杆菌中克隆色氨酸生物合成基因,将得到的重组质粒 pUTB2(trpB、trpC、trpF)、pUTB3(trpB、trpF)、pUTB4(trpB)分别转入产生邻氨基苯甲酸的突变菌株 AJ12264 中,都使重组菌邻氨基苯甲酸减少,L-色氨酸产量增加(图 7.4.2)。

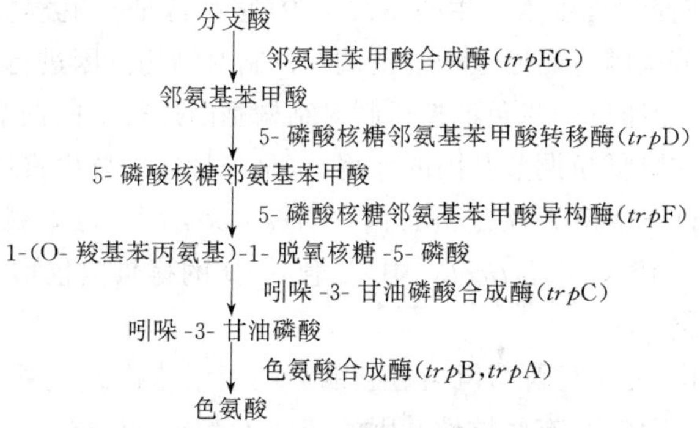

```
                分支酸
                  ↓ 邻氨基苯甲酸合成酶(trpEG)
              邻氨基苯甲酸
                  ↓ 5-磷酸核糖邻氨基苯甲酸转移酶(trpD)
          5-磷酸核糖邻氨基苯甲酸
                  ↓ 5-磷酸核糖邻氨基苯甲酸异构酶(trpF)
      1-(O-羧基苯丙氨基)-1-脱氧核糖-5-磷酸
                  ↓ 吲哚-3-甘油磷酸合成酶(trpC)
              吲哚-3-甘油磷酸
                  ↓ 色氨酸合成酶(trpB,trpA)
                色氨酸
```

图 7.4.2　由分支酸合成色氨酸的途径

在酶法生产氨基酸方面,主要是通过克隆某些酶系基因来生产氨基酸。甘氨酸在丝氨酸转羟甲基酶的催化下生成 L-丝氨酸,再由色氨酸合成酶催化,将吲哚和 L-丝氨酸合成 L-色氨酸。将含有丝氨酸转羟甲基酶基因和色氨酸合成酶基因的重组质粒,转入大肠杆菌中,就可以通过添加甘氨酸来合成 L-色氨酸(图 7.4.3)。该方法能同时加强丝氨酸转羟甲基酶的活性及色氨酸合成酶的活性,L-色氨酸产量达 9g/L。

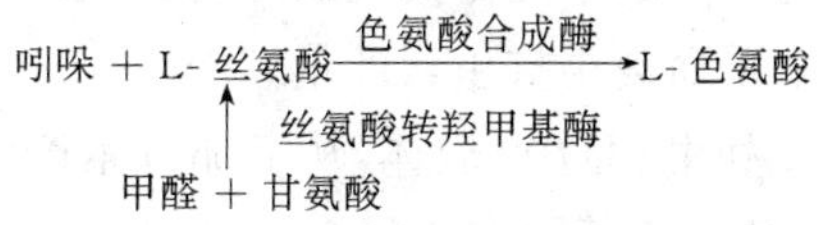

```
吲哚 + L-丝氨酸  ──色氨酸合成酶──→ L-色氨酸
                 丝氨酸转羟甲基酶
甲醛 + 甘氨酸
```

图 7.4.3　由甘氨酸合成色氨酸的途径

7.4.3　生产抗生素

7.4.3.1　提高抗生素的产量

(1) 增加参与生物合成限速阶段酶基因的拷贝数　抗生素生物合成途径中的某个阶段可能是整个合成中的限速阶段,如果能够确定生物合成途径中的"限速瓶颈"(rate-limiting bottleneck),并设法提高这个阶段酶系的基因拷贝数,在增加的中间产物对合成途径中某步骤不产生反馈抑制的情况下,就有可能增加最终抗生素的产量。

分析高产头孢菌素 C 工业菌株发酵液,发现还有青霉素 N(IPN)积累,表明合成途径中的下一步反应限制了中间体 IPN 的转化。利用基因工程手段将一个带有 cefEF 基因的整合型重组质粒转入头孢菌素 C 高产菌株顶头孢霉 394-4 中,所得的转化子产量提高 25%;实验室小罐产量提高最大达到 50%,而 IPN 的产量却降低了。这说明 DACS(脱乙酰氧基头孢菌素 C 羟化酶)/DAOCS(脱乙酰头孢菌素 C 乙酰转移酶)活性的增加使其底物的消耗也相应增加,由此认为从 IPN 到 DAOC(脱乙酰头孢菌素 C)可能是生物合成中的限速阶段(图 7.4.4)。对一株含有重组质粒的转化子 LU4-79-6 的详细分析表明,它有一个已整合到染色体Ⅲ上的附加 cefEF 基因拷贝,而内源 cefEF 基因拷贝则位于染色体Ⅱ上。由于 cefEF 基因拷贝数的增加,该菌株的细胞抽提液中 DACS/DAOCS 的活力提高了 1 倍,中试罐发酵无 IPN 中间体积累,头孢菌素 C 的产量提高了 15%左右。这些结果说明,在重组子顶头孢霉菌 LU4-79-6 中已有效地解除了头孢菌素 C 生物合成中的限速步骤。这株工程菌现已应用于工业生产。

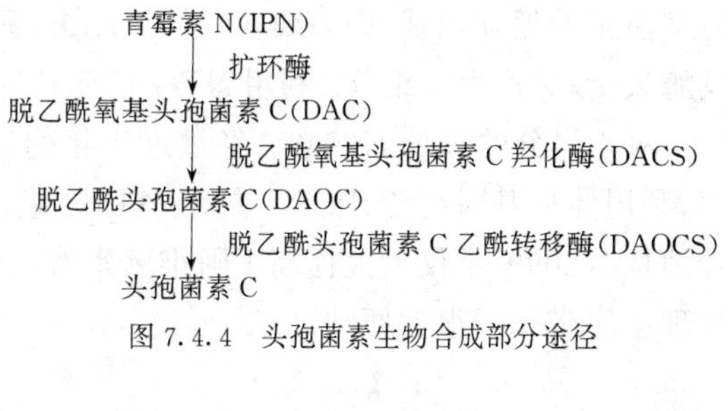

```
青霉素 N(IPN)
     ↓ 扩环酶
脱乙酰氧基头孢菌素 C(DAC)
     ↓ 脱乙酰氧基头孢菌素 C 羟化酶(DACS)
脱乙酰头孢菌素 C(DAOC)
     ↓ 脱乙酰头孢菌素 C 乙酰转移酶(DAOCS)
头孢菌素 C
```

图 7.4.4　头孢菌素生物合成部分途径

(2) 通过调节基因的作用　调节基因的作用可增加或降低抗生素的产量,在许多链霉菌中关键的调节基因嵌在控制抗生素产生的基因簇中,它常常是抗生素生物合成和自身抗性基因簇的组成部分。正调节基因可能通过一些正调控机制对结构基因进行正向调节,加速抗生素的产生。负调节基因可能通过一些负调控机制对结构基因进行负向调节,降低抗生素的产量。因此,增加正调节基因或降低负调节基因的作用,也是一种增加抗生素产量的可行方法。在放线紫红素(actinorhodin)产生菌天蓝色链霉菌(S. coelicolor)中 actⅡ调节 actⅠ、actⅢ和其他 act 基因的表达,将 actⅡ转入 S. coelicolor 中,尽管 actⅡ的拷贝数仅增加了1倍,但放线紫红素产量提高了20~40倍。

(3) 增加抗性基因　抗性基因不但通过它的产物灭活胞内或胞外的抗生素,保护自身免受所产生的抗生素的杀灭作用,有些抗性基因的产物还直接参与抗生素的合成。抗性基因经常和生物合成基因连锁,而且它们的转录有可能也是紧密相连的,是激活生物合成基因进行转录的必需成分。抗性基因必须首先进行转录,建立抗性后,生物合成的基因才能转录。因此,抗生素的生产水平是由抗生素生物合成酶和对自身抗性的酶所共同确定的。可从提高菌种自身抗性水平而提高抗生素产量。

利用 pIJ702 载体,从卡那霉素产生菌中克隆了 6′-N-氨基糖苷乙酰转移酶 AAC6′的基因(aacA),该基因在乙酰 CoA 存在下,可将氨基糖苷类抗生素分子中 2-脱氧链霉胺的氨基乙酰化。将 aacA 基因转入新霉素和卡那霉素产生菌中,结果转化子对许多氨基糖苷类抗生素的抗性有所提高,新霉素和卡那霉素的发酵效价也有明显提高。利用螺旋霉素抗性基因,也提高了螺旋霉素产生菌的自身抗性和发酵效价。

7.4.3.2　改善抗生素组分

许多抗生素产生菌可以产生多组分抗生素,由于这些组分的化学结构和性质非常相似,而其生物活性有时却相差很大,这给有效组分的发酵、提取和精制带来很大不便。应用基因工程方法可以定向地改造抗生素产生菌,获得只产生有效组分的菌种。

伊维菌素(ivermectins)是通过化学方法由阿维菌素 B2a 制得的。阿维菌素(avermectins)产生菌能产生八个组分:四个主要组分 A1a、A2a、B1a、B2a 和四个次要组分 A1b、A2b、B1b、B2b(图 7.4.5)。A 与 B 组分的区别在于 C-5 的羟化基团上是否连有甲基,这是由 5-O-甲基转移酶基因(aveD)决定的;a 和 b 组分的区别在于 C-25 侧链的不同;1 和 2 组分的区别是由 C-22、C-23 的碳链脱氢酶基因(aveC)引起的。由于阿维菌素 B1a 和 B2a 是活性最好的主要组分,而且只有 B2a 组分才是制备伊维菌素 B1a 的原料。所以选育只产生阿维菌素 B2a 组分的菌种是非常有意义的。

如果从原株出发,获得只产生阿维菌素 B2a 的菌株,至少要引入三个突变:① aveD 基因突变使 5-O-甲基转移酶失活,只产生 B 组分;② 选择性地利用支链氨基酸,使异亮氨酸掺入阿维菌素的糖苷配基,失去缬氨酸掺入能力,只产生 a 组分;③ aveC 基因突变使 C-22、C-23 脱氢酶失活,只产生 2 组分。利用 NTG 诱变和原生质体融合技术获得了只产生阿维菌素 B1a 和 B2a 两个组分的菌株 K2038。经过近十年的努力,阿维菌素的生物合成基因簇已全部研究清楚,利用体外基因突变、PCR7 扩增、基因重组,获得仅产生阿维菌素 B2a 单一组分重组工程克隆菌株 K2099,不仅大大提高了阿维菌素有效组分的发酵效价,而且给提取、精制、半合成等后处理工序带来了很大便利。

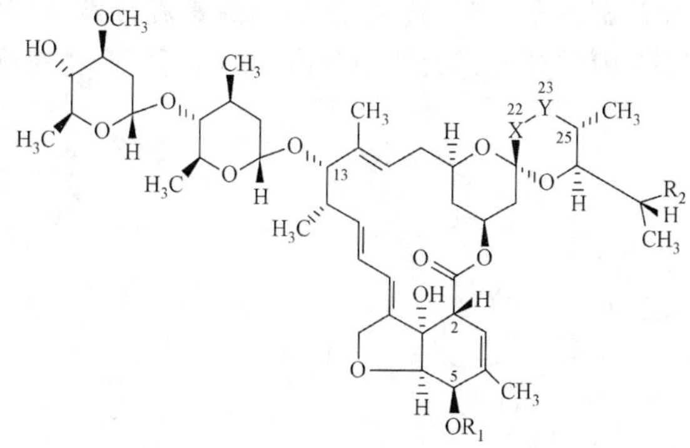

		R_1	R_2	X—Y
阿维菌素	A1a	CH_3	C_2H_5	CH=CH
	A1b	CH_3	CH_3	CH=CH
	A2a	CH_3	C_2H_5	CH_2—CH(OH)
	A2b	CH_3	CH_3	CH_2—CH(OH)
	B1a	H	C_2H_5	CH=CH
	B1b	H	CH_3	CH=CH
	B2a	H	C_2H_5	CH_2—CH(OH)
	B2b	H	CH_3	CH_2—CH(OH)
伊维菌素	B1a	H	C_2H_5	CH_2—CH_2
	B1b	H	CH_3	CH_2—CH_2

图 7.4.5 阿维菌素和伊维菌素各组分的结构

7.4.3.3 改进抗生素生产工艺

抗生素的生物合成一般对氧的供应较为敏感,不能大量供氧往往是高产发酵的限制因素。为了使细胞处于有氧呼吸状态,传统方法往往只能改变最适操作条件、降低细胞生长速率或培养密度。通常只从设备和操作角度考虑,消耗大量的能源,而结果只有一小部分的氧得到利用,造成能源浪费。

如在菌体内导入与氧有亲和力的血红蛋白,呼吸细胞器就能容易地获得足够的氧,降低细胞对氧的敏感程度,改善发酵过程中溶氧的控制强度。因此,利用重组 DNA 技术克隆血红蛋白基因到抗生素产生菌中,在细胞中表达血红蛋白,可望从提高细胞自身代谢功能入手解决溶氧供求矛盾,提高氧的利用率,具有良好的应用前景。

透明颤菌(*Vitreoscilla*)为一专性好氧细菌,将该菌血红蛋白基因克隆到放线菌中,可促进有氧代谢、菌体生长和抗生素的合成。在氧的限量下,透明颤菌血红蛋白(*Vitreoscilla* hemoglobin,简称 VHb)受到诱导,合成量可扩增几倍。这一血红蛋白已经纯化,被证明含有 2 个亚基和 146 个氨基酸残基,相对分子质量为 1.56×10^5。其血红蛋白基因(*Vitreoscilla* globin gene,简称 *vgb*)已在大肠杆菌中得到克隆,证明大量的 VHb 存在于细胞间区,为细胞提供更多的氧给呼吸细胞器。VHb 最大诱导表达是在微氧条件(溶氧水平低于空气饱和时的 20%)下,调节发生在转录水平,在低氧又不完全厌氧的情况下,诱导作用可达到最大,在贫氧条件下对细胞生长和蛋白合成有促进作用。

Magnolo 等人把血红蛋白基因克隆到天蓝色链霉菌中,在氧限量的条件下,血红蛋白基因的表达可使放线紫红素的产量提高 10 倍之多。Demodena 等人将血红蛋白基因引入产黄顶头孢霉菌(*Acremonium chrysogenum*)中,限氧时血红蛋白表达量较高,头孢菌素 C 的产量比对照菌株提高 5 倍。

7.4.3.4 产生新抗生素

Epp 等克隆了耐温链霉菌(*Streptomyces thermotolerans*)的 16 元大环内酯碳霉素的部分生物合成基因,将编码异戊酰 CoA 转移酶的 *car*E 基因转到产生类似结构的 16 元大环内酯抗生素螺旋霉素产生菌产二素链霉菌中,其转化子产生了 4″-异戊酰螺旋霉素(图 7.4.6)。由于碳霉素异戊酰 CoA 转移酶具有识别螺旋霉素碳霉糖(mycarose)对应位置的能力,从而将异戊酰基转移到螺旋霉素 4″-OH 上。这是第一个有目的改造抗生素而获得新杂合抗生素的成功例子。王以光等以 *car*E 基因为探针,从麦迪霉素基因文库中克隆到了同源 DNA 片段,其中 2.65 kb 的 *Eco* Ⅰ-*Eco* Ⅰ-*Pst* Ⅰ 片段编码一个酰化酶基因。将这个基因导入变青链霉菌

(*Streptomyces lividans*)TK24,并在发酵时添加螺旋霉素,结果产生了 4″-丙酰螺旋霉素;将这个基因导入螺旋霉素产生菌,结果发酵产物中 4″-丙酰螺旋霉素的组分占 70%,而原产物螺旋霉素仅占 7%~8%。

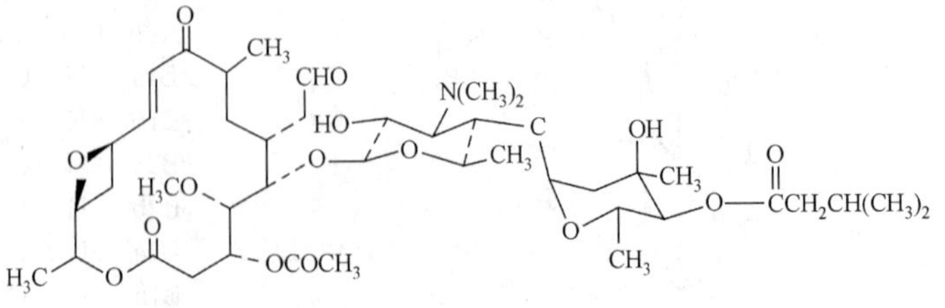

碳霉素 (产生菌: *S. thermotolerans*)

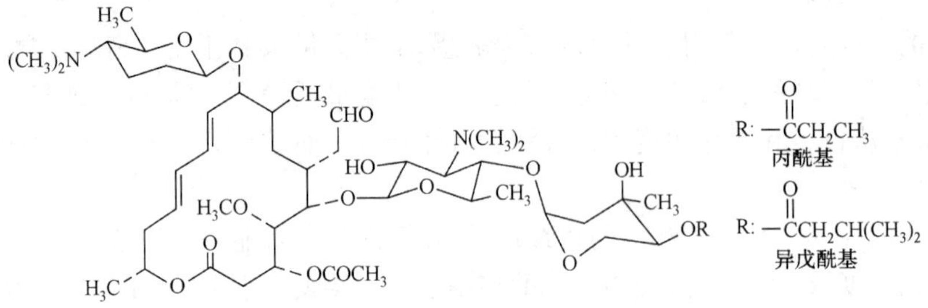

丙酰螺旋霉素和异戊酰螺旋霉素 (产生菌: *S. ambofaciens*)

图 7.4.6 碳霉素、丙酰螺旋霉素和异戊酰螺旋霉素的结构

7.5 基因工程在生产生物大分子中的应用

基因工程在发酵生产生物大分子上已有初步成效,业已显示出巨大的经济效益。如生产有重要临床应用价值的重组蛋白药物(目前已有干扰素、白细胞介素、集落刺激因子、生长激素、红细胞生成素、胰岛素等)、新型重组疫苗(如乙肝病毒表面抗原基因在酵母细胞中克隆和表达生产的乙肝表面抗原 HBsAg)、限制性内切酶(如大肠杆菌中表达的限制性内切酶 *Pst* I、*Dde* I)、生物多聚体(黄原胶、生物合成橡胶、生物可降解塑料、黏性生物多聚体、生物合成黑色素)等。本节仅简介基因工程在发酵生产黄原胶、生物合成橡胶、生物可降解塑料方面的应用。

7.5.1 生产黄原胶

黄原胶(xanthan gum)又名汉生胶,是由野油菜黄单胞菌(*Xanthomonas campestris*)以碳水化合物为主要原料(如玉米淀粉),经发酵生产的一种应用广泛的微生物胞外多糖,是一种水溶性生物高分子聚合物,其平均相对分子质量在 2×10^4~5×10^7 之间。黄原胶的一级结构中,主链 β-D-葡萄糖经由 1,4-糖苷键连接,每两个葡萄糖残基中有一个连接着一条侧链。侧链是由两个甘露糖和一个葡萄糖醛酸交替连接而成的三糖基团。与主链直接相连的甘露糖的 C-6 上有一个乙酸基团,末端甘露糖的 C-4~C-6 上则连有一个丙酮酸。整个分子结构中则含有大量的伯、仲醇羟基,其分子结构如图 7.5.1 所示。

黄原胶是一种可降解的表面活性剂,由于它的大分子特殊性和胶体特性,具有良好的乳化性、增黏性、假塑性、触变性、颗粒悬浮性、耐酸性、耐高温、抗盐性,可用做乳化剂、稳定剂、增稠剂、浸润剂,广泛应用于食品、石油、医药等 20 多个行业,是目前世界上生产规模最大且用途极为广泛的微生物多糖。

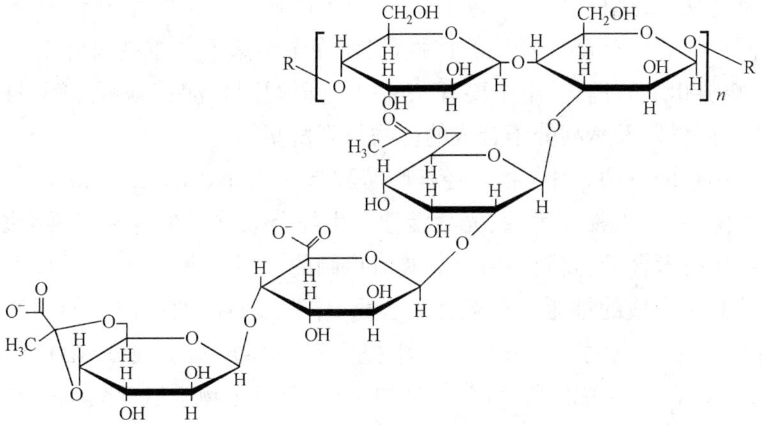

图 7.5.1 黄原胶分子结构

通过基因工程技术对黄原胶生产菌株进行改良,如 Pollock 等将与黄原胶的分泌和乙酰基、丙酮酸等合成有关的 12 个基因导入不同种属的黄原胶生产菌株中,所产黄原胶的特性和出发菌株基本相同。这即意味着,如果将目的基因导入不同菌株,就可能产生出功能类似的产品,因此使菌株的选择范围更加广泛。Chou 等研究了 *gum* 基因,认为其与色素合成有关,可以考虑将其切除,以期获得无色黄原胶。*Xan*A 和 *xan*B 基因与 UDP-葡萄糖和 GDP-甘露糖的合成有关,这两者均为黄原胶侧链的组成部分,其含量的高低,必然影响黄原胶相对分子质量的大小,而相对分子质量的大小又与黄原胶的流体力学、黏度等特性相关。总之,黄原胶的合成,是基于诸多酶的协同作用,Sutherland 认为包括己糖激酶、磷酸葡萄糖变位酶、葡萄糖转移酶、甘露糖转移酶等约 17 种酶类。我国广西大学校长唐纪良等从黄单胞菌中鉴定、克隆了两个与该菌胞外多糖(黄原胶)生物合成有关的基因簇,通过基因工程技术,用构建的基因工程菌生产黄原胶,其产量比对照菌提高 25% 以上。但弄清黄原胶生产过程中各种酶类的作用,并获得相关基因,目前还有一定的困难。但是,一旦获得了起关键作用的酶的基因,然后加以诱变或重组,必将极大地提高黄原胶的产量,以满足国内外市场需求。

7.5.2 生产合成橡胶

橡胶是由多种植物直接分泌的、用途非常广泛的一种生物多聚体。其主要成分是顺式-聚异戊二烯(*cis*-polyisoprene)。橡胶的生物合成在生物体内是从单个蔗糖开始的,经过 17 步酶促反应,最后在橡胶合成酶催化下由异戊二烯酰基焦磷酸缩合形成异丙基焦磷酸。为此,通过 DNA 重组技术利用微生物来合成橡胶一直是人们关注的焦点。科学家们从产生橡胶的橡胶树 *Hevea brasliensis* 中提取 mRNA,由此构建 cDNA 文库,然后再根据橡胶合成酶的部分氨基酸序列,合成相应的 DNA 探针,从构建的 cDNA 文库中筛选,通过抗体检测筛选出橡胶合成酶的完整基因。若能够在微生物系统中表达出橡胶合成酶,并在体外催化合成橡胶;或使橡胶合成酶的基因和橡胶合成途径中的相关酶基因一起,在微生物系统中生产天然橡胶,将是橡胶产业的巨大革命,有极好的开发和应用前景。

7.5.3 生产生物可降解塑料

塑料以其质轻、强度高、耐腐蚀等优良特性及低廉的价格迅速渗入人类生活及工农业生产的方方面面。但是废弃的塑料垃圾以每年2500万吨的速度在自然界积累,严重威胁和破坏着人类的生存空间。随着人类环保意识的加强,促使许多国家十分重视可降解塑料的研究和开发,各种可降解塑料相继问世。其中主要有光生物可降解塑料、淀粉基可降解塑料、微生物发酵合成的生物可降解塑料、天然高分子合成的生物可降解塑料等。

在众多的生物可降解塑料中,聚-β-羟基脂肪酸脂(polyhydroxyalkanoates,简称PHA)以其特殊的生物可降解性、生物相容性、光学活性及生物合成过程中可利用再生原料等特性,在医学领域及许多高技术含量、高附加值领域具有广阔的应用前景。PHA是许多原核微生物处于非平衡生长状态下合成的细胞内贮藏性聚合物,作为细胞内的碳源和能源的储备物。1926年法国Lemoigne首次从巨大芽孢杆菌细胞中提取到聚-3-羟基丁酸(PHB),在以后数十年的研究中与PHA生物合成相关的微生物学、生物化学、分子生物学以及其他一些物理性质的研究急剧增加,其中PHB在理化性质、加工特性,特别是分子遗传学等方面的研究更为深入。PHB可以作为许多细菌的碳源、能源物质,而且PHB的积累可以增强细菌对紫外线、干燥、渗透胁迫等恶劣因子的抵抗力。PHB的合成途径主要有两条:

(1) 三步合成法 大多数微生物如 *Azotobacter eutrophus*、拜氏固氮菌(*Azotobacter beijerinckii*)、生枝动胶菌(*Zoogloea ramigera*)等通过三步代谢途径合成PHB。① β-酮硫裂解酶催化乙酰CoA生成乙酰乙酰CoA;② 在依赖$NADPH_2$的乙酰乙酰CoA还原酶的作用下把乙酰乙酰CoA还原成D-(−)-3-羟基丁酰CoA;③ 单体D-(−)-3-羟基丁酰CoA由PHB合成酶催化聚合生成PHB。

(2) 五步合成法 在 *A. eutrophus* 中同时存在五步合成途径。① β-酮硫裂解酶催化乙酰CoA生成乙酰乙酰CoA;② 依赖$NADPH_2$的乙酰乙酰CoA还原酶催化L-(+)-3-羟基丁酰CoA形成;③、④ L-(+)-3-羟基丁酰CoA经过两个立体专一的烯酰基CoA水合酶先后作用转变成D-(−)-3-羟基丁酰CoA;⑤ 聚合生成PHB。

现在已从不同的细菌中克隆到PHA合成酶基因,包括 *phb*A 基因(编码β-酮硫裂解酶)、*phb*B 基因(依赖$NADPH_2$的乙酰乙酰CoA还原酶)和 *phb*C 基因(PHB合成酶)。*Phb*A 基因(1.2 kb)编码一个4.1×10^4(相对分子质量)蛋白,β-酮硫裂解酶由四个4.1×10^4亚基组成。*Phb*B 基因(760 bp)编码一个2.6×10^4蛋白,依赖$NADPH_2$的乙酰乙酰CoA还原酶由四个2.6×10^4亚基组成。*Phb*C 基因(1.8 kb)编码一个6.5×10^4蛋白,其亚基数目前还不清楚。*A. eutrophus* 中合成PHB的三个基因位于同一个操纵子上,由共同的启动子调控表达。

1987年,弗吉尼亚James Madison大学的Dennis成功地从 *A. eutrophus* 中克隆到合成PHB的基因,并转入到 *E. coli* 中,但是PHB的产量较低。奥地利维也纳大学在构建大肠杆菌工程菌的同时引入热敏性噬菌体溶解基因,可使细菌易裂解释放PHB,降低了提取成本。

复习和思考题

7-1 基因工程主要包括哪些要素?
7-2 基因工程常用的载体有哪些类型?各具有什么特点?
7-3 基因重组可采用哪些方法筛选重组子?各种筛选方法的应用前提是什么?
7-4 质粒不稳定性分为哪两类?如何解决质粒不稳定性?
7-5 什么是高密度培养?影响高密度培养的因素有哪些?可采取哪些方法来实现高密度培养?
7-6 影响基因工程菌发酵的因素有哪些?如何控制发酵的各种参数?
7-7 基因工程在发酵生产生物小分子时有哪些应用?
7-8 基因工程在发酵生产生物大分子时有哪些应用?

(夏焕章 朱厚础)

8 氨基酸发酵

8.1 概　　述

8.1.1 氨基酸生产方法

氨基酸是组成蛋白质的基本单位，是人体合成蛋白质、酶和免疫物质等的基础原料，参与人体的代谢和各种生理活动，对调节机体机能具有重要作用。是生物体必需的营养成分之一，其中就有八种是人体不能合成的必需氨基酸(essential amino acid)，必须从食物中摄取。

氨基酸的制造，从1820年水解蛋白质开始，1850年用化学合成法合成了氨基酸，直至1957年日本用发酵法生产谷氨酸获得成功为契机，推动了其他氨基酸的研究和生产。至今氨基酸生产方法虽有抽提法、化学合成法及生物法(包括直接发酵法和酶转化法)，但绝大多数氨基酸是以发酵法或酶转化法生产的(表8.1.1)。

表 8.1.1　主要氨基酸生产方法

氨基酸名称	生产方法	氨基酸名称	生产方法
L-缬氨酸(Val)	发酵法、合成法	甘氨酸(Gly)	合成法
L-亮氨酸(Leu)	抽提法、发酵法	DL-丙氨酸(Ala)	合成法
L-异亮氨酸(Ile)	发酵法	L-丙氨酸(Ala)	发酵法、酶法
L-苏氨酸(Thr)	发酵法	L-丝氨酸(Ser)	发酵法
DL-蛋氨酸(Met)	合成法	L-谷氨酸(Glu)	发酵法
L-蛋氨酸(Met)	合成法、酶法	L-谷氨酰胺(Gln)	发酵法
L-苯丙氨酸(Phe)	合成法、酶法	L-脯氨酸(Pro)	发酵法
L-赖氨酸(Lys)	发酵法、酶法	L-羟脯氨酸(Hyp)	抽提法
L-精氨酸(Arg)	发酵法、酶法	L-鸟氨酸(Orn)	发酵法
L-天冬氨酸(Asp)	发酵法	L-瓜氨酸(Cit)	发酵法
L-半胱氨酸(Cys)	抽提法	L-酪氨酸(Tyr)	抽提法
L-色氨酸(Trp)	发酵法、酶法		

自从发酵法生产谷氨酸成功后，世界各国纷纷开展氨基酸发酵研究与生产，产量增长很快，据日本必需氨基酸协会的市场调查，1996年世界氨基酸总产量达 1.65×10^4 吨，产值近25亿美元，到2000年氨基酸产量达 2.37×10^6 吨左右，销售额接近45亿美元，占生物技术产品销售额的7%，但除谷氨酸、赖氨酸和蛋氨酸外，其他品种的产量均不大。我国早在1922年即用酸法水解面筋生产谷氨酸钠，即味精。1965年发酵法生产味精取得成功，投产后成本大幅度降低，生产规模迅速扩大，带动了其他氨基酸的研究开发。目前我国谷氨酸钠的年产量居世界首位。此外，采用发酵法或酶法已形成工业化规模生产的有L-赖氨酸、L-苏氨酸、L-天冬氨酸、L-苯丙氨酸、L-丙氨酸；结合化学合成和抽提法生产的氨基酸，品种已大大扩展，应用于输液的18种药用氨基酸原料，至今只有两种氨基酸即L-丝氨酸和L-色氨酸尚需进口外，其余均已投产，国产化已达80%以上。

8.1.2 氨基酸的应用

氨基酸的应用远未充分开发，长期以来主要应用于食品、饲料和医药工业，最近氨基酸在医药、化学工业、农业等领域中的新用途不断发掘,其市场前景十分广阔。

(1) 食品工业　一般在主要谷物食物(如小麦、大米)中缺少赖氨酸、苏氨酸和色氨酸,适量添加这些氨基酸可强化食品,提高食品的营养价值。具有鲜味的氨基酸如谷氨酸单钠盐和天冬氨酸钠,具有甜味的氨基酸如甘氨酸、DL-丙氨酸等都可用做调味剂。最近美国继阿斯巴甜肽后,又开发出新一代人造甜味剂,称为阿丽泰(alitame),是由天冬氨酸与丙氨酸合成,其甜味比阿斯巴甜肽更纯正,耐热性更好。日本开发的聚赖氨酸(ε-PL)是一种新颖营养性食品保鲜剂,广泛用于肉禽、海产品的防腐保鲜。

(2) 医药工业　不同的氨基酸可用于治疗不同的疾病。例如赖氨酸,除了主要用做氨基酸输液外,近年来医学界经过试验发现赖氨酸对人的脑部神经细胞的修复有很好的作用,可以治疗癫痫、老年痴呆、脑溢血等。此外,许多氨基酸及其盐类或它们的衍生物也可用于治疗各种疾病。

(3) 饲料工业　一般饲料中缺乏赖氨酸和蛋氨酸,如适量添加即可提高饲料的营养价值。

(4) 化学工业　用谷氨酸可制成十二烷酰基谷氨酸钠,用做无刺激性的洗涤剂;用谷氨酸也可制成焦谷氨酸钠,用做保持皮肤湿润的润肤剂。日本已开发并成功上市的由谷氨酸聚合成的 γ-聚谷氨酸,作为绿色塑料,制成质量接近天然皮革的人造革、食品包装或一次性餐具,它在自然界可迅速降解,不造成环境污染。美国开发的聚精氨酸,用于制作农用地膜以及洗涤剂、废水处理剂等。

(5) 农业　用氨基酸可制造具有特殊作用的农药,例如日本使用的 N-月桂酰-L-异戊氨酸,既能防治稻瘟病,又能提高米的蛋白质含量;氨基烷基脂及 N-长链酰基氨基酸能提高农作物对病虫害的抵抗力,具有和一般杀虫剂一样的防治效果。氨基酸农药可被微生物分解,是一种无公害农药,为农药发展的方向。另外,还发现氨基酸农药具有植物生长调节剂的作用。

8.2　氨基酸发酵菌种选育及发酵调控

8.2.1　用于氨基酸发酵的微生物

氨基酸发酵使用的菌种主要有谷氨酸棒杆菌、钝齿棒杆菌、黄色短杆菌、乳糖发酵短杆菌、天津短杆菌、短芽孢杆菌、黏质赛氏杆菌、枯草芽孢杆菌、大肠杆菌等。氨基酸发酵主要菌株如表 8.2.1 所示。

表 8.2.1　氨基酸发酵主要菌株

氨基酸名称	生产上采用的氨基酸发酵主要菌株
L-谷氨酸	谷氨酸棒杆菌,北京棒杆菌 AS 1299、7338,钝齿棒杆菌(Corynebacterium crenatum)AS 1542、B-9,黄色短杆菌,天津短杆菌(Brevibacterium tianjinese)T6-13,乳糖发酵短杆菌(Brevi. lactofermentum)等
L-赖氨酸	谷氨酸棒杆菌,北京棒杆菌 1563、1568,黄色短杆菌,乳糖发酵短杆菌等
L-缬氨酸	乳糖发酵短杆菌、谷氨酸棒杆菌、北京棒杆菌 1.586、大肠杆菌、黏质沙雷氏菌(黏质赛氏杆菌)、阴沟气杆菌(Aerobacter cloacae)、雷氏普罗登斯菌(Proteus rettgeri,雷极氏变形杆菌)、黄色短杆菌等
L-异亮氨酸	黄色短杆菌、钝齿棒杆菌 AS 1.998、天津短杆菌 AS 111、乳糖发酵短杆菌等
L-苏氨酸	黄色短杆菌、谷氨酸棒杆菌、北京棒杆菌、大肠杆菌等

(续表)

氨基酸名称	生产上采用的氨基酸发酵主要菌株
L-蛋氨酸	天津津北生化制药厂从俄罗斯引进的菌种是大肠杆菌的工程菌,产酸8%。谷氨酸棒杆菌、黄色短杆菌、大肠杆菌等
L-天冬氨酸	直接发酵法:谷氨酸棒杆菌、黄色短杆菌; 底物转化法:粪产碱菌(*Alcaligenes faecalis*,粪产碱杆菌); 酶法:大肠杆菌、某些假单胞菌等
DL-丙氨酸	产胶棒杆菌(*C. gummiferum*)
L-丙氨酸	嗜氨微杆菌(*Microbacterium ammoniaphilum*)、某些假单胞菌等
L-脯氨酸	谷氨酸棒杆菌 KY9003
L-谷氨酰胺	谷氨酸棒杆菌 KY9609、里加黄杆菌(*Flavobacterium rigense*,里建思黄杆菌)703
L-组氨酸	谷氨酸棒杆菌 KY1026、黄色短杆菌 FE1564、黏质沙雷氏菌等
L-色氨酸	谷氨酸棒杆菌 Px-115-97、BPS-13,Trp 工程菌(产 50 g/L 色氨酸),黄色短杆菌 10-1,S-225,大肠杆菌等
L-酪氨酸	谷氨酸棒杆菌 Pr-20、ATCC21573,乳糖发酵短杆菌 AJ12262 等
L-苯丙氨酸	乳糖发酵短杆菌 AJ11830
L-鸟氨酸	谷氨酸棒杆菌、柠檬酸节杆菌(*Arthrobacter citreus*)、洁白链霉菌(*Streptomyces vieginiae*)
L-瓜氨酸	谷氨酸棒杆菌、黄色短杆菌
L-精氨酸	谷氨酸棒杆菌 KY16577、10419,谷氨酸棒杆菌 353,枯草芽孢杆菌,黏质沙雷氏菌 AT40

8.2.2　氨基酸产生菌的选育

8.2.2.1　诱变育种

除了从自然界筛选野生菌株进行氨基酸发酵外,为了大量积累所需的代谢产物,在深入研究生产菌株代谢调控的基础上,需要通过诱变,设法打破微生物原有的代谢自我调控系统,选育出大量积累目的产物的高产菌株。目前常采用以下方法:

(1) 选育营养(代谢)缺陷型突变株(auxotrophic mutant)　营养(代谢)缺陷型突变株是指通过诱变使之丧失了生物合成某种营养物质的能力,在缺乏这种营养成分的情况下,就不能正常生长的突变株。其本质是催化特定反应酶的结构基因发生突变,不能生成某些反馈抑制物或阻遏物的突变株。如:① 有利于积累无分支途径的中间产物,如枯草芽孢杆菌 arg⁻突变株进行瓜氨酸或鸟氨酸发酵。② 有利于积累分支途径的另一末端产物,如北京棒杆菌 hom⁻突变株进行赖氨酸发酵和大肠杆菌 met⁻突变株进行苏氨酸发酵;再比如黄色短杆菌 TV2564 的 ile⁻+leu⁻突变株进行 L-缬氨酸发酵,黄色短杆菌的 met⁻+leu⁻的突变株进行 L-异亮氨酸发酵以及谷氨酸棒杆菌的 phe⁻+tyr⁻突变株进行 L-色氨酸发酵。

(2) 选育抗反馈调节(或抗结构类似物)突变株(analogue resistance mutant)　其中有两类:一类为抗反馈抑制突变型,即失去反馈抑制的突变型,是代谢途径的第一、二个有关变构酶结构基因突变的结果,使酶催化活性部位结构不变,而酶的调节部位结构改变,解除对末端产物反馈抑制;另一类为抗反馈阻遏突变型,即失去阻遏作用的突变型,是酶调节基因或操纵基因突变的结果,改变调节蛋白(原阻遏物)构型或改变调节蛋白与操纵基因的结合能力,对末端产物反馈阻遏不敏感。因此微生物的自身反馈调节被打破,即使在末端产物过量的情况下,也照样可以积累高浓度的末端产物。

抗反馈调节突变株通常可以用添加末端产物类似物的方法来筛选。末端产物类似物和末端产物结构类似,因而能够引起反馈,但是它们不能参与生物合成。当培养基中添加末端产物类似物后,未突变的细胞将由于代谢途径受阻而不能获得生物合成所需的该种末端产物,从而导致细胞死亡。那些对类似物不敏感的突变体,则由于原来反馈抑制的结构,或是酶的合成系统已经发生了改变,它们不再受抑制或阻遏的影响,在大量类似物存在的情况下照常合成该种末端产物,并长成菌落。例如用赖氨酸的结构类似物 AEC(S-2-氨基乙基-半胱氨酸)筛选出黄色短杆菌(AEC^r)和谷氨酸棒杆菌(AEC^r、met$^-$)的赖氨酸发酵突变株;用类似物 D-精氨酸筛选出(D-Arg^r)的抗反馈突变株,可使 L-精氨酸产量得到提高。

(3) 选育营养缺陷型的回复突变株　通过营养缺陷突变,对反馈敏感的酶缺失了,即该途径调节酶失活了。因此从营养缺陷型回复突变株中获得调节酶解除反馈抑制的突变株,可能是该调节酶催化亚基恢复到第一次突变前的活性,即调节酶恢复了活性,末端产物仍然能生成,但调节亚基编码的基因突变,解除了反馈抑制。这样的回复突变株便能过量地积累末端产物。如异亮氨酸发酵使用的氢极毛杆菌苏氨酸脱氢酶丧失的回复突变株以及苏氨酸发酵使用的大肠杆菌 KY8280(DAP$^-$、met$^+$、ile$^+$)即蛋氨酸和异亮氨酸缺陷的回复突变株,能积累苏氨酸达 13.8g/L。

(4) 选育细胞膜透性高的突变株　甘油和脂肪酸(油酸)是构成细胞膜磷脂的限制成分。生物素作为 CO_2 的载体,直接影响丙二酸单酰 CoA 合成,从而影响脂肪酸的合成,进而影响细胞膜磷脂的合成。通过选择或选育[油酸$^-$]、[甘油$^-$]和[生物素$^-$]缺陷型突变株,作为谷氨酸发酵的首选菌株,可造成细胞膜透性的改变,使代谢产物谷氨酸不断地渗出胞外,大量积累谷氨酸。

(5) 选育条件抗性(主要为温度敏感)突变株　因环境不同,能表现为野生型菌株的特性和突变型菌株的特性的突变,被称为条件抗性突变或条件致死突变。其中温度敏感型突变常被用于提高氨基酸等代谢产物的产量。适于中温条件(30～35℃)下生长的细菌,经诱变后可得到在较低温度下生长,而在较高温度(如 37～40℃)不能生长,却大量积累代谢产物的突变株,即温度敏感突变株。这是由于某一酶的肽键结构编码的顺反子发生突变,使翻译出的酶对温度敏感,在高温条件下活力丧失的缘故。若此酶为蛋白质、核苷酸合成途径上的酶,则此突变株在高温下的表型就是营养缺陷型,故不能生长(或生长弱)。若此酶为与谷氨酸分泌有密切关系的细胞膜结构合成有关的酶,此酶的结构基因发生碱基的转换、颠换、置换的突变后,这样为此基因所指导译出的酶在高温下失活,导致细胞膜结构的改变,进而提高代谢产物的分泌。例如诱变处理乳糖发酵短杆菌得到的温度敏感突变株,在 30℃生长良好,在 37℃生长微弱,但能在富含生物素的培养基中积累谷氨酸,而野生型菌株却受生物素的反馈抑制。在富含生物素的天然培养基中,采用温度敏感突变株进行谷氨酸发酵时,可先在正常温度(30～35℃)下进行培养以得到大量菌体,适当时间后提高温度(40℃)就能获得谷氨酸的过量生产。再比如,诱变处理乳糖发酵短杆菌得到的温度敏感突变型的赖氨酸产生菌 AJ1093、AJ1099,在发酵前期于 29～33℃培养,发酵 24～48h 后提高温度在 34～40℃培养,抑制菌体繁殖,并解除了亮氨酸对 DDP 酶的反馈阻遏,提高了赖氨酸产量。

8.2.2.2　基因重组育种

(1) 原生质体融合

① L-赖氨酸产生菌:日本唐泽昌彦等人将赖氨酸生产菌乳糖发酵短杆菌 AJ11082(遗传标记为 AEC^r+CCL^r+ala$^-$),并和谷氨酸产生菌 AJ11638(遗传标记为 Dec^r)进行细胞融合,获得了生长最快的融合子(AEC^r+Dec^r)AJ11794,该菌株在积累等量赖氨酸的情况下,培养时间

缩短了近一半（亲株发酵72h，融合子发酵31.5h）。我国檀耀辉等人将黄色短杆菌F11-519与谷氨酸生产菌天津短杆菌T6-13进行原生质体融合，获得既高产赖氨酸、又快速生长的融合子FT85。该菌株在最适条件下，2d发酵产酸达57g/L。

② L-苏氨酸产生菌：户坂修等人以产L-苏氨酸和L-赖氨酸的乳糖发酵短杆菌AJ11786（$AEC^r+AHV^s+leu^-+ile^+$）、产L-苏氨酸的黄色短杆菌AJ11784（$AHV^r+ile^-+AEC^s+leu^+$）和不产L-赖氨酸的乳糖发酵短杆菌AJ11787（lys^-）为亲株进行细胞融合，所得结果为：以AJ11784和AJ11786为亲株，其融合菌株产苏氨酸17.4g/L（标记为$AHV^r+AEC^r+leu^-+ile^-$）；以AJ11786和AJ11787为亲株，其融合菌株产苏氨酸18g/L。

(2) 体外基因重组（DNA重组技术） 随着DNA重组技术的发展，采用基因工程的方法构建高产及优良性状的氨基酸的"工程菌"是氨基酸菌种选育的主要途径。目前已进入实验室发酵罐及工业化生产水平的有组氨酸、色氨酸、丙氨酸、异亮氨酸和苏氨酸的工程菌，其中成效最为突出的是采用基因工程的方法构建高产的色氨酸、苏氨酸的工程菌。选育实例分述如下：

① 生产L-色氨酸工程菌的构建（参见图3.2.7）：将编码限速酶（邻氨基苯甲酸合成酶）的基因通过基因扩增，增加拷贝数并在宿主中表达，以实现目的产物产率的提高。编码色氨酸生物合成途径中的限速酶的基因有DS酶基因、$trpE$、$trpD$、$trpC$、$trpB$、$trpA$等。在大肠杆菌中这些基因集中在某一区段内，被同一个调节基因控制，形成色氨酸操纵子。它位于染色图上27min处。使用转导噬菌体$\phi 80$等可很容易地获得色氨酸操纵子，然后采用基因工程技术将其连接在质粒上并克隆化，就可构建出合适的色氨酸工程菌。Hershfield等人采用$ColE1$质粒，将来自$\phi 80$的色氨酸操纵子克隆到大肠杆菌中，随着细胞拷贝数增加20～30倍，色氨酸合成酶的活性增加150倍，这种酶活性的增加，必然会提高色氨酸的积累量。日本Ryoichi Katasumata等人从棒杆菌和短杆菌中提取出与色氨酸合成有关的基因，将其克隆到质粒pDDTS9901上，然后导入色氨酸生产菌BPS-13，在500mL培养基中30℃通风培养，可产色氨酸35.2g/L（亲株产色氨酸20.1g/L）。

通过同时增强色氨酸支路代谢流和弱化苯丙氨酸、酪氨酸代谢流，可以实现色氨酸的最大代谢产量。Katasumata等将色氨酸的多酶基因与DS基因克隆到谷氨酸棒杆菌中，构建出色氨酸工程菌，它促使了色氨酸支路第一个产物邻氨基苯甲酸（氨茴酸，Ant）的生成，并通过突变解除色氨酸对该质粒所编码的Ant合成酶和Ant磷酸核糖基转移酶的反馈抑制，结果色氨酸产量达43g/L。若再将苯丙氨酸合成相关酶的基因如$pheA$基因敲出（knock out），则可使色氨酸产量达50g/L。

② 生产L-苏氨酸工程菌的构建（参见图3.2.4）：已知大肠杆菌合成苏氨酸的主要途径是，天冬氨酸在天冬氨酸激酶的作用下生成天冬氨酰磷酸，并进一步转变成天冬氨酸半醛，在高丝氨酸脱氢酶的作用下生成高丝氨酸，在高丝氨酸激酶的作用下继续生成磷酸高丝氨酸，再在苏氨酸合成酶的作用下生成苏氨酸。以上作用的四种酶（天冬氨酸激酶、高丝氨酸脱氢酶、高丝氨酸激酶、苏氨酸合成酶），它们的基因均由苏氨酸操纵子编码。前苏联Dehabov曾以大肠杆菌MG422（AHV^r）为供体菌，提取其DNA，采用$Hind\;III$内切酶处理，进而筛选获得了包含苏氨酸操纵子$thrA$、$thrB$、$thrC$的DNA片段，再将此片段与pBR322质粒（Amp^r、Tc^r）混合，在6℃下，通过T4-DNA连接酶作用18h，获得了杂种质粒，然后将此杂种质粒转入受体菌——大肠杆菌C600（thr^-及其他标记），通过体外基因重组技术获得的新菌株为VL344，其高丝氨酸脱氢酶活性提高30倍，苏氨酸产量达30g/L，比原株产量提高近2倍。改进培养条件

后可达55 g/L。我国津北生化制药厂首先从俄罗斯引进此菌种,进行工业化试验成功,产酸由30 g/L提高到80 g/L。

③ 生产L-赖氨酸工程菌的构建(参见图3.2.6):谷氨酸棒杆菌中天冬氨酸磷酸激酶基因 $lysC$ 同时为该酶的α和β两个亚基编码,其中α亚基由421个氨基酸残基组成,而β亚基实际上是α亚基的C端172个氨基酸残基组成的多肽。天然的天冬氨酸磷酸激酶具有 $α_2β_2$ 四聚体结构,总相对分子质量为 $1.255×10^5$。与野生型基因相比,具有抗变构抑制效应的天冬氨酸磷酸激酶突变基因在β亚基编码区内只有一个碱基的差别(即由C突变为A),从而导致野生型天冬氨酸磷酸激酶β亚基中的Ser被Tyr取代。将此突变基因克隆到谷氨酸棒杆菌中,使L-赖氨酸产量提高1倍。将含有二氢吡啶二羧酸合成酶和还原酶编码基因($dapA$ 和 $dapB$)的重组质粒导入谷氨酸棒杆菌中后,两酶活性分别提高了15倍和28倍。

④ 生产苯丙氨酸工程菌的构建(参见图3.2.7):1985年Ozaki等将苯丙氨酸生产菌株——谷氨酸棒杆菌K38(为抗苯丙氨酸结构类似物突变株)染色体上的分支酸变位酶(CM)和预苯酸脱氢酶(PD)基因克隆进质粒pCE53中,再将重组基因转回亲株,获得的工程菌苯丙氨酸产量达19 g/L,比亲株提高50%。1992年Ikeda等从苯丙氨酸生产菌株中克隆了脱敏的DS、CM、PD基因,并将它们串联起来,克隆到同一个多拷贝的载体上,再转移到色氨酸生产菌株中,使代谢流转向苯丙氨酸,可积累苯丙氨酸达28 g/L。1993年Ikeda等将完整的基因克隆入穿梭载体中,并导入棒杆菌中表达,实现了利用异源酶在棒杆菌中生产苯丙氨酸,产量可达23 g/L。Backman等研究了培养基配方和发酵条件的优化,采用流加氨水调节pH,通入氧气及加强搅拌等,发酵36 h,可产50 g/L苯丙氨酸,每消耗1 g糖,可产0.25 g苯丙氨酸,而且发酵液中几乎没有副产物。

8.2.3 氨基酸发酵调控

8.2.3.1 培养基的配制

发酵培养基的成分与配比是决定氨基酸产生菌生长代谢的主要因素,与氨基酸的产率、转化率及提取收率的关系很密切。所以培养基配比是否合适,对氨基酸发酵生产至关重要。

氨基酸发酵的碳源可采用淀粉水解糖、糖蜜、醋酸、乙醇和烷烃等,现一般采用的是淀粉水解糖或糖蜜。氮源则可用铵盐、尿素、氨水、液氨等无机氮,有时还需补加精制的棉籽饼粉或麸质粉、豆饼粉、玉米浆、豆饼水解液等有机氮,以供给合成菌体蛋白质、核酸等含氮物质和合成氨基酸的氨基来源,同时也可用于调节发酵过程中的pH。目前生产中一般采用流加液氨。除了满足上述要求外,通常还需加入硫、磷、钙、镁、钾等无机盐和生长因子。

氨基酸发酵,不仅菌体生长和氨基酸合成需要氮,而且氮源还用来调节pH,因此氮源的需要量比一般发酵(例如有机酸发酵等)要多,其碳氮比要低。例如谷氨酸发酵的碳氮比为100:11时才开始积累谷氨酸,大量积累谷氨酸的碳氮比为100:21,其中合成菌体用的氮源仅占氮的3%~6%,合成谷氨酸氮源占30%~80%。在实际生产中,采用尿素、氨水、液氨为氮源时还有一部分氮用于调节pH,另一部分氮源被分解而随空气逸出,因此用量更大。若采用12.5%的糖浓度进行谷氨酸发酵,总尿素量为3%,碳氮比为100:28。不同的碳氮比对氨基酸生物合成有显著影响,例如谷氨酸发酵中,适量的 NH_4^+ 可减少α-酮戊二酸的积累,促进谷氨酸的合成;过量的 NH_4^+ 会使生成的谷氨酸在谷氨酰胺合成酶的作用下,转化为谷氨酰胺。

生物素影响细胞膜的透性,其浓度对氨基酸向膜外分泌关系密切,谷氨酸发酵必须供给产生菌生长所需生物素的亚适量,而采用谷氨酸产生菌生产其他氨基酸时,则必须供给过量的生物素。先前一般以玉米浆、麸皮水解液、甘蔗糖蜜作为生物素的来源,现在为了便于发酵控制和后提取,则直接使用纯生物素。

8.2.3.2 温度的控制

氨基酸发酵的最适温度因菌种特性及生产氨基酸种类不同而异。从发酵动力学来看,氨基酸发酵一般属 Gaden 氏分类的 Ⅱ 型,菌体生长达一定程度后再开始产生氨基酸,因此菌体生长最适温度和氨基酸合成的最适温度不同。例如谷氨酸发酵,菌体生长期控制温度为(35±1)℃,温度过高,则菌体易衰老,pH 高,耗糖慢,周期长,酸产量低。若遇此情况,需降低通风量,并采取少量多次流加尿素等措施,以促进菌体生长。在发酵中、后期,菌体生长已基本停止,需要维持最适宜的产酸温度,一般为 35~40℃,以利谷氨酸的合成与缩短发酵周期。

8.2.3.3 pH 的控制

pH 对氨基酸发酵的影响和其他发酵一样,主要是影响酶的活性和菌体的代谢。例如谷氨酸发酵,在中性和微碱性条件(pH 7.0~8.0)下积累谷氨酸,在酸性条件(pH 5.0~5.8)下,则易形成谷氨酰胺和 N-乙酰谷氨酰胺。发酵前期 pH 偏高对菌体生长不利,耗糖慢,发酵周期延长;反之,pH 偏低,菌体生长旺盛,耗糖快,不利于谷氨酸合成。但是,前期 pH 略高些(pH 7.5~8.0)对抑制杂菌有利,所以发酵前期控制 pH 7.5 左右为宜。由于谷氨酸脱氢酶的最适 pH 为 7.0~7.2,氨基酸转移酶的最适 pH 为 7.2~7.4,因此,发酵中、后期现采用流加液氨,精确控制 pH 为 7.2±1。

8.2.3.4 溶氧的控制

不同氨基酸的发酵对溶氧要求也不同,多数氨基酸发酵是在菌体呼吸充足的供氧条件下,产酸最高。例如:经由谷氨酸生物合成的谷氨酰胺、脯氨酸、精氨酸等谷氨酸族氨基酸,其生物合成与三羧酸循环关系密切,这些氨基酸发酵的产物积累,受供氧条件的影响极大。在供氧充足的条件下,菌呼吸充足,即于溶氧分压大于或等于临界溶氧分压的培养条件中,可获得最大产酸量;反之,供氧不足,菌呼吸受抑制,则生产的产率显著降低。但是亮氨酸、缬氨酸、苯丙氨酸发酵却是在供氧较低的条件下,产酸最高。而供氧条件对赖氨酸、异亮氨酸和苏氨酸等天冬氨酸族氨基酸的影响,介于脯氨酸发酵与亮氨酸发酵之间。在菌呼吸充足条件下,产酸最高;而在供氧不足的情况下,产酸稍有降低,即发酵受到轻微抑制。因此在发酵过程中应根据具体需氧情况确定。不同氨基酸发酵的需氧如表 8.2.2 所示。

表 8.2.2 氨基酸发酵最适供氧条件

类 型	氨基酸	控制 pH	$p_L(10^5\text{Pa})$	E^*(mV)	$E_{临界}$(mV)
Ⅰ	谷氨酰胺	6.50	≤0.01	≤-150	-150
	脯氨酸	7.00	≤0.01	≤-150	-150
	精氨酸	7.00	≤0.01	≤-170	-170
	谷氨酸	7.80	≤0.01	≤-130	-180
Ⅱ	赖氨酸	7.00	≤0.01	≤-170	-170
	苏氨酸	7.00	≤0.01	≤-170	-170
	异亮氨酸	7.00	≤0.01	≤-180	-180
Ⅲ	亮氨酸	6.25	0	-210	-180
	缬氨酸	6.50	0	-240	-180
	苯丙氨酸	7.25	0	-250	-160

* $E=-0.033+0.039\lg p_L$。

8.2.4 氨基酸的提取和精制

氨基酸发酵液通常采用板框(膜)过滤或离心进行固-液分离；再采用等电点法或离子交换法提取氨基酸；然后用活性炭脱色，再用离子交换法或重结晶法进行精制。

8.3 谷氨酸发酵

8.3.1 谷氨酸生产概述

1866年德国H.Ritthausen用硫酸水解小麦面筋，分离到一种酸性氨基酸，依据原料的取材，将它命名为谷氨酸。1872年Hlasiwitz和Habermaan用酪蛋白水解也制得谷氨酸。1908年日本池田菊苗在探讨海带汁鲜味时，提取了谷氨酸，开始制造"味之素"。1910年日本味之素公司用水解面筋法生产谷氨酸。1936年美国从甜菜废液(司蒂芬废液)中提取谷氨酸。1954年多田、中山两人报告了采用微生物直接发酵谷氨酸的研究。

直到1956年日本协和发酵公司的木下祝郎分离选育出一种新的细菌——谷氨酸棒杆菌，能同化利用100g葡萄糖，可直接发酵并积累40g以上的谷氨酸。随后进行了工业化研究，自1957年起发酵法制取味精，正式商业化生产。20世纪60年代后，世界各国也兴起发酵法生产味精，以甘蔗或甜菜、糖蜜、淀粉、醋酸、乙醇为原料，由于石油价格上涨和石油制品的安全性，相继改用糖蜜、淀粉原料为主的发酵法生产味精。

我国的味精生产始于1922年，采用酸水解面筋法制得，建国前一直沿用此法，规模都很小，1949年全国味精总产量不到500吨。1965年发酵法生产味精取得成功，投产后生产成本大幅度降低，生产规模迅速扩大。2001年味精产量达9.128×10^5吨，高居世界首位，发酵产酸率平均为90.5g/L，最高为122.5g/L；转化率平均为57.26%，最高为62.6%，已接近国际先进水平。

8.3.2 谷氨酸发酵的微生物

8.3.2.1 谷氨酸发酵菌种及特征

现在经过鉴定和命名的谷氨酸产生菌很多，分属于棒杆菌属、短杆菌属、微杆菌属和节杆菌属中的细菌(表8.3.1)。它们在形态及生理方面仍有许多共同的特征，如：① 细胞形态为球状、棒状或短杆状，革兰氏染色阳性，无芽孢，无鞭毛，不能运动；发酵中菌体发生明显的形态变化，同时发生细胞膜渗透性的变化。② 都是需氧型微生物；脲酶强阳性和生物素缺陷型；CO_2固定反应酶系活力强，柠檬酸合成酶、乌头酸酶、异柠檬酸脱氢酶和谷氨酸脱氢酶活力强；异柠檬酸裂解酶活力欠缺或微弱，乙醛酸循环弱，α-酮戊二酸氧化能力缺失或弱，还原型辅酶Ⅱ($NADPH_2$)进入呼吸链能力弱。③ 不分解淀粉、纤维素、油脂、酪蛋白以及明胶，能利用醋酸，不能利用石蜡。④ 具有向环境中泄露谷氨酸的能力；不分解利用谷氨酸，并能耐高浓度的谷氨酸，产谷氨酸5%以上。

表 8.3.1　谷氨酸产生菌

属	种
棒杆菌属(Corynebacterium)	北京棒杆菌(C. pekinense)AS 1.299、钝齿棒杆菌(C. crenatum)AS 1.542、谷氨酸棒杆菌(C. glutamicus)、百合花棒杆菌(C. lilium)、糖蜜棒杆菌(C. melassecola)
短杆菌属(Brevibacterium)	天津短杆菌(B. tianjinese)T6-13、天津短杆菌 S-9114、扩展短杆菌(B. divaricatum)、乳糖发酵短杆菌(B. lactofermentum)、嗜氨短杆菌(B. ammoniaphilum)、黄色短杆菌(B. flavum)、生硫短杆菌(B. thiogenitalis)
微杆菌属(Microbacterium)	水杨苷微杆菌(M. salicnovorum)、嗜氨微杆菌(M. ammoniaphilum)、产碱微杆菌(M. alkaliscens)、黏微杆菌(M. glutinosus)
节杆菌属(Arthrobacter)	氨基酸节杆菌新种(A. aminoformis)、裂烃谷氨酸节杆菌(A. hydrocarboglutamicus)、石蜡节杆菌(A. paraffineus)

8.3.2.2　谷氨酸生产菌在发酵过程中的形态变化

在长期的生产实践过程中,人们发现谷氨酸生产菌在发酵过程中发生明显的菌体形态的变化。实践证明,菌体形态有明显变化时,正是大量积累谷氨酸之时。但在发酵培养基含有过量生物素的培养条件下,菌体形态则没有明显变化,却呈现耗糖、长菌、不产谷氨酸的异常发酵现象。

(1) 种子阶段的菌体形态　细胞多为短杆至棒杆状,有的微呈弯曲状,两端钝圆,无分枝;细胞排列呈单个,成对及"V"形,也有栅状或不规则聚块;斜面和一、二级种子的培养基营养丰富,生物素充足,保证了菌体细胞的脂肪酸和磷脂的合成,形成正常的细菌细胞膜,因而繁殖的菌体细胞均为谷氨酸非积累型的长菌型细胞。

(2) 发酵过程中的菌体形态变化　从取样观察谷氨酸发酵过程中菌体形态的变化结果来看,菌体形态大致可分为长菌型细胞、转移型细胞和产酸型细胞三种细胞形态。以发酵周期为 30～36h 的正常谷氨酸发酵为例,发酵 0～8h 或 0～10h,由于培养基中生物素丰富,菌体呈长菌型细胞,细胞形态与二级种子基本相似。发酵 8～18h 或 10～20h 时为转移型细胞,由于细胞的大量繁殖,培养基中的生物素处于贫乏状态,长菌型细胞开始向产酸型细胞转变。此阶段细胞形态急剧变化,细胞开始伸长、膨大,在生物素贫乏的条件下,通过细胞再度倍增,从谷氨酸非积累型细胞转变成谷氨酸积累型细胞(产酸型细胞)。转移期中有长菌型细胞,也有产酸型细胞,产酸速度逐渐加快。发酵 16～20h 以后为产酸型细胞,细胞为含磷脂不足的异常形态,呈伸长、膨大、不规则,缺乏"V"形排列,有的呈弯曲形,边缘颜色浅,稍模糊;有的边缘褶皱甚至残缺不全,但菌体形态基本清楚。在发酵后期,细胞较长,多呈现有明显的横隔(1～3 个或更多)的多节细胞,类似花生状(在糖酸转化率高时更甚),产酸高。然而,若发酵是在生物素过量的条件下,整个发酵过程中菌体的细胞形态基本上不发生变化。菌体比较粗壮、短胖,类似于种子培养阶段的细胞形态,多为短杆至棒杆状,细胞呈单个、成对及"V"形排列,为谷氨酸非积累型细胞,呈现典型的异常发酵,光长菌、耗糖快、耗尿素(氨)快,发酵周期短,低产或不产谷氨酸。

(3) 发酵感染噬菌体后的菌体形态　在谷氨酸发酵中感染噬菌体,会使谷氨酸产生菌的菌体形态发生变化,但是,由于感染的时期不同,菌体形态的变化也不一样。

① 发酵前期:通过显微镜观察发现,发酵前期感染噬菌体后,菌体细胞明显减少,细胞不

规则,发圆、发胖、缺乏"V"形排列,视野中有明显的细胞碎片,严重时出现拉丝、拉网、相互堆积在一起,几乎找不到完整的菌体细胞,类似蜘蛛网或鱼翅状。在生产上表现为尾气 CO_2 迅速下降,相继出现吸光度下跌、pH 上升或不上升、耗糖缓慢等异常现象。若生产上出现上述情况时,应立即停止发酵,进行抢救。

② 发酵中、后期:通过显微镜观察发现,菌体细胞形态不规则,边缘不整齐,有的边缘似乎有许多毛刺状的东西,有细胞碎片。在生产中、后期感染噬菌体,虽然也有吸光度下降,也常伴有泡沫多、发酵液黏度大、耗糖慢等异常现象,但及时补加适量营养物,一般仍可完成发酵,产酸在 4% 左右。值得注意的是,由于噬菌体感染细胞后,会使细胞内的谷氨酸向外泄出,有时产酸反而偏高的假象,致使发酵中、后期感染噬菌体易被忽视,这是很危险的。当发酵中、后期发现感染噬菌体,也应及时采取措施,加以防治。

8.3.3 糖质原料谷氨酸发酵

8.3.3.1 糖质原料谷氨酸发酵机制

(1) 生成 L-谷氨酸的主要酶反应　生成谷氨酸的主要酶反应有以下三种:

① 谷氨酸脱氢酶(GDH)催化的还原氨基化反应:

$$\alpha\text{-酮戊二酸} + NH_4^+ + NADPH_2 \xrightarrow{GDH} \text{谷氨酸} + H_2O + NADP$$

② 转氨酶(AT)催化的转氨反应:此酶反应是将已生产的其他氨基酸和 α-酮戊二酸经 AT 酶转氨作用生成 L-谷氨酸。

$$\alpha\text{-酮戊二酸} + R{-}CHNH_2COOH \xrightarrow{AT} \text{谷氨酸} + \alpha\text{-酮酸}$$

③ 谷氨酸合成酶(GS)催化的反应:

$$\alpha\text{-酮戊二酸} + \text{谷氨酰胺} \xrightarrow[GS]{NADPH_2 \quad NADP} \text{谷氨酸}$$

以上三个反应中,谷氨酸脱氢酶催化的还原氨基化反应是主导性反应。

(2) L-谷氨酸的生物合成途径　在谷氨酸发酵时,葡萄糖经 EMP 及 HMP 途径进行降解,生物素充足,HMP 所占比例是 38%;控制生物素亚适量,发酵产酸期 EMP 所占比例增大,HMP 所占比例为 26%。生成丙酮酸后,一部分氧化脱羧生成乙酰 CoA,一部分固定 CO_2 生成草酰乙酸或苹果酸,草酰乙酸与乙酰 CoA 在柠檬酸合成酶催化下,缩合成柠檬酸,再经氧化还原共轭的氨基化反应生成谷氨酸,代谢途径如图 8.3.1 所示。

图中谷氨酸生成期的主要过程用黑箭头表示,至少有 16 步酶反应。糖质原料发酵法生产谷氨酸时,应尽量提高 CO_2 固定反应供给 C_4 二羧酸,控制或降低经乙醛酸循环供给 C_4 二羧酸。由于谷氨酸产生菌丧失 α-酮戊二酸脱氢酶(即丧失了 α-酮戊二酸氧化能力或者氧化能力微弱),为了获得能量和产生生物合成反应的中间产物,谷氨酸发酵的菌体在生长之时需要异柠檬酸裂解酶反应,走乙醛酸循环途径。但是,在菌体生长期后,进入谷氨酸生成期,为了大量积累谷氨酸,最好没有异柠檬酸裂解酶反应,封闭乙醛酸循环。这就说明在谷氨酸发酵中,菌体生长期的最适条件和谷氨酸生成积累期的最适条件是不一样的。在生长期之后,若 TCA 循环中的 C_4 二羧酸 100% 是通过 CO_2 固定反应供给的,乙醛酸循环被封闭,这时葡萄糖发酵谷氨酸为理想途径,即按如下反应进行:

$$C_6H_{12}O_6 + NH_3 + 1.5O_2 \longrightarrow C_5H_9O_4N + CO_2 + 3H_2O$$

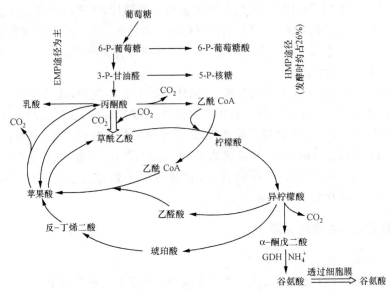

图 8.3.1　由葡萄糖生物合成谷氨酸的代谢途径
(参考张克旭.氨基酸发酵工艺学.2003)

1 mol 葡萄糖可以生成 1 mol 谷氨酸,理论收率为 81.7%。倘若 CO_2 固定反应完全不起作用,丙酮酸在丙酮酸脱氢酶的催化下,脱氢脱羧全部氧化为乙酰 CoA,通过乙醛酸循环供给 C_4 二羧酸(例如以醋酸和石油为原料的谷氨酸发酵时),其反应式如下:

$$3C_6H_{12}O_6 \longrightarrow 6\text{丙酮酸} \longrightarrow 6CH_3COOH + 6CO_2$$
$$6CH_3COOH + 2NH_3 + 3O_2 \longrightarrow 2C_5H_9O_4N + 2CO_2 + 6H_2O$$

理论收率仅为 54.4%。实际谷氨酸发酵中,因条件控制的好坏,加之形成菌体、微量副产物和生物合成消费的能量等,要消耗一部分糖,所以实际发酵收率处于 54.4%～81.7%之间。因此,糖质原料发酵谷氨酸时,CO_2 固定反应与乙醛酸循环的比率,对谷氨酸产率有一定影响,乙醛酸循环酶系活性越高,谷氨酸生成收率越低。

谷氨酸产生菌糖代谢的一个重要特征就是 α-酮戊二酸氧化能力微弱。丧失 α-酮戊二酸脱氢酶的关键作用,尤其在生物素缺乏的条件下,TCA 循环到达 α-酮戊二酸时即受阻,将糖代谢流阻止在 α-酮戊二酸的堰上,对导向谷氨酸生成具有重要意义。在 NH_4^+ 存在下,α-酮戊二酸被谷氨酸脱氢酶催化经还原氨基化反应生成谷氨酸。

谷氨酸产生菌的谷氨酸脱氢酶活性很强,其最适 pH 为 7.0～7.2,此酶以 NADP 为专一性辅酶。谷氨酸产生菌有两种 NADP 专性脱氢酶,即异柠檬酸脱氢酶和谷氨酸脱氢酶。谷氨酸发酵是 α-酮戊二酸的还原氨基化过程,依赖于 NADP 的谷氨酸脱氢酶和异柠檬酸脱氢酶的共轭反应。在 NH_4^+ 存在下,这两种酶非常紧密地偶联起来,形成强固的氧化还原共轭体系(图 8.3.2)。曾发现,在丧失异柠檬酸脱氢酶的谷氨酸缺陷型突变株中,虽有 L-谷氨酸脱氢酶,却不能生成谷氨酸。

由于谷氨酸产生菌的谷氨酸脱氢酶比其他微生物强大得多,所以由 TCA 循环所得的柠檬酸氧化中间物,就不再往下氧化,而以谷氨酸的形式积累起来;若 NH_4^+ 进一步过剩供给,发酵液又偏酸性(pH 5.5～6.5),则谷氨酸会进一步生成谷氨酰胺。

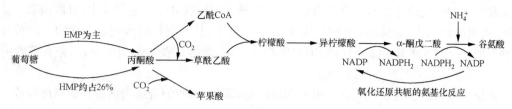

图 8.3.2　由葡萄糖发酵谷氨酸的理想途径

(3) L-谷氨酸生物合成的调节　通常情况下,细胞合成的谷氨酸都分泌到细胞外,细胞内谷氨酸浓度不会达到反馈调节的水平。但为了指导谷氨酸高产菌的选育和发酵控制,使谷氨酸的积累量增加,并尽可能降低副产物的生成,有必要介绍谷氨酸生物合成的调节机制。黄色短杆菌中,谷氨酸与天冬氨酸生物合成的调节机制(图 8.3.3)如下:

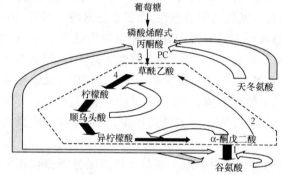

图 8.3.3　黄色短杆菌中谷氨酸、天冬氨酸生物合成的调节机制
1. 谷氨酸脱氢酶;2. α-酮戊二酸脱氢酶;3. 磷酸烯醇式丙酮酸羧化酶;4. 柠檬酸合成酶
━━▶ 优先合成;══▶ 反馈抑制;⇒ 反馈阻遏;▭▭ 中间物互变系统
(参考张克旭. 氨基酸发酵工艺学. 2003)

① 谷氨酸脱氢酶(GDH)的调节:谷氨酸对谷氨酸脱氢酶的反馈抑制和阻遏。

② 柠檬酸合成酶(CS)的调节:柠檬酸合成酶是 TCA 环的关键酶,除受能量调节外,还受谷氨酸的反馈阻遏和鸟氨酸的反馈抑制。

③ 异柠檬酸脱氢酶的调节:异柠檬酸脱氢酶催化异柠檬酸脱氢脱羧生成 α-酮戊二酸的反应和谷氨酸脱氢酶催化的 α-酮戊二酸还原氨基化生成谷氨酸的反应是一对氧化还原共轭反应,细胞内 α-酮戊二酸的量与异柠檬酸的量需要维持平衡,当 α-酮戊二酸过量时,对异柠檬酸脱氢酶发生反馈抑制,停止合成 α-酮戊二酸。

④ α-酮戊二酸脱氢酶在谷氨酸产生菌中,先天性的丧失或微弱。

⑤ 磷酸烯醇式丙酮酸羧化酶的调节:磷酸烯醇式丙酮酸羧化酶受谷氨酸和天冬氨酸的反馈阻遏,受天冬氨酸的反馈抑制。菌体代谢中,谷氨酸比天冬氨酸优先合成;谷氨酸合成过量时,谷氨酸抑制谷氨酸脱氢酶的活力和阻遏柠檬酸合成酶的合成,使代谢转向天冬氨酸的合成。天冬氨酸过量后,反馈抑制磷酸烯醇式丙酮酸羧化酶的活力,停止草酰乙酸的合成,所以,在正常情况下谷氨酸并不积累。

(4) 细胞膜通透性的调节　谷氨酸发酵的关键是,发酵培养期间谷氨酸生产菌细胞膜结构与功能上发生特异性变化,使细胞膜转变成有利于谷氨酸向膜外通透的样式,即完成谷氨酸非积累型细胞向谷氨酸积累型细胞的转变。这样,由于终产物谷氨酸不断地排出于细胞外,使

谷氨酸在细胞内连续不断地被优先合成，又不断透过细胞膜分泌于发酵液中，得以积累。业已阐明，谷氨酸的分泌，最终被细胞膜中磷脂含量所控制，其控制机制因控制因素的不同可分为三种类型：一是生物素表面活性剂、饱和脂肪酸(酯)、油酸以及甘油的作用；二是青霉素的作用；三是温度敏感突变株控制温度的作用。

磷脂主要由脂肪酸、甘油、含氮碱基和磷组成，因此，磷脂的合成可通过控制脂肪酸或甘油的合成来实现。生物素作为催化脂肪酸的生物合成起始反应的关键酶乙酰 CoA 羧化酶的辅酶，参与了脂肪酸的合成。采用生物素缺陷型菌株的谷氨酸发酵，必须控制生物素亚适量以控制脂肪酸的生物合成，进而控制磷脂的合成，使磷脂合成降低到正常细胞的 1/2 左右，使其细胞膜合成不完全，促使谷氨酸向细胞外大量分泌。

当生物素过量添加的条件下，则通过添加表面活性剂（如 Tween-60）或饱和脂肪酸（C_{16}～C_{18}）及其亲水聚醇酯类，能拮抗生物素的作用，以致使不饱和脂肪酸合成，导致油酸合成量减少，使磷脂合成不足，增加谷氨酸的膜通透性，而积累谷氨酸。另外，还可以采用油酸缺陷型和甘油缺陷型突变株，在谷氨酸发酵过程中，不控制生物素的添加量，只要控制油酸或者甘油亚适量，同样可使细胞的磷脂合成不足，提高谷氨酸的膜通透性，以大量积累谷氨酸。

青霉素的作用不是在细胞膜上，而是在细胞壁上。它作为肽聚糖末端结构(D-Ala-D-Ala)的结构类似物，而抑制肽聚糖转肽酶，干扰细胞壁的合成，结果形成不完全的细胞壁，使细胞膜处于不完全的保护状态，又由于膜内外的渗透压差，进而导致细胞膜的物理损伤，增大了谷氨酸的膜通透性。

温度敏感菌突变株的突变位置是发生在与谷氨酸膜分泌密切相关的膜结构的基因上，发生碱基的转换或颠换，一个碱基为另一个碱基所置换，这样的基因所指导转译出的酶，在高温时失活，导致细胞膜某些结构改变，增大了谷氨酸的膜通透性。谷氨酸积累与细胞膜渗透性的关系如图 8.3.4 所示。

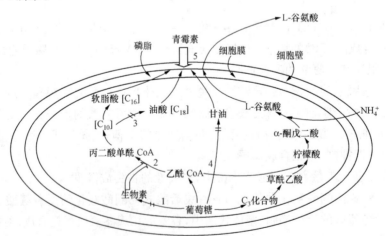

图 8.3.4　谷氨酸积累与细胞膜渗透性的关系
1. 丧失生物素合成能力；2. 乙酰 CoA 羧化酶；3. 油酸缺陷型；
4. 甘油缺陷型；5. 用青霉素抑制细胞壁的合成
(参考张克旭等. 代谢控制发酵. 1998)

(5) 环境因素引起谷氨酸发酵的代谢转换　谷氨酸的发酵过程中必须严格控制微生物生长的环境条件，如溶氧、NH_4^+、pH、生物素、磷酸盐等。若环境条件发生变化，谷氨酸发酵会向其他发酵转换,使谷氨酸的产量大减,而乳酸、α-酮戊二酸、谷氨酰胺等副产物增多。

8.3.3.2 糖质原料谷氨酸发酵技术

糖质原料的L-谷氨酸的发酵工艺流程如图8.3.5所示。主要工序包括:原料预处理、培养基配制、种子培养、发酵。

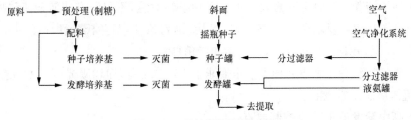

图8.3.5 谷氨酸发酵工艺流程

(1) 原料的预处理 迄今为止,所有的谷氨酸发酵菌株都不能直接利用淀粉或糊精,而只能以葡萄糖或糖蜜等作为碳源,目前常采用的糖是由红薯淀粉、木薯淀粉、玉米淀粉或大米淀粉等酶解而成的水解糖。

根据原料性质不同,制取水解糖的方法也不同。过去采用酸水解法制糖,由于其糖液质量较差、收率低、耗能大、设备要求较高,而被淘汰;现在生产厂家普遍采用双酶水解法制葡萄糖。关于淀粉水解糖的制备和糖蜜的预处理详见4.2节。

(2) 培养基的配制 谷氨酸发酵生产中,培养基包括斜面培养基、种子培养基和发酵培养基。采用不同生产菌种和不同发酵工艺,各生产厂家的培养基成分和配比不尽一致,但是基本成分仍有相似之处。

① 发酵培养基中生物素的来源和控制:生物素是谷氨酸生产菌的必需生长因子,培养基中必须提供生物素,否则菌体难以正常生长,但生物素过量,将对谷氨酸的合成和分泌带来十分不利的影响。所以生物素的浓度对于谷氨酸发酵的成败至关重要(见图8.3.4)。

生物素的最适浓度往往因菌种而异。一般生物素浓度在 $2.5\sim5\ \mu g/L$ 间,产生谷氨酸较多,浓度提高到 $15\ \mu g/L$,就会大大增加生长速率,同时减少谷氨酸的分泌而积累其他有机酸。由于生产上使用玉米浆、麸皮水解液和糖蜜等一些原料作为生物素的来源,而这些原料成分较复杂,又因产地、加工方法、季节、不同批次原料中的生物素的含量有所不同,因此,一般都需要经摇瓶实验后,才能确定最佳用量。目前有的工厂采用纯生物素代替玉米浆、麸皮等天然原料,不仅使谷氨酸发酵控制稳定,而且减少了由天然原料带来的杂质和色素,有利于后提取。

② 发酵培养基的氮源及碳氮比:谷氨酸分子中氮含量占9.5%,所以培养基中必须提供充足的氮源。硫酸铵、氯化铵、氨水、尿素、液氨都可作为谷氨酸生产菌的氮源。但是由于谷氨酸生产菌生长和产酸时期需要维持在pH $7.0\sim7.2$,而且培养基中 NH_4^+ 浓度又不宜太高,因此硫酸铵、氯化铵等生理酸性铵盐不宜采用;氨水加入后培养基pH波动太大,故需要采用连续流加的方法。谷氨酸生产菌具有高活力的脲酶,可将尿素分解而提供 NH_4^+。先前生产厂家普遍采用尿素作为氮源,但为了便于发酵控制,缩短发酵周期,目前有的生产厂家以液氨为氮源,采用分批或连续流加方法,提供菌体生长和产酸所需的氮,同时又可调节发酵pH维持在 $7.0\sim7.2$。

谷氨酸发酵的碳氮比为 $100:(20\sim30)$,当碳氮比为 $100:11$ 时才开始积累谷氨酸。在谷氨酸发酵中,用于合成菌体的氮占总耗氮的 3%~8%,而 30%~80% 用于合成谷氨酸。在实际生产中,采用尿素或液氨作为氮源时,由于一部分氮用于调节 pH,一些因分解而逸出,使实际使用量增大。如培养基中糖浓度为 14%,总尿素量为 3.85%,碳氮比为 100:32.8。

(3) 发酵生产工艺条件及其控制

① 斜面种子培养:斜面培养必须要求斜面种子绝对纯,不得混有任何杂菌和噬菌体。

② 摇瓶种子培养:要求菌体形态均匀、粗壮、排列整齐,革兰氏阳性,pH 为 6.4±1,净增吸光度在 0.5 以上,残糖 0.5% 以下,无杂菌和噬菌体。

③ 种子罐(二级)种子培养:种子质量要求 pH 7.2 左右,净增吸光度在 0.5 左右,无杂菌和噬菌体,菌体形态正常、粗壮。

④ 一次高中糖发酵工艺及控制要点:

- 菌种采用经选育的耐高糖的高产菌株如 FM-415、S9114、TG931、TG932 等;二级种子培养基适当增加生物素用量,如玉米浆和甘蔗糖蜜的添加量分别为 0.15%~0.2%,培养 7~8h,净增吸光度在 0.5 以上,镜检无杂菌。

- 发酵采用透光率在 90% 以上的水解糖;接种量为 2%~5%;温度控制为开始 34℃,每隔 5~6h 升 1℃,20h 后每隔 4h 升 1℃,至发酵结束时可达 40℃;若用尿素控制 pH,则采用低初尿素,少量多次流加;若用液氨调 pH,发酵前期 pH 7.0,8h 后提到 7.2~7.3,16h 后一直保持 pH 7.1,发酵后期稍微降低,放罐时 pH 为 6.5~6.6。

- 控制净增吸光度。一般低中糖(11%~13%)发酵培养基中,净增吸光度控制在 0.75 左右,而一次高中糖(15%~16%)发酵培养基中,总净增吸光度控制在 0.8~0.85。

- 控制溶氧。开始为 1:(0.08~0.1);当净增吸光度 0.25 时,通风量提高至 1:0.15;当净增吸光度为 0.5 以上,通风量提至 1:(0.18~0.19);当净增吸光度为 0.6~0.65 时,通风量提至最大风量 1:(0.24~0.25),保持 10h 以上。当残糖(RG)下降至 3.5% 以下时,第一次降风至 1:0.2;当残糖下降至 2.5% 以下时,第二次降风至 1:0.13;最后当残糖降至 1.2% 以下时,第三次降风至 1:0.09,直至发酵结束。

采用上述工艺及控制发酵,发酵 33h,发酵产酸 8% 以上,转化率 50% 以上,一次冷冻等电点结晶收率达 78%~80%。

⑤ 亚适量生物素流加糖工艺及控制要点:

- 菌种选用高产酸、高活力的谷氨酸生产菌,如 S9013、S9114、6282、TG932 等菌株。

- 二级种子培养 7~8h,pH 下降至 7.0~7.2,净增吸光度在 0.45 以上。发酵接种量为 8%~10%,流加糖采用经浓缩含糖 45% 以上的水解糖液,用量为总糖量的 3%~4%,发酵 10h 时,即可补糖。发酵中控制糖耗速率,前期糖耗不宜过快;进入产酸期时,若其他因素控制得当,转化率达 50% 以上,可加快其糖耗速率。

- 温度控制为 0~12h,34~35℃;12~28h,36~37℃;28h 以后可提高到 37~38℃。一般发酵 4h 即流加第一次尿素,发酵前期控制 pH 7.0~8.0,8h 以后提到 7.2~7.3,以维持一定的 NH_4^+/GA 比,保证合成谷氨酸所需氮源。流加尿素应少量多次,必须及时适量,总尿素量在 4% 左右。发酵后期 pH 稍微降低,放罐时 pH 6.5~6.6,有利于提取。

- 通风量的控制。初期 1:0.15;当吸光度净增 0.25~0.3 时,提为 1:0.25;当吸光度净增 0.65 以上时,提至 1:(0.4～0.5);当残糖降至 3.5%以下时,降风为 1:0.3;残糖降至 2.0%以下时,降风至 1:0.2。

- 生物素用量。使用生物素源以甘蔗糖蜜为主,玉米浆为辅,一般增加甘蔗糖蜜 0.05%～0.1%,控制净增吸光度在 0.8 左右。

采用上述工艺及控制发酵 35 h,平均产酸 9.13%,平均糖酸转化率达 53.35%。

⑥ 高生物素添加青霉素流加糖发酵工艺及控制要点:

- 采用 S9114、TG931、FM-415 或其他菌株。
- 生产斜面与摇瓶(一级)种子,为了促进菌种生长,比"亚适量法"增加 0.5%酵母膏。二级种子培养温度 33～34 ℃,pH 6.7～7.0,培养 7～8 h。
- 发酵初糖采用较低初糖(8%～10%)、大接种量(10%)、高生物素(50～100 μg/L)。发酵过程中流加糖采用双酶糖液或其浓缩液(含糖量 30%～50%)。一般从 7～8 h,残糖降至 5%以下开始,其后连续或分多次流加糖。流加糖的浓度尽量高些,流加量大于初糖量较为有利,产酸高,转化率高。残糖在 1%以下放罐。
- 本工艺控制的关键是青霉素添加的时间与浓度。一般在发酵 3.5～4.5 h,净增吸光度在 0.35～0.4 时,加入青霉素 3～5 IU/mL 发酵液,加入后吸光度再净增 1 倍,菌体经过增殖,就保持稳定。若添加青霉素后吸光度控制不住,有时还需再补加 1～2 次适量浓度的青霉素。
- 发酵温度控制为开始 33～34 ℃之后,每隔 6 h 升 1 ℃,后期温度可到 37～38 ℃,有利于产酸。用液氨控制 pH,发酵前期 pH 7.0,8 h 后提到 7.2～7.3,以后保持一定的 NH_4^+/GA 比,保证合成谷氨酸所需氮源,发酵后期(20 h 后)pH 稍微降低为 7.1～7.0,放罐时 pH 6.5～6.6。
- 通气量与总净增吸光度的控制。发酵过程尽可能实现自动控制,避免人工操作误差,是稳定生产的关键环节,尤其是温度、pH、溶氧、排气 CO_2、风量、罐压、流加糖和液氨等应自动控制。如达不到,能随时测定排气 CO_2 为宜,CO_2 宜控制在 12%～13%左右,后期降至 10%,发酵结束时为 8%左右,不能太低,否则通气量过大,不利于后期 α-酮戊二酸转化为谷氨酸。若人工操作时,通气量和总净增吸光度控制为:吸光度净增 0.2 时,提一次风;吸光度净增 0.35～0.4 时,添加青霉素后,再提一次风;吸光度净增 0.6～0.65 时,再提到最大风量(也可以加青霉素后就提至最大风量)。20～22 h 降一次风,24～26 h 再降一次风,28 h 再降一次风,总净增吸光度控制在 0.7～0.8,通风量一般要比"亚适量法"大 50%～100%。

按此工艺及操作控制发酵 30～33 h,平均产酸可达 9.0%,平均转化率为 51.66%,最高产酸可达 9.87%,最短周期 26 h,已达到或接近世界先进水平。

8.3.4 谷氨酸的提取和精制(味精制造)

8.3.4.1 谷氨酸的提取、精制工艺流程

L-谷氨酸分离提纯是指将谷氨酸生产菌在发酵液中积累的 L-谷氨酸和其他杂质分离提取出来,再进一步经中和、除铁、脱色等提取加工精制成谷氨酸单钠盐的过程。目前工业上 L-谷氨酸的分离提纯,即味精制造工艺过程如图 8.3.6 所示。它分为谷氨酸的分离提取和提纯精制两个阶段。

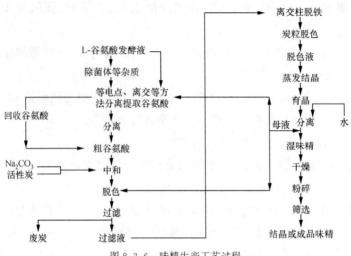

图 8.3.6 味精生产工艺过程

8.3.4.2 谷氨酸的分离提取

谷氨酸发酵液是一种含有菌体、谷氨酸、残糖、色素等复杂成分的胶体溶液。谷氨酸的分离提取就是利用谷氨酸的两性电解质的性质、溶解度、分子大小、吸附剂的作用,以及谷氨酸成盐等特性,将谷氨酸从发酵液中与其他杂质分离提取出来。常采用等电点法、离子交换法、金属盐沉淀法、盐酸盐法和电渗析法,以及将上述某些方法结合使用的方法。其中的等电点法、离子交换法和等电点-离子交换法较为普遍,现简介如下:

(1) 等电点法 谷氨酸分子中有两个酸性羧基和一个碱性氨基,$pK_1=2.91(\alpha\text{-COOH})$,$pK_2=4.25(\gamma\text{-COOH})$,$pK_3=9.67(\alpha\text{-NH}_3^+)$,其等电点为 pH=3.22,故将发酵液用盐酸或硫酸调节到 pH 3.22,在低温下谷氨酸溶解度极低,会析出结晶,得以和发酵液中的残糖、杂质分离。根据发酵液是否除菌体、等电点提取时发酵液的温度的高低以及是否连续操作,此法又可分为:① 直线常温等电点法;② 带菌体低温等电点法;③ 除菌体常温等电点法;④ 浓缩水解等电点法;⑤ 低温浓缩等电点法;⑥ 连续低温等电点法。上述六种等电点法都曾在国内工业生产中用过。随着味精生产技术的发展,目前国内生产厂家主要使用的是②、⑤和⑥。

低温等电点法:理论依据是谷氨酸的溶解度随温度的降低而减少,通过增加制冷能力,将等电点提取的终点温度由原来常温的 15~20℃降至 0~5℃,这样使母液中谷氨酸含量由 1.5%~2.0%降低至 1.0%~1.3%,提高等电点一次收率。其生产工艺流程如图 8.3.7 所示。

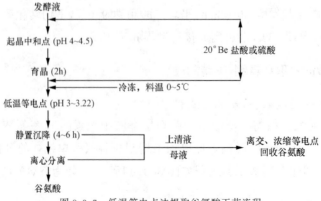

图 8.3.7 低温等电点法提取谷氨酸工艺流程

此法操作方便,设备简单,一次收率达78%,废水量减少,省酸碱。但由于此工艺是逐步起晶的,pH缓慢下降至3～3.22,起晶育晶时间长达8～10h。还有调节发酵液pH时,没有越过菌体蛋白质的等电点pH 4.0,所以会出现菌体蛋白质和谷氨酸一起结晶析出,生成β-型结晶。

连续低温等电点法:一是管道连续等电点,发酵液边通过管道边加盐酸,始终控制溶液pH 3.2析出结晶;二是在罐(池)内,选择已做好谷氨酸结晶一罐(池)为起晶罐(池),采用连续不断地将发酵液和盐酸同时加入起晶罐(池)内,始终保持罐(池)内pH 3～3.22,同时从罐(池)底部连续泵出已结晶的谷氨酸到另一个育晶罐(池)中进行育晶。因为此工艺的起晶罐(池)的溶液始终保持pH 3.0～3.22,温度稳定,低浓度结晶,并可以越过菌体蛋白质等电点pH 4.0,不会出现β-型结晶,从而减少育晶时间,缩短生产周期,并使整个等电点提取生产过程连续化、管道化,便于自动化控制。

低温浓缩等电点法:是将谷氨酸发酵液在低于45℃的温度下减压蒸发,使谷氨酸含量由原来的7%～8%提高到12%～14%,采用一步低温直接等电点提取。该法具有工艺稳定、操作方便、收率高达84%、生产周期短、节约酸碱、减少环境污染等优点,但浓缩时要求真空度高,内温控制在45℃以下,不使菌体蛋白质凝固。

(2) 离子交换法　当发酵液的pH低于3.22时,谷氨酸以阳离子形式存在,可用阳离子交换树脂来吸附谷氨酸,与发酵液中的其他成分分离,并可用碱液洗脱下来,收集谷氨酸洗脱流分,经冷却,加盐酸调pH为3.0～3.2进行结晶,再用离心机分离即可得到谷氨酸结晶。其工艺流程如图8.3.8所示。从理论上讲,上柱发酵液的pH应低于3.22,但实际离子交换法提取谷氨酸的生产中,发酵液的pH并不低于3.22,而且5.0～5.5就可上柱。这是因为发酵液中含有一定数量的NH_4^+、Na^+,这些离子优先与树脂交换,释放出H^+,使溶液的pH下降,保证谷氨酸为带正电荷的阳离子而被树脂吸附与交换。

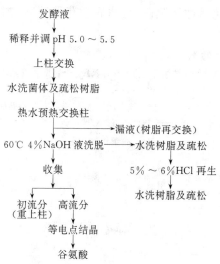

图8.3.8　离子交换法提取谷氨酸的工艺流程

此法过程简单、周期短,提取总收率可达80%～90%。缺点是碱液用量大,废液污染环境严重,国内已不采用此法,目前采用的方法是等电点-离子交换新工艺。

(3) 等电点-离子交换法　即先采用低温等电点法,将发酵液中80%的谷氨酸提取出来,剩下的残留在上清液和母液中的谷氨酸,采用离子交换法提取,提取总收率可达92%～96%。

此法是目前国内普遍采用的,其工艺流程见图8.3.9。

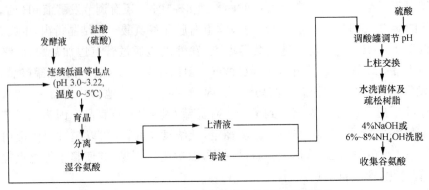

图 8.3.9 等电点-离子交换法提取谷氨酸的工艺流程

此工艺有以下优点:① 谷氨酸收率高。谷氨酸的吸附、洗脱、结晶过程成闭路循环,谷氨酸总收率达 90%～96%。② 酸碱消耗低。采用调整上柱料液的 pH 和调整洗脱料液 pH,省去洗脱后树脂再生环节,大幅降低酸碱消耗。③ 能耗低。新工艺是常温操作,克服了老工艺需要热水、热碱洗脱带来的能耗大的问题。④ 水耗低。新工艺去掉老工艺用大量水正反洗处理树脂,只需少量水即可达到预期效果。⑤ 树脂利用率高,树脂损耗降低。常规方法树脂对谷氨酸的容量只有 $25\,kg/m^3$,而新工艺容量可达 $36\,kg/m^3$ 以上,提高吸交效率 44%,同时,常温操作避免了树脂的胀缩,从而降低了树脂损耗。⑥ 经济效益明显,废液 COD 下降。

8.3.4.3 谷氨酸钠的制造

粗谷氨酸溶于适量水中,加糖用活性炭脱色,然后加入 Na_2CO_3 中和。谷氨酸中和反应的 pH 应控制在谷氨酸盐的等电点,即 pH 6.96,使之成为谷氨酸钠,然后再经过弱酸性阳离子交换树脂除铁和用 GH-15 颗粒活性炭脱色,过滤后就获得纯净的谷氨酸钠溶液,再经浓缩、结晶,精制成味精。

8.3.4.4 国外味精生产的新工艺

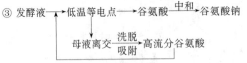

8.4 赖氨酸发酵

8.4.1 赖氨酸生产概述

1889 年 Drechsel 首先用酸水解酪素,经分离谷氨酸后,在不含氯化物的水溶液中,加入硝酸银,得到碱性物质,其组成为 $C_6H_{15}N_3O_2 \cdot AgNO_3 \cdot HNO_3$,其后被证实为赖氨酸和精氨酸的混合物。1891 年 Fisher 和 Drechsel 分别从酪素水解液中制得纯赖氨酸化合物 $C_6H_{14}N_2O_2 \cdot C_2H_5OH \cdot H_2PtCl_6$,而后命名为赖氨酸。

赖氨酸广泛存在于动、植物的蛋白质中,其中干酪素中含量最高,玉米胶蛋白中含量最少,而猪血粉中的含量为9%～10%,因此,过去一般用酸水解动植物血粉等蛋白质提取赖氨酸。由于原料稀少,其产量受到限制。1960年木下祝郎等为了改良谷氨酸棒杆菌的性质,采用遗传学、生物化学的知识和技术,选育了许多人工诱变突变株。发现高丝氨酸等缺陷型的谷氨酸菌种,可直接发酵生产L-赖氨酸。其后又选育出大量的代谢调节突变株(如抗结构类似物突变株、敏感突变株等)以及它们的组合突变株,使赖氨酸产率由50 g/L提高到500 g/L左右。

近年来日本富村隆开发以合成的DL-氨基己内酰胺为原料、用变黄罗伦隐球酵母(*Cryptococcus laurentii*)和无色短杆菌(*Achromobater abae*)产生的酶,再进行水解和去消旋化反应,生产L-赖氨酸。它具有旋光活性高、容易分离精制、提取收率高等优点,适于大规模生产。现已被日本东丽株式会社用于工业化大生产,形成年产8000吨的规模。

赖氨酸是含有两个氨基和一个羧基的碱性氨基酸,其分子式为$C_6H_{14}N_2O_2$。赖氨酸含有α及ε两个氨基,其ε-氨基必须为游离(非结合)状态时,才能被动物所利用,故具有游离ε-氨基的赖氨酸才为有效氨基酸。赖氨酸在人体内的代谢过程如下:

L-赖氨酸 ⇌ α-酮基-ε-氨基己酸 ⇌ 脱氢呱啶酸-2 ⇌ 呱啶酸-2 ⇌ α-氨基己二酸 ⇌ L-谷氨酸 ⇌ α-酮戊二酸 →TCA循环

赖氨酸是人体必需的八种氨基酸之一,赖氨酸和苏氨酸是动物营养中最主要的氨基酸,因为其他几种氨基酸均可为其α-酮基或羟基的类似物或D-型光学异构体所替代。但赖氨酸是唯一的仅L-型成分才能有效利用。同时,赖氨酸又不能在人体中经还原氨基化作用或转氨作用来生成,必须由食物中摄取,因此它是一种最重要的必需氨基酸。在谷类蛋白质中,必需氨基酸的比例不平衡,而赖氨酸的百分比含量最低,故称为第一限制性氨基酸。赖氨酸广泛应用于食品、医药、饲料。

食品:如在谷类中补充赖氨酸,能提高蛋白质的利用率,提高谷类的营养价值。例如玉米中添加0.4%的赖氨酸,玉米蛋白的功效提高2.1倍;大米中添加2.0%的赖氨酸,大米蛋白的功效提高1.7倍。在食品工业上可作为食品强化剂,对儿童的营养发育、智力,妇女妊娠期的保健,病人治疗疾病后的恢复都有明显的效果。目前国内20%赖氨酸用于食品和医药,国外3%用于食品工业。

医药:赖氨酸作为氨基酸输液,可作肝细胞再生剂,改善肝功能,治疗肝硬化、高氨症。对增进食欲、改善营养状况有明显的疗效。国外2%赖氨酸用于医药工业。

饲料:作为饲料添加剂,在畜、禽类的饲料中添加少量赖氨酸,促进畜禽生长发育,缩短饲养期,提高瘦肉率和产卵率,增强畜禽的免疫力。国内80%赖氨酸用于饲料,而国外95%用于饲料添加剂。随着世界饲料工业的发展,在饲料中赖氨酸按0.1%的添加量计,饲料用赖氨酸就需要5.97万吨。2001年世界赖氨酸总生产能力达71万吨,实际产量达到51.9万吨,成为仅次于谷氨酸的第二大氨基酸工业。目前我国赖氨酸生产能力(不包括台湾省)约5万吨,实际产量2万吨左右。而每年需饲料用赖氨酸8万～10万吨,远不能满足市场的需求。每年需进口8万吨赖氨酸。

随赖氨酸被广泛用于饲料、营养食品的添加剂及医药等领域,预计赖氨酸产量将有更大幅度的提高。

赖氨酸的生产方法有水解法、合成法、发酵法、酶法四种。

(1) 水解法　将含蛋白质较多的物质加酸水解,使蛋白质分解成各种氨基酸,再用离子交换树脂分离法或苦味酸盐沉淀法提取赖氨酸。一般采用动物血粉作原料。其生产工艺流程如下：

① 离子交换树脂分离法的工艺流程：

蛋白质 $\xrightarrow{HCl}$ 水解 $\xrightarrow[-HCl]{+H_2O}$ 减压浓缩 → 过滤 → 稀释 → pH 1.8~2.0 → 离子交换(RSO_3H) → 水洗至组氨酸全部流出 → 3 mol/L 氨水洗脱 → 离子交换(RSO_3NH_4) → 水洗 → 液氨(水)洗脱 → 脱色 $\xrightarrow{HCl}$ pH 5~6 → L-赖氨酸盐酸盐

② 苦味酸盐沉淀法工艺流程：此方法工艺简单。但原料稀少,产量受限制。

干血粉+2.5%硫酸(1:3) → 水解 $\xrightarrow{CaO}$ 过滤 → 浓缩 → 过滤 → 滤液浓缩至浆状 → 脱色 → 加热至80℃ $\xrightarrow{加苦味酸}$ 冷却至5℃,12 h 结晶 → 分离 → L-赖氨酸苦味酸盐 $\xrightarrow{HCl}$ 过滤回收苦味酸 → 浓缩结晶 → L-赖氨酸盐酸盐

(2) 合成法　用化学合成法制取赖氨酸步骤较多,所用原料不尽相同。工业上采用的主要为荷兰 DSM 法及日本东丽法。两法主要区别是在原料方面。DSM 法用己内酰胺,东丽法采用环己烯。但两法的共同特点是生成 α-氨基己内酰胺,再水解成 DL-赖氨酸,然后用酶法进行拆分生成 L-赖氨酸。

合成法缺点是使用剧毒原料光气,且可能残存催化剂,用户对产品的安全性不放心,环保问题严重。

(3) 发酵法　由于赖氨酸具有旋光性,而生物所利用的只有左旋(L-型),恰好微生物发酵所得的全部为 L-型。因此利用发酵法生产赖氨酸是最主要的方法。发酵法的原理是利用微生物的某些营养缺陷型菌株,通过代谢控制发酵,人为地改变和控制微生物的代谢途径,来实现 L-赖氨酸大量积累。有关 L-赖氨酸发酵机制及有关技术将在 8.4.3 小节详细介绍。

(4) 酶法　1977 年日本东丽公司以合成的氨基己内酰胺为原料,采用酵母菌、细菌等微生物产的酶催化氨基己内酰胺的水解反应,获得 L-赖氨酸,其生产流程见图 8.4.1。

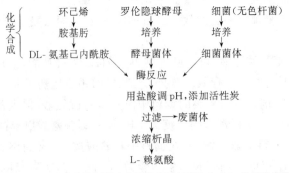

图 8.4.1　以合成的氨基己内酰胺为原料酶法生产 L-赖氨酸流程

此法兼具发酵法与合成法的优点：① 可以用化工产品生产或微生物生产 DL-己内酰胺后,酶法直接生产 L-赖氨酸；② 酶催化反应转化率高,可接近 100%,L-赖氨酸浓度高,可超过40%；③ 分离精制容易,提取收率高,生产成本低。

8.4.2 赖氨酸发酵的微生物

按 L-赖氨酸生物合成途径，有细菌和真菌两类群微生物参与。真菌中包括须霉属（*Phycomyces*）、子囊菌纲（Ascomycetes）、担子菌纲中的酵母菌和霉菌；细菌中研究较深入的是大肠杆菌、谷氨酸棒杆菌、黄色短杆菌和乳糖发酵短杆菌等，以及某些藻类（如蓝藻、绿藻）等。L-赖氨酸直接发酵法生产主要采用短杆菌属、棒杆菌属等谷氨酸产生菌的变异株。

谷氨酸产生菌的 L-赖氨酸生物合成的调节简单，容易被解除。因此，目前都采用谷氨酸产生菌作为诱变选育生产 L-赖氨酸的出发菌株。一般来说，L-赖氨酸的生产菌是由亚硝基胍（NTG）、甲基磺酸乙酯（EMS）、紫外线（UV）等诱变而得的。根据代谢控制发酵的理论，采用：① 切断生物合成苏氨酸、蛋氨酸等分支途径；② 解除赖氨酸自身的反馈调节系统；③ 增加前体物（天冬氨酸）的生物合成；④ 解除亮氨酸对赖氨酸生物合成途径的反馈抑制。根据表现型可分为营养缺陷型、结构类似物抗性、敏感型，以及其组合突变株四类。如表 8.4.1 所示。

表 8.4.1　L-赖氨酸产生菌

菌　株	遗传标记	底　物	L-Lys·HCl(g/L)	研究者
谷氨酸棒杆菌	hse$^-$	葡萄糖	13	K. Nakyams
黄色短杆菌	thr$^-$, met$^-$	葡萄糖	34	K. Sano
黄色短杆菌	Thr^s, Met^s	葡萄糖	25	I. Shiio
黄色短杆菌	AEC^r	葡萄糖	32	K. Sano
乳糖发酵短杆菌	AEC^r, ala$^-$, CCL^r, ML^r, FP^s	葡萄糖	70	O. Tosaka
黄色短杆菌 FB-21	leu$^-$, thr$^-$, AEC^r, SD^r	葡萄糖	55~70	檀耀辉
钝齿棒杆菌 PI-3-2	hse$^-$, AEC^r	葡萄糖	60~70	陈琦
谷氨酸棒杆菌 Au-112	hse$^-$, AEC^r, 2-TA^r, Urea$^-$	葡萄糖	80~90	徐所维

注：Lys，赖氨酸；Hse，高丝氨酸；Thr，苏氨酸；Met，蛋氨酸；Ala，丙氨酸；Leu，亮氨酸；AEC，δ-(α-氨基乙基)-半胱氨酸；CCL，α-氯己内酰胺；ML，γ-甲基-L-赖氨酸；FP，β-氟代丙酮酸；SD，磺胺嘧啶；2-TA，2-噻唑丙氨酸；Urea，尿素。
上标：—为缺陷型；s 为敏感型；r 为抗性。

由上表可见，营养缺陷型突变株，如谷氨酸棒杆菌的高丝氨酸缺陷型突变株、黄色短杆菌的苏氨酸和蛋氨酸双重缺陷型突变株，可以分别产 L-赖氨酸 13 g/L 和 34 g/L。Shiio 等为了转换或减弱优先合成蛋氨酸、苏氨酸的代谢流，选育苏氨酸、蛋氨酸双重敏感突变株，可积累 25 g/L 赖氨酸。Sano 等为了解除 L-赖氨酸的反馈调节，选育 L-赖氨酸结构类似物抗性突变株，将黄色短杆菌选育成 AEC 抗性突变株，可积累 L-赖氨酸 31~33 g/L。近年来使用的 L-赖氨酸产生菌，主要是结构类似物抗性、营养缺陷型、敏感型等标记的多重组合突变株。例如：Tosaka 等由乳糖发酵短杆菌选育具有 AEC 抗性、丙氨酸缺陷（主要切断天冬氨酸流向丙氨酸的代谢流，增加 L-赖氨酸生物合成的前体）、α-氯己内酰胺抗性、γ-甲基-L-赖氨酸抗性和 β-氟代丙酮酸敏感突变株 AJ11214，可积累 L-赖氨酸 70 g/L，对糖的转化率达 50%。

檀耀辉等以谷氨酸产生菌黄色短杆菌 AS 1.495 为出发株，选育 L-亮氨酸缺陷型（为解除 L-亮氨酸对赖氨酸的代谢互锁）、AEC 抗性、磺胺嘧啶抗性等多重突变株 FB-21，在适宜发酵条件下，可积累 L-赖氨酸达 70 g/L，对糖转化率为 45%。陈琦等对钝齿棒杆菌 AS 1.542 进行诱变处理，获得一株高丝氨酸缺陷型、AEC 抗性多重突变株 PI-3-2，可产 L-赖氨酸 60~70 g/L。上海市工业微生物研究所报道，由谷氨酸棒杆菌 2365 选育具有高丝氨酸缺陷、AEC

抗性、2-噻唑丙氨酸抗性和尿素缺陷的多重突变株Au-112,可产L-赖氨酸80～90g/L,对糖转化率达40%～45%。该所以黄色短杆菌2030为出发菌,经一系列诱变选育,获得抗性和营养缺陷型的双重突变株FH-128,产酸可达92～95g/L,转化率为40.2%(图8.4.2)。目前国内采用的赖氨酸生产菌种是PI-3-2、Au-112等多重标记菌株或由国外引进的高产菌株。国内菌株产酸水平为10%～12%,转化率为40%。而国外生产水平为产酸率14%,转化率40%～45%。

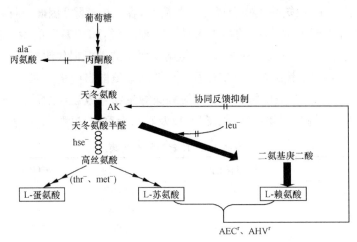

图 8.4.2　L-赖氨酸高产菌株的生物合成途径

(参考张克旭等.代谢控制发酵.1998)

8.4.3　糖质原料赖氨酸发酵

8.4.3.1　赖氨酸发酵机制

微生物中的L-赖氨酸生物合成途径自1950年起逐渐阐明。Cilvery等首先报道了结肠芽孢杆菌(*Bacillus coli*)的L-赖氨酸生物合成途径;Tosaka等对乳糖发酵短杆菌的赖氨酸合成途径进行了研究;Broguists和Shiffey研究了产朊球拟酵母(*Torulopsis utilis*);Jensen和Shu研究了酿酒酵母的赖氨酸生物合成途径后,发现微生物的L-赖氨酸的合成途径与其他氨基酸不同,有两条合成途径。

(1) 真菌α-氨基己二酸途径　在真菌中首先由α-酮戊二酸和乙酰CoA缩合生成同型柠檬酸,再经同型TCA循环生物合成L-赖氨酸(图8.4.3)。粗糙脉孢菌、酿酒酵母α-氨基己二酸途径中同型柠檬酸合成酶(HSⅠ、HSⅡ)受赖氨酸的反馈抑制和阻遏,解脂复膜孢酵母、醭膜假丝酵母中同型柠檬酸合成酶受赖氨酸的反馈抑制,而产黄青霉的同型柠檬酸合成酶受赖氨酸和青霉素G的反馈抑制。

由于酵母菌膜的通透性问题,和生物合成中无分支途径,无法获得像细菌中谷氨酸产生菌那样,在代谢活性方面有许多有利于积累L-赖氨酸的生理特征的菌株。因而至今在工业生产上尚未采用酵母菌生产L-赖氨酸,只选育研究了赖氨酸含量高的饲料酵母。

(2) 细菌,蓝、绿藻中α,ε-二氨基庚二酸途径(简称DAP途径)　在细菌和大多数蓝、绿藻中是以天冬氨酸为起点,经二氨基庚二酸(DAP)生物合成L-赖氨酸,称为α,ε-二氨基庚二酸途径。虽然同样是经过DAP途径合成赖氨酸,但在不同种类的细菌中,生物合成的调节机制

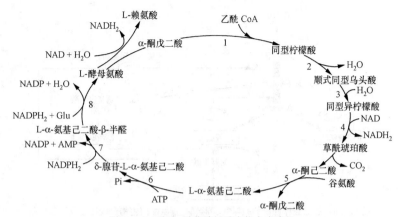

图 8.4.3　酵母、霉菌赖氨酸生物合成途径
1. 同型柠檬酸合成酶；2. 同型乌头酸水解酶；3. 同型乌头酸酶；4. 同型异柠檬酸脱氢酶；
5. α-氨基己二酸转氨酶；6. α-氨基己二酸还原酶；7. α-氨基己二酸半醛-谷氨酸还原酶；8. 酵母氨酸脱氢酶
（参考张克旭等.代谢控制发酵.1998）

也有所不同。大肠杆菌、谷氨酸棒杆菌、黄色短杆菌和乳糖发酵短杆菌等均是研究较深入的赖氨酸产生细菌。它们的 L-赖氨酸生物合成途径及调节机制如下：

大肠杆菌的赖氨酸、蛋氨酸和苏氨酸生物合成途径及调节机制：由图 8.4.4 可知，① 大肠杆菌有三个天冬氨酸激酶（AK）的同工酶和两个高丝氨酸脱氢酶（HD）同工酶，每个同工酶受不同终产物的反馈调节；② 每个分支途径后的初始酶分别受各自终产物的反馈抑制；③ 生物合成 L-赖氨酸分支途径中的二氢吡啶二羧酸合成酶与二氢吡啶二羧酸还原酶受 L-赖氨酸的反馈抑制；④ 大肠杆菌中还存在 L-赖氨酸脱羧酶，将生成的 L-赖氨酸分解放出 CO_2。

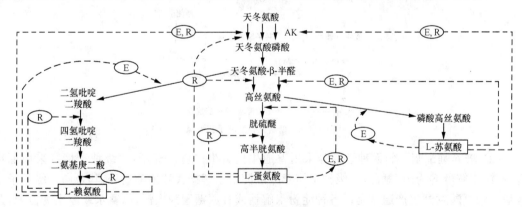

图 8.4.4　大肠杆菌的赖氨酸、蛋氨酸和苏氨酸生物合成途径及调节机制
E—反馈抑制；R—反馈阻遏
（参考张克旭等.代谢控制发酵.1998）

谷氨酸产生菌（谷氨酸棒杆菌、黄色短杆菌和乳糖发酵短杆菌）的赖氨酸生物合成途径及调节机制：由图 8.4.5 可知，① 谷氨酸棒杆菌中，不存在同工酶调节，关键酶 AK 是单一酶。该酶只受 L-赖氨酸和 L-苏氨酸的协同反馈抑制。② 没有发现对 AK 或 HD 的反馈阻遏。③ L-赖氨酸分支途径中的二氢吡啶二羧酸合成酶和二氢吡啶二羧酸还原酶，既不受 L-赖氨酸的反馈抑制，也不受 L-赖氨酸的反馈阻遏。这对 L-赖氨酸的积累十分有益。④ 未发现 L-赖氨酸脱羧酶。

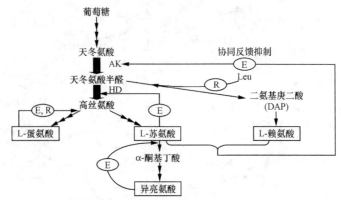

图 8.4.5　谷氨酸棒杆菌的赖氨酸、苏氨酸、蛋氨酸的生物合成途径及调节机制
E—反馈抑制；R—反馈阻遏
(参考张克旭等.代谢控制发酵.1998)

8.4.3.2　糖质原料赖氨酸发酵技术

(1) 工艺流程　发酵法生产赖氨酸，主要原料是碳源。碳源种类很多，有糖蜜、葡萄糖、淀粉、薯干、醋酸、苯甲酸、乙醇和烃类等。但工业上采用的是糖质原料(糖蜜、淀粉水解糖)。工艺流程如图 8.4.6 所示。

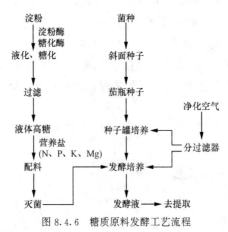

图 8.4.6　糖质原料发酵工艺流程

(2) 培养基配制　斜面种子培养采用普通牛肉膏蛋白胨培养基，一级种子培养采用葡萄糖、豆饼水解液等为碳、氮源，二级种子培养除以淀粉水解糖代替葡萄糖外，其余同一级种子培养基。赖氨酸发酵生产通常是以各种淀粉水解糖或甘蔗糖蜜为碳源，以氨水或尿素为氮源，并加入少量的营养因子。L-赖氨酸生产菌株都是经过多次诱变获得的，具有营养缺陷型、结构类似物抗性和敏感型等标记的多重突变株。所以培养基中必须提供相应的生长因子，而这些生长因子的浓度必须控制为生长所需的亚适量。不同标记的赖氨酸菌种，其培养基配方也不同。

(3) 发酵工艺条件及其控制

① 温度控制：幼龄菌对温度敏感，在发酵前期，提高温度，生长代谢加快，产酸期提前；但菌体的酶容易失活，菌体衰退，赖氨酸产量降低。所以赖氨酸发酵前期控制 32℃，中、后期控制 34℃。

② pH 控制：赖氨酸发酵 pH 控制为 6.5～7.5，最适控制 pH 6.0～7.0，发酵过程中，通过添加尿素或氨水来控制 pH。

③ 种龄与接种量的控制：当采用二级种子扩大培养时，接种量较少，约2%，种龄一般为8~12h。当采用三级种子扩大培养时，接种量较大，约10%，种龄一般为6~8h。总之，以对数生长期的种子为好，接种量大，有利于缩短发酵周期。

④ 培养基中苏氨酸、蛋氨酸等氨基酸的控制：赖氨酸生产菌一般是高丝氨酸、丙氨酸、亮氨酸等缺陷型突变株，而苏氨酸、蛋氨酸、亮氨酸等是赖氨酸生产菌的生长因子，由于赖氨酸生产菌缺乏蛋白质分解酶，不能直接分解利用蛋白质，只能将有机氮源水解后加以利用，因此，一般采用大豆饼粉、花生饼粉和毛发的水解液或玉米浆。其添加量应通过反复试验获得最佳量。若添加量过少，则菌体生长弱而慢，影响产酸；若添加过多，则由于氨基酸丰富，引起反馈调节，光长菌体，不产或少产赖氨酸，必须控制其生长的亚适量。

⑤ 生物素的控制：赖氨酸生产菌大多是生物素缺陷型的谷氨酸产生菌，若在发酵培养基中限量添加生物素，那么赖氨酸发酵会向谷氨酸转换，大量积累谷氨酸。若添加过量生物素，使细胞内合成的谷氨酸对谷氨酸脱氢酶发生反馈抑制作用，则抑制了谷氨酸的大量生成，使代谢流转向合成天冬氨酸方向。因此发酵中过量地添加生物素，可促进草酰乙酸生成，增加天冬氨酸的供给，提高赖氨酸的产量。

⑥ 溶氧的控制：L-赖氨酸是天冬氨酸族氨基酸，它的最大生成量是在供氧充足时，即过高或过低的溶氧对发酵均不利。溶解氧很低时对发酵尤为不利，表现为菌体浓度下降，产物形成的比速率也最小；赖氨酸积累少而生成乳酸，发酵时间延长。供氧达$400\sim500\,h^{-1}$时，赖氨酸发酵最佳。

⑦ 流加糖发酵新技术：为了克服产物赖氨酸对其生物合成的抑制，以及高浓度糖对赖氨酸产生菌生长的抑制，近年来在L-赖氨酸发酵中采用流加糖新工艺。

8.4.4 赖氨酸的提取和精制

赖氨酸提取精制过程包括发酵液预处理、提取和精制三个阶段。因游离的L-赖氨酸易吸附空气中的CO_2，故结晶较困难，一般生产商品都是以L-赖氨酸盐酸盐形式存在。赖氨酸提取精制工艺流程如图8.4.7所示。

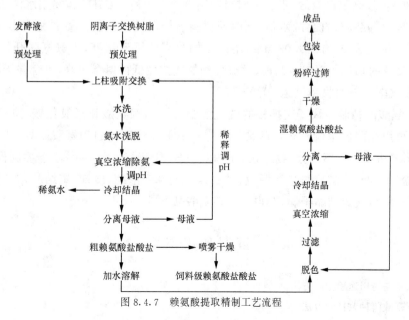

图 8.4.7 赖氨酸提取精制工艺流程

8.4.4.1 发酵液预处理

除菌体采用：① 离心法（4000～6500 r/min 高速离心）；② 添加絮凝剂（如聚丙烯酰胺）沉淀法；③ 超滤膜过滤法。

8.4.4.2 离子交换法提取赖氨酸

从发酵液中提取赖氨酸常用的方法有：沉淀法、有机溶剂萃取法、离子交换法、电渗析法。目前工业上大多采用离子交换法来提取赖氨酸。

(1) 离子交换法提取赖氨酸的原理　赖氨酸是碱性氨基酸，等电点为 9.59，在 pH 2.0 左右被强酸性阳离子交换树脂吸附，pH 7.0～9.0 时被弱碱性阴离子交换树脂吸附。从发酵液中提取赖氨酸选用强离子交换树脂，它对氨基酸的交换势为：精氨酸＞赖氨酸＞组氨酸＞苯丙氨酸＞亮氨酸＞蛋氨酸＞缬氨酸＞丙氨酸＞甘氨酸＞谷氨酸＞丝氨酸＞天冬氨酸。强酸性阳离子交换树脂的氢型对赖氨酸的吸附力比铵型强得多。但是铵型能选择性地吸附赖氨酸和其他碱性氨基酸，不吸附中性和酸性氨基酸；同时，在用氨水洗脱赖氨酸后，树脂不必再生，从而简化了工艺。所以目前工业上都采用铵型强酸性阳离子交换树脂提取赖氨酸。其交换、洗脱反应如下：

吸附交换：

$$RSO_3NH_4 + Cl^-H_3^+NCH_2(CH_2)_3CHCOOH \longrightarrow RSO_3H_3NCH_2(CH_2)_3CHCOOH + NH_4Cl$$
$$\qquad\qquad\qquad\qquad\quad |\qquad\qquad\qquad\qquad\qquad\qquad\qquad\qquad |$$
$$\qquad\qquad\qquad\qquad\quad NH_2\qquad\qquad\qquad\qquad\qquad\qquad\qquad NH_2$$

洗脱：

$$RSO_3H_3NCH_2(CH_2)_3CHCOOH + NH_4OH \longrightarrow RSO_3NH_4 + H_2NCH_2(CH_2)_3CHCOOH + H_2O$$
$$\qquad\qquad\qquad\qquad |\qquad\qquad\qquad\qquad\qquad\qquad\qquad\qquad\qquad\qquad |$$
$$\qquad\qquad\qquad\qquad NH_2\qquad\qquad\qquad\qquad\qquad\qquad\qquad\qquad\qquad NH_2$$

(2) 离子交换法提取赖氨酸的操作　① 赖氨酸提取上柱流速根据柱大小而定，交换柱直径 1.0～1.4 m 时线速度为 0.05～0.06 s^{-1}，空间速度 0.4～0.6 h^{-1}。一般反上柱时每吨树脂可吸附 70～80 kg 赖氨酸盐酸盐，正上柱时可吸附 90～100 kg。上柱后，需用水洗去滞留在树脂层的菌体、残糖等杂质，直至洗水清，同时使树脂疏松以利于洗脱。② 洗脱与收集：用 5% 氨水洗脱，洗脱流速为 0.01～0.03 m/s，用茚三酮检查柱下流出液，当赖氨酸开始流出即可收集，一般收集液的 pH 为 9.5～12。前、后流分赖氨酸浓度低而氨含量高，可合并于洗脱氨水中，以提高提取收率。一般收率可达 90%～95%。

(3) 赖氨酸的精制　离子交换柱的洗脱液中含游离赖氨酸和氢氧化铵，需经过真空浓缩蒸去氨后，再用盐酸调至赖氨酸盐酸盐的等电点 pH 5.2，生成的赖氨酸盐酸盐以含一个结晶水合物的形式析出。经离心分离后，在 50℃ 以上进行干燥，失去结晶水。若要制得高纯度的赖氨酸盐酸盐，则加水溶解后再进行脱色、过滤、除杂、真空浓缩、冷却、重结晶，然后分离去除母液，将湿赖氨酸盐酸盐结晶干燥，获得成品赖氨酸盐酸盐。

复习和思考题

8-1　试述氨基酸的用途和生产方法。

8-2　试述氨基酸菌种改良的方法。

8-3 谷氨酸产生菌的主要生理特性有哪些？
8-4 试述谷氨酸发酵机制和控制要点。
8-5 试述 L-赖氨酸的用途和生产方法。
8-6 试设计选育高产 L-赖氨酸的科研方案。

（高年发）

9 核苷、核苷酸类物质发酵

9.1 概　　述

核酸类物质包括嘌呤核苷酸和嘧啶核苷酸及它们的衍生物。其发酵工业是 20 世纪 60 年代初继氨基酸发酵工业后兴起的另一类发酵产业。一些核苷酸如 5′-鸟嘌呤核苷酸(5′-鸟苷酸,5′-GMP)、5′-肌苷酸(5′-IMP)和 5′-黄嘌呤核苷酸(5′-黄苷酸,5′-XMP)是食品工业中的助鲜剂,其中的 5′-GMP 和 5′-IMP 的钠盐与谷氨酸钠盐合用时还有协同强化作用。核苷如 5′-肌苷(inosine)、5′-腺苷(adenosine),核苷酸如三磷酸腺苷(ATP)、黄素腺嘌呤二核苷酸(FAD)、烟酰胺腺嘌呤二核苷酸(NAD)、环腺苷单磷酸(cAMP)、腺苷单磷酸(5′-AMP)等及其衍生物(辅酶 I、CoA、S-腺苷蛋氨酸等),在治疗心血管疾病、癌症、肝或肾病及帕金森氏症等疾病方面有特殊疗效。核苷酸制剂除在医药上应用外,还可用于浸种、蘸根和喷雾,提高农作物的产量,在农业上也有良好的应用前景。

工业上生产的核苷、核苷酸主要有下列四种方法(图 9.1.1):

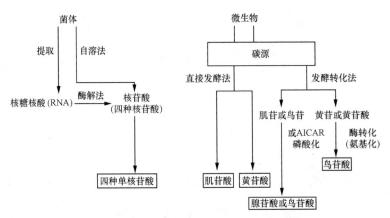

图 9.1.1　核苷酸生产四种方法图示

(1) 酶解法(酵母核糖核酸酶解法)　RNA 酶解法核苷酸生产是 20 世纪 60 年代初最早开发的工艺。酶解法必须先用糖蜜废液、亚硫酸纸浆废液、$C_{14} \sim C_{21}$ 正烷烃等培养的酵母菌(如啤酒厂的废酵母、亚硫酸水解液培养的假丝酵母)或其他发酵工业的废菌体(如青霉菌、芽孢杆菌)等为原料提取 RNA(以酵母菌中的 RNA 为主),由桔青霉或金色链霉菌(Streptomyces aureus)的核酸酶 P1(即磷酸二酯酶)水解菌体的核糖核酸,获得四种核苷酸混合液,再经离子交换层析分离核苷酸为四种单核苷酸:5′-尿嘧啶核苷酸(5′-尿苷酸,5′-UMP)、5′-鸟苷酸、5′-胞嘧啶核苷酸(5′-胞苷酸,5′-CMP)、5′-腺嘌呤核苷酸(5′-腺苷酸,5′-AMP)。

(2) 自溶法(微生物菌体自溶法)　利用菌体(如谷氨酸产生菌、酵母菌、白地霉等)细胞内的 5′-磷酸二酯酶专一性地作用于核糖核酸,在碱性条件下,降解成 5′-单核苷酸,然后从细胞内渗透出来,即谓自溶法。可制成 5′-单核苷酸,也可生产 5′-混合单核苷酸。细菌自溶工艺由于产量低、提取困难,现较少用于核苷酸的生产。

(3) 直接发酵法(一步法) 利用微生物的突变株(一般采用细菌的营养缺陷型)由碳源直接发酵生产核苷酸,如 5′-肌苷酸、5′-黄苷酸的生产。自 1966 年日本实现采用直接发酵法生产肌苷酸以来,国外相继开展了细菌体内核苷酸生物合成途径及调节机制的研究,20 世纪 80 年代初各国又进行了该合成途径的操纵子基因的克隆和全序列的测定,为核苷酸类产生菌的育种工作打下了基础,进一步推动了发酵法的生产和研究。我国自 20 世纪 60 年代初也开展了 5′-肌苷酸的研究工作,酵母 RNA 酶解法、谷氨酸菌体自溶法、直接发酵法生产 5′-肌苷酸等都曾进行过生产,但产品单一,技术与国际先进水平相比还有较大距离。近年来有所进展,广东肇庆星湖味精股份有限公司所属的工厂肌苷生产的产量达到 25 g/L,转化率和提取率分别为 20% 和 80% 以上,接近国际先进水平。上海市工业微生物研究所诱变育种获得了一株鸟苷高产菌株。用直接发酵法生产核苷酸也有特别好的应用前景。

(4) 发酵转化法(两步法) 先由微生物碳源发酵生产核苷,再经磷酸化法生产相应的核苷酸,如 5′-腺苷酸、5′-鸟苷酸等。由于 5′-腺苷酸、5′-鸟苷酸与肌苷酸不同,它们都是嘌呤核苷酸生物合成的终产物,终产物在菌体内超过一定限度,就会引起反馈调节,抑制其合成;另微生物中均有催化鸟苷酸降解为鸟苷和鸟嘌呤的酶系,使直接发酵法生产鸟苷酸比较困难。

9.2 核苷酸类物质产生菌的分离和选育

9.2.1 核苷酸类物质产生菌的分离

从核苷酸的生物合成途径及调节机制中看到,野生菌株核苷、核苷酸产量低,营养缺陷型的野生菌株是筛选的主要目标。一般采用生长圈法和特殊平板培养法。

(1) 生长圈法 利用核苷酸产生菌分泌的核苷酸促进嘌呤营养缺陷型大肠杆菌生长而形成生长圈的原理。将非精确的嘌呤缺陷型大肠杆菌(如 *E. coli* P64 或 B96)与不含嘌呤的琼脂培养基混合制成平板,于平板表面涂布接种待检菌,培养后若待检菌产生嘌呤类似物,则其周围形成生长圈,选出生长圈大的菌落,作进一步鉴定。

也可将待检菌先在平板培养,出现菌落后用紫外线照射杀菌;再用含有鸟嘌呤缺陷型的枯草芽孢杆菌突变株的固体培养基覆盖其上,保温培养后,若枯草芽孢杆菌突变株能够生长,表明被检菌产生了核苷类物质。

最后,将选出的菌株接种于特定的培养液中,发酵后检测核苷酸的种类。

(2) 特殊平板培养法 采集哺乳动物、鸟类的粪便或土壤样品,在含有高浓度的磷酸盐、镁盐、锰盐,以及葡萄糖和氮源的琼脂平板上分离,挑选培养基上出现的单菌落,分别接种种子培养基和发酵培养基,检测产核苷酸的能力。此法可有效地筛选出发酵转化法生产核苷酸的野生型菌株。

9.2.2 核苷酸类物质产生菌的选育

核苷酸类物质产生菌主要为产氨短杆菌和枯草芽孢杆菌。

1921年发现产氨短杆菌 ATCC6872 在嘌呤碱基存在下,可生产相应的核苷酸,如:有次黄嘌呤存在时生产肌苷酸,有腺嘌呤存在时生产腺苷酸,有鸟嘌呤存在时生产鸟苷酸等。随后对该菌株进行了深入的研究,发现通过紫外线、硫酸二乙酯(DES)、亚硝基胍(MNNG)等诱变育种手段,获得了生产各种核苷酸的突变株,见图 9.2.1。

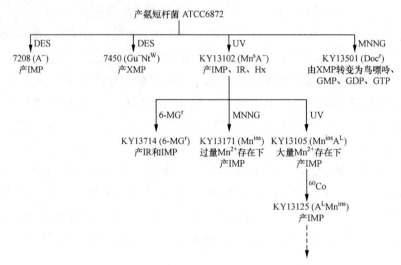

图 9.2.1 产氨短杆菌 ATCC6872 诱变谱系和产物

诱变剂:DES(硫酸二乙酯),MNNG(N-甲基-N′-硝基-N-亚硝基胍),UV(紫外线)
营养缺陷型:A^-(腺嘌呤缺陷型),A^L(腺嘌呤渗漏或不完全缺陷型),Mn^s(锰敏感型),Mn^{ins}(锰不敏感型)
酶缺失型:Nt^W(核苷酸分解酶弱)
结构类似物抗性:$6-MG^r$(6-巯基鸟嘌呤),Doc^r(迪古霉素)

枯草芽孢杆菌一般磷酸酯酶活性较高,经 X 射线、紫外线、MNNG 等诱变育种,可获得积累肌苷、鸟苷、腺苷、黄苷的突变株。枯草芽孢杆菌也可用 DNA 转化法进行肌苷及鸟苷生产菌株的育种。我国在这方面有所突破,中国科学院微生物研究所相望年从 149 株枯草芽孢杆菌(Str^r)中提取了 DNA 进行转化,筛选获得可以转化的 Ki-2 菌株,以此诱变获得 9 株氨基酸缺陷型菌株,均可作为受体;薛禹谷等在进行枯草芽孢杆菌育种研究时,改进转化条件,提高 K3-2-148 菌株肌苷产量,在加入 $5\ \mu g/mL$ 溶菌酶情况下,转化率提高 6 倍。

9.2.3 利用基因工程技术构建核苷、核苷酸工程菌株

利用基因工程技术,从基因水平改变生产菌株的遗传特性,从而构建出核苷、核苷酸高产菌株(详见第 7 章)。

9.3 发酵法生产核苷、核苷酸

9.3.1 肌苷及肌苷酸发酵

由图 9.3.1 看出,肌苷酸(IMP)处在嘌呤核苷酸合成途径的分支点上,它同时又是 AMP 和 GMP 的前体。由 IMP 进入 AMP 生物合成系分支点上的酶 SAMP(琥珀酰-AMP)合成酶活性受到 AMP 抑制,由 IMP 进入 GMP 生物合成系分支点上的酶 IMP 脱氢酶活性受到

GMP 和黄嘌呤核苷酸(XMP)的抑制,同时 AMP、GMP、XMP 对 IMP 生物合成关键酶 PRPP 酰胺转移酶反馈抑制。欲积累核苷,必须阻断支路代谢,解除反馈抑制,提高核苷酸酶活力,降低核苷酶活性。

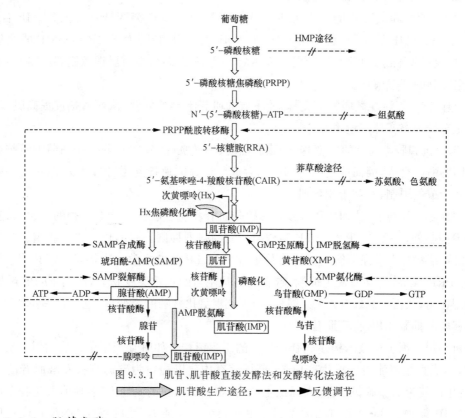

图 9.3.1 肌苷、肌苷酸直接发酵法和发酵转化法途径
➡ 肌苷酸生产途径；------▶ 反馈调节

9.3.1.1 肌苷发酵

(1) 肌苷产生菌的选育　肌苷发酵常采用枯草芽孢杆菌、短小芽孢杆菌(*Bacillus pumilis*)、产氨短杆菌的突变株,其中枯草芽孢杆菌含有很强的磷酸酯酶活性,细胞内合成的 5'-IMP 在通过细胞膜时经过脱磷酸形成肌苷。

① 阻断支路代谢,使肌苷合成的最初前体积累。由图 9.3.1 看出,葡萄糖经 HMP 途径降解的 5'-磷酸核糖是最初的前体物质,若要使突变株积累 5'-磷酸核糖,必须选育丧失转酮酶活力的突变株,切断 HMP 途径,即选育不能利用 D-葡萄糖或 L-阿拉伯糖为碳源,而必须用通过磷酸戊糖途径进行糖类代谢的突变株；为了积累肌苷,可选育 thr⁻(苏氨酸)、trp⁻(色氨酸)和 pro⁻(脯氨酸)缺陷型的突变株,即切断 CAIR(5'-氨基咪唑-4-羧酸核苷酸)转化至 Thr 的莽草酸途径和切断 N'-(5'-磷酸核糖)-ATP 转化至 His(组氨酸)的支路代谢。

② 解除反馈抑制和阻遏。枯草芽孢杆菌选育腺嘌呤缺陷型突变株(Ade⁻),缺失 SAMP 合成酶,切断 IMP 转变为 SAMP 的支路代谢,解除腺嘌呤对关键酶 PRPP 酰胺转移酶的反馈调节,积累 IMP。选育鸟嘌呤缺陷型(Gua⁻)或黄嘌呤缺陷型(Xan⁻),丧失 IMP 脱氢酶,切断 IMP 转变为 XMP 的支路代谢,以解除 GMP 对 PRPP 酰胺转移酶和 IMP 的反馈调节,通过限量添加腺嘌呤、鸟嘌呤,从而使肌苷的直接前体 IMP 积累,如产氨短杆菌(Gua⁻)在相当于 15% 葡萄糖浓度的废糖蜜培养基中,可积累肌苷约 30 g/L。枯草芽孢杆菌(Xan⁻),在磺胺胍

(SG)存在下,肌苷积累量达 20.6 g/L。推测磺胺胍引起细胞表层结构变化,使核苷酸酶活力提高(较亲株提高活力 2.5 倍),于是肌苷酸分解为肌苷。

③ 选育对鸟嘌呤及腺嘌呤类似物(如 8-AG^r、6-MG^r、6-TG^r、6-MP^r、6-MTP^r)抗性突变株(在高浓度腺嘌呤和黄嘌呤的平板上生长良好的 Xan$^-$、Gua$^-$突变株),丧失 SAMP 合成酶、IMP 脱氢酶和 XMP 氨化酶,切断从 IMP 到 AMP 与 IMP 转变为 XMP 和 GMP 的两条支路代谢,添加限量黄嘌呤或鸟嘌呤,便可解除 AMP 或 XMP 系列物质反馈控制,是从遗传上解除正常代谢控制的理想菌株。

④ 选育核苷酶活性微弱的突变株,使生成的肌苷不再被分解,从而大幅度提高肌苷产量。其中产氨短杆菌突变株产量可高达 52.4 g/L。

⑤ 选育抗磺胺类药物的突变株(如磺胺嘧啶、磺胺哒嗪、磺胺胍等),在细菌中磺胺类药物可以阻断叶酸的合成,因而抑制嘌呤的生物合成。选育抗磺胺类药物的突变株,也就解除了对嘌呤生物合成的限制,有利于积累肌苷。

由图 9.3.1 还可看出,PRPP 酰胺转移酶是肌苷和肌苷酸生物合成途径的关键酶,除受终产物反馈抑制外,还受 ATP 和 ATP 结构类似物的强烈抑制,另外,也还受一些重氮化合物的抑制。已知某些抗生素在菌体内可被磷酸化,作为 ATP 的结构类似物,参与 ATP 所参加的反应,可对 PRPP 酰胺转移酶发生抑制,选育这类抗生素的抗性突变株,解除对 PRPP 酰胺转移酶的抑制作用,从而提高肌苷产量。同样,选育抗重氮化合物的突变株,也可以解除其对 PRPP 酰胺转移酶的抑制作用,提高肌苷产量。

还可利用基因工程技术构建肌苷产生菌的工程菌株。如肌苷产生菌只能利用淀粉水解糖为碳源,不能直接使淀粉发酵生产肌苷,已报道有构建以淀粉为碳源直接发酵肌苷的工程菌株,改变生产使用的碳源,从而大大降低生产成本。利用体外诱变的方法,使肌苷生物合成的关键酶 SAMP 合成酶、IMP 脱氢酶的基因发生插入失活或缺失,然后将此 DNA 片段转化到受体菌中,与受体菌的染色体基因重组,便可获得遗传性状更稳定的肌苷生产菌株。受体菌若采用腺嘌呤缺陷型或肌苷降解能力弱的突变株,或有一定肌苷积累能力,若选择具有某些嘌呤结构类似物抗性突变株作为受体菌,则通过转化可获得积累肌苷能力大幅度提高的肌苷产生菌。

(2) 肌苷发酵调控

① 培养基组成对肌苷产量的影响:碳源多使用葡萄糖,生产规模用淀粉或大米水解液,糖蜜经转化酶作用后也可作为碳源,若采用嗜石油棒杆菌(*Corynebacterium petrophilum*)生产,宜用 $C_{12} \sim C_{16}$ 的正石蜡。肌苷分子含氮量高(20.9%),培养基中要保证充足氮源。氮源有氯化铵、硫酸铵或尿素,工业上常用液氨或氨水,既提供了氮源,又可调节 pH。发酵过程流加糖和尿素,既可不断补充碳源和氮源,又能控制最适 pH,可提高肌苷产量。

不同肌苷产生菌对磷酸盐要求不同,短小芽孢杆菌产肌苷受可溶性磷酸盐抑制,而不溶性磷酸钙则可促进肌苷的生成。但采用产氨短杆菌的变异株时,即便用 2% 的磷酸钾也能积累大量肌苷。Ca^{2+}、Mg^{2+} 对肌苷生成有促进作用。一般培养基中添加高浓度的 Mg^{2+} 可提高肌苷生成量,例如枯草芽孢杆菌 C-30 进行肌苷发酵时,不加 Mg^{2+} 没有肌苷;当添加 400 mg/L Mg^{2+} 时,肌苷生成量达 9.8 g/L;当再添加 500 mg/L 以上的钙盐(以 Ca^{2+} 计算),则肌苷生成量达 11.3 g/L。

大多数肌苷产生菌是腺嘌呤缺陷型,嘌呤浓度对肌苷生产有显著影响,发酵生产肌苷时,腺嘌呤或酵母粉或 RNA 提取物要控制亚适量。氨基酸混合物可促进肌苷积累,同时可减少腺嘌呤的需求量。此外,黄血盐、赤血盐等电子传递物质也可以提高肌苷生成量,对肌苷积累有较大影响。

② pH、温度、溶解 O_2 与 CO_2 对肌苷积累的影响:

肌苷积累与 pH 的关系:最适 pH 为 6.0~6.2。

肌苷积累与温度的关系:枯草芽孢杆菌发酵最适温度为 30℃,短小芽孢杆菌发酵最适温度为 32℃。采用分段控制温度的办法,总的肌苷水平较高。一般发酵控温在 30~34℃。

肌苷积累与溶解 O_2 的关系:肌苷发酵时,若供氧不足,肌苷生成受到显著抑制,转而积累一些副产物,如 2,3-丁二醇、乙偶姻等。在细菌合成肌苷时期需要加大通风量,以保证溶氧量提高和降低 CO_2 浓度。

肌苷积累与 CO_2 的关系:CO_2 对肌苷生成有抑制作用,而有效的换气可减少这种抑制。培养基应保持低 CO_2 浓度。

(3) 肌苷分离技术　根据肌苷制备方法不同,采用不同的分离技术。

① 化学合成法:化学合成法制备的肌苷,产物中除肌苷外,还含有大量小分子物质,如无机盐等。分离可采用电渗析法或离子交换树脂处理法。前者可通过分离以除去带电荷的小分子杂质,而得到纯净的肌苷。后者可采用 XAD-4 树脂从核酸降解产物中除去无机盐或从嘌呤、嘧啶和核苷(包括肌苷)中除去氯化钠。

② 微生物发酵法:此法生产的肌苷发酵液中所含成分更复杂,除肌苷外,还含有菌体、色素、残糖、无机盐和副产物如嘌呤碱或嘌呤核苷等。从组分如此复杂的发酵液中得到肌苷,必须采取多种分离技术或多步分离技术。日本在这方面工作较有成效。

结晶法:日本专家 A. Murayama 等采用结晶法从肌苷发酵液中提取肌苷。该法为先将肌苷发酵液调 pH 至 9~13,然后蒸发浓缩,再将浓缩液 pH 调至 11,冷却后便得到固体肌苷钠,固体再经酸化重结晶得到肌苷,肌苷小试收率为 75%,该法要求肌苷发酵液中所含杂质少。前苏联专家 U. Mikstais 等也采用先控制 pH 方法,然后冷却结晶分离出肌苷。

选择性结晶法:我国专家和日本专家 H. Tsujita 等利用物质溶解度不同在结晶结构上的差异,用选择性的结晶分离出肌苷。

工业生产中的肌苷分离技术除采用上述方法外,也开始尝试应用活性炭吸附层析、凝胶、氧化铝和十八烷基硅柱层析分离技术。活性炭吸附层析分离技术目前只初步用于发酵液中肌苷的分离;凝胶、氧化铝和十八烷基硅介质分离肌苷只在实验室阶段,还不能在生产中应用。探索更为有效的分离介质和分离技术,是肌苷生产亟待解决的关键问题。

9.3.1.2　肌苷酸发酵

肌苷酸(5'-IMP)主要由下列四种途径生产(参见图 9.3.1):① 直接发酵法生产肌苷酸。对工业生产来说非常有利,原料简单、效率较高、投资较少。但由于细胞内合成的 5'-IMP 较难渗透出细胞壁并释放到胞外,另作为嘌呤系核苷酸合成途径的中间产物,细胞内都普遍存在降解或转化 IMP 的酶系,所以直接发酵生产 IMP 相当困难。为了克服 IMP 发酵障碍,各国相继开展了深入的研究工作,选育出较为理想的高产突变株,20 世纪 70 年代初已开始工业化生产,直接发酵法具有特别好的应用前景。② 微生物发酵法生产肌苷,然后采用化学法或微生物磷酸化的作用,将肌苷转变为 5′-IMP。这种发酵法和化学磷酸化法并用生产 IMP 的方法称为发酵转化法(或两步法),首先在日本投产。③ 微生物发酵法生产腺嘌呤或 5′-AMP,再通过化学法或酶法(AMP 脱氨酶)催化生产 5′-IMP(两步法)。④ 由化学法先合成次黄嘌呤,再通过微生物(Hx 焦磷酸化酶)转化生产 5′-IMP(两步法)。

本小节主要介绍直接发酵法生产 5′-IMP。

(1) 肌苷酸产生菌的选育　从图 9.3.1 嘌呤核苷酸合成途径可看出,直接发酵法生产 5′-IMP 的突变株必须具备下列条件:① 缺失 SAMP 合成酶或者 IMP 脱氢酶,切断 5′-IMP 继续代谢生成 AMP 和 GMP 的途径;② 解除 5′-IMP 生物合成途径中的反馈调节(消除 AMP、ADP、ATP 和 GMP 对 PRPP 酰胺转移酶的反馈调节);③ 缺乏 5′-IMP 降解酶(核苷酸酶、核苷酶),或 5′-IMP 降解酶的活性尽可能保持在低水平;④ 选育细胞壁渗透性强的突变株(使产生的 5′-IMP 及时释放至胞外)。

直接发酵生产 IMP 多以核苷酸酶和磷酸酯酶活性弱的产氨短杆菌或枯草芽孢杆菌等为出发菌株,诱变获得切断支路代谢,并解除反馈抑制的突变株。枯草芽孢杆菌核苷酸分解酶系活力较强,合成的核苷酸易被酶分解为核苷,故一般选用诱变后核苷酸分解酶微弱(Nt^w)的突变株为出发菌株。

生产上使用的产氨短杆菌突变株,肌苷酸生成量最高达 23.4 g/L。该菌株是缺失 SAMP 合成酶的腺嘌呤缺陷型(Ade^-),解除腺嘌呤、AMP、ADP、ATP、GTP 对 IMP 合成途径关键酶 PRPP 酰胺转移酶反馈调节,在限量腺嘌呤下,肌苷酸大量积累。由图 9.3.1 看出,IMP 之后又有两条分支途径,其中 SAMP 合成酶受到 AMP、ADP、ATP 的反馈调节;IMP 脱氢酶受到 GMP 反馈抑制和鸟嘌呤阻遏。如果在 Ade^- 基础上再诱变成 Xan^-(IMP 脱氢酶缺失),将 IMP 后的另外一条支路 GMP 合成途径切断,再限制鸟嘌呤或黄苷的添加量,便能解除 GMP 对 PRPP 酰胺转移酶的反馈抑制,更可增加 IMP 积累。

控制 IMP 生成的另一个重要因子是锰离子。产氨短杆菌(Ade^-)在 Mn^{2+} 亚适量时,细胞膜出现异常,细胞形态发生变化(细胞伸长或膨胀,呈不规则形状),细胞膜的透性发生改变,许多核苷酸补救合成途径的酶系(核苷酸焦磷酸化酶、次黄嘌呤焦磷酸转移酶、核苷酸激酶)和核糖-5-磷酸分泌出细胞外,可在细胞外进行磷酸化反应合成 IMP^*;另在胞内核苷酸焦磷酸化酶也受嘌呤核苷酸反馈抑制,细胞膜透性改变,允许 IMP 渗透出胞外。这样,IMP 在胞外合成和分泌出胞外,就解除了相应的反馈调节机制,以使细胞内的 IMP 持续合成。Mn^{2+} 过量时,细胞呈正常的形态,不允许 IMP 渗透出胞外,IMP 产量递减,转换成次黄嘌呤发酵(图 9.3.2)。因此,Mn^{2+} 亚适量的肌苷酸发酵和生物素亚适量的谷氨酸发酵机制不同,虽然都是对细胞膜透性发生影响,但谷氨酸发酵产生菌选育[油酸$^-$][甘油$^-$]或[生物素$^-$]缺陷型突变株,是直接影响了细胞膜组成成分磷脂的合成,细胞膜透性改变,从而使终产物谷氨酸向细胞外渗漏,减低或解除终产物的反馈调节。肌苷酸发酵控制 Mn^{2+} 亚适量,是使细胞膜出现异常,造成细胞膜透性改变,核苷酸补救合成途径的酶系和 Hx 及 IMP 分泌胞外,解除了 IMP 对有关酶相应的反馈调节。因此,肌苷酸发酵要选育 Mn^{2+} 不敏感突变株(Mn^{ins})或核苷酸膜透性强的突变株。

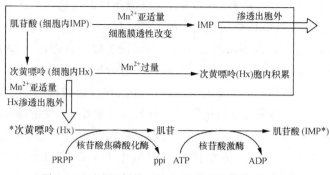

图 9.3.2 产氨短杆菌(Ade⁻) Mn^{2+} 与肌苷酸积累关系

也可应用基因工程技术构建肌苷酸工程菌株。日本专家将氯霉素酰基转移酶基因分别插入到 SAMP 合成酶和 IMP 脱氢酶基因中,使酶失活,从而构建 Ade⁻和 Xan⁻ 工程菌株,提高了肌苷酸产量。也有在肌苷酸工程菌株中引入高效的抗性基因,解除反馈调节,以提高肌苷酸产量。

(2) 肌苷酸发酵调控 包括以下几方面:

① 培养基组成对肌苷酸产量的影响:目前肌苷酸发酵生产上普遍采用的都是营养缺陷型菌株,为此培养基组成上必须添加某些特定的组分。

腺嘌呤添加量对肌苷酸产量的影响:肌苷酸产生菌一般是腺嘌呤缺陷型突变株。培养基中有足量的生物素和亚适量的腺嘌呤(供生长用),便可积累较多的 IMP。如上所述,腺嘌呤对 IMP 合成途径关键酶 PRPP 酰胺转移酶阻遏,腺嘌呤过量,IMP 的积累受到抑制,菌体大量生长。

Mn^{2+} 对肌苷酸产量的影响:利用产氨短杆菌直接发酵生产 IMP,必须严格控制发酵液中 Mn^{2+} 的水平(0.01~0.02 mg/L)。发酵过程使用的工业原料和工业用水中都含有较高的 Mn^{2+},要求亚适量控制 Mn^{2+} 较为困难。可选育 Mn^{2+} 抗性菌株,使 IMP 积累不受 Mn^{2+} 影响;另一种办法就是在发酵过程添加某些抗生素(链霉素、环丝氨酸、青霉素、丝裂霉素 C)或表面活性剂(聚氧化乙烯硬脂酰胺、羟乙基咪唑等),以解除过量 Mn^{2+} 的影响。另外 Fe^{2+} 及 Ca^{2+} 也是肌苷酸发酵必须添加的离子。

其他化合物对肌苷酸产量的影响:产氨短杆菌 KY7208 肌苷酸发酵时,除腺嘌呤和 Mn^{2+} 是控制 IMP 发酵合成的重要因子外,还需要高浓度的磷酸盐(KH_2PO_4 和 K_2HPO_4 含量各 1%)和镁盐(2%),高浓度的磷酸盐对菌体生长有阻遏作用,但可因同时添加 Mg^{2+}、Mn^{2+}、泛酸和硫胺素而解除。在高磷酸盐和镁盐培养基中,若加入混合的氨基酸(如组氨酸、赖氨酸、高丝氨酸、丙氨酸、甘氨酸等混合物),可以促进菌体生长和 IMP 的积累。培养基中还需添加一定量的玉米浆等富含生物素的组分,腺嘌呤亚适量情况下,IMP 仅在生物素充分的条件下才可大量积累。肌苷酸发酵时,若菌体大量生长,则 IMP 积累会受到抑制。可利用抗生素对细菌生长的抑制作用而取得较好效果。发酵 14 h 后若添加青霉素 G 20 U/mL,干菌体量会从 36.7 g/L(不加青霉素的对照组)降至 17.9 g/L,而 5′-IMP 产量由 0.1 g/L(不加青霉素的对照组)升至 6.3 g/L。

② 温度、灭菌条件等对肌苷酸产量的影响:在较高温度下,补救合成途径的酶系被激活,

同时残留的微弱的 IMP 分解酶系被钝化,这样在高温条件下比低温条件下培养会积累更多的 IMP。5′-核苷酸酶活力较低的枯草芽孢杆菌的腺嘌呤缺陷型或腺嘌呤和鸟嘌呤双重缺陷型菌株积累 IMP 或 XMP 时,若培养温度升至 40 ℃,可促进合成。总之,生产时既要考虑菌株的生长,又要同时考虑积累 IMP 的要求。因此,发酵过程若分段控温,IMP 会积累更多。

自然界中存在的微生物体内常含有 5′-核苷酸酶、碱性磷酸酯酶、酸性磷酸酯酶、核苷酶等。当肌苷酸发酵时,常因杂菌污染而使肌苷酸分解为次黄嘌呤。发酵罐及培养基必须加强灭菌。用产氨短杆菌 KY13184(Ade⁻)进行肌苷酸发酵时,开始采用 120 ℃灭菌 30~60 min 时,IMP 积累量降低(16.4 g/L)。后诱变获得适应强化灭菌条件(120 ℃灭菌 30~60 min)的 KY13196 突变株(Ade⁻和 Gra⁻双重缺陷型),在相同条件下 IMP 积累量达 28.4 g/L。

(3) 肌苷酸分离技术　发酵液中的肌苷酸可以通过活性炭或离子交换树脂法提取。

① 活性炭吸附工艺:收率为 40%~50%(图 9.3.3)。

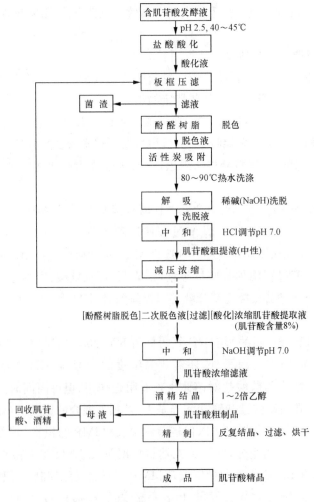

图 9.3.3　肌苷酸分离提取活性炭吸附工艺示意图

② 离子交换工艺:收率为 55%~60% (图 9.3.4)。

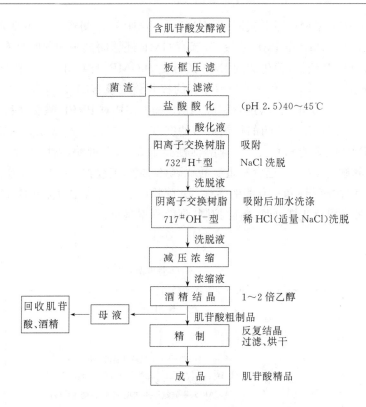

图 9.3.4 肌苷酸分离提取离子交换工艺示意图

9.3.2 鸟苷及鸟苷酸发酵

鸟苷酸和腺苷酸与肌苷酸不同,它们都是嘌呤核苷酸生物合成的终产物,鸟苷酸在菌体内浓度超过一定限度,就会使 $5'$-GMP 生物合成中的酶(PRPP 酰胺转移酶、IMP 脱氢酶、GMP 合成酶)受到鸟嘌呤衍生物阻遏和终产物 GMP 反馈抑制,从而抑制 GMP 自身的合成。同时,微生物中普遍存在催化 GMP 向鸟苷、鸟嘌呤降解的酶系($5'$-核苷酸酶和核苷酶)作用,使 GMP 迅速分解。直接发酵生产 GMP 比较困难。而 AICAR(5-氨基-4-咪唑-4-甲酰胺核苷酸)、黄苷、鸟苷等中间代谢产物积累,一般不会引起反馈调节(图 9.3.5),如果获得切断向下代谢途径的营养缺陷型突变株,便可大量积累这些产物。另外,鸟苷的溶解度较低,在发酵液中易析出结晶,相对减弱其反馈调节,有可能积累鸟苷。目前生产 $5'$-GMP 采用下列四条路线:① 生物合成与化学合成并用法。先用微生物发酵法生产 AICAR,然后通过化学方法合成 $5'$-GMP。② 两步法。先由微生物发酵法生产鸟苷,再经化学方法或酶法磷酸化合成 $5'$-GMP。③ 双菌混合发酵法。将发酵法生产黄苷或 $5'$-XMP(黄苷酸)的菌株与将黄苷或 $5'$-XMP 转化为 $5'$-GMP 的菌株混合培养生产 GMP。④ 一步法。直接发酵法生产 $5'$-GMP。产量很低,不宜工业化生产。

9.3.2.1 鸟苷发酵

(1) 鸟苷产生菌的选育 鸟苷发酵一般选用枯草芽孢杆菌或其他芽孢杆菌腺嘌呤缺陷型突变株。由图 9.3.5 可知该菌株特点:① 选育缺失 SAMP 合成酶或活性微弱的突变株,使生成的 IMP 不转变成 AMP。② 选育缺失 GMP 还原酶或活性微弱的突变株。枯草芽孢杆菌核苷酸生物合成途径中有 GMP 环形支路(即 GMP 经 GMP 还原酶进一步还原为 IMP)，为了积累鸟苷，必须切断由 GMP 至 IMP 途径，若选育 GMP 还原酶缺失和同时具有 IMP 脱氢酶、GMP 合成酶活性强的突变株，使生成的 IMP 都转变为 GMP，且 GMP 不再还原到 IMP，以确保鸟苷的生物合成途径。③ 选育降低分解鸟苷的核苷酶或核苷磷酸化酶活性的突变株，以便积累鸟苷。④ 为了高效积累鸟苷，选育解除 AMP 和 GMP 对 PRPP 酰胺转移酶反馈调节和 GMP 对 IMP 脱氢酶、GMP 合成酶的反馈调节的突变株。⑤ 为了高效积累鸟苷，必须抑制肌苷(IR)产生，使 IMP 脱氢酶和 GMP 合成酶活性高于 5'-核苷酸酶活性，即生成的 5'-IMP 合成 5'-GMP，而不降解为 IR。若选育抗蛋氨酸亚砜(MSO^r)突变株，便可尽力增加 IMP 脱氢酶活性，降低 GMP 还原酶活性和核苷酶的活性。⑥ 腺嘌呤、腺苷(AAR)抑制 GMP 合成酶活性，选育腺苷抗性或缺陷型突变株，即可解除抑制，高效积累鸟苷。

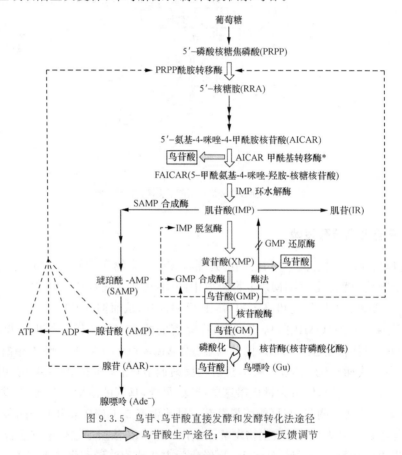

图 9.3.5　鸟苷、鸟苷酸直接发酵和发酵转化法途径
⇨ 鸟苷酸生产途径；------▶ 反馈调节

吉原等以枯草芽孢杆菌肌苷产生菌 AJ11100 株诱变获得的 AJ11613 株，也是腺嘌呤缺陷型、黄嘌呤回复突变和 GMP 还原酶缺失的突变株，其 IMP 脱氢酶比活比亲株提高约 3 倍，也几乎解除了 GMP 对 IMP 脱氢酶的抑制，可积累黄苷 16g/L。进一步又对黄苷产生菌 AJ11613 株进行德夸菌素(Dec)抗性菌选育，获得了一株只产鸟苷的 AJ11614 株，其鸟苷积累量达 20g/L。该菌株解除了 GMP 对 GMP 合成酶的抑制，推测可能核苷酸酶活性减少，IMP 脱氢酶和 GMP 合成酶活性增加，使积累肌苷、黄苷转变为积累鸟苷。

(2) 鸟苷发酵调控　使用枯草芽孢杆菌突变株 P-2115 进行鸟苷发酵，当菌生长达最大值的一半时,添加谷氨酸(0.25g/100mL),发酵72h后鸟苷生成量为10.9g/L。添加谷氨酰胺(1.0g/100mL),鸟苷生成量为10.5g/L,而不加谷氨酰胺的对照为6.5g/L。

使用地衣芽孢杆菌(Ade⁻)突变株生产鸟苷时,若培养基中含过量生物素,通气培养90h后仍无鸟苷产生,但在发酵生长期的中、后期,再添加氯霉素(50~400μg/mL),鸟苷积累可恢复到7.8g/L。

通过对鸟苷产生菌选育和发酵调控,鸟苷产量平均达到10g/L左右。枯草芽孢杆菌抗磺胺胍突变株GS-1鸟苷产量达11g/L,最高为16.6g/L。鸟苷通过磷酸化法制造GMP已实现工业化生产。

9.3.2.2 鸟苷酸发酵

如前所述,鸟苷酸是嘌呤核苷酸生物合成途径的终产物,直接发酵生产GMP比较困难。只有解除GMP对IMP脱氢酶的反馈抑制,才可使鸟苷酸积累。一般选用枯草芽孢杆菌、产氨短杆菌、棒杆菌的突变株。突变株要求:① 选育GMP还原酶缺失或酶活力微弱的突变株,解除或者减弱5′-GMP合成途径酶所受到的反馈抑制;② 选育改善细胞膜渗透性的突变株,使合成的GMP不断渗透到胞外,以便胞内合成大量GMP;③ 选育GMP不被分解或者分解力微弱的突变株。

鸟苷酸直接发酵虽然选育了不少突变株,但产量一直较低(2.7~4.0g/L),达不到工业化生产要求。现工业上多采用:① 生物合成与化学合成并用法。先用微生物发酵法生产AICAR,然后通过化学方法合成5′-GMP。② 发酵转化法。先发酵生产鸟嘌呤,再经化学磷酸化生产5′-GMP。

下面仅介绍发酵法生产AICAR和鸟嘌呤。

(1) 发酵法生产AICAR AICAR不仅是生产5′-GMP的前体,也可作为酶转化法生产AICA(5-氨基-4-咪唑基羧基酰胺),再转化形成嘌呤类衍生物。

AICAR产生菌选育:目前发酵法生产AICAR的菌株是枯草芽孢杆菌、巨大芽孢杆菌和短小芽孢杆菌嘌呤缺陷型突变株。由图9.3.5可知该菌株特点:① 由于该菌突变株是嘌呤缺陷型,AICAR甲酰基转移酶所催化的反应已被阻遏(见图9.3.5*),AICAR不会被甲酰化生成FAICAR(5-甲酰氨基-4-咪唑-羟胺-核糖核苷酸),AICAR积累。② 细胞中AICA核苷水解酶失活。由葡萄糖发酵经中间产物葡萄糖酸,最后可转化至AICAR。③ 催化AICAR生物合成途径的酶(包括PRPP酰胺转移酶)不再受嘌呤核苷酸的反馈调节,而且PRPP酰胺转移酶对中间产物AICAR不敏感。其中巨大芽孢杆菌366已用于工业化生产,产量可达16~20g/L。

AICAR发酵调控:① 由于是嘌呤缺陷型,培养基中需添加含嘌呤的干酵母或RNA或嘌呤碱等;为获得最大量的AICAR,必须控制嘌呤亚适量的浓度。② 巨大芽孢杆菌发酵AICAR时,芽孢形成过程会抑制AICAR的产量,在培养基中添加丁酸、酪酸、镁盐、钙盐、表面活性剂、水溶性维生素可抑制芽孢形成,促进AICAR积累。③ 磷和钾的浓度与AICAR生成量有关。如用腺嘌呤为嘌呤来源,积累AICAR的最适K_2HPO_4的含量为35~40mg/100mL。如用RNA为嘌呤来源,由于RNA中约含25%的磷酸盐,培养基加RNA,便不另加磷酸盐,否则AICAR生成受抑制。积累AICAR最适K^+为600~700mg/L,低于此浓度,葡萄糖虽正常消耗,但AICAR生成量显著减少。发酵时若用KOH作中和剂调节pH 7.0,K^+约加1.4g/100mL;若用氨水中和,则必须加适量K^+。④ 发酵过程减少氧的供应量,分段控制通风可抑制芽孢形成,在间歇发酵的第 8~12 小时,降低通风量会抑制芽孢形成,达到 AICAR 增产效果。⑤ 在 AICAR 正常发酵过程中,常发现回复突变株,且回复频率很高,使 AICAR 减产。在培养基中添加红霉素(0.1 μg/mL),巨大芽孢杆菌 366 的回复突变株可从 1100 个/mL 降至 20 个/mL,AICAR 生成量相应提高。另外,使用巨大芽孢杆菌,若改变保存培养基组成(牛肉膏、蛋白胨培养基),可防止菌种回复突变,AICAR 生产能力不下降。

发酵转化(由 AICAR 转化为鸟苷酸):工艺流程见图 9.3.6。

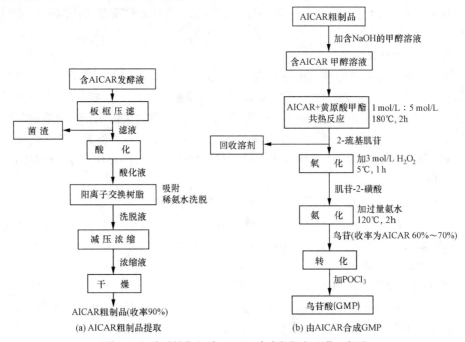

图 9.3.6　发酵转化法(由 AICAR 合成鸟苷酸)工艺示意图

(2) 发酵法生产鸟嘌呤　发酵法生产鸟嘌呤多采用枯草芽孢杆菌、产氨短杆菌、地衣芽孢杆菌(*Bacillus licheniformis*)、棒杆菌等的突变株。从图 9.3.5 可知,由葡萄糖降解至 PRPP 后再经过一系列反应生成 IMP。若要获得高产鸟嘌呤,该菌株特点为:① 选育缺失 SAMP(琥珀酰-AMP)合成酶的突变株,切断 IMP 至 AMP 支路代谢;② 选育 GMP 还原酶缺失或酶活力微弱的突变株,使生成的 IMP 都转变为 GMP,且 GMP 不再还原到 IMP;③ 选育 GMP 生物合成途径中的酶系(PRPP 酰胺转移酶、IMP 脱氢酶、GMP 合成酶)不受产物(AMP 和 GMP)反馈抑制的突变株;④ 选育核糖核苷酶活性降低的突变株;⑤ 选育改善细胞膜渗透性的突变株,使 GMP 可分泌至胞外。

从图 9.3.5 中看出,腺嘌呤缺陷型(Ade$^-$)解除了 AMP 对 PRPP 酰胺转移酶的反馈抑制;8AX^r(8-氮黄嘌呤)抗性菌株既提高了 IMP 脱氢酶活性,又降低 GMP 还原酶活性;MSO^r(蛋氨酸亚砜,为谷氨酰胺类似物)抗性突变株也提高 IMP 脱氢酶活性;Psi(阿洛酮糖腺苷,psicofuranine)、Dec(德夸菌素,decoynine)是 GMP 合成酶的抑制剂,Psi^r、Decr 抗性突变株解除反馈抑制,从而提高了 GMP 合成酶活性。枯草芽孢杆菌 GM-1 鸟嘌呤产量最高达 16.6 g/L。

以鸟嘌呤为前体再发酵生产 GMP,为两步法发酵制造 GMP。一般采用产氨短杆菌,最高 GMP 产量为 15.3 g/L,且需另加鸟嘌呤为前体,不适合工业生产(产氨短杆菌 ATCC6872 两步法发酵生产 GMP,添加 4 g/L 鸟嘌呤为前体,发酵 102 h 后 GMP 生成量为 15.3 g/L)。

此外,还有由黄苷酸(5′-XMP)转变为 GMP 的方法,包括两类:① 先由发酵法生产黄苷,再将黄苷磷酸化为 GMP;② 直接发酵法生产 XMP,再转化为 GMP。常采用的菌株为鸟嘌呤缺陷型(缺少 GMP 合成酶)、鸟嘌呤和腺嘌呤双重缺陷型的产氨短杆菌或谷氨酸棒杆菌突变株,积累 5′-XMP 达 4~6g/L。

9.3.3 腺苷、腺苷酸和其他核苷酸类似物发酵

通过发酵法生产的其他核苷和核苷酸类物质或核酸衍生物还有腺苷、腺苷酸、环腺苷-3′,5′-二磷酸(cAMP)、CoA、烟酰胺腺嘌呤二核苷酸(NAD)、黄素腺嘌呤二核苷酸(FAD)、胞嘧啶-5′-二磷酸胆碱(CDP-胆碱)和乳清酸(4-羟基尿嘧啶)等,常为生化试剂和药物的重要中间体。其中乳清酸和 D-核糖已大规模工业化生产,AMP、cAMP、CoA、NAD、FAD 也都能用微生物发酵法生产。常采用枯草芽孢杆菌、产氨短杆菌和谷氨酸棒杆菌的突变株,表 9.3.1 列出了几种发酵生产核苷类似物所用的微生物及其遗传特征和生产水平。

表 9.3.1 发酵法生产核苷类似物所用的微生物及其遗传特征和生产水平

发酵产物	微生物	遗传特征	生产水平(g/L)
乳清酸	谷氨酸棒杆菌	尿嘧啶缺陷型	乳清酸 14.0
	热带假丝酵母	尿嘧啶缺陷型	乳清酸 7.15(天冬氨酸为碳源)
	石蜡节杆菌(Arthrobacter paraffineus)	尿嘧啶缺陷型	乳清酸 20.0
	石蜡节杆菌	尿嘧啶缺陷型	乳清酸 6.0($C_{14\sim16}$ 为碳源) 乳清酸核苷 3.5
cAMP	微杆菌属的细菌 205	Bio^-,6-MP^r,8-AG^r	cAMP 2.0
	微杆菌属的细菌 205-M-32	MSO^r	cAMP 8.6
AMP	枯草芽孢杆菌 B 突变株 P53-18	his^-,thr^-,Xan^-,8-AX^r	腺苷 16
5′-AMP	产氨短杆菌	黄嘌呤$^-$	5′-AMP 2.16 5′-ADP 1.59 5′-ATP 1.57
FAD	藤黄八叠球菌(Sarcina lutea)	Ade^-(缺失腺苷脱氨酶)	FAD 1.0(添加腺嘌呤和 FMN 黄素单核苷酸)
NAD	产氨短杆菌	Ade^-	NAD 2.50(添加腺嘌呤和尼克酰胺)
CoA	产氨短杆菌 IFQ12071	由泛酸或泛酰硫氢乙胺转化为 CoA	CoA 2.0
CDP-胆碱	卡尔酵母	由 5′-CMP 或 CDP、CTP 转化为 CDP-胆碱	CDP-胆碱 17.0

从腺苷的生物合成途径和调节机制看出,若要获得高产腺苷,该菌株特点为:① 选育 IMP 脱氢酶和 AMP 脱氨酶缺失或使两个酶活力微弱的突变株(即选育黄嘌呤缺陷型),以确保腺苷的生物合成途径;② 解除 AMP 对 SAMP 合成酶的调节机制和解除 AMP、GMP 对 IMP 生物合成关键酶 PRPP 酰胺转移酶的反馈抑制;③ 为了积累腺苷,必须选育腺苷分解酶——核苷酶和核苷磷酸化酶活性微弱的突变株,以积累腺苷。

目前,腺苷产生菌以芽孢杆菌属为主。羽田等自芽孢杆菌 1043 诱变选育出的 P53 菌株,既获得 AMP 脱氨酶、GMP 还原酶缺失的特性,又同时是腺嘌呤(Ade^+)的回复突变和黄嘌呤(Xa)要求性变异株(可能是 IMP 脱氢酶缺失),该菌株可积累腺苷 16.2g/L,腺嘌呤 1.9g/L。

石井等选育的枯草芽孢杆菌 RPD-22 株(Ade⁻),也获得 AMP 脱氨酶、GMP 还原酶缺失的特性,再通过噬菌体转导的方法,获得腺嘌呤(Ade⁺)的回复突变和黄嘌呤要求性变异株及 8-氮鸟嘌呤的耐性,前者减弱了 AMP 对 PRPP 酰胺转移酶、SAMP 裂解的调节,后者控制了 GMP 量(可能是 IMP 脱氢酶缺失),减弱了 GMP 对 PRPP 酰胺转移酶、SAMP 裂解的调节。该菌株可积累腺苷达 6.6 g/L。

自 20 世纪 60 年代开始,就开展了细菌体内核苷酸的生物合成途径和调节机制的深入研究,80 年代开始又兴起了合成途径操纵子基因的克隆和全序列测定,为诱变育种和构建基因工程菌提供了坚实基础,核苷和核苷酸的发酵法生产将展现更好的前景。

复习和思考题

9-1 核苷、核苷酸类物质产生菌分离和选育有哪些特点?
9-2 根据嘌呤核苷酸的代谢途径,说明肌苷高产菌株选育的原理和方法。肌苷发酵过程主要控制哪些条件?为什么?
9-3 根据嘌呤核苷酸的代谢途径,说明肌苷酸高产菌株选育的原理和方法。
9-4 肌苷酸发酵过程主要控制哪些条件?为什么?肌苷酸发酵时要求 Mn^{2+} 亚适量和谷氨酸发酵时要求生物素亚适量,二者对细胞膜渗透性的作用机制有什么不同?
9-5 为什么鸟苷酸直接发酵较困难?鸟苷酸发酵常采用哪几种方法?
9-6 根据嘌呤核苷酸的代谢途径,说明鸟苷高产菌株选育的原理和方法。
9-7 根据嘌呤核苷酸的代谢途径,简述发酵法生产 AICAR 高产菌株选育的原则。
9-8 AICAR 发酵过程主要控制哪些条件?为什么?
9-9 根据嘌呤核苷酸的代谢途径,简述鸟嘌呤高产菌株选育的一般原则。
9-10 核苷类代谢产物和氨基酸类代谢产物产生菌育种中有哪些相同和差别?

(林稚兰)

10 有机酸发酵

10.1 概 述

柠檬酸、乳酸、醋酸、葡萄糖酸、衣康酸、苹果酸、曲酸等有机酸是重要的工业原料,广泛应用于食品饮料工业、医药工业、化学工业、精细化工工业、清洗(洗涤)工业、烟草加工、高分子材料合成等领域。过去主要从植物果实提取和发酵法生产。目前主要采用发酵法生产(表10.1.1)。

表 10.1.1 发酵法生产的有机酸的来源和用途

有机酸名称	来 源	用 途
柠檬酸	黑曲霉、酵母菌等	食品饮料工业酸味剂、抗氧化剂、脱腥除臭剂、螯合剂、医药、纤维媒染剂、助染剂、洗涤剂等
乳酸	德氏乳杆菌、赖氏乳杆菌、干酪乳杆菌鼠李糖亚种、嗜热凝结芽孢杆菌、嗜热脂肪芽孢杆菌、米根霉等	食品工业的酸味剂、防腐剂、还原剂、制革辅料;乳酸酯类为食品香料,还可以聚合成L-聚乳酸,生产生物可降解塑料
醋酸	奇异醋杆菌、过氧化醋杆菌、攀膜醋杆菌、醋化醋杆菌、弱氧化醋杆菌、恶臭醋杆菌、生黑醋杆菌、热醋酸杆菌等	是重要的化工原料,广泛用于食品(食醋)和化工等领域
衣康酸	土曲霉、衣康酸曲霉、假丝酵母等	制造合成树脂、纤维、橡胶、塑料、离子交换树脂、表面活性剂和高分子螯合剂等洗涤剂和单体原料
苹果酸	黄曲霉、米曲霉、寄生曲霉、华根霉、无根根霉、短乳杆菌、产氨短杆菌等	食品工业的酸味剂、洗涤剂、药物和日用化工及化学辅料等
葡萄糖酸	黑曲霉、米糠酸杆菌、酮氧化葡萄糖酸杆菌、产黄青霉等	药物、除锈剂、洗涤剂、塑化剂、酸化剂,用于饮料、醋、调味品及面包工业
曲酸	黄曲霉、米曲霉等	护肤品、皮肤增白剂、食油抗氧剂、杀虫剂、杀菌剂等

有机酸发酵产业在世界经济中占有重要地位,目前主要产品有柠檬酸、乳酸和醋酸,小品种有衣康酸、苹果酸、葡萄糖酸、曲酸等。就占有市场而言以柠檬酸为主,其消费占食用酸味剂市场的70%左右;聚乳酸(PLA)生物可降解材料的问世使L-乳酸的应用扩大到化工、环保等领域,需求量剧增。20世纪70年代随着经济的迅速发展,我国发酵有机酸产业从无到有、从小到大,已形成了以柠檬酸为支柱具有一定规模的产业体系,尤其是近年来柠檬酸工业迅速发展,产量跃居世界之首,出口突破2亿,成为我国化工产品出口量第一的产品,标志着我国发酵有机酸工业的崛起。

10.2 柠檬酸发酵

柠檬酸是生物体主要代谢产物之一,在自然界中广泛分布,在植物的叶子和果实中都存在，尤以未成熟的果实中含量较多。在动物的骨骼、血液、乳汁、唾液、汗液和尿中以游离柠檬酸状态或以金属盐形式存在。1860年意大利就开始用向果汁中添加石灰乳的方法制得柠檬酸，从而进行工业化生产。1913年Zahorski首先利用黑曲霉（原称为 Sterigmatocystis niger，黑拟曲霉）生产柠檬酸。开始采用浅盘发酵法生产柠檬酸（用黑曲霉糖蜜原料发酵生产柠檬酸）。后深层发酵法工业化生产柠檬酸取得成功，它比传统的浅盘发酵工艺具有更多的优势，很快在世界上推广，促使世界发酵柠檬酸工业迅速发展。2001年世界柠檬酸的产量为 1.05×10^6 吨。

我国柠檬酸工业解放前是个空白，1967年黑龙江平糖建立了我国第一个生产100吨的柠檬酸工厂（以甜菜糖蜜为原料，采用浅盘发酵和钙盐-离子交换法提取工艺）。1968年第一家以淀粉为原料深层柠檬酸发酵（上海酵母厂）投产成功。随后经过广大科技人员和生产工人不懈努力，提高了柠檬酸行业的整体水平，特别在选育优良菌株、缩短发酵周期、提高单产和降低能耗等方面做出了突出成绩，使我国柠檬酸发酵技术赶上和超过世界水平。

柠檬酸(citric acid)又名枸橼酸，学名2-羟基丙烷三羧酸(2-hydroxy propane-tri-carboxylic acid)。分子式为 $C_6H_8O_7$，相对分子质量192.13，柠檬酸商品（产品）有一水柠檬酸(monohydrate citric acid，$C_6H_8O_7 \cdot H_2O$，相对分子质量为210.4)和无水柠檬酸。结构式如左：

$$\begin{array}{c} CH_2-COOH \\ | \\ HO-C-COOH \\ | \\ CH_2-COOH \end{array}$$

柠檬酸是一种酸性较强的有机酸，有三个 H^+ 可电离，与酸、碱均可发生反应。柠檬酸加热分解，生成丙酮、3-酮戊二酸、柠檬酸酐等多种产物。特别是柠檬酸与桐油或油硬脂酸共热至100℃可缩合生成树脂状物质，能作为油漆或塑料添加剂或特种溶剂。柠檬酸水溶液对炭钢腐蚀较迟钝，对不锈钢不腐蚀。因此柠檬酸生产设备都用不锈钢材料制作。

10.2.1 柠檬酸发酵的微生物

(1) 柠檬酸产生菌　很多微生物都能产生柠檬酸。例如黑曲霉、棒曲霉(Asp. clavatus)、温特曲霉(Asp. wentii，温氏曲霉)、泡盛曲霉(Asp. awamori)、芬曲霉(Asp. fenuicis)、淡黄青霉(Penicillium luteum)、桔青霉、二歧拟青霉(Paecilomyces divaricatum)及梨形毛霉(Mucor piriformis)等。但至今世界上消费的柠檬酸主要采用发酵法生产，而最具商品竞争优势的是采用黑曲霉、文氏曲霉(Asp. weatii)和解脂假丝酵母等菌种的深层发酵法。现在糖质原料发酵采用黑曲霉，因其柠檬酸产量最高，且可利用多样化的碳源。烷烃和糖质原料发酵也有采用解脂假丝酵母发酵的。

(2) 柠檬酸生产菌的育种　① 为提高葡萄糖进入细胞的代谢活力，进一步增强EMP的代谢流，采用 ^{60}Co γ射线或EMS等诱变剂诱变育种（致死率为70%~80%）。通过高糖（蔗糖）14%的培养基平板筛选分离出比原株生长更好的突变株，有可能获得己糖激酶和6-磷酸果糖激酶活性更高的菌株；在纤维二糖培养基的平板筛选具有2-脱氢葡萄糖抗性的突变株，有可能获得以淀粉为原料的高产柠檬酸突变株；亦可进一步选育抗金属 Mn^{2+}、Zn^{2+} 能力强的突变株。② 为降低副产物有机酸如葡萄糖酸和草酸的能力，采用基因工程的手段，构建葡萄糖氧化酶和草酰乙酸水解酶丧失的工程菌。

10.2.2 柠檬酸发酵工艺及控制条件

10.2.2.1 柠檬酸生物合成途径及代谢调控

黑曲霉柠檬酸生物合成途径如图 10.2.1 所示。

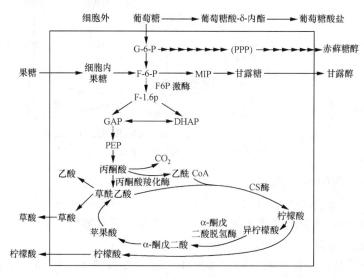

图 10.2.1 黑曲霉生物合成有机酸和多元醇的示意图
(参考张洪勋等.柠檬酸生物工艺学.2001)

代谢调控机制：① 由于筛选耐高浓度锰离子的突变株,降低对锰的敏感性,严格限制了锰离子的供给,降低了菌体中糖代谢流而转向合成蛋白质、脂肪酸、核酸的能力,使细胞中形成高水平的铵离子,从而解除了柠檬酸和 ATP 对 F6P 激酶(6-磷酸果糖激酶)的反馈抑制,使 EMP 途径的代谢流增大。② 存在一条呼吸性强的侧系呼吸链,对氧敏感,但不产生 ATP,这样使细胞内 ATP 浓度下降,因而减轻了 ATP 对 F6P 激酶、柠檬酸合成酶(CS 酶)的反馈抑制,促使 EMP 途径畅通,增加柠檬酸的生物合成。③ 丙酮酸羧化酶是组成性酶,不受代谢调节控制,可源源不断地提供草酰乙酸,丙酮酸氧化脱羧生成乙酰 CoA 和草酰乙酸的供给,柠檬酸合成酶又基本上不受调节或极微弱,增强了柠檬酸的合成能力。④ α-酮戊二酸脱氢酶受葡萄糖(蔗糖)和铵离子阻遏,使黑曲霉中的 TCA 循环变成"马蹄"形的代谢方式,减弱 TCA 循环,降低细胞内 ATP 浓度,另使 α-酮戊二酸浓度升高,反过来反馈抑制异柠檬酸脱氢酶,降低柠檬酸的自身分解。⑤ 顺乌头酸水合酶催化时建立柠檬酸∶顺乌头酸∶异柠檬酸＝9∶3∶7 的平衡,顺乌头酸水合酶的作用总是趋向于合成柠檬酸,而柠檬酸分解活力低,一旦柠檬酸浓度升高到某一水平,就会抑制异柠檬酸脱氢酶的活力,从而进一步促使柠檬酸的自身积累,当 pH 降至 2.0 以下,顺乌头酸水合酶和异柠檬酸脱氢酶均失活,更有利于柠檬酸的积累并排出体外。

10.2.2.2 深层发酵工艺及控制条件

柠檬酸发酵国外均采用淀粉或葡萄糖等精料深层发酵,我国根据国情选育出适合于粗原料的高产菌种,一般采用薯干粉、木薯粉和大米粉、玉米粉粗料的深层发酵工艺。

不同原料的深层发酵工艺大同小异,主要差别在于：① 原料处理工艺不同。薯干粉、木薯粉、大米粉采用实罐液化或一次喷射液化,而玉米粉采用二次喷射液化。② 发酵工艺上的主要不同为带渣和去渣发酵、孢子接种和菌丝接种发酵。③ 一次高浓度糖发酵和补料发酵。

尽管我国柠檬酸深层发酵所用原料不同,但发酵的工艺流程基本如图10.2.2所示。

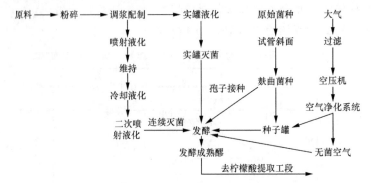

图10.2.2　柠檬酸发酵工艺流程

柠檬酸深层发酵控制技术:

① 种子罐培养基及培养:甘薯干粉16%～20%,$(NH_4)_2SO_4$ 0.5%,0.1MPa蒸汽灭菌30 min,接入1000 mL锥形瓶麸曲菌种20～50只(根据发酵罐容积而定),(35±1)℃培养16～24 h,发酵罐的接种量为10%。

② 发酵培养基:甘薯干粉16%～20%,中温α-淀粉酶0.1%,0.070 MPa灭菌10～15 min,玉米粉采用高温α-淀粉酶二次喷射液化,液化后过滤除渣,应控制并调配其发酵培养基中蛋白质含量为0.2%～0.4%,采用连续灭菌。

③ 发酵控制技术:发酵温度为(35±1)℃。pH自然5.5,随着菌体生长pH降至2.5～3.0,后再降至2.2～2.3,随着柠檬酸的大量生成pH迅速降至2.0以下。通风搅拌:柠檬酸发酵是典型好氧发酵,对氧十分敏感,当发酵进入产酸期时只要缺氧几分钟,就会对发酵造成严重影响,甚至完全失败。一般通风量0.08～0.15 $m^3/(m^3 \cdot min)$。50 m^3 箭式搅拌器3挡,转速90～110 r/min;100 m^3 低搅拌式发酵罐自吸式桨叶1挡,转速135 r/min。发酵终点控制:当通风搅拌培养50～72 h,柠檬酸产酸达100～150 g/L,柠檬酸产量不再上升,残糖降至2 g/L以下时,可升温终止发酵,泵送至贮罐中,及时进行提取。

10.2.3　柠檬酸的提取和精制

成熟的柠檬酸发酵醪中,除含有主产物柠檬酸外,还含有纤维、菌体、有机杂酸、糖、蛋白胶体物质、色素、矿物质及其他代谢产物等杂质,它们或是来自发酵原料或是在发酵过程中产生,它们溶解或悬浮于发酵醪中,通过各种理化方法清除这些杂质,得到符合各级质量标准的柠檬酸产品的全过程,即为柠檬酸的提取和精制,有人也称为柠檬酸生产的下游工程。它是一个确保柠檬酸丰收、提高企业效益的生产系统工程。我国柠檬酸的提取和精制主要采用钙盐-离子交换工艺。目前推广吸附交换法、离子色谱法和热水法洗脱柠檬酸,色谱分离法提取精制柠檬酸新工艺。

10.2.3.1　钙盐-离子交换法

(1) 工艺流程　薯干原料深层发酵醪中除含柠檬酸80～150 g/L 外,还有草酸2～3 g/L、葡萄糖酸2～3 g/L、其他杂酸3～4 g/L、纤维及菌体22～40 g/L、总残糖15～25 g/L、蛋白质3～5 g/L。工艺流程如图10.2.3所示。

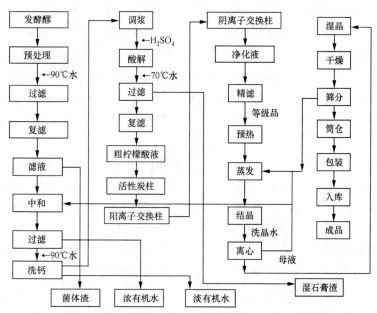

图 10.2.3 钙盐-离子交换法提取精制柠檬酸工艺流程

预处理最好采用热交换器的间歇加热法，新鲜成熟发酵醪升温至 75～90℃，温度不宜过高，加热时间不宜过长。其原理是：杀死柠檬酸生产菌和杂菌，终止发酵，并防止柠檬酸被代谢分解；使蛋白质变性，絮凝和破坏胶体，降低料液黏度，利于过滤；使菌体中的柠檬酸部分释放。加热温度过高或时间过长，会使菌体破裂自溶，释放出蛋白质，使料液黏度增加、颜色变褐，不利于净化。

(2) 技术要求 包括以下几方面：

① 发酵醪过滤：过滤目的是去除发酵醪中的悬浮物、草酸；过滤时尽可能减少滤液的稀释度，把柠檬酸的损失减少到最低限度。过滤效果取决于滤饼的厚度和特性，滤饼达到一定厚度时，才变成真正的过滤介质，为此，开始过滤时流速不宜过大，否则细小颗粒将穿过介质空隙而未被截留，只有当介质表面积有滤饼时，滤液才变清；由于草酸钙溶解度低于硫酸钙，在一次滤液中加硫酸钙，使生成草酸钙，在复滤时再一并除去。

② 中和沉淀：过滤后获得了已去除菌体、残渣和草酸的澄清柠檬酸液，其中除主要含有柠檬酸之外，还含有可溶于水的碳水化合物、胶体、有机杂酸、蛋白质等杂质。根据在一定的温度和 pH 条件下柠檬酸钙在水中的溶解度极小的特性，采用钙盐或钙碱与溶液中的柠檬酸发生中和反应，生成四水柠檬酸钙 $[Ca_3(C_6H_5O_7)_2 \cdot 4H_2O]$ 从溶液中沉淀析出，除去残液后，再用 80～90℃ 热水洗涤四水柠檬酸钙沉淀，可最大限度地将可溶性杂质与柠檬酸钙分离。其反应式为

$$2C_6H_8O_7 \cdot H_2O + 3CaCO_3 = Ca_3(C_6H_5O_7)_2 \cdot 4H_2O \downarrow + 3CO_2 \uparrow + H_2O$$

$$2C_6H_8O_7 \cdot H_2O + 3Ca(OH)_2 = Ca_3(C_6H_5O_7)_2 \cdot 4H_2O \downarrow + 4H_2O$$

③ 酸解：利用柠檬酸钙在酸性条件下，其解离常数随 H^+ 浓度的增高而增大的特性，在强酸（硫酸）存在的溶液中产生复分解反应，生成难溶于水的石膏（$CaSO_4$）沉淀，而将弱酸（柠檬酸）游离出来。工业生产中控制酸解温度为 60～70℃下，根据 $CaSO_4 \cdot 2H_2O$ 的溶解度低于 $Ca_3(C_6H_5O_7)_2 \cdot 4H_2O$ 的溶解度的原理，加 H_2SO_4 产生复分解反应，将柠檬酸从柠檬酸钙中分

离出来,然后过滤除去硫酸钙(石膏),获得粗柠檬酸液(酸解液)。其反应如下:

$$Ca_3(C_6H_5O_7)_2 \cdot 4H_2O + 3H_2SO_4 + 4H_2O = 2C_6H_8O_7 \cdot H_2O + 3CaSO_4 \cdot 2H_2O \downarrow$$

④ 净化:粗柠檬酸溶液中残留的色素、蛋白质等可溶性的大分子化合物,其相对分子质量为 $10^3 \sim 10^6$,分子大小在 $1 \sim 100$ nm,属胶体物质范畴,它们大多是两性电解质;此外,还含有有害的 Ca^{2+}、K^+、Mg^{2+}、Fe^{3+}、SO_4^{2-}、Cl^- 等离子。净化是指通过活性炭和阳、阴离子交换树脂处理,除去粗柠檬酸酸解液中的色素和离子,使粗柠檬酸液得到提纯和精制,获得净化精柠檬酸液。

⑤ 柠檬酸液蒸发:净化了的精柠檬酸液中柠檬酸(一水)含量一般为 18 g/100 mL 以上,要使其达到(75~82)g/100 mL 的结晶浓度,必须通过蒸发除去溶剂。温度过高柠檬酸会分解,并易产生色素,因此,必须在减压下蒸发,为了充分利用蒸发过程中产生的二次蒸汽,降低能耗,工业生产常采用二段或三段蒸发。

⑥ 结晶:当柠檬酸净化液蒸发浓缩至过饱和状态处于介稳区时,可通过加入晶种或自然起晶的方法刺激结晶,使其溶液浓度达临界浓度,溶液中就可产生微细的晶粒,当过饱和度达到一定程度时,溶质分子之间的引力使溶质质点彼此靠近,碰撞机会增多,使它们有规则地聚集排列在晶核上,逐渐长成一定大小和形状的晶体。按控制结晶温度的不同,分别获得一水柠檬酸结晶和无水柠檬酸结晶,再用少量去离子冷水洗晶体表面吸附的母液,湿晶体送干燥工序处理。

⑦ 干燥:湿柠檬酸晶体通过热空气对流式干燥,将晶体表面的游离水除去,又不失去一水柠檬酸的结晶水,并保持晶型和晶体表面之光洁度,进而筛分、包装。

10.2.3.2 柠檬酸提取新工艺

钙盐-离子交换法提取柠檬酸技术,步骤繁杂,提取过程加入钙和硫酸,产生了难以利用的湿硫酸钙(石膏),每吨柠檬酸要排放 2.5 吨湿石膏,造成严重污染。另外,钙盐-离子交换法工艺本身损失柠檬酸较大,总收率偏低,为了进一步提高提取收率,消除钙盐法的污染,国内外均在开展用特殊的吸附交换树脂从发酵液中分离柠檬酸的研究工作。

(1) 色谱分离技术　由中国科学院生态环境中心研究成功的 ILCS 工艺,已在阜阳柠檬酸厂进行了年产 2000 吨工业化试验。特点:采用对柠檬酸分子具有高效分离特性的离子交换树脂,从柠檬酸发酵液中分离出柠檬酸。强化了发酵过滤液的预处理,除去非柠檬酸杂质,使成品柠檬酸中易碳化物含量达标。提取液中柠檬酸浓度高达 20%~40%,可减少其浓缩能耗。无石膏废渣,ILCS 工艺分离液可用盐酸、硫酸、硝酸、磷酸,$NaOH$、KOH、NH_4OH 等无机酸或无机碱水溶液,因此分离废水可通过蒸发结晶工序制成化肥,生产 1 吨柠檬酸产 0.7 吨硫酸钠,降低了成本。总收率可达 85%~90%,唯因连续串联运行进料压力较高,树脂破损率较大。工艺流程见图 10.2.4。

(2) 吸附交换法提取技术　由天津科技大学研究成功,已在黑龙江甘南柠檬酸厂进行5000 吨规模的工业化试验。特点:采用吸附交换量大、抗污染活性强、不易破碎的离子交换树脂,从柠檬酸发酵液中高效率地分离出柠檬酸。通过强化发酵液过滤的预处理,采用有效的除易碳化物的方法,使成品柠檬酸易碳化物含量低于标准。提取液中柠檬酸浓度可达 20%~30%,节省蒸发能耗。无石膏废渣,副产品可制 $(NH_4)_2SO_4$ 化肥。提取总收率可超过 90%,降低成本。工艺流程见图 10.2.5。

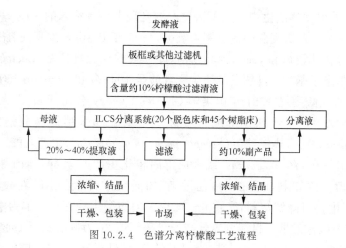

图 10.2.4 色谱分离柠檬酸工艺流程

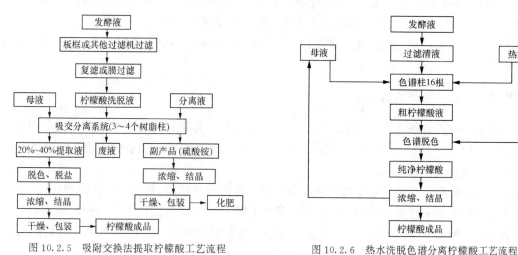

图 10.2.5 吸附交换法提取柠檬酸工艺流程

图 10.2.6 热水洗脱色谱分离柠檬酸工艺流程

(3) 热水洗脱色谱分离技术 由无锡江南大学和无锡分离技术研究所研制,2001年完成年产200吨的中试。特点:采用对柠檬酸有很强吸附能力的弱酸强碱两性树脂FE-41-1,以热量差为洗脱动力,洗脱液柠檬酸浓度达20%～24%。成本低,适合进行大规模工业化生产,唯1吨柠檬酸消耗树脂较多。工艺流程见图10.2.6。

10.3 乳酸发酵

乳酸学名为 α-羟基丙酸(α-hydroxy-propionic acid),是世界上公认的三大有机酸之一,广泛存在于自然界,如腌菜、酸菜、泡菜、酸奶之中,有D-型、L-型和DL-型三种构型。其分子式为 $C_2H_4OHCOOH$,是一种简单的羟基酸。乳酸分子中有一个不对称碳原子,因此具有旋光性。L-乳酸为左旋性,D-乳酸为右旋性,DL-乳酸为消旋性。乳酸相对分子质量为90.08,比重在25℃时约为1.206,结构式如右:

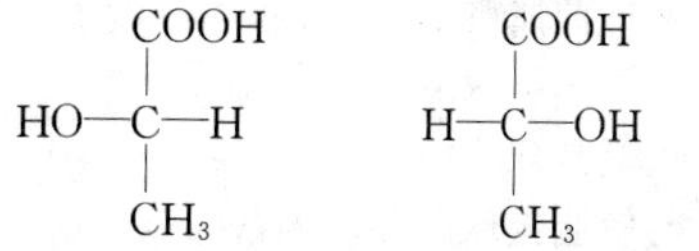

$$\begin{array}{cc} COOH & COOH \\ HO-C-H & H-C-OH \\ CH_3 & CH_3 \\ L(+)\text{-乳酸} & L(-)\text{-乳酸} \end{array}$$

工业规模生产乳酸的方法主要有:发酵法和合成法。目前除了日本用合成法生产DL-乳酸外，世界各国均采用发酵法生产。发酵法生产的乳酸占市场需求的80%以上。

1780年Scheele首先从废乳中提炼制得乳酸，1857年Pasteur发现使乳变酸的乳酸。1878年Lister成功地分离出乳酸菌，命名为乳杆菌，即今天的德氏乳杆菌(*Lactobacillus lactis*)，为乳酸工业化生产奠定了基础。自然发酵法生产乳酸是1941年由Boutron和Fremy发现的；纯种发酵工业化生产乳酸则是1881年由美国Charles Eaveyy公司开始；而大规模工业化生产L-乳酸是在20世纪90年代初期形成。1982年千畑一郎采用海藻酸钠固定化粪链球菌(*Streptococcus faecalis*)、嗜热链球菌(*Streptococcus thermophilus*)生产乳酸。采用嗜热脂肪芽孢杆菌或凝结芽孢杆菌(*B. coagulans*)或米根霉固相化生产L-乳酸，国内外均有报道。近年来，世界各国在为消除塑料制品的"白色污染"的研究中，发现用L-乳酸聚合制得聚乳酸(PLA)，用于生产生物可降解塑料，能在6~24个月内被微生物完全分解为水和二氧化碳。因而L-乳酸生产有突破性发展。目前世界乳酸产量每年达20万吨。我国1944年实现工业化发酵生产；2002年安徽丰原生化公司引进国外"工程细菌"进行年产5000吨的L-乳酸发酵生产，产酸180g/L。世界各国已不断开发出新菌种、新工艺、新技术和新设备。

乳酸广泛用于食品、医药、化工制革、纺织、电镀和印染等产业中。乳酸酯类，尤其是与低级醇生成的酯类，在工业上用途也很广。

10.3.1 乳酸发酵的微生物

自然界中可产乳酸的微生物很多，因为分解糖类产生乳酸对于生物来说是一种获得能量的最原始手段之一。但是产酸能力强、具有工业应用价值的只有霉菌中的根霉属(*Rhizopus*)和细菌中的乳酸菌类。

(1) 乳酸细菌 工业上应用的乳酸细菌包括杆状菌和球状菌，都是革兰氏阳性细菌。德氏乳杆菌是国内外乳酸生产中常用的乳酸菌，工业上除生产发酵食品如干酪、香肠、腌泡菜等需要一些异型乳酸发酵菌外，单纯生产乳酸都采用同型乳酸发酵菌。表10.3.1列出主要产L-乳酸的同型乳酸发酵细菌。

表10.3.1 产L-乳酸的主要乳酸菌

菌 种	生长因素	温度(℃)	菌种来源
乳杆菌属(*Lactobacillus*)			
干酪乳杆菌(*L. casei*)		32	乳制品
嗜热乳杆菌(*L. thermophilus*)		50~60	高温发酵乳品
唾液乳杆菌(*L. salivarius*)	泛酸钙、烟酸、核黄素、叶酸	35~40	人口腔
清酒乳杆菌(*L. sake*)			清酒
嗜酸乳杆菌(*L. acidophilus*)	乙酸盐、核黄素、甲羟戊酸、叶酸	35~38	婴儿粪便
戊糖乳杆菌(*L. pentosus*)		30~32	发酵植物汁
两歧乳杆菌(*L. bifidus*)			发酵植物汁
链球菌属(*Streptococcus*)			
嗜热链球菌	6种B族维生素	40~45	乳制品
粪链球菌	7~13种氨基酸嘌呤、维生素B_1、嘧啶	45~50	人粪便
解脂链球菌(*S. lipolyticum*)	10~13种氨基酸、4~5种维生素	30	乳制品
嗜热脂肪芽孢杆菌		60	堆肥
凝结芽孢杆菌		70	堆肥

现国内外积极开发嗜热脂肪芽孢杆菌、鼠李糖乳杆菌(L. rhamnosus)等乳酸细菌的L-乳酸发酵研究,其优点是发酵温度高,无需提供无菌空气和机械搅拌。江苏省微生物研究所曹本昌等筛选获得一株干酪乳杆菌鼠李糖亚种,在50℃厌氧发酵产酸率达90g/L。梁大芳等筛选分离获得鼠李糖乳杆菌IFFI-422,在40℃下发酵48d,产L-乳酸达88g/L。西欧、比利时采用基因工程技术,构建工程细菌可产L-乳酸180g/L。

(2) 米根霉 目前用于工业化生产L-乳酸的菌种是米根霉。国内外纷纷开展米根霉L-乳酸发酵的研究,主攻方向是选育产L-乳酸纯度为95%以上的高产菌种,进一步提高转化率,缩短发酵周期,由50d缩短到34d。

10.3.2 乳酸发酵机制、工艺及控制条件

10.3.2.1 乳酸生物合成途径及代谢调控(详见3.1节)

(1) 细菌乳酸发酵机制 包括:同型乳酸发酵、异型乳酸发酵、双歧乳酸发酵三种。

① 同型乳酸发酵:是葡萄糖经EMP途径降解为丙酮酸,丙酮酸在乳酸脱氢酶的催化下还原为乳酸。总反应式为

$$C_6H_{12}O_6 + 2ADP + 2Pi \longrightarrow 2CH_3CHOHCOOH + 2ATP$$

此发酵过程中,1mol葡萄糖可以生成2mol乳酸,理论转化率为100%。但由于发酵过程中微生物有其他生理活动存在,实际转化率不可能达100%,一般认为转化率在80%以上者,即视为同型乳酸发酵。工业上采用德氏乳杆菌转化率达96%。

② 异型乳酸发酵:是某些乳酸细菌利用HMP途径,分解葡萄糖为5-磷酸核酮糖,再经差向异构酶作用变成5-磷酸木酮糖,然后经磷酸酮糖裂解酶催化裂解反应,生成3-磷酸甘油醛和乙酰磷酸。磷酸酮糖裂解酶是异型乳酸发酵的关键酶。乙酰磷酸进一步还原为乙醇,同时放出磷酸。而3-磷酸甘油醛经EMP途径,后半部分转化为乳酸,同时产生2分子ATP。扣除发酵时激活葡萄糖消耗1分子ATP,净得1分子ATP。因此由葡萄糖进行异型乳酸发酵,其产能水平比同型乳酸发酵低一半。异型乳酸发酵产物除乳酸外,还有乙醇、CO_2和ATP。总反应式为

$$C_6H_{12}O_6 + ADP + Pi \longrightarrow CH_3CHOHCOOH + CH_3CH_2OH + CO_2 + ATP$$

此过程1mol己糖生成1mol乙醇、1mol CO_2和1mol乳酸。乳酸对糖的转化率只有50%。

③ 双歧乳酸发酵:双歧发酵是两歧双歧杆菌发酵葡萄糖产生乳酸的一条途径。此途径中有两种酮糖裂解酶参与反应,即6-磷酸果糖磷酸酮糖裂解酶和5-磷酸木酮糖磷酸酮糖裂解酶,分别催化6-磷酸果糖和5-磷酸木酮糖的裂解反应,产生乙酰磷酸、4-磷酸赤藓糖和3-磷酸甘油醛、乙酰磷酸。总反应式为

$$2C_6H_{12}O_6 \longrightarrow 2CH_3CHOHCOOH + 3CH_3COOH$$

此发酵过程中,2mol的葡萄糖可生成2mol乳酸和3mol乙酸,乳酸的转化率理论上只有50%。

(2) 米根霉乳酸发酵机制 米根霉能产生淀粉酶和糖化酶,它能利用糖或淀粉或淀粉质原料直接发酵生成L-乳酸。米根霉能将大部分糖转化为乳酸,但同时伴随着产生乙醇、富马酸(延胡索酸)、琥珀酸、苹果酸、乙酸等其他产物。它们之间的比例随着菌种和工艺的不同而异。米根霉的糖代谢主要有以下几种反应:

① 正常呼吸:$C_6H_{12}O_6 + 6O_2 \longrightarrow 6CO_2 + 6H_2O$

② 同化作用(生成菌体)：干菌体量的95%来自碳水化合物。
③ 富马酸发酵：$C_6H_{12}O_6+3O_2 \longrightarrow C_4H_4O_4+2CO_2+4H_2O$
④ 酒精发酵：$C_6H_{12}O_6 \longrightarrow 2C_2H_5OH+2CO_2$
⑤ L-乳酸发酵：$C_6H_{12}O_6 \longrightarrow 2C_3H_6O_3$

若抑制①，③，④反应，乳酸产率就可以提高。高产L-乳酸的米根霉发酵机制如图10.3.1。

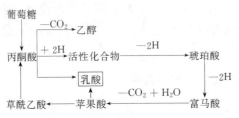

图 10.3.1 米根霉氧化生成乳酸的发酵机制

总反应式为

$$2C_6H_{12}O_6 \longrightarrow 3C_3H_6O_3+C_2H_5OH+CO_2$$

根据 Waksmann 和 Foster 试验，米根霉在好氧或厌氧发酵条件下由葡萄糖生成 L-乳酸和乙醇。若在好氧条件，合理添加营养盐和微量金属元素，异型乳酸发酵可转变为同型乳酸发酵，只产生 L-乳酸。此时糖酸转化率接近乳酸细菌的同型乳酸发酵。

10.3.2.2　发酵工艺及控制条件

(1) 细菌乳酸发酵工艺及控制条件　细菌乳酸发酵因所采用的菌种和原料不同，工艺路线稍有差别，有水解糖乳酸发酵技术、蔗糖和糖蜜乳酸发酵技术、大米乳酸发酵技术、薯干粉乳酸发酵技术、玉米乳酸发酵技术、葡萄糖乳酸发酵技术、乳清乳酸发酵技术等。原料上采用来源广泛、廉价的玉米粉，采用"双酶"糖化或除渣清液发酵生产乳酸，是当前国内外生产乳酸的主要原料。本小节以水解糖乳酸发酵技术为例，介绍细菌 DL-乳酸发酵。

薯干原料发酵生产乳酸工艺流程如图 10.3.2 所示。

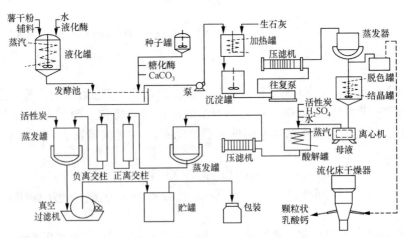

图 10.3.2　薯干原料发酵生产乳酸工艺流程图
(参考王博彦等.发酵有机酸生产与应用手册.2000)

细菌乳酸发酵技术要点：
营养物质的控制：乳酸细菌大多数缺乏合成代谢途径，它们的生长和发酵都需要复杂的外源营养物质。必须供给各种氨基酸、维生素、核酸碱基等营养因子,具体所需营养成分因菌种和菌株不同而异。据印度报道,硫胺素(维生素 B_1)可抑制德氏乳杆菌,而核黄素(维生素 B_2)、烟酸和叶酸有促进作用。丙氨酸不能促进保加利亚乳杆菌(*Lactobacillus bulgaricus*)的乳酸生成,在丙氨酸和甘氨酸存在下,乳酸生成反而减少。对乳酸细菌而言,最重要的营养是可溶性蛋白、二肽、氨基酸、磷酸盐、铵盐及维生素等物质。在工业生产上,不可能分门别类地添加各种菌种所需的营养成分,而添加含有所需营养成分的天然廉价的辅料,如麦根、麸皮、米糠、玉米浆、黄豆粉、毛发水解液等。因此首先要确定生产菌株使用的辅料,其次是控制辅料的添加量。根据实践经验,对德氏乳杆菌发酵来说,上述几种辅料均可使用。但从提取精制方便和降低成本角度考虑,以麦根和麸皮为好。

在乳酸发酵中,若添加营养物(辅料)太少,菌体生长缓慢,pH 变化不活跃,发酵速度很低,残糖高,产量低,周期长。相反,若添加营养物(辅料)太多,会使菌体生长旺盛,发酵加快,但由于菌体过多地消耗营养物而使发酵产率降低。因此,乳酸菌必须在丰富的种子培养基中多次活化培养,一旦进入发酵,营养物质(辅料)添加必须控制在生长的亚适量水平。

杂菌污染的控制:乳酸细菌的乳酸发酵控制温度较高,为 50℃ 左右,一般杂菌难以在此环境中生存,而使乳酸发酵安全进行。但乳酸发酵是厌氧发酵,发酵罐(池)是敞开或半密闭的。发酵过程中需分批添加碳酸钙并通气搅拌,难免混入大量杂菌。若控制不当,杂菌生长繁殖,则抑制乳酸菌的生长和发酵,不但影响乳酸产酸率,而且因污染杂菌,尤其是污染产 D-乳酸杂菌后,会使产品 L-乳酸比例下降,可能使 L-乳酸发酵混杂 D-乳酸发酵。因此,发酵过程中必须控制杂菌的污染,工业生产上常采用加强发酵罐(池)的清洁与灭菌、严格控制发酵温度、加大接种量等措施。

(2) 米根霉乳酸发酵工艺及控制条件　米根霉 L-乳酸发酵工艺流程如图 10.3.3 所示。

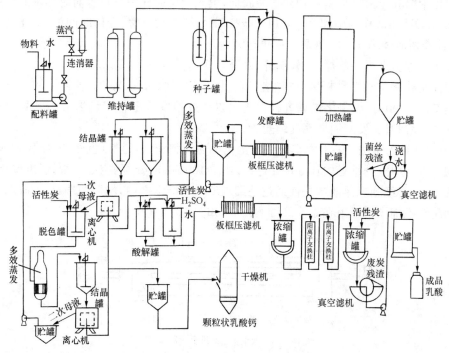

图 10.3.3　米根霉 L-乳酸发酵工艺流程图
(参考王博彦等.发酵有机酸生产与应用手册.2000)

米根霉乳酸发酵技术要点：

① 营养物质控制：米根霉孢子培养基用湿面包或麸皮；种子培养基碳源用葡萄糖；发酵培养基碳源或用葡萄糖或用玉米淀粉、玉米粉。发酵过程添加过量 $CaCO_3$。

② 种子和发酵培养条件控制：

种子培养：一级和二级种子接种量 5%～10%；通风量为 0.5 VVm；34℃下培养 16～24 h。

发酵：接种量 5%；通风量为 0.3～0.8 VVm；于 34℃下发酵 32～34 h。

10.3.2.3 乳酸发酵生产技术

乳酸发酵在有机酸发酵生产中是起步较早、发展较成熟的一种生产技术。近年来，随着生物技术的发展，人们在传统工艺的基础上，采用生物新技术来改进乳酸发酵生产，进行了大量研究。大致可归纳为：固定化细胞或固定化酶、原位分离发酵等新技术。

(1) 固定化细胞技术 将生长的乳酸细菌和根霉菌固定于海藻酸钠、卡拉胶、聚丙烯酰胺和聚氨酯泡沫颗粒中，进行 L-乳酸发酵，产酸率显著提高。由于乳酸细菌发酵不涉及供氧，所以固定化细胞和固定化酶更适合于乳酸发酵生产。

① 海藻酸钙包埋法：具有操作简单、无毒性、不漏细胞、细胞固定化后仍能生长等优点，此法采用较多。

Linko 等人报道海藻酸钙固定化乳酸菌的方法是：将湿细胞(所含干物质中，保加利亚乳杆菌 17%，戊糖乳杆菌 29%，瑞士乳杆菌 14%)悬浮在 6% 或 8% 的海藻酸钙溶液中(细胞∶海藻酸钙=1∶5)，在加压下通过内径 0.6 mm 的空心细管，滴入 0.5 mol/L 的 $CaCl_2$ 溶液中，让其形成凝胶珠(直径为 2～3 mm)。硬化 20 min，过滤后获得固定化乳酸菌珠。

固定化干酪乳杆菌鼠李糖亚种获得凝胶珠，填充于反应柱中。进料时添加碳酸钙细粉，或自动添加 NaOH 溶液作为中和剂。采用 48 g/L 葡萄糖连续发酵，滞留时间为 7.9 h，乳酸产率达 94%；而滞留时间为 4.9 h，乳酸产率仍达 80%。其中 90%～95% 乳酸为 L-乳酸。采用同样菌株的固定化细胞进行间歇循环(外循环)发酵 40 h，乳酸产率可达 95%。

采用固定化保加利亚乳杆菌、戊糖乳杆菌(固定化细胞珠 250 g/L)葡萄糖间歇发酵时，乳酸产率达 75%～90%，固定化戊糖乳杆菌也可以很好地发酵木材水解糖液为乳酸，与传统游离菌的间歇发酵相比，发酵周期明显缩短。

② 中空纤维固定法：采用中空纤维固定化生物细胞和酶，是 20 世纪 70 年代发展起来的高新生物技术。中空纤维是内径 50～15 μm、外径 100～200 μm 的空心纤维，纤维壁相当于半透膜。固定时，将细胞悬浮液或酶液通过毛细现象吸入纤维之内，然后两端封口即成。也可以将细胞和酶经毛细作用吸附在中空纤维的外侧，如图 10.3.4 所示。

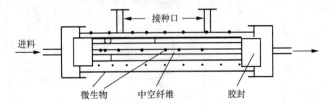

图 10.3.4 典型中空纤维反应器示意图
(参考王博彦等.发酵有机酸生产与应用手册.2000)

1984 年 Bianch 等采用德氏乳杆菌,培养好后注入内径 100 μm、外径 150 μm 的聚丙烯中空纤维中。然后填充到不同长度(6.5～61 cm)的反应器中,维持温度 45 ℃。试验装置如图 10.3.5 所示。

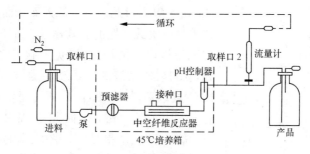

图 10.3.5　中空纤维反应器试验装置
(参考王博彦等.发酵有机酸生产与应用手册.2000)

在长度 6.5 cm 的反应器中装 300 根纤维,细胞固定后,最初缓慢生长,最终占据整个外周空间。细胞浓度(干物质)高达 200～300 g/L。当葡萄糖浓度为 20 g/L,滞留时间为 200 s 时,转化率达 75%。这种系统的乳酸生产能力为传统间歇发酵的 100 倍。

(2) 原位产物分离乳酸发酵技术　原位产物分离(in situ product removal,简称 ISPR)是指将生产细胞的代谢产物快速移去的方法。它和发酵有机结合则为原位产物分离发酵(也称耦合发酵)。

连续发酵生产效率优于分批发酵,但由于微生物菌种容易变异、退化以及杂菌污染多,因此长期操作相当困难。目前发酵工业中占重要地位的仍是分批发酵。以代谢产物作为目的的分批发酵,几乎都受最终产物的抑制,因此在分批发酵中维持很长时间高速度生产是不可能的。例如,乳酸发酵最适 pH 为 5.5～6.0,pH 小于 5 时,发酵被抑制,乳酸最高产率为 1.6% 左右。为了提高乳酸产率,必须减轻发酵产物的抑制作用。传统的分批发酵的方法是添加 $CaCO_3$、NaOH、NH_4OH 来中和产生的乳酸,以维持最适 pH。但使乳酸钙提取复杂化,而且乳酸盐对细胞代谢有抑制作用。

为了减轻此抑制作用,近年来进行了在发酵过程中同时与溶剂萃取(油醇、叔胺为萃取剂)、吸附(离子交换树脂、活性炭、高分子树脂层等)、膜(渗析膜、电渗析膜、中空纤维滤膜、反渗透膜等)等分离操作系统组合,而形成了原位产物分离发酵新技术。现介绍乳酸原位产物分离发酵技术如下:

① 电渗析发酵(electrodialysis fermentation,简称 EDF):EDF 发酵系统主要由发酵罐、电渗析装置、pH 控制装置、直流电源、精密过滤装置、浓缩液贮存罐、循环泵等组成。发酵液 pH 由 pH 控制装置控制,电渗析装置由直流电源转换器控制。随着乳酸离子从培养液向浓缩液贮罐方向移动,pH 超过设定值时,转换器切断电源。这样连续地从培养液中除去乳酸,使培养液中的乳酸浓度保持低水平。由于某些带负电荷的粒子,特别是磷酸根离子,也同乳酸一样从培养液中除去,所以将磷酸供给泵的电源和 pH 控制装置相连接,在电渗析操作期间,供给磷酸溶液,控制发酵液在 pH 6.0 左右。

EDF 发酵法有许多优点:不用中和剂就可以控制;减轻产物抑制作用;浓缩产物;简化后提取工艺。

但若不组合精密过滤装置,微生物细胞逐渐附着在阴离子膜上,将造成:微生物细胞被杀死,发酵液中活细胞减少;增大渗析膜电阻,减低电渗析效率。这成为乳酸EDF法连续生产中的限制因素。Nomura等人对此进行了深入而全面的研究,发现固定化技术是解决此问题的有效途径。另外,将中空纤维超滤膜和电渗析串联使用,能避免细胞附着于阴离子膜上被杀死,获得乳酸发酵的良好效果。野村等人采用 Lactococcus IO-1 乳酸菌株,用 85 g/L 葡萄糖培养基,进行电渗析组合微过滤膜发酵,并向培养基中添加 NaOH,控制 pH 6.0。实验结果是,采用微过滤膜-电渗析组合发酵比对照发酵的时间缩短 1/3,干菌体质量为对照的 1.8 倍,或菌体为对照的 1.6 倍。另外,乳酸脱氢酶活性为对照的 2 倍,为不组装微过滤膜的电渗析发酵的 4 倍。EDF 装置见图 10.3.6 所示。

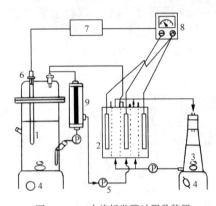

图 10.3.6 电渗析发酵过程及装置
1. 发酵罐;2. 电渗析装置;3. 浓缩液体贮存槽;
4. 磁力搅拌器;5. 循环泵;6. pH 电极;
7. pH 控制器;8. 直流电源;9. 微过滤膜装置

② 吸附发酵:吸附发酵过程中常采用的吸附剂有活性炭、离子交换树脂等。Dauison 等将活性炭加入到 κ-卡拉胶固定化德氏乳杆菌柱型流化床生物反应器中,控制了发酵液 pH。活性炭作为吸附剂有许多缺点:吸附容量小;吸附选择性差,不但吸附乳酸,同时还吸附一定量的葡萄糖;不同批次的活性炭的重复性差。

美国 Purdue 大学的 Lee 及 Jsao 首先将 PVP 树脂用于乳酸发酵和分离过程,并取得了良好的效果。国内采用 D354(D301)树脂,分离效果可与 PVP 树脂媲美。李剑、卢金照等人采用游离或木炭固定化德氏乳杆菌菌种细胞培养耦合 D330 树脂分离乳酸发酵,在最佳工艺条件下,乳酸收率达到 91.8%,发酵周期缩短为 64 h,乳酸生产率为 2.15 g/(L·h),明显优于现有工艺。

③ 萃取发酵:萃取发酵是在发酵过程中利用有机溶剂连续萃取出发酵产物,以消除产物抑制的耦合发酵技术。萃取发酵具有能耗低、选择性好及无细菌污染等优点。常采用的萃取剂是十二烷醇、油醇、Alamine 336 叔胺和油醇的混合物。范先国采用经驯化的乳杆菌固定化细胞,以三烷基氧磷与三烷基胺($C_{6\sim8}$ 混合叔胺)两种溶剂进行乳酸直接接触萃取发酵。在溶剂体积 2.5 倍于发酵液的条件下,96 h 分批发酵生产乳酸,较之不做 pH 控制的常规发酵体系分别提高 3.6 倍和 5.3 倍,有效地减轻了体系的产物抑制作用。

④ 膜法发酵:为了显著提高生产率,可采用的方法包括使用高浓度细胞、及时从发酵液中移走抑制性产物。采用不同类型的膜,使用渗析(依靠扩散排阻)、电渗析(依靠离子排阻)、微滤和超滤(依靠分子排阻),将发酵过程中的细胞浓缩并循环使用,乳酸不断地从发酵罐中移走,从而提高发酵产率。

Tejayadi 等采用反渗透与发酵耦合结合起来的膜生物反应器,在 40 g/L 的游离菌浓度下连续操作,乳酸的容量产量可达 22.5 g/L,乳酸盐(钙)浓度达 89 g/L,产率为 89%。Xanier 等采用管式超滤膜细胞循环生物反应器进行乳酸发酵,长期发酵所得乳酸浓度和生产率都高于高浓度发酵的结果。

此种发酵方法有三个优点:乳酸浓度和生产率同时增大;可在相当高的透过率下长期操作;机械稳定性好,反应器允许蒸汽灭菌。

10.3.2.4 "工程细菌"的 L-乳酸发酵

2002年安徽丰原生化公司引进国外的"工程细菌"进行年产5000吨的L-乳酸发酵生产，产酸达180 g/L，发酵周期为30 h左右。

10.3.3 乳酸的提取和精制

从发酵液中提取和精制乳酸的主要生产过程为：

发酵液──→预处理──→提取──→粗乳酸──→精制──→成品乳酸

10.3.3.1 发酵液的预处理

(1) 乳酸细菌发酵液预处理　乳酸菌一般不耐酸，通常乳酸是在过剩 $CaCO_3$ 存在的条件下进行的。乳酸和 $CaCO_3$ 反应，生成五个水的水合型乳酸钙。由于杂质的存在，发酵终点时，发酵醪变黏稠。尤其当初糖浓度高时，甚至会使整个发酵醪固化，给后续操作带来麻烦。因此，当乳酸菌活动减弱、发酵醪温度开始下降时，要及时升温至90～100℃，并同时加入石灰乳，将pH调高至9.5～10，搅匀后，静止4～6 h，使菌体、麦根等悬浮物下沉。为了避免乳酸钙结晶析出，澄清过程中需保温55℃，然后将上清液放出，沉渣单独处理。

在上述沉渣部分中加入等量的硫酸钙（钙盐法提取工艺的副产品）作助滤剂，在70～80℃温度下经板框压滤。压滤前必须先通热水或热蒸汽预热板框至70～80℃，滤饼用少量热水洗涤，压干滤饼。将上述清液和滤液混合，加入1.5%～2.0%（用量视原料种类、含杂程度、产品色度和要求而定）的活性炭，于60～70℃进行脱色，趁热过滤，获得清液。

(2) 米根霉发酵液预处理　当米根霉发酵至终点时，将发酵液移至贮罐内，升温至80～90℃，经板框压滤机（压滤前必须先通热水或蒸汽预热板框至70～80℃）进行过滤。滤饼用少量热水洗涤，压干滤饼。将上述洗水和滤液混合，获得过滤清液。

10.3.3.2 乳酸提取工艺

由于受柠檬酸生产的影响，日本1956年以粗淀粉为原料生产乳酸，采用乳酸钙前结晶技术，一直沿用至前几年，该工艺可以使乳酸钙溶液中95%以上的杂质分离，使精制工艺简化，可制得高纯度乳酸。但由于乳酸钙溶解度增大，竟有30%的乳酸钙残留在结晶母液中不能结晶出来。而母液黏稠，杂质含量高，不能继续参与结晶，因而造成大量发酵好的乳酸钙流失，提取收率很低，许多曾采用此工艺工厂的提取收率仅为50%左右。近年来，我国开发了乳酸钙直接酸解（简称一步法）工艺。

(1) 工艺流程

预处理的过滤清液──→双效蒸发（浓缩）──→酸分解──→真空抽滤──→粗乳酸

(2) 乳酸钙直接酸解（一步法）工艺的生产技术

① 浓缩：将预处理过的澄清无浊的过滤液，打入一效蒸发器内，液面盖过加热管时关闭进料阀门，通蒸汽。一次蒸汽保持在0.2～0.3 MPa，当一效乳酸钙浓度达13%～15%时，将一效乳酸钙打入二效一部分。每隔15～20 min，一、二效之间串料一次。不断补充新的乳酸钙料液。二效的真空度控制在0.08 MPa以上蒸发。当乳酸钙含量达30%～35%时，关闭蒸汽和真空阀，打开放料阀放料。放料结束，用蒸汽将管道吹干净。

② 酸解：酸解锅中打入适量的淡乳酸及适量的硫酸（浓度控制在45%～50%）。然后打入已浓缩过的乳酸钙浓缩液，使乳酸钙浓度控制在30%～35%，乳酸钙溶液温度控制在70℃以

下。再缓慢加入45%～50%的稀硫酸,酸解温度控制在(80±1)℃。

③ 酸解终点控制:酸水解2～3h后取样检测是否到达终点。其方法是将样品经滤纸分别滴入比色板上两穴内数滴,一穴内加入草酸铵一滴,若混浊表明硫酸加量不足;另一穴加入氯化钡一滴,若混浊说明硫酸过量。如两穴皆混浊,说明反应未进行完全。继续搅拌反应一定时间,再检测,直至两穴清澈(即 $Ca^{2+} \leqslant 1400$ mg/L,$SO_4^{2-} \leqslant 3000$ mg/L)。停止搅拌,保温80℃。

④ 抽滤:将保温于80℃的酸解液迅速注入抽滤槽中,打开抽滤阀门及真空阀,趁热抽滤。当滤净后,马上关闭抽滤阀门,注入淡乳酸水洗2次。第三次用热自来水洗涤。洗涤滤液分开存放,洗涤次数视滤液含乳酸量而定,一般洗涤3～5次。

10.3.3.3 乳酸精制工艺

(1) 乳酸精制工艺流程

粗乳酸──→活性炭脱色──→过滤──→一次浓缩──→活性炭脱色──→HG-10炭柱脱色──→离子交换──→纳米过滤──→二次浓缩──→成品

(2) 乳酸精制生产技术

① 活性炭脱色:活性炭脱色是最常使用的乳酸净化除杂方法。粗乳酸的活性炭脱色可在两种情况下进行:一种情况是在酸解过程中在未除去石膏渣的溶液中,添加约2%的活性炭,在硫酸钙结晶温度下,与结晶同时进行脱色1h,活性炭随石膏渣一起滤去;另一种是在除去石膏渣的乳酸溶液中,视颜色的深浅添加一定量的活性炭,维持温度70～80℃ 30 min,进行脱色。

若生产药典级乳酸,在一次脱色后还要进行第二次脱色,活性炭用量为0.5%～1.0%。若采用直接酸解法(一步法)工艺,在离子交换前,视乳酸溶液的色度,还需进行HG-10颗粒活性炭脱色。获得脱色液的质量为:色度<6号;乳酸含量20%±2%。

② 一次浓缩及脱色:将酸解脱色液吸入一次浓缩罐内,打开蒸汽阀加热浓缩,保持真空度不低于0.08 MPa,操作温度不得高于80℃。待料液浓度达45%～50%时,趁热放入脱色罐中脱色。视色度情况加入0.5%～1.0%的活性炭,启动搅拌,脱色30 min。检查色度合格后进行过滤。

过滤温度保持70～80℃,压力不得大于0.25 MPa。板框饱和后用空气将滤饼压干,滤渣返回酸解工序套用。技术要求:进料乳酸浓度≥20%;真空度>0.08 MPa。经一次浓缩脱色后的乳酸溶液为:乳酸含量45%～50%;色度≤3.5号。

③ 炭柱脱色与离子交换:经过一次浓缩脱色后的乳酸溶液仍含有少量的无机或有机杂质,可采用炭柱脱色和离子交换法,使溶液流过颗粒活性炭柱、H^+型阳离子交换柱、OH^-型阴离子交换柱,去除无机物质、部分色素物质和部分含氮物质。

④ 阳离子交换树脂(732)交换:将经炭柱脱色合格的40%～50%乳酸溶液以一定的速度通过树脂,进行阳离子交换。回收pH 3.0以上的乳酸液供酸解工序作洗水用,pH 3.0以下开始收集。每隔2h检测一次铁的含量,严格控制铁离子的浓度小于3 mg/L。当流出料液铁离子含量达3 mg/L时,转入另一再生好的阳离子交换柱,继续进行交换。

⑤ 阴离子交换树脂(331)交换:将去除阳离子的乳酸溶液以一定的流速通过树脂。将pH 3以上的淡乳酸回收入淡乳酸贮槽,以作洗水之用。pH 3.0开始接收,每隔2h检测一次氯化

物,严格控制氯化物含量在 5 mg/L 以下。树脂吸饱后将料液放至树脂层,注入蒸馏水将乳酸压出至 pH 3.0,回收淡乳酸。

炭柱、331 阴离子交换树脂、732 阳离子交换树脂经多次反复使用后,会吸附部分有机物和有害离子,使交换当量明显下降,应及时进行活化,再生后方可使用。

⑥ 纳米过滤:将去离子的乳酸液,再经过纳米过滤装置,除去大相对分子质量的蛋白、胶体等,使乳酸质量由 5～3 号色提高到 1 号色。

⑦ 二次浓缩:将经过离子交换处理过的乳酸溶液吸入二次浓缩罐中,控制温度 70℃以下蒸发浓缩。不断添加新料,并视料液的颜色情况添加少量活性炭,浓缩至乳酸含量 82%～85%时,趁热放料,通过板框过滤,获得纯净的乳酸成品。二次浓缩获得的乳酸液达到乳酸含量 82%～85%,铁离子≤5 mg/L,氯离子≤10 mg/L,色度 3～5 号色。

10.4 苹果酸发酵

L-苹果酸(L-malic acid,简称 L-Ma)是生物体糖代谢三羧酸循环的中间体,可参与机体正常代谢。自然界未成熟的苹果、葡萄、樱桃等水果和蔬菜中广泛存在着 L-苹果酸,含量约为 0.4%。苹果酸又名羟基丁二酸或羟基琥珀酸,分子式为 $C_4H_6O_5$。结构式如右:

$$\begin{array}{l} HO{-}CH{-}COOH \\ \phantom{HO{-}}CH_2{-}COOH \end{array}$$

其分子中含有一个不对称碳原子,故有 L-、D-、DL-型三种。20 世纪 50 年代前苹果酸都是由有机合成法制取的,为 DL-苹果酸,欲获得 L-苹果酸,要用繁杂的方法将 DL 拆分开。早在 20 世纪 20 年代 Kostychev 等利用蔗糖发酵时,在加 $CaCO_3$ 的培养基中就获得了 L-苹果酸。1959 年阿部重雄等选出产苹果酸的黄曲霉 A-114 菌株,摇瓶发酵 7～9 d,产苹果酸最高浓度可达 50 g/L。1976 年米光英用出芽短梗霉(*Aureobasidium pullulans*)4156 直接由糖质原料发酵生产 L-苹果酸,加 2% $CaCO_3$,27℃振荡培养 5 d,产苹果酸达 25.2 g/L。后发现裂褶菌(*Schizophyllum commune*)在葡萄糖培养基上能产相当量的 L-苹果酸,解脂假丝酵母 ATCC8662 由富马酸转化为苹果酸的转化率达 90%。1972 年千畑一郎等选用产氨短杆菌固定化细胞法进行 L-苹果酸的连续化生产,在含脱氧胆酸或胆酸的基质溶液中处理,可抑制副产物琥珀酸的生成,提高了 L-苹果酸的产量。随后各国相继选用产氨短杆菌、黄色短杆菌、棒杆菌等固定化细胞技术,在容积 1000 L 的充填塔或固定化反应柱中,进行 L-苹果酸连续生产,持续生产 6 个月,日产 L-苹果酸 15.4 吨或每小时生产 42.2 kg/L 苹果酸,每 90 d 生产 20 吨苹果酸。我国在发酵法生产苹果酸方面也作了大量的研究,由固定化皱褶假丝酵母(*Candida rugosa*)和黄色短杆菌均获得苹果酸生产能力高的菌株,也进行了苹果酸霉菌固体发酵和苹果酸一步发酵法的研制和生产。

苹果酸在食品、医药、化工方面应用日益广泛。① 食品:如酸度调节剂、酸化剂、抗氧增效剂、增味剂(市场需求量 4 万吨/年),由于 FDA 现已禁止在食品中使用 DL-苹果酸,并且又限制了柠檬酸在儿童和老年食品中的应用,L-苹果酸是当前国际上公认的安全食品添加剂,用于与其他有机酸配制多种软饮料,如利用苹果酸开发抗疲劳,保护肝、肾、心脏作用的保健饮料。② 医药:苹果酸钙可作为补钙剂。苹果酸钠与氯化钾配合是一种调味剂,可作为肾炎患者的食盐代用品。苹果酸酯可作为人造奶油和其他食用油的添加剂;在氨基酸输液中配入,用于治疗贫血、尿毒症、高血压、肝衰竭等和减轻抗癌药剂的副作用等。③日用化工产品：L-苹果酸锌可作为牙膏中的抗菌斑剂和抗牙结石剂；苹果酸合成的塑料可被微生物降解，有利于环境保护；汽油中加入10%的0.003%的苹果酸乙醇溶液，可使汽车尾气中CO含量降低60%，碳氢化合物减少40%。

10.4.1 苹果酸发酵的微生物

苹果酸生产方法有以下五种：从未成熟的苹果、葡萄、樱桃、山楂、五味子等果汁中提取；化学合成法；直接发酵法；两步发酵法；固定化酶或细胞连续生产法。不同的苹果酸工艺要采用不同的微生物。直接发酵法，采用黄曲霉、米曲霉、寄生曲霉、出芽短梗霉等。两步发酵法采用华根霉（*Rhizopus chinensis*）、少根根霉（*Rhi. arrhizus*）、普通变形杆菌（*Proteus vulgaris* sp.）、膜醭毕赤酵母（*Pichia membranaefaciens*）等。固定化细胞法采用黄色短杆菌、膜醭毕赤酵母、温特曲霉、解脂假丝酵母等。由于发酵法生产苹果酸工艺简便、成本低、潜力大、产品安全性高等特点，选育产酸高、副产物少、提取工艺简化的菌株格外受到关注。

10.4.2 苹果酸发酵工艺及控制条件

10.4.2.1 一步发酵法（直接发酵法）

以糖类为原料，由黄曲霉、米曲霉等直接发酵生产苹果酸。工艺流程为：

孢子 ——→ 锥形瓶 ——→ 种子罐 ——→ 发酵罐
(生孢斜面) (33℃,静止培养2~4d) (33~34℃,通气、搅拌培养18~24h) (33~34℃,通气、搅拌培养40h)

控制条件：生孢斜面和锥形瓶培养基碳源为麦芽汁，种子和发酵培养基碳源用葡萄糖；用豆饼粉、无机氮提供氮源，种子和发酵过程均添加灭菌的$CaCO_3$，不仅控制发酵的pH，更重要的是CO_2能提供L-苹果酸合成时外源的羧基。

10.4.2.2 两步发酵法（混合酸发酵法）

工艺流程如下：

糖类物质 —根霉(富马酸发酵)→ 富马酸（延胡索酸）—酵母菌或细菌(转换发酵)→ 苹果酸

佐佐木等将具有生产富马酸能力的华根霉与具有富马酸酶活力强的膜醭毕赤酵母共同培养，由于两种菌种的协同作用，可一面生产富马酸，一面将富马酸转换为L-苹果酸，培养结果是L-苹果酸对糖的转化率为62.5%。后据Takao等报道，少根根霉可生成富马酸，普通变形杆菌具有高活力的富马酸酶，两菌共同发酵也可生产富马酸并同时将富马酸转变成L-苹果酸。

两步发酵法是先用根霉将糖类物质发酵成富马酸，再由酵母菌或细菌发酵成L-苹果酸的工艺。前一步称为富马酸发酵，后一步称为转换发酵。

① 富马酸发酵：华根霉6508在葡萄糖马铃薯汁培养基（添加10%聚乙二醇，促进产酸）上，30℃培养5d后，易于长出大量孢子。

② 转换发酵：根霉发酵5d后，再接入膜醭毕赤酵母3130，继续培养5d，富马酸几乎都转化为L-苹果酸。发酵结束后即进行苹果酸的提取和精制。

10.4.2.3 固定化细胞法

固定化细胞生产 L-苹果酸,首先要选出具有产富马酸酶活力的菌种,如产氨短杆菌、黄色短杆菌、普通变形杆菌、膜醭毕赤酵母等。下面以黄色短杆菌为例,介绍固定化细胞生产 L-苹果酸的方法。

(1) 固定化黄色短杆菌生产 L-苹果酸 工艺流程如图 10.4.1 所示。

(2) 发酵和细胞固定化控制要点

① 培养基:斜面普通肉膏琼脂培养基;摇瓶种子培养基用柠檬酸二胺和玉米浆为碳、氮源,添加无机盐和尿素;发酵培养基用葡萄糖和富马酸为碳源,玉米浆为氮源,添加无机盐和尿素。

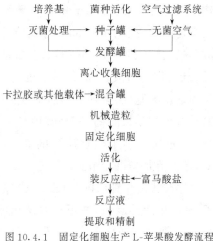

图 10.4.1 固定化细胞生产 L-苹果酸发酵流程

② 发酵过程:

肉膏斜面菌种活化 $\xrightarrow[16\sim24\,h]{30\,℃}$ 少量无菌水洗下转接至克氏瓶肉膏琼脂表面上 $\xrightarrow[24\,h]{30\,℃}$

无菌水洗下 $\xrightarrow[摇床16\sim24\,h]{30\,℃}$ 1000 mL 摇瓶(内装 300 mL 摇瓶培养基) $\xrightarrow[12\,h]{30\,℃}$ 发酵罐

每隔 2~4 h 取样测定。

③ 收集活菌体:发酵结束后经 16 000 r/min 离心 15 min,生理盐水洗涤活菌体 2 次,每次洗涤离心 15 min,菌体收率为 3%~4%,每次 1 g 湿菌体的酶活力为 20 000~25 000 U。

④ 菌体包埋:以 8 g 湿菌体加 8 mL 生理盐水将菌体制成悬浮液,放在温水浴内,加温使品温达 40~45℃备用。取 1.5 g κ-卡拉胶加 34 mL 蒸馏水,放在 70~80℃热水浴中搅拌,待卡拉胶充分融胀后,慢慢冷却至品温 45℃,立即将保温的细胞悬浮液,迅速倒入卡拉胶液中,不断搅拌 10 min,等其冷却成型后,放置 2~10℃冰箱中,2 h 后取出,用 0.3 mol/L KCl 浸泡 4 h,再切成 3 mm×3 mm×3 mm 小块,整个操作在无菌条件下进行。所得固定化细胞加入 15 mL 由 1 mol/L 富马酸钠内含 0.3%的胆酸组成的活化液,在 37℃下保温 20~24 h 进行活化,其目的是激活富马酸的活力并抑制琥珀酸副产物的产生。活化后的固定化细胞颗粒用 0.1 mol/L KCl 洗涤 2~3 次,再用去离子水洗至无胆酸为止,装柱待用。

⑤ 上柱前的准备及酶转化:将工业级富马酸加等摩尔的 NaOH 配制成富马酸钠溶液,pH 7.0 保温 37~40℃,然后将溶液上柱转化。将底物溶液以恒速流过装有固定化细胞的反应柱,底物通过富马酸酶转化成 L-苹果酸。流出液中 L-苹果酸钠浓度以 0.85 mol/L 为标准,大于此值可适当加快流速。流出液中已转化好的 L-苹果酸钠占大部分,在整个反应过程中底物和柱的温度要始终保持在 37~40℃。至于固定化细胞内酶活力的半衰期,据报道与菌种、固定化材料、工艺操作等因素有关。据王博彦、金其荣研究,观察 6 个月未见 L-苹果酸产率下降的现象。1972 年千畑一郎用聚丙烯酰胺包埋产氨短杆菌制成固定化细胞,装入充填柱内进行连续反应生产 L-苹果酸,37℃时酶活力的半衰期为 52.5 d。

⑥ 提取和精制:通过以上过程获得 L-苹果酸钠反应液后要进行提取和精制。将工业的富马酸加适当水调成乳化液,在 25~35℃下,缓慢加入等摩尔的 $CaCO_3$,在不断搅拌下反应 3~

4 h,调 pH 3.0～4.5,然后抽滤,用热水反复洗涤滤饼后备用;取含 0.85 mol/L 苹果酸钠的反应柱流出的混合液(0.85 mol/L 苹果酸钠溶液,应返回反应柱重新转化),放入转化罐中,慢慢加入富马酸钙,控制 45～50℃下搅拌反应 3～4 h,pH 6.5～7.2 继续反应 30 min,苹果酸钠转化成苹果酸钙沉淀析出后进行真空抽滤,再用少量热水洗去残留在 L-苹果酸钙滤饼中的富马酸钠。新旧富马酸液合并,调整浓度达 1.2 mol/L 后,作为上柱底物循环使用,为了防止回收液污染固定化细胞柱,必须灭菌后继续上柱,直至不能使用时,加盐酸酸化,再加 $CaCO_3$ 中和,回收富马酸钙和苹果酸钙。富马酸钙与苹果酸钠转化率为 95%～98%,再进行酸化。酸化是在酸解罐中,先加入苹果酸钙质量的 3～4 倍水,边搅边加入苹果酸钙,调成浆状,加热至 50～60℃,慢慢流加硫酸至 pH 达 1.5～2.0 时,继续搅拌 10 min,加粉末状活性炭(10～30 g/L)脱色。再加粒状硫化钡(100～150 g/100 g 苹果酸钙),除去重金属和过量硫酸,然后真空抽滤,去除 $CaSO_4$ 和活性炭渣,并用热水洗出滤饼中的苹果酸,滤液在沉淀罐中沉淀 8 h,沉淀残余 $CaSO_4$,上清液送净化工序。

净化是利用强酸性阳离子交换树脂和弱碱性阴离子交换树脂除去溶液中的 Fe^{3+}、Ca^{2+}、Mg^{2+}、SO_4^{2-}、Cl^- 等离子。当 pH 下降到 4.0 时开始收集流出液[交换液流速控制在 1.5 m^3/(m^3·h)左右]。进行浓缩、结晶和干燥。

为了减少净化后的苹果酸交换液的体积,必须进行真空浓缩,品温控制在 60～65℃。浓缩至相对密度 1.370(质量分数 80% 左右),转入结晶罐中结晶。结晶罐转速为 10～15 r/min,通过冷水控制降温至 35℃时,控制降温速度 1℃/h,至 25℃时降温速度控制在 2℃/h。品温 15～20℃时,即可结晶完成;用离心机(1500 r/min)分离出 L-苹果酸晶体,用少量无盐水洗去晶面母液,湿晶立即进行真空干燥、母液循环套用。干燥温度为 45℃,1.5 h 慢慢升至 55℃,不可超过 55℃。干燥后的苹果酸易吸水,质检合格后应立即用双层聚乙烯塑料袋作内包装袋密封贮存。

10.4.3 苹果酸的提取和精制

10.4.3.1 苹果酸的提取

苹果酸的提纯有钙盐沉淀法、吸附沉淀法、电渗析法。本小节介绍钙盐沉淀法提取苹果酸,工艺流程见图 10.4.2。

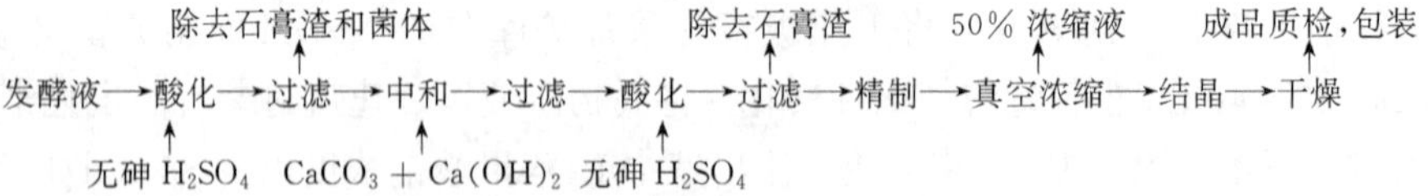

```
            除去石膏渣和菌体              除去石膏渣       50%浓缩液      成品质检,包装
发酵液─→酸化─→过滤─→中和─→过滤─→酸化─→过滤─→精制─→真空浓缩─→结晶─→干燥
         无砷 H₂SO₄   CaCO₃+Ca(OH)₂  无砷 H₂SO₄
```

图 10.4.2 苹果酸的提取和精制流程

将发酵液放入酸化槽中,缓慢搅拌下,用无砷 H_2SO_4 酸化至 pH 1.5。以 Ma 代表苹果酸根,反应如下:

$$CaMa + H_2SO_4 \longrightarrow H_2Ma + CaSO_4$$
$$CaCO_3 + H_2SO_4 \longrightarrow H_2O + CO_2\uparrow + CaSO_4$$

酸化完成后,用板框压滤机除去石膏渣、菌体及其他沉淀物,滤液置中和槽中,加入固体 $CaCO_3$,用量达到使溶液中不再有 CO_2 气体放出为止。

$$H_2Ma + CaCO_3 = CaMa + H_2O + CO_2\uparrow$$

为了减少溶液中残存的苹果酸量,要用石灰乳调 pH 7.5。中和液置中和槽中静置 6~8h,使苹果酸钙盐充分结晶沉淀下来。用虹吸法除去上清液,再放开滤槽的假底,进行过滤,后用少量水洗涤滤饼,除去残糖和可溶性杂质。将苹果酸钙的滤饼转移到酸化槽中,加入约 1~3 倍量温水,搅拌成悬浮液,加入无砷 H_2SO_4 酸化至 pH 1.5,搅拌约 0.5h,然后静置数小时,使石膏渣充分沉淀;用压滤机除去石膏渣,得到的滤液就是粗制苹果酸溶液,其中还含有微量富马酸等有机酸,以及 Fe^{2+}、Ca^{2+}、Mg^{2+} 等金属离子和色素,须进一步精制。

10.4.3.2 苹果酸的精制

精制一般采用离子交换和活性炭联合处理,进行除杂质和脱色。滤清液送入高位槽,进入强酸性阳离子交换柱,再进入弱碱性阴离子交换柱进行脱盐处理;再把净化液引入真空浓缩罐中,在 50~70℃ 下浓缩至 1000~1300g/L,然后放入结晶罐中缓缓搅拌降温至 5~20℃,加入晶种,待晶体成长完成后,用离心机分出晶体,用少量无盐水洗去晶面母液,收集湿晶,放入沸腾干燥床上,用 30~60℃ 的干燥空气干燥,干燥后的 L-苹果酸经质检合格后即行包装贮存。

10.5 曲酸发酵

人们利用曲酸(kojic acid)已有两千多年历史,黄曲霉、米曲霉发酵酿制酒、酱、醋、酱油等的过程均有曲酸存在。曲酸又名 5-羟基-2-羟甲基-1,4-吡喃酮,分子式为 $C_6H_6O_4$,相对分子质量 142.1。1924 年确定曲酸的结构,它具有六角的环,其中包含一个氧原子,结构如右图:

曲酸可以用化学方法由葡萄糖合成。1907 年 Saito 第一次由米曲霉中分离得到曲酸产生菌,1912 年 Yabuta 定名为曲酸,由米曲霉 69 进行曲酸生产,开始表面发酵,后采用深层发酵。1953 年 Arnstein 及 Bentley 用 ^{14}C 标记的化合物证明,好氧微生物可以不改变葡萄糖的碳骨架,直接由葡萄糖氧化脱水形成曲酸,曲酸是微生物发酵产生的一种次级代谢产物。我国曲酸研究走在世界前列,米曲霉、黄曲霉曲酸发酵产酸力达 2g/100mL 以上。山东中舜科技发展公司采用中国食品发酵工业研究所的技术,建设了一条 50 吨/年的生产线,产品在国内供不应求,而且远销欧洲、美洲、东南亚等。

曲酸是一种完全安全无毒的物质,可用于合成杀虫剂、杀菌剂,制备金属螯合剂,以及铁的分析试剂、胶片去斑剂等,还可用于制作麦芽酚和乙基麦芽酚的原料、食品及烟草等的增香剂。现已广泛用于食品、医药、农业、化妆品等方面。① 食品:曲酸易溶于水,与食品共同加热,对抗菌无明显影响,曲酸可能发展成为一种新型的食品添加剂。用于肉制品熏制,可降低亚硝酸盐等有害发色剂的用量,防止亚硝酸钠转化为致癌的亚硝胺,具有更好的抗菌、抗癌作用;油脂内添加少量有抗氧化作用的曲酸,可防止变质;蔬菜、水果、海鲜等通过浸泡或喷雾,有防腐、保鲜、防止褐变的作用。② 医药:曲酸可作镇痛、消炎、局部麻醉剂,还可作为头孢抗生素的原料等。③ 农业:曲酸是一种有抗菌活性的有机酸(抑菌而不是杀菌),它和二价金属的结合物对若干种植物真菌病的防治效果比常用的杀虫剂、杀菌剂波尔多效果更好、更安全;曲酸作为生长刺激药剂,对粮食和蔬菜有明显的增产效果,其卤素衍生物如 6-氯-氯曲酸(6-chloro-chlorkojisaure)较曲酸有更大的促生长效应,可配成低浓度溶液作为叶面肥喷施;此外,在切花延长鲜花货架期方面也有一定作用。④ 化妆品：近年来又发现曲酸是一种生理活性物质，具有抑制黑色素生成酶酪氨酸酶活性的功能，有明显增白作用，添加曲酸的化妆品有护肤、润肤、美白、光亮、防晒、祛斑的功能，现已在化妆品及牙膏等日化工业品中应用。曲酸对光、热稳定性差，易变坏，影响化妆品的保质期。低温保存，添加维生素C及羟甲氧苯酮等遮光剂可增强其稳定性。

10.5.1 曲酸发酵的微生物

曲酸产生菌有米曲霉、黄曲霉、疏展曲霉（Aspergillus effsus）、构巢曲霉、寄生曲霉、溜曲霉、棒曲霉（Asp. clavatus）、巨大曲霉（Asp. giganteus）、烟曲霉（Asp. fumigatus）等。青霉属中有蚀苹果青霉（Penicillum malivorum）等。经过筛选，实际曲酸生产菌种主要用黄曲霉、米曲霉，为防止黄曲霉毒素，现更多研究和生产单位选用米曲霉作为曲酸生产菌种。

10.5.2 曲酸发酵工艺及控制条件

10.5.2.1 发酵工艺

发酵法生产曲酸的方法有：表面静态培养法、深层搅拌发酵法、半连续孔薄膜表面液态培养技术、固定化技术等。但目前还是以液态深层搅拌发酵法为主。现以北京大学生命科学学院与北京日化一厂合作的黄曲霉 AS.UII 1223 突变株在 5 m³ 罐深层发酵为例，说明曲酸发酵的工艺条件。发酵、提取工艺流程见图 10.5.1。

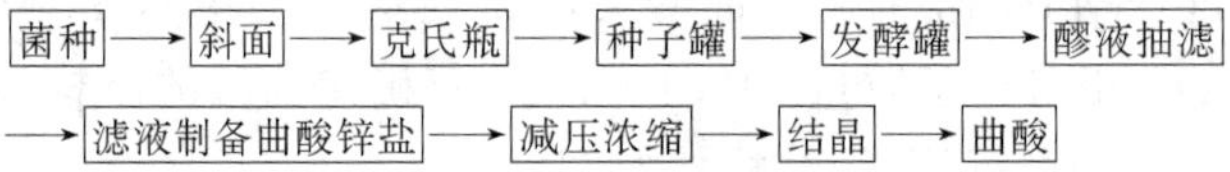

菌种 → 斜面 → 克氏瓶 → 种子罐 → 发酵罐 → 醪液抽滤 → 滤液制备曲酸锌盐 → 减压浓缩 → 结晶 → 曲酸

图 10.5.1 曲酸发酵、提取工艺流程

10.5.2.2 控制条件

(1) 培养基成分及发酵条件

① 培养基：

斜面培养基：麦芽汁培养基，30℃培养 7 d。

摇瓶培养基：白薯粉 1 份与水 10 份混合，加入淀粉酶 0.05%，85℃液化 20 min 后，再加入下列比例的无机盐：$KH_2PO_4 \cdot 3H_2O$ 0.01%，$MgSO_4 \cdot 7H_2O$ 0.02%，NH_4NO_3 0.015%，$CuSO_4 \cdot 5H_2O$ 0.0064%。用磷酸调 pH 2.5~3.5，500 mL 锥形瓶内装 80 mL，0.1 MPa 灭菌 20 min，冷却至 33℃接种，30℃，220 r/min 振荡培养 7 d。

发酵培养基：12% 白薯粉，加淀粉酶 0.05%，85℃液化 20 min，其他成分同锥形瓶培养基。用磷酸调 pH 2.5~3.5，0.1 MPa 灭菌 20 min。

② 发酵条件：用磷酸调 pH 2.5~3.5，实际装量 4000 L，0.1 MPa 灭菌 30 min，冷却至 40℃左右，接种摇瓶种子液，种龄 17 h，接种量 7%，搅拌速度 160~200 r/min，通风量 0.5 VVm，培养温度 31℃，发酵时间 5 d 左右，产酸量平均为 36.2 g/L。曲酸发酵过程生理变化见图 10.5.2。米曲霉曲酸发酵，发酵周期 5 d，平均产酸率达 50 g/L 以上。

(2) 影响曲酸发酵产量的主要因素

① 碳源：黄曲霉 AS.UII 1223 突变株曲酸发酵在选用白薯粉 10%，12%，14% 范围内，浓度越高产酸量越高，可能因曲酸发酵为黄曲霉由葡萄糖直接转化而成，没有经过任何碳链的裂

解。许多实验也证实,单纯使用白薯粉、淀粉水解液或蔗糖蜜为碳源,比白薯淀粉、葡萄糖曲酸发酵产量高,表明粗制品白薯粉、蔗糖蜜中已经有曲酸发酵所需的无机盐。此措施既简化了工艺,又节省了原料,降低了成本。但以葡萄糖为碳源时,发酵培养基均需补充豆饼粉、鱼粉、酵母粉等有机氮源,较白薯粉的优点是产酸高,提取结晶简便些(白薯粉发酵因有些杂质,结晶需进行两次)。

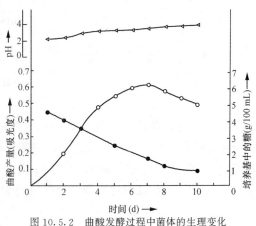

图 10.5.2 曲酸发酵过程中菌体的生理变化
○—曲酸产量;●—培养基中的糖;◁—pH

② 氮源:一般认为有机氮源比无机氮源好。Kitada 以米曲霉发酵产酸,蛋白胨是最佳氮源,其最适浓度为 0.5%。Kawate 则认为对于不同氮源,其培养基起始 pH 也应不同。

③ 微量元素:在曲酸发酵过程中,Mg^{2+} 是不可缺少的,浓度为 0.01%~0.05%。无论曲酸产生菌的生长,还是曲酸的合成,都需要合适浓度的磷源,过高过低对曲酸合成都不利,一般以 K_2HPO_4 或 KH_2PO_4 形式加入,也可以 H_3PO_4 形式加入。另外,Mn^{2+}、Zn^{2+} 或 Cu^{2+} 也是曲酸发酵所必需的。

④ 其他:曲酸发酵最适 pH 为 2.5~3.0,也有报道在 pH 3.5~4.0 时曲酸的产量最高。通气量越大,曲酸产量越高。接种量在 4%~20%之内差别不大,7%接种量较为适宜。

10.5.3 曲酸的提取

曲酸提取曾采用锌盐沉淀法、醋酸乙酯萃取法、乙醚连续萃取法、直接浓缩结晶法和冷冻结晶法等。北京日化一厂在 20 世纪 70 年代是采用锌盐沉淀法。

10.5.3.1 锌盐沉淀法

这是传统的提取曲酸的方法。工艺流程见图 10.5.3。

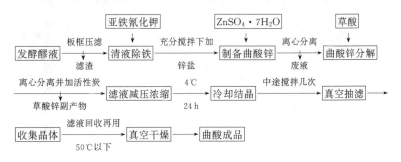

图 10.5.3 锌盐沉淀法提取曲酸工艺流程

真空干燥或烘干后称重,分析测定产品纯度,并计算收率。由于白薯粉中杂质较多,因此要经过两次结晶。纯度可达 95%。

10.5.3.2 直接浓缩结晶法

采用直接浓缩结晶法提取曲酸,提取率可达 78%左右,产品纯度可达到 99.0%以上,操作简单适用。工艺流程见图 10.5.4。

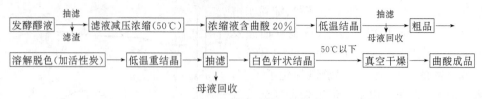

图 10.5.4　浓缩结晶法提取曲酸流程

直接浓缩结晶法是一种较好的曲酸提取方法,曲酸提取率、产品纯度等均较其他方法为佳。也可用强碱性阴离子交换树脂把曲酸和残糖等杂质分开,然后直接浓缩结晶。直接浓缩结晶过程,要获得高纯度的白色针状结晶,应注意控制铁离子混入,曲酸对热敏感,应在低温下烘干,或真空干燥,经过质量检查合格后进行包装。

复习和思考题

10-1　柠檬酸深层发酵国内外的工艺有何不同?简述柠檬酸发酵工艺的基本流程。
10-2　柠檬酸的提取、精制常用哪几种方法?试述各种提取、精制工艺的原理,并比较各种提取、精制工艺的优缺点。
10-3　试比较乳酸细菌同型乳酸发酵、异型乳酸发酵、双歧乳酸发酵和米根霉发酵机制的异同。
10-4　细菌乳酸发酵都有哪些工艺?简述水解糖生产乳酸工艺流程及细菌乳酸发酵技术要点。
10-5　试比较细菌和米根霉 L-乳酸发酵的异同点。
10-6　当前国内外采用生物新技术改进乳酸发酵生产有哪些有效措施?
10-7　苹果酸一步发酵法和两步发酵法生产所用的菌种及发酵工艺有何不同?发酵过程的主要控制条件是什么?
10-8　固定化细胞生产苹果酸的发酵有哪些主要过程?现在选用的载体及菌种是什么?你认为还需有何改进?
10-9　苹果酸的提取和精制常用哪种方法?常规苹果酸的发酵和固定化细胞生产苹果酸的精制过程有何区别?
10-10　用图解说明曲酸发酵的步骤?发酵过程的主要控制条件是什么?
10-11　曲酸的提取、精制有哪些方法?哪种方法较好?请用图解说明其提取精制方法的工艺过程。

(高年发　罗大珍)

11 抗生素发酵

11.1 概　述

抗生素是由微生物产生的具有生物学活性的物质,是具有抑制他种微生物生长及活动,甚至杀死他种微生物的一种化学物质。抗生素的来源不仅限于细菌、放线菌和丝状真菌等微生物,植物及动物也能产生抗生素,例如蒜素、黄连素等。在很久以前,我们的祖先就知道利用长在豆腐上的霉来防治伤口化脓。

1928 年 Alexamder Fleming 发现在金黄色葡萄球菌(*Staphylococcus aureus*)的培养器中落入了一个丝状真菌,而在丝状真菌的周围出现了一个透明的抑菌圈,Fleming 把这种具有抗菌活性的物质命名为青霉素(penicillin),它对败血梭状芽孢杆菌(败毒梭菌,*Clostridum septicum*)、韦氏梭菌(*C. welchii*)、水肿梭菌(*C. oedematiens*)、白喉棒杆菌(*Corynebacterium diphtheriae*)、酿脓链球菌(脂脓链球菌,*Streptococcus pyogenes*)、绿色链球菌(*S. viridans*)、葡萄球菌(*Staphylococci*)等呈现抗菌作用,开创了抗生素具有潜在临床应用价值的新起点。1941 年人体实验取得成功,青霉素开始从实验室走向工业化生产。Fleming 由于这项杰出贡献于 1945 年获得了诺贝尔(Nobel)奖这一学术最高殊荣,赢得人们的尊敬,世界上真正有临床价值的抗生素从此诞生。

1944 年 S. Waksman 发现灰色链霉菌生产的链霉素(streptomycin),它是第一个利用放线菌生产用于临床的抗生素。此后,人们又陆续发现氯霉素(chloramphenicol)、多黏菌素(polymyxin)、金霉素(chlorteracycline)、土霉素(oxytetracycline)、红霉素(erythromycin)、四环素(tetracycline)。目前由放线菌、霉菌、细菌等发酵生产的抗生素近千种,但应用于临床的也只有数十种。我国抗生素的生产起始于解放后,现在已成为抗生素生产大国,2003 年我国青霉素工业盐产量达 3.4 万吨,约占世界产量的 70%左右。

1945 年 Brotzn 发现一种对革兰氏阳性菌和革兰氏阴性菌均有抑制作用的物质,接着 Brotzn 将纯化了的菌株注射给患有伤寒、甲状腺传染病患者,得到了意想不到的临床功效。1956 年 Abraham 等人从 Brotzn 菌株培养液中分离出了一种物质,定名为头孢菌素 C (cephalosporin C),后经化学和 X 衍射确定了头孢菌素 C 的化学结构(图 11.1.1)。

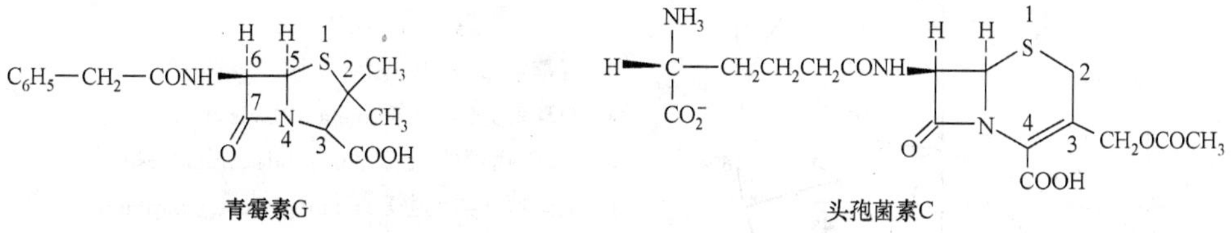

图 11.1.1　青霉素 G 和头孢菌素 C 的化学结构

青霉素和头孢菌素有一个共同的特点,都含有一个 β-内酰胺环,前者并联一个噻唑环,后者并联一个噻嗪环,均属于 β-内酰胺类抗生素。

11.1.1 主要天然抗生素的微生物来源

临床实际应用和工业生产的天然抗生素中,以放线菌生产的抗生素为第一位,其次是霉菌和细菌(表 11.1.1)。

表 11.1.1 天然抗生素产生菌

产生菌	抗生素
放线菌	链霉素、氯霉素、金霉素、四环素、红霉素、螺旋霉素(spiramycin)、柱晶白霉素(leucomycin)、丝裂霉素(mitomycin)、利福霉素(rifamycin)、卡那霉素(kanamycin)、林可霉素(lincomycin)、博莱霉素(bleomycin)、交沙霉素(josamycin)、核糖霉素(ribostamycin)、硫霉素(thienamycin)
霉 菌	青霉素、灰黄霉素(griseomycin)、头孢菌素 C、变曲菌素(variotin)、甾酸霉素(梭链孢酸,fusidic acid)
细 菌	短杆菌肽(gramicidin)、短杆菌肽 S(gramicidin S)、杆菌肽(bacitracin)、多黏菌素 B(polymyxin B)、多黏菌素 E

11.1.2 抗生素的分类

目前世界各国实际生产和临床应用的抗生素(包括半合成抗生素)达百种以上,其中主要的有 β-内酰胺类、氨基糖苷类、大环内酯类、四环素类、多肽类等(表 11.1.2)。它们的市场占有分布如图 11.1.2 所示。部分抗生素结构示于图 11.1.3 中。

表 11.1.2 抗生素分类

类 型	抗生素	结构特点
β-内酰胺类抗生素 (β-lactam antibiotics)	青霉素类、头孢菌素类、棒酸(克拉维,clavulanic acid)、碳青霉烯类、头孢碳烯类	有 β-内酰胺环(图 11.1.1)。后两类抗菌谱广、耐酶性能好,受到关注
氨基糖苷类抗生素	链霉素、庆大霉素(gentamicin)	由氨基环醇与氨基糖通过氧桥连接而成(图 11.1.3)
大环内酯类抗生素	卡那霉素 A、红霉素(14 元环大环内酯类)、螺旋霉素(16 元环大环内酯类)	以一个大环内酯为母体,通过羟基以糖苷键连接 1~3 个分子的糖连接而成(图 11.1.3)。临床应用最多的一类抗生素
四环素类抗生素	四环素、土霉素、金霉素	以四并苯联为母核(图 11.1.3)
多肽类抗生素 (polypeptide antibiotic)	短杆菌肽 A、短杆菌肽 B、短杆菌肽 C、多黏菌素(是含有非氨基构成单元,以酰胺键相连接的环状肽的抗生素)	由多种氨基酸经肽键缩合而成(图 11.1.3)

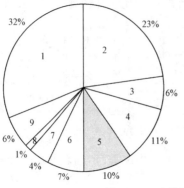

1. 头孢菌素(cephalosporin)
2. 半合成青霉素(ampicillin & analogous)
3. 青霉素(penicillin)
4. 四环素类(tetracycline antibiotics)
5. 大环内酯类抗生素(macrolide antibiotics)
6. 氨基糖苷类抗生素(aminoglycoside antibiotics)
7. 磺胺增效剂(二甲氧苄二氨嘧啶,trimethoprin)
8. 氯霉素(chloramphenicol)
9. 其他

图 11.1.2 当前各类抗生素等药物市场分布概况

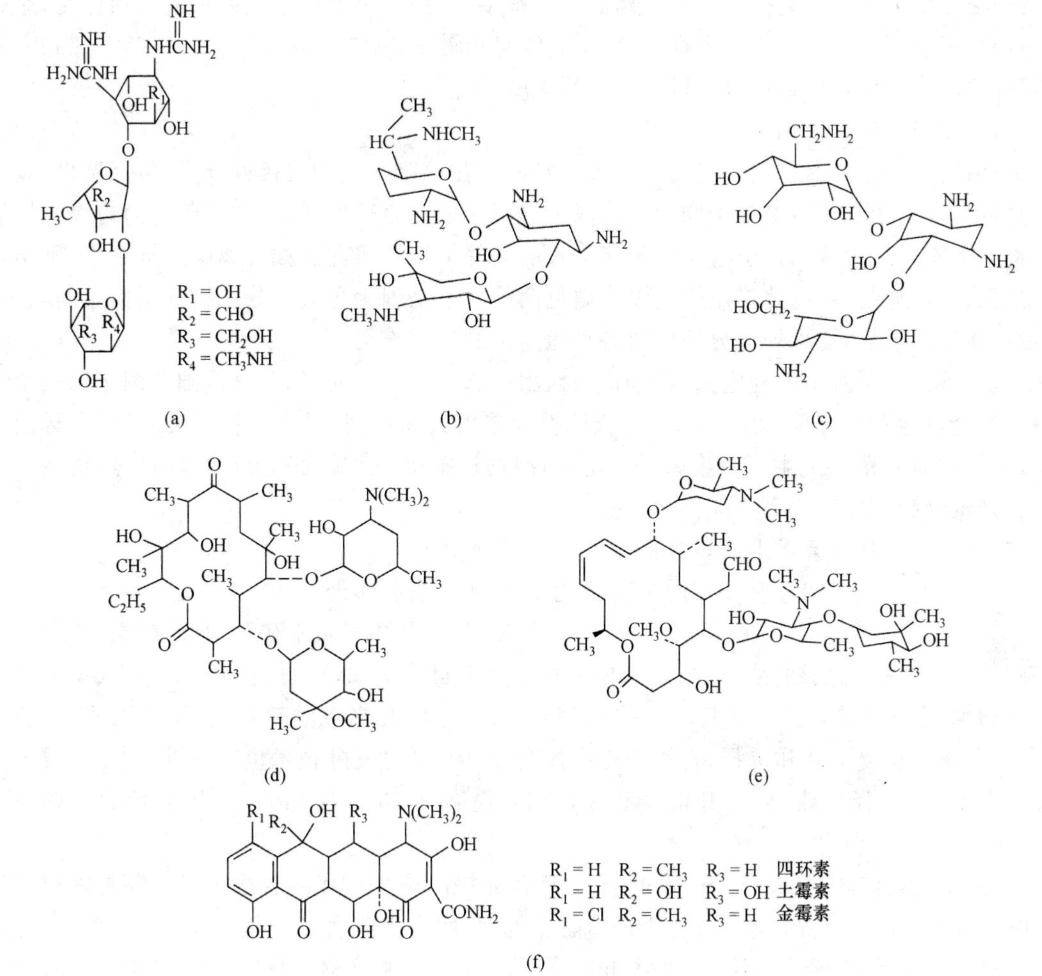

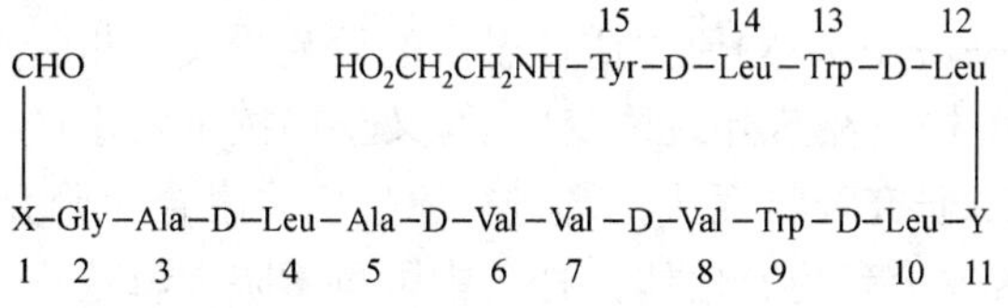

图 11.1.3 各类典型抗生素结构

(a) 链霉素；(b) 庆大霉素；(c) 卡那霉素 A；(d) 红霉素；(e) 螺旋霉素；(f) 四环素、土霉素、金霉素；
(g) 多肽类抗生素(Tyr, 酪氨酸；Leu, 亮氨酸；Trp, 色氨酸；Phe, 苯丙氨酸；Val, 缬氨酸；
Ala, 丙氨酸；Gly, 甘氨酸；Ile, 异亮氨酸)

	X	Y
缬氨酸-短杆菌肽 A	Val	Trp
异亮氨酸-短杆菌肽 A	Ile	Trp
缬氨酸-短杆菌肽 B	Val	Phe
异亮氨酸-短杆菌肽 B	Ile	Phe
缬氨酸-短杆菌肽 C	Val	Tyr
异亮氨酸-短杆菌肽 C	Ile	Tyr

11.1.3 抗生素产生菌选育

11.1.3.1 抗生素产生菌分离

现在商品抗生素大多数是由放线菌产生的，其次是由细菌产生的，而由霉菌生产的抗生素只有几种。因此，放线菌是主要的抗生素产生菌。在 1g 土壤中约含一亿个细菌、一千万个放线菌及一百万个霉菌。分离抗生素产生菌的方法很多,一般是将土壤用无菌水适当稀释后,涂布于琼脂平板表面。细菌在37℃培养1～2d,放线菌和霉菌在25～30℃培养3～7d,在琼脂表面出现许多菌落(分离菌),可挑出,以供抗菌性试验。

11.1.3.2 抗菌性试验

抗菌性试验方法最通用的是交叉划线试验法。在琼脂平板中央接种分离菌,保温培养,待其生长后,再将几个检定菌分别向中央分离菌的菌落划同心辐射线,由中央菌落的边缘开始划线,直至培养皿的边缘。在适合于检定菌生长的条件下进行培养。如分离菌产抗生素,则出现检定菌的生长抑制带,在此抑制带内没有白色菌落。这是因为分离菌分泌物抑制检定菌繁殖。测量抑菌带的长度,就可知道分离菌对各种检定菌的抗菌作用。

试验抗菌作用所用的检定菌(筛选模型),因筛选目的不同而异,革兰氏阳性菌选用枯草芽孢杆菌、金黄色葡萄球菌209P等,革兰氏阴性菌选用大肠杆菌、鼠伤寒沙门氏菌等,青霉菌代表致病性丝状真菌。抗生素产生菌经选定后,要通过抽提、精制、鉴定、毒性试验、药物治疗试验、药理试验和临床试验等方能作为商品。

11.1.3.3 抗生素产生菌的改良

抗生素的产生菌选育有人工诱变法、原生质体融合法和体外DNA重组法。

(1) 人工诱变法　抗生素用紫外线、γ射线、X射线、快中子或亚硝酸、秋水仙素、氮芥子气和亚硝基胍等诱变而成的变异株,可以提高抗生素产量。例如,1941年牛津大学Howard W. Flory等采用的青霉素开始试验时,每升培养液只能生成几毫克的青霉素,无法工业化生产。经过几十次的反复突变和选择,青霉素产率提高55倍,同时发酵技术也有改进,才正式投入生产。嗣后屡经选择和改善,每升培养液含青霉素提高至20g,较Flory所用菌种的产率提高1000倍。

(2) 原生质体融合法　Pesti等于1979年首先提出原生质体融合法可以提高青霉素产量的报告。同年Hamly应用对顶头孢霉进行融合处理,使头孢菌素C产量提高40%。此后美国、日本、西德等对此也进行了不少工作。我国梁平彦和王洪渊1981—1982年分别进行了抗生素产生菌的原生质体融合研究。四川省抗菌素研究所袁丽容于1983年发表了麦迪霉素(midecamycin)产生菌——生米卡链霉菌(S. mycarfacieus)原生质体融合的研究论文。报告分离得到抗生素生产能力超过亲株40%的C60菌株。经紫外线诱变以后,又获得抗生素生产能力超过亲株15%以上的C64119菌株。上海医工研究院将顶头孢霉进行原生质体融合的研究,获得两株生长速度快、产孢子能力强、头孢霉素效价高的二倍体菌株。中国科学院上海植物生理研究所将庆丰链霉菌(Streptomyces qingfengmyceticus)和吸水链霉菌(S. hygroscopicus)井冈变种进行种间融合后,产生多种具有新表型重组子RVA18,它能在胞内积累一种具有抗菌活性的物质,性质完全不同于二亲株所产生的抗生素。原生质体融合技术结合采用其他诱变方法已获得潜在工业生产价值的菌种,其中选育得到产量及质量都优于原有生产的菌种,为工业育种迈出了可喜的一步。

(3) 体外DNA重组法　关于应用DNA重组新技术改良抗生素产生菌方面,尚在萌芽时代。最近英国David Hoopwood等首次成功地把天蓝色链霉菌生产梅德霉素(medermycin)的基因取出一部分,转移到生产另一种抗生素——放线菌紫素(放线紫红素,actinorhodin)的链霉菌(Streptomuces sp.)里,结果产生梅德霉素-放线菌紫素杂合型抗生素,其名称取前者词首(mede)、后者词尾(rhodin)组合而成。此种新抗生素现在虽尚无医疗价值,但为研制新一代抗生素开辟了一个新技术。

11.1.4 常用抗生素的生产方法

现代抗生素工业生产是通过以下过程来完成的。工艺流程如下：
菌种→孢子制备→种子制备→发酵→发酵液的预处理→提取及精制→成品检验→成品包装

11.2 青霉素发酵生产

11.2.1 青霉素产生菌

青霉素作为世界上第一个具有临床应用价值的抗生素，于1928年秋被英国圣玛丽学院细菌学讲师Fleming在研究葡萄球菌变异时偶然发现其抗生作用，并于1929年发表有关论文才开始了它的发展历史。在以后的10余年中，随着菌种选育技术、微生物发酵技术及化学提取精制技术的发展，才使它于1943年在美国首次实现工业生产。随着深层发酵技术的实验成功，青霉素于1944年扩大了生产，实现了民用，青霉素的工业生产逐步进入了它的黄金时代。随着青霉素工业的发展，吸引着世界许多国家的关注，生产单位不断得到提高，见表11.2.1所示。

表 11.2.1 青霉素生产单位提高情况

投产时发酵单位(1943年)	中期发酵单位(1955年)	目前估计发酵单位
20 U/mL	8000 U/mL	85 000 U/mL

Fleming原始菌种点青霉($Penicillium\ notatum$)的发酵单位很低，只有2 U/mL，不利于进行工业化生产。1944年美国北部地区研究所(NRRL)青霉素研究小组的Raper分离到另一种青霉菌，称为产黄青霉。此菌种发酵单位高，适应深层发酵法培养，所以很快用于青霉素生产。由此菌种分离得到亚种 $P.\ chrysogenum$ NRRL 1951 B_{25}，投入生产后发酵单位达到250 U/mL。1944年以后，该菌株成为国际青霉素生产菌种。后来，美国纽约冷泉港研究所的Demeres博士首次用物理因子X射线人工诱发突变得到 $P.\ chrysogenum$ NRRL 1951 B_{25}的高产突变株X-1612，青霉素的发酵单位提高到500 U/mL。1945开始，美国Wisconsin大学的Backus和Stauffer将X-1612再用紫外线诱发突变，获得Q-176突变株，青霉素生产的发酵单位进一步提高到1000~1500 U/mL。以后，又通过诱变解决了Q-176菌株产生黄色色素使成品质量发黄的问题，获得的无色素突变株BL_3D_{10}的后代突变株保留了无色素的遗传特性，保证了产品质量，并进一步提高了青霉素的生产能力。1951年青霉素生产使用的突变株是W51-20，发酵单位达到2000~2500 U/mL。目前，国际青霉素生产最高发酵单位水平已达到80 000~90 000 U/mL。

目前国内青霉素的生产菌种按其在深层培养中菌丝的形态分为丝状菌和球状菌两种。丝状菌根据孢子颜色又分为黄孢子丝状菌及绿孢子丝状菌。因黄孢子丝状菌生产能力较低，目前我国各生产厂家使用的均为绿孢子丝状菌。

11.2.2 青霉素分子结构

青霉素是含有6-氨基青霉烷酸(6-APA)母核的一族抗生素的总称，它属于β-内酰胺类抗生素。其母核 6-APA 又是半合成青霉素的原料。青霉素的分子结构由一个 β-内酰胺环并联一个四氢噻唑环(图 11.2.1)。

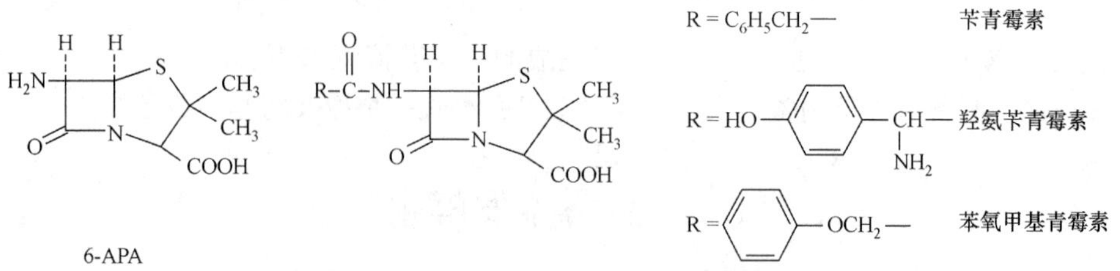

图 11.2.1 青霉素分子结构示意图

天然青霉素族抗生素有八种,它们的区别在分子结构中的侧链上(表 11.2.2)。

表 11.2.2 各种天然青霉素的结构与命名

序 号	侧链 R	学 名	俗 名
1	CH_3—CH_2—CH=CH—CH_2—	戊烯(2)青霉素	青霉素 F
2	CH_3—$(CH_2)_3$—CH_2—	戊青霉素	青霉素二氢 F
3	CH_3—$(CH_2)_5$—CH_2—	庚青霉素	青霉素 K
4	HO—⌬—CH_2—	对羟基苄青霉素	青霉素 X
5	CH_2=CH—CH_2—S—CH_2—	丙烯硫甲基青霉素	青霉素 O
6	⌬—CH_2—	苄青霉素	青霉素 G
7	⌬—O—CH_2—	苯氧甲基青霉素	青霉素 V
8	HOOC—$CH(NH_2)$—$(CH_2)_2$—CH_2—	4-氨基-4-羧基丁基-青霉素	青霉素 N

在这八种天然青霉素中,青霉素 G(即苄青霉素),由于其发酵生产效价高,萃取收率高,生产成本低,稳定性较其他几种青霉素好(表 11.2.3)而受到生产厂家的青睐。特别是半合成青霉素及头孢菌素的发展,需要大量青霉素 G 及青霉素 V 作为原料,更有力地促进了青霉素 G 工业生产的发展。

表 11.2.3 各种青霉素水溶液的稳定性

青霉素种类	半衰期(min)	青霉素种类	半衰期(min)
青霉素 G	18.5	青霉素 X	11.0
青霉素 F	11.0	青霉素 K	7.0

青霉素 G 目前在发展中国家应用较为普遍,因为其高效、低毒、廉价,且还没有出现致病菌严重耐药的问题而深受广大患者和医务人员的欢迎。然而在发达国家,由于青霉素 G 存在着抗菌谱窄、稳定性差、不能口服、使用易发生药物过敏及耐药性等问题,故患者大量使用的是经过侧链修饰的半合成青霉素或经青霉素 G 扩环制取的头孢菌素。

11.2.3 青霉素的作用机制、抗菌谱及稳定性

(1) 青霉素的作用机制　青霉素 G 为繁殖期杀菌剂,其作用原理为抑制细菌的转肽酶,阻止细胞壁肽合成中的交叉连接步骤,使正处于繁殖分裂期的细菌细胞壁的合成发生障碍,导致

菌体细胞壁损坏，使细胞因渗透压等原因发生溶解而死亡。肽聚糖结构是细菌细胞壁的特有成分，人和动物的细胞无细胞壁，所以青霉素 G 具有高度的抗菌选择作用，对人及动物无害，但青霉素存在易引起过敏反应的问题。

（2）抗菌谱　青霉素 G 主要作用于大多数革兰氏阳性细菌及部分革兰氏阴性球菌，如对肺炎链球菌（*Streptococcus pneumoniae*）、葡萄球菌属（*Staphylococcus*）、脑膜炎球菌（meningococcus）、回归热螺旋体（*Spirochaeta recurrentis*）、钩端螺旋体（*Leptospira* sp.）等有较强抗菌作用。但对革兰氏阴性杆菌如大肠杆菌与痢疾杆菌（dysentery bacillus）等以及结核分枝杆菌、真菌、病毒、立克次氏体（*Rickettsia*）引发的感染无效。青霉素 G 为一窄谱抗生素（narrow-spectrum antibiotic）。

（3）青霉素的稳定性　青霉素 G 为一弱酸性的有机物，它在水中的 pK 值为 2.76，即 $K_a=2.0\times10^{-3}$。由于其游离酸的稳定性远较其碱金属盐为差，故作为半合成青霉素的原料或临床使用时，均以白色结晶性粉状的碱金属盐（钾盐、钠盐）为对象。干燥纯净的青霉素盐很稳定，在溶媒中较稳定，青霉素在低温下稳定。青霉素稳定的 pH 为 5~7，pH 6 时最稳定。因其易吸湿降解，平时应注意密封保存。由于青霉素分子中有三个手性碳原子，具有旋光性，故可用旋光法测其效价。

11.2.4　青霉素发酵工艺流程及发酵控制

发酵工艺流程如下：

砂土孢子→单菌培养→斜面孢子→小米孢子→种子培养→发酵→过滤

为了获得较高的青霉素发酵产率，需要控制并优化主要环境因素。包括：培养基的成分（碳、氮源，补料，添加前体）、发酵温度、发酵 pH、溶解氧、生长与发酵两阶段控制（发酵初期，为菌生长阶段，无抗生素产生；发酵后期，菌生长速度下降，抗生素大量合成）等。

（1）培养基的成分影响　① 碳源：最好的碳源是碳水化合物，其中葡萄糖或乳酸是青霉素发酵过程常用的碳源，只在种子罐中用少量蔗糖。② 氮源：现生产中使用的无机氮源有氯化铵、硫酸铵、硝酸铵等。有机氮源常用麸质粉、玉米浆、饼粉等。③ 无机盐：它们为青霉菌生长提供必需的金属或非金属元素，在发酵过程中，Na_2SO_4、KH_2PO_4、$Ca(OH)_2$、$CaCO_3$ 等提供了 P、S、K、Na、Ca 等元素。④ 前体：苯乙酸、苯乙酰胺（或苯乙酸钾、苯乙酸钠）作为前体，它们一方面结合入青霉素分子中作为侧链，另一方面作为养料及能源。

（2）青霉素发酵工艺及其控制　青霉素发酵现为二级发酵，菌种种龄的长短与菌种特性、接种量及生长环境有关，它们的确定要通过生产实践来完成。

（3）补料及控制　① 糖：维持生长和合成青霉素都需补充碳源，因此补料量大，需按一条经验加糖曲线，根据流动值进行微调；② 硫酸铵：补充菌体生长及青霉素合成所需要的氮源，加入量依测定的氨氮残量及生产控制标准而定；③ 苯乙酸前体：为青霉素 G 的合成提供的原料，一般有一定经验加料曲线及一条残量控制曲线，根据高效液相测定的残余量与残余量控制线相比较进行加入量的调整；④ 氨水：既调 pH 又补充氮源，只有氨氮降至 0.35 后才可用氨水调节，并应灭菌后才能使用；⑤ 玉米油：作为发酵过程的消泡剂，也可提供碳源，应控制加量。

（4）发酵温度、pH 及通气搅拌的控制　种子罐一般控制在 26~27℃，发酵罐在 26~27℃；pH 控制在 6.6~6.9；通气及搅拌一般控制在 1∶0.95。

11.2.5 青霉素提取

青霉素提取精制的工艺流程如下：

发酵液预处理及过滤→萃取→脱水脱色→反萃取→结晶→过滤洗涤→干燥→包装

11.2.5.1 发酵液预处理及过滤

发酵液中含有大量菌丝，还有大量蛋白质及其他物质，这些物质对后工序影响是很大的。菌丝将堵塞萃取离心机，大量蛋白质等在萃取加酸后会变性，萃取前多糖等杂质的存在也大大增加体系黏度，起到辅助乳化剂的作用。变性蛋白质以及多糖等因素都会造成提取时的严重乳化，萃取前需将部分蛋白质等预先除去，以提高以后工序处理的质量。

发酵液处理的方法有：

(1) 加热使蛋白质变性沉淀再过滤除掉　青霉素早期生产中，曾采用在 pH 5.8～6.0 迅速将发酵液加热到 70℃，然后迅速冷却的方法来凝固蛋白质，以提高滤液质量。其结果是，滤液质量虽大大提高，但由于青霉素的热敏性，使过滤收率仅 70% 左右，能耗还大大增加，现在不得不淘汰了此工艺。

(2) 加絮凝剂使蛋白质变性沉淀　在发酵液中加入高效能净化溶液的絮凝剂，由于其电荷密度很高，可以中和蛋白质表面及扩散双电层中的电荷，使其凝固蛋白质能力加强，可大量除去青霉素滤液中的蛋白质等杂质。

经以上处理的发酵液就可以过滤了，由于青霉菌菌丝粗长，粗细达 10 μm，较易过滤，一般可用真空鼓式过滤机过滤。原理是利用真空吸滤，整个过程分为四个阶段：吸滤、洗涤、吸洗液、刮除固形物质。板框压滤机的使用也较多，它虽然结构简单，滤液质量好，但笨重的体力劳动、费滤布、不能连续操作、卫生差、占地面积大及生产能力低，又限制了它的应用。目前国内多采用转鼓或板框加絮凝剂一次过滤的工艺，也有用二次过滤的工艺，即加絮凝剂过一次转鼓，再酸化后过一次板框。

(3) 使用固-液分离离心机。

(4) 超滤技术在青霉素过滤中的应用　超滤膜技术在青霉素滤液中的应用已取得了初步效果，可减少滤液中蛋白质约 17%。此方法有可能革除破乳剂及脱色工序，甚至于革去板框过滤，滤液可直接进行萃取，对萃取结晶、溶媒回收、三废治理等均有利，又降低能耗。

11.2.5.2 萃取工艺过程及其控制

目前青霉素的萃取工艺常用的有两种，从滤液中萃取青霉素使用二级逆流工艺，而从醋酸丁酯中反萃取时，多采用二级顺流（错流）的萃取工艺。萃取工艺流程如图 11.2.2 所示。

(1) 青霉素萃取的目的和原理　尽管目前国内青霉素 G 的发酵水平已达 55 000 U/mL 左右，但其在发酵液中浓度依然很低，折合质量计算仅含 3% 左右，还必须浓缩许多倍才能结晶。同时在青霉素滤液中纯度很差，残存培养基、菌体的代谢产物、青霉素的降解产物还很多，从外观上看颜色就很深，根本不具备药用价值，更无法作为肌肉注射与静脉滴注用药。因而必须进行萃取，才能为精制工序提供合格的原料，也才能生产出符合药用标准的青霉素。

青霉素萃取使用溶剂萃取法，提取的原理是依据青霉素 G 的溶解性及分配定律：青霉素 G 的游离酸在水中的溶解度很小，而其易溶于醋酸丁酯、醇等有机溶剂中。它的钾盐、钠盐却易溶于水，可溶于乙醇，在丁醇、醋酸丁酯、醋酸乙酯中难溶或不溶。由于青霉素在滤液中是以盐的形式溶于其中的，就可以在滤液中加入稀硫酸及醋酸丁酯，使其在 pH 2 时转化为游离酸的

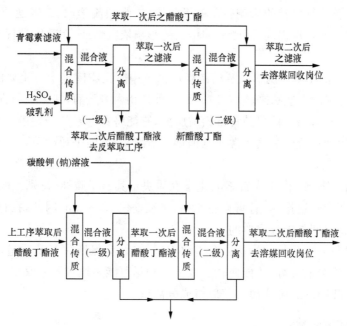

图 11.2.2 二级顺流(错流)工艺流程

形式萃取入醋酸丁酯中。当在此醋酸丁酯萃取液中加入呈碱性的碳酸钾(或碳酸钠)溶液,当 pH 达到 6.2~7.2 时,青霉素就会以盐的形式转入水相中,实现反萃取。当青霉素自滤液萃取到醋酸丁酯时,滤液中的一些杂质,如有机酸、低分子蛋白、色素等也转入溶剂中,无机杂质、大部分含氮化合物等碱性物质则留在水相中。有机酸中酸性强弱和青霉素相差悬殊的也可以得到分离。对于酸性较青霉素强的有机酸,从滤液萃取到醋酸丁酯中时,大部留在滤液中。而对酸性较青霉素弱的有机酸,在从醋酸丁酯相反萃取到水中时,大部留在醋酸丁酯相中,这样就使青霉素得以提纯。

(2) 影响萃取收率及质量的因素

① pH 的影响:在萃取的过程中需要反复调 pH,然而青霉素又是一种化学性质活泼,易于降解、异构化与重排的抗生素,特别在碱性或酸性条件下,更容易诱发这种反应。在青霉素分子中,最不稳定的部分就是 β-内酰胺环,而其抗菌活性正决定于 β-内酰胺环,故青霉素的降解产物几乎都不再具有抗菌活性。

② 温度的影响:加热会加快其降解反应。青霉素在碱性条件下,分子中的 β-内酰胺环破裂,再经过加热或加酸,可完全水解得青霉胺、青霉醛和二氧化碳。青霉素在弱酸或中等强度酸性下,水解不完全,但继续加热或施以强酸则水解完全,也得上述最终产物。此外,青霉素分子很容易发生重排、异构化,各异构体在一定条件下大多可相互转换,上述反应在相当低的温度下都能发生,而且反应速度较快。

③ 乳化现象的影响:由于微生物发酵过程中,会产生大量蛋白质、有机色素及其他生物副产品,在萃取时加酸酸化就会引起蛋白质的变性,而变性蛋白质这一个良好的乳化剂会引起醋酸丁酯相与水相的严重乳化,这种现象即使使用不同的离心机,也不能使二相获得良好的分离。如果萃余相夹带萃取相,就意味着青霉素及有机溶剂的损失,而会危及收率及消耗。而萃取相中夹带萃余相,就将影响产品质量。因此,破乳成为青霉素萃取技术中的关键环节。

④ 工艺过程及浓缩倍数的影响：在单级萃取、二级顺流萃取、二级逆流萃取这三种工艺中，在同样条件下收率依次提高，而受浓缩倍数的影响依次降低。在萃取过程中浓缩倍数越高，收率越低。

⑤ 微生物污染的影响：在萃取及精制生产系统中防止染菌是十分重要的。系统染菌后，这些杂菌往往会分泌出一些酶来破坏青霉素。一种是β-内酰胺酶，其影响与青霉素的碱性水解相同，生成青霉噻唑酸；另一种酶为青霉素酰胺酶，它能将青霉素分子裂解为母核（6-氨基青霉烷酸）及苯乙酸。生产过程中必须经常注意消毒及清洗，一方面杀死杂菌，另一方面也可以破坏这些酶。

⑥ 萃取时间的影响：由于青霉素的化学性质决定其易于破坏，特别在酸化萃取或在水相中存放的时候更要求快速操作。青霉素在水中，半衰期仅18.5 min，因此，在青霉素生产中尽量缩短在水相中停留时间是十分重要的。

⑦ 混合效果与分离质量的影响：在提取青霉素时，为保证收率及质量，强化混合传质效果十分重要。有了充分的混合，才能使青霉素由一相尽可能多地转入萃取相中，以保证收率。萃取设备多使用Podbielniak卧式离心萃取机或分离机。

11.2.6 青霉素的精制

精制是获得纯净青霉素的重要工序，包括结晶、晶体过滤及洗涤、干燥等步骤，其中结晶是关键。青霉素在溶液中尽管经过预处理、过滤、萃取、脱色等工序，但发酵过程生化代谢带来的一些杂质并不能完全清除，纯度还只有60%～70%，仍必须通过结晶才能获得较纯的固体。因为在结晶中，只有同种物质的分子才能排列在晶格上，杂质分子仍留在晶体母液中而使晶体得以纯化。

青霉素之所以必须制成其碱金属盐的晶体，是因为：① 青霉素的碱金属盐比其游离酸稳定得多，青霉素游离酸的无定形粉末在非常干燥的情况下才仅能保存数小时，在0℃能保存24 h，又由于其吸湿性强，只要含微量水分就会很快失效。而干燥、纯净的青霉素碱金属盐的结晶可存放3年仍可保持其效价，这种盐加热1 h并在150℃温度效价也无明显变化，因此，青霉素应做成干燥碱金属盐结晶贮存。② 又由于青霉素在水中稳定性很差，会很快水解，因而也不宜做成水针剂存放，只能做成晶体形态才能长期保存。

青霉素结晶使用过的几种工艺如下：

11.2.6.1 醋酸丁酯液中直接结晶

青霉素的结晶，初期很长一段时间采用醋酸钾（钠）乙醇溶液在青霉素醋酸丁酯液中直接结晶，方法虽简单，但缺点很多。首先，醋酸钾（钠）在水中溶解度很低，需用乙醇溶解，结晶母液中水分就很低，而这些水分的缺乏就使杂质易于吸附在晶体上而影响质量。其次，直接结晶晶体在加入结晶剂后很快析出，因而养晶时间非常短，这会造成晶体细小。再则，晶体上带有残留醋酸丁酯，用丁醇洗涤晶体时，其将混入丁醇中，不仅影响洗涤效果，还会造成丁醇因酯含量高影响质量。还应指出，醋酸钾、乙醇价格均较高，也影响成本。这些缺点影响了该工艺的应用。因此，目前青霉素结晶改为碳酸钾（钠）、丁醇-水真空共沸蒸馏结晶。

11.2.6.2 丁醇-水共沸结晶

青霉素的碱金属盐易溶于水，但不稳定，而其在丁醇中几乎不溶解，但却很稳定，同时青霉素的一些降解产物也都极易溶于丁醇。于是,在青霉素反萃取后获得的水溶液中加入丁醇,加热到共沸之后,丁醇与水的混合液能形成组成恒定的二元共沸物蒸出,丁醇会将其中的水分带走。二元共沸物的共沸点(96.2℃),较之丁醇的沸点(117℃)及水的沸点(100℃)均低,由于不断补加丁醇,混合液经过不断蒸馏而改变溶液层的相对量,以致其中一相减少直至消失,另一相剩余之时青霉素的碱金属盐就会析出晶体。如果结晶在真空条件(如 40~60 mmHg)下进行,其共沸点就会降至40℃以下。其馏出液中水分子百分数为82.53%,使用真空后,不仅减少了青霉素的破坏,还大大缩短了结晶时间。现在结晶都采用苹果底(又称W底)改进型DTB结晶器。结晶工艺按经过结晶动力学及热力学研究求得的最佳操作时间表执行,故晶体质量好、收率高。

结晶后过滤、洗涤、干燥:① 过滤、洗涤。结晶终止后,用真空抽滤来处理带母液的晶体,然后在抽滤器中泡洗丁醇,并适当搅拌,由于丁醇对晶体上附着的杂质有极好的溶解性,因此用丁醇洗涤效果最好。但此时丁醇中的水分要格外注意,当丁醇中含有微量水分时,青霉素的晶体会迅速溶解,严重影响收率。② 干燥。现青霉素的干燥常采用真空双锥旋转干燥器,主体为一个可以旋转的双锥形圆筒,圆筒内要求光洁度较高,圆筒外有夹套,可以通入加热介质。被干燥的湿物料装入圆筒内后,使干燥器处于真空状态下,利用夹套加热,使湿物料中的溶剂和水蒸发,蒸出的溶剂经旋风分离器后再经冷凝器回收。锥形圆筒每分钟旋转3~6转,使筒内的物料得以翻动,使干燥均匀。

目前,随生产技术的发展,采用带式或罐式集过滤、洗涤、干燥为一体的"三合一"高效设备正取代上述设备。以罐式"三合一"为例,在过滤阶段,它可实现产品的滤饼和母液的分离,滤饼厚度可达 600 mm。在洗涤晶体阶段,滤饼进一步纯化。在干燥阶段,滤饼在被搅拌器逐层刮疏松的同时,设备侧壁、滤板的底部以及运动的搅拌叶同时对滤饼加热,湿分迅速蒸发,通过设备内加真空的办法加快蒸发速度,通过加入处理后的热氮气等介质,带走蒸发湿分,加速干燥。卸料过程是通过搅拌器的推动,将干物料从侧出料口自动卸出,直接进入包装,也有的用空气将粉子吹出自动包装。

11.2.7 溶媒回收

青霉素提取使用溶剂萃取法,要使用大量有机溶剂(醋酸丁酯),精制时又要用大量丁醇,如果不回收用过的溶剂,成本将无法承受,因此各生产青霉素厂家均设有溶媒回收工段。提取后的废酸水,采用立式传质塔(CTST)蒸馏回收其中残留的醋酸丁酯。废醋酸丁酯及废丁醇均采用先脱水后脱色的双塔连续蒸馏工艺进行。以上蒸馏设备与最早使用的泡罩塔及间歇蒸馏方式相比,效率有很大提高,而且节能效果显著。

11.3 半合成抗生素

从抗生素的发现到临床应用,有的已经历了 60 多年的历程,在防病治病上做出了巨大贡献,但随着临床应用的不断扩大,病原菌在求生存的过程中,也不断适应变化的环境,发生变异,产生了耐药性,抗生素疗效似乎正逐渐失去往日的辉煌。灭绝的传染病死灰复燃,新的传染性疾病不断出现。据世界卫生组织(WHO)估计,全世界每天约有 5 万人死于感染性疾病,现已有95%以上金色葡萄球菌对青霉素产生耐药性,也是造成当前医院感染的主要原因,受到医药界的广泛关注,半合成抗生素应运而生。

半合成抗生素是基于微生物产生的抗生素的基本母核不变,经结构的修饰,衍生出新的抗生素,新衍生的这些半合成抗生素在抗菌、耐酶、副作用的发生率方面,均优于微生物直接产生的天然抗生素。从20世纪60年代开始,大量半合成抗生素进入市场,应用于临床,从微生物来源的新抗生素上市的越来越少,改造后的新抗生素已突破抗细菌感染的范围,有的具有蛋白酶抑制剂的功效,可用于抗退化、治疗癌症、骨质疏松、类风湿关节炎、阿尔茨海默病等,这对抗生素的发展带来了新的前景。

11.3.1 半合成青霉素

11.3.1.1 概况

青霉素虽有高效低毒的特点,但它抗菌谱窄、不耐酸、不耐酶、有过敏反应等缺点,发达国家直接供人使用的只占2%,全世界平均也只有12.5%。鉴于青霉素的缺点,加快半合成青霉素生产步伐是当务之急。由于发现生产6-APA(6-aminopenicillanic acid)的方法,为半合成青霉素开辟了广阔的发展前景,至今广泛用于临床的半合成青霉素有十多种(表11.3.1)。青霉素的化学结构如下:

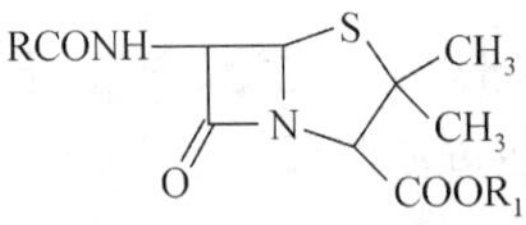

半合成青霉素

表11.3.1 临床常用的半合成青霉素

品名	R	R_1	特点
氨苄青霉素(ampicillin)	C_6H_5CH- (NH_2)	—H	广谱、可口服,用于敏感菌所致的感染
羟氨苄青霉素(amoxicillen)	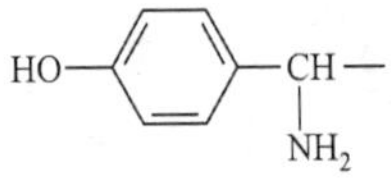 $HO-C_6H_4-CH-$ (NH_2)	—H	广谱、口服吸收,用于敏感菌所致的呼吸道、泌尿道感染
匹氨西林(pivampicillin)	C_6H_5CH- (NH_2)	$-CH_2OCOC(CH_3)_3$	广谱、口服吸收,抗革兰氏阴性菌作用增强
海他西林(hetacillin)	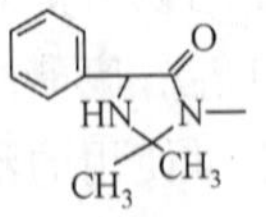 (苯基取代咪唑啉酮结构)	—H	在体内水解为氨苄青霉素而起作用,血药浓度高
氯唑西林(cloxacillin)	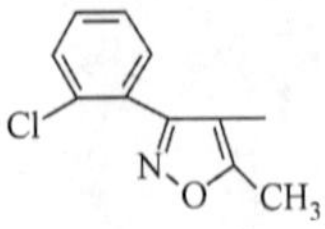 (邻氯苯基异噁唑-甲基)	—H	对葡萄球菌青霉素酶稳定
双氯西林(dicloxacillin)	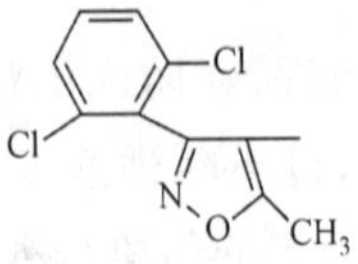 (2,6-二氯苯基异噁唑-甲基)	—H	对葡萄球菌青霉素酶稳定,用于葡萄球菌所致的感染

(续表)

品 名	R	R_1	特 点
氟氯西林 (flucloxacillin)	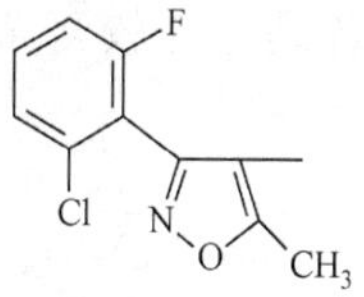 2-氯-6-氟苯基-4-甲基-5-甲基异噁唑	—H	对葡萄球菌青霉素酶稳定,用于葡萄球菌所致的感染
苯唑西林 (oxacillin)	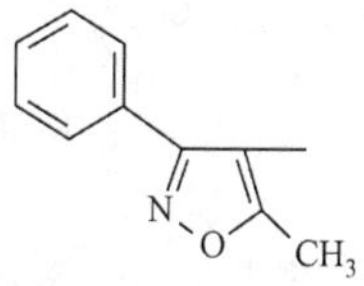 苯基-4-甲基-5-甲基异噁唑	—H	对葡萄球菌青霉素酶稳定,用于表皮葡萄球菌所致的感染
羧苄西林 (carbenicillin)	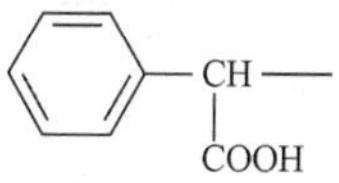 苯基-CH(COOH)—	—H	用于铜绿假单胞菌的感染
哌拉西林 (piperacillin)	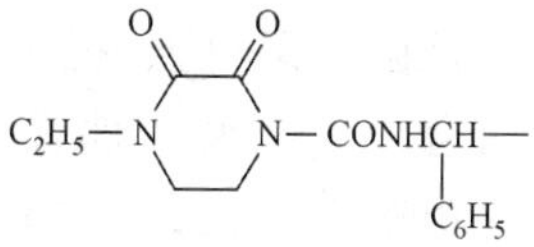 C_2H_5-哌嗪二酮-CONHCH(C_6H_5)—	—H	广谱,对铜绿假单胞菌有效
替卡西林 (ticarcillin)	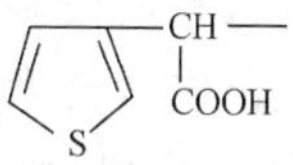 噻吩基-CH(COOH)—	—H	用于革兰氏阴性菌的感染
磺苄西林 (sulbenicillin)	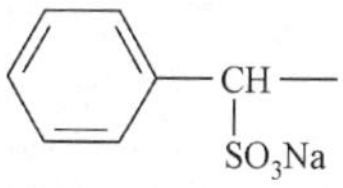 苯基-CH(SO_3Na)—	—H	应用于铜绿假单胞菌、变形杆菌感染
呋布西林 (furbucillin)	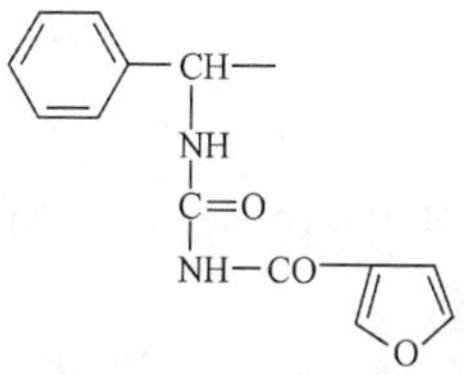 苯基-CH(NH-C(=O)-NH-CO-呋喃基)—	—H	对铜绿假单胞菌抗菌作用强

11.3.1.2 构效关系

青霉素的结构改造,多在两个基团 R、R_1 上进行,侧链 R 的性质尤为重要。凡侧链 α-位有吸电子基团存在时,对酸稳定,胃肠道吸收好,可口服,或取代基极性很强,亲脂性差(如—COOH、—SO_3H),口服不吸收。侧链增大可产生立体效应,阻碍了酶与底物的结合,青霉素不被水解,保持其抗菌活力。如侧链取代基不大,则不起阻碍作用,如氨苄青霉素、苯氧甲基青霉素(phenoxymethylpenicillin),虽耐酸,但不耐酶,故对产生 β-内酰胺酶的细菌则无效。

在 α-氨基上引入 —NH—C(=O)— 或 —C(=O)—NH—C(=O)—NH 等取代基,极大地增加了抗菌范围,如哌拉西林抗菌谱比氨苄青霉素广,能很好地抗铜绿假单胞菌(*Pseudomonas aeruginosa*)。若在苯环或杂环侧链的 α-位引入电负性强的功能基团,如—COOH,可增加抗革兰氏阴性菌能力,如羧苄西林、替卡西林。若在侧链杂环上带有吸电子取代基的苯核时,可增强对葡萄球菌青霉素酶的稳定性。

11.3.1.3 化学合成

半合成青霉素的化学合成以酰化为主,而侧链羧酸的制备是一个较复杂的过程,例如,羟氨苄青霉素的合成如下式:

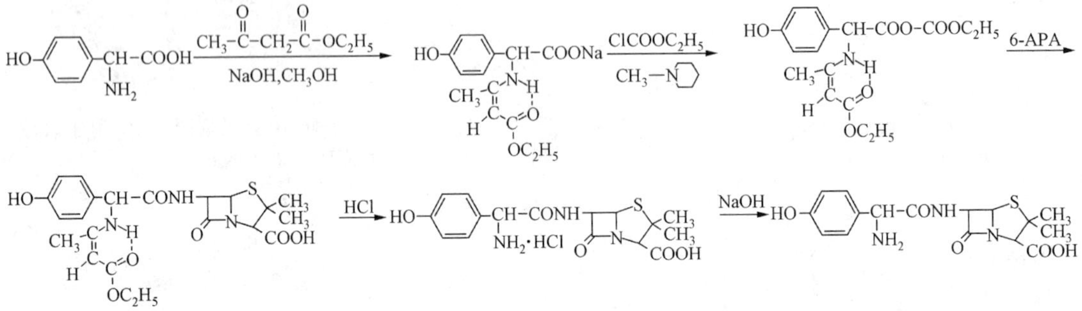

[化学反应式：羟氨苄青霉素的合成路线]

羟氨苄青霉素抗菌谱广,它又含有一个活泼的 α-氨基,再经酰化还可衍生出抗菌作用更强、抗菌谱更广的抗生素。如 Britol-Myers 公司合成的三嗪青霉素(BL-P$_{1908}$)对铜绿假单胞菌抗菌活性比羧苄西林强 32~64 倍,比替卡西林强 18~32 倍,这是母体羟氨苄青霉素所没有的特性。

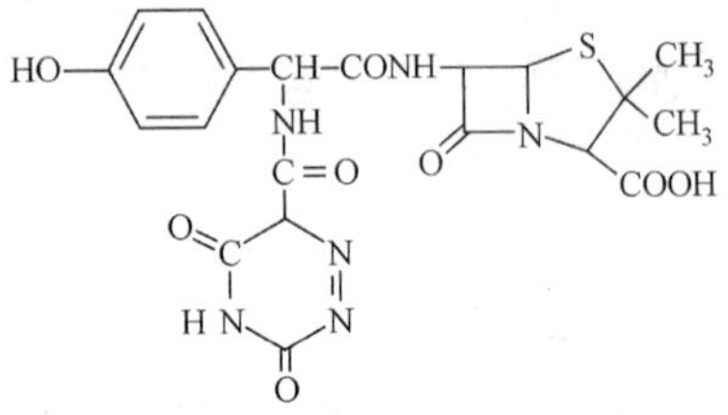

[结构式：三嗪青霉素]

近年来,酶促反应制备半合成青霉素有了快速发展,该法反应条件温和,操作简便,易于控制,无污染。化学反应如下式:

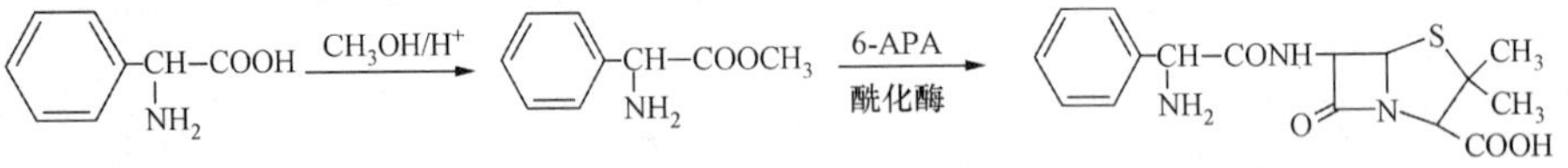

[化学反应式：酶促反应合成]

当然,酶促反应和化学法相比也存在一些问题有待解决。如反应浓度大时对酶有抑制作用,浓度低时产量受限制。另外,酶促反应液除含有产物外,还有未反应完的 6-APA,产物和 6-APA 如何能做到有效分离、提高产品质量,还需作深入的研究。

尽管半合成青霉素在抗菌、耐酸、耐酶等特性较青霉素有了很大的提高,但过敏反应和耐药问题仍然没有解决,虽对青霉素型的 β-内酰胺酶耐受性较好,但却对耐头孢菌素型的 β-内酰胺酶作用很差,至今还没有找到一个对所有 β-内酰胺酶都稳定的半合成青霉素。当前,为克服半合成青霉素对酶的稳定性问题,采用加入酶抑制剂的办法制成复方制剂,广泛应用于临床,也是解决耐药性的一个重要途径。如:阿莫西林(amoxicillin)和克拉维酸(棒酸)(2∶1)、哌拉西林和他唑巴坦(tazobactam)(8∶1)、替卡西林和克拉维酸(15∶1)等的复方制剂,都取得了很好的疗效。

近年来,青霉烯核(penem)的成功合成,为耐酶的新型青霉素的研究开发开辟了一条新的途径,美国先令公司据此合成了乙硫青霉烯(ethylthiopenem)。据报道,它抗革兰氏阴性菌与其他第三代头孢菌素不相上下,但抗革兰氏阳性菌的活性则较突出,对 β-内酰胺酶稳定。

[结构式：乙硫青霉烯]

11.3.2 头孢菌素

11.3.2.1 概况

头孢菌素与青霉素相比有耐酸性强、抗革兰氏阴性菌能力强、对青霉素酶不敏感等优点。另外,头孢菌素结构的修饰和改造,除 7-位酰化侧链同于青霉素外,3-位和 4-羧基可改造的部位多于青霉素。半合成头孢菌素除保留了天然头孢菌素的一般特性外,扩大了抗菌谱,增强了抑菌能力,增强了耐 β-内酰胺酶的能力。由于头孢菌素母核可改造修饰的活性特点较青霉素母核多,近年来半合成头孢菌素发展速度比半合成青霉素更快,截至 1998 年,上市品种已达 55 种,品种之多在各类药物中独占鳌头。

半合成头孢菌素根据抗菌活性分为第一、第二、第三、第四代头孢菌素,这种表示法也是相对的,有些随意性,每代之间也有些交叉(表 11.3.2)。第一代头孢菌素于 20 世纪 60 年代上市,它们对革兰氏阳性菌有效,但对革兰氏阴性需氧的病原菌并无活性,半衰期短,每日要 3~4 次给药;第二代头孢菌素主要在 70 年代上市,其抗革兰氏阳性菌的活性通常稍低于第一代,但它们对抗革兰氏阴性菌的活性谱较广,对 β-内酰胺酶较稳定;第三代头孢菌素上市于 90 年代,它们具有抗革兰氏阴性需氧菌的活性,但并不显示第二代头孢菌素那样强的抗革兰氏阳性菌的活性,它们不受 β-内酰胺酶活性的影响;第四代头孢菌素也于 90 年代上市,对青霉素结合蛋白(PSPs)有高度的亲和力,对革兰氏阳性菌、革兰氏阴性菌、厌氧菌显示了广谱的抗菌活性。

表 11.3.2 已上市的半合成头孢菌素

分类	剂型	名称
一代	注射	头孢噻吩(cephalothin)、头孢拉定(cephradine)、头孢唑啉(cefazolin)、头孢替唑(ceftezole)、头孢噻唑(cephalothin)、头孢匹林(cephapirin)、头孢乙腈(cephacetrile)、头孢西酮(cefazedone)
	口服	头孢氨苄(cephalexin)、头孢拉定、头孢羟氨苄(cefadroxil)、头孢丙烯(cefprozil)、头孢来星(cephaloglycin)、匹呋头孢氨苄(pfocefalexin)、劳拉卡比(loracarbef)
二代	注射	头孢呋辛(cefuroxine)、头孢西丁(cefoxitin)、头孢美唑(cefmetazole)、头孢米诺(cefminox)、头孢孟多酯(cefamandole)、头孢替安(cefotiam)、头孢磺啶(cefsulodin)、头孢雷特(ceforanide)、头孢尼西(cefonicid)、头孢替坦(cefotetan)
	口服	头孢呋辛酯(cefuroxime axetil)、头孢克洛(cefaclor)、头孢曲嗪(cefatrizine)、头孢沙定(cefroxadine)
三代	注射	头孢他啶(ceftazidine)、头孢曲松(ceftriaxone)、头孢噻肟(cefotaxime)、头孢哌酮(cefoperazone)、头孢地嗪(cefodizime)、头孢匹胺(cefpiramide)、头孢唑肟(ceftizoxime)、头孢甲肟(cefmenoxime)、头孢布宗(cefbuperazone)、头孢咪唑(cefpimizole)、氟莫头孢(flumoxef)、头孢唑南(cefuzonam)、拉他头孢(latamoxef)
	口服	头孢替安酯(cefotiam hexetil)、头孢地尼(cefdinir)、头孢他美酯(cefetamet piroxil)、头孢特仑酯(cefteram pivoxyl)、头孢克肟(cefixime)、头孢帕肟酯(cefpodoxime proxitil)、头孢卡品酯(cefcapen piroxil)、头孢布坦(ceftibuten)、头孢托仑酯(cefditoren piroxil)
四代	注射	头孢吡肟(cefepime)、头孢匹罗(cefpirome)、头孢唑兰(cefozopran)、头孢瑟利(cefoselis)、头孢宇星(ceforopran)

11.3.2.2 构效关系

头孢菌素的结构修饰和改造,基于 7-ADCA(7-amino-3-deacetoxy-cephalosporanic acid)和 7-ACA(7-amino cephalosporanic acid)两个母核。它有两个不对称中心,四个光学异构体。C-7 位为 L-构型。

利用青霉素 G 钾盐转化为 GCLE(4'-methy-loxybenzyl-7-phenoxyacetamino-3-chloromethyl-3-cephem-4-carboxylate),日本大冢公司正在扩大生产规模,它可代替 7-ACA 用于合成注射用的头孢菌素。国内小试已取得成功,正在推广应用中。

(1) 母核噻嗪环上的硫原子若被氧或次甲基取代,抗菌活性不降低,构成另一类母核的新型 β-内酰胺抗生素。

氧头孢烯(O-cephaenem)对革兰氏阴性菌的抑菌活性优于头孢烯类(cephams)。

碳头孢烯类(carbacephenem)的抗菌活性与头孢烯类相同,但它在生物体内稳定性更高,如劳拉卡比。

(2) 母核 C-3 与 C-4 之间的双键必不可少,若发生移位,产物几乎无抗菌活性。

(3) C-3 位侧链引入硫代杂环或季胺基,均可增强对革兰氏阳性菌和革兰氏阴性菌的抗菌活性。C-3 位为乙烯基或取代乙烯基,都具有较好的抗菌活性。例如:头孢哌酮、头孢替安、头孢曲松、头孢甲肟、头孢尼西、头孢匹胺、头孢布宗、头孢唑南、头孢地嗪、头孢吡肟、头孢唑兰、头孢他啶、头孢咪唑、头孢克肟、头孢地尼、头孢丙烯等。

(4) C-3 位侧链带有酸性功能基团,因和蛋白结合率高、血浆半衰期长而具有长效作用。如:头孢地嗪、头孢尼西。C-3 位被甲基、氯原子取代,可增强抗菌活性,改变体内吸收性能,提高体内分布及对细胞膜的渗透性。如:头孢他美酯、头孢克洛。

(5) C-7 酰胺侧链引入苯基、环烯基、噻吩、含氮杂环都能增加抗菌活性,扩大抗菌谱。如:头孢丙烯、头孢拉定、头孢噻吩。

C-7 位连接有肟型结构 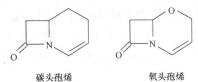 的头孢菌素,对 β-内酰胺酶有较强的稳定性,侧链肟为顺式结构,噻唑环上必须含有氨基,否则抗菌活性降低,许多二代、三代头孢菌素均属于此类。例如:头孢曲松、头孢匹罗、头孢噻肟钠(cefotaxime sodium)、头孢甲肟、头孢唑肟、头孢他啶、头孢地尼、头孢克肟、头孢特仑酯、头孢地嗪、头孢他美(cefetamet)、头孢唑南、头孢吡肟、头孢唑兰等。

C-7 位芳核或杂环侧链的 α-碳上引入 —SO_3H、—NH_2、—OH、—COOH 等极性基团,同时改变 C-3 上的取代基,可提高口服吸收效果,扩大抗菌谱,提高抗革兰氏阴性菌的效果,提高对 β-内酰胺酶的稳定性。例如:头孢尼西、头孢丙烯、头孢氨苄、头孢拉定。C-4 位酯化,可增加口服吸收率、耐酸。如:头孢替安酯、头孢伯肟酯、头孢他美酯均属于此类,可供口服。口服后被酯酶水解成原药而发挥抗菌作用。

11.3.2.3 化学合成

青霉素和头孢菌素由于含有一个非常不稳定的β-内酰胺环,给化学合成带来了很多困难。现多采用生物技术制得的青霉素和头孢菌素C,再经化学或酶促反应转化制得量大、价廉的6-APA、7-ADCA、7-ACA、GCLE,进行结构修饰改造的半合成,以期获得广谱、耐酸、耐酶、副作用小、半衰期长、可供口服的头孢菌素。7-ADCA可供改造修饰的活性部位比较少,化学合成的难度也较小。7-ACA为原料合成头孢菌素,结构的修饰改造多在C-7位和C-3位上进行,C-3位乙酰氧甲基的存在对抗菌活性没有影响。半合成头孢菌素的化学合成法主要有酰氯法、混合酸酐法、活性酯酰化法。

（1）酰氯法　头孢氨苄单水合物的化学合成：

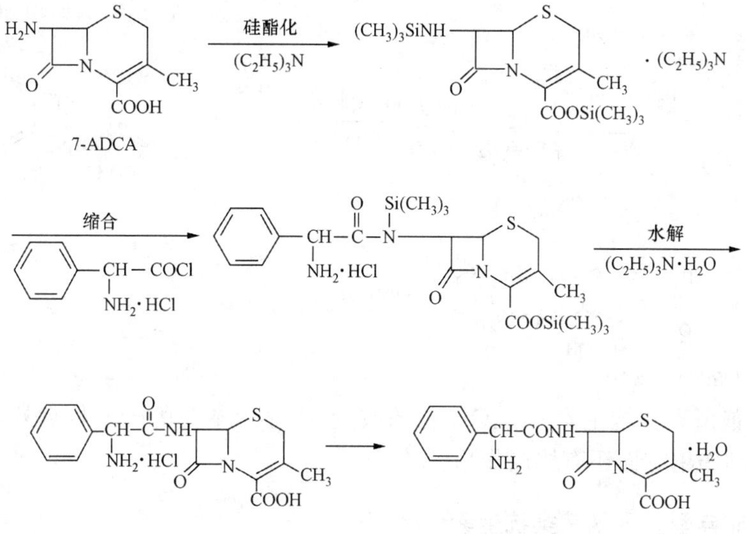

头孢噻肟钠的合成,也是采用酰氯法。

（2）混合酸酐法　头孢拉定的化学合成：

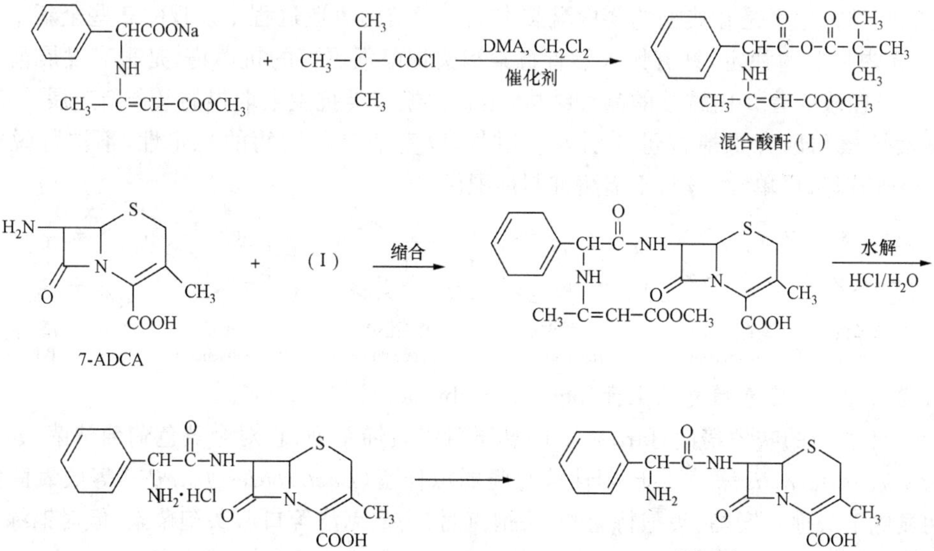

头孢唑啉的合成也采用此法,它是第一代头孢菌素中抗革兰氏阴性菌最强的一个,但对铜绿假单胞菌、厌氧菌无效,可制成钠盐供肌肉注射,临床应用很广。

(3) 活性酯酰化法　头孢曲松是具有广谱杀菌作用的第三代头孢菌素,对革兰氏阴性杆菌有强的杀菌作用,对 β-内酰胺酶稳定。对流感杆菌(Bacterium influenzae)、脑膜炎双球菌(Diplococcus meningitides)、奈瑟氏淋球菌(Neisseria gonorrhoeae,淋球菌,gonococci)有效,可供静脉和肌肉注射。化学合成如下式:

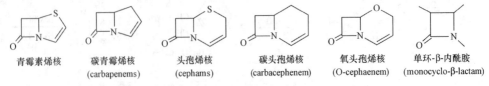

半合成头孢菌素类抗生素 C-3、C-7 位的改造,除显示本身的一些特点外,在提高抗菌活性、耐酶、降低副作用方面还有协同作用。

11.3.3 非典型 β-内酰胺类抗生素

11.3.3.1 概况

β-内酰胺类抗生素可分为典型的 β-内酰胺类抗生素和非典型的 β-内酰胺类抗生素。非典型 β-内酰胺类抗生素是在典型的 β-内酰胺类抗生素结构改造过程中发现的一些全新结构的抗生素,对 β-内酰胺酶稳定,具有比天然青霉素和头孢菌素更广的抗菌谱,是很有发展前景的抗生素。它正在改变着 β-内酰胺的品种结构,是 β-内酰胺类抗生素取得的又一新进展。其中有:在青霉素烯核和碳青霉烯核母核引入 β-甲基,改变了对肾肽酶的稳定性,不被肾脱氢肽酶(DHP-1)所破坏,可单独给药,不需酶抑制剂配伍。

青霉素烯核　碳青霉烯核　头孢烯核　碳头孢烯核　氧头孢烯核　单环-β-内酰胺
(carbapenems)　(cephams)　(carbacephenem)　(O-cephaenem)　(monocyclo-β-lactam)

11.3.3.2 青霉素烯类抗生素(penem antibiotics)

1997 年上市的呋罗培南(faropenem)属于青霉素烯系列,它对金黄色葡萄球菌、粪链球菌(Streptococcus faecalis)等革兰氏阳性菌与脆弱拟杆菌(Bacteroides fragilis)等厌氧菌的抗菌作用明显优于头孢替安酯、头孢特仑酯、头孢克肟、头孢克洛等口服头孢菌素,但对铜绿假单胞菌无效。它具有如下的化学结构,都属于非典型的半合成 β-内酰胺抗生素。

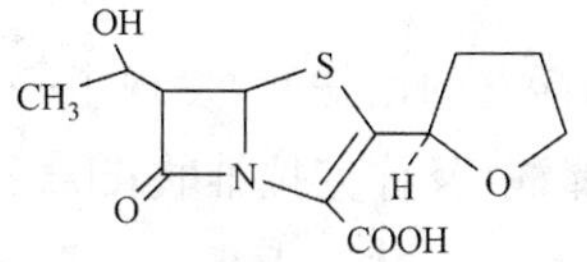

呋罗培南 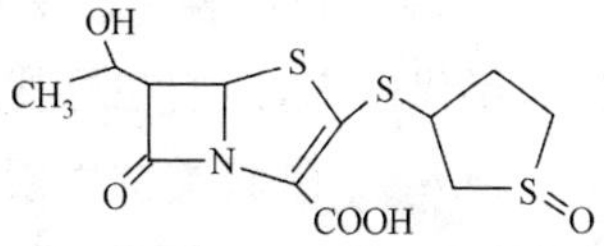 　　　苏乐培南(sulopenem)

11.3.3.3 碳青霉烯类抗生素

新上市的碳青霉烯类抗生素亚胺培南(imipenem)、帕尼培南(penipenem)和青霉烯相似，抗菌谱广、抗菌活性强，对β-内酰胺酶稳定，但其化学性质较青霉烯类抗生素稳定。

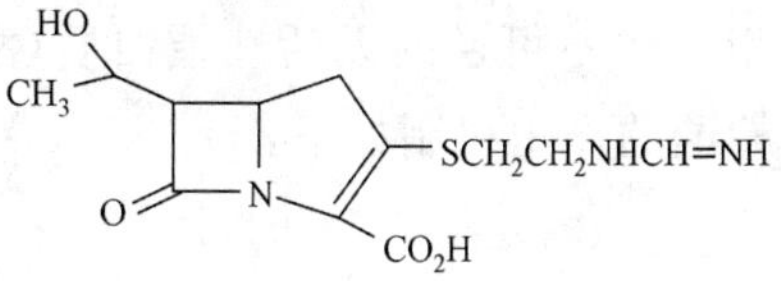

亚胺培南 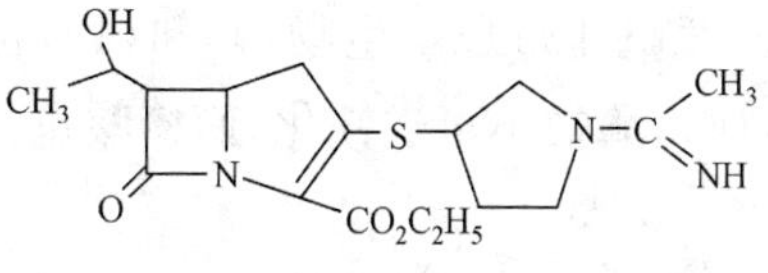　　　帕尼培南

它们分别与西拉司丁(cilastatin)，Betamiprom 配伍应用于临床。当前碳青霉烯类抗生素是发展较快的品种，已上市和正在临床试验中的品种还有 Meropenem，Biapenem 等。

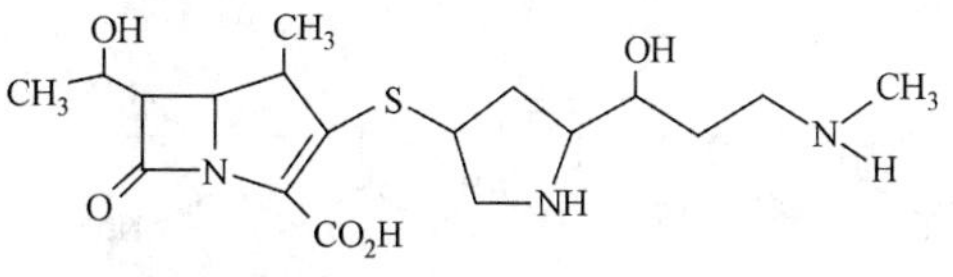

羟丙胺培南(BO-2727) 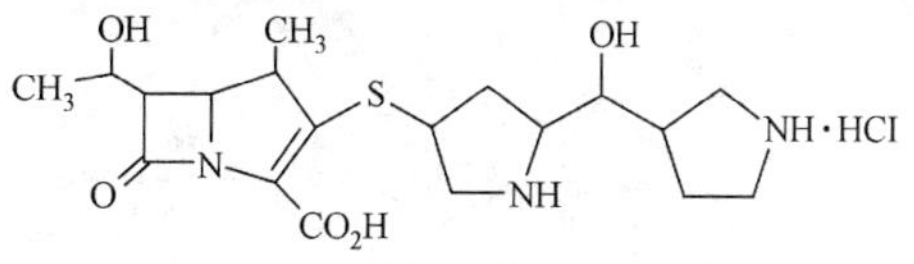　　　氢吡培南(ER-35786)

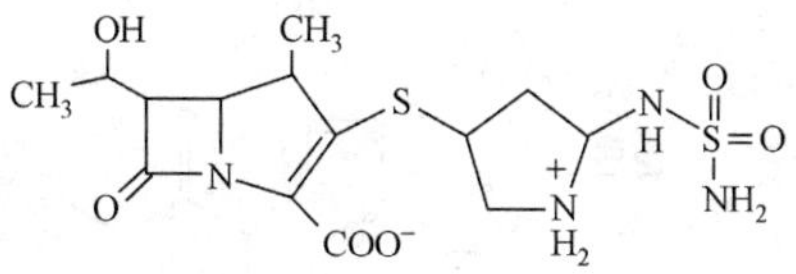

吡咯培南(S-4661)

11.3.3.4 碳头孢烯类抗生素(carbacephenem antibiotics)

1992 年美国 Lilly 公司生产上市的劳拉卡比属于此类。它们具有比天然头孢菌素抗菌谱更广、对β-内酰胺酶更稳定的特点。化学合成如下式：

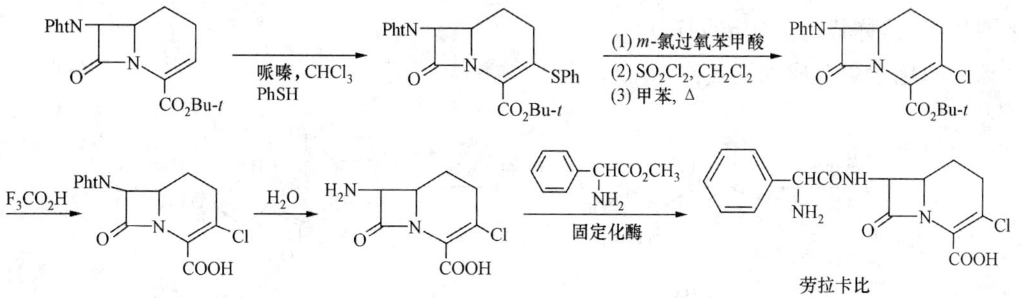

劳拉卡比

11.3.3.5 氧头孢烯类抗生素(O-cephaenem antibiotics)

氟氧头孢(flomoxef)是此类抗生素的代表，1988 年日本盐野义公司开发上市，它对革兰氏阳性菌和革兰氏阴性菌均有很好的抗菌活性，用于治疗金黄色葡萄球菌、链球菌、大肠杆菌、流感杆菌等其他敏感菌所引起的败血症、心内膜炎、脓毒性咽喉炎、急慢性支气管炎等。其分子结构如右式：

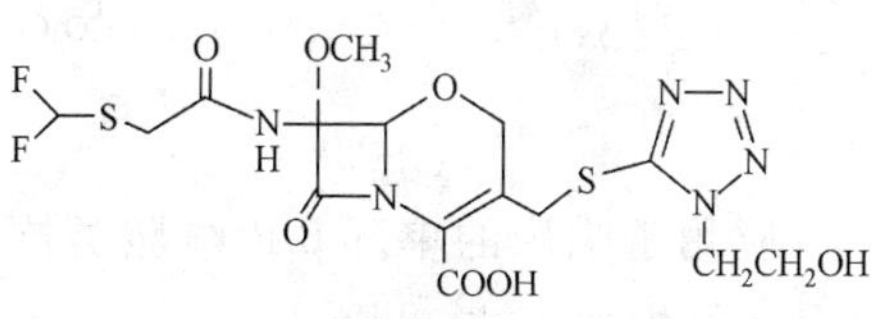

氟氧头孢

11.3.3.6 单环 β-内酰胺类抗生素

20 世纪 70 年代以来，人们在寻找有抑制 β-内酰胺酶活性的菌株时，发现了一些新的 β-内酰胺类抗生素，应用比较广的是棒酸（又称克拉维酸，clavulanic acid），其分子结构如左式：

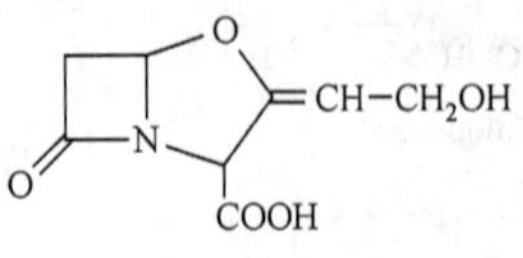

棒酸抗菌作用弱，但对 β-内酰胺酶稳定，它能抑制一系列革兰氏阳性菌和革兰氏阴性菌产生的 β-内酰胺酶。人们推测棒酸对 β-内酰胺酶的抑制机制，可能是棒酸的内酰胺环与酶结合形成产物（Ⅰ），酶被抑制，一部分被水解为棒酸，一部分脱酰化形成衍生物（Ⅱ）和（Ⅲ），再与酶作用形成不可逆的无活性蛋白质（酶）结合物（Ⅳ），（Ⅴ），（Ⅵ），酶被不可逆钝化，而棒酸也被破坏。棒酸的作用机制如下：

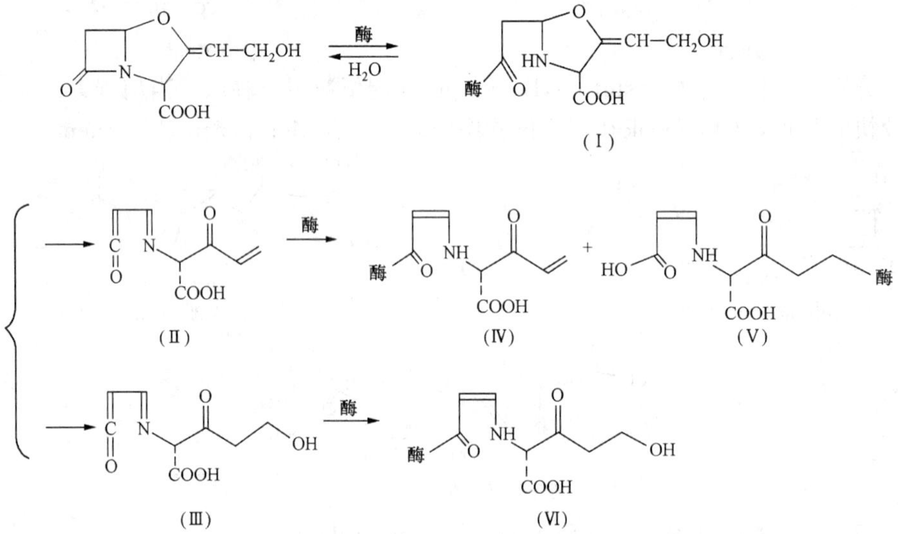

氨苄青霉素、羟氨苄青霉素、头孢噻吩等同棒酸都有很好的协同作用。Beecham 公司已将羟氨苄青霉素（250 mg）与棒酸（125 mg）压成片剂，定名为奥门汀（augmentin），应用于临床。和替卡西林配伍，称替门丁（timentin）。

棒酸的化学半合成如下式：

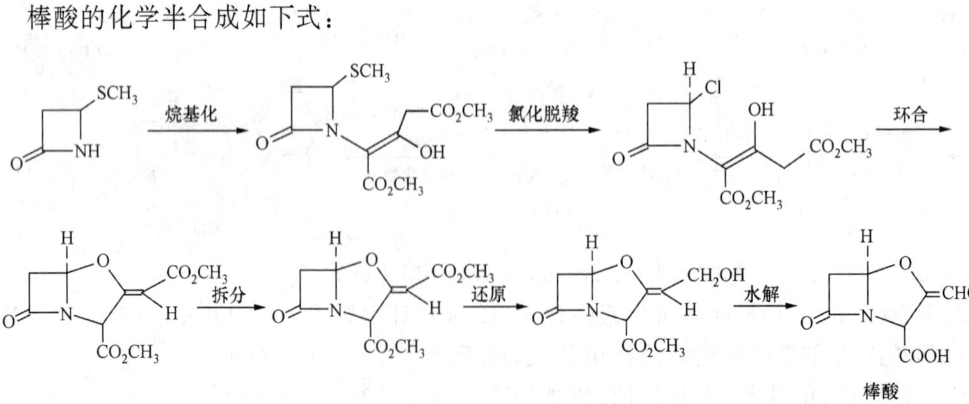

应用于临床的单环 β-内酰胺类抗生素还有氨曲南（aztreonam）、卡芦莫南（carumonan），其分子结构如下式：

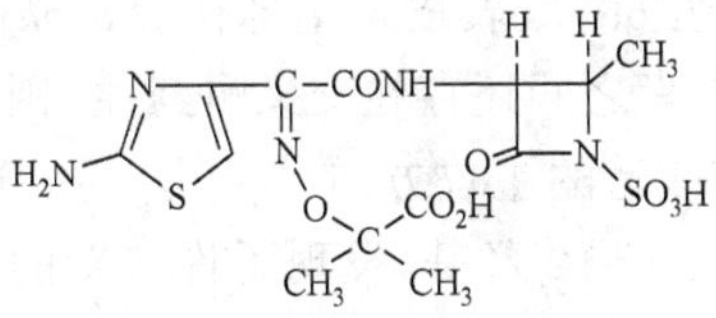

氨曲南 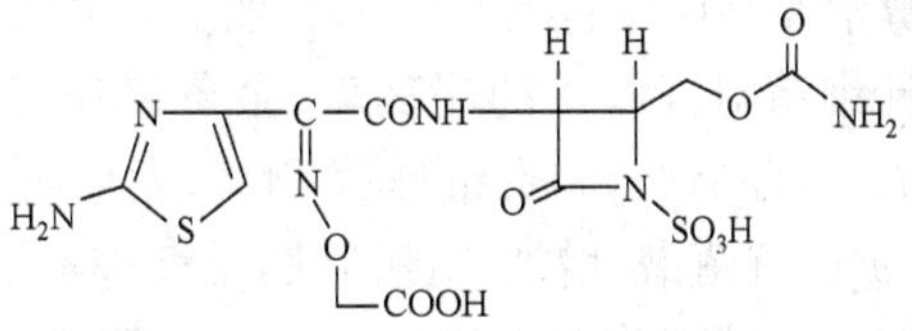　　　　　　　　　　　　　卡芦莫南

此类 β-内酰胺类抗生素,对革兰氏阴性菌抗菌作用强,对 β-内酰胺酶稳定,可用于敏感菌所引起的呼吸道感染、尿路感染、腹膜炎、慢性气管炎等炎症,毒性低。对青霉素无交叉耐药性和交叉过敏现象,是临床应用较好的产品。

11.3.3.7　酶抑制剂

β-内酰胺类抗生素耐药性主要是因细菌产生 β-内酰胺酶,它是一组数量庞大,而性质又不完全相同的酶,它可水解抗生素的 β-内酰胺环,而使之失去抗菌活性。寻找 β-内酰胺酶抑制剂,抑制 β-内酰胺酶的产生,是解决抗生素耐药性的有效途径。最早上市的羟氨苄青霉素和棒酸(2∶1)、近年来上市的哌拉西林和他唑巴坦(8∶1)等复方制剂,在临床上已显示良好的疗效。若单用哌拉西林,治疗复杂性尿路感染的有效率为 61.1%;若与他唑巴坦配成复方,有效率可达 81.4%。

β-内酰胺酶抑制剂本身抗菌活性很弱,很少单独使用,常和其他 β-内酰胺类抗生素联合使用,具有明显的协同作用,对多数耐药菌均有效。常用的 β-内酰胺酶抑制剂还有舒巴克坦(sulbactam)、他唑巴坦(tazobactam)。其化学结构如右式:

舒巴克坦　　　　他唑巴坦

11.3.4　半合成大环内酯类抗生素

大环内酯类抗生素近年来发展很快,仅次于 β-内酰胺类抗生素,在临床应用上占有重要地位。它含有一个大环内酯环,一般为 12~20 元环。在大环内酯类抗生素中,以红霉素类最多。在化学结构上,它们的基本骨架是由 1~3 个中性糖或氨基糖配糖体组成的大环内酯,临床应用最多的还是含有氨基糖的 14 元和 16 元大环内酯。

大环内酯类抗生素除含有中性糖的抗生素外,所有大环内酯类抗生素都含有氨基糖而呈碱性,它们都是以糖苷键与苷元的羟基相连接,苷元部分除含有烷基、羟基、环氧基、烷氧基、醛基、酮基外,还含有共轭的碳-碳双键。据统计,至今已发现的大环内酯类抗生素达数百种,这在抗生素发展史上也是罕见的。

大环内酯抗生素能抑制许多革兰氏阳性菌和革兰氏阴性菌的生长,特别是碱性大环内酯类抗生素对多重耐药细菌有更大的抗菌活性。16 元大环内酯抗生素具有最强的生物活性,以红霉素为代表的 14 元大环内酯抗生素毒性极低,是临床应用最广的大环内酯类抗生素,其他诸如螺旋霉素、柱晶白霉素、麦地霉素也试用于临床。

红霉素是 1952 年由 Mcguire 所发现,它是由红色链霉菌产生的,它对革兰氏阳性菌有较强的抑菌作用,对葡萄球菌引起的各种感染有特效。其结构如右式:

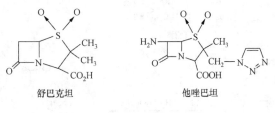

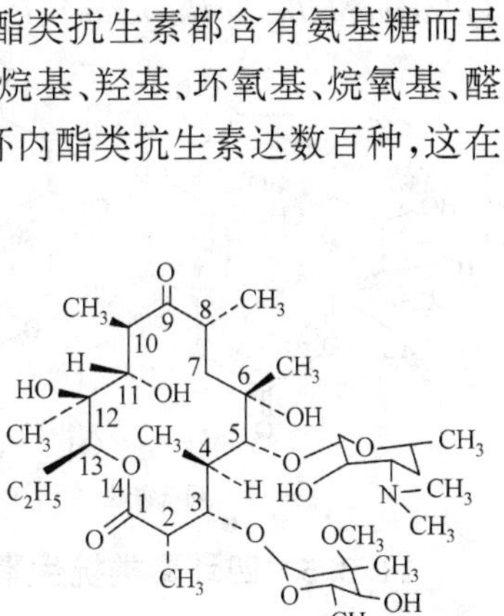

红霉素

红霉素在临床中也发现了一些弱点：抗菌谱窄，对多种细菌出现了耐药性。1994年北京地区统计细菌对红霉素的耐药率，金黄色葡萄球菌高达68%，表皮葡萄球菌(*Staphylococcus epidermidis*)为51%，肺炎链球菌44%；大环内酯类抗生素之间还存在交叉耐药性。因此，改善耐药性、扩展抗菌谱、增加抗菌活性，是红霉素结构修饰改造的主攻方向。

红霉素的结构改造主要集中在C-9羰基，C-6、C-11、C-12羟基，发现了许多新的衍生物。如：罗红霉素(roxithromycin)，其抑菌活性比红霉素强6倍；克拉霉素(clarithromycin)，抗菌活性比红霉素强2倍，能有效地抑制所有呼吸系统病原菌，对胃酸稳定，口服吸收好，血药浓度高，半衰期长。

罗红霉素的化学半合成反应如下式：

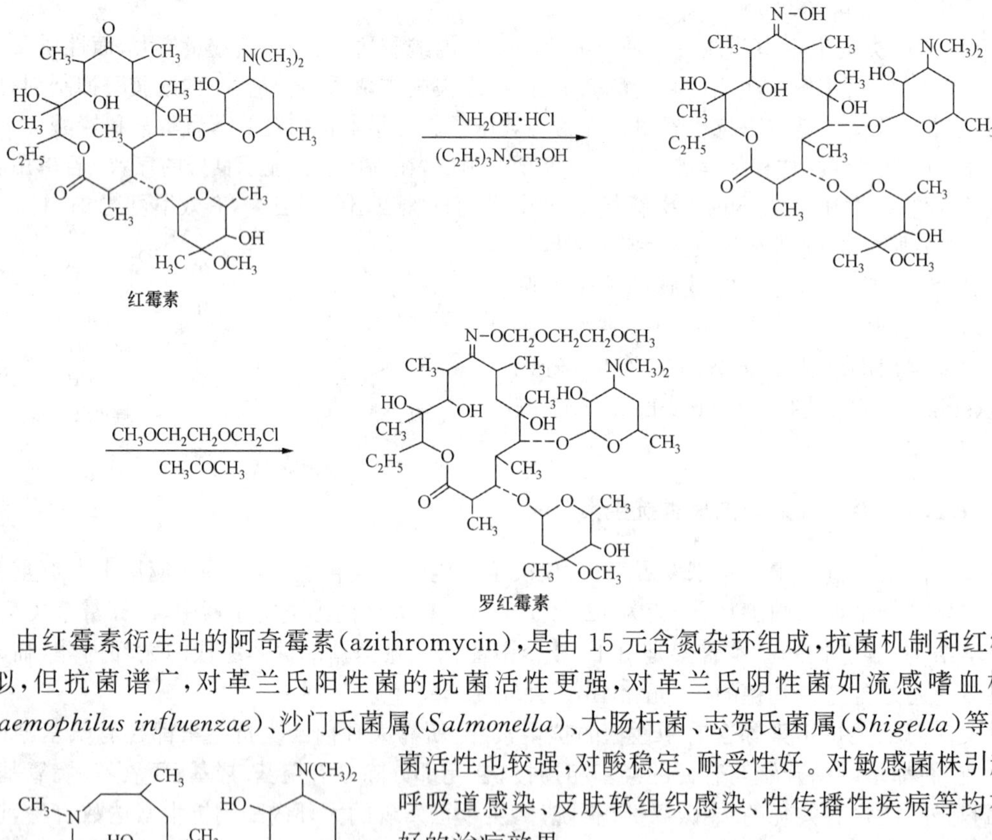

由红霉素衍生出的阿奇霉素(azithromycin)，是由15元含氮杂环组成，抗菌机制和红霉素相似，但抗菌谱广，对革兰氏阳性菌的抗菌活性更强，对革兰氏阴性菌如流感嗜血杆菌(*Haemophilus influenzae*)、沙门氏菌属(*Salmonella*)、大肠杆菌、志贺氏菌属(*Shigella*)等的抗菌活性也较强，对酸稳定，耐受性好。对敏感菌株引起的呼吸道感染、皮肤软组织感染、性传播性疾病等均有很好的治疗效果。

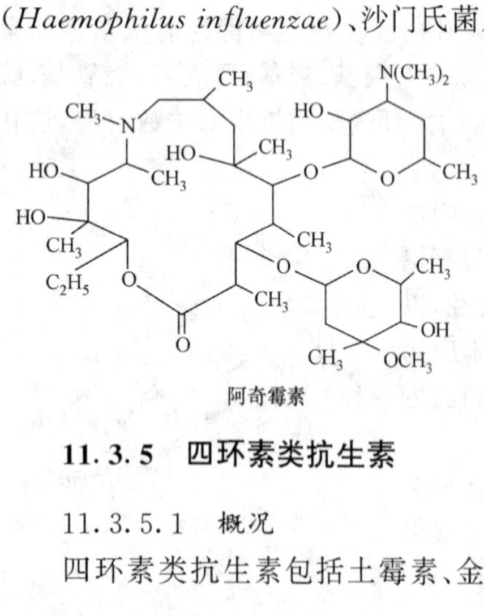

阿奇霉素的化学半合成，也是以红霉素为原料，经肟化后，在盐酸作用下进行贝克曼(Beckmann)重排，再脱水、还原、甲基化，即可得阿奇霉素产品。该产品为美国Pfizer公司开发，1988年投放市场，我国也已生产上市。化学结构如左式：

11.3.5 四环素类抗生素

11.3.5.1 概况

四环素类抗生素包括土霉素、金霉素等，20世纪40年代问世以来，由于它具有广谱、低

毒、几乎无过敏反应、口服吸收好、价位低廉等特点,广泛应用于临床。常用的有如下几种:

5 位	6 位	7 位	产物
H	HO CH₃	Cl	金霉素
HO	HO CH₃	H	土霉素
H	HO CH₃	H	四环素
H	HO H	Cl	去甲基金霉素(demethyl chlortetracycline)
HO	CH₂=	H	甲烯土霉素(methacycline)
HO	H CH₃	H	强力霉素(doxycycline)
H	H H	N(CH₃)₂	二甲胺四环素(minocycline)

四环素类化学结构

11.3.5.2 菌种与发酵

四环素类抗生素的生产可以用产生金霉素的菌种,如金色链霉菌的发酵水平仅为 165 U/mL,在特定的培养基条件下,加入抑氯剂,可得高达 95% 以上的四环素。此后,各国对此菌株进行了一系列的诱变处理,并获得了高产菌种。深层培养过程中金色链霉菌的变化特征可分为原始菌丝期、次生菌丝期或营养菌丝期、分泌期、自溶期四个生长期。

四环素抗生素培养基采用的氮源有花生饼粉、黄豆饼粉、棉籽饼粉、尿素、NH_4Cl、$(NH_4)_2SO_4$、NH_4NO_3 等。据 Osman 等 1969 年报道,添加氨基酸能刺激金色链霉菌生产四环素或金霉素。在培养基中含 10%~20% 氨基氮的氨基酸浓度,对四环素生物合成较为适宜。无机磷是金色链霉菌从生长期转入抗生素生物合成期的关键因素,磷含量在 130 mg/mL,对生物合成四环素有利。一般发酵温度采用 28~32℃,最适宜的 pH 为 5.8~6.0。

11.3.5.3 提取与精制

发酵液加草酸调 pH 1.7~1.8,降温至 10~15℃,过滤,用氨水调 pH 至等电点 4.8 时,四环素以游离碱结晶出来,经分离、洗涤和干燥得四环素成品。

11.3.5.4 四环素类的化学半合成

去甲基金霉素、甲烯土霉素、强力霉素、二甲胺四环素都系四环素类半合成的化学产物,产量最大的是四环素。该类抗生素常用于感染不太严重的患者。由于长期广泛地使用,耐药性和副作用日趋严重,一些化学改造半合成的新衍生物不断出现。二甲胺四环素是临床应用比较重要的四环素类抗生素,它对敏感菌株的抗菌作用比四环素强 4~6 倍,且对四环素、青霉素类耐药的病原菌也有较强的杀菌活力,血液半衰期达 11~17 h,毒副作用小,常用于治疗痤疮、呼吸道感染、性传播性疾病、生殖和泌尿器感染。其化学合成反应如下:

6-去甲基金霉素 →(氢化 H₂/Pd-C)→ →(冰醋酸, H₂SO₄ 偶氮二羧酸苄酯)→

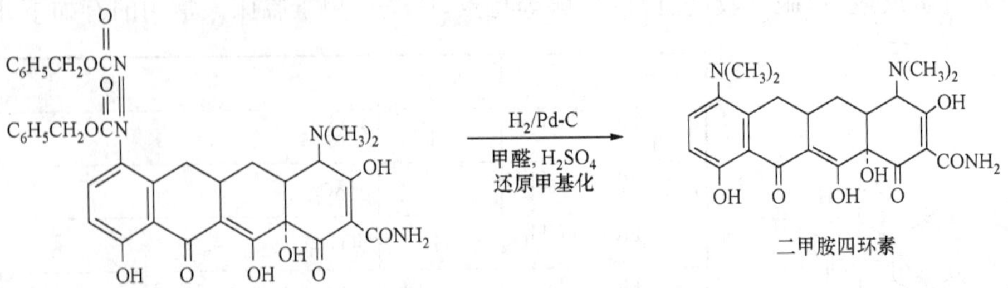

[化学反应式：含 $C_6H_5CH_2OCN$ 基团的四环素衍生物，经 H_2/Pd-C、甲醛、H_2SO_4 还原甲基化，生成二甲胺四环素]

由于四环素类抗生素在 20 世纪 50～60 年代临床上的广泛应用，细菌普遍产生了耐药性，加上对肝脏、肾脏、牙齿、骨骼的毒副作用，以致在某些国家或地区一些天然四环素类抗生素已不宜作为大多数常见致病菌感染的首选药物，结构的修饰改造仍在进行，扬长避短，以期寻求更优秀的四环素类抗生素问世。另外，更为优秀的半合成 β-内酰胺类抗生素、半合成大环内酯类抗生素、全合成喹诺酮类(quinolones)抗感染药物方兴未艾和广泛应用，四环素类抗生素相形见绌，逐步退出了医药市场，但在农业及植物病虫害防治、饲料添加剂方面仍有广阔的市场。新的衍生物的研制开发，在 20 世纪 80 年代几无进展。90 年代甘氨去甲氧环素(DMG-DMDOT)、甘氨米诺环素(DMG-MINO)的研制成功，因其优异的抗菌作用而备受人们关注。

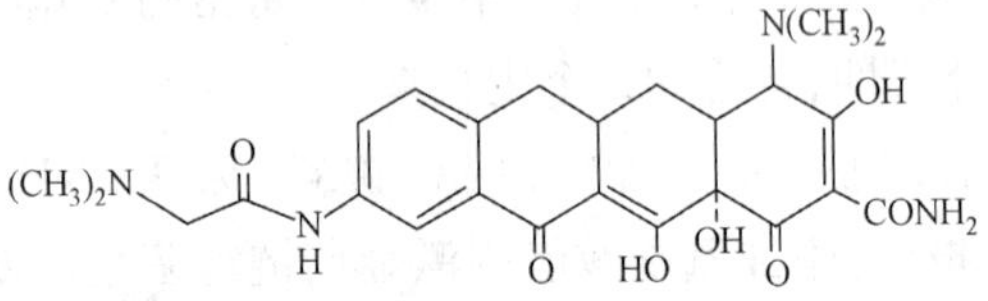

[化学结构式：甘氨去甲氧环素 (DMG-DMDOT) 和 甘氨米诺环基 (DMG-MINO)]

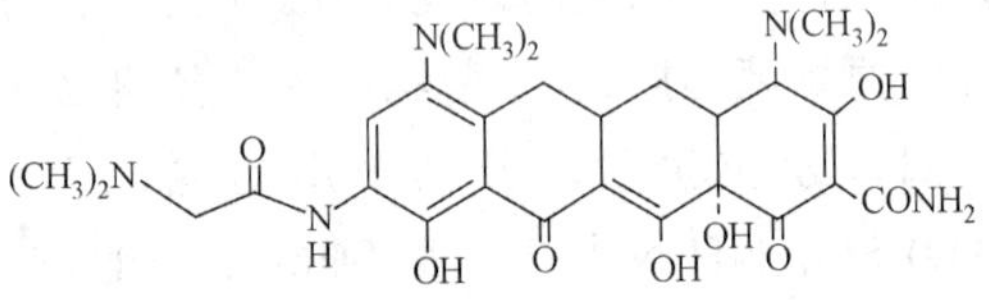

11.3.6 氨基糖苷类抗生素

1944 年 S. A. Waksman 发现的第一个氨基糖苷类(aminoglycosides)抗生素是链霉素，以后又陆续发现卡那霉素、庆大霉素等，至今已发现的天然氨基糖苷类抗生素达百种以上，若加上半合成和微生物转化的新抗生素，其数量上千种。临床常用的也仅十多种。链霉素临床上用于治疗结核分枝杆菌及其他细菌引起的感染，长期使用对第八对脑神经和肾脏有严重损害，导致耳鸣甚至耳聋，临床除用于治疗淋病外，其他方面已放弃使用。

11.3.6.1 菌种

早期发现产链霉素的菌种是灰色链霉菌，目前我国生产上使用的菌种是该种的变种。该菌种除产生链霉素族的抗生素外，还能产生别的抗生素。高产的链霉菌比较稳定，但也易发生变异。为防止变异，菌种采用冷冻干燥法或砂土管法保存菌种，保存在低温冷库中(0～4℃)，严格控制生产菌落在琼脂斜面上的传代次数，一般以三次为限，定期进行纯化筛选，淘汰低单位的退化菌落，不断筛选出高单位新菌种。

11.3.6.2 发酵

链霉素的发酵采用深层培养法，经斜面孢子培养、摇瓶种子培养、种子罐扩大培养、发酵罐培养等工序，以黄豆饼粉、玉米浆、蚕蛹粉、酵母粉和麸质水为氮源。

灰色链霉菌是一种高度需氧菌，增加通气量可提高发酵单位，发酵温度以 28.5℃左右为宜，pH 控制在 6.8～7.3。

11.3.6.3 提取和精制

采用活性炭吸附法、溶剂萃取法、难溶盐沉淀法、离子交换法。目前采用最多的是离子交换法,工艺过程如下:

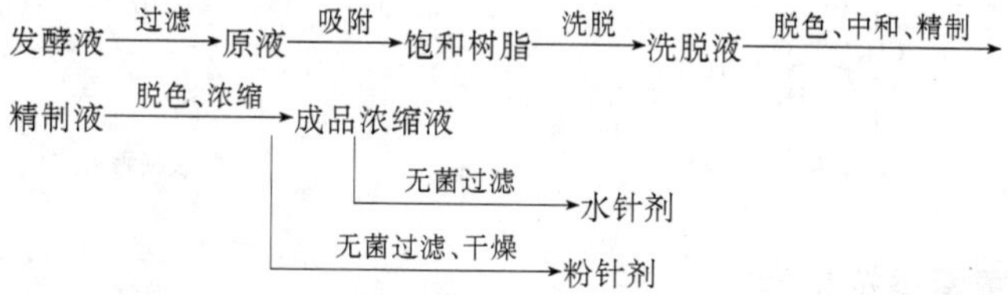

发酵液 →(过滤)→ 原液 →(吸附)→ 饱和树脂 →(洗脱)→ 洗脱液 →(脱色、中和、精制)→ 精制液 →(脱色、浓缩)→ 成品浓缩液 →(无菌过滤)→ 水针剂 / →(无菌过滤、干燥)→ 粉针剂

11.3.6.4 半合成氨基糖苷类抗生素

氨基糖苷类抗生素对革兰氏阴性菌有较好的抗菌活性,但它们的毒性和不良反应也较大,耐药菌也日益增多。随着分子生物学和分子遗传学的进展,对耐药菌的耐药机制和构效关系的研究,并通过半合成和对母体抗生素的结构的改造,得到了一系列新的衍生物,尤以卡那霉素研究得最多,成果也最显著。

卡那霉素是由卡那霉素链霉菌所产生,卡那霉素有 A,B,C 三个组分,临床上使用最多的是卡那霉素 A,其结构如右式:

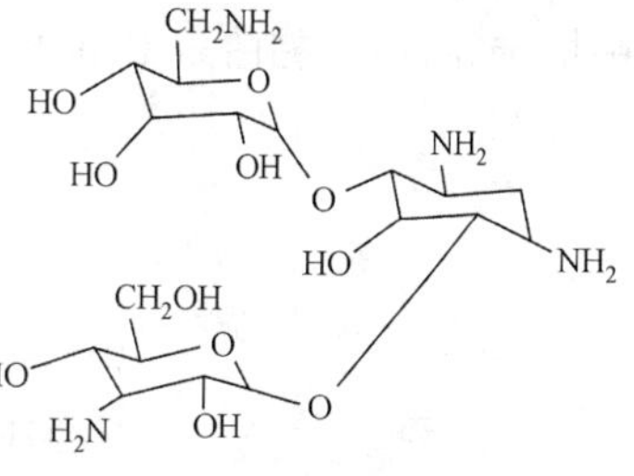

经化学半合成取得较为成功的是丁胺卡那霉素(amekacin,阿米卡星),它的抗菌活性比卡那霉素 A 强,不仅对铜绿假单胞菌有高效,而且对大多数氨基糖苷转移酶有很好的稳定性。丁胺卡那霉素的化学合成是以卡那霉素 A 为原料与活性酯反应得到。反应为

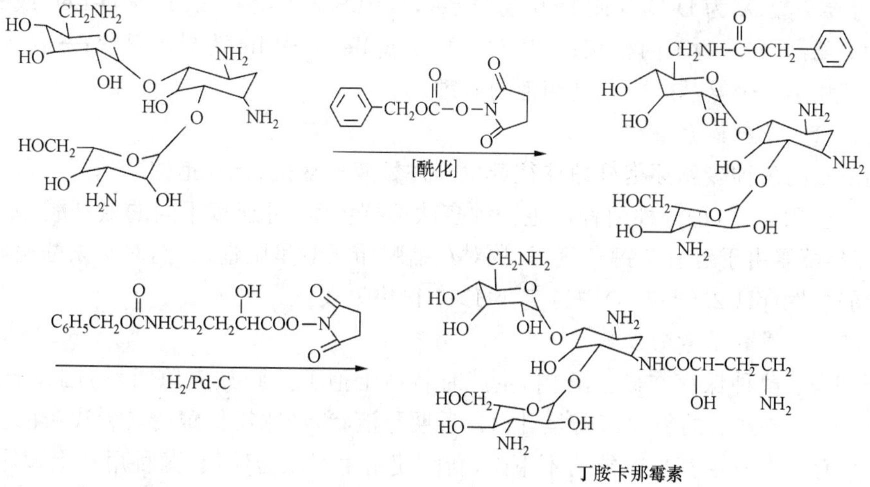

卡那霉素A

丁胺卡那霉素

链霉素、庆大霉素都属于氨基糖苷类抗生素,但由于对耳、肾的毒副作用,在应用过程中要慎重,宜进行药物监测。

抗肿瘤抗生素阿霉素(adriamycin)是一种含蒽环苷元的糖苷类抗生素。阿霉素是由 *Streptomyces purcetium* var. *caesius* 的发酵液提取而得。抗瘤谱广,且对乏氧细胞也有效,故在肿瘤化学治疗中占有重要地位。现可用发酵所得柔红霉素(daunorubicin)经化学转化而制取。它的同分异构体表阿霉素(epirubicin),疗效与阿霉素相当,但心脏毒性低于阿霉素。

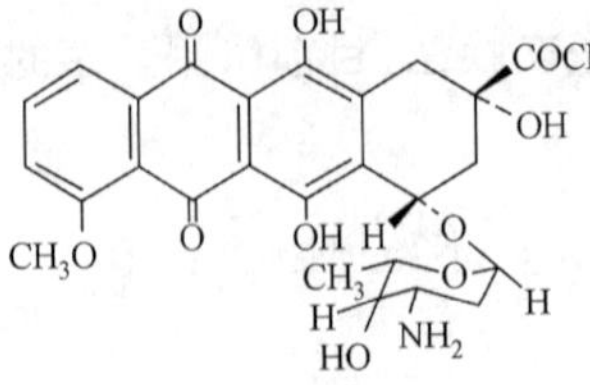

11.3.7 多黏菌素类抗生素

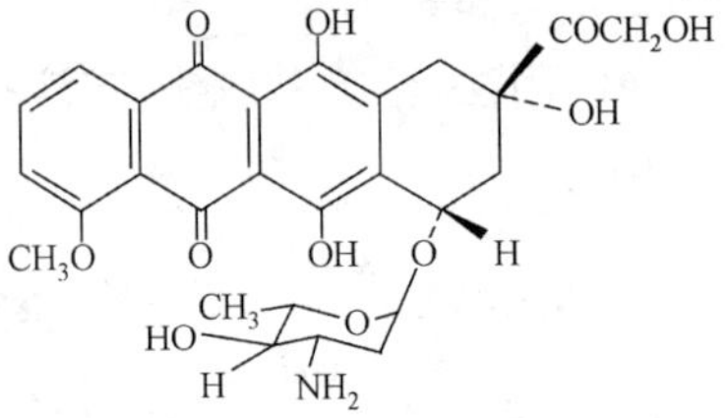

多黏菌素是由多黏芽孢杆菌所产生的,由多种氨基酸和脂肪酸组成的一族碱性多肽类抗生素的总称。多黏菌素对革兰氏阴性菌的作用最强,用它治疗脑膜炎、赤痢效果很好。多黏菌素对铜绿假单胞菌有强的抑制作用,且不产生耐药性。多黏菌素对肾脏有影响,有的还能影响中枢神经,但多黏菌素 B 和 E 毒性最小、疗效最好。多黏菌素 B、E 结构如下式:

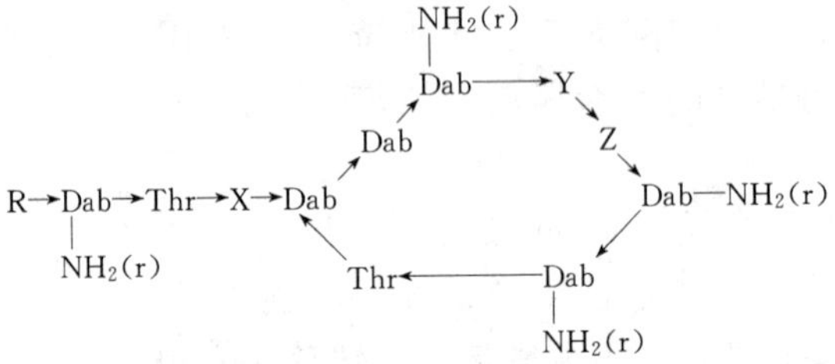

$$R \to Dab \to Thr \to X \to Dab \to Dab \to Dab \to NH_2(r)$$
$$NH_2(r) \qquad Thr \qquad Dab$$
$$Y \qquad Z$$
$$NH_2(r)$$

其中,Dab 为 α,γ-二氨基丁酸;Thr 为苏氨酸;R 为 MOA 或 IOA,其中 MOA 为(+)-b-甲基辛酸,IOA 为异辛酸;X 为 D-Dab 或 Dab 或 D-Ser,其中 Ser 为丝氨酸;Y 为 D-Leu 或 D-Phe,其中 Leu 为亮氨酸,Phe 为苯丙氨酸;Z 为 Thr、Leu 或 Ile,其中 Ile 为异亮氨酸;→表示第一个氨基酸的羧基和第二个氨基酸的氨基相连的肽键。

11.3.7.1 多黏菌素菌种

多黏菌素的菌种多黏芽孢杆菌往往产生一种黏液和芽孢,无芽孢的变株产量低。菌种经热处理可使抗生素高产,每一种菌种产生一种多肽类抗生素,可连接不同的氨基酸,如多黏菌素 B 和 E。多黏菌素由于含有肽键和氨基,故对双缩脲茚三酮呈阳性反应,对 α-萘酚呈阴性反应。在中性和弱酸性(pH 2.0～7.0)中稳定,pH>7 很快失效。

11.3.7.2 多黏菌素的发酵

种子制备:菌种保存在砂土管内,生产时将砂土孢子接到麸皮琼脂斜面上,于 28℃培养 10d,即可应用。成熟后的斜面菌苔呈乳白色透明黏液状,经冰箱保藏后转为浅灰色。斜面种子在冰箱里保存一个季度其生产能力不下降,新鲜使用生产能力偏低。菌种用砂土管保存 1 年对效价无影响。

种子培养液移入含有玉米粉、糊精、$(NH_4)_2SO_4$、尿素和少量玉米浆、$CaCO_3$ 的发酵培养基中,于 28～30℃培养 36 h 左右即可放罐。发酵过程分菌体繁殖期、分泌期、芽孢形成期三个不同的生理阶段,多黏菌素 E 发酵培养基中碳源以 3%的玉米粉加 2%糊精,平均效价可达 50 000 U/mL。氮源中硫酸铵优于尿素,效果更好。最适宜 pH 是 5.5～6.2。

提取和精制:提取可采用吸附法、沉淀法、溶剂萃取法和离子交换法。离子交换法应用较广,可用羧基阳离子交换树脂进行提取,工艺流程同链霉素。

20世纪60年代初,由于细菌对抗生素的耐药性,开辟了半合成抗生素的新途径,是抗生素发展史上划时代的成就,在救死扶伤中发挥了重大作用。然而,病原菌在求生存的过程中,具有惊人的适应性,耐药性的传播再次造成了临床无法对付的严重问题,这就需要科学工作者不断努力开拓创新,研制新一代的高效抗生素。生物发酵为抗生素的发展提供先导化合物,结构的修饰改造衍生出新的抗生素,仍将是今后一个时期内抗生素工业发展的重要途径。

当前,随着细胞生物学、分子生物学、基因密码的破译,给我们认识细菌耐药机制、诱导产生耐药的途径以及抗生素耐药类型的变化,识别新的靶点,为更合理设计新抗生素打下了理论基础。展示未来前途宽广。

复习和思考题

11-1　常用抗生素主要有哪几类?指出每类中的代表抗生素名称。
11-2　主要抗生素的微生物来源有哪些?并指出由此衍生的常用有代表性的抗生素名称。
11-3　微生物发酵生产的天然抗生素有哪些缺点?应如何补救?
11-4　简述常用抗生素的生产过程。
11-5　一个好的抗生素应具备哪些条件?
11-6　简述抗生素发展的新动向。
11-7　在八种天然青霉素中,为什么青霉素G特别受到重视?
11-8　青霉素生产过程中,培养基的成分和功能有哪些?
11-9　青霉素发酵工艺如何控制?其补入培养基的功能是什么,并如何进行控制?
11-10　青霉素萃取依据的原理是什么?
11-11　请写出6-APA、7-ADCA、7-ACA的化学结构,简述它们在半合成青霉素、半合成头孢菌素的应用中有何特点?
11-12　半合成头孢菌素产品之多、发展之快,在半合成抗生素领域中独占鳌头,为什么?

(管作武　韩贵安)

12 生理活性物质的发酵

何谓生理活性物质？一般认为，它是在生物生长发育和代谢过程中，具有特殊生理功能，需要量虽少、所起作用却很大的多类物质的总称。目前，对生理活性物质所包含的内容尚无一致公认的界定，但至少包括以下几类：维生素、辅酶、激素和微量元素。不少活性多肽是激素，但许多活性多肽并非是激素，而是酶、疫苗或其他。因其种类繁多，具有生理活性物质的共同特征，把它单列一类，归属于生理活性物质的范畴。

值得指出的是，绝大多数生理活性物质均与酶促反应有关。有的作为辅酶、辅基或激活剂，而有的就是构成酶的必要成分。酶促反应是生命代谢的基本特点，这就不难理解生理活性物质为什么会有很高的生理活性，它对生物的重要性也就不言而喻了。随着科学技术的进步，对生理活性物质的了解必然会进一步深化，其内涵也必然会进一步拓展。本章将对维生素、辅酶和激素三类生理活性物质，进行重点讨论。

12.1 发酵法生产维生素

维生素是一类生物生长和代谢所必需的微量有机化合物。它们化学结构各异，但均具有各自特殊的生理功能。维生素虽不是构成机体的必要组分，其本身也不能为生物体提供能量，但因绝大多数维生素是机体代谢中一些重要酶的辅酶或辅基，有的在体内转变成激素，因而对维持生物体正常的生命活动起着非常重要的作用。维生素是人类生长和保持健康所必需的物质；也是动物、植物和微生物生长、发育和繁殖必不可少的要素。

人类从生活实践中相继发现了各种维生素。例如：先民们早就知道能用米糠治脚气病，用动物肝可治夜盲症，后来以新鲜蔬菜和水果治坏血病等。人类也通过大量的科学实验，从动、植物组织和微生物细胞中陆续分离出了各种维生素，逐步弄清了它们的化学结构、理化性质、生理功能和合成途径。进而，用天然物提取、化学合成和微生物发酵等方法来大量生产各种维生素。

已知的维生素按其溶解性可分为脂溶性维生素和水溶性维生素两大类。

脂溶性维生素有：维生素 A（视黄醇，抗干眼病维生素）、维生素 D（麦角钙化醇和胆钙化醇，抗佝偻病维生素）、维生素 E（α-生育酚等，抗不育维生素）和维生素 K（叶醌，凝血维生素）。

水溶性维生素有：维生素 B_1（硫胺素，抗脚气病维生素）、维生素 B_2（核黄素）、维生素 B_5（泛酸或称遍多酸）、维生素 B_6（吡哆醇等，抗皮炎维生素）、维生素 B_{12}（钴胺素，抗恶性贫血维生素）、维生素 Bc（叶酸）、维生素 H（生物素）、维生素 PP（包括烟酸和烟酰胺）和维生素 C（L-抗坏血酸）等。以上水溶性维生素除维生素 C 外，统称 B 族维生素。

近年来，把几种生物必需的有机酸（如：硫辛酸），以及一些不饱和脂肪酸（如：亚油酸和亚麻油酸），也列入维生素，但有些学者认为它们存在于食物中的量较多，而持异议。也有人将临床上应用的某些药物（如：乳清酸和腺嘌呤磷酸盐等）也归入维生素，但未获公认。

植物一般有合成各种维生素的能力；微生物合成维生素的能力，因种类不同而异；动物和人体几乎完全不能合成所需的维生素，而必须从食物中摄取。虽然肠道细菌所合成的某些维生素可作补充,但尚不能满足需要。人体对各种维生素的需要量差异极大。一般情况下,每人每天需维生素 C 约 75 mg,而维生素 B_{12} 需要量仅 0.001 mg。即使对同一种维生素,也因性别、年龄、生理状况和运动状态不同而需求有所差别。总之,人体对维生素的需要量均属毫克(mg)或微克(μg)级。

迄今,维生素的工业化生产仍以化学合成法为主,发酵法生产和天然物提取为辅。微生物合成维生素虽已有大量文献和专利报道,不少尚处于小试和中试阶段。目前,只有维生素 B_2 和 B_{12}、维生素 C 和 H、维生素 A 原(β-胡萝卜素)已由工业发酵法生产,发酵法生产生物素不久也将实现工业化。下面将就这五种维生素的发酵生产工艺和技术作较为详细的介绍。

12.1.1 维生素 B_2(核黄素)发酵

12.1.1.1 核黄素的分子结构和生理功能

1879 年,布力兹(БлИЗ)首先从乳清中分离出核黄素,因其是一种橙黄色物质,故命名为乳黄素(lactoflavin,即核黄素、维生素 B_2)。1913 年,Osborne 和 Mendell 查明鼠类的生长需要一种存在于乳中的水溶性物质,并称这种物质为"水溶性因素 B"。1920 年,Emmett 首先发现在酵母菌提取液中,当抗神经类因素被热破坏后,仍保留了一种促进生长的因子,该因子被称为维生素 B_2。1932 年,Warbarg 和 Christian 发现酵母菌中的一个新酶,一年后证明该酶和核黄素有关。1933 年,George 从植物组织、肝脏和肾脏中分离出一些能溶于水的黄色素,其水溶液呈黄绿色荧光,便分别将其命名为草黄素(verdoflavin)及肝核黄素(hepatoflavin),其作用相同。1935 年,弄清了这些物质的化学结构,并通过人工方法加以合成。核黄素是具有一条核糖醇侧链的异咯嗪的衍生物,因其分子结构中含有核糖醇,所以就统一定名为核黄素,或称维生素 B_2,其分子结构如图 12.1.1 所示。

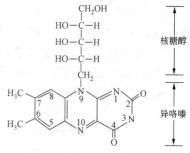

图 12.1.1 核黄素的分子结构

研究表明,核黄素分子结构里的异咯嗪环中的第 1 位和第 10 位氮原子可以加氢而被还原,也可失去氢而复原,故在生物代谢中有传递氢的作用。在机体内核黄素与 ATP 作用生成黄素单核苷酸(FMN),FMN 再与 ATP 作用,进而生成黄素腺嘌呤二核苷酸(FAD)。在体内核黄素也就以这两种形式存在。这两种辅酶是多种脱氢酶的辅基,是重要的递氢体。通常将有这种辅基的酶称为黄素蛋白(flavoprotein)。这类酶直接参与了碳水化合物、蛋白质和脂肪的代谢。因此,核黄素是动物和人体所需的主要维生素之一。

核黄素被肠黏膜吸收,进而被转化利用,经代谢后主要从尿中排出,约占总摄取量的 30%。据调查,我国许多人群核黄素的摄入量尚处在低水平,而若核黄素供量不足,可产生多个部位的皮炎,以及口、眼等的许多病症。此时对症补充适量的核黄素,效果明显。也有报道,核黄素在治疗偏头痛和肌肉痉挛方面也有一定疗效。核黄素除用做药物外,也有相当数量用做食品添加剂和饲料添加剂。

12.1.1.2 核黄素的发酵生产

(1) 所用微生物 用发酵法大量生产核黄素或其浓缩物始于 1937 年。除了酵母菌中含有较多的核黄素外,丙酮-丁醇发酵醪液中也含有这种物质。1940 年起开始采用阿舒假囊酵母(*Eremothecium ashbyii*)生产核黄素,开始发酵液中核黄素含量仅为 200~400 μg/mL,50 年代含量已达 1000～2750 μg/mL。1946 年开始用棉阿舒囊霉(*Ashbya gossypii*),当时核黄素产量为 1000～2000 μg/mL。在一定浓度范围内,铁离子对上述两种菌的生长均无影响,可用铁制发酵罐进行核黄素的发酵生产。20 世纪 50 年代中期我国采用阿舒假囊酵母固体发酵法生产粗制核黄素,发现米胚芽和麦胚芽、麦麸和豆渣是生产核黄素的优良原料。在主要原料豆渣中添加适量的米胚芽(含肌醇等促进生长因子),核黄素产量可从 2000 μg/g 干品提高到 4000～6000 μg/g 干品。采用棉阿舒囊霉液体发酵生产核黄素的试验,核黄素产量可达 35 000 μg/mL。

1960—1965 年,中国科学院植物生理研究所焦瑞身等人对棉阿舒囊霉核黄素生物合成进行了生理学和发酵条件的系统研究。结果指出,该菌在菌体生长阶段,合成的核黄素量很少;而在其菌体分化、菌丝膨大并开始形成孢子囊时,才大量合成核黄素,实验室产量达到 6000 μg/mL。后选育获得高产菌株 Du-32,15 m³ 的发酵罐上取得了 8000 μg/mL 的高产,达到了当时的国际水平。通过国内外科技工作者几十年的共同努力,对上述两种生产用菌不断进行选育,获得了核黄素产量可达 15 000 μg/mL 的优良菌株。近报,有一株假丝酵母(*Candida famata*)已成功用于生产,产量可达 20 000 μg/mL。俄罗斯学者也成功地构建了核黄素高产枯草芽孢杆菌工程株,该项技术已引进国内。Hoffmann-La Roche 公司采用芽孢杆菌作为生产菌,在 1988 年新建一座年产 3000 吨的核黄素工厂,生产成本只是化学合成法的一半。

(2) 发酵工艺流程　过去,核黄素生产化学合成法和发酵法制取并重,现发酵法逐步取代化学合成法。核黄素的发酵生产可分为固体发酵和液体发酵两种,工业化大生产则采用后者。

① 固体发酵:此法虽古老,但简单易行,且可利用豆制品厂的下脚料豆渣为主要原料进行生产,所得产品可作为食品和饲料添加剂,甚至可作为药物使用,适合我国国情,颇受广大农村欢迎。工艺流程见图 12.1.2。

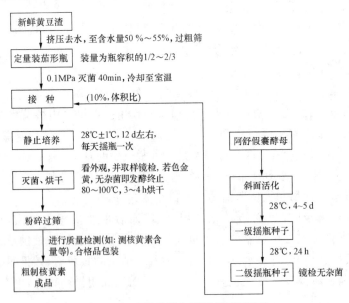

图 12.1.2　固体发酵生产粗制核黄素流程

② 液体发酵:与固体发酵生产核黄素的工艺流程相比,种子准备阶段基本相同,因为发酵罐容积大,需配相应容积的种子罐,当种子培养好后取样镜检,若菌体生长良好,未染杂菌,即可接入发酵罐进行发酵。28～30 ℃ 通气搅拌 6～7 d 后即可出罐。发酵液经提取精制,即得核

黄素成品。

(3) 核黄素发酵研究的最新进展　Stahmanm 等根据抗性变种、前体供应和代谢调节对核黄素合成作用的研究,已基本弄清了三种核黄素发酵生产优良菌株的生物合成途径,这为优菌选育、基因工程菌的构建,以及通过改进发酵工艺来进行代谢调控,以期获得核黄素的高产打下了坚实的基础。

棉阿舒囊霉、假丝酵母(*Candida famata*)和枯草芽孢杆菌,分属于霉菌、酵母菌和细菌三类微生物。它们均为核黄素生产优良菌株,但对工业化生产来讲各有利弊(表 12.1.1),有待通过研究和生产实践予以取舍。

表 12.1.1　三株核黄素生产菌株优良性状比较

菌 种	是否为突变株	碳源	发酵周期(h)	铁离子的影响	核黄素合成与菌体生长的关系	基因工程菌构建情况
棉阿舒囊霉	是	植物油	长约150	无	与菌体生长无直接关系;菌丝体膨大分化形成子囊时核黄素大量合成	基因工程菌应用初见成效
假丝酵母	是	葡萄糖	较短	有*	?	未见报道
枯草芽孢杆菌	是	葡萄糖	最短,约60	有一定影响	相联系,随着菌体生长核黄素不断形成	基因工程菌已用于生产

* 离子浓度应在 15 μmol/L 以下。

12.1.2　维生素 B_{12}(钴胺素)发酵

12.1.2.1　维生素 B_{12} 的分子结构和生理功能

维生素 B_{12},因其是含有钴的多环有机化合物,故又称钴胺素(cobalamin)或钴胺酰胺(cobamide),为类咕啉和类卟啉金属络合物,它是多种具有生物活性的类咕啉(corrinoid)同功维生素的总称。主要品种有氰钴胺(cyanocobalamin)、羟钴胺(hydroxocobalamin)、腺苷钴胺(adenosylcobalamin, cobamamide, 维生素 B_{12} 辅酶)和甲钴胺(methylcobalamin, mecobalamin),其分子结构见图 12.1.3。后两种是天然存在的两种维生素 B_{12}。

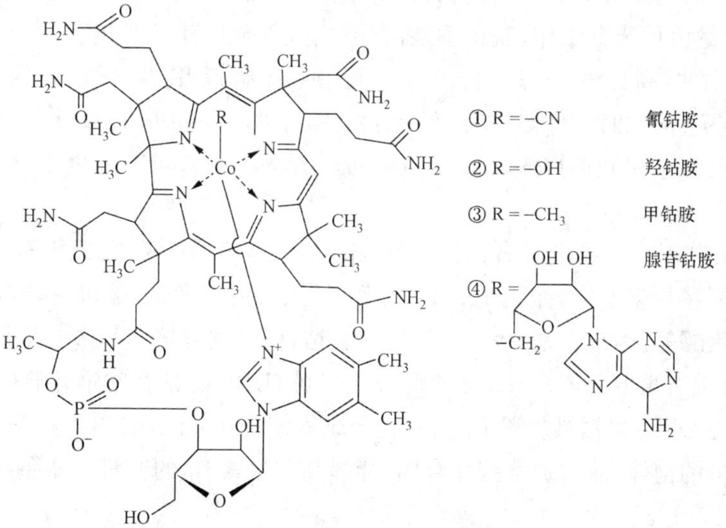

① R = –CN　　氰钴胺
② R = –OH　　羟钴胺
③ R = –CH$_3$　　甲钴胺
④ R =　　　　腺苷钴胺

图 12.1.3　维生素 B_{12} 的分子结构

维生素 B_{12} 是人和动物的代谢体系中三种重要酶的辅酶,这些酶具有异构化、脱氢和甲基化的功能。维生素 B_{12} 也正是以辅酶 B_{12} 的形式,参与了机体内的许多代谢反应。维生素 B_{12} 只有微生物才能合成;人、动物和高等植物都不能合成。人体若缺乏维生素 B_{12},可导致恶性贫血、生长发育迟缓和代谢失调;动物也可出现类似病症,甚至造成家禽胚胎死亡。维生素 B_{12} 是治疗阿狄森氏(Addison)恶性贫血症的首选药物,另外,还有促进生长、调节代谢和消除神经性障碍等功效。

12.1.2.2 维生素 B_{12} 的发酵生产

(1) 所用微生物　已知,不少细菌和放线菌能合成维生素 B_{12},但可分为好氧菌(如:脱氮假单胞菌,*Pseudomonas denitrificans*)和厌氧菌(或微好氧菌,如:谢氏丙酸杆菌,*Propionibacterium shermanii*)两大类。且对这两种代表菌的维生素 B_{12} 的合成途径已基本弄清,两者的合成途径大同小异。能产生维生素 B_{12} 的部分菌株及其产率见图 12.1.4。

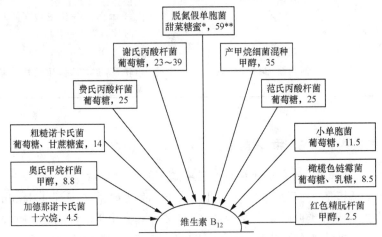

图 12.1.4　产生维生素 B_{12} 的部分微生物及其产率

*碳源;**产率(mg/L)

丙酸杆菌和假单胞菌由于它们生长快、产率高,而优于其他菌种,故多数学者以它们为出发菌,进行了大量菌种选育工作,获得了能耐受钴、锰等金属离子及抗生素一类抑制剂的抗性突变株,可明显提高维生素 B_{12} 的产率。近报,由能以甲醇作为碳源的精朊杆菌属(*Protaminobacter* sp.)和产叶绿素的红假单胞菌属(*Rhodopseudomonas* sp.)的细菌细胞融合得到的杂种精朊红假单胞菌(*Rhodopseudomonas protemicus*),可产维生素 B_{12} 达 135 mg/L 或更高。

(2) 发酵工艺流程　维生素 B_{12} 的发酵培养基中含有碳源、氮源、无机盐和 pH 缓冲剂等。碳源可根据所用菌株来选择,如图 12.1.4 所列;氮源可用玉米浆、酵母膏(或粉)、酪蛋白水解液和酒精发酵废醪等。因维生素 B_{12} 分子结构中有钴,所以发酵培养基中必须加钴盐。又因维生素 B_{12} 是一大族带有重要基团——5,6-二甲苯胼咪唑(DBI)的钴类咕啉化合物,所以在发酵培养基中常常添加 DBI。根据维生素 B_{12} 的生物合成途径获知,甘氨酸和 5-氨基乙酰丙酸(ALA)等是合成类咕啉的前体,故添加这些化合物,能提高维生素 B_{12} 的产量。制备维生素 B_{12} 的发酵工艺流程见图 12.1.5。

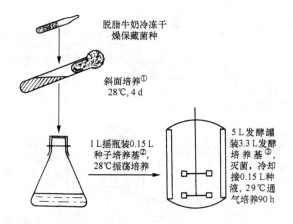

图 12.1.5 脱氮假单胞菌制备维生素 B_{12} 小罐发酵流程图

① 斜面培养基：甜菜糖蜜 60g，酵母粉 1.0g，酪蛋白水解液 1.0g，磷酸氢二铵 2.0g，硫酸镁 1.0g，硫酸锰 200mg，硫酸锌 20mg，钼酸钠 5.0mg，琼脂 25g，加自来水至 1.0L，调 pH 至 7.4；② 种子培养基：无琼脂，其余同①；③ 发酵培养基：甜菜糖蜜 100g，酵母粉 2.0g，磷酸氢二铵 5.0g，硫酸镁 3.0g，硫酸锰 200mg，硫酸锌 20mg，钼酸钠 5.0mg，硝酸钴 188mg，5,6-二甲苯胼咪唑 25mg，加自来水至 1.0L，调 pH 至 7.4

发酵过程有通气的和不通气的，也有前期不通气后期通气的，视所用菌种而定。如用一些兼性厌氧的丙酸杆菌在不通气条件下培养，当生长期过后必须加入 DBI 才能正常合成维生素 B_{12}。而另一些丙酸杆菌如谢氏丙酸杆菌 ATCC13673 等菌株，以及某些突变株自身能合成 DBI，故不必在发酵中添加。但通气有利于 DBI 的生物合成，因此，当使用后一类菌株进行生产时，采用两阶段发酵法：前期不通气培养以使菌体生长和钴啉醇酰胺合成，待碳源基本耗尽；后期通气培养使 DBI 得以迅速合成，并将钴啉醇酰胺转化为腺苷钴胺。这种发酵的维生素 B_{12} 产率为 $25\sim40\,mg/L$，也有报道最高可达 $216\,mg/L$。

(3) 维生素 B_{12} 的分离、纯化和测定　维生素 B_{12} 可以从某些产生抗生素(如：链霉素、金霉素等)的放线菌发酵液中提取，也可用专性发酵法生产。我国在 20 世纪 70 年代前期，一直采用前一种方法，后因产率低而逐渐被专性发酵所取代。

从发酵液中分离提取维生素 B_{12}，必须注意以下三点：① 因维生素 B_{12} 几乎都存在于细胞内，故应尽量设法使细胞自溶(或破碎细胞)而使产物释放。② 因发酵所得是多种维生素 B_{12} 类似物的混合物，要想将其逐个分离相当困难。因此，通常在有亚硝酸钠等化合物存在的情况下，用氰化物或硫氰化物处理加热过的发酵液，把多种相关的类似物都转化成氰钴胺。③ 发酵终点菌体尚存活，许多生化反应将继续进行，故若不及时加热处理，杀死菌体使酶失活，则会降低维生素 B_{12} 的收率。

从发酵液中分离提取维生素 B_{12}，一般采用萃取法和离子交换树脂吸附法两种。后者适用于大生产。后处理工艺见简图 12.1.6。

维生素 B_{12} 的检测方法有三种：微生物学方法、放射性指示法和分光光度法。

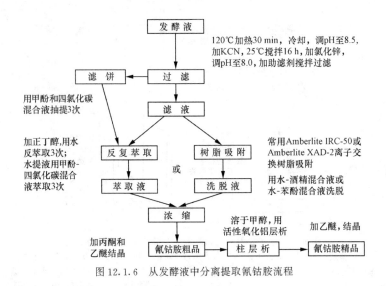

图 12.1.6 从发酵液中分离提取氰钴胺流程

12.1.3 维生素 C(L-抗坏血酸)发酵

12.1.3.1 维生素 C 的分子结构和生理功能

维生素 C,即 L-抗坏血酸(L-ascorbic acid)。分子式 $C_6H_8O_6$,相对分子质量为 176.13,其分子结构见图 12.1.7。

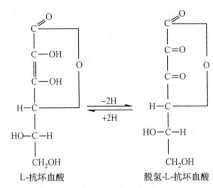

图 12.1.7 维生素 C 的分子结构

坏血病是人类知道最早的疾病之一。蔬菜的治疗价值也很早就见诸文字。几百年前,美洲的印第安人就知道用云杉叶或松针浸泡液可以治疗坏血病。直到 17 世纪末,英国舰队内科医生 James Lind 进行了著名的临床对比实验。用服用柠檬汁的办法使许多患坏血病的战士得以康复,恢复了舰队的战斗力,确保对拿破仑军队作战的胜利,才引起关注。但直到一个半世纪以后,即 20 世纪 20 年代末才证明,对坏血病有疗效的物质是维生素 C,同时将它分离了出来。不久,就弄清了它的分子结构,并用人工方法进行了合成。

维生素 C 参与人体内多种新陈代谢过程:促进细胞间胶原质的生成,利于组织修补和伤口愈合;促进铁在肠道中的吸收,刺激造血功能;与甾体激素的羟化作用有关,可降低血浆中的胆固醇;影响毛细管的渗透性及血浆的凝固;能提高白细胞的吞噬作用;对抗体的形成有激活作用,因此,能增加机体对感染的抵抗力和免疫力。而且,它也与维持人体正常的血脂代谢、生理功能和中枢神经功能密切相关。

维生素 C 有如此多方面的生理功能,而人体本身又不能自行合成,它就必然成为人体需要补充的最重要的维生素之一。科学家认为维生素 C 是副作用最小的药物之一,目前,已由治疗药物逐渐转变成预防药物和营养保健药品。维生素 C 除作为治疗坏血病的首选药物外,也常作为辅助药物而被广泛应用,例如,预防感冒和减轻感冒症状、治疗肠胃病、有增加干扰素的作用、限制肿瘤发展等,对多种疾病患者的康复都起到了很好的效果。在食品工业上,维生素 C

的应用范围也不断拓展,它可作为酒类、饮料的抗氧化剂、面包点心的烘焙剂、罐头食品的保鲜剂等。农业上,维生素C可作为催熟剂和饲料添加剂。

12.1.3.2 现行两种维生素C生产工艺的比较

20世纪30年代以前,维生素C均从天然植物中提取,产量低,价格昂贵,无法满足需要。1933年,德国化学家Reichstein等创造了以化学合成为核心的维生素C生产工艺,通称为"莱氏法"(图12.1.8),产品价格大幅度下降,国外各厂均纷纷采用此法生产维生素C。我国从1956年起采用"莱氏法"生产维生素C。1974年我国发明的维生素C"二步发酵"新工艺(图12.1.8)通过国家级鉴定,1975年在上海第二制药厂首先投产。迄今,国内各厂已全部用"二步发酵法"生产维生素C,并已具有年产8万~10万吨的生产能力,产量居世界首位。

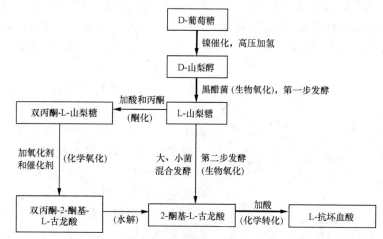

图12.1.8 "莱氏法"和"二步发酵法"生产L-抗坏血酸流程
粗黑线表示两种工艺共有,从L-山梨糖到2-酮基-L-古龙酸是两种工艺的本质区别所在。"莱氏法"的核心是化学氧化(图中左路),"二步发酵法"的核心是生物氧化(图中右路)

目前,国外仍采用"莱氏法"生产,年产维生素C约6万吨。由于Hoffmann-La Roche公司已于20世纪80年代用重金购买了我国独有的"二步发酵"生产技术,罗氏药厂等也在积极筹备用新工艺生产维生素C。两种工艺比较见表12.1.2。

表12.1.2 "莱氏法"和"二步发酵法"生产工艺比较

项 目	莱氏法工艺	二步发酵法工艺
核心	化学氧化	生物氧化
工序	五道(发酵、酮化、氧化、转化、精制)	四道(第一步发酵、第二步发酵、转化、精制)
环保	需大量有毒、易燃、易爆的重要化工原料,劳动条件差,对生产设备的腐蚀性强,三废处理难	节约大量重要的化工原料,大大减少"三废"。改善了劳动条件,利于安全生产
原料成本	较高	较低
总收率	64%左右	50%左右

"二步发酵法"总收率较低,总收率低的关键因素是,山梨糖的投料浓度低,大多数厂仅为7%~8%。若山梨糖的投料浓度增加到15%~16%,总收率提到55%以上,再加上后处理工艺的改进,"二步发酵"新工艺,则将全面超过"莱氏法"老工艺。北京制药厂年产200吨维生素C

的车间采用新工艺后,每年可节省丙酮396吨(相当于节约粮食1584吨),节省其他化工原料3500多吨和主要生产设备78台。

12.1.3.3 "二步发酵法"

(1) 第一步发酵用菌　由D-山梨醇(D-sorbic alcohol)发酵(生物氧化)生成L-山梨糖(L-sorbose)的第一步发酵,常用生黑葡糖杆菌(通称"黑醋菌",*Gluconobacter melanogenus*)或弱氧化醋杆菌。因在生产中常有噬菌体危害,而使生产严重受阻。1968年,中国科学院微生物研究所和北京制药厂合作,以S-7为出发菌株,选育出了抗噬菌体菌株R30,用于生产,性能稳定,发酵率可达98%以上。

(2) 第二步发酵用菌　2-酮基-L-古龙酸(2-keto-L-gulonic acid,简称2-KGA)是维生素C生产的中间体。美、法、日等国都相继进行了用微生物氧化生成2-KGA的研究,所用菌种除假单胞菌属外,还有葡糖杆菌属、沙雷氏菌属(*Serratia*,赛氏杆菌属)、芽孢杆菌属(*Bacillus*)和克雷伯氏菌属(*Klebsiella*)的某些种。但均属单一菌种发酵,且产量低、规模小,尚处于实验室小试和中试阶段。

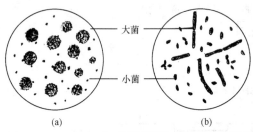

图12.1.9　N1197A大、小菌的菌落和菌体形态示意图
(a) 大、小菌在琼脂平板培养基上的菌落;
(b) 用显微镜所观察到的大、小菌菌体形态(1500×)

1969年初开始中国科学院微生物研究所与北京制药厂等单位合作,共同发明了"二步发酵"新工艺。又在大量菌种分离筛选的基础上,选出一株产生2-KGA的优良菌株N1197A,产量居世界先进水平。该项发明最重要的特点是:由L-山梨糖直接氧化生成2-KGA的是大小两种菌自然组合混菌发酵的结果(图12.1.9),大菌是一株假单胞菌(*Pseudomonas striata*,沟槽假单胞菌),生长快,长势好,但不产2-KGA;小菌为氧化葡糖杆菌AS 1.945,长势弱,产2-KGA很少。只有大、小菌搭配,才能正常产生2-KGA。

近年来,第二步发酵用菌的选育工作又有了新进展。1997年,尹光琳等将产酸"小菌"AS 1.945采用物理和化学因素诱变和原生质体融合等方法处理后,经选育驯化获得一株优良突变株"小菌"SCB329,与SCB933组成了一个新组合。2001年,仲崇斌等以掷孢酵母(*Sporobolomyces roseus*)为伴生菌与氧化葡糖杆菌组成新的混合菌系。实验室试验表明,以上这些新的组合菌系,与现在生产上使用的原有组合相比,表现出了更为优良的性能。如产酸量提高,发酵周期缩短,以及具有耐受较高浓度(10%)L-山梨糖的特性。目前已发现能作为"伴生菌"的有芽孢杆菌、假单胞菌、欧文氏菌、微球菌、荧光杆菌、变形杆菌、肠杆菌和酵母菌等。但国内生产上所用的产酸"小菌",始终是氧化葡糖杆菌AS 1.945。若能通过遗传工程手段,将"小菌"中产生2-KGA的关键酶的基因导入某种生长快、易培养的"大菌"之中进行发酵生产,也是曾经有过的一种好的设想。

(3) 发酵过程中菌群的形态变化与产酸的关系　只有大、小菌混合培养才能正常产生2-KGA这一事实,给人们提出了许多问题,究竟"大菌"为"小菌"产酸提供了什么?通过摇瓶试验发现,发酵期间,产酸量与菌群的形态变化(大、小菌的数量比)密切相关。发酵前期"大菌"数量较多,后期逐渐减少,产2-KGA旺期也正是大、小菌的数量处于急剧变化的阶段。若"伴生菌"是芽孢杆菌,则当"大菌"开始形成芽孢时,也正是"小菌"开始产2-KGA之时。发酵终点时,"大菌"的游离芽孢及残存菌体,也就逐步自溶消失。

(4) "二步发酵法"的工艺流程　见图 12.1.10。

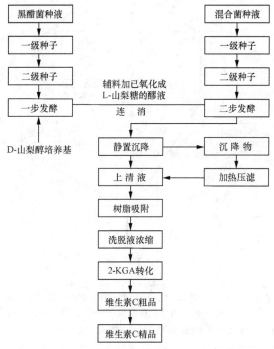

图 12.1.10　"二步发酵法"生产维生素 C 工艺流程

(5) "二步发酵法"控制要点　选用优良的大小菌混合菌菌系，且两者合理搭配，数量上比例适当，是第二步发酵成败的关键。发酵过程中分次流加氮源(尿素)，注意调节 pH，一般发酵前中期维持 pH 在 7.0 左右利于产生 2-KGA。这是获得 2-KGA 高产的重要手段。适当降低起始 L-山梨糖的投料浓度(5%～6%)利于小菌生长，而在发酵过程中分次流加 L-山梨糖，可使 L-山梨糖浓度达到 12%～15%，这是提高总收率及设备利用率的主要途径。

12.1.3.4　微生物合成 2-KGA 主要研究成果的回顾和展望

半个多世纪以来，已发表的利用微生物生物氧化制取 2-KGA 的研究报告和专利很多，有的收率太低，有的尚处于小试和中试阶段(我国发明的"二步发酵"新工艺除外)。归纳起来主要提出了以下七条合成途径，以发现时间的先后予以编号(图 12.1.11)：① 从 L-艾杜糖酸生成 2-KGA (Gray's 法)；② 从 L-山梨糖发酵生产 2-KGA(二步发酵法)；③ 从 D-山梨醇直接生产 2-KGA；④ 葡萄糖串联发酵法；⑤ 从 2-酮基-D-葡萄糖酸发酵生产 2-KGA；⑥ L-山梨酮氧化途径；⑦ "基因工程菌"一步发酵法。对最后一条路线有必要作进一步说明。

20 世纪 80 年代中期，在"葡萄糖串联发酵"研究成果的基础上，Anderson 和 Sonoyana 等人分离纯化了棒状杆菌中的 2,5-二酮基-D-葡萄糖酸还原酶，并证实了此酶在 2,5-二酮基-D-葡萄糖酸分子的 C-5 位上立体专一性地将其还原为 2-KGA。Anderson 和 Hardy 等还克隆了这个酶的基因，构建了表达载体，分别转入草生欧文氏菌(*Erwinia herbicola*)和柠檬欧文氏菌(*Erwinia citreus*)中，并成功表达，从此实现了从 D-葡萄糖到 2-KGA 的一步发酵。当葡萄糖浓度为 4.0%，发酵 72 h，转化率达 49.4%。

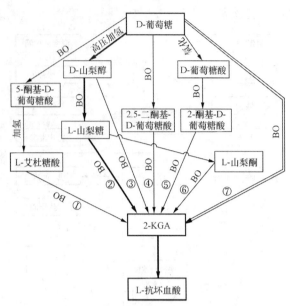

图 12.1.11 维生素 C 前体——2-KGA 的各种生物合成途径
① Gray's 法；② "二步发酵法"；③ D-山梨醇氧化途径；④ 葡萄糖串联发酵法；⑤ 2-酮基-D-葡萄糖酸氧化途径；
⑥ L-山梨酮氧化途径；⑦ "基因工程菌"一步发酵法。粗黑线"━━"表示此工艺已用于工业化大生产；双线"══"
表示最先进、有待实现工业化的生物合成途径；"BO"表示生物氧化

半个世纪以来，国内外学者的研究基本上集中在四个方面：① 优良菌株的选育；② 发酵工艺和产品提取工艺的改革提高收率；③ 代谢途径的研究和 2-KGA 新合成途径的探求；④ "基因工程菌"的构建，以期使维生素 C 的生产更加简便快捷，成本大幅度降低。

维生素 C 是人体必需的最重要的维生素之一，也是当今世界上生产量最大的一种维生素，它的应用范围日益广泛，这必然会引起国内外有关学者的高度重视。今后要做的工作可概括为两个方面：其一，现有发酵和提取工艺的改革，以期提高总收率，降低成本。这可从菌种选育(高产，且能耐受高浓度 L-山梨糖)；在对代谢过程从分子水平上进行深入研究的基础上，对发酵过程进行更有效的调控；以及改革现行后处理工艺等方面入手。其二，是抓住"基因工程菌"这个好苗头，加紧工作，使其尽快推向生产。并从生产工艺上进行彻底改革，如用固定化细胞和固定化酶进行生物氧化，这将使生产更为简便快捷，大大提高设备利用率，实现生产连续化和自动化。因所得产物较为单一，更有利于产品的分离提取和纯化。能否再将植物中能合成维生素 C 的相关基因转入某种细菌，构建成一种可从葡萄糖直接合成维生素 C 的"基因工程菌"？甚至再进一步把某些能分解纤维素为葡萄糖的细菌中的有关酶基因也转入某种细菌，创造出一种奇异的微生物，能以农副产品或下脚料(如作物秸秆等)为原料发酵生产出维生素 C？这仅仅是编者的一种大胆设想，但绝非空想。因为具有这种能力的细菌(或植物)资源客观存在，且很丰富；现代的基因工程技术水平也已基本能担此重任。当然要把许多相关酶的基因，整合到一个菌(或两个菌)的细胞里绝非易事！但科学的发展是无止境的。已经在维生素 C 生产领域里创造出了独特的"二步发酵"新工艺的中国，有基础、有能力再创佳绩！

12.1.4 维生素 A 原(β-胡萝卜素)的生物合成

12.1.4.1 β-胡萝卜素的分子结构和生理功能

类胡萝卜素是最重要的天然色素之一，是一类黄色和红色色素。至今，已发现类胡萝卜素

约 600 种,可分为四大类(表 12.1.3),广泛分布于自然界。β-胡萝卜素(β-carotene),也称为维生素 A 原(provitamin A),是脂溶性维生素 A 的前体。β-胡萝卜素被人体肠黏膜吸收并转变成维生素 A。

表 12.1.3 类胡萝卜素的分类和主要品种

类　　别	主要品种
烃类类胡萝卜素	α-胡萝卜素、β-胡萝卜素、γ-胡萝卜素、番茄红素等
醇类类胡萝卜素	叶黄素、玉米黄素等
酮类类胡萝卜素	辣椒红素、虾黄素、虾红素等
酸类类胡萝卜素	藏红花素、胭脂红素、胭脂橙素等

1831 年 Wackenerocler 首先分离出了 β-胡萝卜素。1907 年 Willstatter 与 Mieg 建立了胡萝卜素的经验分子式。1928—1931 年,Karrer 确定了胡萝卜素和维生素 A 的分子结构。1930 年 Moore 通过实验证明胡萝卜素可转化为维生素 A。1950 年 Karrer 等人工合成了 β-胡萝卜素。1953—1959 年化学合成 β-胡萝卜素方法实现工业化生产。其分子结构见图 12.1.12。

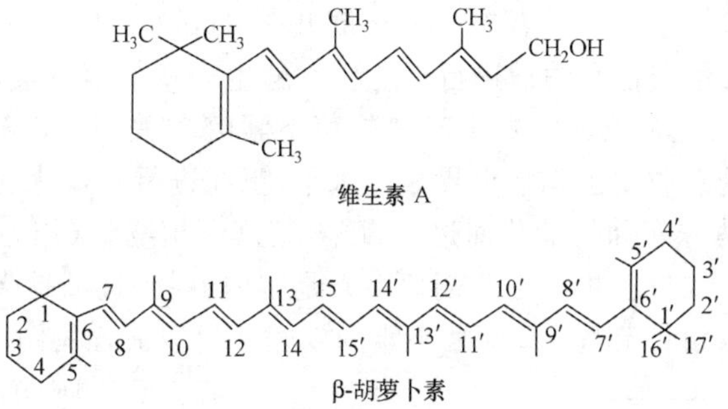

图 12.1.12 维生素 A 和 β-胡萝卜素的分子结构

人体从食物中得到 β-胡萝卜素在肠内被吸收后,通过 β-胡萝卜素-15,15′-双加氧酶(β-carotene-15,15′-dioxygenase)的作用,从其分子中间 15 和 15′位双键处(见图 12.1.12)断开,即可生成两分子的维生素 A。这种酶的多少,会根据人体对维生素 A 的需要而自动调节。当人体缺乏维生素 A 时,这种酶的含量会增加,把 β-胡萝卜素转变成维生素 A;而当体内维生素 A 量足够时,此酶含量则会减少,而多余的 β-胡萝卜素贮存在人体表皮下的脂肪层中。

维生素 A 是脂溶性长链醇,有很多异构体,俗名视黄醇(retinol),它可氧化成视黄醛,进而氧化成视黄酸。它影响许多细胞内的代谢过程。如:维生素 A 在黏多糖和皮质甾醇的合成中起作用,也影响线粒体和溶酶体的稳定性,而且它在视网膜视杆细胞的光接受中起着特殊的作用。因此,能用来治疗夜盲症和干眼病(即角膜干燥和退化),也可防治皮肤的角质化。天然 β-胡萝卜素在抗癌、防癌和预防心血管疾病方面有明显作用。我国学者报道,β-胡萝卜素在人体内可抑制肿瘤的转移,当其浓度达到 12.5 μg/mL 时,可完全抑制癌细胞的复制繁殖。由于 β-胡萝卜素具有营养增补剂和着色剂的双重功效,而被广泛用于饮料、食品及饲料添加剂,并被世界粮农组织(FAO)和世界卫生组织(WHO)食品添加剂联合专家委员会确定为 A 类优良食品添加剂。

12.1.4.2　β-胡萝卜素的发酵生产

β-胡萝卜素的生产方法有四种:化学合成、天然物中提取(原料有胡萝卜、蚕粪等)、盐藻培养和微生物发酵。且均已应用于工业化生产,但其生产规模有大有小。由于微生物发酵法生产工序简便,又不受环境条件的限制,故受到了人们的普遍重视,且有望代替化学合成法。

(1) 生产用菌　已发现能合成 β-胡萝卜素的微生物有瑞士乳杆菌(*Lactobacillus helveticus*)、球形红杆菌(*Rhodobacter sphaeroides*)、短杆菌属(*Brevibacterium* sp.)、分枝杆菌属 的一些种、红酵母(*Rhodotorula glutinis*)、土生假丝酵母(*Candida humicola*)、深红酵母(*Rhodotorula rubra*)、弯假丝酵母(*Candida cruvata*),以及属于真菌的三孢布拉霉(*Blakeslea trispora*)、布拉克须霉和丛霉(*Dematium*,暗色孢属)等。多数关于发酵生产 β-胡萝卜素的专利所使用的菌种是酵母菌和真菌。酵母菌发酵产量不高,故众多目光便集中到真菌。其中研究得较多的是布拉克须霉和三孢布拉霉。后者更优,培养 5~6 d,总胡萝卜素产量 1.0 g/L 以上,其中 80%~90%是 β-胡萝卜素,是较为理想的工业化生产用菌。

(2) 发酵工艺流程　对三孢布拉霉的形态学和生理学的研究发现,在其生活史中可分为无性和有性两个阶段。在有性期,菌丝体可分为阴、阳(即"-"和"+")两种。两性株产生的三孢布拉霉酸(trisporic acid,三孢酸)是激素类物质,可促进 β-胡萝卜素的生物合成。而当用无性株三孢布拉霉进行发酵时,若能添加三孢布拉霉酸,也能取得用两性株发酵同样的产量。

Ciegler 首先报道了 20 L 罐规模的试验结果,发酵 96 h,产量 1.0 g/L,继而进行了 250 L 罐试验,产量 1.4 g/L。另一位学者在 800 L 罐规模的试验中,得到 β-胡萝卜素的产量为 1.112 g/L。前苏联用三孢布拉霉菌株进行工业化发酵生产 β-胡萝卜素,年产 200 kg。我国上海化工研究院主持了用三孢布拉霉发酵生产 β-胡萝卜素的攻关项目,1000 L 罐规模中试,无论在发酵水平和后处理的总收率上均居世界领先水平,正在进行产业化的有关工作。

由于三孢布拉霉菌株有独特的代谢途径,培养基富含植物油(作为碳源)和表面活性剂等物料,故发酵液具有较大黏度。再加上 β-胡萝卜素是胞内产物,且又是脂溶性物质,故其分离提取必须根据这些特点来设计流程。β-胡萝卜素的发酵和提取流程见图 12.1.13。

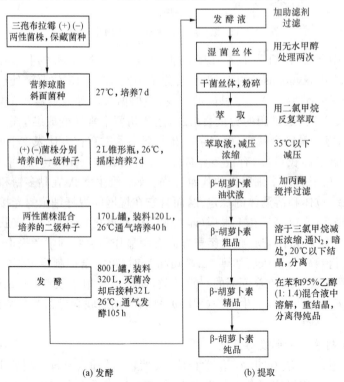

图 12.1.13　用三孢布拉霉两性菌株发酵生产 β-胡萝卜素的工艺流程

(3) 最新进展　目前,通过对胡萝卜素生物合成途径在分子水平上的深入研究,已找到了一系列的胡萝卜素合成基因,从而使在原不产生胡萝卜素的微生物中构建产生不同结构胡萝卜素的"基因工程菌"付诸于生产成为可能。利用这种基因重组菌株可产生出一系列的胡萝卜素。例如将不同的合成基因重组后,在大肠杆菌(E. coli)中表达,已获成功,可产生许多种胡萝卜素,但现产量很低(0.01~0.5 mg/g 干菌体),有待提高。若将合成胡萝卜素前体另一合成途径的相关酶(如:1-脱氢-D-木酮糖-5-磷酸合成酶)基因,在 E. coli 中过量表达,则 β-胡萝卜素和玉米黄素的生成量可达 1.5 mg/g 干菌体。

12.1.5　维生素 H(生物素)的生物合成

12.1.5.1　生物素的分子结构和生理功能

生物素(biotin)广泛存在于自然界,是多种微生物的生长因子,也是动物和人体必需的维生素。1936—1943 年间,测定了它的分子结构(图 12.1.14),并进行了化学合成。

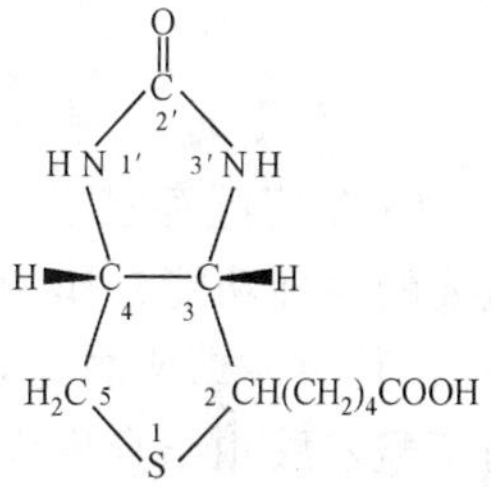

生物素有八种不同的异构体。其中只有 D-生物素是天然存在的,并具有维生素的生理活性。生物素是羟化酶的辅酶,在糖、蛋白质和脂肪代谢中起着重要作用。人体的肠道细菌能合成较多的生物素,且有相当一部分被人体吸收利用,基本满足需要,故人的生物素缺乏症罕见。

图 12.1.14　生物素的分子结构

12.1.5.2　"基因工程菌"产生生物素的发酵研究

早在 20 世纪 60 年代开始,人们就已进行选育能合成生物素的微生物,发现真菌和链霉菌能积累较多的生物素。庚二酸能显著促进微生物生物素的合成。通过对球形芽孢杆菌(Bacillus sphaericus)和大肠杆菌代谢的研究,其合成生物素的途径已弄清。庚二酸也正是生物合成途径中的起始物质。球形芽孢杆菌合成生物素途径中的相关酶已确定。生物素合成基因的研究报道不少,对大肠杆菌的合成基因了解较多。

近报,已获得黏质沙雷氏菌的重组菌株。通过发酵条件的优化,以及发酵过程中分次流加等方法,发酵 10~11 d,D-生物素的最高产量为 600 mg/L。据悉,用微生物发酵生产生物素,其产量要远高于 1.0 g/L,才能与化学合成法竞争。因此,目前生物素的生产仍用化学合成法,全世界的产量不足 20 吨,价格昂贵。

12.2　辅酶类生产

一种酶呈现活性所需的非蛋白质成分,称为辅因子(cofactor)。这种辅因子可能是一种金属离子,称为激活剂;也可能是一种有机分子,则称为辅酶(coenzyme)。这些辅因子或松或紧地与酶相结合,紧密结合而用透析方法都无法除去的辅因子称为辅基。辅酶能传递氢、电子和某些基团,故对酶的催化反应起着关键的作用。辅酶有多种,这里扼要介绍其中最重要的三种,即辅酶 A(CoA)、辅酶 I(NAD)和黄素腺嘌呤二核苷酸(FAD)。

12.2.1　辅酶 A(CoA)

12.2.1.1　CoA 的分子结构和生理功能

CoA 的分子结构见图 12.2.1。

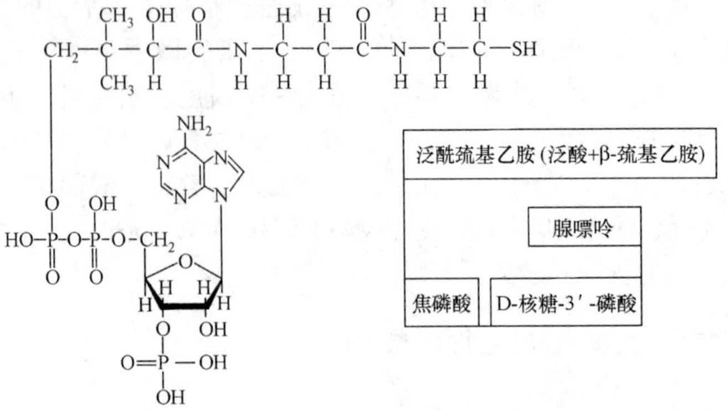

图 12.2.1 CoA 的分子结构
(a) 结构图;(b) 框架图

CoA 广泛存在于动、植物组织和微生物细胞中,是机体代谢中最重要的辅酶之一。CoA 最重要的生理功能是作为羧酸的载体,起到酰基转移的作用。脂肪酸由于形成 CoA 衍生物而被激活,其中最重要的是 CoA 和乙酸的结合形成乙酰 CoA。这种具有一个高能键的"活性乙酸"与草酰乙酸相结合生成柠檬酸,然后进入三羧酸循环。来自糖类、脂肪和氨基酸的乙酸也可以通过上述方式进入三羧酸循环。因此,CoA 在糖、脂肪和蛋白质三大代谢,以及生物体的能量代谢中都起着十分重要的作用。

也正由于 CoA 对人体具有重要的生理功能,已成为一种重要的核苷酸类药物。在临床上用于治疗放射病、心血管疾病、血小板和白细胞减少,以及肌肉萎缩等疾病。

12.2.1.2 CoA 的生物合成

CoA 的生物合成是一个需要能量的过程。合成的起始物质是泛酸(维生素 B_5 或称维生素 B_3),合成途径见图 12.2.2。合成 CoA 除需要泛酸外,还需 ATP、半胱氨酸和腺嘌呤,以及催化各步反应的相关酶系。

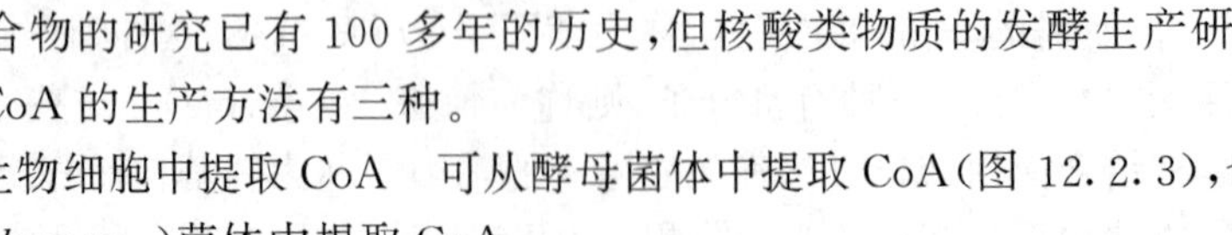

图 12.2.2 CoA 的生物合成途径

12.2.1.3 CoA 的生产

核酸类化合物的研究已有 100 多年的历史,但核酸类物质的发酵生产研究始于 20 世纪 60 年代,现行 CoA 的生产方法有三种。

(1) 从微生物细胞中提取 CoA 可从酵母菌体中提取 CoA(图 12.2.3),也可从白地霉和青霉菌(*Penicillium* sp.)菌体中提取 CoA。

(2) 微生物干细胞酶促反应法 用一株能由泛酸和半胱氨酸合成 CoA 的菌种,上罐通气培养后,离心得菌体,用生理盐水洗涤菌体两次,所得菌体冷冻干燥或做成丙酮干粉。将这样的"干燥细胞"加到含有 CoA 前体的反应液中,在一定条件下进行合成反应,然后从中提取 CoA。

(3) 直接发酵法 20 世纪 70 年代中期,国外报道用产氨短杆菌 IFO 12071 菌株,在有 ATP 的情况下,用添加 CoA 前体(泛酸、半胱氨酸和腺嘌呤等)的发酵方法生产 CoA,产量为

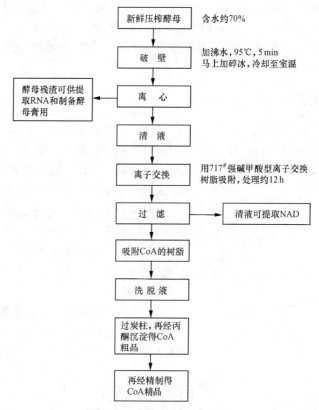

图 12.2.3 CoA 提取工艺流程

1.2 mg/mL。单株分离获得的优良菌种添加表面活性剂，CoA 产量可增至 2 mg/mL。另有报道 CoA 产量最高可达 5 mg/mL。我国 1976 年用产氨短杆菌 AS 1.844 发酵生产 CoA 也获得成功。

12.2.2　烟酰胺腺嘌呤二核苷酸(NAD)

12.2.2.1　NAD 的分子结构和生理功能

烟酰胺腺嘌呤二核苷酸（nicotinamide adenine dinucleotide，NAD，亦称辅酶Ⅰ）和烟酰胺腺嘌呤二核苷酸磷酸（nicotinamide adenine dinucleotide phosphate，NADP，亦称辅酶Ⅱ）其分子结构中都含有维生素烟酰胺组分，它们是许多脱氢酶和还原酶的辅酶。NAD 参与了乳酸、异柠檬酸、α-酮戊二酸和苹果酸等的脱氢反应；NADP 参与了葡萄糖-6-磷酸、β-酮脂酰 ACP 和烯脂酰 ACP 的还原反应，它们的主要生理功能是作为氢的传递体。它们的分子结构见图 12.2.4。

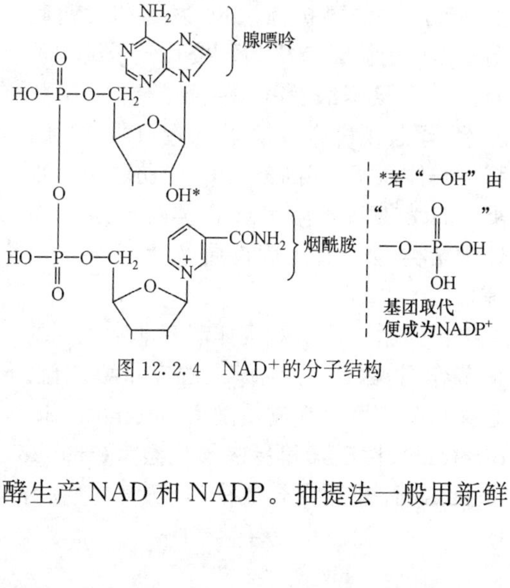

图 12.2.4　NAD^+ 的分子结构

12.2.2.2　NAD 的生产

目前采用从微生物细胞中抽提或经微生物发酵生产 NAD 和 NADP。抽提法一般用新鲜压榨酵母为原料,经破壁后离心得清液(参见图12.2.3),用离子交换法进行分离提取,洗脱液上769#炭柱吸附,再洗脱,酸化,用冷丙酮沉淀,即得NAD^+产品。

也有报道用产氨短杆菌,在发酵培养基中添加NAD前体(腺嘌呤和烟酰胺),用直接发酵法生产NAD^+。

12.2.3 黄素腺嘌呤二核苷酸(FAD)

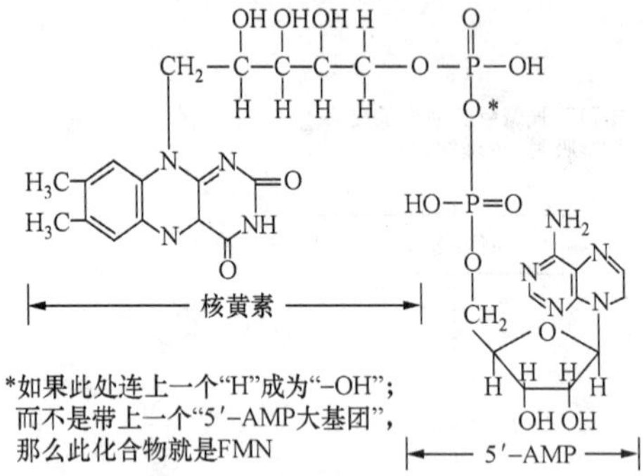

黄素单核苷酸(flavin mononucleotide,FMN)和黄素腺嘌呤二核苷酸(flavin adenine dinucleotide,FAD),两者合称黄素核苷酸(flavin nucleotide)。FAD的分子结构见图12.2.5。

FMN以非共价键与蛋白质相连接;而FAD则既可以共价键,也可以非共价键的方式与蛋白质相连接。这类含有黄素核苷酸的结合蛋白质,称为黄素蛋白(flavoprotein),或称黄酶。它是机体代谢中一类很重要的脱氢酶。

目前,FAD主要从核黄素发酵废菌体中提取,产量较小;也有关于以细菌为生产菌,发酵液中加FAD前体,采用直接发酵法生产FAD的报道。

图12.2.5 FAD的分子结构

核黄素 + ATP ⟶ FMN + ADP
FMN + ATP ⟶ FAD + ppi(焦磷酸)

12.3 甾体激素的微生物转化

12.3.1 甾体激素的分子结构和生理功能

甾体化合物(steroid),又称类固醇,是一类含有环戊烷多氢菲核的化合物,广泛存在于动、植物组织和某些微生物细胞中。它们的结构如图12.3.1所示。

激素是由生物体内特殊组织或腺体产生(或分泌)的对机体生长、发育和代谢起调控作用的微量有机物。按其分子结构可分为:① 氨基酸及其衍生物类(如:甲状腺素、肾上腺素等);② 肽与蛋白质类(如:脑下垂体激素、胰岛素);③ 脂肪酸衍生物类(如:前列腺类激素);④ 类固醇类(即甾体激素类,如:肾上腺皮质激素、性腺激素等)。

甾体激素药物对机体起着非常重要的调节作用,因此,在临床上占有重要地位。它又可分为肾上腺皮质激素(adrenocorticosteroid)、性激素和蛋白同化激素(anabolic steroid,促蛋白合成甾类)三大类。应用

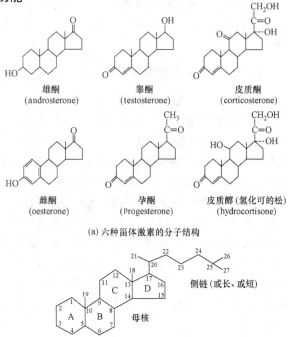

(a) 六种甾体激素的分子结构

(b) 甾体化合物的基本结构

图12.3.1 甾体化合物的基本结构及几种常见的甾体激素

于慢性肾上腺皮质机能减退症、低血钾症、风湿性关节炎、抗炎症、抗过敏、抗休克、避孕、利尿等各方面的治疗。对促进和维持男子及妇女副性特征与精子形成、女性生殖器官发育有重要意义。

12.3.2 微生物转化的特点和类型

微生物对有机化合物某一特定部位(基团)起作用,而使其转变为结构类似的另一种有机化合物,这种作用称为微生物转化。根据微生物转化含义可知,转化作用的产物不是由营养物质经微生物细胞一系列代谢过程后所生成的;而是利用微生物细胞的某种特定的酶系,在底物特定部位进行酶促反应的结果。

微生物转化的突出特点是:酶促转化反应的底物专一性、区域专一性和主体结构专一性。也就是说,对某种微生物转化而言,它只能对特定的底物、特定的位点和特定的光学异构体起作用。这种催化转化反应的酶具有区别消旋异构物的能力,仅对其中的一个对映体起转化反应。而且微生物在进行转化时,不需要保护其他基团。这些特点就显示出用微生物转化法生产甾体类药物的巨大优越性。甚至某些目前几乎无法用化学合成法来生产的甾体类药物,而用微生物转化法生产却相当便捷。微生物对甾体类化合物的转化作用,可以发生在母核的某特定位置,也可发生在侧链的某一特定位点。有时,一种微生物可对某种化合物同时进行几种不同的转化作用。

迄今,已发现微生物对甾体化合物的转化反应有:羟基化、氧化、还原、水解、酯化、酰化、异构化、卤化和侧链降解等。其中最普遍、最重要的是羟基化反应(表12.3.1)。

表 12.3.1 部分重要的甾体类药物微生物转化反应

反应类型	转化实例	微生物
11α-羟基化	孕酮——→11α-羟基孕酮	黑根霉、黑曲霉等
11β-羟基化	化合物 S——→氢化可的松	蓝色犁头霉、弗氏链霉菌
16α-羟基化	9α-氟氢可的松——→9α-氟-16α-羟基氢化可的松	玫瑰色链球菌等
19-羟基化	化合物 S——→19-羟甲基化合物 S	芝麻丝核菌
C-1,2 位脱氢	氢化可的松——→氢化泼尼松	简单节杆菌
环氧化	17α,21-二羟基-4,9(11)-二烯-3,20-二酮孕甾——→17α,21-二羟基-9β,11β-环氧-3,20-二酮孕甾	新月弯孢霉或短刺小克银汉霉
A 环芳构化	19-去甲基睾丸素——→雌二醇	睾丸素假单胞菌
还原反应	双酮睾丸素——→睾丸素	酵母菌
水解反应	21-醋酸妊娠醇酮——→去氧皮质醇	中毛棒杆菌
侧链降解	胆甾醇——→1,4-二烯-3,17-二酮-雄甾	诺卡氏菌等

早在20世纪30年代人们就已经发现,弱氧化醋杆菌能将D-山梨醇氧化为L-山梨糖。某种棒杆菌(*Corynebacterium* sp.)能将脱氢表雄酮(dehydroepiandrosterone)转化为雄烯二酮(androstenedione),进而再由酵母菌转变为睾酮(testrone)。但微生物转化法生产甾体药物的工业化,却始于20世纪50年代这类药物在临床上应用之后。1952年美国 Peterson 和 Murray 发现黑根霉能使孕酮一步转化为11α-羟基孕酮,收率可达85%以上,从而解决了可的松等皮质激素类药物合成中最大的难题,开创了微生物转化生产甾体激素类药这一新领域。

我国也采用微生物转化法生产出了氢化可的松、醋酸可的松等多种甾体激素类药物。此后,国内外在微生物转化生产甾体激素类药物的研究和生产方面有了许多新的进展。

12.3.3 微生物转化的生产方式

目前,主要生产方式有以下三种:

(1) 增殖细胞转化法 此法与普通的发酵相仿,即在发酵培养基中加入要转化的底物,在生产用菌自我增殖的同时,将底物转化为我们所需要的产物。这种方法人们较熟悉,易掌握;但副产物较多,增加了后处理的难度。

当然可将两种或两种以上转化类型不同的微生物混合在一起培养,利用它们各自所特有的转化能力,将底物的不同部位进行转化,而生产出某种甾体激素类药物。此法发挥了多菌种协同转化的优势,多种反应一步完成,简化了工艺,提高了收率。

(2) 静息细胞转化法 收集菌体或霉菌的孢子,经洗涤后悬浮于缓冲液中,然后加入底物进行转化反应。或用冷冻干燥菌体,或用经丙酮处理的菌体,加入含底物的缓冲液中进行转化反应,可取得同样的效果。此法反应时间较短,转化产物中杂质较少,利于产物的分离提取。

(3) 固定化细胞或固定化酶转化法 前苏联学者 K. A. Koshcheyenko 用聚丙烯胺包埋球状节杆菌(*Arthrobacter globiformis*),进行氢化可的松转化为氢化泼尼松的脱氢反应,半衰期可达 5 个月,进行分批转化至 200 次时,转化率仍达到 95%。活细胞包埋法的优点还在于,将其在培养液中再度培养,使其恢复和增高酶活力,同时再生辅酶,可增加重复使用的次数。

一般来说,固定化酶转化是一个发展方向,但甾体化合物转化酶类大多为氧化还原酶,它进行转化反应时需要辅助因子,而外加辅酶的固定化酶活力很低,这就限制了固定化酶转化法在生产上的应用。这一难题有待进一步研究解决。另外,也有用菌体的无细胞抽提物来进行甾体化合物转化的。

12.3.4 微生物转化生产甾体激素的工艺要点

(1) 化学合成与微生物转化相结合 目前常用价格较低廉的天然甾体化合物作为原料,如:薯蓣皂苷(diosgenin)和豆甾醇(stigmasterol)等来生产甾体激素类药物。其生产过程大多数是采用化学合成和微生物转化相结合的工艺路线。其中某一步或两步采用微生物转化法,而其余多数基团的改造均利用化学合成(图12.3.2)。

(2) 获得量大质优的菌体是前提 进行微生物转化当然首先要获得质优的菌体。为此,必须选用优良的菌种,配以适宜的培养基和培养条件,使我们能在尽可能短的时间内得到更多的健壮菌体(或孢子),备用。

(3) 控制好转化反应是关键 有了一定数量的优质菌体,就必须为其创造好的转化环境,才能得到预期的效果。被转化的底物不溶于水,而菌体却悬浮在水质培养基中,两者难以接触。如何实施转化?因此,必须设法使菌体(或孢子)与底物密切接触,这就成为首先要解决的技术问题。为此,一般采用将底物先溶于与水相溶性好的溶剂(如:乙醇、丙酮等)后,再加到菌液中进行转化。投料浓度的高低,要视菌种的转化能力和有机溶剂对菌体的毒性大小而定。

在此基础上,就必须控制好转化反应的条件(如pH、温度和通风等),必要时也可在转化液中加入相关的激活剂和有害酶的抑制剂。这样既有利于转化,也可减少副产物。

(4) 提高收率是目的 如何千方百计将培养液中已产出的有用产物分离提取出来是我们的目的。考虑到甾体激素不溶于水,且有相当数量存在于菌体内部,就必须根据此来设计提取工

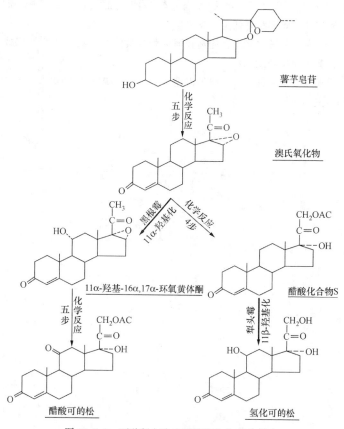

图 12.3.2 两种肾上腺皮质激素合成、转化反应

艺路线。一般的做法是转化结束后,培养液过滤,取滤饼和经浓缩后的滤液用溶媒反复抽取 3 次,所得抽提液经减压浓缩后,过滤、干燥得粗品,再用有机溶媒重结晶即得精品。

甾体药物很多,其生产工艺各异,但根据以上要点,并参考有关文献资料,就不难掌握某一种甾体药物的具体生产工艺路线。并可能会在原有基础上加以改进,甚至创造出一条全新的工艺路线。微生物转化的工业应用始于甾体药物的生产,随后发展到其他天然产物。如:萜类、前列腺物质和天然碱等,以及应用于半合成抗生素和多种多样的烃类转化产品的生产实践中。微生物转化的应用潜力巨大,前景广阔。

复习和思考题

12-1 微量元素、维生素和激素都是人体必需的生理活性物质,这三者有何异同?

12-2 维生素可分为哪两大类?人体必需的维生素有多少种?它们的主要生理功能是什么?

12-3 我国发明的维生素C"二步发酵法"新工艺与"莱氏法"老工艺相比,区别何在?新工艺有什么优越性?其主要特色是什么?还有哪些不足有待改进提高?

12-4 根据本章介绍的几种有关维生素C合成途径的研究进展情况,你有何评述和新的创见?

12-5 用你已学到的知识,能否绘制出一幅简图,以说明维生素和辅酶在机体代谢中是如何起作用的?

12-6 甾体激素分哪几类?举例说明各类的代表化合物。

12-7 甾体激素的微生物转化法生产有何特点和优越性?微生物转化有哪几种类型和生产方式?

12-8 微生物发酵(或转化)生产生理活性物质(如维生素、辅酶和甾体激素)及其他产品,有哪几个共同的环节必须抓好,才能提高总收率和降低生产成本?

12-9 举例说明理论研究(如:分子水平的代谢途径研究和相关酶系的基因研究等)对发酵过程的调控和发酵工艺的改革、创新有何指导意义?

12-10 为了选育一个优良的生产菌株和对发酵过程进行更有效的调控,以期积累更多的人们需要的产物,你认为应采取哪些主要措施?

(陶增鑫)

13 酶制剂的发酵

13.1 概　　述

13.1.1 微生物酶生产简史

与其他发酵工业相比,微生物生产酶制剂工业起步较晚,但是发展迅速。虽然早在古代就有制曲酿酒等记载,但利用微生物来进行酶生产却是19世纪日本人高峰让吉用曲霉通过固体培养生产他卡淀粉酶(Taka-diastase)用做消化剂开始的。20世纪20年代,法国人Biodin和Effront用枯草芽孢杆菌生产α-淀粉酶,用于棉布退浆,奠定了微生物酶的工业生产基础。30年代,蛋白酶开始在食品和制革工业上应用。而微生物酶大规模工业化生产则始于40年代末日本用深层发酵法生产α-淀粉酶。到了50年代末,日本学者发现几种霉菌蛋白酶,尤其是酸性蛋白酶,并发明了从链霉素发酵液中回收蛋白酶的方法。自从1956年Reese等人提出纤维素酶作用方式以后,开始转入纤维素酶的基础研究。60年代,开始了淀粉酶的生产;荷兰生产了碱性蛋白酶,还发现了适用于工业生产的葡萄糖异构酶产生菌,并开始了葡萄糖异构酶工业化生产;另外,微生物脂肪酶和纤维素酶的工业生产也得以实现。70年代,固定化葡萄糖异构酶工业开始形成,并进行固定化青霉素酰化酶与固定化天冬氨酸酶的生产。目前为止,在生物界中已发现的酶有3000多种,但工业生产的商品酶类仅有50多种,大部分是利用微生物生产的。这些酶大多数属于水解酶类,其中最主要的是淀粉酶、糖化酶、蛋白酶、葡萄糖异构酶和果胶酶等,广泛应用于食品、纺织、制革、医药、日用化工和三废治理等方面。目前的800多种商品酶中,大多数是利用微生物生产的。凡是动、植物体内存在的酶,几乎都能从微生物中得到;倒是有许多酶目前还只能在微生物中发现,而未能从动、植物中找到。

由于酶作用的特异性强、反应条件温和、安全性大、污染环境少,加上微生物工业所具有的优势,人们认为工业上广泛利用酶是21世纪生物技术领域中最重要的技术革命之一,微生物酶制剂工业将大有可为。

13.1.2 我国酶制剂研究及待改进的问题

自20世纪60年代起,我国已开始生产酶制剂产品,并在品种、产量及技术水平等方面都取得了长足的进步。目前全国共有50余家生产企业,年生产能力超过40万吨,产品品种达到20余种。特别是近10年间,年产量的平均增长率高达20%左右,远远高于国民经济的平均增长速度。我国目前已能生产α-淀粉酶、β-淀粉酶、糖化酶、蛋白酶、中性脂肪酶、青霉素酰化酶、果胶酶、纤维素酶、饲料用复合酶、葡萄糖异构酶、凝胶酶等产品,广泛应用于酿酒、淀粉糖、洗涤剂、纺织、皮革、食品、医药等行业,产生了巨大的经济效益。比如,仅糖化酶用在白酒和酒精行业,每年就可节约粮食22万吨,产生1.1亿元的经济效益。

我国酶制剂在增加品种的同时,技术水平也有了较大的改进,菌种的发酵水平成倍提高。在发酵条件和工艺水平上进行大量改进和优化,如空气过滤系统的改造、培养基配方的优化、反应器的选择、提取工艺采用膜过滤技术等,在菌种选择上采用先进手段进行筛选、诱变、保存等。

随着改革开放的逐步深化,我国引进国外资金、技术,已建有10余家合资或独资的酶制剂生产企业,如长春力达、江阴兴达、唐山柯东、肇东华润、天津诺和诺德、无锡杰能科等,对促进我国酶制剂产业的发展起到了良好的推动作用。在提高我国酶制剂生产水平的同时,也加剧了市场的竞争。

尽管我国酶制剂工业取得了较大进步,但是还存在产品种类少、生产规模小、技术开发能力差以及精细化程度低等不足之处。

针对我国酶制剂工业存在的问题和不足,今后关键要搞好产品结构调整,增加新品种;实现规模化经营,增加产品竞争力;加强技术开发,提高产品质量。针对我国国情,应有重点地开发和生产一些酶制剂新品种,要加快饲料用酶、纺织用酶、果汁用酶、蛋白质水解酶、低聚糖用酶等产品的开发。对现有淀粉酶和洗涤剂酶要加大系列新产品的开发与生产。具体要重点发展的产品有植酸酶、β-葡聚糖酶、甘露聚糖酶、果胶酶、木聚糖酶、纤维素酶、转谷氨酰胺酶、真菌淀粉酶、普鲁兰酶、碱性脂肪酶、漆酶等以及不同特性的α-淀粉酶。在开发新产品的同时,必须加大应用实验与推广力度。

酶制剂行业特点是用量少、催化效率高、专一性强。根据这些特点,要做到"生产集中,应用广泛"的原则,权威人士主张要多品种、规模化生产。国家轻工业协会建议,今后酶制剂起步规模要在1万吨/年以上,力争建设多家规模在5万吨/年以上的工厂。对"三废"实施规模化的集中治理,规模较大的企业可建立自己的酶制剂应用车间或研究中心,加强应用研究,扩大酶制剂的生产,增加企业的竞争力。

13.2　主要酶的应用

微生物酶源获得的酶制剂用途极为广泛,主要体现在:

在食品工业中,它们可以用来优化工艺(如葡萄糖和转化糖的生产、提高果汁产率、缩短熟化时间等)、提高产品质量(如使肉质变嫩、阻止美拉德反应、去除果汁苦味、作面包添加剂等)和制造新产品(如蛋白质水解物、水果和蔬菜的浸渍汁等)。

在去污剂工业中,95%以上作为去污剂用的酶都是碱性丝氨酸蛋白酶(来自芽孢杆菌属,特别是枯草芽孢杆菌);其余的如脂肪酶适于去油或去脂,淀粉酶则可去除淀粉类污物。

在医药学领域中,目前已用于临床上的酶大部分是助消化的。此外,也可用于抗肿瘤或抗菌试剂及血液凝块的处理(脱痂)。许多化学药物的生产是通过固定化酶或固定化细胞来完成的,也可通过微生物发酵完成(如抗生素等的生产)。一般不常用纯酶,因为纯酶的制备成本太高。

在分析上,主要用在诊断领域,如乳酸脱氢酶用于测定乳酸和丙酮酸,甘油脱氢酶(加上脂蛋白脂肪酶)用来测定甘油等。

此外,微生物酶还可应用在皮革加工工业、纺织工业及废物处理等方面。

由于酶不仅能够水解化合物,而且还能合成某些化合物,可以断定,酶的用途必将越来越广。

主要工业用酶及其生产菌种列于表13.2.1。

表 13.2.1　重要的微生物酶及其来源、用途

酶	主要的产酶微生物	主要作用	应用领域
真菌 α-淀粉酶	米曲霉、黑曲霉	水解淀粉的 α-葡聚糖链	面包工业,液化淀粉,助消化剂,酿酒工业中代替麦芽
细菌 α-淀粉酶	枯草芽孢杆菌、解淀粉芽孢杆菌	水解 α-1,4-葡聚糖苷键	液化淀粉,织物退浆,酿酒工业中代替麦芽
β-淀粉酶	米曲霉、巨大芽孢杆菌、腊状芽孢杆菌	从 α-1,4-糖苷键的非还原末端依次切下麦芽糖单位	与多糖酶协同作用由淀粉制造麦芽糖
葡萄糖淀粉酶	黑曲霉、米曲霉、雪白根霉、德氏根霉、拟内孢霉	非还原性末端水解 α-1,4-葡聚糖苷键,依次切下葡萄糖单位	酿造业中分解糊精,与 α-淀粉酶协同作用由淀粉制造葡萄糖
异淀粉酶及茁霉多糖酶	产气气杆菌、中间埃希氏菌	从淀粉分支处水解 α-1,6-葡聚糖苷键,形成麦芽糖和麦芽三糖	酿造工业中由糊精形成麦芽糖和麦芽三糖
蜜二糖酶	葡酒色被孢霉	分解棉籽糖的 α-1,6-半乳糖苷键	提高甜菜糖回收率
果胶酶	黑曲霉、白腐盾壳霉	聚半乳糖醛酸酶分解果胶键,果胶甲酯酶分解甲酯,放出 COO$^-$	澄清果汁,果实扎汁,助滤,处理柑橘皮及制备柑橘油以及其他去掉果胶方面的应用
纤维素酶	木霉、青霉	分解纤维素形成葡萄糖	提高细胞内含物的提取率;将粗饲料中纤维素转化为糖;应用于酱油酿造,制酒工业,洗涤剂
真菌蛋白酶	米曲霉、黑曲霉、斋藤曲霉、微小毛霉等	广谱的水解蛋白质	助消化剂、软化剂、除臭剂等
细菌蛋白酶 放线菌蛋白酶	枯草芽孢杆菌 灰色链霉菌等	广谱的水解蛋白质	洗涤剂、处理废物、制革等
脂肪酶	黑曲霉、根霉	将脂肪分解成脂肪酸和甘油	食品工业改善风味,助萃取剂(手性拆分),清理管道、废物处理,助消化剂
青霉素酰化酶	大肠埃希氏菌	分解青霉素的环化残基	形成 6-氨基青霉烷酸,并作为起始物质用于半合成青霉素
葡萄糖异构酶	短乳杆菌、橄榄色链霉菌、链霉菌、凝结芽孢杆菌	葡萄糖与果糖之间相互转化	制造果糖,改善纸的可塑性,在软饮料中能使同样浓度情况下提高甜度

13.3　酶制剂的生产技术

酶的生产大部分采用深层培养方法,也有少量的酶种还采用表面培养的方法来生产。

某些由真菌生产的酶,例如,根霉(*Rhizopus* sp.)产生的葡萄糖淀粉酶和黑曲霉产生的酸性蛋白酶,至今还采用固体或半固体培养的方法来生产(大部分是谷物和氮源混合后进行培养)。酿造工业制曲过程是利用真菌的表面培养来制备酶的较好的例子。其中有一些是真菌淀粉酶和真菌蛋白酶(米曲霉)、真菌纤维素酶(绿色木霉、黑曲霉)和凝乳酶(微小毛霉,*Mucor pusillus*),在半固体培养物中也能得到制备物。

深层培养的发酵罐一般为 10~100 吨。根据微生物产酶情况,发酵时间为 50~150 h,pH 和培养温度也常根据微生物产酶的作用条件来确定。由于酶的产生往往在微生物生长稳定期,所以常采用二级发酵。发酵罐中一般均有搅拌器装置,但不带搅拌的循环和回流的发酵罐也可用做酶的生产。固态发酵与液态发酵过程参数的控制列于表 13.3.1。

表 13.3.1 固态发酵与液态发酵过程参数控制的异同

主要项目	主要方法	
	固态发酵	液态发酵
温度	① 通入加湿空气,蒸发冷却 ② 强制通气	冷源或热源的流量
pH	① 采用具有缓冲能力的物质作底物 ② 以含氮无机盐(如脲)作氮源(以抵消发酵过程中酸的生成带来的负面影响)	发酵过程中加入酸或碱或其他物质
无菌空气流量	调节气进口或出口阀门	调节气进口或出口阀门或计算机控制空气流量
搅拌	间歇(周期)性搅拌和连续搅拌	变换驱动电机转速
氧供应	调节通气量、搅拌速度或罐压	调节通气量、搅拌速度或罐压
泡沫控制		流加消泡剂,调节通气量、罐压
补料	分批发酵	补料分批发酵、半连续或连续发酵
罐压	改变尾气阀门的开度	改变尾气阀门的开度
菌体浓度及状态	调节通气量、补料	调节通气量、补料
生物量测定	① 直接分离测定 ② 检测代谢活动推断生物量 ③ 测定生物体某些特殊物质的含量推知 ④ 利用与菌体生长有关的某些现象估测	直接分离测定
常用反应器	① 静态密闭式固态发酵反应器(主要有托盘式和填充床式反应器) ② 动态密闭式固态发酵反应器(主要有转鼓式、搅拌式、气固流化床、立式多层发酵罐)	① 通风反应器(鼓泡式、气升式、机械搅拌式、自吸式、喷射自吸式、溢流喷射自吸式) ② 厌氧液体发酵罐(酒精、啤酒发酵罐及废水处理反应器)
含水量 (湿度与水活度)	① 培养基中添加吸水性能较强的固体物作底物 ② 在密闭固态发酵罐内,安装超声雾化加湿器	
接种	① 气流孢子接种技术(干孢子气流接种法、孢子悬液汽雾接种法) ② 文氏管液体接种技术	三级液体种子接种

生产中加表面活性剂可使产量增长,特别对胞外酶更为明显,究其原因主要是通过对膜的作用使酶渗透出去。用 0.1% 的 Tween-80 表面活性剂可使产率增加 20 倍,淀粉酶和木糖酶提高 4 倍,绳状青霉(*Penicillium funiculosum*)产生的右旋糖酐酶增加 2 倍。在发酵进行时加入消

泡剂时也会出现此类情况。

生产中,也可以添加促进剂达到提高酶的产量的目的。但目前有关酶或发酵促进剂的研究工作集中表现出多以促进相关的微生物生长为目的,以单一成分的添加特别是营养成分的添加为主要手段,且往往将整个发酵过程笼统地作为研究对象,缺乏针对性。吴京平等提出针对整个发酵过程中的酶作为促进剂的研究对象,以天然大分子有机物为主要原料,配以多种协同成分组成复方酶促进剂的研究方向。现已在复方糖化酶促进剂的研究方面取得了较理想的结果。针对淀粉酶、纤维素酶、蛋白酶等多种工业用酶促进剂的研究也正在探索中。

连续法生产酶在目前用得还不多,主要有转化酶和葡萄糖异构酶。

由微生物制取酶制剂,尽管在细节上存在一些差异,但各国生产酶制剂的大步骤基本相同,大体上包括菌种选育、培养、分离(离心、过滤)、提纯(盐析、溶剂提取、离子交换等)、结晶等步骤。现将酶制剂的生产工艺流程汇集如图 13.3.1。

图 13.3.1 微生物酶制剂的一般生产工艺

下面就以 α-淀粉酶、蛋白酶、脂肪酶以及纤维素酶为例,说明酶制剂的生产工艺。

13.3.1 α-淀粉酶的生产

国内主要采用解淀粉芽孢杆菌(*Bacillus amyloliquefaciens*)BF7658 及其变异菌株,以液体深层发酵法生产中温 α-淀粉酶,虽然具有一些优点,但是由于发酵产酶水平不高、提取困难且环境污染严重等因素,经济效益不太好,使许多厂家转向高温 α-淀粉酶的生产。但高温 α-淀粉酶毕竟不能完全代替中温 α-淀粉酶,许多场合由于工艺等原因必须采用中温 α-淀粉酶,因此,目前市场上中温 α-淀粉酶的价格比高温 α-淀粉酶高。

利用固态发酵法(solid-state fermentation)生产 α-淀粉酶是一项既传统又面临新挑战的发酵技术,国内上海工业微生物研究所 20 世纪 80 年代利用固态发酵法技术生产中温 α-淀粉酶,浅盘发酵产酶最高达 1403U/g,相当于目前新标准的 1079U/g,它具有生产效率高、工艺简单、操作粗放、能耗少、废液少、产物分离较容易等优点,因而与液态深层发酵法相比,生产成本较低。随着人们对节省能源和减少环境污染问题的重视,固态发酵技术日益受到关注,利用固态发酵技术生产 α-淀粉酶具有较好的经济和环境效益。

从表 13.3.1 中我们已知细菌和霉菌都可以生产 α-淀粉酶,但霉菌的 α-淀粉酶大多采用固态法生产,细菌 α-淀粉酶生产则以液态深层发酵法为主。下面以米曲霉 602 固态发酵为例介绍 α-淀粉酶的生产工艺。

以麸皮和谷壳为原料,其配比为 100∶5。加 0.1% 稀盐酸 75%~80%,拌匀,常压蒸煮 1h。扬冷后接入 0.5% 种曲,置曲箱中,保持前期品温 30℃左右,每 2h 通风 20min,当品温升到 30℃以上,则连续通风,保持品温在 36~40℃之间约 28h。品温开始下降,通冷风使品温降到 20℃左右,出箱。将制好的麸曲用水或稀食盐水浸出后,用酒精或硫酸铵盐析,酶泥低温烘干,粉碎后加乳糖为填料作为成品。

无锡轻工业大学(即现在的江南大学)生物工程学院的吴大治等人采用国内厂家生产淀粉酶的常用菌株 BF7658 变异菌种,直接以麸皮为原料用固态发酵法生产 α-淀粉酶,培养基初始含水量 60% 左右,培养温度 37~39℃,液体种子接种量为 0.5%,发酵时间为 48~60h,产酶活力可达 1248U/g;浅盘培养平均产酶活力可达 1754U/g;同样使用该菌株进行液体深层培养,发酵液淀粉酶活力平均为 350U/mL 左右。可见,固态发酵法生产所得的酶活力为普通液体深层发酵法的 4~5 倍,而且生产成本比较低,具有可观的经济效益。

13.3.2 脂肪酶的生产

生产脂肪酶的深层培养工艺已有许多报道。由于脂肪酶产生菌和酶的特性不一,培养基配比和培养条件也有不同。培养基常见的碳源是油脂、淀粉、糊精、玉米粉,也有少数菌用面粉和葡萄糖,还有用烃作碳源;氮源中有机氮源如大豆粉、大豆饼粉、大豆蛋白、玉米浆、胨等,无机氮源常用硫酸铵、硝酸铵、尿素等;常用的无机盐为 KH_2PO_4、K_2HPO_4、$MgSO_4$ 等。

发酵培养基中存在单糖、双糖或甘油时,脂肪酶的形成常受阻遏,此现象可由白地霉在含葡萄糖培养基上生长来证实。可观的脂肪酶生产仅出现在当葡萄糖从培养基中消耗尽和生长接近停止时,葡萄糖对脂肪酶生产的影响也在解脂假丝酵母和日本根霉(Rhizopus japonica)中证实。

一般认为,培养基中添加脂类(主要是天然油脂)能诱导脂肪酶的形成,对一些菌还可以显著地增加脂肪酶的生产。加橄榄油、花生油的脂肪或油酸的脂肪酸都能有效地促进脂肪酶的形成。对解脂假丝酵母而言,脂肪酸和卵磷脂可用来提高脂肪酶的产量。对日本根霉而言,添加甘油三酯或卵磷脂到培养基中能促进脂肪酶的生产,但添加脂肪酸则无效。因此,用于生产高产量的胞外脂肪酶的生产培养基,常用如淀粉或麸皮的多糖、甘油三酯或脂肪酸。氮源常用大豆粉、蛋白胨、酵母膏、酪蛋白水解物和玉米浆等,如大豆粉和糠混合能有效地促进脂肪酶的生产。

S. H. Elwan 等在实验室和大规模生产条件下,用酱油曲霉(Aspergillus sojae)生产脂肪酶的研究表明:DL-丝氨酸加到培养基中替代 $(NH_4)_2SO_4$ 效果最好。其次为 D-甘氨酸、DL-精氨酸、天冬氨酸、DL-苏氨酸、谷氨酸,等等,淀粉则是阻遏剂。

另外,对许多微生物来说,胞外脂肪酶的相当部分可停留并黏附在细胞壁上,酶黏附于细胞壁可阻止酶进一步释放到培养基中,由此可减少胞外脂肪酶的产量,因此添加能促进脂肪酶从细胞壁上释放出来的物质可增加产量。以白地霉为例,添加高浓度 Mg^{2+} 到培养基中,可促进细胞壁上结合的脂肪酶释放,明显地增加脂肪酶的产量。Aisaka 等指出,卵磷脂对日本根霉产胞外脂肪酶的促进作用,是通过引起酶从细胞内分泌加速,而不是对整个脂肪酶合成速度的增加。

13.3.3 蛋白酶的生产

已有 10 多种芽孢杆菌产生的蛋白酶被细致研究过。大部分菌种形成碱性丝氨酸蛋白酶和中性 Zn-蛋白酶。Carlsberg 蛋白酶在洗涤剂中具有重要用途。连续化培养生产蛋白酶现在已开始实现。链霉菌产生的蛋白酶应用还不广。曲霉产生的蛋白酶对大豆水解很重要。由米曲霉形成的蛋白酶受葡萄糖阻遏,而且可由 cAMP 解阻遏。

枯草芽孢杆菌发酵生产蛋白酶在37℃进行,通常搅拌情况下通气量为1 VVm,培养物可用酵母提取物、蒸馏酒糟、饲料酵母、干酪素、鱼粉、棉花籽粉等,可不再加氮源。铵盐和游离氨基酸的存在将会降低蛋白酶的产量。而硼酸盐可降低黏液的形成,并能提高产量。碳源为适量,而氮源应为过量,这样蛋白酶的产量将会得到提高。

13.3.4 纤维素酶的生产

目前国内外纤维素酶生产工艺有两种:固态发酵及深层液体发酵。在生产纤维素酶上,固态发酵具有很多优势:发酵环境更接近于自然状态下木霉(Trichoderma sp.)的生长条件,使其产生的酶系更全,有利于降解天然纤维素;消耗能源少,设备投资相对减少;酶产品收率高,后续提取过程较液态发酵好处理。

虽然与液态发酵相比,固态发酵具有很多的优势,但由于固态发酵本身存在着一些培养参数(如传质、传热、水活度)难以控制等问题,而使其规模化生产受到一定的局限。传统的固态发酵系统中,主要通过机械搅动来强化传质、传热过程,虽然有一定的效果,但由于过多的翻动对菌体生长不利,进而影响酶的生产。中国科学院过程工程研究所的研究者们通过大量的试验与巧妙的构思,发明了气相双动态固态发酵系统,应用在纤维素酶的生产上,取得了很好的效果。该方法有别于传统固态发酵方式的一个最明显的特征是,发酵系统中的固体基质在发酵过程中保持静止,而通过气相双动,即改变气体压力脉冲(范围与周期)与气体内循环来达到强化传质传热效果。

影响气相双动态固态发酵的因素主要有:底物填料高度、填料系数、压力脉冲上下限、压力脉冲范围、压力脉冲变化周期、气体内循环速率及速率变化周期等。现以固态发酵生产纤维素酶为例,讨论影响气相双动态固态纯种发酵的主要因素。

13.3.4.1 培养基料层厚度对纤维素酶固态发酵的影响

在填料密度一定的情况之下,料层厚度是影响固态发酵效果的重要参数,影响填料层厚度的因素很多,在气体压力脉冲范围、内循环速率、脉冲周期一定的情况下(图13.3.2),随着料层的增加酶活逐渐减低,发酵周期相应增加,这是因为料层厚度越大,料层间传热、传质阻力越大,导致温度、气体浓度梯度上升,最终使固态发酵目标产物产量下降。

从图13.3.2可知,不同填料高度的最佳压力脉冲范围不同:料层高度为3 cm,当压力大于0.10 MPa时,酶活力下降;而对于6 cm料层,最优脉冲范围为0.15 MPa;9 cm料层,最优脉冲范围大于0.15 MPa。另外,在不同填料高度中,气体内循环速率对酶活力的影响不同,在填料高度较低(3 cm)时,内循环速率增大,对酶活力影响较小,因为高度低,传质、传热阻力相对较小,所以温度梯度相对于6 cm,9 cm填料高度比较小。但是速率增大对料层表面底物影响较大,容易使底物湿度降低,造成料层表

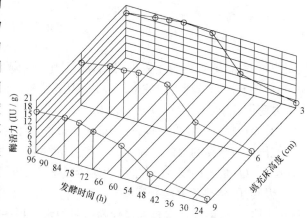

图13.3.2 填料高度、脉冲压力与最高酶活关系
(气体内循环速率为0 m/s)

面底物变干,甚至将底物吹起,严重影响底物表面微生物的生长及代谢。

从上述讨论可以看出,最佳填料高度与压力、内循环速率、脉冲和内循环周期(数据未显示)等均有复杂关系,很难精确确定料层的最优高度。我们根据实际经验与反应器填料系数,选择 9 cm 的填料高度。下面在填料高度确定的情况下,分别讨论脉冲压力变化范围、脉冲周期、内循环速率等的优化问题。

13.3.4.2 气体脉冲压力变化范围对纤维素酶固态发酵的影响

从化工热力学的角度分析,压力范围即动力源的大小是影响传热、传质的一个重要参数,压力范围越大,越利于热量、质量的传递。

(1) 气体脉冲压力上限对纤维素酶固态发酵的影响 压力的下限设定为零点(0.00 MPa),上限变化范围为 0.00~0.30 MPa。从传热、传质观点出发,压力范围越大越利于传热、传质,即随着脉冲的振幅增加,在微生物固体发酵过程中底物最高温度应该降低。通过实验我们得到:在振幅为 0.00~0.05 MPa 时,底物最高温度为 43℃;而振幅为 0.00~0.30 MPa 时,底物最高温度为 32℃。

发酵过程传热效果越好,菌体应该生长旺盛,即酶活力应更高。实验表明,当上限由 0.00→0.05→0.10→0.15→0.20 MPa 变化时,酶活力呈增加趋势;当上限大于 0.20 MPa 时,发酵过程的最高平均酶活力却在降低。但从实验中也可以发现在 24→48 h 时,酶活力均呈上升趋势,例如:发酵时间 48 h,上限 0.00→0.05→0.10→0.15→0.20→0.25→0.30 MPa,酶活力 5.2→6.8→6.9→7.5→7.0(可能取样不均造成较低)→8.1→8.2 IU/g。从上述分析可以推出,在 24~48 h 之间,虽然菌株处在生长状态,但菌丝体长度还不足以被在气相泄压过程中基质内部的气体膨胀所破坏,又因上限上升加速底物热、氧与 CO_2 的传递,所以酶活力曾现上升趋势。但当发酵时间大于 48 h,基质内部的气体膨胀开始破坏菌丝体或者培养基中一些老菌丝体出现空洞,导致酶活力下降。所以气体脉冲压力变化范围存在一个临界点即 0.20 MPa。

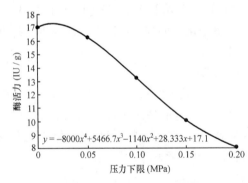

图 13.3.3 不同的压力下限(压力变化范围为 0.20 MPa)对微生物产酶的影响

(2) 气体脉冲压力下限对纤维素酶固态发酵的影响 压力变化范围维持 0.20 MPa,下限变化从 0.00 MPa 到 0.20 MPa,如图 13.3.3 所示。从图中可看出,随着压力下限的升高,酶活力不断降低。可能是微生物适于自然状态下生长(0.00 MPa),所以低压维持在 0.00 MPa 且其维持时间相对较长。从上述研究可得出,气体脉冲压力变化最佳范围为 0.00~0.20 MPa。

13.3.4.3 气体脉冲周期对纤维素酶固态发酵的影响

气体压力脉冲的目的除避免机械搅拌的缺陷外,主要是为了提高传质、传热速率,减小温度、O_2 及 CO_2 浓度梯度。在微生物代谢活跃阶段,压力脉冲较高的频率才能满足微生物所需大量 O_2 及传质、传热的要求。频率越高,越利于传质、传热,越利于酶活力提高。但如果频率较高,对罐体性能、能耗要求较高及伴随大量的水分损失,导致底物水活度下降,严重影响菌体的生长,所以在最小温度、浓度梯度与最大的脉冲频率之间存在一个折中值。在发酵过程中,温度、氧、二氧化碳及水活度等因素共同影响菌体,以及很难预测微生物代谢活跃阶段的开始,所以很难使脉冲周期量化。根据温度探针指示基质温度(反应微生物的代谢状况),底物温度变化曲线与菌体生长曲线一致,包括延长期、对数生长期(温度迅速上升)、稳定期(温度开始下降)及衰亡期。生产中应结合实际情况来优化气体脉冲周期。

13.3.4.4 气体内循环速率对纤维素酶固态发酵的影响

气体内循环的目的是使气相始终处在对流扩散状态,它对传热的影响相对气体脉冲来讲较小。随着内循环速率的提高,酶活力也随着增加。内循环速率变化也应与微生物的代谢状况相对应,随着微生物代谢活动的加剧,气体内循环速率也相应增加。但风速太大,填料层表面基质将被吹起。风速可以通过马达转速及风扇功率估计。优化后的气体内循环速率如图13.3.4所示。

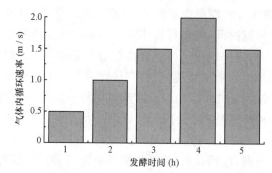

图13.3.4 气体内循环速率在最优脉冲周期下的优化示意图
1. 0～24 h; 2. 24～36 h; 3. 36～48 h; 4. 48～60 h; 5. 60～72 h

13.3.4.5 气相双动态纤维素酶固态发酵与传统静态固态发酵酶活力的比较

从图13.3.5可知,在优化条件下气相双动态纤维素酶固态发酵酶活力在发酵60 h就达到最高水平,其平均酶活力为20.36 IU/g,料层之间酶活力几乎一致。而传统培养发酵周期约为84 h,其平均酶活力为10.82 IU/g,料层之间酶活力相差较大。

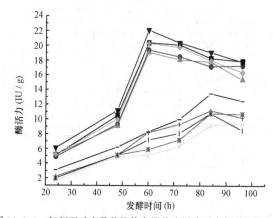

图13.3.5 气相双动态及传统静态培养滤纸酶活力与时间的关系
气相双动: ■ 0.0 cm; ● 3.0 cm; ▲ 6.0 cm; ▼ 9.0 cm; ◆ 平均酶活力
静态培养: + 0.0 cm; 3.0 cm; ✳ 6.0 cm; 9.0 cm; ⊢ 平均酶活力

由此可见,采用气相双动态固态发酵进行纤维素酶的生产,不仅可以提高酶活力,而且缩短了发酵时间。这对于工业生产来说是至关重要的。

13.4 酶的提纯与精制

无论对固态发酵还是液态发酵而言,目的酶的提纯与精制在酶制剂生产环节中的地位都至关重要。发酵培养物是培养基、微生物、产物及其他代谢产物的混合体,具有如下特点:① 目的酶浓度普遍比较低。② 待分离的体系是一个成分非常复杂的多组分胶体系统,是含有细胞、细胞碎片、蛋白质、核酸、脂类、糖类、无机盐类等多种物质的混合物。当酶是胞内酶时,需要进行细胞破碎。③ 分离过程中的操作步骤很容易造成酶的生物活性丧失,一些环境因素如 pH、温度、渗透压、离子强度等的变化也常常造成生物产物的失活;此外,由于水分活度的改变也会使酶失去活性。④ 酶本身的性质也不稳定,随着时间的推移,很容易失活。由此,分离纯化过程应该尽量迅速,缩短停留时间;控制好操作温度与 pH;减少或避免与空气接触受到污染和氧化的机会;对于多酶体系,应提前设计好混合体系中各组分的分离顺序。

对固态发酵,应添加适当比例的浸提液,并在适宜的条件下充分浸提一定时间。之后的操作便与液态发酵大同小异了(图 13.4.1)。具体选用何种分离方法,取决于体系的特性(黏度、产物浓度、杂质含量等)和所需酶制剂的形式(如结晶状产品、浓缩液、粗制溶液及干燥粉末等)。但是,不论何种体系,酶的分离大致需经过下列各阶段:① 固-液分离,常用的操作有过滤、离心分离等。② 初步分离,包括盐析、聚乙二醇分级沉淀、膜分离等。在这个阶段中,各种不需要的物质纷纷被分离,目的酶的浓度大大提高。③ 酶的提纯,常用的方法有各类层析法、吸附法和膜分离法等。这一阶段主要是除去微量杂质,进一步提高产品纯度。

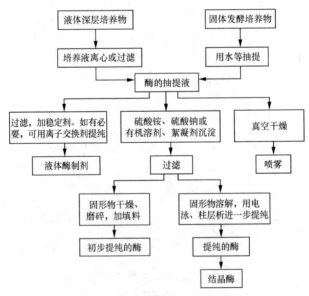

图 13.4.1 酶制剂提取的工艺流程

13.4.1 细胞破碎

微生物所产生的酶,可分胞内酶和胞外酶两大类。胞外酶在细胞内合成后,透过细胞膜进入培养基中,因而胞外酶不必破碎细胞,可直接从发酵液中提取。胞内酶存在于生物细胞内的一定部位与区域,要得到胞内酶必须先把细胞破碎,再经过各种方法提纯,才能得到理想的酶制剂。胞内酶的种类最多。生物细胞中参与分解与合成反应的酶,基本上都是胞内酶。例如细胞膜表面存在有吸收及传递营养物质的酶类;与呼吸有关的酶多数与原生质内膜或亚细胞结构(如线粒体)结合在一起,等等。基于它们存在于细胞内的部位及所处理的生物材料不同,则破碎细胞时所采用的方法也不尽相同。总的来说,破碎细胞包括研磨法、细菌磨法(此两种方法的原理都是将细胞磨碎,内含物释放出来)、超声波破碎(利用超声波的机械振动而使细胞破碎)、自溶法(在细胞自身酶类,或往菌体中加入丙酮、甲苯、乙醚等有机溶剂而导致细胞破碎)、酶解法(外源溶菌酶或细胞壁分解酶将细胞壁破碎)、渗透压法(将细胞置于高、低渗溶液中而使细胞失水或吸水进而引起质壁分离或细胞膨胀、破裂,从而使内含物释放出来)、冻融法(将细胞反复交替进行冰冻与融化,而导致其破碎)、表面活性剂处理法(表面活性剂能与脂蛋白形成微泡,使膜的渗透性改变或使之溶解)。

各种破碎方法有各自的特点,对于某一种酶,甚至几种酶来说某种方法是可行的,但对其他酶来说又未必是可行的。如用丙酮处理大肠杆菌来提取天冬酰胺酶是一种好方法,但对青霉素酰化酶则会失活。冰冻交融法破碎效率不高;研磨法、细菌磨法对少量细胞破碎比较方便;超声波处理效果较好,而且可用于较大量的细胞破碎。国外对大量菌体破碎一般采用挤压法。总之,不同方法各有千秋,具体采用何种方式,就要依靠判断和经验来确定了。

13.4.2 絮凝技术

絮凝技术能有效地改变细胞、菌体和蛋白质等胶体粒子的分散状态,使其聚集起来,达到分离目的。凝聚和絮凝的概念,过去常常混淆,现已趋于明确区分开来。凝聚是在中性盐作用下,由于双电层排斥电位的降低,而使胶体体系不稳定的现象。絮凝是指在某些高分子絮凝剂存在下,基于架桥作用,使胶粒形成粗大的絮凝团的过程,是一种以物理集合为主的过程。

采用凝聚方法得到的凝聚体,颗粒常常是比较细小的,有时还不能有效地进行分离。近年来,发展了不少种类的有机高分子聚合物絮凝剂,它们是一种水溶性的高分子聚合物,相对分子质量可高达数万至一千万以上,在长的链节上含有相当多的活性功能团,可以带有多价电荷(如阴离子或阳离子),也可以不带电性(如非离子型)。它们通过静电引力、范德华分子引力或氢键的作用,强烈地吸附在胶粒的表面。一个高分子聚合物的许多链节分别吸附在不同颗粒的表面上,产生了架桥连接,生成粗大的絮团,这就是絮凝作用。如果胶粒相互间的排斥电位不太高,只要高分子聚合物的链节足够长,跨越的距离超过颗粒间的有效排斥距离,也能把多个胶粒拉在一起,导致架桥絮凝。

目前最常见的高分子聚合物絮凝剂是有机合成的聚丙烯酰胺类衍生物,根据活性基团在水中解离情况不同,可分为非离子型、阴离子型(含有羧基)和阳离子型(含有胺基)三类。由于聚丙烯酰胺类絮凝剂具有用量少(一般以 ppm 计量)、絮凝体粗大、分离效果好、絮凝速度快以及种类多等优点,所以适用范围广。它们的主要缺点是存在一定的毒性,特别是阳离子型聚丙烯酰胺。因此,当用于食品及医药工业时,应谨慎使用,要考虑这些物质最终能否从产品中去除。近年来还发展了聚丙烯酸类阴离子型絮凝剂,它们无毒,可用于食品和医药工业中。另外,还有聚苯乙烯类衍生物及无机高分子聚合物絮凝剂,如聚合铝盐和聚合铁盐等。除此以外,也可采用天然有机高分子絮凝剂,如多聚糖类胶黏物、海藻酸钠、明胶、骨胶、壳多糖和脱乙酰壳多糖等。

天津轻工业学院的刘月霞等进行了 PCH 在酶制剂生产中絮凝效果的研究。结果表明,

PCH 絮凝剂在酶制剂发酵液的絮凝中效果好、过滤快、用量少，且对酶活力无损失，可成为酶制剂精制中的一种良好絮凝剂，较传统的盐析法、离心分离法等具有明显的优点。此外，PCH 絮凝剂是从食品加工厂废料中提取的一种多糖类天然高分子絮凝剂，其来源广泛，价格低廉，用量又少，所以用于生产中将是一种低成本絮凝剂。

虽然絮凝的机制目前还不十分清楚，但是已知絮凝效果与絮凝剂的加量、相对分子质量和类型，溶液的 pH，搅拌速度和时间等因素有关。同时，在絮凝过程中，常需加入一定的助凝剂以增加絮凝效果。料液中，絮凝剂浓度增加有助于架桥充分。但是，过多的加量反而会引起吸附饱和，在每个胶粒上形成覆盖层而使胶粒产生再次稳定现象。适宜的加量通常由实验得出，虽然高分子絮凝剂相对分子质量提高，链增长，可使架桥效果明显，但是，相对分子质量不能超过一定的限度，因为随相对分子质量提高，高分子絮凝剂的水溶性降低。因此相对分子质量的选择应适当。溶液 pH 的变化常会影响离子型絮凝剂中功能团的电离度，从而影响分子链的伸展形态。电离度增大，由于链节上相邻离子基团间的电排斥作用，而使分子链从卷曲状态变为伸展状态，所以架桥能力提高。

13.4.3 稳定剂的添加

有些酶的稳定性较差，在液态下更易失活，所以在液体酶制剂的生产中，一般需添加稳定剂。如蛋白酶的液体制剂中，可添加可逆性蛋白酶抑制物、Ca^{2+}、交联剂、醇类和糖类等有羟基的化合物、氯化钠或三氯乙酸等。

由于酶的种类繁多，性质也是千差万别，因此没有一个普遍适用的提取与纯化的具体方法。纵使这样，所有的方法却应遵循这样一条不变的准则：酶蛋白的回收率与酶活力应尽可能最大化。实际应用中，只能根据各种酶的特点，不断总结经验，以期找到一个最佳的提取与纯化方案。

复习和思考题

13-1 我国酶制剂研制存在哪些问题？
13-2 微生物酶的主要应用领域有哪些？查阅相关文献叙述纤维素酶的应用。
13-3 以 α-淀粉酶生产为例，试述酶制剂生产的工艺流程。
13-4 以淀粉酶和纤维素酶的生产为例，说明固态发酵的优势。
13-5 何谓压力脉冲固态发酵？与传统固态发酵相比，它具有哪些优势？
13-6 简述微生物酶制剂纯化的工艺流程。

（陈洪章　徐　建）

14 安全生产与发酵工业废料的再生和净化

14.1 环境污染与微生物

人类赖以生存的自然界中,处处都有微生物的存在,它们种类纷繁多样、特性千差万别,虽然小到肉眼难以察觉,却在自然界建立了极其庞大的群体。它们是占地球面积70%以上的海洋和其他水体中光合生产力的基础;是生态系统和食物链的重要环节;它们在自然界的生态平衡、物质和能量的循环流动、环境的自净、土壤的形成中扮演着关键角色;是生态农业中最重要的一环。由此可见,微生物与人类的生存(环境)息息相关。

这些微生物虽然个体微小,但却拥有千变万化的酶系、极大的代谢能力和适应性,它们在消除各类污染物上显示出极大的能力。微生物是通过水和风的散播得以存在各处的,无论在水表、海底或在土壤中都有微生物的身影。微生物由于自身的生理特性,可以通过自发的或人为的遗传、变异等生物过程适应环境的变化,使之能以各种污染物尤其是有机污染物为营养源,通过吸收、代谢等一系列反应,将环境中的污染物转化为稳定无害的无机物。因而,在生物圈中微生物充当着分解者的角色。大约90%的陆地生产者都要通过分解者作用最终形成无机物归还大地。如果没有微生物的作用,仅历年积累下的生物残体就会堆积如山。通常我们可以看到这样一种现象:少量污水排入池塘使得池水出现浑浊,但在经过一段时间以后,池水逐渐变得清澈。这种现象就是微生物对排入水体污染物进行净化的一个典型例子。正是这种微生物对环境污染的降解作用保证了自然界正常的物质循环。

然而,微生物对于人类生存环境,确是一把锋利的双刃剑。它们在给人类生存环境带来上述好处的同时,也展现了其"残忍"的一面——微生物给人类带来的灾难有时是毁灭性的。1347年的一场由鼠疫耶森氏菌($Yesinia\ pestis$)引起的瘟疫几乎摧毁了整个欧洲,有1/3的人(约2500万人)死于这场灾难,在此后的80年间,这种疾病一再肆虐,实际上消灭了大约75%的欧洲人口,一些历史学家认为这场灾难甚至改变了欧洲文化。今天,一些新的瘟疫——艾滋病(AIDS)也正在全球蔓延;许多已被征服的传染病(如肺结核、疟疾、霍乱等)也有"卷土重来"之势。此外,一些以前从未见过的新的疾病(如军团病、埃博拉病毒病、霍乱0139新菌型、大肠杆菌0157新菌型、疯牛病以及SARS、禽流感等)又给人类带来了新的威胁。

因此,在利用微生物资源时,要充分了解其与人类生存环境之间的关系,绝不能以牺牲人类生存环境为代价而仅把目光关注在经济利益上。

14.1.1 生物安全

所谓生物安全,是指人们对于由动物、植物、微生物等生物体给人类健康和自然环境可能造成不安全的防范,目的在于防其弊,用其利。生物安全是一个系统的概念,即从实验室研究到产业化生产,从技术研发到经济活动,从个人安全到国家安全,都涉及生物安全性问题。生物安全又是一个广义的概念,它包括:① 外来物种迁入导致对生态系统的不良改变或破坏;② 人为造成的环境剧烈变化危及生物的多样性;③ 科学研究开发生产和应用中,经遗传修饰的生物体和危险的病原体等可能对人类健康、生存环境造成的危害,等等。

生物安全中,微生物的地位尤其不能忽视。根据有关资料报道,病原体研究方面,截至1976年共发生实验室获得性感染事件3000多例。在病原体研究实验中,工作人员的发病率比普通人群高5~7倍。病原体逃逸出设施造成他人和动物感染的事例也有报道。生物安全实验室,特别是三级、四级生物安全实验室,研究对象都是对个人和环境有高度危害性的致病性微生物,必须采取可靠的措施防止这些致病性微生物对室内和室外环境的污染。

世界卫生组织(WHO)一直非常重视生物实验室安全问题,早在1983年就出版了《实验室生物安全手册》,将传染性微生物根据其致病能力和传染的危险程度等划分为四类;将生物实验室根据其设备和技术条件等划分为四级;其相应的操作程序也划分为四级,并对四类微生物可操作的相应级别的实验室及程序进行了规定。2003年4月《实验室生物安全手册》(第三版)以电子版的形式在WHO网页上问世。

我国在生物安全方面也制定过一些相应的条例和法规。根据《中华人民共和国传染病防治法实施办法》第二章第十五条规定,凡从事致病性微生物实验的科研、教学和生产单位,作为各类传染病菌(毒)研究操作的基本单元,实验室必须有防止致病性微生物扩散的制度和人体防护措施。不同危害群的微生物必须在不同的物理性防护的条件下进行操作,一方面防止实验人员和其他物品受到污染,同时也防止其释放到环境中。物理性防护是由隔离的设备、实验室的设计及实验实施等三个方面所组成,根据其密封程度的不同,分为P1、P2、P3和P4四个生物安全等级。P是英文protect(保护)的缩写。其中四级生物安全(P4)是生物安全实验室等级最高的实验室,可以有效阻止传染性病原释放到环境中,同时给研究人员提供生物安全的保证。目前,全球有八个P4实验室在运行,均在发达国家和地区。

P4实验室的应用可能造福人类,但管理不好也可能为人类带来种种"祸害"。近年来,国际社会普遍认为生物武器的潜在威胁已大大增加。

P4实验室管理上的疏漏和意外事故,不仅可以导致实验室工作人员的感染,也可造成环境污染和大面积人群感染。国内外实验室意外感染的事故并不少见,严重者不得不宰杀成千上万只实验动物,甚至导致实验室工作人员死亡。管理越不规范,防护条件越差,发生意外事故的可能性就越大。因而,通过防范和控制生物危害,借以维护国家社会、经济及人民健康、生态环境安全,是生物安全的根本任务。

14.1.2 水质污染与微生物净化

环境和资源是当今世界两大主题。水污染是环境污染的一个方面,1997年全国工业废水排放量226亿吨,达到国家排放标准的仅为51.8%,生活污水排放量189亿吨,处理率不足20%。废水排放污染了江河湖海,全国七大水系近一半河段污染严重,城市附近的河流大多受到不同程度的污染。总的来说,水的污染原因有以下几点:① 工业生产排放的废水;② 农业生产喷洒的农药、化肥被雨水冲刷,随地表水渗入;③ 城市的居民生活费水;④ 固性废物中有害物质溶入水中流入,废气溶入水中后流入。

污水处理按程度可分为一级处理、二级处理和三级处理。一级处理也称为前处理或预处理,二级处理称为常规处理,三级处理则称为高级处理。一级处理主要通过格栅等过滤器除去粗固体。二级处理主要去除可溶性的有机物,方法包括生物方法、化学方法和物理方法。三级处理主要是除氮、磷和其他无机物,还包括出水的氯化消毒,也有生物、物理、化学方法。

微生物处理污水过程的本质是微生物代谢污水中的有机物,作为营养物完成生长繁殖的过程,这和一般的微生物培养过程是相同的。微生物在对溶解的和悬浮的有机物酶解(降解)的过程中产生能量,所产生的能量 2/3 被转化成生物量,1/3 被用于维持生长,而当外源有机物减少,微生物则进入内源呼吸,以消耗胞内有机物来维持微生物的存活。依处理过程中氧的状况,微生物处理可分为厌氧处理系统与好氧处理系统。

14.1.2.1 发酵废水厌氧生物处理技术

厌氧处理技术(anaerobic technology)是一种有效的去除有机污染物并使其矿化的技术,它将有机化合物转变为甲烷和二氧化碳等气体。

目前,废水处理中所用的厌氧反应器主要分为以下几种类型:① 普通厌氧消化池(anaerobic digestion tank);② 厌氧接触(anaerobic contact)工艺;③ 厌氧生物滤池(anaerobic biological filter);④ 上流式厌氧污泥床(upflow anaerobic sludge bed,简称 UASB);⑤ 厌氧膨胀床和流化床以及厌氧颗粒污泥膨胀床(expanded granule sludge bed,简称 EGSB);⑥ 其他,包括厌氧生物转盘、氧化塘(oxidation pond)等。下面就以结构较简单的普通厌氧消化池、厌氧接触反应器以及目前全世界厌氧工艺中绝大多数采用的 UASB 反应器为例作简要介绍。

(1) 厌氧消化池 污水、污泥定期或连续加入厌氧消化池,经消化的污泥和污水分别由消化池底部和上部排出,所产生的沼气则从顶部排出,如图 14.1.1 所示。如果进行中温和高温发酵时,常需对发酵液进行加热,一般用外设热交换器的方法间接加热或采用蒸汽直接加热。普通消化池的特点是在一个池内实现厌氧发酵反应和液体与污泥的分离。进料大部分是间接进行,液体连续进料。为了使进料

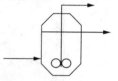

图 14.1.1 厌氧消化池示意图

和厌氧污泥密切接触而设有搅拌装置,一般情况下,每隔 2~4 h 搅拌一次。在排放消化液时,通常停止搅拌,待沉淀分离后从上部排出上清液。

(2) 厌氧接触反应器 为了克服厌氧消化池处理废水时水力停留时间(holding time)长的缺点,在消化池后设沉淀池(deposition pond),将污泥进行回流,就成了厌氧接触反应器。该反应器的实质是普通厌氧消化池的改进。工艺流程见图 14.1.2。由消化池排出的混合液经真空脱气器脱出其中的沼气后,进入沉淀池进行固-液分离,污水由沉淀池上部流出,沉淀下来的污泥大部分回流至消化池,少部分污水与污泥排出,进行处理与处置。对于完全混合式厌氧生物处理系统的生物固体停留时间可用下式表示:

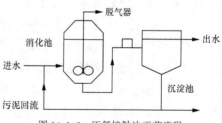

图 14.1.2 厌氧接触法工艺流程

$$\theta_c = \frac{VX}{QX_e}$$

$$t = \frac{V}{Q}$$

式中 θ_c 为生物固体停留时间(d),Q 为废水量(m^3/d),X 为消化池中混合液污泥浓度(g/m^3),X_e 为出水的污泥浓度(g/m^3),t 为水力停留时间(d),V 为消化池的容积(m^3)。

对无污泥回流的完全混合式普通厌氧消化池来说,出水污泥浓度 X_e 等于消化池中混合液污泥浓度 X。从上式可知,水力停留时间 t 等于生物固体停留时间 θ_c。对中温污泥消化,为了满足产甲烷菌(methanogens)生长繁殖条件,生物固体停留时间一般需要 20~30 d,因此,普通

厌氧消化池的水力停留时间要求 20～30 d。

此工艺和厌氧消化池相比,具有以下特点:① 污泥浓度高,其挥发性悬浮物(VSS)的质量浓度一般为 5～10 g/L,耐冲击能力强。② COD(chemical oxygen demand),即"化学需氧量"容积负荷一般为 1～5 kg/($m^3 \cdot d$),COD 去除率为 70%～80%;BOD_5(5 日生化需氧量)容积负荷为 0.55～2.5 kg/($m^3 \cdot d$),BOD_5 去除率为 80%～90%。③ 增加沉淀池、污泥回流系统和真空脱气设备,流程较复杂。④ 适合处理悬浮物(SS)浓度和 COD 高的废水,悬浮物的质量浓度可达到 50 g/L,COD 不低于 3 g/L。

(3) 上流式厌氧污泥床(UASB)反应器　20 世纪 70 年代初荷兰 G. Lettinga 用厌氧生物滤池处理土豆和甜菜加工废水时,发现在滤料下部的区域内厌氧活性污泥浓度很高,废水中的大部分有机物是在该区域内完成降解的。通过逐渐减少滤料直到取消滤料,最后开发出上流式厌氧污泥床反应器。

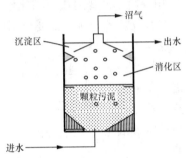

图 14.1.3　厌氧污泥床(UASB)反应器

上流式污泥床由反应区、气-液-固三相分离器和气室三部分组成(图 14.1.3)。在反应区内存在大量厌氧污泥,具有良好的凝聚和沉淀性能的污泥在池下部形成污泥层。废水从厌氧污泥床底部流入与污泥层中的污泥进行混合接触,微生物分解有机物同时产生的微小的沼气气泡不断地放出。微小气泡在上升过程中,不断合并逐渐形成较大的气泡。在污泥床上部由于沼气的搅动形成一个污泥浓度较小的悬浮层。气泡在逐渐增大的过程中带着污泥和水一起上升进入三相分离器。沼气碰到分离器下部的反射板时,折向反射板的四周,穿过水层进入气室。固-液混合液经过反射板后进入三相分离器的沉淀区,废水中的污泥发生絮凝,在重力的作用下沉降。沉淀到斜壁上的污泥沿着斜壁滑回反应区,使污泥床内积累起大量的污泥。与污泥分离后的处理出水从沉淀区溢流堰上部溢出,然后排出污泥床外。

上流式厌氧污泥床反应器的主要优点有:① 上流式厌氧污泥床内污泥浓度高。污泥中 VSS 平均浓度为 20～40 g/L。② 有机负荷高,水力停留时间短。中温发酵容积负荷达到 10 kg/($m^3 \cdot d$)。③ 上流式厌氧污泥床内设有三相分离器,一般不另设沉淀池,被沉淀区分离出的污泥重新回到污泥床反应区内,一般无污泥回流设备。④ 无混合搅拌设备,靠发酵过程中产生的沼气的上升运动,使污泥床上部的污泥处于悬浮状态,对下部的污泥层也有一定的搅动。⑤ 污泥床内不填载体,节省造价以及避免因填料发生堵塞问题。

但是,它也有一些缺点,如进水中的悬浮物浓度不宜太高;污泥床内有短流现象,影响处理能力;对水质和负荷突然变化比较敏感,耐冲击能力稍差。

14.1.2.2　发酵废水好氧生物处理技术

厌氧处理的废水一般达不到国家规定的排放标准,还需要好氧处理等后处理才能达到排放的要求。好氧处理法可以分为好氧悬浮生长系统处理技术和好氧附着生长系统处理技术两种。在当前,前者按照工艺流程又可分为活性污泥法(activated sludge technique)、氧化沟等技术。后者又包括好氧生物转盘(rotating biological contactor,简称 RBC)、好氧生物滤池(aerobic biological filter)、生物接触氧化(contact biological oxydation)等。

(1) 好氧悬浮生长系统处理技术　其中活性污泥法的应用最广泛,下面就以其为例予以介绍。

活性污泥法自 1914 年在英国的曼彻斯特建成的试验厂开创以来,已有 80 多年的历史。随着在实际生产上的广泛应用和技术上的不断改进,特别是近几十年来,在对其生物反应和净化机制进行深入探讨的基础上,活性污泥法在生物学、动力学等方面都有了长足的发展。

活性污泥是活性污泥处理系统中的主体作用物质。在活性污泥上栖息着具有强大生命力的微生物群体。在微生物群体新陈代谢功能的作用下,使活性污泥具有将有机物转化为稳定的无机物的活力,故称之为"活性污泥"。正常的活性污泥在外观上呈黄褐色的絮绒颗粒状,其大小介于 0.02～0.2 mm 之间,从整体上看,活性污泥具有较大的比表面积,每毫升活性污泥的表面积大体介于 20～100 cm^2 之间。活性污泥含水率高,一般在 99% 以上,其相对密度在 1.002～1.006 之间。活性污泥中固体物质的有机成分,主要是由栖息在活性污泥上的微生物群体所组成,这些微生物群体在活性污泥上组成了一个相对稳定的生态系统。

通常用以下两项指标表示活性污泥的数量:① 混合液悬浮固体(MLSS)浓度;② 混合液挥发性悬浮固体(MLVSS)浓度。

根据活性污泥在沉降浓缩方面所具有的特性,建立了以活性污泥静置沉淀 30 min 为基础的活性污泥的沉降与浓缩性能指标:① 污泥沉降比(SV)。又称为 30 min 沉淀率,混合液在量筒内静置 30 min 后所形成沉淀污泥的体积占原混合液溶剂体积的百分比,单位为%。污泥沉降比能够反映反应器正常运行的污泥量,可用于控制剩余污泥的排放量,还能够通过它及早发现污泥膨胀等异常现象。污泥沉降比测定方法比较简单,应用广泛,是评估活性污泥质量的重要指标之一。② 污泥体积指数(SVI)。其物理意义是曝气池出口处混合液经 30 min 静置后,每克干污泥所形成的沉淀污泥所占的体积,其计算公式为

$$SVI = \frac{混合液 30 \min 静置沉淀形成的活性污泥体积(mL)}{混合液中悬浮固体干重(g)} = \frac{SV(mL/L)}{MLSS 浓度(g/L)}$$

SVI 的单位为 mL/g。SVI 值能够反映出活性污泥的凝聚、沉淀性能,一般介于 70～100 mg/L 之间为宜。SVI 值过低,说明污泥颗粒细小,无机物含量高,缺乏活性;SVI 过高,说明污泥沉降性能不好,并且已有产生膨胀现象的可能。

活性污泥处理系统的生物反应器是曝气池。此外,系统的主要组成还有二次沉淀池、污泥回流系统和曝气及空气扩散系统。其基本流程如图 14.1.4 所示。

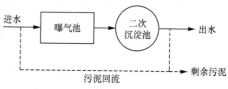

图 14.1.4　活性污泥基本流程

来自初次沉淀池的或其他处理装置的废水从活性污泥反应器,即曝气池的一端进入,同时,从二次沉淀池连续回流的活性污泥,作为接种污泥也与此同步进入曝气池。此外,从空压机站送来的压缩空气通过铺设在曝气池底部的空气扩散装置,以细小气泡的形式进入废水中,其作用除向废水充氧外,还使曝气池内的废水、活性污泥处于剧烈搅动的状态,形成混合液。经过活性污泥净化作用后的混合液由曝气池的另一端流出并进入二次沉淀池,在这里进行固-液分离,活性污泥通过沉淀与废水分离,澄清后的废水作为处理水排出系统。经过沉淀浓缩的污泥从沉淀池底部排出,其中一部分作为接种污泥回流曝气池,多余的则作为剩余污泥排出系统。

按照运行方式,活性污泥法可以分为标准曝气法、阶段曝气法、吸附再生法、延时曝气法、

高负荷曝气法等。在此不作过多介绍。

（2）好氧附着生长系统处理技术　好氧附着生长系统又称为生物膜处理技术，是使细菌等好氧微生物和原生动物、后生动物等好氧微型动物附着在某些物料载体上进行生长繁殖，形成生物膜，污水通过与膜的接触，水中的有机污染物作为营养被膜中的生物摄取并分解，从而使污水得到净化的过程。这种处理技术有代表性的工艺有生物滤池、生物转盘等。

① 好氧生物滤池：在生物滤池中，废水通过布水器均匀分布在滤池表面，废水沿着滤料的空隙从上向下流动到池底，通过集水和排水渠，流出池外。废水通过时滤料截留了废水中的部分悬浮物，同时把废水中胶体和溶解性物质吸附在自己的表面，栖息在生物膜上的微生物即摄取污水中的有机污染物作为营养，对废水中的有机物进行吸附氧化作用，因而废水在通过生物滤池时能够得到净化。在有机物被分解时，微生物的有机体则在不断增长和繁殖，也就是增加了生物膜的数量。由于生物膜上微生物的老化死亡，生物膜将会从滤料表面脱落下来，然后随着废水流出池外。

生物滤池的优点是结构简单，操作容易，而且能够经受有毒废水的冲击负荷。生物滤池的缺点是如果增加废水的浓度和流量，出水水质将随之恶化；另外，温度下降，基质去除率下降，贮水水质恶化。

② 好氧生物转盘：如图14.1.5所示，生物转盘由盘片、接触反应槽、转轴及驱动装置所组成。一组质轻、耐腐蚀的塑料盘片以一定间隔串联在同一横轴上而成。每片盘片的下半部都沉浸在盛满污水的半圆柱形槽中，上半部则敞露在空气中，整个生物转盘由电动机缓缓驱动。启动初期，为使每一盘片上生长好一层生物膜（此过程称为"挂膜"），污水槽中的水流速度十分缓慢。之后，污水流速可适当增快，这时随着盘片的不停转动，污水中的有机物和毒物就会被膜上的微生物所吸附、充氧、氧化和分解，从而使流经的污水得到净化。

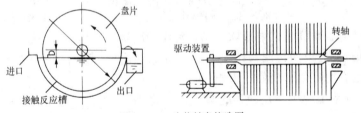

图14.1.5　生物转盘构造图

14.2　发酵工业废料的再生

14.2.1　发酵工业废水、糟、渣的处理与利用

随着发酵工业的发展，发酵工业的废水、糟、渣的处理越来越成为发酵工业必须尽快解决的难题之一。随每吨产品的获得，不同行业的废水、糟、渣的排放量，少则几吨，多则几十吨，这些是环境的污染源之一。由于发酵工业的主要原材料为农产品，因此，发酵工业的废水、糟、渣，一般无毒、无害，且含有一定的营养成分。如能将其回收或综合利用，不仅可减免"公害"的产生，而且能创造新的物质财富，如何处理废水、糟、渣，变废为宝，越来越为发酵与环保工作者所重视。

14.2.1.1 发酵工业废水的处理与利用

发酵工业废水根据 COD 负荷可分为高、中、低有机废水三类。以味精行业为例,每生产 1 吨味精要排放各种废水约 600 吨,全行业若以年产 10 万吨味精计,则全年排放量高达 6000 多万吨。如果按 20 吨发酵废母液提取 1 吨谷氨酸计,则全行业每年要排放 200 万吨废母液。目前味精行业还没有完善的处理废水的技术,多数企业是将各种浓度的废水混合稀释后排放。另外,有些企业利用等电点废母液生产饲料酵母,COD 负荷去除率为 50%~70%,不仅有经济价值,并且减轻了对环境的污染。

另外,也有厂家采用生物转盘法或天然氧化塘法进行废母液的处理,取得了一定的成效。也有报道,利用谷氨酸废母液制备有机复合肥料,这是一项很有前途的工作。考虑到等电点废母液中还残存有一定量的谷氨酸(1%以上),天津轻工业学院贾士儒等曾进行利用等电-离子交换废母液生产饲料酵母的工作,这样既有利于提高谷氨酸的提取收率,又能够生产饲料酵母。另外,其所排放废液的 COD 值较直接利用等电点废母液生产饲料酵母后所排放废液的 COD 值要低。

高浓度味精废母液仅经过一次处理(无论是生产饲料酵母,还是采用生物盘法或生物氧化塘法),是很难达到目前味精工业污染物的排放标准的。为此,有必要采取二级或三级治理的工艺流程。

从发展的观点看,采用浓缩干燥法处理味精发酵废母液制备有机颗粒肥料,有可能成为我国大中型味精厂家废水处理的主要方法,因为在国外已有成功的实例,结合国情,如何在浓缩干燥的同时降低能耗是应考虑的问题。另外,在提高谷氨酸提取收率与低浓度废水的循环率的同时,采用包括生产饲料酵母在内的二级或三级治理工艺,对于我国这样一个蛋白质资源缺乏的国家是有意义的。

14.2.1.2 发酵工业废糟的处理与利用

发酵工业废糟主要包括啤酒糟、酒糟等。啤酒糟一般含水分 75% 以上,干物质中粗蛋白约占 25%,粗脂肪 7.0%,粗纤维 15%,其不仅可以用做饲料,而且可代替部分面粉制作面包。对于啤酒糟的处理,国外多采用压榨、干燥、粉碎等加工手段,将啤酒糟制成含水量约为 10% 的干啤酒糟粉。目前国内厂家多直接将啤酒糟作为饲料出售。

目前,我国年产酒精 120 万吨以上,每吨酒精要排 13~15 吨酒糟废液,全国排放量超过 1500 万吨。酒糟废液根据原料不同,可分为玉米、薯干和糖蜜酒糟三种,三者所占总酒糟中的比例为 1:7:2。

对于玉米酒糟的处理,国外已有成熟的经验。我国北京酒精厂、安徽宿县酒精厂全套引进了有关设备,生产全价干酒糟(distiller's dried grains with solubles,简称 DDGS),每生产 1 吨酒精可联产 1 吨 DDGS,其市场价格在 120~140 美元,相当于 1 吨酒精消耗原料玉米价格的 60% 左右。当前,解决玉米糟生产 DDGS 的关键是引进设备的消化、吸收与创新,其包括固-液分离设备、蒸发浓缩设备和干燥设备等。

我国发酵法生产的酒精,多以薯干为原料。由于薯干废糟的黏度大,且含砂较多,国内已有的专用固-液分离设备(如卧式螺旋离心机)难以长期正常运转。另外,很多厂家还自制了不同型式的分离设备,如 PG 型高分子微孔管过滤机 PG-60、酒糟过滤压榨机、螺旋式压滤机等。

糖蜜酒糟中含有 7.6%~10% 的干物质,其中包括 3% 的无机化合物。糖蜜酒糟的处理已有成熟的经验,采取的工艺路线是:糖蜜酒糟→培养饲料酵母→二次发酵糖蜜酒糟→蒸发浓缩(干物质达 37%～42%)→干燥→颗粒有机矿物质肥料。

在 DDGS 的生产过程中,酒糟经固-液分离后,所得清液需经浓缩后,才可与湿酒糟混合,进行干燥。如今与浓缩蒸发设备相配套用的蒸汽再压缩机国内尚未过关。

经过固-液分离所得湿酒糟,一般含水量为 70%～80%,要制成 DDGS(含水 10%),需与浓缩好的滤液混合后进行干燥处理。国内不同厂家采用的干燥设备有:盘式干燥机、振动流化床、GQJI 型气流式酒糟干燥设备、回转圆筒干燥机、连续翻板式干燥机、流化床干燥机、新型糟渣烘干机等。其中盘式干燥机虽在防腐方面有待改进,其余各项指标均达到或超过国外同类产品的指标,达到先进水平。

利用酒糟生产饲料酵母(或利用酒糟进行沼气发酵),虽然有一定的经济效益,并能降低废液的 COD,但所排的二次废液远达不到酒精厂排放废水的标准。因此,还需进行再处理(如厌氧、好氧处理),以符合环保要求。

对于以玉米为原料生产酒精的工厂,酒糟滤液回流工艺已很成熟,但对于以薯干为原料的工厂,酒糟滤液回流工艺还处于生产试验阶段。

如何从上述酒糟废液的处理方法中,选取适宜的方法,应根据各厂的实际情况而决定。从目前我国的技术水平来看,设备、技术较强的厂家适宜采用回流技术,特别是酒糟经固-液分离后,液相回流,湿酒糟可直接或干燥后出售,这对于解决蛋白质资源紧缺这一难题,无疑是很有利的,同时无环境污染。对于设备、技术方面较差的厂家,采用全回流时,由于杂菌污染、酸度上升,影响出酒率,此时,可通过添加青霉素来防止杂菌污染;也可加碱调节回流液的 pH 后,再用其拌料。对于采用添加青霉素工艺的厂家来讲,回流时还应注意回流液中青霉素的含量,因为每回流一次都添加青霉素,会使发酵液中青霉素含量增大,有可能导致酒精成品中青霉素含量上升。有条件的小型酒精厂,可采取饲养奶牛的方法处理酒糟,利用固-液分离后的湿酒糟作为配合饲料的原料。

14.2.1.3 发酵工业废糟渣的处理与利用

发酵工业的废糟渣主要指白酒糟、醋糟渣、酱油渣、生产淀粉所排的废渣等,一般这类废物可直接烘干粉碎后作为配合饲料工厂的生产原料。一般废糟渣含水量在 60%～80%,每生产 1 kg 干饲料(含水 15%以下),约需耗煤 0.3～0.7 kg,耗电 0.07～0.09 度。其他处理与利用的方法有:栽培食用菌、酿造酱油和食醋(以酒糟或淀粉废渣为原料)等。

采用二次蒸馏的方法提取酒糟(或黄水)中的酸,其作为香味物料用以协调酒味,使酒体饱满。

根据曲酒丢糟中内含物及其特点,洪松等采用物理分离方法,使它们分离开来,再分别利用。其工艺流程为:

```
                    ┌→ 稻壳清蒸 → 配料 → 蒸粮
                    │
酒厂丢糟→分离→淘清水→升温→量水→摊凉→入窖
                    │
                    └→ 粮渣 → 倒曲 → 入房 → 粉碎
```

14.2.2 沼气发酵

沼气是一种混合气体,其中主要成分是甲烷(CH_4),占总体积的 50%～70%;其次是二氧化碳(CO_2),占 25%～45%;除此之外,还含有少量的氮(N_2)、氢(H_2)、氧(O_2)、氨(NH_3)、一氧化碳(CO)和硫化氢(H_2S)等气体。甲烷、氢和一氧化碳是可以燃烧的气体,主要是利用这部分气体的燃烧来获得能量。

沼气发酵技术确切地应该称为厌氧发酵技术,是指从发酵原料到产出沼气的整个过程所采用的技术和方法。沼气发酵技术主要包括原料的预处理、接种物的选取和富集、消化器(在厌氧发酵过程中的消化器也称反应器,是沼气发酵罐、沼气池、厌氧发酵装置的统称)结构的设计、工程起动和日常运行管理等一系列技术措施。

沼气发酵是一个(微)生物作用的过程。各种有机质,包括农作物秸秆、人畜粪便以及工农业排放废水中所含的有机物等,在厌氧及其他适宜的条件下,通过微生物的作用,最终转化成沼气,完成这个复杂的过程,即为沼气发酵。沼气发酵主要分为液化、产酸和产甲烷三个阶段。

农作物秸秆、人畜粪便、垃圾以及其他各种有机废弃物,通常是以大分子状态存在的碳水化合物,必须通过微生物分泌的胞外酶进行酶解,分解成可溶于水的小分子化合物,即多糖水解成单糖或双糖,蛋白质分解成肽和氨基酸,脂肪分解成甘油和脂肪酸;这些小分子化合物才能进入到微生物细胞内,进行以后的一系列生物化学反应,这个过程称为液化。接着在不产甲烷微生物群的作用下将单糖类、肽、氨基酸、甘油、脂肪酸等物质转化成简单的有机酸、醇以及二氧化碳、氢、氨和硫化氢等,其主要的产物是挥发性有机酸,其中以乙酸为主,约占80%,故此阶段称为产酸阶段。随后,这些有机酸、醇以及二氧化碳和氨等物质又被产甲烷细菌分解成甲烷和二氧化碳,或通过氢还原二氧化碳的作用,形成甲烷,这个过程称为产甲烷阶段,这种以甲烷和二氧化碳为主的混合气体便称为沼气。在发酵过程中,上述三个阶段的界线和参与作用的沼气微生物群都不是截然分开的。也有学者把沼气发酵基本过程分为产酸(含液化阶段)和产甲烷两个阶段。

14.2.2.1 沼气发酵工艺类型

对沼气发酵的工艺分类,从不同角度,有不同的分类方法。大中型沼气工程,强调从工程的运行温度、工程运行的最终目标以及所选用的处理原料进行分类,如图14.2.1所示。

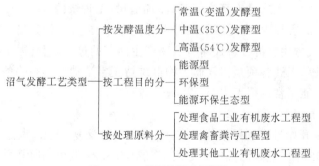

图 14.2.1 沼气发酵工艺类型

14.2.2.2 沼气发酵工艺条件

沼气发酵微生物要求适宜的生活条件,对温度、酸碱度、氧化还原势及其他各种环境因素都有一定的要求。在工艺上满足微生物的这些生活条件,才能达到发酵快、产气量高的目的。

沼气池(或沼气发酵罐)发酵产气的好坏与发酵条件的控制密切相关。在发酵条件比较稳定的情况下产气旺盛,否则产气不好。实践证明,往往由于某一条件没有控制好而引起整个系统运行失败。因此,控制好沼气发酵的工艺条件是维持正常发酵产气的关键。

(1) 严格的厌氧环境　沼气发酵微生物包括产酸菌和产甲烷菌两大类,它们都是厌氧性细菌,尤其是产生甲烷的甲烷菌是严格厌氧菌,对氧特别敏感。它们不能在有氧的环境中生存,哪怕微量的氧存在,生命活动也会受到抑制,甚至死亡。因此,建造一个不漏水、不漏气的密闭沼气池(罐),是人工制取沼气的关键。

(2) 发酵温度　沼气发酵微生物是在一定的温度范围进行代谢活动,可以在8~65℃产生沼气,温度高低不同,产气速度不同。在8~65℃范围内,温度越高,产气速度越大,但不是线性关系。

(3) 适宜的酸碱度　pH 是指消化器内料液的 pH,而不是发酵原料的 pH。沼气微生物最适宜的 pH 范围是6.8~7.5。一般来说,当 pH<6 或 pH>8 时,沼气发酵就要受到抑制,甚至停止产气。

(4) 碳、氮、磷的比例　发酵料液中的碳、氮、磷元素含量的比例,对沼气生产有重要的影响。研究工作表明,碳氮比以(20~30):1 为佳,碳、氮、磷比例以 100:4:0.8 为宜。对于以生产农副产品的污水为原料的,一般氮、磷含量均能超过规定比例下限,不需要另外投加。但对一些工业污水,如果氮、磷含量不足,应补充至适宜值。

(5) 添加剂和抑制剂　许多物质可以加速发酵过程,而有些物质却抑制发酵的进行;还有些物质在低浓度时有刺激发酵作用,而在高浓度时产生抑制作用。沼气池内挥发酸浓度过高时,对发酵有阻抑作用;氨态氮(NH_3-N)浓度过高时,对沼气发酵菌有抑制和杀伤作用;各种农药,特别是剧毒农药,都有极强的杀菌作用,即使微量也可使正常的沼气发酵完全破坏;很多盐类,特别是金属离子,在适当浓度时能刺激发酵过程,当超过一定浓度时对发酵过程会产生强烈的抑制作用。

(6) 搅拌　搅拌的目的是使发酵原料分布均匀,防止大量原料浮渣结壳,增加沼气微生物与原料的接触面,提高原料利用率,加快发酵速度,提高产气量。

(7) 接种物　在发酵运行之初,要加入厌氧菌作为接种物(亦称为菌种)。在条件具备时,宜采用生态环境一致的厌氧污泥作为接种物。当没有适宜的接种物时,需要进行菌种富集和培养,即选择活性较强的污泥或是人畜粪便等,添加适量(菌种量的5%~10%)有机废水或作物秸秆等,装入可密封的容器内,在适宜的条件下重复操作,扩大接种数量。

沼气发酵是沼气微生物群分解代谢有机物产生沼气的过程,沼气微生物像其他生物一样,对环境有个适应范围。上述各项是沼气微生物群维持正常活动所必需的条件,只有满足这些条件要求,沼气发酵方能正常运行下去。

14.2.2.3　我国沼气发酵工程

我国自1973年开始推广利用沼气以来,经历了多种反复,于20世纪80年代走上了健康发展的道路,至1992年底全国已推广家庭用沼气池498.21万个,利用酒厂、糖厂、畜禽场和食品加工厂的废糟渣为发酵原料,建成沼气工程或集中供气站439处,可供7.33万户居民用气。全国共计年产沼气达12亿多立方米,使全国505.5万户、2000多万人用上了沼气。

随着我国对环境、资源的日益重视,沼气工程已经不是单纯的能源工程,而是与环境工程、生态工程及资源回收利用密切结合,形成了一个统一的整体。近年来我国沼气工程的发展主要集中在两个方面,一是酒厂沼气工程,二是禽畜粪便沼气工程。我国年产酒精近60万吨,80%以上的酒精使用甘薯干为原料。据统计,每生产1吨酒精的酒精废醪中,残留有机物含量达500 kg 以上。目前我国年产酒精废醪近1000万吨,废醪中 COD 负荷达40~55 g/L(南阳酒精厂)。过去这些废物大部分未被利用,直接排入江河,造成了严重的环境污染。在河南南阳酒精厂沼气工程的启示下,四川荣县酒精厂、乐至酒精厂和全国各地的许多大中型酒精厂相继建成了沼气工程,收到明显的社会效益和经济效益。在数量上,酒厂沼气工程居全国大中型沼气工程之首。下面就以酒厂沼气工程为例进行介绍。

酒精废液的特点是 COD 负荷高,污染严重,沼气产量高和含有比较丰富的蛋白质。因此工程的设计需要考虑固-液分离,以达到降低处理负荷和回收蛋白饲料的目的。农业部成都沼气科研所总结了目前国内各家的研究成果,进行了酒厂沼气工程系列设计,其工艺流程可概括示于图 14.2.2。

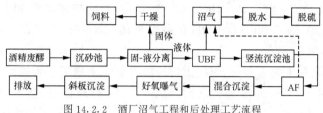

图 14.2.2　酒厂沼气工程和后处理工艺流程

(1) 沼气发酵装置的工程技术　酒厂沼气发酵装置由最早的隧道式沼气池(南阳酒精厂、荣县酒厂、乐至酒厂),发展到射流搅拌的罐式沼气池(南阳酒精厂)、上流式生物滤池和厌氧滤池或厌氧过滤器(乐至酒厂、汨罗县酒厂、天津市渔阳酿酒二厂等)、上流式污泥床(宜宾五粮液酒厂、河北泊头市酿酒厂等)、全混式沼气池(四川资阳糖厂和资阳酒厂等)。另外,江苏泗洪酒厂引进澳大利亚具森国际公司成套设备,沼气发酵装置为上流式污泥床。从现有发展趋势来看,酒厂沼气工程都需要配备固-液分离设备,回收固体物质作为饲料;甚至还用于培养饲料酵母,提高饲料的蛋白质含量,进一步提高经济效益。固-液分离后的液体部分 COD 负荷大大降低,大约可减少 40% 左右,而且随着固体物质的减少,各种高效反应器可以得到应用。其中主要是上流式污泥床、厌氧滤池以及上流式污泥床(UASB)和厌氧过滤器(AF)相结合的上流式生物滤池(UBF)。采用液体射流搅拌和气搅拌的全混合式沼气池(CMR)对未进行固-液分离的酒精废醪的厌氧消化仍然是一种主要的池型。这些装置虽然各有优缺点,但实践证明,在不同原料、不同固体浓度、不同处理方法的情况下,这几种装置都是适用的。

酒厂沼气发酵装置多数为钢筋混凝土结构,少数为钢结构(如四川资中糖厂)。基本上都是采用地上式圆柱形,有效容积占总容积的 85%。整个沼气工程包括发酵罐、固-液分离设备、气水分离装置、空压机、气体流量计、水洗罐、脱硫塔和贮气柜等。

酒厂沼气发酵罐一般不需保温隔热,也有加保温层的,保温材料有两类,即人工合成材料,如聚合材料;天然材料,如石棉、硅石、谷壳等。

酒厂沼气发酵的搅拌一般为气搅拌和液体射流搅拌。气搅拌系采用空压机将沼气加压后由底部或经一竖直的引流管射回。射流搅拌则用泵将料液从上部循环到下部。

沼气的净化包括三个部分,即脱水、脱硫化氢和脱二氧化碳。我国酒厂沼气工程一般采用冷凝脱水、铁屑脱硫,一般不考虑脱二氧化碳。

禽畜粪便的沼气工程与酒厂沼气工程基本相同,一般也是采用 UASB、UBF、AF 和全混合式厌氧反应器,配套装置基本相同。由于原料的差异,固-液分离装置和方法有所不同。

(2) 生物工艺学问题　沼气发酵是厌氧条件下各类微生物相互作用而维持动态平衡的结果。因此,生物工艺学问题是沼气发酵或沼气工程的核心。沼气发酵装置的设计必须围绕产沼气微生物来进行。一个设计合理、产沼气效率高的沼气池,必须能够富集、捕捉和固定尽可能多的沼气发酵微生物,能保证生物和基质充分接触和便于控制发酵条件,如温度、pH、进料负荷等。

沼气产率除微生物因素外,与原料特性和发酵温度关系甚大。由于酒精废醪是高温蒸馏的废物,本身温度很高,因此都利用这一特点进行高温发酵。这是酒厂沼气工程产气率高的重要因素之一。酒精废醪中产沼气的成分十分丰富,在保证各种运行条件的情况下,可达到很高的产气率,包括容积产气率和原料产气率。

我国酒厂沼气工程的运行条件可概括为:① 最适发酵温度 53~55℃;② 最适发酵 pH 6.8~7.6;③ 最适 C:N:P=100:4:0.8;④ 挥发酸浓度控制在 1000 mg/L 以下;⑤ 搅拌速度控制在 0.5 m³/min;⑥ COD 负荷控制在 8.8~9.5 kg/m³,有机负荷控制在 5~6.5 kg/m³;⑦ 滞留期 3~6 d。

我国酒精生产原料主要为薯干,沼气工程一般以薯干酒精废醪为原料。废醪中含丰富的易分解产气的挥发固体(VS)。在适宜发酵条件下产气率都很高,容积产气率达 3~5 m³/(m³·d)。辽宁能源研究所在大连龙泉酒厂设计的 30 m³ 上流式厌氧污泥床反应器的产气率达 6~9 m³/(m³·d)。

沼气工程在我国发展时间还不太长,比欧洲晚了几十年,但发展速度很快。在发酵技术方面,有些已经达到国际先进水平。沼气工程的各种技术已基本成熟,随着国民经济的发展和人民生活水平的提高,以及对环境保护的日益重视,沼气工程作为处理废物、回收能源的一个重要手段,也将是环保工程不可缺少的一个重要组成部分。矿物能源的枯竭是迟早的事情,利用废物生产能源应该说是一个方向,它不仅有减少环境污染的重大社会效益,而且有重要的能源回收效益和一定的经济效益。

14.2.3 利用藻类处理废水

前已述及,有机废水的处理主要采用厌氧接触法、厌氧污泥法、生物膜法等。20 世纪 70 年代人们开始采用酵母菌和光合细菌生物处理法,并将废水处理和单细胞蛋白生产结合起来。目前国外已开始应用高速藻类池塘污水处理系统来生产一些高蛋白的藻类。这一技术具有成本低、能耗少、效率高、收益大等特点,是一项非常有潜力的生态环保工程。

高浓度有机废水处理(一般指 BOD 高于 1000 mg/L 的有机废水),国内外有利用养殖螺旋藻等微藻使废水净化的报道,并收到初步成效。Oswald 等已成功利用沼气废物或人畜废物生产诸如小球藻或栅裂藻类;Chauhan 研究发现,在户外培养螺旋藻时,造纸废液能促进其生长和提高产量,同时也提高了细胞氮同化酶的活性和利用效率;Olguin 等将猪粪进行厌氧分解处理,在海水中加入 2% 的处理液体作螺旋藻培养基,废水中的总磷和 NH_4^+-N 去除率为 99% 和 100%。以上研究为工业化养藻除废奠定了理论基础。Fox 描述了适合发展中国家利用的农庄式藻类生产系统,其流程如图 14.2.3。目前印度等国家已成功应用。此外,利用藻类处理发酵工业废水的研究也方兴未艾。

14.2.3.1 藻菌共同利用研究

目前,人们越来越重视细菌与藻类相结合的应用。这种应用体现在高速率藻塘(HARP),又称高负荷氧化塘,是好气塘中有机负荷最高的一种,通过形成藻菌共生系统(algae-bacteria symbiotic system)来净化废水。藻菌共生系统的最基本的生态功能单元是藻菌共生体,藻类的种类与数量决定着污水处理系统中能量的流向和食物链的基本结构。

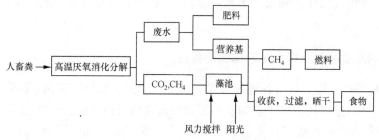

图 14.2.3　农庄式藻类生产体系

廖敏等报道了藻菌共生体对砷有良好的去除作用。在处理重金属离子浓度较高的工业废水时主要利用高速率藻塘氧化系统,首先利用藻菌共生体的微生物表面羟基、羧基、巯基等与重金属离子结合将金属离子除去,然后再利用藻类将富营养化水体中营养去除,从而达到净化水体的目的,其系统模式见图 14.2.4。

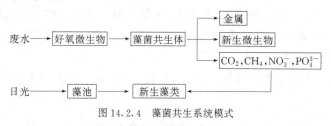

图 14.2.4　藻菌共生系统模式

14.2.3.2　综合式高速率藻塘系统研究

当今最先进的藻类净化废水系统是与其他工艺结合体系(combination HRAP system),此体系弥补了活性污泥沉淀方法的不足。Kosaric 等提出了一种将废水处理与藻类生产一体化的组合式 HRAP 系统模式(图 14.2.5)。

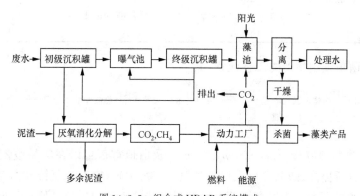

图 14.2.5　组合式 HRAP 系统模式

14.2.3.3　发展方向

利用藻类技术处理废水、净化富营养水体,不仅可以改善环境,而且可以充分利用生态系统中食物链的结构,生产优良饲料和食品,具有重大的生态意义和社会经济效益。今后科研上需要解决的问题有:① 根据废水、富营养化水体的特点,采用基因工程,结合噬藻体的利用,选育出营养价值高、处理效果好,特别是易于收获的优势藻类种属;② 采用微生物固定化技术,培养、驯化适宜不同类型污染水体的藻菌共生体;③ 把藻类技术和人工神经网络评价水体富营养化技术相结合,根据水体营养元素变化、藻类种群、数量变化确定生物控制手段;④ 将藻类处理废水、净化水体技术和水产养殖业相结合,达到既净化水体,又改善水产业生态环境的目的。

14.2.4 利用发酵工业废水生产单细胞蛋白

单细胞蛋白(SCP)是指利用各种基质大规模培养细菌、酵母菌、霉菌、微藻、光合细菌等而获得的微生物蛋白,是现代饲料工业和食品工业中重要的蛋白来源。SCP营养丰富,蛋白质含量高,可达80%,所含氨基酸组分齐全平衡,且有多种维生素,消化利用率高(一般高于80%),其最大特点是原料来源广,微生物繁殖快,成本低,效益高。生产SCP的微生物有酵母菌、非病原性细菌、放线菌、真菌及藻类等,其中饲料酵母和藻类蛋白发展最快。

发酵工业生产过程中排放出大量的废水。在这些废水中有相当一部分原料,这样不仅造成大量营养成分的损失,而且这些废水会严重污染环境,但如利用它培养酵母菌,则可提高原料的利用率,缓解蛋白质饲料资源的不足。同时,经酵母菌利用的废水,BOD和COD值明显下降,水质大大净化,减少了环境污染。由此看来,利用发酵工业废水培养酵母菌,作为饲料用,对发展我国畜牧业、养殖业及饲料工业有重大的社会经济意义。下面就以味精厂排放的废水生产酵母菌单细胞蛋白为例,讲述其生产过程。

味精厂排放的废水中主要包含表14.2.1中的一些成分。可见,味精废水的成分齐全,营养较为丰富。

表14.2.1 味精废水成分分析表

项 目	分析值	项 目	分析值
pH	4～8	悬浮物(mg/L)	8000
总氮(mg/L)	1750	灰分(mg/L)	10 000～12 000
铵态氮(NH_4^+-N)(mg/L)	280	有机物(mg/L)	30 000
还原糖(mg/L)	3000～5000	氨基酸(mg/L)	10 000
总固形物(mg/L)	40 000		

通常,酵母菌单细胞生产的工艺流程为:

菌种活化 —接种→ 固体斜面培养基 —扩大培养→ 麦芽汁液体培养基 —接种→ 废液发酵培养基 —恒温培养→ 发酵液 —离心分离→ 酵母泥 —干燥/称重→ 成品

酿酒酵母、葡萄酒酵母(*Saccharomyces vini*)及白地霉都可以在味精废液中生长,添加营养成分,产率会有所提高。酿酒酵母在单独加氮(尿素)和磷(磷酸二氢钾)时,产率均有所提高。二者同时加入,产率会进一步提高。葡萄酒酵母在味精废水中生长良好,添加磷酸二氢钾和尿素也会使产量有所提高。白地霉在味精废水中也可以良好生长。济南啤酒集团有限公司马桂亮等人的实验表明,在三者中,以白地霉在酒精废液中培养时的产量最高。

发酵培养基的制备对产率也有较大的影响,废水杀菌的温度和时间要控制好。杀菌过度,会使废水中的营养成分变性引起沉淀,不利于酵母菌的生长,在工业化大生产中,如及时利用,就可省去杀菌这一步,否则会提高成本或由于杀菌控制不好而影响产量。

由于酵母菌是兼性厌氧的,在有氧条件下进行有氧呼吸,无氧条件下进行发酵,有氧时菌体大量繁殖,获得较多的菌体蛋白,所以生产上应尽量使酵母菌与空气全面接触,这样可以促进菌体的繁殖,使产量提高。

复习和思考题

14-1　为什么说微生物是一把双刃剑?
14-2　请解释生物安全的概念。
14-3　废水的生物处理主要包括哪些形式?
14-4　好氧微生物菌群和厌氧微生物菌群有什么主要区别?
14-5　为什么在环境工程中一般不采用纯种培养,而是采用混合菌种培养?
14-6　沼气发酵工艺主要分为哪几种类型?
14-7　利用藻类处理发酵工业废水有何优势?
14-8　什么叫 SCP?试举例说明其生产过程。

(陈洪章　徐　建)

实验一　利用碱法分离纸浆废液中的微生物

一、目的要求

(1) 学习从纸浆废液中分离、筛选微生物。
(2) 掌握并熟练微生物分离的步骤。

二、基本原理

自然生态环境中微生物的存在与其周围环境有着密切的关系。因此在分离和筛选微生物时，将其放到其本来所处的环境中来研究时最易接近其本来面目。生态学技术与培养分离相结合可更好地筛选大量和多种能生产有益产品的微生物。尽管微生物适应周围环境的能力很强，但特定的微生物种类与不同生态系统的样本有着密切的关系。如果系统地抽查在一个特定生态系统中的不同部位，则会筛选出更多的不同类型的微生物。培养基、稀释液、培养条件及样本与处理措施等的选择，实际上也就已经决定了从植物、土壤和水等样中分离出的微生物的数量和类型。

碱法造纸废液污染环境极为严重。废液内含有大量有机物质，主要是五碳糖类，有些微生物能较好利用，但一般酵母菌不能利用。若能分离获得这类微生物，利用这些污染的碳源来生产蛋白质菌体，变害为利，是极其有价值的。本实验主要分离能利用碱法纸浆废液的酵母菌和霉菌。

三、实验材料

(一) 菌源

碱法造纸厂污水排出口、厂内沟道、废液淤积区等处的各种土样和废液。

(二) 培养基

1. 碱法纸浆液预处理：稻草黑液→0.5%～0.6%粗硫酸，pH 3～4，60℃保温 10 min→过滤→取滤液加入 1%～1.1%风化石灰，pH 9～10，煮沸→8℃自然澄清 10 min→过滤液。

将过滤液加 0.4%$(NH_4)_2SO_4$ 即为液体培养基，或发酵液；过滤液加 2%琼脂即固体培养基。

2. 五碳糖分解能力检测培养基

(1) 基础培养液：$(NH_4)_2SO_4$ 2.64 g，$CuSO_4 \cdot 5H_2O$ 0.0064 g，$KH_2PO_4 \cdot 3H_2O$ 2.38 g，$FeSO_4 \cdot 7H_2O$ 0.0011 g，$K_2HPO_4 \cdot 3H_2O$ 5.65 g，$MnCl_2 \cdot 4H_2O$ 0.0079 g，$MgSO_4 \cdot 7H_2O$ 1.00 g，$ZnSO_4 \cdot 7H_2O$ 0.0015 g，琼脂 20 g，蒸馏水 1000 mL，0.1 MPa 灭菌 30 min。

(2) 将 D-木糖放置紫外灯下灭菌 2～4 h 后，按 1%的量加入已融化的基础培养液中，混匀，待糖融化后，倒入已有 2%水琼脂（灭菌前必须冲洗至无糖）的平板上，凝固备用。

(三) 仪器及其他物品

锥形瓶、试管、吸管、培养皿、高压灭菌器、摇床等。

四、实验方法和步骤

（一）采样

自碱法造纸厂污水排出口、厂内沟道、废液淤积区等地取各种土样和废液,装于无菌瓶中,带回实验室。记录采样日期、地点、pH、温度等。采集的样品应迅速富集培育。

（二）富集培育

(1) 将土样等1g,加入上述过滤液10mL,摇匀、澄清,制成菌悬液。

(2) 将培养液装入300mL锥形瓶,每瓶30mL,灭菌。凉后接入5mL澄清的菌悬液。

(3) 于32～35℃摇瓶增殖培养,至培养液混浊,镜检有酵母菌、细菌和霉菌等类群细胞。

（三）分离纯化

(1) 于固体融化培养基内加入200U/mL链霉素,将上述增殖液进行平板划线培养,32～35℃培养48h。

(2) 将长出的假丝状酵母菌和曲霉接入固体斜面,32～35℃培养48h。

(3) 每株菌接入发酵培养液中,32～35℃下振荡培养48h,用刻度离心管2500r/min离心5min,定容10mL,测培养液含有的菌体量。

(4) 选菌体产量高、生长快的菌株进行分离纯化,并再筛选培养。

（四）性能测定

将筛选获得的菌株做进一步实验:如检测五碳糖的分解能力、菌种的初步鉴定、含氮量检测、毒性试验等。本实验仅进行前两项。

1. 五碳糖分解能力的检测

(1) 配制测五碳糖分解能力的固体培养基。

(2) 培养基及试验用品灭菌。

(3) 具体操作:将装有已凝固的培养基的培养皿底部划线分区,并标明菌号(图1-1)。在各小区中分别接入不同菌种(最好用孢子悬液)。培养7～14d后观察,如有菌落生长表示能利用碳源,反之则不能利用。

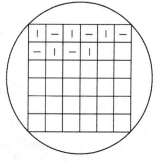

图1-1 平皿点种示意图

2. 酵母菌和霉菌的初步鉴定

酵母菌为单细胞个体,而霉菌则由有隔或无隔的菌丝体组成。两者都属于真菌。

酵母菌细胞一般呈卵圆形、圆形、圆柱形或柠檬形。无性繁殖主要是出芽生殖,有些酵母菌能形成假菌丝,有性繁殖是通过接合形成子囊和子囊孢子。大多数酵母菌在平板培养基上形成的菌落较大而厚,湿润、较光滑,颜色较单调(多为乳白色,少有红色,偶见黑色)。

绝大部分真菌(除藻状菌中的某些种外)的菌丝体为丝状体,菌丝呈管状,大多数种类的真菌菌丝体内具有分隔。而藻状菌的菌丝体虽然也很发达,但却无分隔,只在少数比较高等的藻状菌中或某些种类的老菌丝中,或者只在产生生殖器官或受到机械损伤时才产生分隔。菌丝之有无分隔是真菌鉴定中首先要注意的一个特征。

真菌的菌丝或无色透明,或呈棕色、暗褐色、黑色,或呈现各种鲜艳的颜色,有的还能分泌色素于菌丝体外。鉴定时则主要以在显微镜下是无色透明还是呈暗色(棕色、褐色、深灰、深橄榄色等)为依据。菌丝分枝或不分枝,有的生长稀疏,有的致密。因此菌落或交织成网状、絮状,或呈束状、绒毛状，或致密结合特化成坚实的菌核，其结构因种类而异。

真菌的繁殖方式较细菌和放线菌复杂得多，它除了可用菌丝碎片增殖外，往往以各种无性或有性孢子来繁殖。不同种类的真菌，其产孢器官的性质，孢子着生的方式，孢子的排列和形态、大小等都有很大的差异，这些都是鉴定真菌中极为重要的依据。

除显微特征外，真菌的培养特征，菌落生长速度、颜色、表面结构、质地、边缘状况、高度，培养基颜色的变化，渗出物和气味等也是鉴定真菌的重要依据。

酵母菌、霉菌简明分类方法如图 1-2 和 1-3 所示。

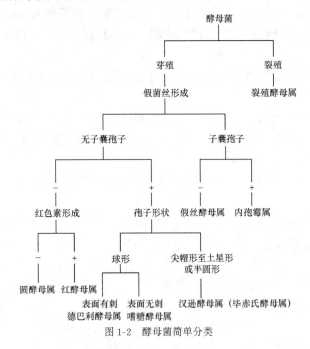

图 1-2 酵母菌简单分类

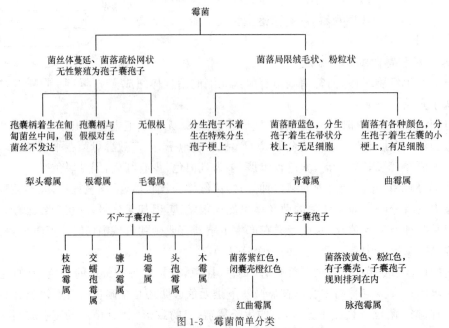

图 1-3 霉菌简单分类

五、实验结果记录

(1) 写出碱法纸浆废液微生物分离的主要步骤。

(2) 将筛选得到的菌株的菌落形态记录下来,并根据现有的知识进行初步鉴定。

六、思考题

1. 为何要在实验步骤(三)分离纯化时向所配制的培养基内加入 200 U/mL 链霉素?
2. 请查阅相关资料及文献,进行酵母菌富集培养的方案设计。

(陈洪章　徐　建)

实验二 化学、物理因素复合诱变育种

一、目的要求

(1) 观察化学因素盐酸羟胺及物理因素紫外线照射对黄曲霉生产曲酸的诱变效应。
(2) 初步掌握化学及物理因素复合诱变育种的操作方法。

二、基本原理

化学诱变剂对微生物有诱变作用,但与物理诱变剂复合处理,诱变效应更加明显和稳定。盐酸羟胺($NH_2OH \cdot HCl$)的羟胺能与胞嘧啶起反应,引起GC→AT转换。因为化学诱变剂大多有毒性,很多还具有致癌作用,故操作时切忌用口吸取,并勿与皮肤直接接触,中止反应时,盐酸羟胺可以用大量稀释法解毒。

紫外线的波长在200～380 nm 之间,但对诱变最有效的波长仅仅是在253～265 nm,碱基中的嘧啶比嘌呤对紫外线更为敏感。紫外线诱变的生物学效应是由于DNA结构变化而造成的,如DNA链的断裂、碱基破坏。但其最主要的作用是使同链DNA的相邻嘧啶间形成胸腺嘧啶二聚体,阻碍碱基间的正常配对,从而引起微生物突变或死亡。经紫外线损伤的DNA,能被可见光复活,因此,经诱变处理后的样品需用黑纸或黑布包裹。另外,照射处理后的菌液不要贮放太久,以免突变在黑暗中修复。

在物理诱变因子中以紫外线辐射的使用最普遍,其他的物理诱变因子则因受设备条件的限制,难以普及。到目前为止,经诱变处理后得到的高单位抗生素生产菌种中有80%左右是通过紫外线诱变后经筛选而获得的。因此对于菌种选育工作者来说,紫外线作为诱变因子还是应首先考虑的,但不能连续使用,如果连续使用会降低它的诱变效应。

本实验以盐酸羟胺和紫外线作为复合诱变剂处理黄曲霉AS 3.2789 曲酸产生菌,观察其产曲酸的诱变效应。曲酸是一种有机酸,曲酸及其衍生物目前在国外已广泛用于食品的抗菌防腐剂,果蔬、鲜切花、菇类等抗氧化护色剂,美白化妆品的增白祛斑功能基料。此外,曲酸也是生产头孢菌素类抗生素的中间体,生产对人畜无毒、无公害农药杀虫剂的原料等。

三、实验材料

(一) 菌种

黄曲霉 AS 3.2789。

(二) 培养基

1. 种子培养基

(1) 察氏培养基:蔗糖3%,$NaNO_3$ 2%,$K_2HPO_4 \cdot 3H_2O$ 0.1%,$MgSO_4 \cdot 7H_2O$ 0.05%,KCl 0.05%,$FeSO_4 \cdot 7H_2O$ 0.001%,琼脂2%,水100 mL,自然pH,0.1 MPa 灭菌20 min。

(2) 豆芽汁培养基:黄豆芽10%,葡萄糖5%,琼脂2%,水100 mL,自然pH,0.1 MPa 灭菌20 min。称新鲜黄豆芽10 g,放烧杯中,再加入100 mL 自来水,小火煮沸30 min,用纱布过滤,最后加水补充蒸发的水量制成10%的豆芽汁,再加入葡萄糖5g,煮沸后加入琼脂2g,继续加热使之融化,补足水量。

(3) 麦芽汁培养基:可在啤酒厂购买,但是要未经发酵,未加酒花的新鲜麦芽汁稀释到浓度为5°Bx后使用。

2. 发酵培养基

(1) 薯干粉10%液体培养基:薯干粉1份与水10份混合,100℃加热糊化,冷却至85℃,加淀粉酶0.05%进行液化20min。液化后再加下列比例的无机盐:$K_2HPO_4 \cdot 3H_2O$ 0.01%,$MgSO_4 \cdot 7H_2O$ 0.02%,NH_4NO_3 0.015%,$CuSO_4 \cdot 5H_2O$ 0.0064%。用磷酸调pH 2.3~3.0,分装250mL锥形瓶,每瓶80mL,0.1MPa灭菌20min,取出后冷却,接种,30℃摇床振荡培养7d,进行曲酸的测定。

(2) 葡萄糖、胰蛋白胨液体培养基:葡萄糖10%,胰蛋白胨0.7%,$MgSO_4 \cdot 7H_2O$ 0.5%,$K_2HPO_4 \cdot 3H_2O$ 0.02%。用磷酸调pH 5.8,0.1MPa灭菌20min。分装时,250mL锥形瓶内装80mL。

(三) 主要药品

盐酸羟胺、葡萄糖、蔗糖、$NaNO_3$、$K_2HPO_4 \cdot 3H_2O$、KCl、$MgSO_4 \cdot 7H_2O$、$FeSO_4 \cdot 7H_2O$、琼脂、NaCl。

(四) 仪器及其他物品

试管、移液管、锥形瓶、培养皿、漏斗、烧杯、带紫外灯管(15~20W)的无菌箱、磁力搅拌器、磁力搅拌棒、带红灯泡的台灯、黑纸、黑布等。

四、实验方法和步骤

(1) 菌液制备:无菌条件下取30mL生理盐水,洗下斜面孢子至含有玻璃球的无菌100mL锥形瓶中,强烈振荡5min,四层纱布过滤至同样含玻璃球的无菌100mL锥形瓶中,振荡2min,即为原液。取2mL加入18mL生理盐水即是稀释10倍的菌悬液,用血球计数板计算孢子数达$(5\sim8)\times10^6$孢子/mL。取0.5mL菌液在4.5mL生理盐水中稀释涂平板作对照。

(2) 盐酸羟胺诱变处理:取上述菌悬液9mL至一个空无菌试管中,加1% $NH_2OH \cdot HCl$ 1mL,进行化学诱变处理15min,然后取处理后的菌液0.5mL在4.5mL生理盐水中稀释(约至$10^{-5}\sim10^{-6}$),涂平板(稀释度根据预备实验而定)。

(3) 紫外线诱变处理:取5mL上一步菌悬液至6cm灭菌培养皿中,培养皿中置一个磁力搅拌棒,将皿放在磁力搅拌器上(距紫外线30cm),20W紫外灯下分别处理5,8,12min(照射可累计计时),操作应在红灯下进行(正式照射前应开启紫外线灯先预热20min,预热后打开皿盖,边搅拌边照射)。照射前切记取空白样稀释涂平板作对照。

(4) 稀释涂平板:取0.5mL不同剂量处理的菌悬液至4.5mL生理盐水中,稀释至一定浓度,取最后三个稀释度涂布平板,30℃培养5d。

(5) 细胞计数:培养5d后的平板取出进行细胞计数。根据对照平板上的菌落数算出每毫升培养液中的活菌数,同样算出化学诱变及物理诱变复合处理5,8,12min后的存活率、致死率及曲酸产量。

$$存活率 = \frac{处理后每毫升活菌数}{对照每毫升活菌数} \times 100\%$$

$$致死率 = \frac{对照每毫升活菌数 - 处理后每毫升活菌数}{对照每毫升活菌数} \times 100\%$$

(6) 挑取单菌落：分别挑取经盐酸羟胺及紫外线照射 5,8,12 min 的单一菌落接到豆芽汁或 12°Be 麦芽汁斜面上，每人挑 3 个菌落，30℃ 培养 5 d。

(7) 初筛：取上述斜面的诱变菌株，接于种子发酵培养基，置摇床振荡培养 7 d，去滤液进行曲酸的测定。

(8) 曲酸测定：取滤液 1 mL 加水 4 mL，另取 1 mL 10% 的 $FeCl_3 \cdot HCl$，振荡后在 722 型分光光度计上比色 (500 nm)，根据工作曲线，查得曲酸含量。见图 2-1，表 2-1 和 2-2。

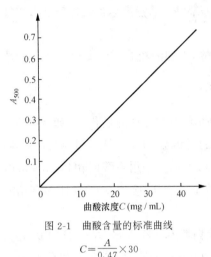

图 2-1　曲酸含量的标准曲线

$$C = \frac{A}{0.47} \times 30$$

表 2-1　曲酸标准曲线

A_{500}	0.05	0.10	0.15	0.20	0.25	0.30	0.35	0.40	0.45	0.50
C(mg/mL)	3.19	6.38	9.57	12.76	15.95	19.16	22.33	25.53	28.72	31.91

五、实验结果记录

(1) 将活菌计数结果填入表 2-2 中，并分别算出存活率、致死率。

表 2-2　盐酸羟胺及紫外线处理后黄曲霉 AS 3.2789 的存活率、致死率

处理时间(min)	稀释度(最后三个稀释度)(平均菌数/皿)				存活率(%)	致死率(%)
	10^{-4}	10^{-5}	10^{-6}	均值		
5						
8						
12						

(2) 将实验结果填入表 2-3 中，并根据所测定的曲酸产量对诱变效应进行小结。

表 2-3　盐酸羟胺及紫外线处理后黄曲霉 AS 3.2789 的曲酸产量与存活率、致死率关系

	编号	挑出的菌株数(株)	平均产曲酸量(mg/mL)	存活率(%)	致死率(%)
照射时间(min)					

对照 AS 3.2789 产曲酸量(mg/mL)

六、思考题

1. 盐酸羟胺及紫外线诱变的机制是什么？
2. 复合诱变常在什么情况下采用？有什么优点？根据你的实验结果选用哪种存活率较好？

(罗大珍　洪　龙)

实验三 黑曲霉发酵生产柠檬酸

一、目的要求

(1) 了解柠檬酸发酵原理及过程。
(2) 掌握柠檬酸深层液体发酵及发酵过程生化指标的分析方法。

二、基本原理

黑曲霉生长繁殖时产生的淀粉酶、糖化酶首先将薯干粉或玉米粉中的淀粉转变为葡萄糖；葡萄糖经过酵解途径(EMP)和 HMP 途径转变为丙酮酸；丙酮酸由丙酮酸氧化酶氧化生成乙酸和 CO_2，继而经乙酰磷酸形成乙酰 CoA，然后在柠檬酸合成酶(柠檬酸缩合酶)的作用下生成柠檬酸。黑曲霉在限制氮源和锰等金属离子浓度下，同时在高浓度葡萄糖和充分供氧的条件下，TCA 循环中的 α-酮戊二酸脱氢酶受阻遏，TCA 循环变成"马蹄"形，代谢流汇集于柠檬酸处，使柠檬酸大量积累并排出菌体外。其理论反应式为

$$C_6H_{12}O_6 + 1.5O_2 \longrightarrow C_6H_8O_7 + 2H_2O$$

柠檬酸理论收率为 106.7%；若以含 1 个结晶水的柠檬酸计，为 116.7%。

三、实验材料

(一) 菌种

黑曲霉柠檬酸生产菌株 Co8-27。

(二) 培养基

1. 斜面培养基

(1) 马铃薯琼脂培养基：去皮马铃薯 200 g 切成小块，加水约 500 mL，煮沸 30 min，然后用纱布过滤，滤液加蔗糖 20 g，琼脂 20 g，融化后自来水定容至 1000 mL，分装于试管内，每管装 4 mL，加塑料试管盖，0.1 MPa 灭菌 20 min，取出摆成斜面备用。

(2) 麦芽汁琼脂培养基：2/3 大麦芽加 1/3 大米磨碎成粉，按麦芽粉：水=1：4 比例加水，置 60 ℃下糖化 4 h 至碘液显示无色，然后离心 15 min，获得麦芽汁(或取啤酒厂未加酒花的麦芽汁)调整浓度 5°Bx，添加 25 g/L 琼脂，分装于试管内，每管 4 mL，加塑料盖，0.1 MPa 灭菌 15~20 min，取出摆成斜面备用。

2. 一级种子(麸曲种子)培养基

(1) 含麸皮的察氏培养基：蔗糖 30 g/L，KNO_3 1.0 g/L，$K_2HPO_4 \cdot 3H_2O$ 1.0 g/L，KCl 0.5 g/L，$MgSO_4 \cdot 7H_2O$ 0.5 g/L，$FeSO_4 \cdot 7H_2O$ 0.01 g/L。调节 pH 7.0~7.2，加水定容至 1000 mL，添加 800 g 麸皮，拌匀至无干粉又无结团，分装入 8~10 个 500 mL 锥形瓶中，塞入八层纱布并包扎好。0.1 MPa 灭菌 30 min，趁热摇散，冷却至 35 ℃备用。

(2) 麸曲培养基：取新鲜麸皮，用 60 目筛子筛去细粉，按麸皮：水=1：(1.0~1.3)比例加水，拌匀至无干粉又无结团，或用水洗麸皮表面，挤去水分至有水感而水不下滴为宜。上述麸皮装入 500 mL 锥形瓶中，每瓶装 80~100 g 湿料，塞入八层纱布并包扎好。0.1 MPa 灭菌 30 min，趁热摇散，冷却至 35 ℃备用。

3. 摇瓶发酵培养基

取细度为 40 目以上的薯干粉 6~8 g,装入 500 mL 锥形瓶中,再加入 40 mL 水和 5 U α-淀粉酶(中温)/g 薯干粉,于 75~80 ℃ 下液化 15 min,瓶口塞入八层纱布包扎好,0.07 MPa 灭菌 15~20 min,冷却备用。

取细度为 60 目以上的玉米粉 300 g 装入 2000 mL 烧杯中,加入 1000 mL 水和 7~8 U α-淀粉酶(高温)/g 玉米粉,于 80 ℃ 液化 10 min 后,继续加热至 90 ℃ 保温 30 min,碘检不变色后,再加热到 100 ℃ 煮沸(5~10 min),趁热经过两层纱布过滤,滤液加水冷却并调整糖度至 15%~20% 和蛋白质含量不超过 4 g/L,取过滤清液 40 mL 分别装入 500 mL 锥形瓶中,瓶口塞入八层纱布包扎好,0.1 MPa 灭菌 15~20 min,冷却备用。

(三) 试剂

0.1429 mol/L NaOH、1% 酚酞试剂、斐林甲和乙溶液、0.01% 标准葡萄糖溶液、淀粉酶(中温酶与高温酶)。

(四) 仪器及其他物品

旋转式摇床、恒温培养箱、高速离心机(4000~6500 r/min)、15 mL 试管、100 mL 锥形瓶、500 mL 锥形瓶、2000 mL 烧杯、离心管若干;麸皮、马铃薯、薯干粉、蔗糖、玉米粉、大麦芽、大米、琼脂等。

四、实验方法和步骤

实验流程:保藏菌株→活化菌株(斜面培养)→200 mL 锥形瓶麸曲培养→500~1000 mL 锥形瓶液体发酵。

本实验发酵后期采用两种摇床转速,以比较通风量(O_2)对柠檬酸发酵产酸的影响。

1. 种子制备

(1) 斜面种子制备:用接种环挑取冰箱保存的斜面菌种一环于斜面培养基上,35 ℃ 恒温箱中培养 3~5 d,待长满大量黑色孢子后,即为活化的斜面种子。

(2) 孢子悬浮液的制备:用无菌移液管吸取 5 mL 无菌水至黑曲霉斜面上,用接种环轻轻刮下孢子,装入含有玻璃球的锥形瓶中,盖好塞子振荡数分钟。每支斜面的孢子悬浮液可接 2~3 瓶麸曲锥形瓶。

(3) 吸取孢子悬浮液 2 mL 接入上述麸曲种子培养基中,然后摊开纱布、扎好,并在掌心轻拍锥形瓶,使孢子与培养基充分混合,30~32 ℃ 下恒温培养 1 d 后,再次拍匀,35 ℃ 下培养,每隔 12~24 h 摇瓶一次,孢子长出后停止摇瓶,这样继续培养 3~4 d,即成种曲。

2. 摇瓶发酵培养

将麸曲孢子(或直接将斜面种子)接种于上述薯干粉或玉米粉的锥形瓶发酵培养基中。接种量:一支斜面接 4~5 瓶,一瓶麸曲孢子接 20~35 瓶。500 mL 锥形瓶装液量为 40 mL,于两种转速旋转摇床上,35 ℃ 培养 3~4 d。一种转速为 200 r/min(24 h 前为 100 r/min,24 h 后为 200 r/min),另一种转速为 300 r/min(24 h 前为 100 r/min,24 h 后为 300 r/min)。

3. 发酵过程检测

(1) 发酵 0,24,48,72,96 h 分别各取下两瓶检测残糖、柠檬酸含量,以观察发酵过程中黑曲霉的耗糖率与柠檬酸生成速率关系。

(2) 柠檬酸含量检测:一般检测发酵过程中的总酸,采用 0.1429 mol/L NaOH 溶液滴定发酵过滤清液。

(3) 总糖及残糖(还原糖)测定：采用斐林试剂法。

五、实验结果记录

(1) 将两种摇床转速柠檬酸发酵结果记录于表 3-1 及 3-2。

表 3-1　黑曲霉柠檬酸摇瓶液体发酵(24 h 前为 100 r/min, 24 h 后为 200 r/min)

发酵时间(h)		残糖(%)	柠檬酸[总酸(%)]	糖酸转化率(%)
0	瓶1			
	瓶2			
24	瓶1			
	瓶2			
48	瓶1			
	瓶2			
72	瓶1			
	瓶2			
96	瓶1			
	瓶2			

表 3-2　黑曲霉柠檬酸摇瓶液体发酵(24 h 前为 100 r/min, 24 h 后为 300 r/min)

发酵时间(h)		残糖(%)	柠檬酸[总酸(%)]	糖酸转化率(%)
0	瓶1			
	瓶2			
24	瓶1			
	瓶2			
48	瓶1			
	瓶2			
72	瓶1			
	瓶2			
96	瓶1			
	瓶2			

(2) 试以发酵时间为横坐标，以糖消耗量、柠檬酸生成量、糖酸转化率为纵坐标作图，说明三者随发酵时间的动态变化，并加以分析。

(3) 实验数据处理：① 平均耗糖速率(g/h)，单位时间内黑曲霉消耗糖(还原糖)的克数；② 平均柠檬酸生成速率(g/h)，单位时间内黑曲霉生成柠檬酸的克数；③ 糖酸转化率(%)，黑曲霉生成柠檬酸的克数与消耗糖(还原糖)的克数之比的百分数。

六、思考题

1. 试比较表 3-1 与表 3-2 的结果，阐述通风量对柠檬酸发酵产酸的影响。
2. 柠檬酸发酵关键因素是哪些？若要提高柠檬酸发酵产量，应再考虑设计哪些实验？

(高年发)

实验四　多黏菌素 E 发酵及管碟法测定生物效价

一、目的要求

(1) 了解抗生素发酵的基本过程;学习抗生素发酵过程一些重要生理生化指标分析。
(2) 了解管碟法测定抗生素生物效价的基本原理;学会用管碟法测定抗生素效价。

二、基本原理

多黏菌素 E 是由多黏芽孢杆菌产生的一种碱性多肽类抗生素,由 10 个氨基酸和 1 个脂肪酸衍生物构成。为作用于细胞膜的抗生素,主要对铜绿假单胞菌(即绿脓杆菌)、百日咳杆菌(*Bacterium tussissconvulsivae*)、大肠杆菌等革兰氏阴性细菌有显著的杀菌作用。它是治疗烫伤、肠道疾病、呼吸道疾病、尿路感染、眼部感染及外科手术感染时较好的药物。

抗生素发酵过程除需经镜检排除杂菌污染外,接种 12 h 后,每 2 h 进行一次 pH、生物量、总糖、还原糖、氨基氮测定。多黏菌素 E 发酵一级种子同时需检测 2,3-丁二醇,发酵需检测糊精和抗生素效价。

一级种子质量指标:无杂菌,全部杆菌,粗壮整齐,无噬菌体;pH 5.5~6.0;刚刚出现 2,3-丁二醇。

二级发酵质量指标:菌体粗壮整齐,无噬菌体和杂菌污染;pH 6.0;糊精刚刚消失;多黏菌素 E 效价 1000~35 000 U/mL。

衡量抗生素发酵液中抗菌物质的含量称为效价。抗生素效价测定可采用化学法或生物效价测定法。生物效价测定有稀释法、比浊法、扩散法三大类。管碟法是扩散法的一种。本实验采用管碟法测定抗生素的效价。

管碟法就是利用有一定体积的不锈钢制的小管(叫牛津杯),将抗生素溶液装满小杯,并在含有敏感试验菌的琼脂培养基上进行扩散渗透作用,经过一定时间后,抗生素扩散到适当的范围,产生透明的抑菌圈。抑菌圈的半径与抗生素在管中的总量(U)、抗生素的扩散系统(cm^2/h)、扩散时间(即抗生素溶液注入钢管至出现抑菌圈所需的时间)、培养基的厚度(mm)和最低抑菌浓度(U/mL)等因素有关。抗生素总量的对数和抑菌圈直径的平方呈直线关系。因此,抗生素效价可以由抑菌圈的大小来衡量。将已知效价的多黏菌素 E 硫酸盐标准液先制成标准曲线,比较已知效价标准液与未知效价的被检样品溶液的抑菌圈的大小,就可算出样品中抗生素的效价。

三、实验材料

(一) 菌种

多种芽孢杆菌 19、大肠杆菌 A 1.543(检测多黏菌素 E 的敏感指示菌)。

(二) 培养基

(1) 麸皮培养基(保存和活化菌种用):麸皮 3.5 g,琼脂 2.0 g,自来水 100 mL,自然 pH,煮沸 0.5 h,用棉花或纱布过滤,分装 30 支试管。0.1 MPa 灭菌 20 min。每管约 3 mL 培养基,冷凉后摆成斜面备用。

(2) 种子培养基：玉米淀粉① 1.5g，花生饼粉 2.0g，$(NH_4)_2SO_4$ 0.8g，麦芽糖 2.5g，玉米浆 1.0g，NaCl 0.2g，$CaCO_3$ 0.5g，$KH_2PO_4 \cdot 3H_2O$ 0.03g，$MgSO_4 \cdot 7H_2O$ 0.01g，萘乙酸 0.0008g，自来水 80mL，自然 pH。配制 200mL（实际 160mL）种子培养基，分装于 250mL 锥形瓶，每瓶装 30mL。0.1MPa 灭菌 20min。

(3) 发酵培养基：玉米淀粉① 5.0g，玉米粉 3.5g，$(NH_4)_2SO_4$ 1.8g，$CaCO_3$ 0.95g，自来水 80mL，自然 pH。配制 300mL（实际 240mL）发酵培养基，分装于 500mL 锥形瓶，每瓶装 30mL。0.1MPa 灭菌 20min。

(4) 效价检测用的底层培养基（含 2%琼脂）：琼脂 2.0g，蒸馏水 100mL。配制 200mL 底层培养基，分装于 250mL 锥形瓶，每瓶装 50mL。0.1MPa 灭菌 20min。

(5) 效价检测用的上层培养基：蛋白胨 1g，葡萄糖 0.25g，牛肉膏 0.3g，NaCl 2g，$K_2HPO_4 \cdot 3H_2O$ 0.25g，琼脂 1.6~1.8g，蒸馏水 100mL，pH 7.0~7.2。配制 300mL 上层培养基，分装于 250mL 锥形瓶，每瓶装 50mL。0.1MPa 灭菌 20min。

(6) 大肠杆菌 A 1.543 保存和活化培养基：蛋白胨 0.6g，酵母膏 0.3g，牛肉膏 0.15g，琼脂 1.5~2.0g，蒸馏水 100mL，pH 7.2~7.4。配制 100mL 培养基，分装 30 支试管，每管约 3mL 培养基，0.1MPa 灭菌 20min，灭菌后摆成斜面备用。

(7) 无菌生理盐水：每管 5mL，共 10 管。

（三）试剂配制

1. 2,3-丁二醇测定试剂（V.P.试剂，即乙酰甲基甲醇试验试剂）

Ⅰ液：5%α-萘酚酒精溶液。称取 5g α-萘酚，用无水酒精溶液定容至 100mL。

Ⅱ液：40%KOH，蒸馏水溶解定容至 100mL。

2. 糊精测定试剂（革氏碘液）

碘 1g，碘化钾 2g，蒸馏水 300mL。配制时，先将碘化钾溶于 5~10mL 水中，再加入碘 1g，使其溶解后，加水至 100mL。

3. 多黏菌素 E 测定试剂

(1) 1/15mol/L pH 6.0 磷酸缓冲液

分别配制：① 500mL 1/15mol/L pH 6.0 $KH_2PO_4 \cdot 3H_2O$ 溶液；② 100mL 1/15mol/L pH 6.0 $Na_2HPO_4 \cdot 2H_2O$ 溶液。将上述两种溶液按 $KH_2PO_4 : Na_2HPO_4 = 9 : 1$ 比例混合，然后分装于 250mL 锥形瓶中，每瓶装 100mL，0.1MPa 灭菌 20min，备用。

(2) 多黏菌素 E 标准液：先用 1/15mol/L pH 6.0 磷酸缓冲液配制 1mL 含 10000U 多黏菌素 E 母液，贮于冰箱中。临用前再稀释至每毫升含 1000U。

（四）仪器及其他物品

恒温箱、摇床、水浴锅、台式离心机、台秤、大试管、小试管、离心管、玻璃小漏斗、5mL 移液管、1mL 移液管、10mL 移液管、250mL 锥形瓶、载玻片。

另需准备洗涤、包扎和灭菌物品：移液管（1mL）8 支、滴管（长管细口）8 支、镊子 4 把、培养皿 10 套、陶瓷盖 10 个，洗涤挑选规格相同的牛津杯（每培养皿 8 个）4 套。

---

① 配制种子培养基和发酵培养基时，先用少量冷水将玉米淀粉调成糊状，加热溶解；其他药品另放一起加热溶解。然后两者混合，再煮沸片刻，立即分装。

四、实验方法和步骤

1. 发酵

（1）种子培养：将多黏芽孢杆菌由斜面接入盛有种子培养基的锥形瓶内，于转速为220～240 r/min旋转式摇床上振荡培养12～16 h，进行镜检、pH和2,3-丁二醇测定。以2,3-丁二醇刚出现时间为转移种子的最适时间。本实验只选用培养16 h的种子接入发酵瓶。同时进行镜检、pH和2,3-丁二醇测定。

（2）发酵：分别吸取培养好的种子液3.5 mL，接入盛有发酵培养基的多个发酵瓶内（500 mL锥形瓶盛发酵培养基30 mL），30℃振荡培养36～48 h，一般培养至40 h取出一瓶发酵液，镜检并测定pH和糊精，其余发酵瓶继续振荡培养，以后每隔1 h检测一次，直至无糊精时发酵结束。本实验采用培养48 h的发酵液进行镜检，及pH、糊精和多黏菌素E效价测定。

2. 提取（发酵液中多黏菌素E粗品提取）

抗生素可分泌胞内或胞外，分泌于细胞内的抗生素通常采用加热酸化处理，使细胞壁破裂，抗生素释放。本实验采用此法。

取发酵液25 mL，加入0.5 g草酸，放在沸水浴中煮沸0.5 h，使菌体内的多黏菌素E迅速释放，然后用冷水立即冷却，经滤纸过滤，此滤液即为含多黏菌素E的样品。

3. 测定

（1）镜检：在油镜下观察简单染色涂片后的各生长期多黏芽孢杆菌个体形态，辨别有无杂菌和噬菌体污染，菌体被噬菌体污染后，往往染色不匀，菌体变形。

（2）pH测定：用精密pH试纸测定种子液转移和发酵终止时发酵液的pH。

（3）2,3-丁二醇测定：种子瓶从12 h开始就检测2,3-丁二醇，以后每2 h测定一次。取发酵液2 mL，用蒸馏水稀释5倍，3000 r/min离心10 min，取上清液约0.5 mL，加40%KOH溶液约1 mL，再加5%α-萘酚3滴，加5%碳酸胍3滴，摇动5～10 min，或水浴加热5 min，出现粉红色即可移种。

（4）糊精测定：发酵36～40 h后，就开始测定糊精。取发酵液1 mL，用蒸馏水稀释至25 mL，加3滴碘液，蓝紫色消失就可终止发酵。

（5）多黏菌素E效价测定：本实验用不同浓度的多黏菌素E溶液作标准曲线，以抑菌圈直径的平方值为横坐标，多黏菌素E标准品效价的对数值为纵坐标，绘制标准曲线作为定量依据。

具体做法如下：

① 大肠杆菌菌悬液制备：取活化的大肠杆菌A 1.543菌种接种于大肠杆菌活化培养基斜面，37℃培养24 h；然后每支斜面加无菌生理盐水10 mL，刮下菌苔，搓匀。

② 倒底层平板：将灭菌的2%琼脂水底层培养基加热融化后，冷凉至45～50℃左右，倾倒入培养皿制成底层平板，每人2～3个，凝固后于培养皿底部贴上标签。

③ 制备混菌上层平板：将检测用上层培养基加热融化后，冷凉至50℃左右，50 mL上层培养基加入大肠杆菌菌悬液0.5 mL，轻轻摇匀。在每一培养皿底层平板上加入10 mL混菌上层培养基（动作迅速，以免培养基中琼脂凝固，倾倒上层培养基时不要有气泡，若有气泡应赶到平板边缘），凝固后成上层平板即为双碟备用。制备双碟时要求保持水平的桌面上，并选择平底的培养皿。贴好标签的培养皿，可在培养皿盖上放一张无菌滤纸吸去冷凝水。

④ 滴加多黏菌素 E 标准品和样品：先将 10 000 U/mL 的标准多黏菌素 E，用 1/15 mol/L pH 5.0 磷酸缓冲液稀释成 800，1000，1200 U/mL。根据酸化后滤液颜色粗略估计发酵样品效价，用 1/15 mol/L pH 6.0 的磷酸缓冲液稀释至约 1000 U/mL。

取制备好的 2～3 个双碟，打开培养皿盖，用无菌镊子夹取已灭菌的钢管（牛津杯），每个双碟中放置钢管 6 个，如图 4-1 所示。其中相间隔的 3 个钢管滴加多黏菌素 E 标准液，另外 3 个钢管滴加发酵液样品：A 管中用无菌滴管滴加 800 U/mL 多黏菌素 E 的标准液，B 管滴加 1000 U/mL 多黏菌素 E 的标准液，C 管滴加 1200 U/mL 多黏菌素 E 的标准液，D 管滴加发酵样品稀释液。滴加时必须仔细小心，勿在小钢管中形成气泡，勿使溶液流出管外，加的量各管要一致，恰好滴满。滴加完毕后，盖上带滤纸的盖。将放双碟的白瓷盘小心平端于 37 ℃ 恒温箱内，培养 6～8 h 后取出。

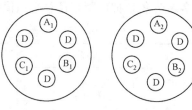

图 4-1 效价测定示意图
A. 800 U/mL；B. 1000 U/mL；
C. 1200 U/mL；D. 样品稀释液

⑤ 抑菌圈直径的测量及校正：将双碟中的钢管倒入白瓷缸中，加洗涤灵和水，然后煮沸 0.5 h，清水冲洗晾干。然后用卡尺测量双碟中每管抑菌圈的直径。

按 2～3 个双碟中 1000 U/mL 抑菌圈直径的平均值校正抑菌圈直径。例如：标准状态下 1000 U/mL 多黏菌素 E 抑菌圈直径为 18.00 mm，若所测 B 管（1000 U/mL）抑菌圈直径总平均值为 17.8 mm，校正值为 18.00 mm－17.80 mm＝＋0.20 mm，则双碟中所有钢管浓度的抑菌圈直径也应加上 0.20 mm，即得校正后的数值；若所测 B 管（1000 U/mL）抑菌圈直径总平均值为 18.20 mm，校正值为 18.00 mm－18.20 mm＝－0.20 mm，此组某浓度的抑菌圈直径也应加上－0.20 mm，即得校正后的数值。

⑥ 标准曲线的绘制：以各浓度的抑菌圈直径的校正值平方为横坐标，以标准品浓度（U/mL）的对数值为纵坐标，绘制标准曲线。

⑦ 发酵样品效价计算：以样品稀释液抑菌圈直径的校正值查标准曲线，得出相应的效价单位，再乘以稀释倍数，即得发酵液的效价单位（表 4-1）。

表 4-1 多黏菌素 E 标准曲线表

直径(mm)	效价(U/mL)	直径(mm)	效价(U/mL)	直径(mm)	效价(U/mL)
17.00	630	17.75	890	18.45	1230
17.05	645	17.80	910	18.50	1260
17.10	660	17.85	935	18.55	1290
17.15	675	17.90	960	18.60	1320
17.20	690	17.95	980	18.65	1350
17.25	705	18.00	1000	18.70	1380
17.30	720	18.05	1025	18.75	1415
17.40	760	18.10	1050	18.80	1450
17.45	775	18.15	1075	18.85	1480
17.50	790	18.20	1100	18.90	1510
17.55	810	18.25	1125	18.95	1550
17.60	830	18.30	1150	19.00	1590
17.65	850	18.35	1175	标准点	
17.70	870	18.40	1200	18.00 mm＝1000 U/mL	

五、实验结果记录

（1）将所测量各浓度多黏菌素 E 标准品和发酵液样品抑菌圈直径记录于表 4-2，求出各浓度多黏菌素 E 抑菌圈直径总平均值和校正值。

表 4-2 标准品和发酵液样品抑菌圈记录

管	直径(mm)	效价(U/mL)	平均值(mm)	校正值(mm)
A_1				
A_2				
A_3				
B_1				
B_2				
B_3				
C_1				
C_2				
C_3				
D_1				
⋮				
D_9				

（2）绘制多黏菌素 E 标准曲线。计算出发酵液的效价。

（3）记录或绘图表示发酵过程不同阶段镜检、pH、2,3-丁二醇、糊精及生物效价的动态变化，并分析结果。

（4）结合思考题讨论多黏菌素 E 测定的影响因素。

六、思考题

1. 制备双碟时为什么要求保持在水平桌面上，并选择平底的培养皿？
2. 敏感指标菌的生长时间和菌液浓度对抑菌圈直径有何影响？
3. 为什么各钢管滴加量要一致？为什么培养时加陶瓷盖而不加玻璃皿盖？
4. 麸皮斜面菌种、种子和发酵控制的指标是什么？为什么要特殊控制？

（林稚兰）

实验五 噬菌体污染的检查和鉴定

一、目的要求

(1) 学会快速检查发酵液中是否被噬菌体污染的方法。
(2) 学习并掌握噬菌体浓缩液制备和效价测定的基本方法。
(3) 学习溶源性细菌的检查和效价测定。

二、基本原理

噬菌体是一类专性寄生于细菌和放线菌等微生物细胞中的病毒。按其感染细菌的过程分烈性噬菌体和温和噬菌体两类。大多数烈性噬菌体侵染宿主后，迅速引起敏感细菌裂解，并释放出大量子代噬菌体，因而可在含有敏感细菌的平板上出现肉眼可见的噬菌斑。温和噬菌体侵染宿主后，由于噬菌体本身 C I 基因编码的特异阻遏蛋白阻遏其基因表达，呈原噬菌体(或称前噬菌体)状态；前噬菌体不能进行 DNA 复制和蛋白质合成，而是随着宿主(溶源性细菌)染色体复制而同步复制，并随宿主细胞分裂而平均分配至两个子代细胞。这种细菌染色体上整合有前噬菌体，并能正常生长繁殖而不被裂解的细菌，称为溶源性细菌，在双层平板上出现透明噬菌斑中心的菌落。

溶源性细菌也可以发生突变失去前噬菌体而获得复愈菌株，但自发裂解释放噬菌体的频率较低(10^{-2}~10^{-5})；物理方法(如紫外线和高温)和化学方法(如丝裂霉素 C)可诱导大部分溶源菌裂解和释放温和噬菌体。溶源性细菌对同一种或关系密切的噬菌体具有免疫性，可把从溶源菌释放出来的噬菌体涂在与待检溶源菌株相近的敏感菌株上来检测。在未选到敏感指示菌之前，可采用分子杂交技术或检测噬菌体 DNA 的方法鉴别细菌溶源性。

噬菌体的效价是指 1 mL 培养液中含侵染性的噬菌体粒子数。在含有敏感菌株的平板上若出现肉眼可见的噬菌斑，说明有噬菌体存在。一般一个噬菌体形成一个噬菌斑，故可根据一定体积的噬菌体培养液所出现的噬菌斑数，计算出噬菌体的效价。

三、实验材料

(一) 菌种及噬菌体

天津短杆菌 T6-13(谷氨酸生产菌株)、噬菌体 530(天津短杆菌 T6-13 异常发酵液分离纯化出的烈性噬菌体)、大肠杆菌 225(λ)(携带 λ 噬菌体的溶源性细菌)、大肠杆菌 226(λ 噬菌体的敏感菌株)。

(二) 培养基

(1) LB 培养基：胰蛋白胨(bacto-tryptone)1 g，酵母提取物(bacto-yeast extract)0.5 g，NaCl 1 g，琼脂 1.5~2 g，水 100 mL，pH 7.0，0.1 MPa 灭菌 20 min。如配上层半固体培养基时，需加 0.8%琼脂；如配下层固体培养基时，则需加 2%琼脂。半固体培养基每支试管装 5 mL。

(2) 肉膏蛋白胨培养基(分离、扩增噬菌体用培养基)：牛肉膏 0.5 g，蛋白胨 1 g，酵母膏 0.3 g，葡萄糖 0.1 g，蒸馏水 100 mL，pH 7.2，0.1 MPa 灭菌 20 min。如配上层半固体培养基时，需加 0.8%琼脂;如配下层固体培养基时,则需加 2%琼脂。半固体培养基每支试管装 5 mL。

(3) 蛋白胨水培养基:蛋白胨 1 g,NaCl 0.5 g,蒸馏水 100 mL,pH 7.6,0.1 MPa 灭菌 20 min。

(三) 试剂配制

(1) 100 mmol/L pH 7.0 Tris-HCl 缓冲液:Tris 为三羟甲基氨基甲烷,相对分子质量为 121.4,先配制成 0.2 mol/L Tris-HCl 缓冲液,使用时,再用无菌蒸馏水稀释 1 倍。称取 24.28 g 三羟甲基氨基甲烷,加入 37.5 mL 0.1 mol/L HCl,加蒸馏水稀释,并定容至 1000 mL,0.056 MPa 灭菌 20 min。

(2) 0.85%生理盐水:称取 0.85 g NaCl,溶解于 100 mL 蒸馏水中,0.1 MPa 灭菌 20 min。

(3) 氯仿。

(四) 仪器及其他物品

恒温水浴、台式离心机、电炉、带紫外灯灯箱、恒温振荡培养器、恒温箱、721 型分光光度计、显微镜、台秤等。

其他物品:试管、培养皿、移液管、离心管、玻璃刮刀、滤膜、滤膜滤菌器、抽滤瓶、锥形瓶等,以上物品均应先行灭菌。

四、实验方法和步骤

无论是敏感菌还是溶源菌,裂解释放的噬菌体,都会给发酵工业带来威胁。因此,了解噬菌体的特性,快速检查、分离纯化噬菌体,在生产和科研工作中防止噬菌体污染具有重要作用。本实验介绍异常发酵液中噬菌体的分离、增殖、效价测定,溶源性细菌的检查和效价测定方法。

(一) 噬菌体污染快速检查和增殖

生产或科研中使用的菌株,若被噬菌体污染,常有异常表现:接种的斜面或克氏瓶生长的菌苔上出现不长菌的透明区;液体发酵过程镜检菌体染色不均匀,细胞形态不整齐或膨大呈将破裂状,活细菌数目减少;发酵过程糖消耗减慢,氨基氮和 pH 变化异常;发酵液稀薄,发酵终产物产率降低等。因此必须进行显微镜直接检查和噬菌斑效价的测定。

(1) 显微镜直接检查法:取谷氨酸发酵正常发酵液和异常发酵液,涂片染色,显微镜观察菌体形态。

(2) 液体增殖法:接种短杆菌 T6-13 于 250 mL 锥形瓶内 20 mL 肉膏蛋白胨液体培养基中,30 ℃振荡培养至对数期(16～18 h),将纯化好的噬菌体 530 滤液约 5 mL(视噬菌体效价高低而定),倒入上述敏感菌的培养物中,继续振荡培养 24～48 h。

待菌体裂解后(摇动锥形瓶时瓶壁不再沾挂菌体,菌悬液不混浊,光线照射下有丁达尔效应),再加入肉膏蛋白胨液体培养基培养至对数期的短杆菌 T6-13 菌悬液 5 mL,继续 30 ℃振荡培养。如此反复增殖噬菌体 3～5 次,待菌体裂解后移入无菌离心管中,5000 r/min 离心 20 min,弃去大部分菌体和碎片,上清液经无菌滤膜滤器过滤除菌,即获得了无菌的噬菌体浓缩液,经计算后冰箱保存备用。一般也可获得 10^9～10^{10} 个/mL 的浓缩液。

(二) 噬菌体的效价测定

(1) 倒底层:融化肉膏蛋白胨固体培养基,将融化后冷却至 45 ℃左右的固体培养基倾倒于 11 个无菌培养皿中,每皿约倾注 10 mL 培养基作为底层,平放,待冷凝后在培养皿底部注明噬菌体稀释度。

（2）菌悬液制备：取经两次斜面活化后的短杆菌 T6-13 一环，接入 250 mL 锥形瓶(内装 20 mL 肉膏蛋白胨培养液)内，30℃振荡培养到对数期(约 12～16 h)，分别吸取 0.2 mL 菌悬液于 11 支无菌空试管中。

（3）稀释噬菌体：按 10 倍稀释法，吸取 0.5 mL 上述制备液的 530 噬菌体裂解液，于一支装有 4.5 mL 1%蛋白胨水的试管中，即稀释成 10^{-1}。依次稀释到 10^{-8} 稀释度。

（4）分别吸取最后三个稀释度的 530 噬菌体稀释液 0.1 mL，加入到含有 0.2 mL T6-13 菌群液的试管中，每个稀释度平行做三个管；在另外两支 0.2 mL 短杆菌 T6-13 菌悬液的试管中，各加入 0.1 mL 无菌水作对照。将 11 支含敏感菌及增殖的噬菌体混合液与 11 支 45～50℃ 的 5 mL 上层半固体培养基混合，立即搓匀，对号倒入底层平板上，迅速摇匀，使上层培养基均匀地铺满整个底层平板(操作过程见图 5-1)。平置 30℃恒温箱中培养 6～24 h 观察结果。根据平板上的噬菌斑数计算噬菌体的效价，并记录在表 5-1 中。

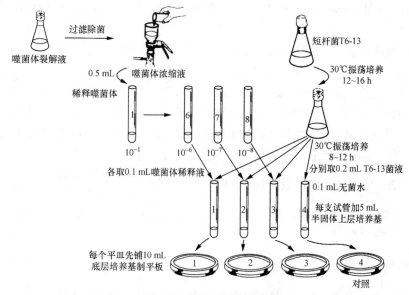

图 5-1 噬菌体效价测定示意图

理论上一个噬菌体应形成一个噬菌斑，但可能有少数活噬菌体未引起侵染，噬菌斑计数结果往往比实际活噬菌体数偏低。为了准确表达噬菌体悬液的效价，一般不用噬菌体粒子的绝对数量，而是采用噬菌斑形成单位(plague-forming unit，pfu)表示。

$$每毫升侵染性噬菌体效价(\text{pfu/mL}) = \frac{每皿平均噬菌斑数 \times 稀释倍数}{0.1\ \text{mL}}$$

注意事项：① 检验噬菌体的细菌，必须是敏感细菌纯种；加入培养皿中的对数中期菌悬液，应在皿中均匀形成菌层(每培养皿细菌密度约 10^9 个)。② 钙、镁等离子帮助噬菌体尾丝吸附于细菌表面，用自来水配制的肉膏蛋白胨培养基和蛋白胨水即可满足噬菌体增殖和检测需要，不必另外添加无机离子。培养基中的琼脂浓度对噬菌斑大小有显著影响，底层琼脂浓度以 1.5%～2.0%，上层琼脂浓度以 0.8%～1.0%为宜。③ 噬菌体对温度极其敏感，一般噬菌体 60℃ 5 min 绝大部分失活。加入上层培养基的温度要严格保持50℃以下，为防止琼脂凝固，此步操作要快，均匀铺满，不能出气泡。④ 为保证获得单个、彼此分离的噬菌斑，培养皿盖上和培养基表面不得有凝结水滴，平置培养，不能倒放，每培养皿中噬菌体数量不能太多，维持 100～

300个为宜,否则噬菌斑不能分开而连成一片。

(三) 溶源性细菌的检查和效价测定

可采用紫外线、丝裂霉素C、高温诱导三种方法诱导溶源菌裂解。本实验选紫外线诱导法。取未经诱导处理的溶源菌的悬液为对照。

(1) 溶源菌培养：取经LB斜面活化的大肠杆菌225(λ)接种于250 mL锥形瓶(内盛有20 mL LB培养液)中,30℃振荡培养16 h,再从中取2 mL菌悬液接种于另一瓶250 mL锥形瓶(内盛有20 mL LB培养液)中,37℃振荡培养4 h至对数期。离心收集上述培养至对数期大肠杆菌225(λ)的细胞,离心后的上清液留待测定噬菌体效价。

(2) 紫外线诱导：采用上述经两次活化的液体培养至对数中期的菌悬液(约 $10^7 \sim 10^9$ 个/mL),经3500 r/min离心2 min,收集菌体,用无菌生理盐水洗涤两次,用生理盐水或100 mmol/L pH 7.0 Tris-HCl缓冲液制成终浓度为 10^{11} 个/mL菌悬液,每培养皿加5 mL菌悬液,经紫外灯30 W距离30 cm照射30 s,立即加入5 mL 2倍浓度的LB培养液,混匀后37℃黑暗中培养2 h。

(3) 溶源性菌株检查：先取经过上述方法诱导处理后的菌悬液0.5 mL,以10倍稀释法适当稀释,按平板菌落计数法进行活菌数测定。

将上述诱导处理后的菌悬液加入0.2 mL氯仿,强烈振荡30 s,静置5 min,3000 r/min离心10 min,再以10倍稀释法适当稀释,每个稀释度取0.3 mL噬菌体悬液和0.2 mL对数期敏感大肠杆菌226菌悬液搓匀,加入半固体LB培养基,按双层平板琼脂法,37℃培养12~16 h,观察噬菌斑,测定噬菌体效价。将结果记录于表5-2中。

$$每毫升溶源性噬菌体效价(pfu/mL) = \frac{每皿平均噬菌斑数 \times 稀释倍数}{0.2 \text{ mL}} \times 2$$

因所测噬菌体裂解液中λdg(带有 gal 基因的缺陷型λ)不能形成噬菌斑,其数量与λ数相等,故计算时乘以2。

五、实验结果记录

(1) 记录正常发酵液、异常发酵液显微镜下观察的菌体形态,并绘图。

(2) 记录正常发酵液和异常发酵液在双层平板上的噬菌斑数,计算噬菌体效价。

表5-1　正常发酵液与异常发酵液平板上噬菌斑数目

组　别	噬菌体稀释液				噬菌体效价(pfu/mL)
	原液	10^{-6}	10^{-7}	10^{-8}	
正常发酵液					
异常发酵液					

注：噬菌体数目系指三个平板上的平均数；pfu即噬菌斑形成单位(plague-forming unit)。

(3) 记录所分离纯化后的噬菌体噬菌斑特征。

(4) 将大肠杆菌225(λ)的诱导结果填于表5-2中(其中活细胞数的单位为个/mL)。

表5-2　大肠杆菌225(λ)菌株诱导效应

处理方法	处理条件	活细胞数(mL)	噬菌斑数(pfu/mL)	
			诱导组	对照组
紫外线				

注：出现特殊噬菌斑(有特征性轮环或噬菌斑中心呈现菌落)为溶源性细菌。

(5) 结合思考题对本实验结果进行总结和讨论。

六、思考题

1. 可用哪些方法检查发酵液中确有噬菌体存在？比较其优缺点。

2. 增殖噬菌体和测定噬菌体效价需严格控制哪些关键步骤？根据种种迹象裂解液中有噬菌体，但有时噬菌体增殖结果不佳或测不出噬菌体效价，请分析原因。

3. 溶源性细菌检测的关键操作是什么？

（林稚兰）

实验六　纤维素酶固态发酵实验

一、目的要求

掌握固态发酵生产纤维素酶的方法。

二、基本原理

纤维素酶解转化应用的最大障碍是成本太高,据研究纤维素酶制剂的成本是纤维质原料的 50 倍。为了改进纤维素酶解工艺,近年来主要从提高纤维素酶的生产效率和纤维素酶解的可能性两方面入手。许多丝状真菌可以合成大量的胞外纤维素酶,被认为是最有希望投入实际生产的微生物菌群。Beguin 等认为像里氏木霉(*Trichoderma reesei*)等丝状真菌,其胞外纤维素酶蛋白已达 30~40 g/L,接近或已达到高产淀粉酶的胞外蛋白质浓度,似乎已无大幅度提高的可能。但这些工作多数是采用纯的纤维素粉、无机盐等配制而成的合成培养基,进行液态发酵(liquid state fermentation)。而液态发酵存在着对培养基要求高、酶系不齐全和易造成环境污染等问题,在实际进行大规模生产纤维素酶中还有较多困难。利用廉价的原料,采用固态发酵(solid state fermentation)技术,可望有助于进一步降低纤维素酶的生产成本。

三、实验材料

(一) 菌种

斜卧青霉(*Penicillium decumbens*)JUA1 原菌种移接在 10% 麸皮浸汁斜面上。

(二) 培养基

(1) 稻草粉、麸皮。

(2) 固体发酵培养液:$(NH_4)_2SO_4$ 1.5%,$MgSO_4 \cdot 7H_2O$ 0.6%,$KH_2PO_4 \cdot 3H_2O$ 0.3%。

(3) 固态产酶培养基:稻草粉/麸皮(8/2),固-液比 1:2.5。

(三) 试剂配制

(1) 0.2 mol/L 乙酸缓冲液(pH 4.8)。

(2) 1% 水杨素(用 0.2 mol/L pH 4.8 乙酸缓冲液配制)。

(3) DNS(二硝基水杨酸)试剂:称取酒石酸钾钠 91 g 溶于 500 mL 水中,于溶液中依次加入 3,5-二硝基水杨酸 3.15 g,NaOH 20 g,加热搅拌,使之溶解,再加入重蒸苯酚 2.5 g,无水亚硫酸钠 2.5 g,搅拌使之冷却,冷却后定容至 1 L,贮于棕色瓶中,放置一周后使用。

(4) 1% 羧甲基纤维素(用 0.2 mol/L pH 4.8 乙酸缓冲液配制)。

(5) 1% 木聚糖溶液的配制:精确称取木聚糖 1.000 g,加入到预热至 60℃ 的 0.1 mol/L pH 4.8 的磷酸氢二钠-柠檬酸缓冲液 70 mL 中,水浴中加热至溶解,冷却后转入 100 mL 容量瓶中,用缓冲液定容至刻度,贮存于冰箱内备用(一般最多使用 3 d)。

(四) 仪器及其他物品

接种环、试管、三角瓶、水浴锅、天平、分光光度计。

四、实验方法和步骤

1. 斜面培养

斜卧青霉接种至麸皮斜面培养基上,30℃培养3d。

2. 斜面孢子液的制备

吸取5mL蒸馏水于斜面试管中,接种环刮洗孢子,孢子浓度为5.2×10^8个/mL。

3. 锥形瓶固态发酵

250 mL锥形瓶中装入10 g固态产酶培养基,加固态发酵培养基,搅匀,塞上棉塞,0.1 MPa灭菌20 min。接种5 mL斜面孢子悬浮液,搅匀,32℃培养箱培养7d。

4. 酶活测定

在固态发酵曲中加入10倍的0.2 mol/L pH 4.8的乙酸缓冲液,室温下浸泡4 h,于4000 r/min离心15 min,取上清液测酶活。

脱脂棉(absorbent cotton)酶活(CⅠ)测定:(50±1)mg脱脂棉加入1.5 mL 0.2 mol/L乙酸缓冲液和0.5 mL适当稀释的酶液,混匀,在50℃保温24 h。反应后,加入1 mL DNS试剂,沸水浴煮沸5 min,冷却,定容至25 mL,摇匀后比色测定A_{550}值。将每分钟产生1 μmol葡萄糖的酶量作为1个酶活国际单位[IU/(min·g)或IU/(min·mL)]。

滤纸酶活(FPAU)测定:(50±1)mg的滤纸条加入上述溶液后,50℃保温60 min。其他同上。

β-葡萄糖苷酶(β-Gase)活测定:用1%水杨素(salicin,用0.2 mol/L pH 4.8乙酸缓冲液配制)作底物,50℃保温30 min。其他同上。

羧甲基纤维素酶(CMCase)活测定:用1%羧甲基纤维素(用0.2 mol/L pH 4.8乙酸缓冲液配制)作底物,50℃保温30 min。其他同上。

半纤维素酶活(β-木聚糖酶活)测定:用1%木聚糖作底物,50℃保温30 min。酶活单位以每分钟产生1 μmol木糖(xylose)的酶量为1个酶活国际单位。

五、实验结果记录

(1) 写出固态发酵生产纤维素酶的主要步骤。
(2) 计算出发酵所得纤维素酶的酶活。

六、思考题

1. 固态发酵生产纤维素酶有哪些优势?
2. 请查阅相关资料,阐述纤维素酶是如何作用于纤维素的?

(陈洪章 徐 建)

实验七　酵母菌单倍体原生质体融合

一、目的要求

学习并掌握以酵母菌为材料的原生质体融合的操作方法。

二、基本原理

进行微生物原生质体融合时,首先必须消除细胞壁,它是微生物细胞之间进行遗传物质交换的主要障碍。在酵母属进行细胞融合时,通常采用蜗牛酶除去细胞壁,采用聚乙二醇促使细胞膜融合。细胞膜融合之后还必须经过细胞质融合、细胞核重组、细胞壁再生等一系列过程,才能形成具有生活能力的新菌株。融合后的细胞有两种可能:一是形成异核体,即染色体DNA不发生重组,两种细胞的染色体共存于一个细胞内,形成异核体,这是不稳定的融合。另一是形成重组融合子。通过连续传代、分离、纯化,可以区别这两类融合。应该指出,即使真正的重组融合子,在传代中也有可能发生分离,产生回复或新的遗传重组体,因此,必须经过多次分离、纯化,才能够获得稳定的融合子。

三、实验材料

（一）菌种

酿酒酵母 Y-1a trp$^-$、Ade$^-$，Y-4a Ura$^-$。

（二）培养基

1. 完全培养基(液体CM)

葡萄糖 2 g,蛋白胨 2 g,酵母膏 1 g,蒸馏水 100 mL,pH 7.2,0.1 MPa 灭菌 20 min。

2. 完全培养基(固体CM)

液体培养基中加入 2.0% 琼脂。

3. 两种基本培养基(MM)

（1）葡萄糖柠檬酸钠培养基:葡萄糖 0.5 g,$(NH_4)_2SO_4$ 0.2 g,柠檬酸钠 0.1 g,$MgSO_4 \cdot 7H_2O$ 0.02 g,$K_2HPO_4 \cdot 3H_2O$ 0.4 g,$KH_2PO_4 \cdot 3H_2O$ 0.6 g,纯化琼脂 2 g,蒸馏水 100 mL,pH 6.0,0.1 MPa 灭菌 20 min。

（2）YNB 培养基:葡萄糖 2 g,酵母氨基(YNB)[①] 0.67 mL,纯化琼脂 2.0 g,蒸馏水 100 mL,pH 6.0,0.1 MPa 灭菌 20 min。

[①] YNB 培养基由以下 A、B、C 三种溶液混合而成,取 A 1 mL,B 1 mL,C 10 mL,去离子水 1000 mL,pH 6.5。
A 液为维生素混合液:维生素 B_1 1000 mg,烟酸 400 mg,吡哆醇 400 mg,生物素 20 mg,泛酸钙 2000 mg,维生素 B_2 200 mg,肌醇 10 000 mg,对氨基苯甲酸 200 mg,去离子水 1000 mL;
B 液为微量元素混合液:H_3BO_4 500 mg,$MnSO_4 \cdot 7H_2O$ 200 mg,$ZnSO_4 \cdot 7H_2O$ 400 mg,$CuSO_4 \cdot 5H_2O$ 40 mg,$FeCl_3 \cdot 6H_2O$ 100 mg,Na_3MnO_4 200 mg,去离子水 1000 mL;
C 液为其他无机盐:KI 0.1 mg,$CaCl_2 \cdot 2H_2O$ 0.1 g,$K_2HPO_4 \cdot 3H_2O$ 0.15 g,$KH_2PO_4 \cdot 3H_2O$ 0.85 g,$MgSO_4 \cdot 7H_2O$ 0.5 g,NaCl 0.1 g,去离子水 1000 mL。

4. 再生完全培养基

在固体完全培养基中加入 0.5 mol/L 蔗糖(或者 0.8 mol/L 甘露醇或 1 mol/L 山梨醇)。

(三) 试剂配制

(1) 0.1 mol/L pH 6.0 磷酸缓冲液：

K_2HPO_4 相对分子质量为 174.18,0.1 mol/L 溶液为 17.4 g/L。称取 17.4 g K_2HPO_4,溶解于蒸馏水中,定容于 1000 mL。

KH_2PO_4 相对分子质量为 136.09,0.1 mol/L 溶液为 13.6 g/L。称取 13.6 g KH_2PO_4,溶解于蒸馏水中,定容于 1000 mL。

(2) 高渗缓冲液：于缓冲液(1)中加入 0.8 mol/L 甘露醇。

(3) 原生质体稳定液(SMM)：0.5 mol/L 蔗糖,20 mol/L $MgCl_2$,0.02 mol/L 顺丁烯二酸,调 pH 6.5。

(4) 促融合剂：40% 聚乙二醇(PEG 4000)的 SMM 溶液。

(四) 仪器及其他物品

显微镜、离心机、培养皿、移液管、试管、容量瓶、锥形瓶、离心管、玻璃刮刀等。

四、实验方法和步骤

(一) 原生质体的制备

(1) 活化菌株：将单倍体酿酒酵母 Y-1a 和 Y-4a 活化分别转接新鲜斜面。自新鲜斜面分别挑取一环接入装有 25 mL 完全培养基的锥形瓶中,30℃ 培养 16 h 至对数期。

(2) 离心洗涤、收集细胞：分别取 5 mL 上述培养至对数生长期的酵母菌细胞培养液,3000 r/min 离心 10 min,弃上清液,向沉淀的菌体中加入 5 mL 缓冲液,用无菌接种环搅散菌体,振荡均匀后离心洗涤一次,再用 5 mL 磷酸缓冲液离心洗涤一次。将两菌株分别悬浮于 5 mL 磷酸缓冲液中,振荡均匀,分别取样 0.5 mL,用生理盐水稀释至 10^{-6}；分别吸取 0.1 mL 10^{-4},10^{-5},10^{-6} 稀释液。于相应编号的完全培养基平板上(每个稀释度做两个平板),用玻璃刮刀涂布,30℃ 培养 48 h 后,进行二亲株的总菌数测定。

(3) 酶解脱壁：各取 3 mL 菌液于无菌小试管中,3000 r/min 离心 10 min,弃上清液,加入 3 mL 含 2.0 mg 蜗牛酶的高渗缓冲液(此高渗缓冲液含有 0.1% EDTA 和 0.3% SH-OH),于 30℃ 振荡保温,定时取样镜检观察至细胞变成球状原生质体为止,此时原生质体形成。

(4) 剩余菌数测定：分别取 0.5 mL 原生质体加入装有 4.5 mL 无菌水试管中,稀释至 10^{-4}；分别吸取 0.1 mL 10^{-2},10^{-3},10^{-4} 稀释液于相应编号的完全培养基平板上,30℃ 培养 48 h 后,进行未被酶裂解的剩余菌数测定。并分别计算二亲株的原生质体形成率。

$$原生质体形成率 = \frac{未经酶处理的总菌数 - 酶处理后剩余细胞数}{未经酶处理的总菌数} \times 100\%$$

(二) 原生质体再生

分别取 0.5 mL 原生质体(经酶处理)至装有 4.5 mL 高渗缓冲液及 4.5 mL 无菌水试管中,经高渗缓冲液稀释至一定的稀释度(10^{-5})；分别吸取 0.1 mL 10^{-3},10^{-4},10^{-5} 稀释液于相应编号的上层再生半固体培养基平板上,30℃ 培养 48 h 后,分别计算二亲株的原生质体再生率。

$$原生质体再生率 = \frac{再生平板上的总菌数 - 酶处理后剩余细胞数}{原生质体数(未经酶处理的总菌数 - 酶处理后剩余细胞数)} \times 100\%$$

(三) 原生质体融合

1. 除酶

取二亲本原生质体各 1 mL,混合于无菌小试管中,2500 r/min 离心 10 min,弃上清液,用高渗缓冲液离心洗涤两次,除酶。

2. 促融

向上述沉淀菌体中加入 0.2 mL SMM 溶液,混合后再加入 1.8 mL 40% PEG,轻轻摇匀,32℃水浴保温 2 min,立即用 SMM 溶液适当稀释(一般为 $10^0, 10^{-1}, 10^{-2}$)。

3. 再生

取融合后的稀释液各 0.1 mL,放于冷却至 45℃左右的 6 mL 固体再生基本培养基试管中,迅速混匀,倒入带有底层再生培养基的平板上,每个稀释度作两次重复,30℃培养 96 h,检出融合子。

4. 融合子的检验

用牙签挑取原生质体融合后长出的大菌落,点种在基本培养基平板上,生长者为原养型,即重组子。传代稳定后转接于固体完全培养基斜面上。而亲本类型在基本培养基上是不生长的。计算融合率。

$$融合率 = \frac{融合子数}{双亲本再生的原生质体平均数} \times 100\%$$

5. 融合子的确定

(1) 融合子能在基本培养基上生长,形成菌落,而对照二亲本菌株均不能在此培养基上生长。

(2) 细胞形态及体积大小的测定:融合后形成的二倍体酵母细胞较单倍体大。细胞体积大小测定,按以下公式:

$$V = \frac{4}{3}\pi \cdot \frac{a}{2} \left(\frac{b}{2}\right)^2$$

式中 a 为长轴长,b 为短轴长。

(3) 生孢子能力测定:二亲本为相同接合型细胞,不能通过有性杂交实现细胞融合,形成二倍体杂合细胞;通过原生质体融合,形成二倍体杂合细胞(a/a),该二倍体细胞不具生孢能力,但具有接合能力,可以与 α 型单倍体细胞杂交,生成三倍体细胞(a/a/α)。

(4) 核 DNA 含量和核染色体组倍数测定。

五、实验结果记录

(1) 分别将两个亲本菌株酿酒酵母 Y-1a、Y-4a 的酶解前的总菌数、酶解后的剩余菌数和再生平板上的总菌数记录于表 7-1 中。按所列公式分别计算出两个亲本酵母菌原生质体的形成率和再生率。

表 7-1 酿酒酒母 Y-1a、Y-4a 酶解前的总菌数、酶解后的总菌数和再生平板上的总菌数

项目	稀释度	酶解前的总菌数			酶解后的总菌数			再生平板上的总菌数		
		10^{-4}	10^{-5}	10^{-6}	10^{-2}	10^{-3}	10^{-4}	10^{-3}	10^{-4}	10^{-5}
Y-1a	菌落数(个/皿)									
	菌数(个/mL)									
	均值(个/mL)									
Y-4a	菌落数(个/皿)									
	菌数(个/mL)									
	均值(个/mL)									

(2) 将酿酒酵母 Y-1a、Y-4a 的融合子数记录于表 7-2 中,计算酵母菌原生质体融合率。

表 7-2 酿酒酵母 Y-1a、Y-4a 和融合子数

稀释度	10^0	10^{-1}	10^{-2}
菌落数(个/皿)			
菌数(个/mL)			
均值(个/mL)			

(3) 用测微尺镜检测量 Y-1a、Y-4a 和 5 个融合子细胞的长轴、短轴(各测量 3 次),求出均值,记录于表 7-3 中。并计算出细胞体积,对融合子与亲本菌株细胞大小进行比较。

表 7-3 酿酒酵母 Y-1a、Y-4a 和融合子细胞体积测定

结果	Y-1a			Y-4a			融合子 1			融合子 2			融合子 3			融合子 4			融合子 5		
	长轴	短轴	体积	长轴	短轴	体积	长轴	短轴	体积	长轴	短轴	体积	长轴	短轴	体积	长轴	短轴	体积	长轴	短轴	体积
1																					
2																					
3																					
均值																					

六、思考题

1. 哪些因素影响原生质体再生?如何提高再生率?
2. 如何才能提高原生质体的制备率?
3. 酵母菌脱壁时为何不加青霉素,而用蜗牛酶?
4. 在融合子筛选中如何区分是形成异核体还是形成重组融合子?

(罗大珍)

实验八　酿酒酵母细胞固定化与酒精发酵

一、目的要求

(1) 掌握制备固定化细胞中最基本、最常用的方法。
(2) 学会用固定化酿酒酵母进行酒精发酵及酒精的测定。

二、基本原理

固定化酶和固定化微生物细胞的原理是将酶或微生物细胞利用物理的或化学的方法，使酶或细胞与固体的水不溶性支持物（或称载体）相结合，使其既不溶于水，又能保持酶和微生物的活性。它在固相状态作用于底物，具有离子交换树脂那样的特点，有一定的机械强度，可用搅拌或装柱形式与底物溶液接触。由于酶和微生物细胞被固定在载体上，使得它们在反应结束后，可反复使用，也可贮存较长的时间，且酶和微生物细胞活性不变。该项技术是近代工业微生物学上的重要革新，展示着广阔的前景。

微生物酶有胞外酶和胞内酶之分。胞外酶由微生物细胞合成后分泌至培养基中；胞内酶在整个培养过程始终保留在细胞内或细胞表面，只有当细胞裂解后才能释放至培养基中。因此，在使用胞内酶时，应先将其从细胞中提取出来。有些胞内酶在提纯、固定化过程中还会失去活性，提纯过程复杂，故提高了成本，给固定化酶带来许多麻烦。此外，有些酶促反应需要多步完成，固定一种酶并不能满足工艺需要。因此，由固定化酶发展到将整个细胞固定化起来，即微生物细胞固定化。其优点是可避免复杂的酶提取和纯化过程，同时解决了酶的不稳定性问题。细胞固定化后，酶活性高，操作稳定性较好，可在多步酶促反应中应用，并便于连续化、自动化操作。一般胞内酶、提纯酶在固定化中或固定化后常不稳定，而微生物不含干扰酶或易去除干扰性酶，若代谢底物及产物均为低分子物质时，使用固定化微生物细胞效果更佳。

微生物细胞固定化常用载体有：① 多糖类（纤维素、琼脂、葡聚糖凝胶、藻酸钙、κ-卡拉胶、DEAE-纤维素等）；② 蛋白质（骨胶原、明胶等）；③ 无机载体（氧化铝、活性炭、陶瓷、磁铁、二氧化硅、高岭土、磷酸钙凝胶等）；④ 合成载体（聚丙烯酰胺、聚苯乙烯、酚醛树脂等）。选择载体原则上以廉价、无毒、强度高为好。微生物细胞固定化常用的方法有三大类：吸附法、包埋法、共价交联法。但各有优缺点，尚无一种可用于所有种类的微生物细胞固定化的通用方法。本实验采用包埋法固定微生物细胞。

三、实验材料

(一) 菌种

酿酒酵母。

(二) 培养基

(1) 种子培养基（YPD）：葡萄糖 2 g，胰蛋白胨 2 g，酵母提取物 1 g，蒸馏水 100 mL，pH 5.0~5.5。分装 30 mL 培养基于 250 mL 锥形瓶中，共 4 瓶，0.1 MPa 灭菌 20 min，备用。

(2) 酒精发酵培养基（YG）：蔗糖 10 g，$MgSO_4 \cdot 7H_2O$ 0.5 g，NH_4NO_3 0.5 g，20% 豆芽汁

2 mL，KH$_2$PO$_4$·3H$_2$O 0.5 g，水 100 mL，自然 pH。分装 200 mL 培养基于 300 mL 锥形瓶中，共 4 瓶，0.1 MPa 灭菌 20 min，备用。

（三）主要药品

海藻酸钠、琼脂、κ-卡拉胶、葡萄糖、蛋白质、酵母膏、明胶、戊二醛等。

（四）器皿及其他物品

培养皿、无菌 10 mL 注射器外套及 5$^#$ 静脉针头或带喷嘴的小塑料瓶、移液管、小烧杯、玻璃棒、牛角勺、烧瓶、冷凝管等。

四、实验方法和步骤

（一）酵母菌种子培养液的制备

挑取新鲜斜面菌种一环，接入装有 30 mL YPD 培养基的锥形瓶中，30℃振荡培养，共接 4 瓶，培养至对数期。

（二）细胞的固定化

采用包埋法固定化微生物细胞。

1. 琼脂凝胶固定化细胞的制备

称取 1.6 g 琼脂于 100 mL 小烧杯中，加水 40 mL，加热融化后，0.1 MPa 灭菌 20 min，冷却至 50℃左右，加入 10 mL 培养至对数期酵母种子液，混合均匀，立即倒入直径 15 cm 的无菌培养皿中，待充分凝固后用小刀切成大小为 3 mm×3 mm×3 mm 的块状，装入 300 mL 锥形瓶中，用无菌去离子水洗涤 3 次，加入 200 mL YG 培养液，置 30℃培养 72 h。另外，再取 10 mL 未经固定化的酵母菌种子液接入到装有 200 mL YG 培养液的无菌锥形瓶中作为对照，同样条件下培养 72 h 后测定酒精含量。

如采用连续发酵法，可使用柱式反应器（图 8-1），即将固定化细胞放入 12.5 cm×2.8 cm 柱中，然后将 YG 培养基于 30℃，以 50 mL/h 的速度通过反应柱。包埋细胞在凝胶柱中生长繁殖达到稳定状态。连续添加 YG 培养基可维持这种稳定状态。在这种情况下，以填充柱中凝胶珠体积和流加培养基速率比来表示滞留时间，温度维持在 30℃，为了防止填充柱被杂菌污染，通常是在无菌条件下进行的。

2. 海藻酸钠凝胶固定化细胞的制备

海藻酸钠凝胶是从海藻中提取获得的藻酸盐，为 D-甘露糖醛酸和古洛糖醛酸的线性共聚物，多价阳离子如 Ca^{2+}、Al^{3+} 可诱导凝胶形成。将微生物细胞与海藻酸钠溶液混匀后，通过注射器针头或滴管将上述混合液滴入 $CaCl_2$ 溶液中，Ca^{2+} 从外部扩散进入海藻酸钠与细胞混合液珠内，使藻酸钠转变为水不溶的藻酸钙凝胶，由此将微生物细胞包埋在其中。

称取 1.6 g 海藻酸钠于无菌的小烧杯中，加无菌去离子水少许，调成糊状，再加入其余的水（总量为 40 mL）。加

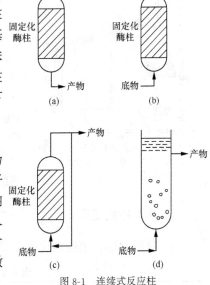

图 8-1 连续式反应柱
(a) 下向流动方法；(b) 上向流动方法；
(c) 循环方法；(d) 连续式流动床

温至融化,冷却至45℃左右,加入10 mL酵母菌培养液,混合均匀,倒入一个无菌的小塑料瓶或滴管中,通过1.5~2.0 mm的小孔,以恒定的速度滴到盛有10% $CaCl_2$(胶诱导剂)溶液的培养皿中制成凝胶珠,浸泡30 min后,将凝胶珠转入300 mL锥形瓶中,用无菌去离子水洗涤3次后,加入200 mL YG培养基,置30℃培养72 h后测定酒精含量。

3. κ-卡拉胶固定化细胞的制备

κ-卡拉胶是一种从海藻中分离出来的多糖,其化学组成为β-D-半乳糖硫酸盐和3,6-脱水-α-D-半乳糖交联而成。热κ-卡拉胶可经冷却或经胶诱导剂如K^+、NH_4^+、Ca^{2+}、Mg^{2+}、Fe^{3+}及水溶性有机溶剂诱导形成凝胶。κ-卡拉胶固定微生物细胞有许多优点,如凝胶条件粗放,凝胶诱生剂对酶活性影响很少,细胞回收方便,因此,目前多选用它作载体。

称取1.6 g κ-卡拉胶,于小烧杯中加无菌去离子水,调成糊状,再加入其余的水(总量为40 mL)。加温至融化,冷却至45℃左右,加入10 mL预热至31℃左右酵母菌培养液。混合后倒入带有小喷嘴的塑料瓶或滴管中,通过直径为1.5~2.0 mm的小孔,以恒定的速度滴到装有已预热至20℃且含2% KCl溶液的培养皿中制成凝胶珠;也可参考琼脂包埋法,切块浸泡30 min后,将凝胶珠转入300 mL锥形瓶中,用无菌去离子水洗涤3次后,加入200 mL YG培养液,置30℃恒温箱培养72 h,观察结果。同时取出两粒凝胶置于无菌生理盐水中浸泡,然后放4℃冰箱保存,留作计算细胞活菌数。

(三)结果观察

1. 固定化细胞的回收与活菌计数

(1)取培养72 h的固定化细胞,如含酵母的κ-卡拉凝胶包埋珠两粒,放入5 mL无菌生理盐水中。培养前的凝胶珠同样处理。

(2)37℃轻振15 min,使胶珠溶解。

(3)适当稀释后涂布于YPD琼脂平板进行活菌计数,观察酵母菌在包埋块中的增殖情况。

2. 酒精发酵液的蒸馏及酒精度的测定

(1)由于本次实验发酵液中所含酒精度较低,因此可用明火直接加热蒸馏(图8-2)。

(2)取100 mL发酵液,倒入500 mL圆底烧瓶中,加100 mL蒸馏水蒸馏,沸腾后改用小火。当开始流出液体时,用100 mL容量瓶准确接收流出液100 mL。倒入100 mL量筒中,用酒精比重计测量其酒精度。剩余的发酵液全部倒出后弃去,将固定化细胞用无菌去离子水洗3次,加入YG培养基继续培养72 h,测酒精含量,可反复使用数十次。

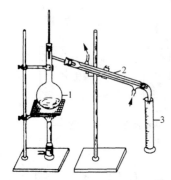

图8-2 固定化细胞酒精发酵液蒸馏装置
1. 发酵液装于烧瓶内;2. 冷凝管;
3. 酒精收集器

五、实验结果记录

(1)将酿酒酵母细胞固定化经发酵培养后的结果填入表8-1中。

表8-1 酒精测定及活细胞计数结果

菌 号	载 体	取样时间(h)	酒精(度)	活细胞计数*(个/mL)

*细胞数目以κ-卡拉胶为例。

（2）以海藻酸钠凝胶制备为例，阐述微生物细胞包埋法的制作过程。
（3）试比较实验中所用载体对酿酒酵母产酒精量有何差别？

六、思考题

微生物细胞固定化在发酵工业上有何意义？

（罗大珍）

实验九　工程菌大肠杆菌的高密度发酵及主要生化指标检测

一、目的要求

(1) 掌握工程菌大肠杆菌的补料分批式高密度发酵原理和过程。
(2) 了解发酵过程中的生化指标和影响高密度发酵的各项因素。

二、基本原理

大肠杆菌的高密度发酵是一个相对的概念,一般指培养液中工程菌浓度达到 50 mg/L 以上。在工程菌的大规模发酵过程中,重组蛋白产物的宏观合成产量取决于最高的外源基因表达水平以及菌体密度。从理论上说,在维持外源基因表达水平不变的情况下,提高工程菌的发酵密度可以大幅度提高产量,降低成本。

在高密度发酵中影响表达最大的是代谢副产物乙酸的积累,乙酸可导致菌体生长缓慢,表达效率下降。高密度菌体培养中随着菌体密度的增加,菌体代谢副产物乙酸含量也增加,而菌体的产物表达水平则相应下降,适当降低乙酸的积累能使产物表达水平有所提高。细菌利用葡萄糖代谢,其浓度过高时便会产酸,使培养基 pH 下降,溶解氧也会迅速下降;当其浓度过低时,细菌就会利用氮源中的碳作为碳源供能,此时细菌就会分泌 NH_4^+,使培养基 pH 上升,溶解氧上升。为防止乙酸的产生,一般采用限制比生长速率在临界值以下,降低培养基基础料中的碳源浓度,并采用补料技术补入糖类以维持菌体生长,使产生的乙酸为菌体再利用。补料分批模式是高密度发酵的常用模式。可通过调节培养基的补料分批添加量来控制细胞生长和有害物的产出,延长细胞的对数生长期,提高细胞密度。随着菌体的生长,菌体密度不断提高,发酵罐中的溶氧持续下降,至培养液 A_{600} 约为 5.0 左右,溶氧开始迅速上升。菌体对于氧气需求的迅速减少,表明此时发酵罐中的营养物质已基本用尽,开始进行补料。一旦补料开始,发酵罐中的溶氧迅速下降,菌体重新进入快速生长阶段。

在培养环境中营养物质供应不足的情况下,往往会造成重组菌中表达质粒的不稳定以及重组目的产物的降解,诱导开始前后在发酵罐中补加一定量有机氮物质如蛋白胨、酵母粉等,有利于表达物的稳定和产量提高。

三、实验材料

(一) 质粒和菌株

大肠杆菌 JM103(pBV220-IL$_2$),含有重组的 IL-2 基因。

(二) 培养基

(1) LB 固体培养基:蛋白胨 0.5%,酵母粉 1.0%,NaCl 0.5%,pH 7.2~7.4(用 2 mol/L NaOH 调节),加入 2.0% 的琼脂粉。

(2) 种子培养基(2×YT):蛋白胨 16 g,酵母粉 10 g,NaCl 5 g,加水至 1 L。

(3) 高密度发酵培养基:蛋白胨 10 g/L,NH$_4$Cl 1.4 g/L,Na$_2$HPO$_4$ 9 g/L,NaH$_2$PO$_4$ 5.5 g/L,

pH 7.0。用前加入无菌的 MgSO$_4$·7H$_2$O 至 1 g/L,葡萄糖至 6 g/L,氨苄青霉素至 50 mg/L。

(4) 补料培养基：葡萄糖 50%,酵母粉 10%,MgSO$_4$·7H$_2$O 1.25%。以上成分分开灭菌,使用前混合。

(三) 试剂

(1) Boechringer TC acetate kit：用于测定发酵液中乙酸含量。

(2) 葡萄糖测定试剂盒(卫生部上海生物制品研究所)：用于监控发酵液中葡萄糖的含量。

(四) 仪器

(1) Kodak 公司 EDAS120 型凝胶成像系统：扫描分析采用 Pharmacia Biotech 公司 Imagine Master 软件。

(2) NBS BioFlo 3000 型 5L 自动发酵罐。

四、实验方法和步骤

(一) 基因工程菌株的活化

划线甘油管中保存的菌株大肠杆菌 JM103(pBV220-IL$_2$)于 LB 固体平板(含 Amp 50 μg/mL),37℃培养过夜。

(二) 发酵培养过程

1. 种子培养

接种单菌落于含 100 μg/mL Amp 的 2×YT 培养基中,30℃振荡培养过夜。按 1% 接种量将活化菌液转移至两个 500 mL 锥形瓶中(每瓶装 2×YT 200 mL,含 Amp 100 μg/mL),30℃ 200 r/min 振荡培养 12 h,作为种子。

2. 发酵培养

按 10% 接种量将种子液转到容积为 5L 的发酵罐中。参数设置：起始设定 pH 7.0,搅拌转速 600 r/min,通气量 4 L/min,发酵中通过调节通气量和搅拌速度来控制溶氧量大于 30%。定期取样,当葡萄糖耗尽,菌体停止生长,溶氧量(DO)上升时,开始指数补料,设定比生长速率为 0.2 h^{-1}。补料速率符合下式关系：

$$-ds/dt = (\mu/Y_{x/s} + m) \cdot X(t_0)\exp[\mu \cdot (t-t_0)]$$

式中 ds/dt 为补料速率,μ 为设定控制的比生长速率,$Y_{x/s}$ 为菌体得率系数[①],m 为维持性系数,$X(t_0)$ 为 t_0 时刻的菌体浓度(以 A_{600} 表示)。

当 A_{600} 达到 30 后,升温到 42℃,诱导培养 5 h。

3. 试验参数测定

(1) 菌液浓度测定：转种后,每隔 1 h 取样,采用菌体光电比浊计数法,用分光光度计测定吸光度值,并绘制生长曲线。

(2) 菌体干重测定：取不同 A_{600} 时的发酵液 10 mL,5000 r/min 离心 15 min,清洗两次,105℃下烘干至恒重,用微量天平测定细胞干重。绘制菌体干重-时间曲线。

---

① 动力学参数 $Y_{x/s}$(菌体得率系数)和 m(维持性常数)的测定：
监测补料前菌体浓度和葡萄糖残留量,计算得到菌体比生长速率 μ 和葡萄糖比消耗速率 qs。由于 $-qs = \mu/Y_{x/s} + m$,以 μ 对 qs 作图可求出 $Y_{x/s}$ 和 m。

(3) pH 测定：自动流动 30% 氨水，控制 pH 在 7.0 左右。

(4) 葡萄糖浓度测定：取不同 A_{600} 时的发酵液，采用葡萄糖测定试剂盒测定发酵液中残余葡萄糖浓度，测定葡萄糖残余含量（使用方法参见试剂盒说明书）。绘制葡萄糖利用度曲线。

(5) 乙酸积累量测定：取不同 A_{600} 时的发酵液，采用 Boechringer TC acetate kit 定试剂盒测定发酵液中乙酸积累量。

(6) 溶氧（DO）测定：通过发酵罐上的溶氧电极，随时观测溶氧变化，绘制溶氧曲线。

(7) 产物表达量的测定：诱导后定时取样，进行 SDS-PAGE 电泳，通过凝胶自动扫描仪分析目的蛋白表达量和目的蛋白占总蛋白的比例。比较蛋白表达与参数间的关系。

五、实验结果记录

(1) 记录大肠杆菌 JM103(pBV220-IL$_2$) 高密度发酵过程不同培养时间所测定的 A_{600} 值、菌体干重、pH、溶氧量、残糖量、乙酸积累量、总蛋白量和外源表达蛋白量于表 9-1 中。

表 9-1 高密度发酵过程分析化验报告

发酵时间(h)	A_{600}	菌体干重(g)	pH	DO 值(%)	残糖量(%)	乙酸量(mmol/L)	表达蛋白量(μg)	总蛋白量(mg)
0								
1								
2								
3								
4								
5								

(2) 绘制生长曲线、菌体干重-时间曲线、葡萄糖利用度曲线、溶氧曲线和表达蛋白曲线。

(3) 根据上述数据绘制大肠杆菌 JM103(pBV220-IL$_2$) 高密度发酵过程生化动力曲线。

(4) 简单比较外源表达蛋白与各参数间的关系。

六、思考题

1. 有哪些因素影响高密度发酵？为什么？
2. 为了提高工程菌的发酵密度，除本实验所采用的方法外，还可采取哪些有效措施？
3. 乙酸积累量与高密度发酵有什么关系？可采取什么方法来控制工程菌的乙酸积累量？

（夏焕章）

主要参考文献

1. 蔡信之,黄君红主编.微生物学(第2版).北京:高等教育出版社,2002
2. 曹军卫,马辉文编著.微生物工程.北京:科学出版社,2002
3. 曹亚莉,田池等.微生物学通报,2003,30(3):77~81
4. 岑沛霖,蔡谨编著.工业微生物学.北京:化学工业出版社(教材出版中心),2001
5. 陈代杰,朱宝泉编著.工业微生物菌种选育与发酵控制技术.上海:上海科学技术文献出版社,1995
6. 陈洪章等编著.生物过程工程与设备.北京:化学工业出版社,2003
7. 陈洪章,李佐虎.纤维素酶周期刺激固态发酵研究.第八届全国生物化工学术会议论文集.北京:化学工业出版社,1998,258~262
8. 陈洪章,李佐虎.气相双动态固态发酵技术及其发酵装置.中国发明专利号:02100176.6,2002,1,22
9. 陈坚,李寅著.发酵过程优化原理与实践.北京:化学工业出版社,2002
10. 陈坚,堵国成,李寅,华兆哲编著.发酵工程实验技术.北京:化学工业出版社,2003
11. 陈世和,陈建华,王世芬等.微生物生理学原理.上海:同济大学出版社,1992
12. 陈騊声著.中国微生物工业发展简史.北京:中国轻工业出版社,1979
13. 陈騊声著.近代工业微生物学(下册).上海:上海科学技术出版社,1982
14. 陈騊声.固定化酶理论与应用.北京:中国轻工业出版社,1987
15. 陈騊声等编著.微生物工程.北京:化学工业出版社,1987
16. 陈移亮,周卫东,林耀辉.曲酸的发酵生成与检测(综述).亚热带植物通讯,1998,27(1):61~66
17. 储炬,李友荣编著.现代工业发酵调控学.北京:化学工业出版社,2002
18. 杜连祥等.工业微生物学实验技术.天津:天津科学技术出版社,1992
19. 杜连祥,赵征.乳酸菌及其发酵制品生产技术.天津:天津科学技术出版社,1999
20. 冯容保.发酵法赖氨酸生产.北京:中国轻工业出版社,1986
21. 冯容保.国外氨基酸生产的进展.发酵科技通讯,2002,31(3):17~18
22. 高年发,杨枫,王淑豪.丝状菌的菌球体生成及控制.天津轻工业学院学报,1992,14(1):11~16
23. 顾觉奋,王鲁燕,倪孟辉.抗生素.上海:上海科学技术出版社,2002
24. 闰桂琴主编.生命科学技术概论.北京:科学出版社,2003
25. 国家发展计划委员会高技术产业发展司,中国生物工程学会.中国生物技术产业发展报告.北京:化学工业出版社,2003
26. 郭勇主编.生物制药技术.北京:中国轻工业出版社,2000
27. 韩世豪,林红.赖氨酸生产现状与市场前景.化工设计通讯,2001,27(1):32~34
28. 韩仕群,张振华,严少华.国内外利用藻类技术处理废水、净化水体研究现状.农业环境与发展,2000,(1):13~16
29. 何忠效,静国忠,许佑良,孙万儒.现代生物技术基础.北京:北京师范大学出版社,1999
30. 贺小贤主编.生物工艺原理.北京:化学工业出版社,2003
31. 贺延龄编著.废水的厌氧生物处理.北京:中国轻工业出版社,1998
32. 黄秀梨主编.微生物学(第2版).北京:高等教育出版社,2003
33. 贾仕儒编著.生化反应工程原理.北京:科学出版社,2002
34. 贾仕儒主编.生物工程专业实验.北京:中国轻工业出版社,2004
35. 焦瑞身,沈永强.阿氏假囊酵母核黄素高产发酵的研究(I).阿氏假囊酵母的诱变育种.医药工业,1980,

9:1~6
36. 焦瑞身,王文仲.阿氏假囊酵母核黄素高产发酵的研究(II).生产罐发酵.医药工业,1980,19：14~17
37. 焦瑞身主编.微生物工程.北京：化学工业出版社,2003
38. 李季伦,张伟心,杨启瑞等.微生物生理学.北京：北京农业大学出版社,1993
39. 李津,俞咏霆,董德祥主编.生物制药设备和分离纯化技术.北京：化学工业出版社,2004
40. 李友荣,马辉文.发酵生理学.长沙：湖南科学技术出版社,1989
41. 李育阳.基因表达技术.北京：科学出版社,2001
42. 梁世中主编.生物工程设备.北京：中国轻工出版社,2003
43. 李艳主编.发酵工业概论.北京：中国轻工业出版社,1999
44. 廖敏,谢正苗,王锐等.菌藻共生体去除废水中砷初探.环境污染与防治,1997,19(4)：56~62
45. 林稚兰,黄秀梨主编.现代微生物学与实验技术.北京：科学出版社,2000
46. 刘国诠主编.生物工程下游技术(第2版).北京：化学工业出版社,2003
47. 刘如林编著.微生物工程概论.天津：南开大学出版社,1995
48. 刘姝晶,鲁宽科,陈耀祖,马庄,管作武.3-溴甲基头孢烯酸对硝基苄基酯的合成.中国抗生素杂志,1999,24(6)：462~467
49. 楼士林,杨盛昌,龙敏南,章军.基因工程.北京：科学出版社,2002
50. 伦世仪主编.生化工程.北京：中国轻工业出版社,1992
51. 罗大珍,王宇钢,朱文.离子注入右旋糖酐生产菌的诱变效应研究.微生物学报,1997,37(4)：312~315
52. 罗大珍,孙淑莉,钱存柔.曲酸发酵的研究 II.紫外线诱变后 *Aspergillus flavus*.UII 1223 变异株最适发酵条件的研究.北京大学学报,1981,(4)：78~87
53. 罗贵民主编;曹淑桂,张今副主编.酶工程.北京：化学工业出版社(现代生物技术与医学科技出版中心),2002
54. 马桂亮,梁会仙,李美.利用发酵工业废水培养酵母菌的研究.山东食品发酵,1999,(2)：4~6
55. 毛忠贵主编.生物工业下游技术.北京：中国轻工业出版社,1999
56. 梅乐和等编著.生化生产工艺学.北京：科学出版社,2001
57. 欧阳平凯主编.生物分离原理及技术.北京：化学工业出版社,1999
58. 裴疆森.曲酸生产菌种的筛选和发酵培养基条件的优化.食品与发酵工业,1997,23(1)：11~14
59. 钱存柔,罗大珍,孙淑莉.曲酸发酵的研究 I.紫外线照射对黄曲霉产生曲酸的影响.微生物学报,1981,21(1)：102~106
60. 钱存柔,黄仪秀主编.微生物学实验教程.北京：北京大学出版社,1999
61. 瞿礼嘉,顾红雅,胡苹,陈章良.现代生物技术导论.北京：高等教育出版社,德国：施普林格出版社,1998
62. 戎志梅.生物化工新产品与新技术开发指南.北京：化学工业出版社,2002
63. 沈萍主编.微生物学.北京：高等教育出版社,2000
64. 孙彦.生物分离工程.北京：化学工业出版社,1998
65. 王博彦,金其荣主编.发酵有机酸生产与应用手册.北京：中国轻工业出版社,2000
66. 王静康,张美景,万涛,平志存,韩贵安.苄青霉素盐结晶过程.化工学报,1996,47(1)：100~107
67. 王树青著.生化反应过程模型化及计算机控制.杭州：浙江大学出版社,1998
68. 王岁楼,熊陈主编.生化工程.北京：中国轻工业出版社,1992
69. 王狱,方金瑞.抗生素.北京：科学出版社,1988
70. 魏群主编.生物工程技术实验指导.北京：高等教育出版社,2002
71. 无锡轻工大学编.微生物学(第二版).北京：中国轻工业出版社,1999
72. 吴大治,张礼星,徐柔,章克昌.固态发酵生产细菌α-淀粉酶.无锡轻工大学学报.2000,19(1)：54~57
73. 吴冠云,潘华珍,吴翠主编.生物化学与分子生物学实验常用数据手册.北京：科学出版社,1999

74. 吴乃虎. 基因工程原理. 北京：科学出版社，2001
75. 邹敏辰，李江华，邹显章. 碱性脂肪酶的发酵及提取工艺. 河北轻化工学院学报，1998，19(1)：58～62
76. 熊宗贵主编. 发酵工艺学. 北京：中国医药科技出版社，1995
77. 徐福建，陈洪章，李佐虎. 气相双动态纤维素酶固态发酵的研究. 环境科学，2002，23(5)：53～58
78. 徐浩等编著. 工业微生物学基础及其应用. 北京：科学出版社，1991
79. 严希康. 生化分离工程. 北京：化学工业出版社，2001
80. 严自正，陶增鑫，尹光琳等. L-山梨糖发酵产生维生素 C 前体 2-酮基-L-古龙酸的研究 II. 发酵条件的研究. 微生物学报，1981，21(2)：185～191
81. 颜方贵主编. 发酵微生物学. 北京：中国农业大学出版社，1999
82. 杨垂绪，梅曼彤编著. 太空放射生物学. 广州：中山大学出版社，1995
83. 杨汝德主编. 现代工业微生物学. 广州：华南理工大学出版社，2001
84. 尹光琳，陶增鑫，严自正等. L-山梨糖发酵产生维生素 C 前体 2-酮基 L-古龙酸的研究 I. 菌种的分离筛选和鉴定. 微生物学报，1980，20(3)：246～251
85. 余增亮著. 离子束生物技术引论. 合肥：安徽科学技术出版社，1996
86. 俞俊棠，唐孝宣主编. 生物工艺学(上册). 上海：华东理工大学出版社，1991
87. 俞俊棠，唐孝宣，邬行彦等. 新编生物工艺学. 北京：化学工业出版社，2003
88. 俞文和. 新编抗生素工艺学. 北京：中国建材工业出版社，1996
89. 张爱军，陈洪章，李佐虎. 固体有机废弃物厌氧消化处理的研究现状与进展. 环境科学研究，2002，15(5)：52～54
90. 张惠展编著. 基因工程概论. 上海：华东理工大学出版社，2003
91. 张洪勋，陈景韩. 柠檬酸生物工艺学. 北京：中国科学技术出版社，2001
92. 张克旭主编. 氨基酸发酵工艺学. 北京：中国轻工业出版社，2003
93. 张克旭，陈宁，张蓓等. 代谢控制发酵. 北京：中国轻工业出版社，1998
94. 张理珉，程立忠，陆和生. 发酵液中曲酸的提取方法比较. 生物技术，2000，10(5)：44～46
95. 张蓓. 代谢工程. 天津：天津大学出版社，2003
96. 张树政主编. 酶制剂工业(上、下册). 北京：科学出版社，1984
97. 张伟国，钱和. 氨基酸生产技术及其应用. 北京：中国轻工业出版社，1997
98. 张致平. β-内酰胺类抗生素研究的进展. 中国新药杂志，2002，11(1)：61～65
99. 周德庆著. 微生物学教程(第 2 版). 北京：高等教育出版社，2002
100. 周婉冰. 微生物发酵生理学. 广州：华南理工大学出版社，1989
101. 诸葛健编著. 工业微生物资源开发应用与保护. 北京：化学工业出版社，2002
102. 诸葛健，王正祥编著. 工业微生物实验技术手册. 北京：中国轻工业出版社，1994
103. 褚志义. 生物合成药物学. 北京：化学工业出版社，2000
104. 怀斯曼 A 主编；徐家立，戴有盛，孙万儒，张启先等译. 酶生物技术手册. 北京：科学出版社，1989
105. 〔美〕格拉泽 A N，二介堂弘著；陈守文，喻子牛等译. 微生物生物技术. 北京：科学出版社，2003
106. Abe S, Furuya A, Saito T $et\ al$. Methods of producing L-malic acid by fermentation. U. S. Paten：3.063.910，1962
107. Alexopoulos C J. Introductory Mycology. 3rd Ed. New York：John Wiley，1979
108. Anthony Griffiths J F, Jeffrey Miller H David and Suzuki T. An Introduction to Genetic Analysis. New York：W H Freeman and Company，1993
109. Aristidou A A, San K Y, Bennett G N. Metabolic engineering of $Escherichia\ coli$ to enhance recombinant protein production through acetate reduction. Biotechnol Progress，1995，11(4)：475～478

110. Atkinson B, Mavituna F. Biochemical Engineering and Biotechnology Handbook. New York: The Nature Press, 1993
111. Barbotin J N. Immobilization of recombinant bacteria. Ann N Y Acad Sci, 1995, 732: 303
112. 北田牧夫,富金原孝. 酦酵工学杂志. 1971, 49 (10): 847~851
113. Bhat M. Cellulases and related enzymes in biotechnology. Biotechnology Advances, 2000, 18: 355~383
114. Blanch H W, Clark D S. Biochemical Engineering. New York: Mereel Dekker. Inc, 1996
115. BU'LOCK T D, Kristiansen B. Basic Biotechnology. New York: Academic Press, 1987
116. Chauhahan V S et al. Eucalyptus kraft black liquor enhances growth and productivity of spirulina in outdoor cultures. Biotech Prog, 1995: 457~460
117. Demain A L, Davies J E. Manual of Industrial Microbiology and Biotechnology, 2nd ed. Washington DC: ASM Press, 1999
118. Diaz-Ricci J C, Regan L, Bailey J E. Effect of alteration of the acetic acid synthesis pathway on the fermentation pattern of *Escherichia coli*. Biotechnology and Bioengineering, 1992, 38(11): 1318~1324
119. Ellenbogen L, Cooper B A. Handbook of Vitamins, 2nd ed. New York: Marcel Dekker, 1991, 491~536
120. For R D. Fighting malnutrition with spirulina appropriate technology for the third world. Worldview, 11 June, Washington DC, 1984
121. Hans G Schlegel (translated by M Kogut). General Microbiology, 6th ed. Cambridge: Cambridge University Press, 1986[陆卫平,周德庆,郭杰炎,梅百根译. 普通微生物学. 上海: 复旦大学出版社, 1990]
122. Harvey W B, Douglas S C. Biochemical Engineering. New York: Marcel Dekker Inc, 1997
123. Ichiro Chiro, Lemuel B, Wingard Tr. Applied Biochemistry and Bioengineering. Vol 4 Immobilized Microbial Cells. New York: Academic Press, 1983
124. Ketchum P A. Microbiology: Concepts and Application. New York: John Wiley, 1998
125. Kitada M et al. Studies on kojic fermentation [1] cultural condition in: Submerged Culture. T Ferment Technol, 1967, 45: 1101~1107
126. Lancini G C, Lorenzetti G. Biotechnology of Antibiotics and Other Bioactive Metabolities. New York: Plenum Press, 1993
127. Li X, Robbins J W, Taylor K B. Effect of dissolved oxygen on the expression of recombinant proteins in four recombinant *Escherichia coli* strains. Journal of Industry Microbiology, 1992, 9: 1~9
128. Loreng R T, Cpsewki G R. Trend in Biotechnol, 2000, 18: 160~167
129. Madigan M T, Martinko J M, Parker J. Brock Biology of Microorganisms, 9th ed. Englewood Cliffs: Pretice Hall, 2000
130. Margalith P Z. Appl Microbiol Biotech, 1999, 51: 431~438
131. Michael P D, Larry R B, Thomas J M. Food Microbiology Fundamentals and Frontiers, 1997
132. 马歇克 D R,门永 I T,布格斯 R R 等著;朱厚础等译. 蛋白质纯化与鉴定实验指南. 北京: 科学出版社, 1999
133. Nicklin J, Graeme-Cook K, Killington R. Instant Notes in Microbiology, 2th ed. Oxford: BIOS Scientific Publishers Ltd, 2002
134. Ogata K, Kinoshita S, Tsunoda T, Aida K. Microbial production of nucleic acid and related substance. Kodansha Ltd, 1976, 75~78, 87~100, 125~156, 206~212
135. Olguin E T et al. Simultaneous high-biomass protein production and nutrient removal spirulina maxim

  in sea water supplemented with anaerobic influents. World J Microbio Biotech, 1994, 10: 576~578
136. Pajai P *et al*. Production of kojic acid by resuspended mycelia of *Aspergillus flavus*. Can J Microbiol, 1992, 28(12): 1340~1346
137. Peter F Stanbury. Principles of Fermentation Technology. New York: Pergamon Press, 1984
138. Riesenburg D, Shulz V, Knorre W A *et al*. High cell density cultivation of *Escherichia coli* at controlled specific growth rate. J Biotechnology, 1991, 20: 17~27
139. Sambrook J, Fritsch E F, Maniatis T 著;金冬雁,黎孟枫译.分子克隆实验指南(第二版).北京:科学出版社,1995
140. Sikyta B. Techniques in Applied Microbiology. Amsterdan: Elsevier, 1995